U0297995

塔河油田超深层稠油开采技术实践

Practice of Heavy oil Production Technology in Super Deep Reservoir of Tahe Oilfield

刘中云　王世洁　等　著

科学出版社

北　京

内 容 简 介

本书介绍了深层稠油油藏降黏采输方面的主要技术进展，包括高沥青质含量的超稠油的基础性质及流动规律、稠油物理法降黏技术、稠油化学法降黏技术、深井稠油举升技术及相关地面脱硫脱水配套技术，并展望了未来技术的发展方向。

本书可供从事稠油开采及相关专业理论研究的学者、油气田开发实践的技术人员参考使用。

图书在版编目(CIP)数据

塔河油田超深层稠油开采技术实践=Practice of Heavy oil Production Technology in Super Deep Reservoir of Tahe Oilfield/ 刘中云等著. —北京：科学出版社，2020.12

ISBN 978-7-03-066601-7

Ⅰ. ①塔… Ⅱ. ①刘… Ⅲ. ①塔里木盆地–稠油开采–深层开采–技术 Ⅳ. ①TE355.9

中国版本图书馆 CIP 数据核字(2020)第 213421 号

责任编辑：万群霞 崔元春 / 责任校对：王萌萌
责任印制：师艳茹 / 封面设计：无极书装

科 学 出 版 社 出版
北京东黄城根北街 16 号
邮政编码：100717
http://www.sciencep.com
三河市春园印刷有限公司 印刷
科学出版社发行 各地新华书店经销
*
2020 年 12 月第 一 版 开本：787×1092 1/16
2020 年 12 月第一次印刷 印张：23 1/4
字数：545 000

定价：320.00 元

(如有印装质量问题，我社负责调换)

序

世界上稠油资源极为丰富，油田地质条件各有不同，形成了不同的开发模式。以塔里木盆地为代表的超深层碳酸盐岩缝洞型稠油油藏具有“两超五高”的特点，为此广大工程技术人员开拓创新、大胆实践，发展形成了一套特色鲜明、适合超深层稠油的井筒降黏开采理论与技术，实现了井深大于6000m、黏度高达百万毫帕·秒超稠油的开采，建成了年产390×10^4t稠油的生产规模。

刘中云等所著的《塔河油田超深层稠油开采技术实践》一书，是作者多年来在塔里木盆地从事超深层碳酸盐岩缝洞型稠油开采理论研究和实践的集成总结。该书系统介绍了超深层碳酸盐岩缝洞型稠油开采技术的理论研究和现场应用成果，体现了该类油藏开采技术的研究现状、技术特点、前沿和未来发展趋势，是该领域的代表作。

该书具有较强的完整性和实用性，内容丰富、层次分明，章与章之间既有承合关系，又可独立成篇，读者能从中获得多方面的知识与信息，对从事稠油开采的技术人员具有一定的指导和借鉴意义。

我国深层、超深层油藏开发正处于一个快速发展阶段，该书的出版为推动深层稠油开发工程技术的进步及该类油藏的高效开发提供了技术指导。

中国工程院院士

2020年5月30日

前言

深层、超深层油气资源是世界新增油气储量的主要来源，此类油气藏的开发是国家能源资源安全的重要保障，《能源技术革命创新行动计划(2016—2030 年)》已将“非常规油气和深层、深海油气开发技术创新”列为重点任务。国内外文献调研显示，世界新增油气储量 60%来自深层(＞4500m)，我国陆上 39%的剩余石油资源分布在深层。深层稠油由于井深、油稠，传统的水驱和热采开发不能有效满足开发动用需求，是国际公认的最难动用开发的一类油藏。塔里木盆地超稠油储量达 7.9×10^8t，是典型的超深层超稠油油藏，其具有“两超五高”，即超深、超稠、温度高、压力高、矿化度高、黏度高、硫化氢含量高的特点。与常规稠油相比，塔里木盆地超稠油具有沥青质含量高、凝点高、油品性质差异大的特性，给油田高效动用开发和提高采收率带来了巨大挑战，主要表现在 5 个方面：一是传统的稠油致稠机理存在模型不适用、理论不适用、参数不适用等问题，无法指导高沥青质含量的超稠油的降黏开发；二是地层水矿化度高、原油沥青质含量高、乳化指数低，化学降黏体系研发难度大；三是稠油温度敏感性强，井筒流动过程中易增稠失去流动性；四是泵挂深度、排量与效率、效益间矛盾突出，举升工艺效率低；五是超稠油硫化氢含量高、乳液稳定性强，深度脱硫、破乳脱水难。

面对复杂的开发对象，近 20 年来，石油科技人员立足于超稠油油藏，勇于创新实践，取得了 5 方面的技术进展。

一是揭示了高沥青质含量的超稠油致稠机理，丰富了稠油胶体体系理论，为降黏体系研发奠定了基础。

二是针对稠油沥青质含量高、地层水矿化度高的问题，创新研发了耐盐水溶性降黏剂、高分散油溶性降黏剂、抗稠油复合降黏剂，并配套了特色工艺，累计新增可采储量 418×10^4t，增产原油 185×10^4t，填补了高矿化度、高沥青质含量的稠油化学降黏技术的理论和实践空白。

三是针对稠油温度敏感性强的问题，建立了深井井筒温度压力场模型，集成创新了掺稀优化、加热保温及天然气掺混降黏等物理降黏技术，充分利用工区资源优势、油藏温度优势，动用地质储量 5.5×10^8t，累计新增可采储量 7621×10^4t，增产原油 3622×10^4t，实现了该类油藏降黏开发技术的重要突破。

四是针对掺稀后泵有效排量与泵挂深度的矛盾，研制了大排量抽稠泵及抗稠油电泵，建立了超深超稠油井举升选型设计图版，解决了深层超稠油高黏、高摩阻等复杂工况的举升问题，首次引入地面掺稀系统能耗，建立了掺稀井系统效率评价模型，配套试验井系统效率提升了3个百分点。

五是集成“中质油动态混配、多级泵对泵输送、集中掺稀”技术，建成了国内首个300万吨级集中掺稀油系统，创新了“中和＋水洗＋高频电脱”工艺，解决了超稠油脱水的难题，自主创新了负压气提深度脱硫及自循环硫黄回收技术，解决了硫化氢在高黏超稠油中滞留的难题，建立了点腐蚀监检测评价方法，研发了适合油田腐蚀环境的耐腐蚀新钢种管材，改进优化了超稠油腐蚀防护技术，集成推广应用了腐蚀治理技术，有效控制了超稠油集输处理系统的腐蚀局面。

全书共7章，第1章由刘中云、陈元撰写，第2章由王世洁、任波、曹畅撰写，第3章由王世洁、刘磊、程仲富、秦飞撰写，第4章由刘中云、杨祖国、邢钰、马清杰撰写，第5章由赵海洋、彭振华、任向海撰写，第6章由刘中云、杨静、高秋英撰写，第7章由刘中云、陈元、丁保东撰写。全书的策划与统筹由王世洁完成，刘中云完成总体审定。

本书是一部系统阐述超深层高沥青质含量的超稠油开采技术的专著，书中全面总结和回顾了基础理论研究、室内实验、矿场实践等历程与技术成果，在理论上进行了有益探索，在技术方法上力求创新，对从事专业理论研究的学者具有一定的参考价值，对油田开发工作者的矿场实践也具有重要的指导意义。

本书汇集了超深层稠油方面的主要技术进展，重点介绍了“十一五”以来的重大科技成果，其中包括稠油基础性质及流动规律、稠油物理法降黏技术、稠油化学法降黏技术、深井稠油举升技术及相关地面脱硫脱水配套技术，并展望了未来技术的发展方向。本书是科研技术人员与高校研究人员集体的智慧结晶。谨以此书向长期关心帮助我们的现场专家和高校研究人员表示感谢！

书中难免存在不足之处，敬请广大读者斧正！

作　者

2020年1月

目录

第1章 绪 论

随着国民经济的快速增长，我国对石油、天然气等能源的需求也在日益增长。当前我国原油对外依存度已超过70%，显然，我国原油产量早已不能满足现在国民经济发展的需求，制约了经济快速健康的发展。常规能源的短缺，促进了非常规油资源如稠油、超稠油和沥青砂等资源的开采，非常规油资源的开采在原油开采中有着举足轻重的地位。

通常把相对密度大于0.92(20℃)、地下黏度大于50mPa·s的原油称作稠油，其具有特殊的高黏度和高凝固点特性[1]。稠油油藏开采技术主要包括机械降黏、井筒加热、稀释降黏、化学降黏、微生物单井吞吐、抽稠工艺配套等。在各类开采技术中，深层稠油与浅层稠油、碎屑岩稠油与碳酸盐岩稠油的开采工艺区别较大。常规技术开采稠油在驱替方面和体积驱油方面往往存在效率低下的问题，无法实现高效开采。浅层稠油多存在地层降黏和井筒降黏双重难题，深层、超深层稠油地层温度较高，在地层条件下可以流动，其主要问题是井筒举升。除深层超稠油或浅层超稠油之外，还有多种复杂环境的油藏，其复杂多样的特点给开发带来了相当大的难度。

本章从概述稠油在油气资源领域的地位出发，总结了超深层稠油与浅层稠油的基础性质及开采方式的差异，综述了国内外稠油开采技术现状，介绍了稠油开采主体技术及其适应性，重点突出了超深层稠油开采技术的难点，并对超深层稠油开采的新技术做了介绍和展望，为超深层稠油的开采技术做了全面科学的论述。

1.1 概 述

1.1.1 稠油的分布与地位

世界稠油资源极为丰富，其地质储量远超常规原油。据不完全统计，世界稠油、超稠油和天然沥青的储量约为1×10^{12}t，目前已发现稠油资源的地区主要包括亚洲的中国、北美洲的加拿大和美国、南美洲的委内瑞拉[2]。稠油重质油和沥青砂二者综合资源总量保守估计为$4000\times10^{8}\sim6000\times10^{8}$t，每年世界上的稠油产量可以达到$1.27\times10^{8}$t以上。

我国的稠油资源分布广泛，主要分布在塔里木盆地、松辽盆地、准噶尔盆地、渤海湾盆地、吐哈盆地。稠油资源预测资源量为198×10^{8}t，其资源量占总石油资源的25%～30%，其中已探明地质储量为13×10^{8}t，动用地质储量为8×10^{8}t。经过20年来的研究与应用，形成了1000×10^{4}t以上的生产能力，占中国石油原油总产量的10%以上[3]。

在需求层面，人口不断增长和经济飞速发展使得对能源的需求持续增加。石油输出国组织(Organization of the Petroleum Exporting Countries，OPEC)在2014年指出，到2040年，原油的需求量将达1.11×10^{8}bbl①/d。严格的国际调查预测，在未来的20年里

① $1\text{bbl} = 1.58987\times10^{2}\text{dm}^{3}$。

至少 80%的世界能源需求将来源于石油、天然气和煤。因此，在接下来的半个世纪，石油仍将是世界能源的主要来源，将迫使人类对石油孜孜以求。

1.1.2 稠油的特点

相对于常规原油来说，稠油主要有以下 5 个特点。

(1) 稠油中轻质组分含量较少，重质组分含量较多。

(2) 稠油黏度与密度之间没有特别明显的线性关系。我国稠油大多分布在陆地上，稠油油藏中的胶质、沥青质含量均较高，导致稠油黏度较大[4]。

(3) 稠油黏度受温度的影响较大。稠油黏度会随着温度的升高而大幅度降低，稠油热采便是基于这个特性。

(4) 稠油中硫、氮、氧等原子及金属元素含量较常规原油多，这是由于稠油中胶质沥青质含量高。

(5) 稠油具有复杂的流变特性。在不同的温度及剪切速率下，稠油会表现出不同的流变特性。

1.1.3 超深层稠油与浅层稠油的区别

稠油油藏埋深变化很大，为 300～6000m。国外稠油以浅层居多，美国的稠油埋深为 400～700m 及 1500～1600m，加拿大为 0～400m，委内瑞拉为 300～400m，英国北海油田为 1000m，俄罗斯多在 1000m 以内，印度尼西亚为 1000m 左右，罗马尼亚在 600m 以内；国内大部分稠油埋深不到 1500m，但新疆吐哈油田稠油埋深为 3500m 左右[5]，塔里木盆地稠油油藏埋深达到 5400m，属于超深层稠油。

超深层稠油与浅层稠油由于面临的问题不一样，其开发技术也存在较大不同。常规稠油开采以浅层砂岩油藏为主，开采工艺主要为注蒸汽热采，如蒸汽吞吐、蒸汽驱、蒸汽辅助重力泄油(SAGD)、火烧油层等热采技术，以及化学冷采、出砂冷采(CHOPS)等冷采技术；深层和超深层稠油开采重点以井筒举升为主，包括化学降黏、加热降黏及注气开采等。整体来看，超深层稠油与浅层稠油开发主要有以下三大不同点。

1. 针对的油藏对象不同

常规稠油开采以浅层砂岩油藏为主，渗流理论依然满足常规理论方法，仅在渗流特征方面表现出与稀油不同。由于稠油黏度高、屈服值较大，其渗流阻力大，液固界面及液液界面的相互作用力大，稠油的渗流规律产生某种程度的变化而偏离达西定律。对于稠油，当驱替压力梯度大于初始压力梯度时，稠油才开始流动，其渗流速度与渗透率成正比，与黏度成反比，与驱动压差成正比。

超深层稠油中包括相当比例的碳酸盐岩油藏。碳酸盐岩分布面积占全球沉积岩总面积的 20%，所蕴藏的油气储量占世界总储量的 53%，世界碳酸盐岩油气探明可采总量为 1500×10^8t 油当量左右[6]。碳酸盐岩油藏形成地质年代久远，埋藏普遍较深，有的深达

6000m 以上。因此碳酸盐岩稠油基本上均处于超深层稠油范畴。对于这类稠油油藏，从研究方法到开采理论与浅层砂岩稠油均有所不同。此类油藏一般地层温度可达 130～180℃，稠油在地层内流动性较好，开发过程中主要是解决井筒举升问题。碳酸盐岩油气藏常常具有形态不规则、分布隐蔽、成因多样和纵横向上发生突变等特征，具有极强的非均质性、复杂的空隙分布和剩余油描述，从而造成了复杂的流体系统。

国内外已发现的碳酸盐岩油气藏多存在于岩性地层圈闭中，需突破常规的勘探开发理论进行研究。碳酸盐岩储层根据岩性分为白云岩和石灰岩两大类。碳酸盐岩储层发育，由原生基质孔隙及次生裂缝、溶洞、溶孔组成。溶洞型、裂缝型、孔隙型为基本储集类型，孔洞型、缝洞型、孔缝洞复合型为过渡类型。在世界上 30 个大型碳酸盐岩油气藏中，与裂缝作用有关的占 12 个，7 个最大的油田其油层产能主要依靠裂缝，裂缝对碳酸盐岩油气藏的产量和采收率具有重要影响。全球大型的碳酸盐岩油气田统计表明，溶蚀作用、白云岩化作用及构造作用是最主要的成岩作用。

2. 研究的方法不同

针对不同的研究对象，运用不同的研究方法。浅层稠油和超深层稠油所表现出来的不同物性及特征，使二者在研究方法上区别较大。

(1) 如前所述，浅层稠油由于地层温度较低，稠油在地层条件下难以流动，研究思路首先就需要从地层降黏出发，解决地层及井筒举升的难题。而深层稠油一般在地层条件下具备一定的流动性，重点是解决井筒举升难题。

(2) 浅层稠油多为碎屑岩储层，而超深层稠油除了部分为碎屑岩储层外，还有相当比例的碳酸盐岩储层。相对于常规砂岩油藏而言，碳酸盐岩储集空间的复杂性和多样性使其勘探开发包含多个世界难题：认识和评价碳酸盐岩储层难度大，该类储层最突出的问题是双孔隙网络特征和极强的非均质性；储集空间特殊、结构复杂、导流特征和驱油机理存在较大差异，双重介质数值模拟模型至今仍处于不断探索之中；对碳酸盐岩储层开发动态的影响、含水率上升规律、产量递减规律等的研究都在不断发展中。

国内碳酸盐岩油气藏勘探开发技术经历了边实践、边认识、边研究的历程，主要为渗流机理研究、开发特征研究、水侵量计算、井网部署、缝洞体出水机理研究、缝洞体油气藏开发方式及剩余油气分布研究，但对于缝洞型碳酸盐岩油气藏的勘探开发技术研究还没有形成系统的研究方法和开发技术。

3. 开采的方式不同

针对不同的稠油开采条件，选择相适应的开采方式。目前，稠油开采技术主要有两大类：一类是冷采技术，主要分为出砂冷采技术、化学冷采技术和微生物开采技术；另一类是热采技术，主要可分为蒸汽吞吐、蒸汽驱、SAGD 和火烧油层技术等。对于地层条件下无法流动的浅层稠油，一般采用热采居多，辅之以其他冷采技术；而对于超深层稠油则采取冷采手段居多。

1.2 国内外稠油开采技术现状

稠油的开采主要有两大难题：一是储层埋藏浅、地层温度低，导致稠油在油层中不流动或流动性差，原油流入井筒困难；二是储层埋藏深、地层温度高，原油可以流入井筒，但仅靠油藏的压力和温度，井筒原油流动阻力大，流动困难。因此针对不同稠油油藏特点及井筒条件，近年来，国内在稠油油藏开采技术方面不断进行实践与探索。

目前国内外通常采用加热降黏技术、掺稀降黏技术、水热催化裂解降黏技术、微生物降黏技术、油溶性降黏剂降黏技术、乳化降黏技术、超声波降黏技术、磁处理降黏技术、电场处理降黏技术、微波加热处理技术等[7]。按照目前主流的分类方法，稠油开采工艺有两大类：一类是分成冷采和热采方法，另一类则是分成物理和化学方法。对于物理手段来说，主要的方式有稀释、加热、微波处理等；而对于化学降黏来说，主要是使用降黏剂及其他催化剂等，促使稠油反应来达到降黏的目的，此外还包括微生物降黏法等。如 1.1 节所述，浅层和超深层稠油开采技术的区别主要在冷采和热采两个方面，而对于物理和化学降黏则兼而有之，因此，对于国内外稠油开采技术现状的论述以热采和冷采为主线展开。

1.2.1 热采方式

热采法降黏主要是基于稠油的热敏感性发展起来的[7]。通常随着温度的升高，稠油黏度急剧下降。热采法是向油藏输送热量，使油层温度升高，流体受热后黏度大幅度降低，流动性大大改善，致使驱油动力增强和渗流阻力降低，从而有利于稠油油藏的开采。其主要方法有蒸汽吞吐、蒸汽驱、火烧油层、蒸汽辅助重力泄油[8]等，这些技术主要应用于浅层稠油的开采。

1. 蒸汽吞吐

蒸汽吞吐开发是目前稠油注蒸汽开发的主要方法，在美国、委内瑞拉、加拿大都有广泛应用，如加拿大的冷湖(Cold Lake)和和平河(Peace River)的浅层稠油油藏。蒸汽吞吐主要是通过加热近井地带地层，降低稠油黏度来实现开采，生产压力的下降为地层束缚水和蒸汽闪蒸提供了气体驱动力。影响蒸汽吞吐开采效果的主要因素有油层厚度、油层渗透率、原油黏度、蒸汽干度、注汽速度和周期注汽量等，需要根据井深、油层性质、黏度等因素确定周期注汽量及焖井时间，当采油量严重降低时，需进行新一轮的注汽。蒸汽吞吐需要采用特殊的工艺、装置和材料，生产井基本使用大套管、大油管，热采井完井采用高密度射孔[9]。蒸汽吞吐加热区域有限，且注入蒸汽呈冷热周期性变化，对井筒的损害较大。

蒸汽吞吐主要适用于油层厚度大于 10m，埋藏深度为 150～1600m，井距小、井间连通性差的油藏，尤其适用于对温度很敏感的高黏原油。

2. 蒸汽驱

蒸汽驱技术是稠油开发中已工业化应用的成熟技术，也是三次采油技术中的一项重要技术，美国是应用蒸汽驱技术最广泛且较成功的国家。蒸汽驱技术作用机理主要是降低稠油黏度，提高原油流度。这种方法是向注入井中持续注入蒸汽，将地下原油加热并驱替油层向附近的生产井移动，利用生产井将原油持续采出的方法。蒸汽注入与原油开采同步进行，一方面加热油层、降低原油黏度，另一方面补充地层能量、驱替原油。蒸汽驱具有较高的原油采收率，蒸汽驱后的残余油一般较少，它的蒸汽相是由水蒸气和烃蒸气共同组成的，共同凝结后进行原油的稀释和驱替。蒸汽驱油开发效果受油藏深度影响很大，对于稠油埋藏较深的油井，高温蒸汽在通过较长的井身时会损失大量的热量，为了减少蒸汽通过井身时的热量损失，需要采用具备保温隔热能力的生产管柱。由于直井与油层的接触面积较小，蒸汽驱油并不能很好地发挥效果，在实际应用中往往采用蒸汽驱油和水平井相结合的方法。

蒸汽驱主要针对高黏度、低相对密度的浅层油藏，原油黏度最好小于 50000mPa·s，深度小于 1600m，还需要油藏的剩余油饱和度比较高，地质结构相对简单。注入时还要求注入井与生产井的井距比一般井距小，为 100～150m。蒸汽驱的采收率一般介于 50%～60%，所以蒸汽驱是一种很好的提高采收率(EOR)的途径。但是蒸汽驱的驱油工作剂是蒸汽，成本比较高，而且水敏地层不能进行蒸汽驱。

3. 多元热流体吞吐[10]

利用柴油与空气混合燃烧后产生的高温高压烟道气及少量蒸汽，与冷水混合，可形成由蒸汽、热水、氮气和二氧化碳等组成的高压多元热流体，向井筒中注入这种混合流体，焖井 2～5d 后开井生产，称作多元热流体吞吐采油技术。该流体中的热水及蒸汽对稠油具有降黏作用，对近井地带有机质沉积具有解堵作用；二氧化碳对稠油具有溶解、溶胀降黏作用，同时二氧化碳产生的碳酸对地层具有解堵作用；氮气能够扩大多元热流体的地下波及作用范围，对地层增能保压，疏通近井地带。多元热流体吞吐所需的热采设备具有体积小、质量轻等特点，适合海上平台安装，具有较好的发展前景。

4. 蒸汽辅助重力泄油

蒸汽辅助重力泄油技术为了达到更好的蒸汽驱效果，采用了一种特殊的布井方式，两口水平井一上一下并行穿过油层，上部的水平井注入高温蒸汽加热原油，由于重力作用原油和热水流入下部的生产井附近，生产井的举升系统将黏度降低的稠油举升至地面。

蒸汽辅助重力泄油技术在特/超稠油的开发上具有广阔的应用前景，这是因为当原油黏度很高时，在油层条件下的流动阻力很大，吸汽能力会很差，对于这种油藏，在初始条件下根本没有产能，采用蒸汽吞吐或蒸汽驱的方法几乎不可能获得很好的开采效果。增强原油的流动性是该油藏开采的关键，蒸汽辅助重力泄油技术就是通过重力作用增强原油的流动性来实现稠油开采的[11]。

蒸汽辅助重力泄油对油藏的非均质性不敏感，适用于高黏原油的开采，且要求油层厚度在 20m 以上，油藏埋深最好小于 1000m，不适合渗透率较低、边底水活跃的油藏[12]。

5. 火烧油层

火烧油层是最早的稠油热采技术，该技术通过向油层中注入氧化剂，点燃油层中的原油，持续注入的氧化剂将扩大油藏的燃烧带，燃烧产生的热量会加热油层，降低稠油黏度，从而提升稠油产量，注入的气体也有增能保压的作用。目前开展的较大规模火烧油层工业性开采试验，采收率最高可达 50%～80%。火烧油层根据燃烧前缘与氧气流动的方向可分为正向火驱和反向火驱，根据燃烧过程是否注入水又分为干式火驱和湿式火驱。近年来，随着水平井技术的发展，又研发应用了重力辅助火烧油层技术。但是火烧油层技术存在施工较为复杂、可控性差、经济成本较高、易造成能源浪费等缺点，大大限制了该技术的应用，没有得到推广使用。

6. 电加热采油

常用的电加热采油方式主要有电热杆加热、电缆加热、电热油管加热和过泵加热 4 种。其工作原理是对井下电加热工具供电，将电能转化为热能，使井下电加热工具发热，提高井筒原油的温度，通过重新建立井筒热力场，加热井筒举升过程中的稠油[13]，利用稠油黏度的温度敏感性，降低原油黏度，提高原油的流动性，达到顺利举升的目的。目前，稠油电加热采油常用工频加热和中频加热两种方式。电加热采油工艺是开采稠油、高凝油、高含蜡油藏行之有效的方法，适应性比较广，但是也有投资大、能耗高的缺点。

7. 微波加热采油

微波加热稠油开采技术的机理是通过微波振荡作用，改变稠油分子间的固定结构，进而提升分子振动，改变其化学组成，使高损耗组分发生过热分解，另外微波加热提高了油层温度，两者协同作用降低了稠油黏度。微波加热设备可以在 10s 内将标准质量的稠油升温 8℃，这会大幅提高稠油的流动性，从而提高原油采收率。

目前设计的微波加热采油方法有 3 种：第一种是通过地面微波加热处理装置，加热注入地层的水或水蒸气。该方法的优点是不用改变现有井口设备，无须动管柱，施工方便。第二种是将微波源直接放入井下，使地层温度升高。第三种是多井底地层微波加热稠油开采技术，具有最佳作用效果，微波沿竖井段向下传输至多连通器，并与开窗侧钻的水平井内的天线相连通，微波能量通过天线向地层辐射。由于在同一油层中可以侧钻多个水平井，能够有效提升微波辐射的作用效果。微波加热采油受制于加热功率及井下的高温高压条件，工艺不是很成熟，有待进一步研究。

1.2.2 冷采方式

1. 掺稀降黏

稀释油降黏主要是通过向稠油中加入稀释剂以达到降低稠油黏度、改善流动性的目的，这一方法基于相似相容原理。掺稀降黏就是把具有低黏度的稀油作为稀释剂，通过向油井中加入稀油，待在井下与稠油混合后一起采出。除稀油外，煤油、粗柴油、混苯、液化石油气等都是很好的稀释剂，另外甲醇、乙醇等极性溶剂也常被加入稀释剂中以增强稀释剂的渗透力。混苯中存在的大量芳烃化合物是胶质和沥青质的良好溶剂，有利于起到与稠油的混溶和降黏作用[14]。

稠油掺稀油后混合体系的黏度可用式(1-1)表示[15]：

$$\lg\lg\mu_{\mathrm{h}} = x\lg\lg\mu_{\mathrm{x}} + (1-x)\lg\lg\mu_{\mathrm{c}} \tag{1-1}$$

式中，x 为添加稀油的质量分数；μ_{h}、μ_{x} 和 μ_{c} 分别为相应的掺稀后稠油、稀油和稠油在相同条件下的黏度，mPa·s。

掺稀降黏方法的优点是操作简单，见效快，不伤害地层，应用较为广泛；缺点是需要构建掺稀管网，投入较大，而且降低了宝贵的稀油资源的经济价值。

2. 化学降黏

化学降黏法就是通过加入化学药剂与稠油发生相互作用使稠油黏度降低，改善稠油流动性的方法。目前，化学降黏根据其降黏原理不同可分为水溶性乳化降黏[16, 17]和油溶性降黏剂降黏[18, 19]。化学降黏开采稠油技术的方法主要有 3 种：①井筒乳化降黏；②油层化学降黏解堵；③洗井液中加降黏剂。化学降黏技术开采稠油有 3 个需要重点解决的问题：一是针对不同稠油类型研制相适应的高效化学降黏剂；二是合理设计注入剂量、注入时机；三是解决降黏剂对地层的伤害、耐温耐盐及原油破乳等的影响。

3. 适度出砂冷采

稠油油藏的储层相对疏松，在开采过程中出砂现象十分普遍，采用各种防砂工艺不但会影响产油量，还会进一步增加成本。此外，有些油层厚度较薄，不适合热采，而且热采对井下管柱及地面设备性能的要求较高，这种情况下可以考虑适度出砂冷采技术。理论上石油开采对地层出砂是“零容忍”的，但有研究指出，适度出砂并不会对生产造成危害，反而会提高地层的渗透性，因此，通过控制砂量的产出，可提高油井产能。出砂形成“蚯蚓洞”网络并形成稳定的泡沫油，极大地提高了稠油的流动能力；影响地层渗透率的小砂粒与原油一起流入筛管，能够改善近井带渗透率，提高稠油油田产量。

加拿大稠油出砂冷采矿场经验表明，只要油层胶结疏松，地层原油中含有一定的溶解气，原油本身具有一定的携砂能力，均可适应出砂冷采技术。出砂冷采适合埋藏深度小于 1000m、原油脱气黏度为 600～160000mPa·s 的稠油或特稠油油藏。该项技术的优点主要是成本低、操作简单、采收率高。

4. 化学驱油

化学驱油是三次采油技术中应用较为成熟的一种方法，中国在这方面已达到世界先进水平。化学驱油技术包括聚合物驱、泡沫驱、表面活性剂驱、碱驱、聚合物/表面活性剂二元驱、三元复合驱等。采用聚合物驱、泡沫驱等驱油方法，是将少量的水溶性高分子聚合物或者泡沫剂注入油层，从提高驱油剂的黏度出发，降低其流度并改善油水流度比，调整吸水剖面，提高波及效率；表面活性剂驱油则是为了改善驱油剂的洗涤能力，向油层中注入表面活性剂，降低油水界面张力，改变岩石的不利润湿性；碱驱是利用碱性水与原油酸性组分就地生成活性水剂，改善岩石润湿性或使原油乳化，堵塞大孔道，并且形成低界面张力；聚合物/表面活性剂二元驱及三元复合驱则兼具上述不同方法的优点。化学驱油技术不受时间约束并可以使用相对大的井距，对于薄层可流动稠油具有较好的效果，化学驱油与热采方法共同使用，对超稠油也有效果。

5. 注 CO_2 采油

注 CO_2 提高原油采收率技术是近年来石油开采领域的重点研究方向，其机理为：CO_2 溶解在原油中，使原油体积膨胀，降低油水界面张力和原油黏度，改善流度比，萃取轻质烃，同时起到溶解气驱、混相气驱、碳酸酸化解堵的作用。按驱油原理主要分为 CO_2 混相驱(水与气交替注入)和 CO_2 非混相驱(重力稳定注入)。当注入地层的剩余压力高于最小混相压力时，实现 CO_2 混相驱油；当压力达不到最小混相压力时，实现 CO_2 非混相驱油。

注 CO_2 采油技术适用于储层封闭性好、非均质性差、厚度小于 20m 的油藏，且要求原油中石蜡、沥青质、H_2S 含量少。CO_2 是一种安全气体，不会引起污染问题，但是气源缺乏，混相压力过高，在管线中易发生腐蚀、结垢现象，还会向邻井发生气窜。

6. 注 N_2 采油

注 N_2 采油的机理：N_2 的膨胀性使其具有良好的驱替、气举和助排等作用，可以保持油气藏流体的压力；N_2 驱替低渗透段处于束缚状态的原油使其成为可流动的原油；N_2 可提高后续水驱的波及面积；N_2 与油水形成乳状液，可降低原油黏度，提高采收率。注 N_2 采油工艺适应性较广，在低压、低渗、黏土胶结等特殊油气藏中也有独特的作用。目前在塔里木盆地塔河油田已大规模开展了稠油注 N_2 工艺，效果极其显著。注 N_2 采油已成为稠油井后期开发的主要增产手段。

7. 微生物采油

微生物采油是一种通过向生产井或注入井的地层中注入本源或定向培养的外源微生物，利用微生物活动及其产生的各种代谢产物进行强化采油的技术。该技术主要包含以下机理：微生物将长链饱和烃降解为中短链烃，平均分子链变短，原油黏度降低；微生物作用于芳烃和胶质，产生长链分子脂肪酸及含羰基化合物等生物表面活性物质，可降低油水界面张力，乳化原油，降低原油黏度；微生物作用于原油时产生短链烷烃和二氧化碳等，有利于增加产层压力；微生物黏附在金属或黏土矿物表面，形成表面保护膜，能起屏蔽晶核、阻止结晶的作用；微生物通过分散和溶解作用，能够有效防止积蜡。

微生物采油技术主要包括油井微生物清防蜡技术、微生物吞吐采油技术、微生物驱油技术 3 项。微生物采油要求油藏的矿化度$<100000\times10^{-6}$g/L，温度<75℃，pH 在 4～9，常规的稠油油藏具备实施微生物技术的油藏条件。这种方法的优点在于投资少、效益好，而且与其他方法相比更加环保，但是由于地层高温、高压、高矿化度的环境，要筛选出适合的菌种很困难，因为微生物不容易在恶劣的环境下存活[20]。该技术在国内外都

有试验和应用，但从整体上讲，目前该技术在国内外还多处于试验研究阶段，真正工业化实施的项目并不多。

总体来说，从现有资料看，稠油开采技术不止本节所述的这些，部分处于理论、室内研究及概念性的技术本节来进行详述，一是相关资料较少，难以全面阐述；二是部分技术不成熟，观点难免不完善。对于超深层稠油，整体上热采由于井深的局限而受限，上述主流热采技术中，仅电加热在超深层稠油中有较强的适应性，其他工艺技术主要集中在冷采工艺方面。随着稠油开发的不断深入，面临的油藏条件也越发复杂，稠油开采不会局限于单项工艺，各项开采技术的组合模式也是未来稠油开发的重点方向[21]。

1.3 塔河超深超稠油开采技术难点及开发历程

超深层稠油井井深普遍在4000m以上，国内主要集中在吐哈盆地和塔里木盆地。稠油井在自喷期，虽然存在部分工艺难题，但是通过掺稀及化学降黏基本上能够满足工艺举升需要，从而满足稠油的上产。但进入人工举升阶段，超深层稠油井在工艺技术上面临更多的困难，技术矛盾进一步突出。

1.3.1 塔河稠油特点

塔河碳酸盐岩油藏探明地质储量13.05×10^8t(2018年)，其中稠油储量7.54×10^8t，占总探明地质储量的58%，主要分布在6区、7区、10区、12区及于奇西区块，其中10区、12区储量占稠油总储量的87.9%，是稠油开发的重点区块。

塔河油田拥有目前世界上埋藏最深(7000m)、储量最大(7.54×10^8t)、黏度最高(1.0×10^7mPa·s，50℃)，同时高含盐(2.2×10^5mg/L)、高含H_2S($>1.0\times10^4$mg/m^3)的超深超稠油油藏。生产过程中随着温度的降低，稠油在井下3000m左右就失去流动性，需要采取井筒降黏的措施开采。

1.3.2 塔河稠油开采难点

超深层稠油开采技术难点主要表现在以下5个方面。

(1)超深超稠油致稠机理不明。前期主要从稠油黏度和密度的角度出发，研究其详细组分，但是稠油类型多样，特点不一，前期对于塔里木盆地碳酸盐岩超稠油的致稠机理研究仍然无法给出满意回答。

(2)超深超稠油化学降黏难度大。国内外很多稠油区块都尝试过化学降黏工艺，取得的成效不一。化学降黏的效果很大程度上取决于稠油本身的特性及油藏的环境。高温高盐使水溶性降黏剂的性能大打折扣；稠油本身的特点如高黏、高重金属含量等对油溶降黏剂是一大考验。稠油乳化和破乳是一对矛盾体，是对水溶降黏剂的重大挑战。

(3)超深超稠油物理降黏加热效率低，可靠性差。常规加热降黏工艺在超深层稠油井应用中面临井筒热损失大的难题，加热设备亦需面对高温高压的井下苛刻井况。

(4)人工举升困难。深抽井载荷大，对机杆泵及配套要求高，同样的设备，在塔河稠油区的使用寿命均要减少。

(5)超深层稠油集输难度大。常规稠油地面集输工艺技术在面临塔河超稠油时几乎都要升级改造。超稠油黏度高，因此改善超稠油流动性，是解决塔河油田稠油开采集输处理技术的关键；原油中 H_2S 含量较高，存在较大的安全隐患，且处理成本较高。

1.3.3 塔河稠油开发历程

针对碳酸盐岩缝洞型油藏稠油存在的超深、超稠、高温和高矿化度特点及其所带来的开采技术难题，中国石油化工股份有限公司西北油田分公司(简称西北油田)结合塔里木盆地碳酸盐岩缝洞型油藏多年攻关实践经验，对井筒掺稀降黏、化学降黏及超稠油举升等方面的成果进行了总结，形成了一系列适合超深、超稠、高矿化度稠油开采的技术方法，结束了塔河油田“见稠发愁”的历史，有力推动了 6 区、7 区的快速上产和 12 区 4×10^8t 超稠油储量的高效动用，为塔河油田超深超稠油的开发做出了巨大的贡献，如图 1-1 所示。

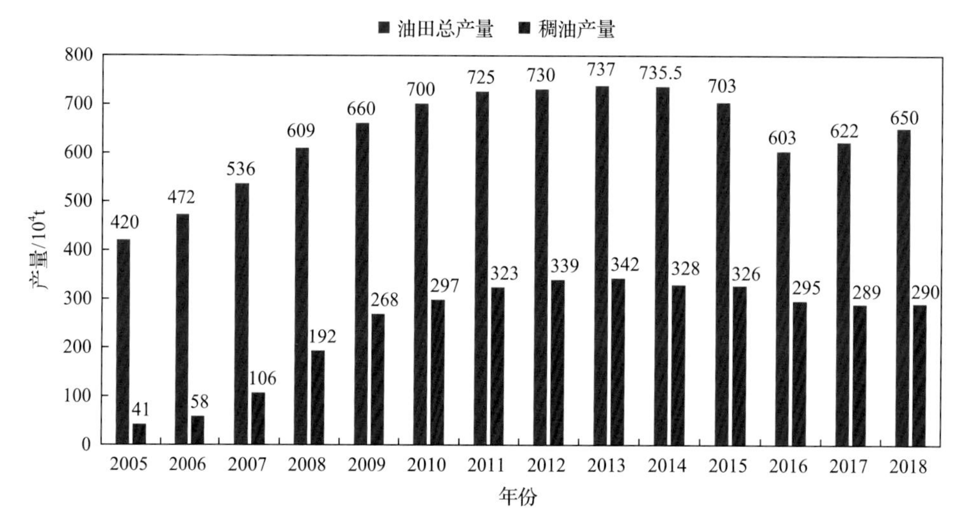

图 1-1　塔河油田总产量及稠油近年产量

在稠油开发初期(2005～2009 年)，依靠掺稀降黏工艺开创了稠油开采时代，创新了中质油混配方法，稠油产量稳步提升。在工艺技术上，一是建立了掺稀降黏开采模式[22]，从优化掺稀油品及优化现场掺稀注采参数(建立了掺稀稀稠比优化图版)方面开展研究，形成了塔河油田掺稀参数优化技术。二是根据掺稀稀稠比影响因素制定掺稀图版。通过室内实验模拟现场工况确定稀油密度和稠油黏度对掺稀稀稠比的影响，最终确定不同区块、不同黏度稠油的掺稀用油密度[23]。

在稠油上产稳产阶段(2010～2014 年)，通过物理及化学降黏、抽稠泵、电泵举升等综合降黏手段，保障了塔河稠油产量稳中有升。针对塔河稠油油藏地层温度高达 120℃、地层水矿化度高达 2.2×10^5mg/L、稠油黏度最高达 100×10^4mPa·s 的苛刻条件，先后研发成功了新型聚合物高效油溶性降黏剂[24]、抗盐型水溶性降黏剂[25]，以及高效复合型降黏剂[26]，攻克了特高黏度超稠油化学降黏开采技术难题。在常规加热降黏工艺方面，创新优化了双空心杆闭式热流体循环和电加热杆技术，提高了常规加热工艺在超深、超稠油井开采中的技术适应性。针对常规抽稠泵存在排量不足及强度不够的问题，开展了大排量抽稠泵优化设计研究，创新设计了新型抽稠泵，实现了排量 $100m^3/d$、深度 2800m 的稠油有杆泵深抽，为碳酸盐岩缝洞型油藏稠油开采提供了技术支撑。

目前，稠油开采处于效益开发阶段(2014～2018年)，以油价为关注点，以效益为导向，合理配产，大力治理低效负效稠油区块，追求稠油开发的效益最大化。针对前期化学降黏成本高、常规物理加热降黏可靠性差的问题，先后探索了矿物绝缘电缆加热降黏[13,20]及掺天然气混溶降黏技术，同时不断探索优化新型稠油电泵[27]，追求低成本的稠油开发工艺。矿物绝缘电缆具有加热效率高(99%)、升温幅度大(30℃)及入井作业简单(1d)的特点[28]，现场应用14井次，累计节约稀油超过 12×10^4t，是超深层稠油井加热降黏不可多得的高效工艺。利用天然气溶解降黏和气举举升，塔河油田创新开展了国内首次超深稠油掺天然气混溶降黏工艺先导试验，降低了稠油掺稀油用量，释放了稠油产能。根据现场实践，该工艺对中低黏区块稠油井具有较好的适应性，在油井能量较为充足的情况下，能够较好地发挥天然气降黏效果，现场开展试验12井次，累计增油5463.4t，累计节约稀油8621.1t，为塔河油田稠油开发探索了一条新的高效开采技术。

参考文献

[1] 曹畅, 艾克热木・牙生, 刘磊. 稠油高黏机理及掺稀降黏技术进展与展望[J]. 油气储运, 2018, 37(3): 248-255.

[2] 陈唯. 稠油降黏开采技术研究[D]. 大庆: 东北石油大学, 2017.

[3] 于世虎. 稠油降黏剂合成与性能研究[D]. 青岛: 中国石油大学(华东), 2014.

[4] 刘必心, 龙军. 沥青质对塔河稠油黏度的影响机理研究[J]. 中国科学: 化学, 2018, 48(4): 434-441.

[5] 呼惠娜. 中深稠油井降黏举升工艺技术研究及现场试验[D]. 荆州: 长江大学, 2012.

[6] 连军利. 叙利亚碳酸盐岩稠油 Shrinish 油藏开发技术优化研究[D]. 北京: 中国地质大学(北京), 2012.

[7] 闫玉杰. 超深稠油井举升工艺及驱油技术研究[D]. 大庆: 东北石油大学, 2017.

[8] 霍刚. 超稠油及深层稠油开采关键技术研究[D]. 青岛: 中国石油大学(华东), 2007.

[9] 于欣. 稠油降黏方法研究进展[J]. 天津化工, 2017, 31(6): 1-3.

[10] 刘晓瑜, 赵德喜, 李元庆. 稠油开采技术及研究进展[J]. 精细石油化工进展, 2018, 19(1): 10-13.

[11] 段旭昆. 稠油油藏的开采技术与方法[J]. 化工管理, 2017, (28): 214.

[12] 赵丽莎, 吴小川, 易晨曦, 等. 稠油开采技术现状及展望[J]. 辽宁化工, 2013, 42(4): 363-368.

[13] 朱沫. 超深稠油井井筒伴热工艺数值模拟研究[D]. 成都: 西南石油大学, 2014.

[14] 祝庆军. 高沥青重质原油的降凝减粘研究[D]. 杭州: 浙江大学, 2016.

[15] 解来宝, 吴玉国, 宫克. 稠油降黏方法研究现状及发展趋势[J]. 应用化工, 2018, 47(6): 1291-1295.

[16] 唐红翠. 稠油乳化降黏技术研究[D]. 青岛: 中国石油大学(华东), 2010.

[17] 张帆, 赵培晔, 曹艳秋. 稠油乳化降黏剂研究应用进展[J]. 化学工程师, 2017, 31(11): 48-51.

[18] 曾德群. 复合型稠油降黏剂的制备及性能研究[D]. 成都: 西南石油大学, 2015.

[19] 李向博. 稠油油溶性降黏剂的合成与评价[D]. 北京: 北京化工大学, 2016.

[20] 柳荣伟, 陈侠玲, 周宁. 稠油降黏技术及降黏机理研究进展[J]. 精细石油化工进展, 2008, 9(4): 20-25, 30.

[21] 宫臣兴, 李继红, 史毅. 稠油开采技术及展望[J]. 辽宁化工, 2018, 47(4): 327-329.

[22] 孙磉磤. 塔河油田超深稠油掺稀井机采举升优化技术[J]. 油气田地面工程, 2013, 32(5): 1-2.

[23] 程仲富, 杨祖国, 何龙. 中质油掺稀密度优化分析[J]. 地质科技情报, 2016, 35(4): 199-201.

[24] 何晓庆, 任波, 杨祖国. 油溶性降黏剂 SDG-3 在塔河超稠油井 TH12112CH 的应用试验[J]. 内蒙古石油化工, 2012, 38(21): 22-23.

[25] 甘振维. 塔河油田超稠油水溶性减阻降黏剂的研究与应用[J]. 应用化工, 2010, 39(5): 687-692.
[26] 郭继香, 杨矞琦, 张江伟. 超稠油复合降黏剂 SDG-3 的研究和应用[J]. 精细化工, 2017, 34(3): 341-348.
[27] 修德欣. 海上稠油油田电加热开采技术研究[D]. 青岛: 中国石油大学(华东), 2014.
[28] 程仲富. 塔河油田超深超稠油矿物绝缘电缆加热技术研究[J]. 长江大学学报(自然科学版), 2017, 14(21): 4, 32-35.

第 2 章　超稠油性质及稠油井筒流动特性

稠油是一种组成复杂的多烃类混合物，具有胶质和沥青质含量高、黏度高、密度大、流动性差的特点[1]，一般随温度改变黏度会发生显著变化。世界范围内稠油资源储量丰富，随着常规原油的不断开采和日益枯竭，稠油开采正在成为当今世界原油供给的重要力量[2, 3]。而稠油高黏的特点严重制约了稠油开采、集输等工作的开展，因此开展稠油致稠因素研究十分必要。

塔河油田超深层稠油与常规稠油相比，最显著的特征是沥青质含量高于胶质、H/C值(原子个数比)低、分子缩合度高，S、N、O 非金属杂原子及 Ni、V 等过渡金属元素含量高。此类稠油超出常规稠油基础研究的范围，在致稠机理研究方面尚属空白，无法有效指导后续降黏及举升工艺。近年来，笔者以塔河油田超稠油为研究对象，通过结合最新分析测试方法及测试设备，在稠油致稠影响因素及深井流动领域取得了显著进展。

(1) 通过灰熵关联分析稠油中影响稠油黏度的各个因素，对稠油黏度贡献大小的因素依次为：沥青质＞胶质＞芳香烃＞饱和烃，沥青质是稠油致稠的主要组分。

(2) 稠油中沥青质以环状与芳环结构为主，随着沥青质 H/C 值的减小，芳香碳率 f_A 增加，芳环数目越多，成迫位缩合的环数越多，越容易形成共轭 π 键体系，微观表现为片层状结构，其片状层厚度越小、层间距越小，分子间作用力越大。

(3) 塔河油田超稠油中含有异常超高含量的 Ni、V 等过渡金属(平均为 331mg/kg，是常规稠油的 10～15 倍)和 O、N、S 等非金属杂原子(平均为 5.19%，是常规稠油的 2～4 倍)。稠油中过渡金属、非金属杂原子主要集中在沥青质中，V、Ni 以金属卟啉的形式存在，一方面，形成的金属卟啉具有 π-π 电子共轭体系，与沥青质稠环 π-π 电子共轭体系可以产生 π-π 缔合作用，增加了沥青质的分子量；另一方面，过渡金属元素具有外层空轨道，可以和具有孤对电子的非金属元素形成大分子配合物，不仅大大增加了其表观分子量，而且导致了沥青质分子的聚集程度增加。非金属杂原子的存在，一方面产生偶极作用，使沥青质分子的正负电荷中心不重合，分子间靠静电互相吸引成为较大的分子，大分子容易产生形变，致使正电荷中心和负电荷中心发生瞬间不对称，进而产生了瞬时偶极矩，产生色散力；另一方面杂原子官能团(羟基、胺基、羧基、羰基等)不仅使分子具有极性，而且可形成氢键，导致沥青质分子缔合，形成三维构造的电荷转移络合物聚集体，进一步增加稠油黏度。

(4) 针对不同含气及含水条件，采用高温高压模拟装置开展稠油、气、水三相条件下井筒中的流动规律研究，并开发了分析软件。根据不同气液比稠油井筒流动摩阻分布规律，建立不同气液比、不同黏度稠油与举升压差的关系图版。

通过开展致稠机理分析，明确胶质、沥青质等组分及金属、非金属杂原子对稠油黏度的影响，可以为降黏方式的选择及降黏剂的研制提供理论依据。同时，开展稠油在井筒油、气、水多相流条件下随着举升过程中温度、压力的变化流动状态发生变化的研究，对降黏工艺参数设计优化具有重要的指导意义。

2.1 超稠油理化性质

2.1.1 基础物性

1. 实验方法

1) 密度测定

依据国家标准《原油和液体石油产品密度实验室测定方法》(GB/T 1884—2000)(我国规定为 20℃，101.325kPa)、《原油和液体或固体石油产品密度或相对密度的测定——毛细管比重瓶和带刻度双毛细管比重瓶法》(GB/T 13377—2010)、《原油和石油产品密度测定法(U 形振动管法)》(SH/T 0604—2000)测试塔河油田原油密度。

2) 原油凝点测试

依据《原油凝点测定法》(SY/T 0541—2009)，参照标准《石油产品凝点测定法》(GB/T 510—2018)及《石油产品试验用玻璃液体温度计技术条件》(GB/T 514—2005)测试塔河油田原油凝点。

3) 含盐量测试

依据《原油盐含量的测定 电量法》(SY/T 0536—2008)，测定塔河油田原油地层水含盐情况。

4) 原油蜡含量的测定

依据《原油蜡含量的测定》(GB/T 26982—2011)，选择适宜的有机溶剂，采用氧化铝吸附法对塔河油田原油的含蜡量进行检测。

5) 流动性质测试

依据《原油粘度测定——旋转粘度计平衡法》(SY/T 0520—2008)，采用 DV-Ⅱ+Pro 型黏度计，测定塔河油田稠油黏度。在重质油流动性研究中，普遍采用黏度参数作为评价指标，反映分子内部运动过程中产生内部阻力的情况[4, 5]。研究表明，液体黏度与其所处的外界条件有关，一般随温度升高而减小，且由液体流动牛顿方程式可知，分子越大，提供给液体流动的能量越高；液体黏度越大，分子间氢键也越大。黏温曲线可以准确反映液体黏度随温度的变化规律。正确测定原油的黏温曲线，对原油集输储运设计、生产和科研具有重要的意义，特别是对稠油热采具有重要的指导作用。

稠油的黏剪特性是指在特定温度下，稠油黏度随剪切速率的变化情况。一般来说，非牛顿流体会有剪切变稀的现象，而牛顿流体一般不具有此性质。超稠原油体系中的三维结构及其胶团的结构强度越大，其结构越难被剪切应力破坏，因而稠油的黏剪特性可以反映稠油重质组分三维结构及其胶团的结构强度。

2. 稠油外观形貌

塔河油田原油的表观性状各不相同，如图 2-1 所示。

图 2-1　六种塔河油田稠油的外观性状

由图 2-1 可见，塔河油田稠油样品基本分为 3 种类型，分别是超稠油、片状原油、渣状原油。

3. 稠油基础物性

本书测定的塔河油田稠油密度、凝点、含盐量、含蜡量等基本性质如表 2-1 所示。

表 2-1　塔河油田稠油物理性质测试表

井名	密度(20℃)/(g/cm³)	凝点/℃	含盐量/(mg/L)	含蜡量/%
THK7	1.0355	49	22816.87	5.54
THK8	1.0282	36	57114.07	3.64
THK9	1.0119	28	2818.03	3.1
THK10	1.0387	60	25505.94	4.53
THK11	1.0157	55	14558.13	2.03
THK12	1.0224	30	21648.98	5.67
THK13	1.0298	50	238.99	5.99
THK14	1.0319	46	2119.01	5.53
THK15	1.0332	60	5810.05	4.58
THK16	1.0756	50	29420.77	3.86
THK17	1.0166	50	25758.55	4.68
THK18	1.0231	44	12212.7	3.83
THK19	1.0165	26	27914.08	6.37
THK20	1.0134	30	22091.78	6.31
平均值	1.028	44	19287.71	4.69

表 2-1 常规物性分析结果表明：塔河油田的稠油为高密度(20℃下，平均密度为 1.028g/cm³)、高凝点(一般大于 30℃)、高含盐(平均含盐量为 19287.71mg/L)、低蜡的重质原油。

4. 稠油流动特性

1) 黏温关系

选取塔河油田稠油样品分别测定其在不同温度(从 50～130℃，间隔为 10℃)下的黏度，测定结果如图 2-2、图 2-3 所示，可以得出如下结论。

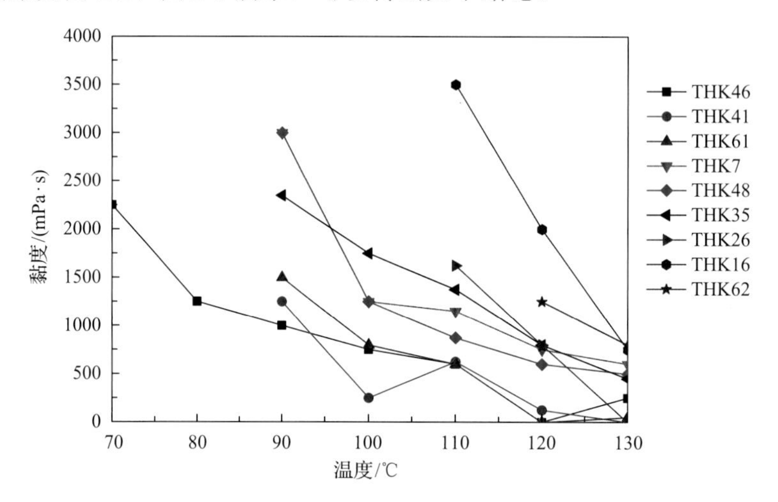

图 2-2　10 区稠油在一定剪切速率下的黏温曲线(剪切速率为 $170s^{-1}$)

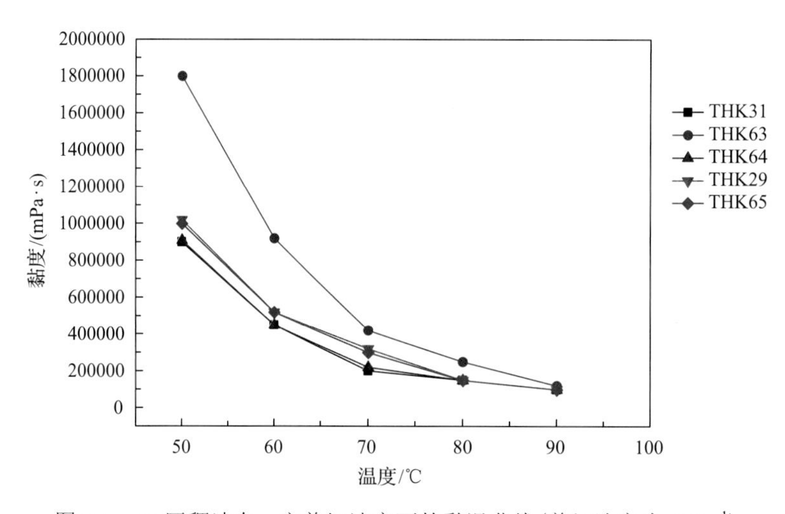

图 2-3　12 区稠油在一定剪切速率下的黏温曲线(剪切速率为 $170s^{-1}$)

(1) 塔河油田超深层稠油在地层条件下的黏度远远低于地面脱气原油黏度，在裂缝溶洞型碳酸盐岩地层中流动基本不存在困难，但在井筒举升和地面流动降温过程中，会渐渐失去流动性，给生产带来难题。

(2) 在剪切速率一定($170s^{-1}$)的情况下，随着温度的升高，稠油黏度有不断减小的趋势，在 120℃以前黏度变化幅度较大。由实验结果可知，塔河油田稠油黏度温度敏感性强，温度稍有增加，稠油黏度便迅速降低，且原来黏度越高的稠油，在实验中下降幅度越大。

对稠油样品的黏温曲线进行阿伦尼乌斯(Arrhenius)方程回归拟合：

$$\eta = Ae^{\Delta E/(RT)} = Ae^{B/T} \tag{2-1}$$

式中，η 为表观黏度，Pa·s；A 为常数；R 为气体常数；T 为热力学温度，K；ΔE 为活化能，J/mol；$B=\Delta E/R$，为常数，$\Delta E/R$ 可以表示活化能的相对大小。

从图 2-4 中可以看到，随着温度的下降，稠油黏度急剧升高。因为温度影响分子间无规则热运动的程度，稠油具有温度敏感性，温度不同，稠油内部分子的摩擦、扩散程度，分子链缠绕程度不同。当温度下降时，分子的无规则热运动程度减弱，分子间的缠绕程度加剧，分子的体积变大，间距变小，摩擦力变大，稠油内部的分子间发生缔合作用，产生大分子的三维网状结构，最终表现为黏度增大。

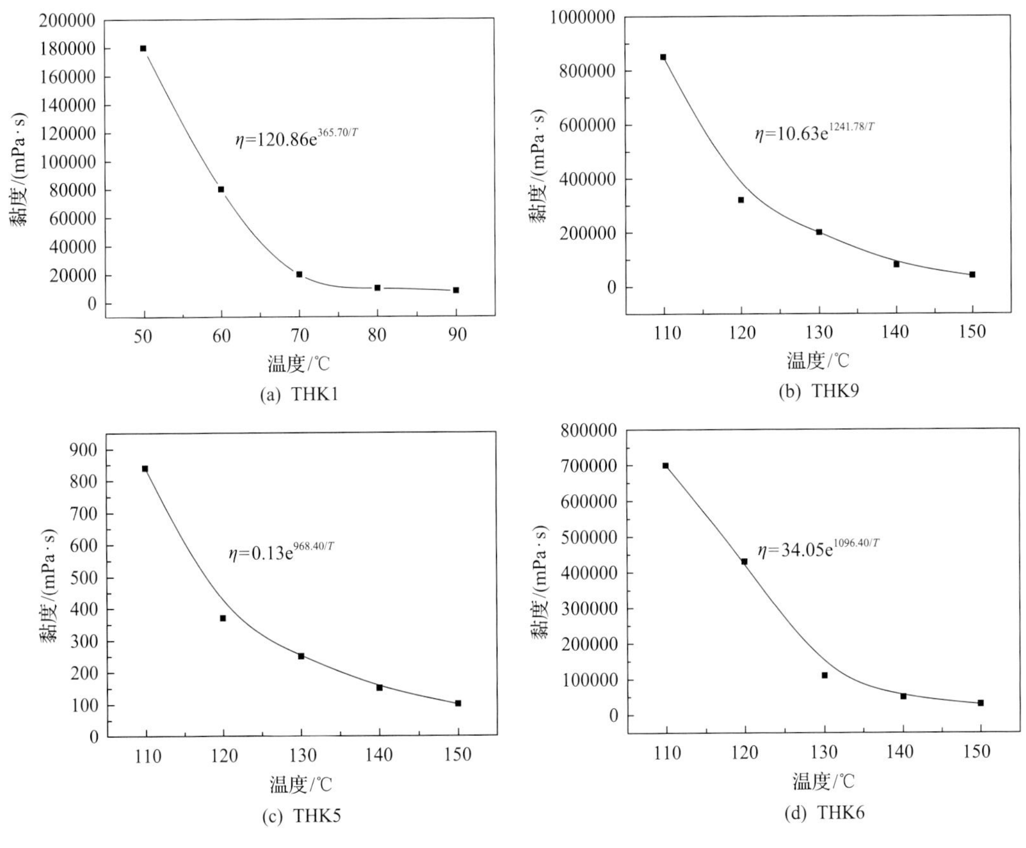

图 2-4　稠油黏温曲线

从表 2-2 中可以看出，不同稠油的拟合方程中，$\Delta E/R$ 不同，随着 $\Delta E/R$ 的增大，稠油黏度增大。活化能 ΔE 指的是流体分子开始流动前在分子周围形成足够大的空穴以提供该分子移动所必须克服的能垒。流体分子的极性、分子量大小、分子的构型、分子间相互作用力的大小都可以影响 ΔE，说明这几种因素的共同作用影响稠油黏度。

表 2-2　稠油黏温拟合曲线的回归方程

油样	回归方程	$\Delta E/R$	黏度/(mPa·s)
THK1	$\eta = 120.86e^{365.70/T}$	365.70	7067(90℃)
THK5	$\eta = 0.13e^{968.40/T}$	968.40	840.1(110℃)
THK6	$\eta = 34.05e^{1096.40/T}$	1096.40	70×10^4(110℃)
THK9	$\eta = 10.63e^{1241.78/T}$	1241.78	84.8×10^4(110℃)

2)原油的流变性分析

按黏温曲线测定方法，在 130℃下恒温剪切后，降至 120℃，从低到高增加剪切速率，测定黏剪曲线，结果如图 2-5 所示。

从图 2-5 可以看出，稠油样品在剪切速率从 $0s^{-1}$ 增大到 $10s^{-1}$ 时，原油黏剪曲线变化很大，表现为黏度随着剪切速率的增大而迅速减小，且初始黏度越高，下降幅度越大。其中，除 THK61 剪切速率大于 $30s^{-1}$ 之后黏度趋于稳定外，其他样品都在剪切速率为 $10s^{-1}$ 后便趋于稳定。

从流变角度看，稠油表现出假塑性流体的剪切变稀的特性。由于稠油中饱和烃、芳香烃含量少，胶质、沥青质含量高，沥青质、胶质相互之间形成三维网状结构，随着剪切作用的增强，稠油体系中的三维结构及其胶团不断被破坏，导致稠油黏度不断下降；随着剪切速率的继续增加，原油非牛顿流体特性逐渐减弱，达到一定剪切速率($10s^{-1}$)后，均转化为牛顿流体或非牛顿流体特性很弱的流体，原油体系中的三维结构和胶团大部分已被破坏，黏度随剪切速率变化不明显。

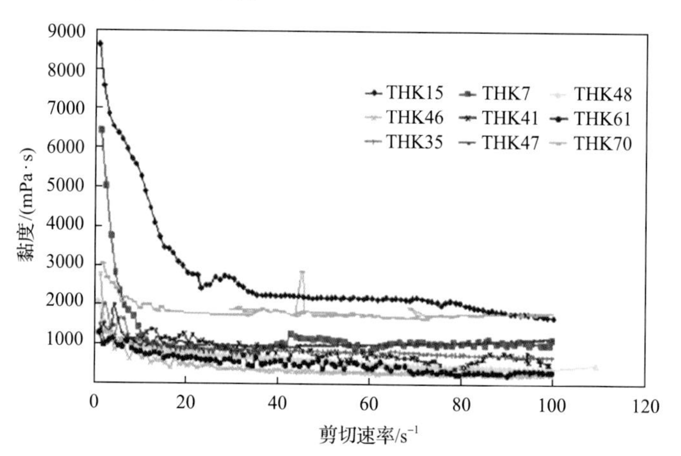

图 2-5　恒定温度下剪切稀释特性曲线(剪切温度为 130℃)

流变性主要受稠油中胶质、沥青质含量的影响。胶质、沥青质含量多，增大了液体分子的内摩擦力，使原油黏度增大，呈现非牛顿流体的特性。

THK21 与 THK22 稠油为塔河油田 12 区原油，常温下呈固态，温度敏感性强，在不同温度下的流变曲线为过原点的曲线(图 2-6)，呈现非牛顿流体特性，且温度越低，非牛顿流体特性越强。其原因是它们的沥青质、胶质等重有机物分子的分散、聚集状态随温度及剪切发生变化，从而使沥青质不断重叠、堆砌而形成分散微粒，进而发生变化。经拟合分析，流变曲线遵从奥斯特瓦尔德(Ostwald)幂律模式(表 2-3)。

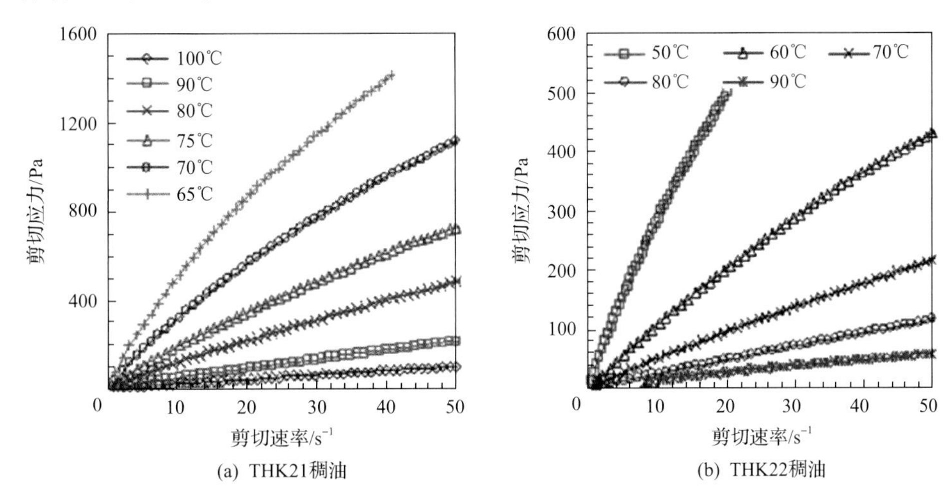

(a) THK21稠油　(b) THK22稠油

图 2-6　塔河油田稠油流变曲线

表 2-3　超稠油流变曲线拟合结果

样品号	温度/℃	流变模式	R^2
THK21	100	$\tau = 1.9806\dot{\gamma}^{0.9968}$	0.9973
	90	$\tau = 4.9411\dot{\gamma}^{0.9614}$	0.9997
	80	$\tau = 13.770\dot{\gamma}^{0.9137}$	0.9989
	75	$\tau = 24.424\dot{\gamma}^{0.8760}$	0.9989
	70	$\tau = 45.595\dot{\gamma}^{0.8290}$	0.9983
	65	$\tau = 79.475\dot{\gamma}^{0.7890}$	0.9981
THK22	90	$\tau = 1.9437\dot{\gamma}^{0.8731}$	0.9977
	80	$\tau = 2.8352\dot{\gamma}^{0.9464}$	0.9982
	70	$\tau = 5.6573\dot{\gamma}^{0.9381}$	0.9977
	60	$\tau = 12.459\dot{\gamma}^{0.9214}$	0.9981
	50	$\tau = 34.232\dot{\gamma}^{0.9114}$	0.9975

注：τ 为剪切应力；$\dot{\gamma}$ 为剪切速率。

根据表 2-3 中两种稠油的拟合结果，可以计算其在不同测试温度下剪切速率为 $10s^{-1}$ 的表观黏度，根据黏度判断对应温度下稠油的流动性。

2.1.2 微观特征

1. 实验方法

1）金属元素含量测定

依据《残渣燃料油中铝、硅、钒、镍、铁、钠、钙、锌及磷含量的测定——电感耦合等离子发射光谱法》(GB/T 34099—2017)，取一定量典型的塔河油田稠油，高温(750℃)灰化后，用无机溶剂溶解，采用美国Perinelmer Optima 3000等离子发射光谱仪，测定溶液中金属离子的种类及含量，并将其换算成原油组分和原油样品中金属离子的含量。

2）非金属元素含量测定

依据《岩石有机质中碳、氢、氧元素分析方法》(GB/T 19143—2017)，对塔河油田稠油中非金属元素种类及含量进行分析。分析中采用德国Elementar公司的Vario EL型非金属元素分析仪。

测试条件：①CHN模式。载气为He，氧化炉温度为950℃，还原炉温度为500℃。②O模式。载气为N_2/H_2，裂解温度为1140℃。

3）四组分含量测定

依据《石油沥青四组分测定法》(NB/SH/T 0509—2010)，对原油进行饱和烃、芳香烃、胶质和沥青质四组分定量分析。由于原油四组分中重质组分沥青质在吸附剂上的吸附为不可逆过程，先要用正构烷烃溶剂分离出沥青质。分离出沥青质后，以Al_2O_3为吸附剂，采用四组分分离法依次在吸附柱上冲洗出饱和烃、芳香烃和胶质。在Al_2O_3中需加入1%(质量分数)的水来调整其吸附活性，使分离效果最佳，并保证在吸附剂上的残留尽量少。

利用四组分分离法先将原油不同的烃类结构进行分离，然后分别研究不同浓度原油的主要组分对稠油黏度增加的贡献情况。

采用棒状薄层色谱仪(MK-6S)测定塔河油田稠油四组分含量。由于油田勘探开发过程中会使用酸液等化学药品，残留的酸会影响测定结果的准确性。因此，需要将残留在稠油中的酸洗掉。处理方法为：将稠油样品用去离子水洗至中性，脱水；称取约0.1g稠油样品，用3mL甲苯溶解制得分析液；用移液管移出0.8μL配好的溶液，均匀分成4份依次点在色谱棒上；将色谱棒放入盛有正庚烷有机溶剂的展开槽中展开到110mm处，取出晾干；移入另一个放入甲苯溶剂的展开槽中展开到50mm处，再次取出晾干；移送色谱棒至氢火焰上，开机扫描，在色谱工作站上绘制色谱图[6]，获取分析数据。

2. 四组分含量及其红外光谱特征

塔河油田稠油样品四组分分析结果(质量分数)见表2-4。由表2-4可见，塔河油田稠油的沥青质含量高。其中渣状油样THK3和THK4的沥青质含量最高，分别为40.44%和38.32%。片状油样THK6的沥青质含量为33.17%，超稠油油样THK1、THK2的沥青质含量分别为28.28%、36.32%。可知油样沥青质含量的大小顺序为渣状油＞片状油。

表 2-4　稠油族组分测定结果　[单位：%(质量分数)]

稠油油样	饱和烃	芳香烃	胶质	沥青质	总量
THK1	11.7	41.86	18.16	28.28	100
THK2	10.15	29.78	23.75	36.32	100
THK6	11.88	41.13	13.82	33.17	100
THK1	18.93	18.36	9.04	53.67	100
THK3	10.86	30.83	17.87	40.44	100
THK4	28.04	21.16	12.48	38.32	100

从图 2-7 THK24 饱和烃的红外光谱(IR)可看出，饱和烃的主要吸收峰：2952cm^{-1}、2924cm^{-1} 为—CH_3、—CH_2—伸缩振动吸收峰；1459cm^{-1}、1376cm^{-1} 为—CH_3、—CH_2—的弯曲振动吸收峰；724cm^{-1} 表明相邻—CH_2—的个数大于 4，说明饱和烃的主要成分为烃类。1603cm^{-1} 附近有很弱的 C═O 峰，在 1100～1300cm^{-1} 区间有 2 个酯基 C—O 的伸缩振动吸收峰，表明饱和烃中含有少量的酯类官能团。

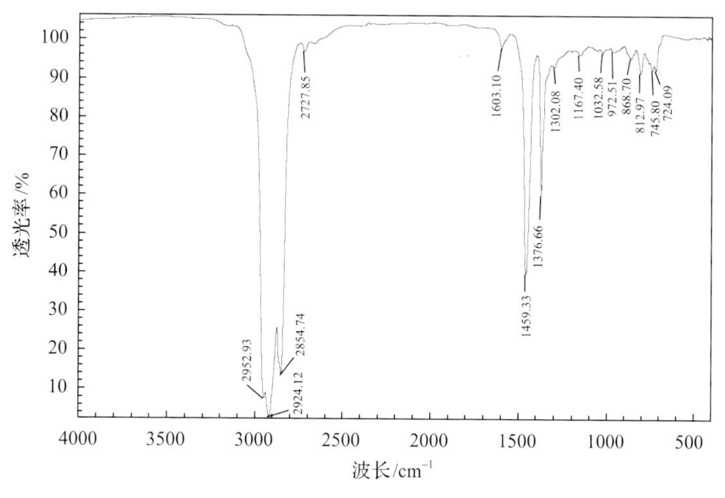

图 2-7　THK24 饱和烃的 IR

从图 2-8 THK24 芳香烃的 IR 可看出，2923cm^{-1}、1610cm^{-1} 是芳香烃的特征吸收峰；此外，2853cm^{-1} 是醛的特征吸收峰。1367～1610cm^{-1} 有 4 个吸收峰，此处为苯环取代基(681～806cm^{-1})的倍频峰，为苯环、单取代或三取代；其中 720cm^{-1} 峰很强，为苯环吸收峰。3032cm^{-1} 为羟基吸收峰，1034cm^{-1} 为 C═O 的吸收峰，说明芳香烃中含有羧酸。

从图 2-9 和图 2-10 可看出，除 3030cm^{-1}、1600cm^{-1} 附近是芳烃的特征吸收峰，2728cm^{-1} 是醛的特征吸收峰外，出现了明显的 2500～3500cm^{-1} —OH/N—H 的伸缩振动，1666cm^{-1} 左右是 C═O 的吸收峰，说明胶质分子中可能含有酸、酯、醇、醛、酮、酰胺或酚的基团。

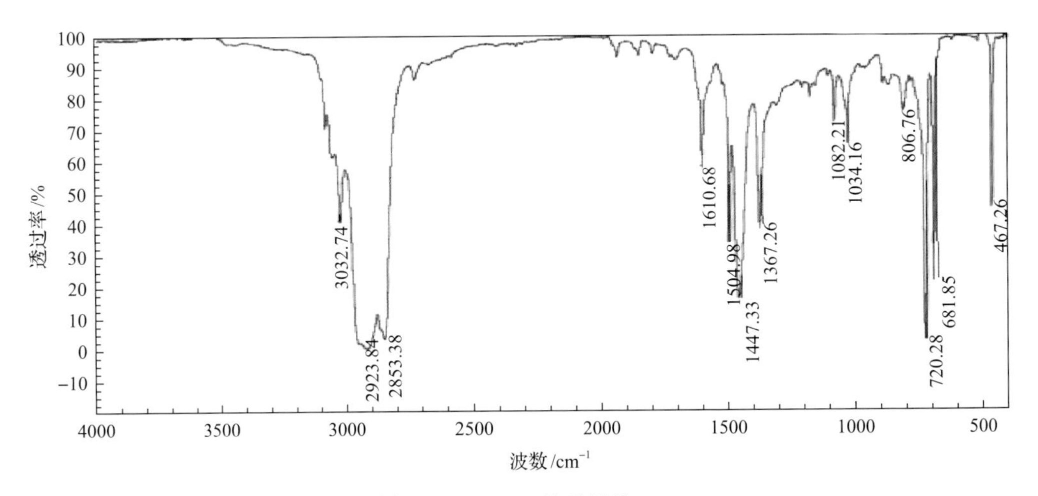

图 2-8　THK24 芳香烃的 IR

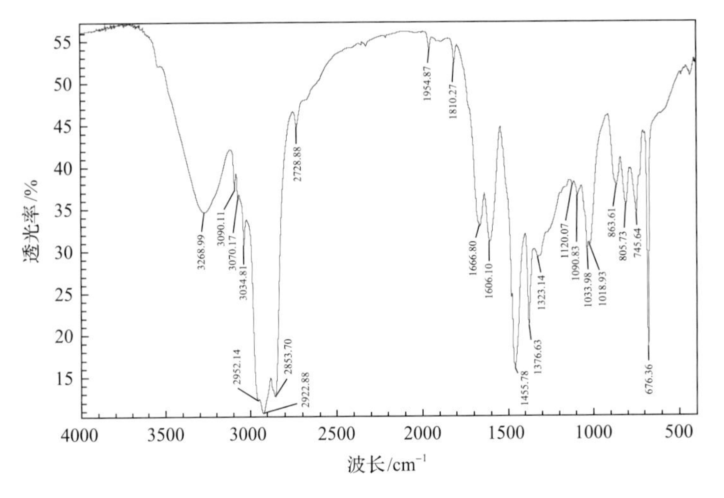

图 2-9　THK24 胶质的 IR

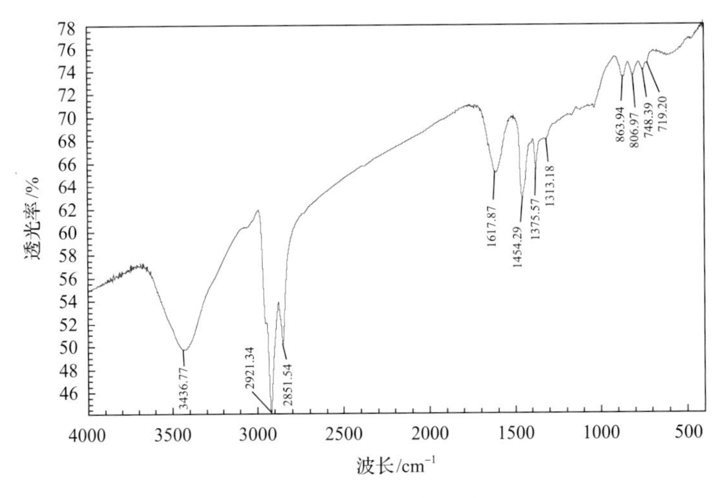

图 2-10　THK24 沥青质的 IR

3. 原油碳数分布分析

采用高温蒸馏法测定碳数分布，结果如图 2-11 所示，从图可以看出不同黏度范围原油的碳数分布趋势大体呈现正态分布，塔河油田原油的碳数分布在 C_7～C_{90}，在 C_{20}～C_{50} 大体呈正态分布，而稀油碳数主要分布在 C_8～C_{20}。从侧面也反映出塔河油田原油平均分子量远大于普通稀油，分子链相对较长，稠油结构更为复杂。

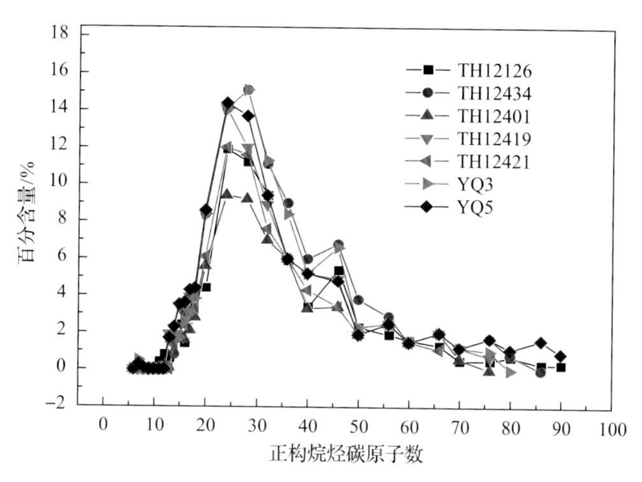

图 2-11　塔河油田原油碳数分布情况

4. 金属元素含量

对塔河油田稠油油样进行金属元素分析结果见表 2-5，国内其他油田或国外主要稠油油田微量元素见表 2-6。

表 2-5　塔河油田稠油油样金属元素分析结果　（单位：mg/kg）

元素种类	不同油样					
	THK1	THK2	THK5	THK4	THK3	THK6
Fe	112	127	2148	1564	1219	201
Cu	0.6	0.2	7.6	2.5	1.7	0.4
V	362	283	454	362	340	316
Na	950	6998	6234	7281	3950	3074
Ca	1937	3891	4762	2696	2015	6361
Mg	41	152	331	409	75	50
Al	36	65	264	502	103	16.5
Pb	2.1	1.2	8	2.7	3.6	0.8
Ni	54	40	53	58	49	43
Ba	19	15	67	20	8.4	8.2
Cd	<0.1	<0.1	<0.1	<0.1	<0.1	<0.1

续表

元素种类	不同油样					
	THK1	THK2	THK5	THK4	THK3	THK6
Co	0.2	0.1	0.3	0.4	0.1	<0.1
Cr	<0.1	<0.1	5	3.3	2.1	1.4
Mn	<0.1	11.5	167	26.4	3.4	2.8
Zn	2.7	3.5	251	122	5	3.2

表 2-6　国内其他油田和国外主要稠油油田微量元素统计表　（单位：mg/kg）

原油来源	微量元素含量			
	Ni	V	Fe	Cu
塔河 10 区	50.23	338.6	113	0.056
胜利油田	26	1	3.5	0.1
中原油田	3.3	2.4	8.2	0.4
大庆油田	3.1	0.04	0.7	0.25
辽河油田	32.5	0.6	9.3	0.3
伊拉克 Ahdeb 油田	4.56	9.73	7.68	0.96
伊朗 YD 油田	11.34	32.7	5.96	1.7
阿曼穆哈伊兹油田	2.42	4.66	2.48	0.86

由表 2-5 和表 2-6 可见，塔河油田稠油中主要金属元素有 V、Ni、Al、Ca、Cu、Fe、Mg、Na、Pb 等，相对于国内外主要稠油样品金属含量偏高，可能是塔河油田埋藏深、地层温度高、水矿化度高、硫含量高等原因，使稠油在油藏形成过程中酸性基团与地层水及岩石之间作用强，导致金属离子在稠油中含量偏高；塔河油田稠油黏度高，可能是过渡金属离子与有机杂环元素形成稳定的络合物，增强了分子之间的聚集能力，导致塔河油田稠油黏度增大。

5. 非金属元素含量

对塔河油田及其他油田油样进行非金属元素分析，结果见表 2-7。

表 2-7　塔河油田与其他油田油样非金属元素分析结果

原油	w(C)/%	w(H)/%	w(S)/%	w(N)/%	w(O)/%	w(杂原子)/%	n(H)∶n(C)
THK24	82.84	9.83	2.4	1.13	1.54	5.07	1.42
THK25	80.6	8.03	3.74	1.24	2.51	7.49	1.20
THK26	85.16	9.80	4.01	1.17	0.81	5.99	1.38
THK27	83.30	9.60	4.04	1.22	1.46	6.72	1.38
THK28	83.06	9.15	2.42	1.22	3.10	6.74	1.32

续表

原油	w(C)/%	w(H)/%	w(S)/%	w(N)/%	w(O)/%	w(杂原子)/%	n(H)∶n(C)
THK29	80.09	8.97	4.10	1.28	2.48	7.86	1.34
THK30	83.29	9.04	3.93	1.22	1.67	6.82	1.30
塔河稀油	85.24	12.58	0.88	1.26	0.63	2.77	1.77
胜利孤东 1#	86.70	11.71	0.79	0.38	1.01	2.18	1.62
胜利孤东 4#	84.88	11.35	0.86	0.41	1.10	2.37	1.60
大庆油田葡浅 12 区块	86.53	12.50	0.73	0.13	0.86	1.72	1.73

由表 2-7 可见，塔河油田稠油的 H/C 值平均在 1.33，比塔河稀油和国内其他稠油低。H/C 值低，说明稠油中环状结构和芳环结构多，不饱和度高。

6. 扫描电镜(SEM)形貌

(1) THK6 稠油不同放大倍数 SEM 图如图 2-12 所示。可见 THK6 稠油主要以沥青质的颗粒聚集体状态存在，稠油呈现沥青质的层状微观结构。

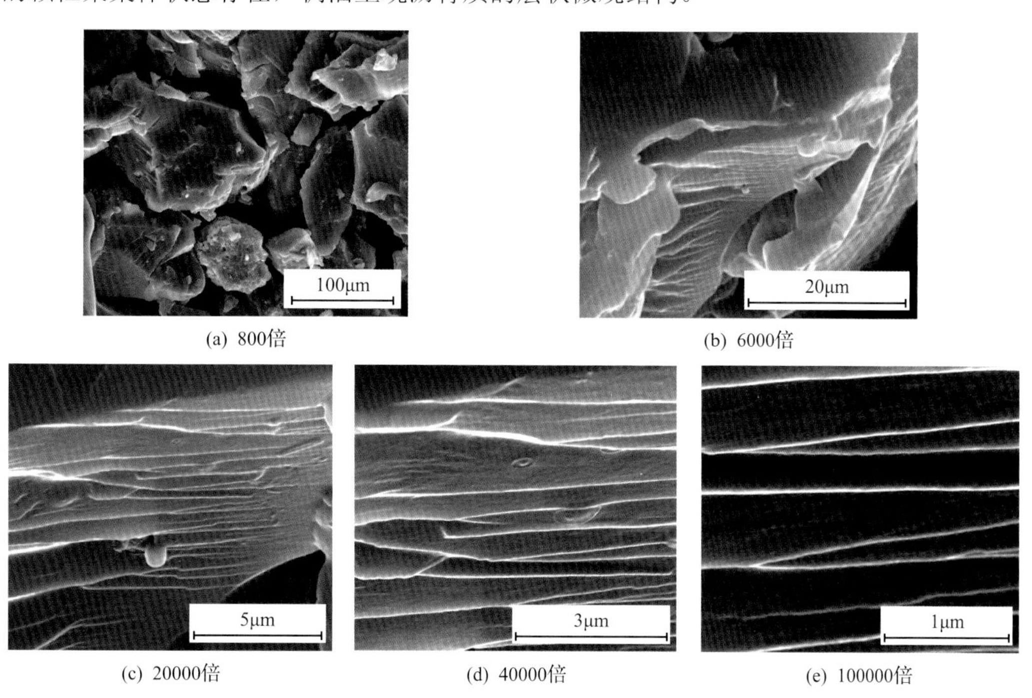

(a) 800倍　(b) 6000倍　(c) 20000倍　(d) 40000倍　(e) 100000倍

图 2-12　THK6 稠油 SEM 图

(2) THK9 稠油不同放大倍数 SEM 图(800 倍、6000 倍、20000 倍、40000 倍、100000 倍)如图 2-13 所示。可见 THK9 稠油连续状基质中分散着较多的沥青质颗粒聚集体，沥青质颗粒聚集体呈层状微观结构。

(a) 800倍　(b) 6000倍　(c) 20000倍　(d) 40000倍　(e) 100000倍

图 2-13　THK9 稠油 SEM 图

(3) THK25 稠油不同放大倍数 SEM 图(800 倍、6000 倍、20000 倍、40000 倍、100000 倍)如图 2-14 所示。可见 THK25 稠油主要以沥青质的颗粒聚集体状态存在；稠油呈现沥青质的层状微观结构。

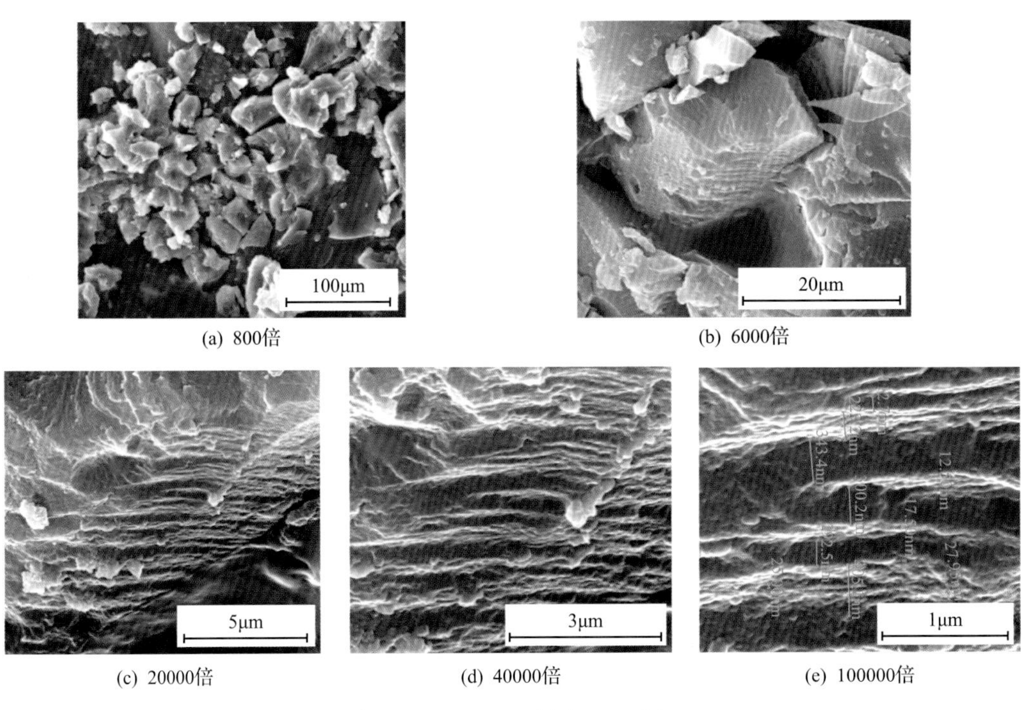

(a) 800倍　(b) 6000倍　(c) 20000倍　(d) 40000倍　(e) 100000倍

图 2-14　THK25 稠油 SEM 图

综合以上分析，塔河油田稠油中连续状基质较少，主要以沥青质颗粒聚集体的状态存在。原油重质组分含量增加，连续状基质减少，沥青质颗粒聚集体随之增多。说明高含量的沥青质不利于原油胶体体系的稳定性，但有利于沥青质颗粒的析出，这很可能是其外观呈现块状或渣状的主要原因。

2.2　超稠油致稠影响因素

2.2.1　致稠影响因素灰熵关联分析

影响稠油黏度的因素有很多，但是定量分析稠油黏度与致稠因素的关联程度是一个难题。本节借鉴灰熵关联分析[7]稠油黏度与致稠因素的关联程度。

1. 建立灰熵关联分析模型

根据理论，稠油 j 的黏度被设定为参考因素，它的测定值序列如式(2-2)所示：

$$\{x_0(j)\}=\{x_0(1),x_0(2),\cdots,x_0(n)\},\quad j=1,2,\cdots,n \tag{2-2}$$

影响稠油黏度的各个因素被设定为对比因素，它们的测定值序列如式(2-3)所示：

$$\{x_i(j)\}=\{x_i(1),x_i(2),\cdots,x_i(n)\},\quad i=1,2,\cdots,m \tag{2-3}$$

式中，x_0 为参考序列；x_i 为比较序列；n 为序列长度；i 为比较序列的个数。

综合比较，由于各个影响稠油黏度因素的量纲或者数量级都不同，为确保各个影响稠油黏度的因素有可比性，对各个影响稠油黏度的因素进行无量纲化处理，此处采用比较常见的均值法：

$$X_i(j)=\frac{x_i(j)}{\dfrac{1}{n}\sum_{j=1}^{n}x_i(j)},\quad i=0,1,2,\cdots,m;j=1,2,\cdots,n \tag{2-4}$$

关联系数就体现在 $x_i(j)$ 对 $x_0(j)$ 在第 j 点的关联程度上，如式(2-5)所示：

$$\zeta_i(j)=\frac{\min_i\min_j|x_0(j)-x_i(j)|+\rho\max_i\max_j|x_0(j)-x_i(j)|}{|x_0(j)-x_i(j)|+\rho\max_i\max_j|x_0(j)-x_i(j)|},\quad i=1,2,\cdots,m;j=1,2,\cdots,n \tag{2-5}$$

式中，$\Delta_i=|x_0(j)-x_i(j)|$ 为 j 点 x_0 与 x_i 两个序列的绝对差值；$\Delta_{\min}=\min_i\min_j|x_0(j)-x_i(j)|$ 为各点绝对差值的最小值；$\Delta_{\max}=\max_i\max_j|x_0(j)-x_i(j)|$ 为各点绝对差值的最大值；ρ 为分辨系数，在此处它的取值大小为 ρ=0.5。

再求关联系数的平均值大小，就得到了灰色关联度：

$$r_i = \frac{1}{n}\sum_{j=1}^{n}\zeta_i(j) \tag{2-6}$$

式中，r_i为各个指标与参考序列对应关联度的关联系数的平均值，用于评价各评价对象与参考序列的关联关系。

在此处设内函数列 $X=(x_1,x_2,\cdots,x_m),\forall_i,x_i \geqslant 0$，并且 $\sum x_i = 1$，那么就称函数 $H\otimes(x) = -\sum_{i=1}^{m} x_i \ln x_i$ 为数列 X 的灰熵。

离散序列被定义为 x，参考序列被定义为 x_0，比较序列被定义为 x_i，$i=1,2,\cdots,m$，并且 $x_0,x_i \in x$，$r_i\{\zeta(x_0(j),x_i(j))\}$，$j=1,2,\cdots,n$，则

$$P_h = \frac{\zeta(x_0(h),x_i(h))}{\sum_{j=1}^{n}\zeta(x_0(j),x_i(j))},\quad h=1,2,\cdots,n \tag{2-7}$$

式中，ζ 为关联系数；P_h 为灰色关联系数的分布映射，P_h 的映射值大小被定义为分布的密度值大小。序列 x_i 的灰关联熵值的大小可由关联系数分布映射值的大小计算得到，即

$$H(r_i) = -\sum_{h=1}^{n} P_h \ln P_h \tag{2-8}$$

从而得出序列 x_i 的灰熵关联度为

$$E(x_i) = \frac{H(r_i)}{H_{\max}} \tag{2-9}$$

式中，$H_{\max} = \ln n$，为 n 个属性元素所组成的有差异的信息列的最大值。

2. 灰熵关联分析

根据式(2-9)计算影响稠油黏度的几种因素的灰熵关联度，分析各个因素对稠油黏度的影响大小。结果如表 2-8 所示。

从表 2-8 中可以看出，不同稠油中四组分对稠油黏度贡献大小的顺序依次为：沥青质＞胶质＞芳香烃＞饱和烃，沥青质是导致稠油高黏的最关键因素。在稠油四组分中，沥青质的 H/C 值最低，不饱和度、缩合度最高，极性最大，杂原子与金属元素主要集中在沥青质中，在电荷转移、偶极化、氢键共同作用下产生缔合，大大增加了稠油黏度。

不同稠油中非金属元素含量对稠油黏度贡献大小的顺序依次为：C＞O＞H＞S＞N。C＞O 说明可以形成沥青质分子骨架的 C 原子对稠油黏度的贡献大于可以形成氢键的羟基、羧基的 O 原子，C＞S＞N 说明吡咯、吡啶、硫醚和噻吩等结构对稠油黏度的贡献小于可以形成沥青质分子骨架的 C 原子。

表 2-8 各因素对稠油黏度的影响分析

稠油	黏度(50℃)/(mPa·s)	四组分质量分数/%				非金属元素质量分数/%					金属元素含量/(μg/g)								元素质量分数比				偶极矩	摩尔质量
		饱和烃	芳香烃	胶质	沥青质	C	H	S	N	O	Fe	Na	K	Ca	Mg	Al	Ni	V	H/C	S/C	O/C	N/C	μ/deb①	M/(g/mol)
单 56	70667	18.88	34.37	36.98	6.45	84.16	11.15	1.87	1.12	1.55	23.5	122	7.1	86.8	11.8	2.4	32.9	2.9	1.53	0.0222	0.0133	0.0184	8.9	947
杜 84	97800	11.77	30.29	37.52	20.42	83.1	10.75	0.59	1.2	3.68	41	200	22.1	133	5.6	8.4	104	1.8	1.54	0.0071	0.0144	0.0443	9.5	1097.9
TH12126	1.81×10^5	11.7	41.86	18.16	28.28	77.82	9.84	4.44	1.57	0.72	137	1135	44.1	1731	52	68	41	259	1.52	0.0571	0.0202	0.0093	9.6	1532
TH12434	3.35×10^7	17.69	27.92	10.45	43.94	78.46	9.07	3.16	0.73	2.9	14000	4900	730	8900	1100	2200	38	256	1.39	0.0403	0.0093	0.037	10.3	1768.4
YQ3	1.14×10^8	6.89	24.12	18.96	50.03	80.84	9.06	4.12	0.56	2.44	1900	10000	240	5900	463	426	60	414	1.38	0.051	0.0069	0.0302	10.5	2338.8
TH12419	6.50×10^8	13.13	28.12	8.93	49.82	81.89	9.44	2.12	0.82	2.55	2040	2683	68	7969	143	39	32	278	1.35	0.0259	0.01	0.0311	14.9	2232.2
灰熵关联度		0.9877	0.9909	0.9952	0.9962	0.9964	0.9935	0.98956	0.9847	0.9936	0.9679	0.9854	0.9664	0.9639	0.9573	0.9558	0.9943	0.9961	0.9959	0.9901	0.99586	0.9896	0.9936	0.9912

注：①1deb=3.33564×10^{-30}C·m。

不同稠油中金属元素含量对稠油黏度贡献大小的顺序依次为：V＞Ni＞Na＞Fe＞K＞Ca＞Mg＞Al。V、Ni 属于过渡金属元素，具有外层空轨道，形成的金属卟啉具有 π 电子共轭体系，而稠油中的沥青质也具有 π 电子共轭体系，二者可以产生 π-π 缔合作用，增加了沥青质的分子量，导致了沥青质分子的聚集程度增加，降低了稠油的流动性，增加了稠油黏度。

元素组成对稠油黏度贡献大小的顺序依次为：C＞V＞Ni＞O＞H＞S＞Na＞N＞Fe＞K＞Ca＞Mg＞Al。

不同稠油中元素质量分数比对稠油黏度贡献大小的顺序依次为：H/C/＞O/C＞S/C＞N/C。H/C/＞O/C，说明缩合芳环对稠油黏度的贡献大于可以形成氢键的羟基、羧基，H/C/＞S/C＞N/C 说明吡咯、吡啶、硫醚和噻吩等结构对稠油黏度的贡献小于缩合芳环。

从表 2-8 可以看出，影响稠油黏度的各个因素对稠油黏度贡献大小的顺序依次为：C＞沥青质＞V＞H/C＞O/C＞胶质＞Ni＞O＞μ_d(偶极矩)＞H＞Mn＞芳香烃＞S/C＞N/C＞S＞饱和烃＞Na＞N＞Fe＞K＞Ca＞Mg＞Al。

2.2.2 沥青质组分对黏度的影响

1. 脱沥青质前后稠油黏度的变化

稠油脱沥青质前后外观性状对比如图 2-15 所示。由图 2-15 可以看出，各油样在常温下不流动，呈块状固体，脱沥青质后原油具有较好的流动性，测定各油样脱沥青质前后的黏温性质如表 2-9 和图 2-16 所示。

图 2-15 稠油脱沥青质前后外观性状对比

表 2-9 脱沥青质前后油样黏度 （单位：mPa·s）

	THK1	THK5	THK29	THK9	THK25	THK6	YQ5
脱沥青质前黏度	1.46×10^6 (50℃)	373.3 (120℃)	2.89×10^5 (50℃)	3.29×10^5 (50℃)	8.75×10^5 (50℃)	4.23×10^5 (50℃)	4.47×10^5 (50℃)
脱沥青质后黏度(50℃)	1197	331	935	334.5	623.3	1222.5	483.3

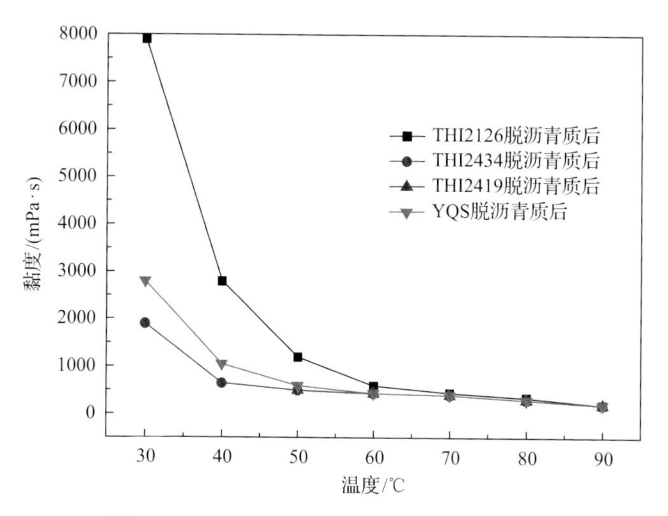

图 2-16　脱沥青质后原油黏度随温度的变化

由表 2-9 和图 2-16 可以看出，脱沥青质后原油黏度急剧下降。原油在常温下不流动，脱沥青质后原油在 50℃时的黏度为 331～1222.5mPa·s，具有很好的流动性。进一步说明沥青质对原油黏度有重要影响，是影响稠油黏度的关键因素。

2. 沥青质含量对稠油黏度的影响

Mullins 结合实验手段和对实验结果的系统分析[8]，得到了优化后的 Yen 模型，如图 2-17 所示。不超过 6 个的沥青质分子堆积在一起，其中侧链烷基链受到空间压缩及排斥而被挤压到稠合芳香核心外部，形成类似多毛网球状，如此一来其他的沥青质分子将不能再插入纳米聚集体内部，因此其他的沥青质分子形成新的小尺寸纳米聚集体，纳米聚集体相互吸引缠绕形成大尺度三维网络结构的沥青质纳米聚集体群集体，导致稠油黏度增加。

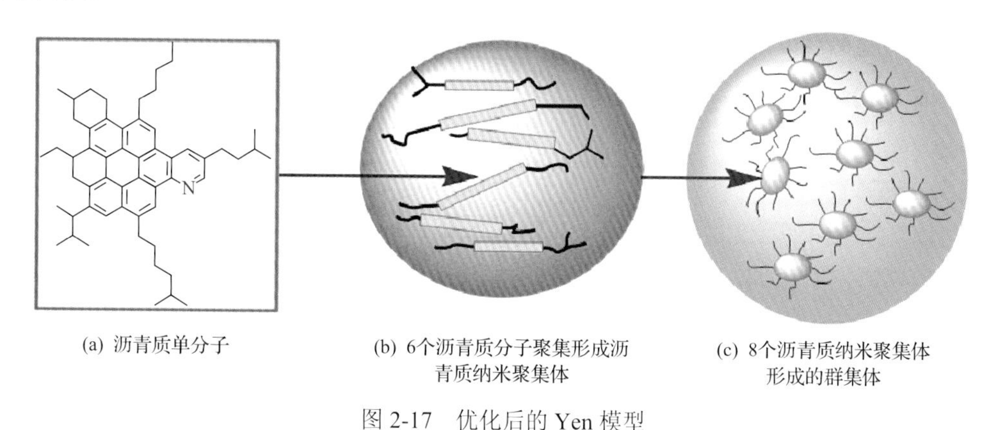

(a) 沥青质单分子　(b) 6个沥青质分子聚集形成沥青质纳米聚集体　(c) 8个沥青质纳米聚集体形成的群集体

图 2-17　优化后的 Yen 模型

为了进一步研究沥青质含量对稠油黏度的影响，利用脱沥青油和沥青质粉末配制不同沥青质含量的稠油样品，测试各样品的黏度。样品制备过程如下：在研磨仪(Retsch 1000)

中加入沥青质固体研磨 30min，将沥青质固体研磨成细粉末，称取不同质量的沥青质粉末加入脱沥青油，得到不同沥青质含量的油样，将油样在 80℃加热回流条件下搅拌混合 48h。为了验证上述含沥青质油样制备方法的可行性，按照上述方法配制沥青质含量为 30%(质量分数)的稠油样品[原始稠油沥青质含量为 30%(质量分数)]，并与原始稠油黏度进行对比，沥青质含量相同的两种油黏度值相差在 1%以内，对于高黏度稠油样品来说，如此低的黏度差值可以接受，由此说明上述配制方法是可行的。从图 2-18 可以看出，稠油样品黏度随着沥青质含量的增加而升高，当沥青质的质量分数较小时，稠油样品黏度的升高幅度较小，当沥青质的质量分数达到 6%时，稠油样品黏度随沥青质质量分数的增加而大幅升高。例如，沥青质质量分数从 6%增加到 12%时，对应的稠油样品黏度值增加了 237%。从上面的结果可以看出，沥青质对稠油黏度的影响很大[9]，因此，有必要深入探讨和研究沥青质对稠油黏度的影响机理。

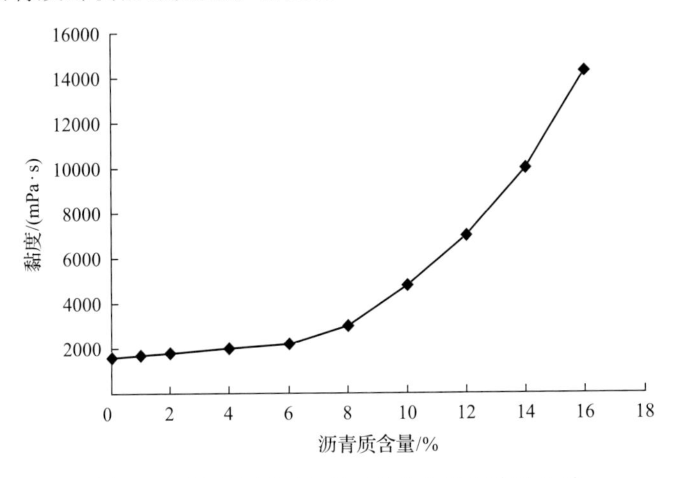

图 2-18　沥青质质量分数对外输稠油黏度的影响

3. 沥青质含量对稠油储能模量的影响

前面的研究表明[10]，稠油黏度受其中所含沥青质的影响很大。为了验证沥青质分子是否也像聚合物分子一样，能够在稠油中形成空间网状结构进而影响稠油黏度，本书测试了不同沥青质含量稠油样品的储能模量，以判断其中是否形成了空间网状结构，测试结果如图 2-19 所示。通过图 2-19 可以看出，脱沥青油及沥青质含量为 2%(质量分数)稠油样品的储能模量几乎为 0，说明此时的稠油样品不具有弹性性质，稠油样品中也几乎不存在空间网状结构。随着沥青质含量的增加，稠油样品的储能模量逐渐增大，但增大幅度比较缓慢，而当沥青质含量超过 6%(质量分数)以后，稠油样品的储能模量开始急剧增大，说明随着沥青质含量的增加，沥青质分子在稠油样品中形成了大量空间网状结构，稠油样品的弹性性能逐渐增强。因此，沥青质含量对稠油黏度及弹性性能的综合影响如下：随着沥青质含量的增加，稠油样品的黏度和储能模量都逐渐增大，特别是当沥青质含量超过 6%(质量分数)后，稠油样品的黏度和储能模量都开始快速增大，由此说明当沥青质含量较高时，沥青质在稠油中形成了大量空间网状结构，在一定程度上阻碍了稠油的流动，进而使稠油黏度和弹性均增大。

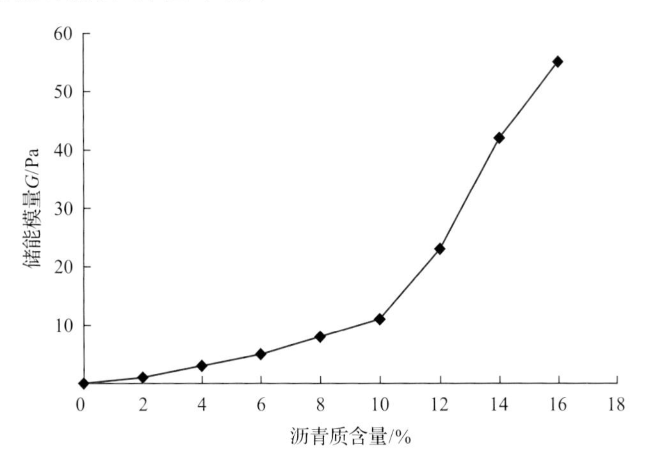

图 2-19　不同沥青质含量稠油样品的储能模量

4. 沥青质分子聚集体的粒径分布

沥青质分子在稠油中可以形成空间网状结构，从而使稠油黏度增大，因此，只有进一步研究空间网状结构的成因才能深入了解沥青质对稠油黏度的影响机理。在石油体系中，沥青质分子极易聚集在一起，以聚集体形态存在。本书对塔河油田稠油沥青质分子的聚集进行了实验研究，利用动态光散射技术测试了不同浓度的沥青质甲苯溶液的平均流体力学半径，如图 2-20、图 2-21 所示。从图 2-21 可看出，随着沥青质浓度的增加，甲苯溶液中的流体力学半径逐渐增大，由此可见，沥青质分子在甲苯中不是以单分子形态存在，而是形成了聚集体结构，正是沥青质分子的聚集，才使沥青质分子在稠油中能够形成空间网状结构。性能是由结构所决定的，沥青质之所以能够影响稠油黏度，与沥青质分子的结构有关。根据以往对塔河油田稠油沥青质分子平均结构的分析，塔河油田稠油沥青质分子中不仅具有多个芳香环和环烷环，而且还带有长度不等的烷基侧链，同时还具有硫醚、羟基及吡咯结构。正是由于沥青质分子的特殊结构，沥青质分子之间可以形成氢键、π-π 共轭作用、酸碱作用、电荷转移作用等分子间的相互作用，而这些分子间作用力可以使沥青质分子在稠油中聚集在一起，从而形成空间网状结构。

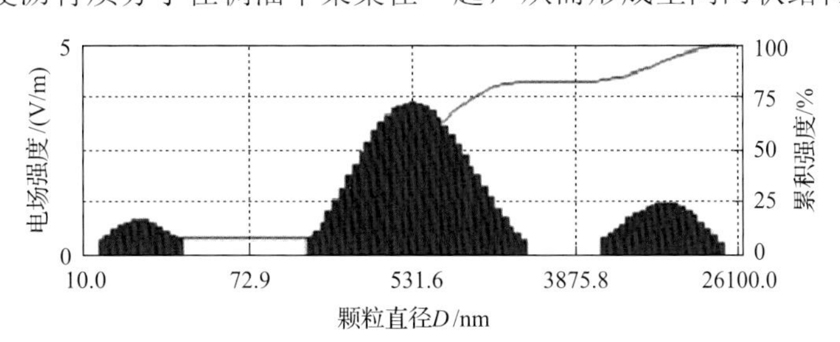

图 2-20　THK9 混合体系 DLS 图

沥青质质量分数=0.5%；25℃

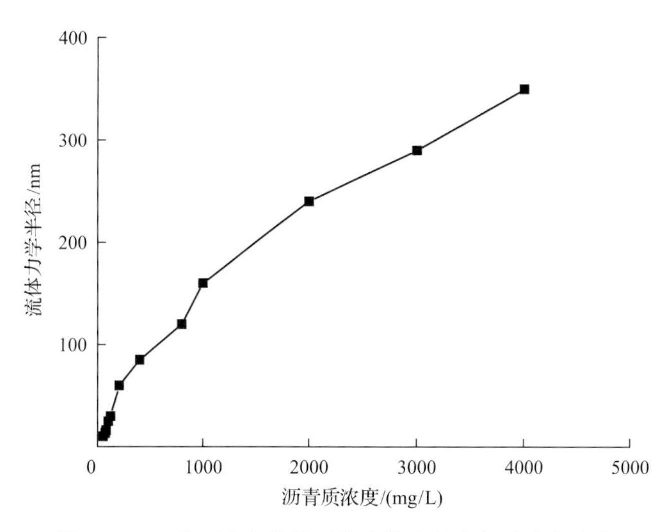

图 2-21　沥青质聚集体的平均流体力学半径随浓度变化

2.2.3　沥青质微观结构对黏度的影响

1. 沥青质层间距对黏度的影响

采用荷兰生产的 FEI Quanta 200FEG 场发射环境扫描电子显微镜，将 THK24 原油分离的沥青质进行扫描，结果如图 2-22～图 2-25 所示。

由图 2-22～图 2-25 看出，沥青质呈颗粒聚集体状态分布；且沥青质聚集体呈二维层状结构，层状结构之间由层状分子聚集体组成。

由图 2-26 和图 2-27 及表 2-10 看出，沥青质层状结构间距在纳米级和微米级之间，沥青质层厚度越小，原油黏度越大。

图 2-22　THK24 沥青质的 SEM 图(800 倍)

图 2-23　THK24 沥青质的 SEM 图(6000 倍)

图 2-24　THK24 沥青质的 SEM 图(20000 倍)

图 2-25　THK24 沥青质的 SEM 图(40000 倍)

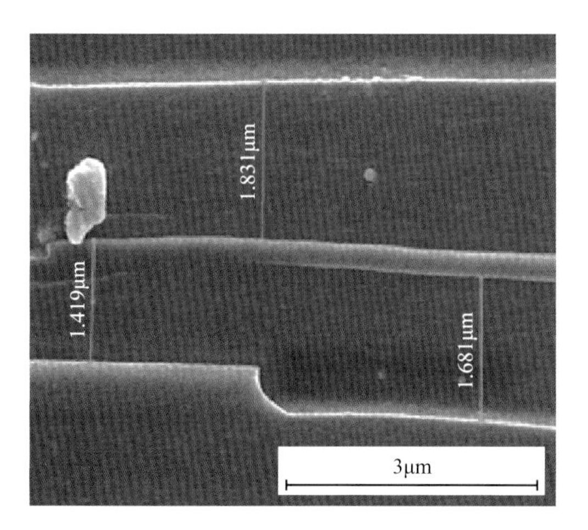

图 2-26　胜利油田沥青质的 SEM 图(40000 倍)

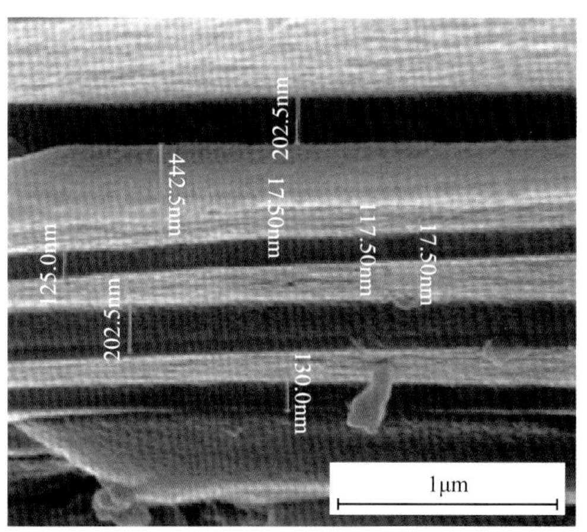

图 2-27　THK6 沥青质的 SEM 图(40000 倍)

表 2-10　沥青质层间距对比

沥青质	原油黏度(120℃)/(mPa · s)	层厚度
胜利油田	40	1.681μm
THK5	373.3	658.9nm
THK29	2.89×10^5	442.5nm
THK6	4.23×10^5	302.6nm

2. 沥青质芳香碳结构对黏度的影响

沥青质的核磁共振谱图如图 2-28 所示，根据所测得的核磁共振谱图计算对应结构中的氢含量，见表 2-11。

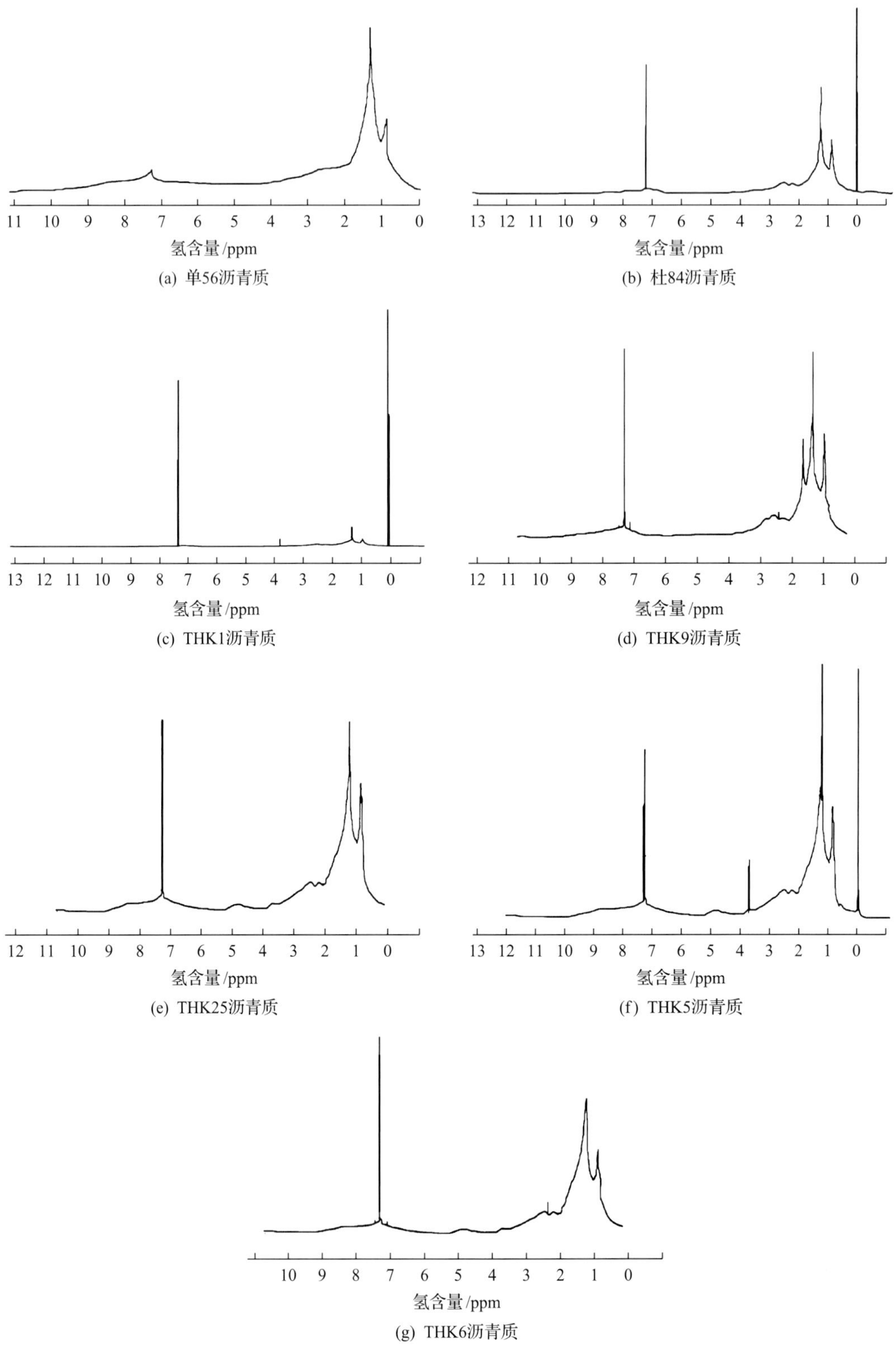

(a) 单56沥青质

(b) 杜84沥青质

(c) THK1沥青质

(d) THK9沥青质

(e) THK25沥青质

(f) THK5沥青质

(g) THK6沥青质

图 2-28　沥青质的核磁共振谱图

表 2-11　根据核磁共振谱图得到的各类氢原子相对含量

样品名称	H_A	H_α	H_β	H_γ
单 56	0.373	1	3.346	0.928
杜 84	0.300	0.930	2.660	1.000
THK1	0.860	1.550	3.440	1.000
THK5	1.250	1.060	3.350	1.000
THK9	0.314	1	2.547	0.928
THK25	0.311	1	2.127	0.782
THK6	0.204	1	2.232	0.811

根据核磁共振谱图数据换算成对应结构中氢的百分含量，采用改进的 Brown-Ladner (B-L)法计算不同的沥青质的平均结构参数见表 2-12。

表 2-12　沥青质的平均结构参数

沥青质样品	单 56	杜 84	THK1	THK5	THK6	THK9	THK25
M/(g/mol)	947	1097.9	1532	1768.4	2338.80	2232.20	1538.90
w(C)/%	81.72	84.96	81.06	74.29	74.87	75.92	77.67
w(H)/%	8.91	9.51	7.53	6.00	6.34	6.61	6.72
H_{AU}/C_A	0.56	0.49	0.47	0.44	0.41	0.41	0.37
芳香碳率 f_A	0.28	0.31	0.39	0.46	0.46	0.47	0.53
芳香环数 R_A	7.13	8.37	16.48	20.91	23.05	15.96	24.00
芳环碳数 C_A	25.40	29.11	53.44	66.72	76.00	73.15	55.89
环烷环数 R_N	3.80	4.01	4.06	3.57	9.40	7.39	11.36
环烷碳数 C_N	11.64	12.02	14.17	15.72	28.20	32.17	34.09
烷基碳率 f_P	0.52	0.47	0.37	0.29	0.28	0.26	0.25
烷基碳数 C_P	27.69	36.59	37.88	32.03	39.87	25.54	35.83
BI 烷链支化程度	0.1424	0.1857	0.1336	0.1512	0.1665	0.1712	0.1712
结构单元数 n	1.4400	1.0527	2.2290	1.8938	1.2753	1.4321	1.1689
稠油黏度/(mPa·s)	1970 (90℃)	5500 (90℃)	7067 (90℃)	840.1 (110℃)	70×10^4 (110℃)	84.8×10^4 (110℃)	(110℃)
H/C 值	1.53	1.54	1.52	1.39	1.35	1.38	1.30

从表 2-12 中可以看出，塔河油田大部分稠油沥青质的芳香碳率 f_A 与环烷环数 R_N 高于胜利油田(单 56)与辽河油田(杜 84)稠油，烷基碳率 f_P 低于胜利油田与辽河油田稠油，而塔河油田稠油黏度远大于胜利油田与辽河油田稠油黏度。

一般而言，随着沥青质 H/C 的减小，芳香碳率 f_A 增加，芳香环数 R_N 越多，呈迫位缩合的环数越多，越容易形成 π-π 共轭体系，产生缔合，稠油黏度增加，但是这种增长关系并不是一条严格意义上的直线，因为沥青质存在分子支链。碳链的分支程度 BI 增大，沥青质分子间空间位阻增加，阻止分子间的缔合，降低结构单元数 n。

沥青质分子中芳香环可以通过形成 π-π 共轭体系产生电荷转移作用，形成富电子分子和缺电子分子，进而形成络合物，加速沥青质的缔合。因发生电荷转移位置的不同，能够形成具有平面状大π键体系的层状结构和依靠边-边相互作用形成的三维构造两种结构的电荷转移络合物。

沥青质结构的芳环与环烷环缩合成层状结构，而后通过电荷转移作用或其他分子间作用力缔合成三维网状结构，电荷转移作用或者分子间作用力越大，层间距越小，网状结构越稳定，稠油黏度越大。

3. 沥青质中非金属元素赋存状态对黏度的影响

针对稠油油样分离出的沥青质组分进行非金属元素分析，结果见表 2-13。

表 2-13 沥青质非金属元素分析

样品	w(C)/%	w(H)/%	w(S)/%	w(N)/%	w(O)/%	杂原子含量/%	H/C 值	回收率/%
单 56	81.72	8.91	2.19	2.03	1.92	6.13	1.53	96.77
杜 84	84.96	9.51	0.59	1.65	3.17	5.41	1.54	99.88
THK1	81.06	7.53	4.97	3.93	1.46	10.36	1.52	98.95
THK5	74.29	6.00	3.15	1.08	3.27	7.50	1.39	87.79
THK9	75.92	6.61	3.37	1.14	2.51	7.02	1.38	89.55
THK25	77.67	6.72	3.38	1.17	2.75	7.31	1.30	91.69
THK6	74.87	6.34	3.38	1.27	3.13	7.77	1.35	88.92

从表 2-13 中可以看出沥青质的杂原子含量较高，在 5.41%～10.36%，远高于对应稠油的杂原子含量(4.54%～7.12%)，得出稠油中的杂原子主要集中在沥青质中。沥青质的 H/C 值低于稠油的 H/C 值，说明稠油沥青质中含有更多的环状与芳环结构，缩合度更高。

偶极矩越大，分子之间的取向力与诱导力越大。偶极矩 $\mu_d=rq$，即正电荷中心和负电荷中心的直线距离 r 乘以电荷中心所带电量 q。稠油组分的极性是其组分性质的一个重要方面，对其他性质如稳定性、缔合性有决定性的作用。实验采用稀释溶液法测定稠油组分在甲苯中的偶极矩，借以表征分子极性，见表 2-14。

表 2-14 沥青质样品的偶极矩

	THK1	THK5	THK6	THK9	THK25
黏度/(mPa · s)	7067 (90℃)	840 (110℃)	70×10^4 (110℃)	84.8×10^4 (110℃)	 (110℃)
杂原子含量/%	10.36	7.5	7.77	7.02	7.31
μ_d/deb	9.6	10.3	10.5	14.9	11.4

由表 2-14 可以看出，杂原子的存在产生偶极作用，使沥青质分子的正负电荷中心不重合，分子靠静电互相吸引成为较大的分子，致使沥青质分子缔合。

沥青质是原油中分子量最大、极性最强的化合物，主要由富含 S、N、O 等杂原子的非烃类物质组成。采用电喷雾电离源傅里叶变换离子回旋共振质谱仪(ESI-FT-ICR-MS)分别对超稠油和沥青质进行分析，研究杂原子化合物的分子结构，进而推断出沥青质的化学结构。

1) 原油与沥青质高分辨质谱分析

塔河油田 THK6 原油及 THK6 沥青质组分的 ESI FT-ICRMS 质谱图见表 2-15。

表 2-15　塔河油田稠油 ESI FT-ICRMS

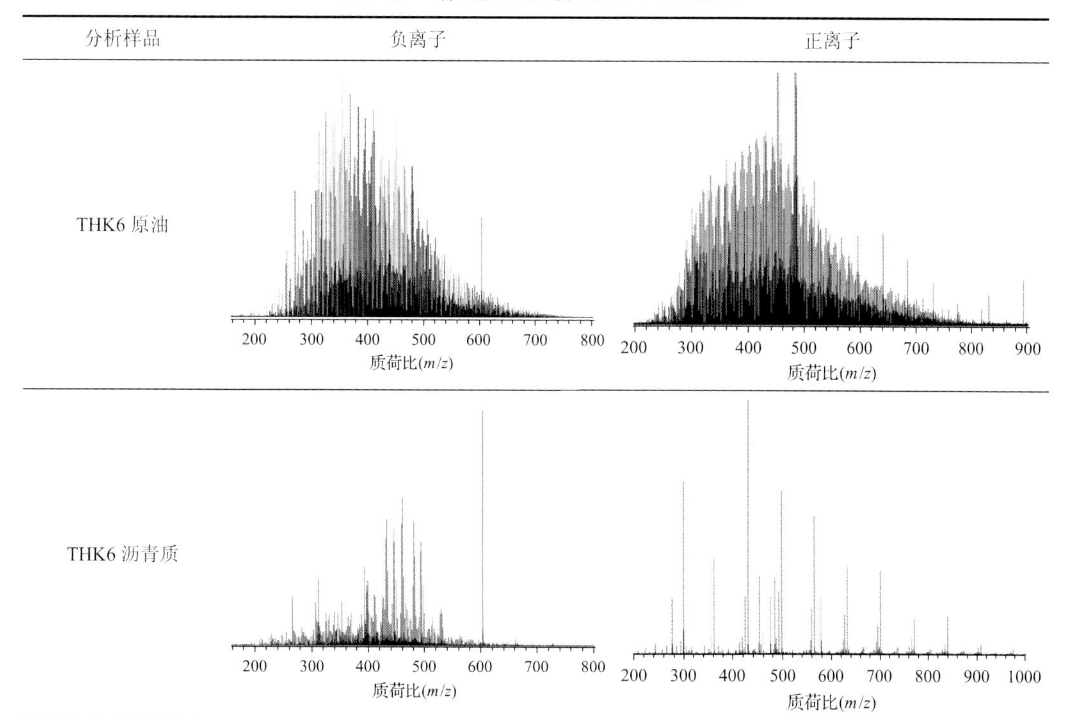

分析样品	负离子	正离子
THK6 原油		
THK6 沥青质		

正、负离子谱图中不同杂原子及缩合度类型化合物相对丰度如图 2-29 所示，图中的 DBE 为等效双键数，也就是化合物中环的数目与双键的数目之和。

原油中的含氮类化合物主要包括碱性氮类化合物与非碱性氮类化合物，碱性氮类化合物主要包括吡啶类、喹啉类、苯胺类等；非碱性氮类化合物主要包括吡咯类、吲哚类(苯并吡咯)、咔唑类(二苯并吡咯)、苯并咔唑类等不同种类。在负离子模式条件下，烃类化合物与碱性氮类化合物不能被电离，但是酸性的含氧类化合物，如酚类与羧酸类化合物，以及非碱性的氮类化合物可以被选择性电离。

(1) 在 THK6 原油的负离子模式下，对 N_1、O_1、N_1O_1、N_1S_1、N_2 类化合物的组成分布图(图 2-30～图 2-34)进行如下分析。

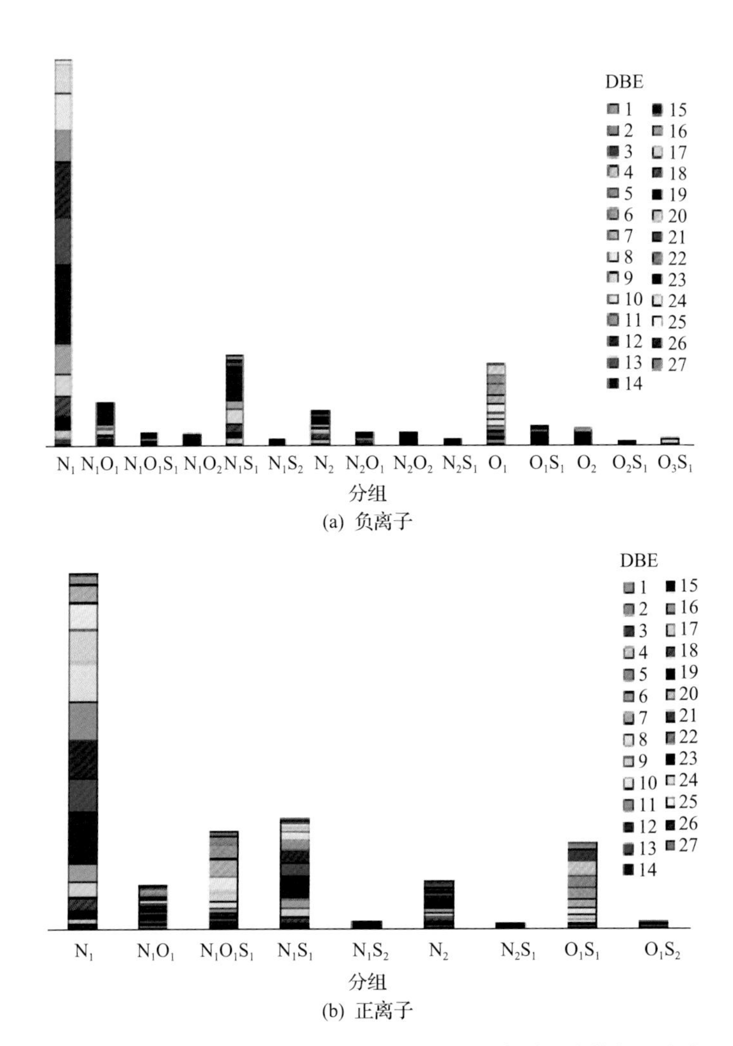

(a) 负离子

(b) 正离子

图 2-29 THK6 负、正离子谱图中不同杂原子类型化合物相对丰度

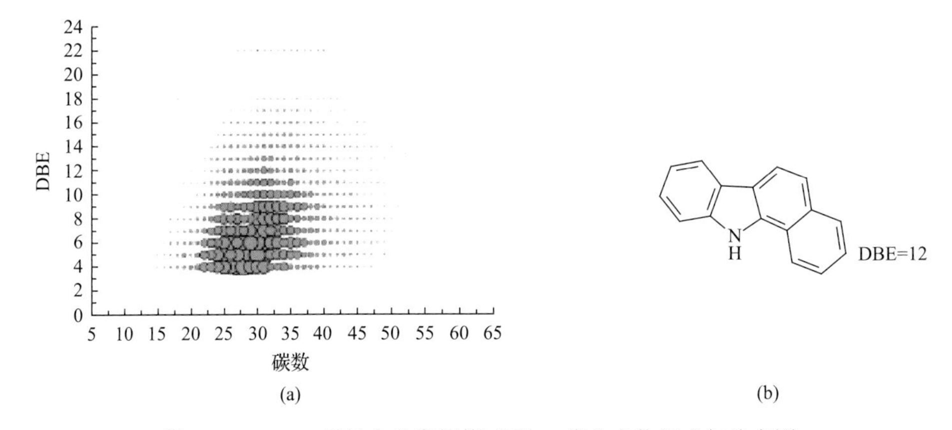

(a)

(b)

图 2-30 THK6 原油在负离子模式下 O_1 类化合物组成与分布图

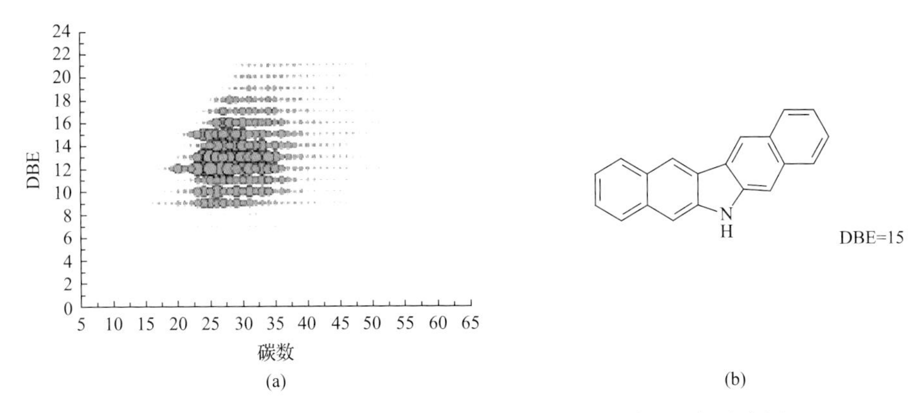

图 2-31　THK6 原油在负离子模式下 N_1 类化合物组成与分布图

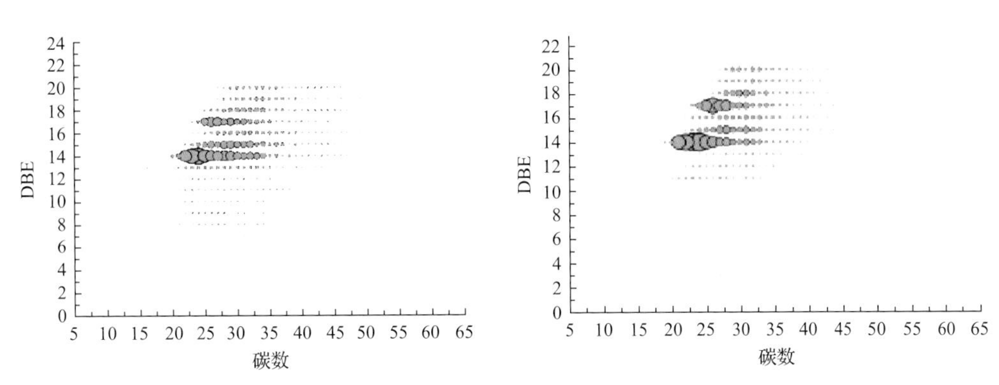

图 2-32　THK6 原油在负离子模式下的 N_1O_1 类化合物组成与分布图

图 2-33　THK6 原油在负离子模式下的 N_1S_1 类化合物组成与分布图

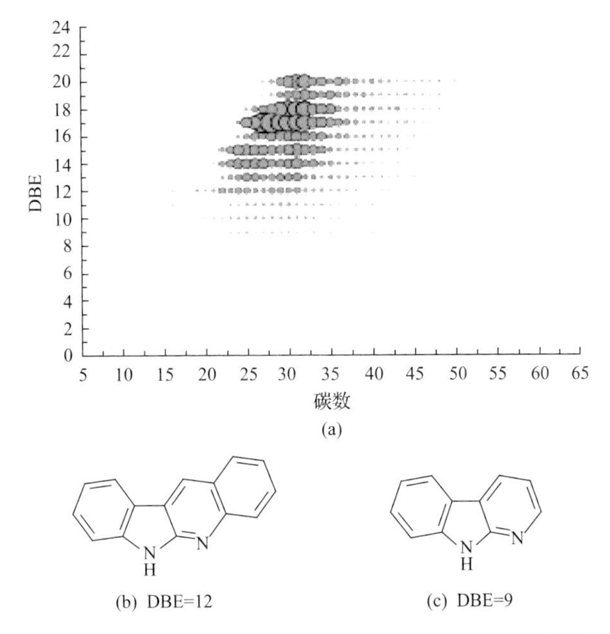

图 2-34　THK6 原油在负离子模式下 N_2 类化合物组成与分布图

其中，N_1类非碱性氮化物的等效双键 DBE 值主要分布在 7～21，主要集中在 12、13、15，分别对应苯并咔唑类和二苯并咔唑类有机物，以苯并咔唑类氮化物所占比例最高，结构图如图 2-31 所示，且分子碳数分布在 C_{14}～C_{58}，C_{18}～C_{37}相对丰度较高。O_1类化合物的等效双键 DBE 值主要分布在 4～18，主要集中在 4～9，其中 DBE=4 分子碳数分布在 C_{12}～C_{53}，C_{22}～C_{34}相对丰度较高。N_1O_1类非碱性氮化物的等效双键 DBE 值主要分布在 13～20，分子碳数分布在 C_{16}～C_{53}，C_{20}～C_{30}相对丰度较高。N_1S_1类化合物的组成和分布的 DBE 值范围为 11～20，分子碳数分布在 C_{15}～C_{54}，尤其在 C_{20}～C_{30}时质量分数较高。N_2类化合物的等效双键 DBE 值主要分布在 10～20，分子碳数分布在 C_{16}～C_{51}，C_{25}～C_{35}相对丰度较高，主要组成物质的结构如图 2-34 所示。

(2) 对 THK6 原油在正离子模式下，N_1、O_1、N_1O_1、N_1S_1、N_2类化合物的组成分布进行分析可知，正离子电喷雾软电离(ESI)模式下所能检测到的都是碱性氮化物，从 THK6 的组成柱状图 2-29 中可以看到，N_1类占绝对优势，碱性氮化物相对丰度为 $N_1>N_1S_1>N_1S_1O_1>O_1S_1>N_2>N_1O_1$。

各类碱性氮化物的相对丰度及等效双键 DBE 值的主要分布图如图 2-35～图 2-40 所示。

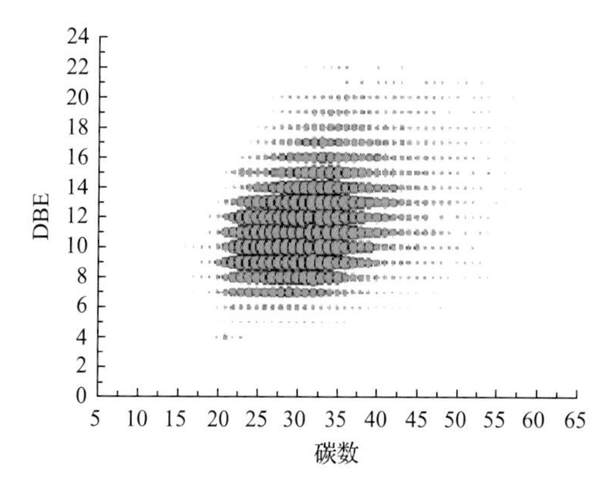

图 2-35 THK6 原油在正离子模式下 N_1类化合物组成与分布图

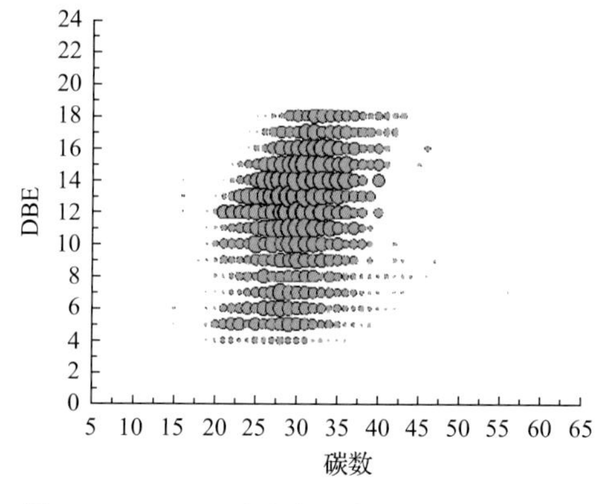

图 2-36 THK6 原油在正离子模式下 N_1O_1类化合物组成与分布图

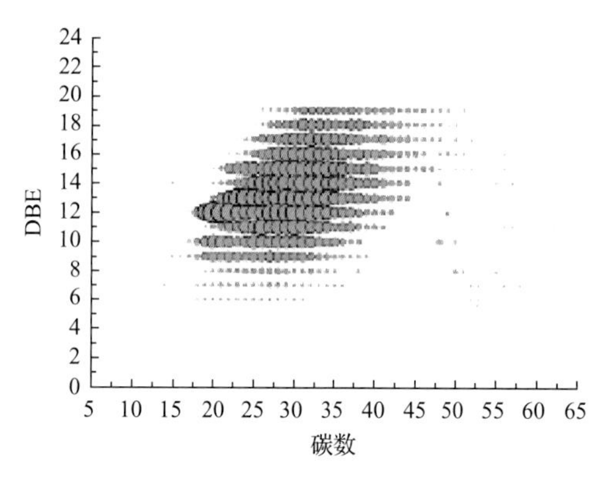

图 2-37 THK6 原油在正离子模式下 N_1S_1类化合物组成与分布图

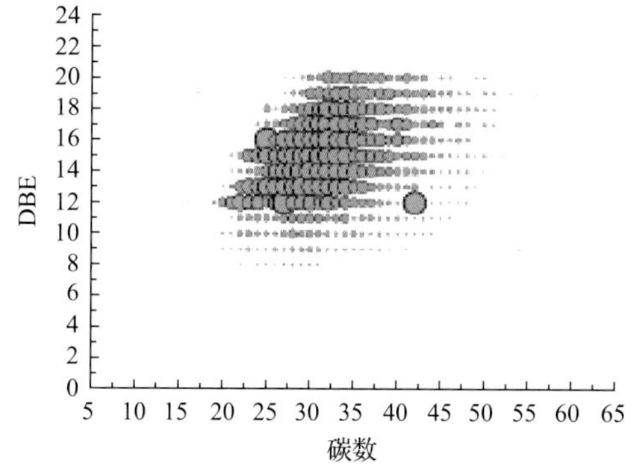

图 2-38 THK6 原油在正离子模式下 N_2类化合物组成与分布图

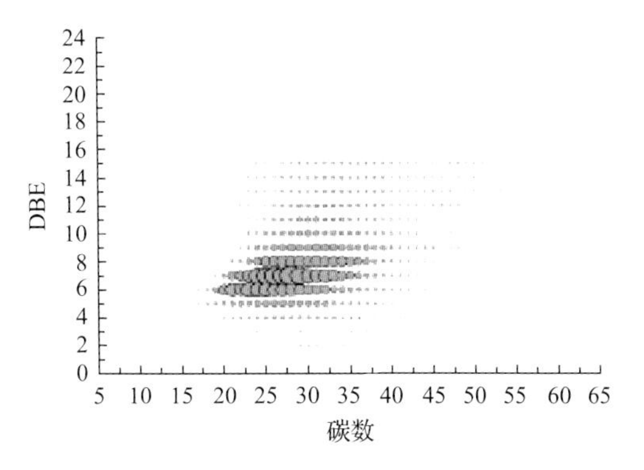

图 2-39　THK6 原油在正离子模式下 $N_1O_1S_1$ 类化合物组成与分布图

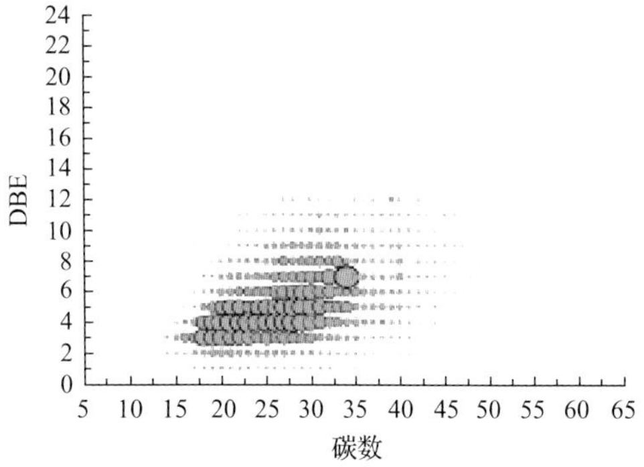

图 2-40　THK6 原油在正离子模式下 O_1S_1 类化合物组成与分布图

N_1 类碱性氮化物的相对丰度如图 2-35 所示，其等效双键 DBE 值主要分布在 4～22，主要集中在 7～16；分子碳数分布在 C_{12}～C_{61}，其中 C_{20}～C_{37} 相对丰度较高。N_1O_1 类碱性氮化物的相对丰度如图 2-36 所示，等效双键 DBE 值主要分布在 4～18；分子碳数分布在 C_{13}～C_{47}，其中 C_{20}～C_{37} 相对丰度较高。N_1S_1 类化合物的相对丰度如图 2-37 所示，其等效双键 DBE 值主要分布在 6～19；分子碳数分布在 C_{13}～C_{62}，其中 C_{17}～C_{35} 相对丰度较高。N_2 类非碱性氮化物的相对丰度如图 2-38 所示，等效双键 DBE 值主要分布在 8～20，主要集中在 12～18；分子碳数分布在 C_{13}～C_{56}，其中 C_{20}～C_{37} 相对丰度较高。$N_1S_1O_1$ 类化合物的组成和分布如图 2-39 所示，其 DBE 值范围为 4～15；所在分子结构碳数分布在 C_{13}～C_{56}，尤其是 C_{20}～C_{33} 相对丰度较高。O_1S_1 类化合物的相对丰度如图 2-40 所示，其等效双键 DBE 值主要分布在 1～12；分子碳数分布在 C_{13}～C_{54}，其中 C_{17}～C_{30} 相对丰度较高。

(3) THK6 沥青质在负离子模式 ESI FT-ICRMS 分析结果。

THK6 沥青质负离子谱图中不同杂原子及缩合度类型化合物相对丰度如图 2-41 所示。对 N_1、N_1O_1、N_2、N_2O_1 类化合物的组成分布图(图 2-42～图 2-45)进行描述分析。

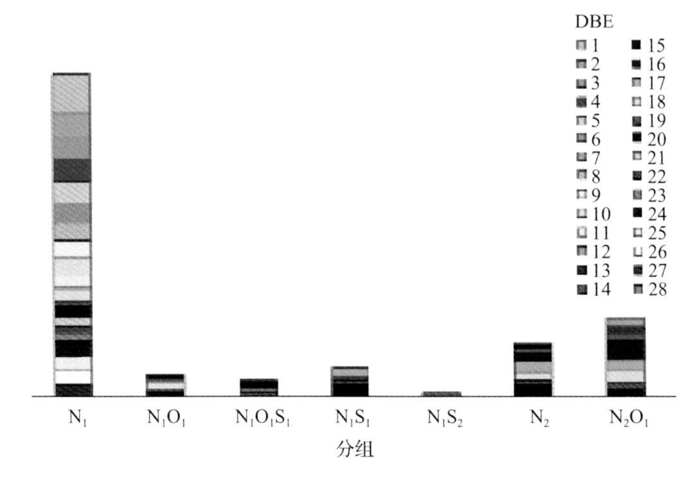

图 2-41　THK6 沥青质负离子谱图中不同杂原子及缩合度类型化合物相对丰度

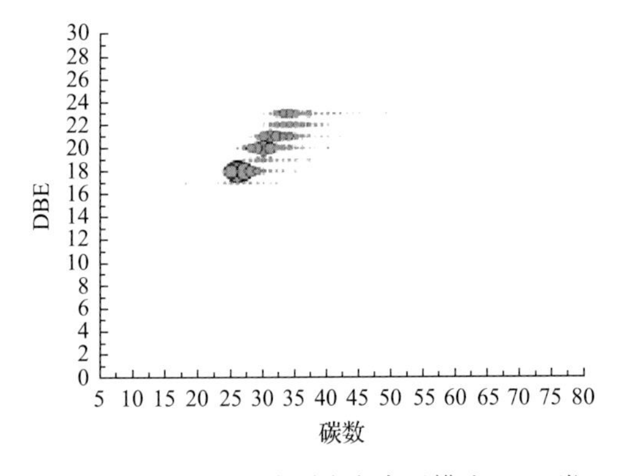

图 2-42 THK6 沥青质在负离子模式下 N_1 类化合物组成与分布图

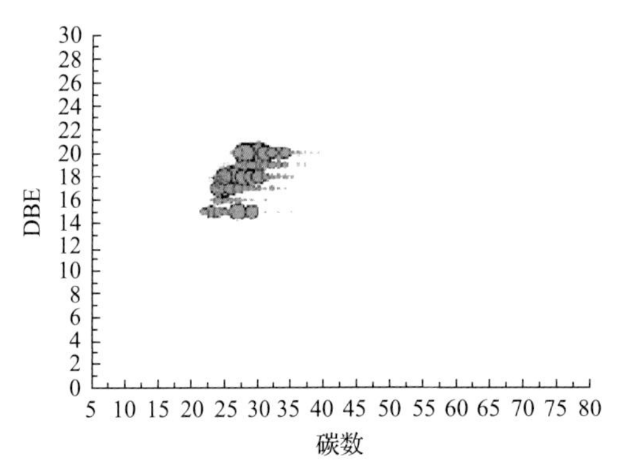

图 2-43 THK6 沥青质在负离子模式下 N_1O_1 类化合物组成与分布图

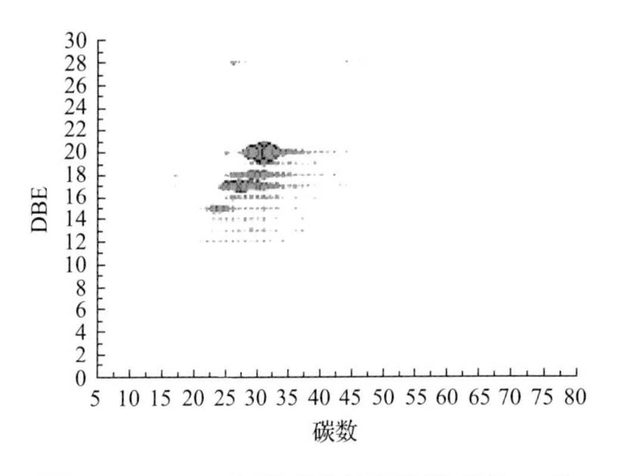

图 2-44 THK6 沥青质在负离子模式下 N_2 类化合物组成与分布图

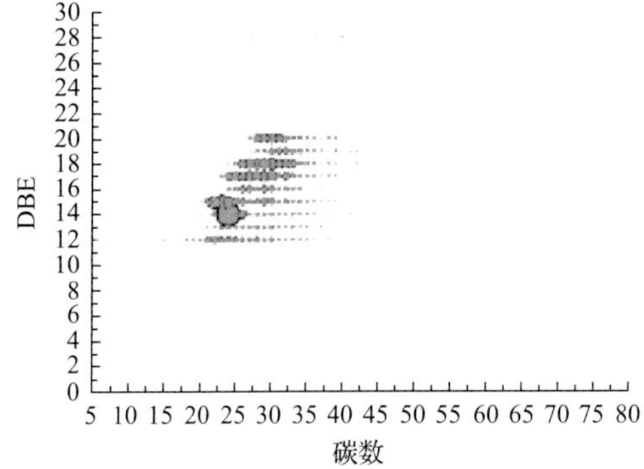

图 2-45 THK6 沥青质在负离子模式下 N_2O_1 类化合物组成与分布图

THK6 沥青质中 N_1 类非碱性氮化物的相对丰度如图 2-42 所示，其等效双键 DBE 值主要分布在 17～23，主要集中在 18、20、21，以相对丰度最高，分子碳数分布在 C_{18}～C_{38}，C_{25}～C_{32} 相对丰度较高。N_1O_1 类非碱性氮化物的相对丰度如图 2-43 所示，其等效双键 DBE 值主要分布在 15～20，分子碳数分布在 C_{21}～C_{39}，C_{25}～C_{32} 相对丰度较高。N_2 类化合物的相对丰度如图 2-44 所示，其等效双键 DBE 值主要分布在 12～20，分子碳数分布在 C_{17}～C_{46}，C_{25}～C_{32} 相对丰度较高。N_2O_1 类化合物的组成和分布如图 2-45 所示，其 DBE 值范围为 12～20，所在分子结构碳数分布在 C_{15}～C_{47}，尤其是 C_{20}～C_{30} 相对丰度较高。

(4) THK6 沥青质在正离子模式 FT-ICRMS 分析结果。

THK6 沥青质正离子谱图中不同杂原子及缩合度类型化合物相对丰度如图 2-46 所示。在正离子 ESI 模式下所能检测到的都是碱性氮化物，从 THK6 的组成柱状图中可以看到，N_2 类占绝对优势，碱性氮化物相对丰度为 $N_2 > N_1O_1 > N_1 > N_2O_1 > O_1S_1 > N_2S_1 > N_1S_1$。对 N_2 类化合物的组成分布（图 2-47）进行了描述分析，可知 N_2 类非碱性氮化物 DBE

值基本在 8～21，其中重点集中在 14～17，分子碳数分布在 C_{13}～C_{46}，C_{26}～C_{31} 相对丰度较高。

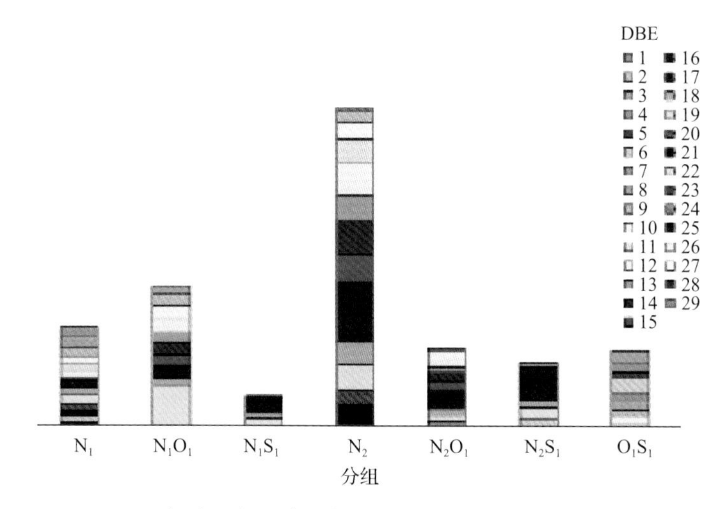

图 2-46　THK6 沥青质正离子谱图中不同杂原子及缩合度类型化合物相对丰度

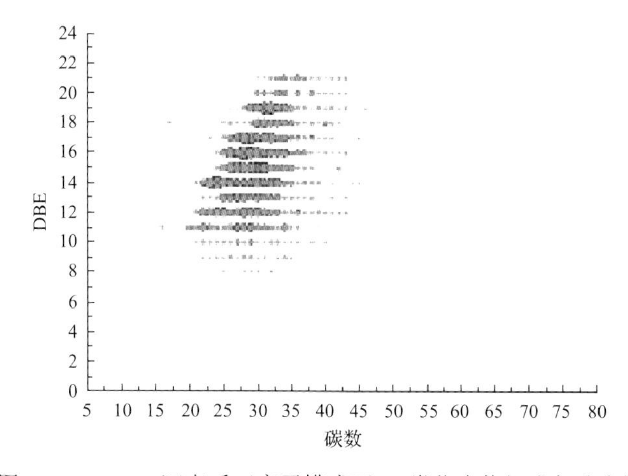

图 2-47　THK6 沥青质正离子模式下 N_2 类化合物组成与分布图

2) 杂原子组成对比

在重质油化学中一般认为杂原子化合物富集于原油中重质组分大分子中，塔河油田稠油四组分分析结果显示塔河油田原油黏度与其中不溶于正庚烷的胶质沥青质含量呈正相关，本实验通过质谱分析检测了原油沥青质中的杂原子组成和结构。图 2-48 和图 2-49 中靠右侧的质谱峰分子 H/C 大，而靠左边的质谱峰分子 H/C 小，即从右到左，分子的缩合度增大。比较 3 张谱图的分布特征，可以清楚地看到胶质和沥青质中包含了绝大多数原油中的极性化合物，缩合度相对较低的杂原子化合物富集在胶质中，而沥青质中富集高缩合度的氮化物。这些组成特征与其他地区原油存在较大差异，一般重质原油沥青质中的含氧化合物，尤其是多氧化合物如二元羧酚较富集。

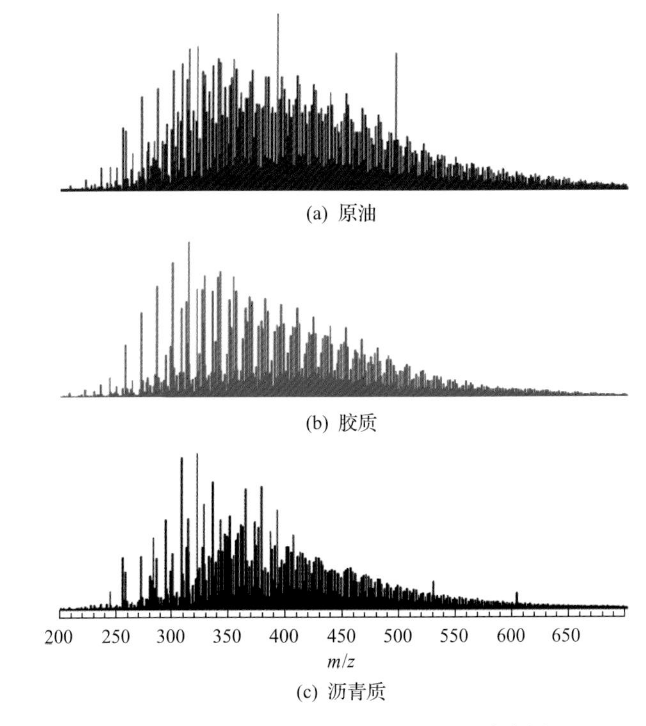

图 2-48 THK24 原油 m/z=416 局部放大图

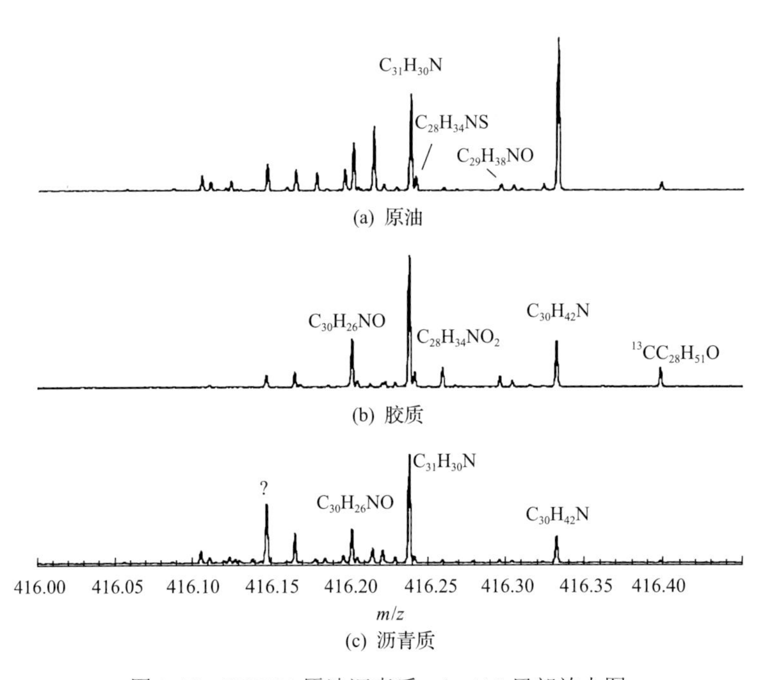

图 2-49 THK24 原油沥青质 m/z=416 局部放大图

通过比对各样品中典型化合物的 DBE 值，得到几类主要的极性化合物类型及其结构式，如图 2-50 所示。

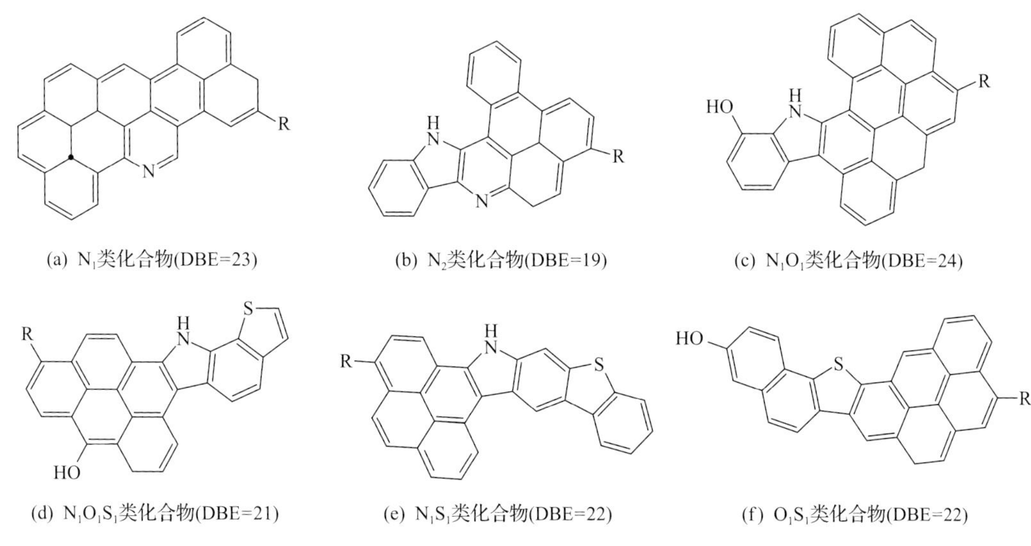

图 2-50 塔河沥青质主要极性化合物的结构图

在沥青质中，存在着众多以这 6 种结构为主体，但支链不同、缔合体数目不同的混合体，这些相对分子量较小(大多小于 1000)的化合物通过氢键、π-π 共轭作用及其他化学作用力缔合在一起，形成了通常意义上的沥青质结构。

4. 沥青质中金属元素赋存状态对黏度的影响

针对 7 种油样分离出的沥青质组分进行金属元素分析，结果见表 2-16。从表 2-16 中可以看出，沥青质中的金属元素含量要高于对应的稠油，说明稠油中的金属元素大量聚集在沥青质中。

表 2-16 沥青质金属元素分析 (单位：μg/g)

样品	Fe	Cu	Na	K	Ca	Mg	Al	V	Ni	总含量
单 56	362	218	4138	81	829	237	60	9	123	6057
杜 84	203	561	1474	147	912	56	68	5.1	322	3748.1
THK4	567	1.8	1678	138	3340	129	284	960	146	7243.8
THK5	10160	2.0	9624	1011	15400	1389	2420	618	92	40716
THK9	637	<0.1	6199	192	18890	406	169	623	91	27207
THK25	668	0.9	4542	168	13720	332	167	795	106	20498.9
THK6	6072	1.5	6846	244	10510	486	639	852	109	25759.5

稠油中的金属元素大量聚集在沥青质中，选择金属含量较高的塔河油田沥青质为研究对象，采用 ESI FT-ICRMS 对沥青质中的金属化合物进行了分析研究。

卟吩构成了卟啉的主要结构，如图 2-51 所示，当卟吩的中心存在共价键和配位键结合的金属时，就形成了金属卟啉。图 2-52 是目前检测出来的卟啉的基本类型的结构图。

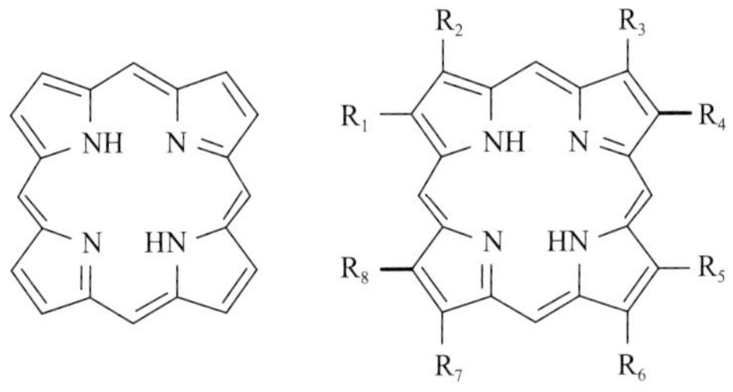

(a) 卟吩 (b) 卟啉

图 2-51 卟吩和卟啉结构图

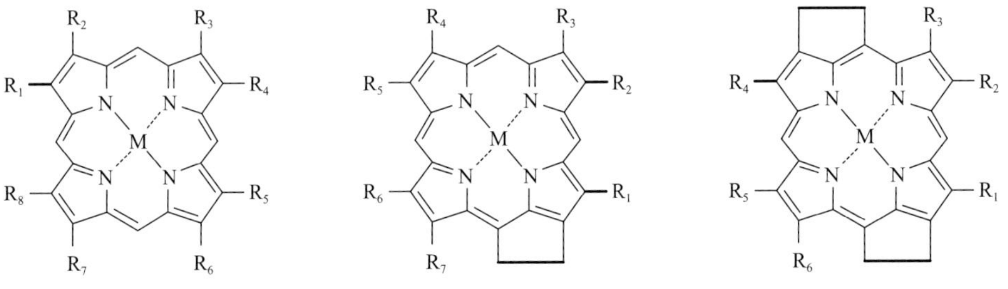

(a) ETIO (b) DPEP (c) Di-DPEP

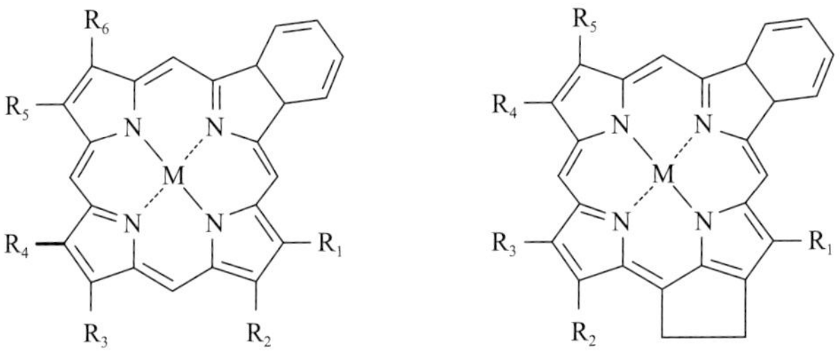

(d) RHODO-ETIO (e) RHODO-DPEP

图 2-52 石油卟啉的类型

ETIO-初卟啉；DPEP-脱氧叶红初卟啉；Di-DPEP-双环脱氧叶红初卟啉；RHODO-ETIO-玫红型脱氧西红初卟啉；RHODO-DPEP-玫红型二环脱氧叶红初卟啉

表 2-17 是不同类型卟啉系列的结构参数，不同类型卟啉系列的分子量均按其最低理论碳数的摩尔质量+14*n*(*n* 为整数)计算。

表 2-17 不同类型金属卟啉的结构参数

卟啉类型	基本结构组成	缺氢数(*Z*)	分子量
ETIO	$C_{20}H_{14}N_4MO$	–28	$376 + 14n$
DPEP	$C_{22}H_{16}N_4MO$	–30	$402 + 14n$
Di-DPEP	$C_{24}H_{18}N_4MO$	–32	$428 + 14n$
RHODO-ETIO	$C_{24}H_{16}N_4MO$	–34	$426 + 14n$
RHODO-DPEP	$C_{26}H_{18}N_4MO$	–36	$452 + 14n$

将沥青质的 FT-ICRMS 谱图中信噪比小于 5.5 的数据导入金属卟啉自动寻找程序中，计算沥青质中的金属卟啉结构。

THK6 沥青质中含有的 N_4VO 类型化合物的缺氢数主要为–28 和–30 两类(也可能含有其他类型的钒卟啉，但被背景物质所掩蔽)，根据缺氢数可以确定为 ETIO 和 DPEP 两种钒卟啉，而且以 ETIO 钒卟啉为主，碳数分布范围分别为 27～34 和 29～33。也就说两类钒卟啉的分子量分布分别为 474～572 和 502～558。而且从图 2-53 可以看出在 THK6 沥青质中 ETIO 型钒卟啉中 C_{29}-ETIO 含量最丰富，DPEP 型中含量最丰富的为 C_{31}-DPEP。

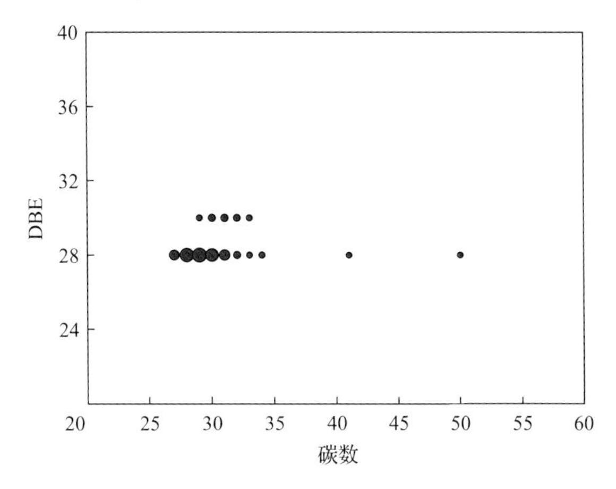

图 2-53　THK6 沥青质钒卟啉的 Z 值和碳数分布图

THK9 沥青质中含有的 N_4NiO 类型化合物的缺氢数主要为–28 和–30 两类(也可能含有其他类型的钒卟啉，但被背景物质所掩蔽)，根据缺氢数可以确定为 ETIO 和 DPEP 两种钒卟啉，而且以 ETIO 镍卟啉为主，且碳数分布范围分别为 21～25 和 24～25，也就是说两类镍卟啉的分子量分布分别为 390～446 和 430～444。而且从图 2-54 可以看出在 THK9 沥青质中 ETIO 型镍卟啉中 C_{24}-ETIO 含量最丰富，DPEP 型中含量最丰富的为 C_{24}-DPEP。

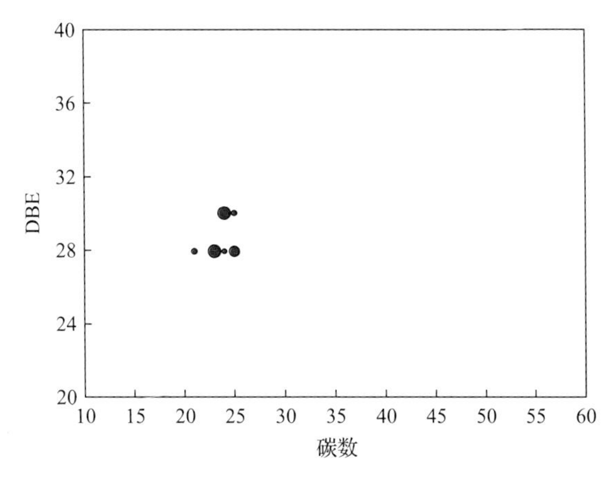

图 2-54　THK9 沥青质镍卟啉的 Z 值和碳数分布图

2.2.4 稠油致稠机理

性能是由结构所决定的，沥青质之所以能够影响稠油黏度，与沥青质分子的结构有关，沥青质分子结构导致分子间作用力强，易相互聚集。分子间的作用力分为范德瓦尔斯力与氢键，范德瓦尔斯力又可以分为 3 种作用力：诱导力、取向力和色散力，诱导力与取向力与极性分子偶极矩的平方成正比；一般分子量越大，色散力越大。研究沥青质分子间的相互作用力，可以从分子间作用力角度揭示稠油致稠机理。Gray[11]基于酸碱相互作用、氢键作用、金属配位作用、π-π 共轭作用等多种作用，提出了如图 2-55 所示的沥青质聚集体结构模型。该模型有助于进一步理解沥青质分子结构的多样性和复杂性，以及沥青质分子通过多种相互作用而缔合聚集的细节。

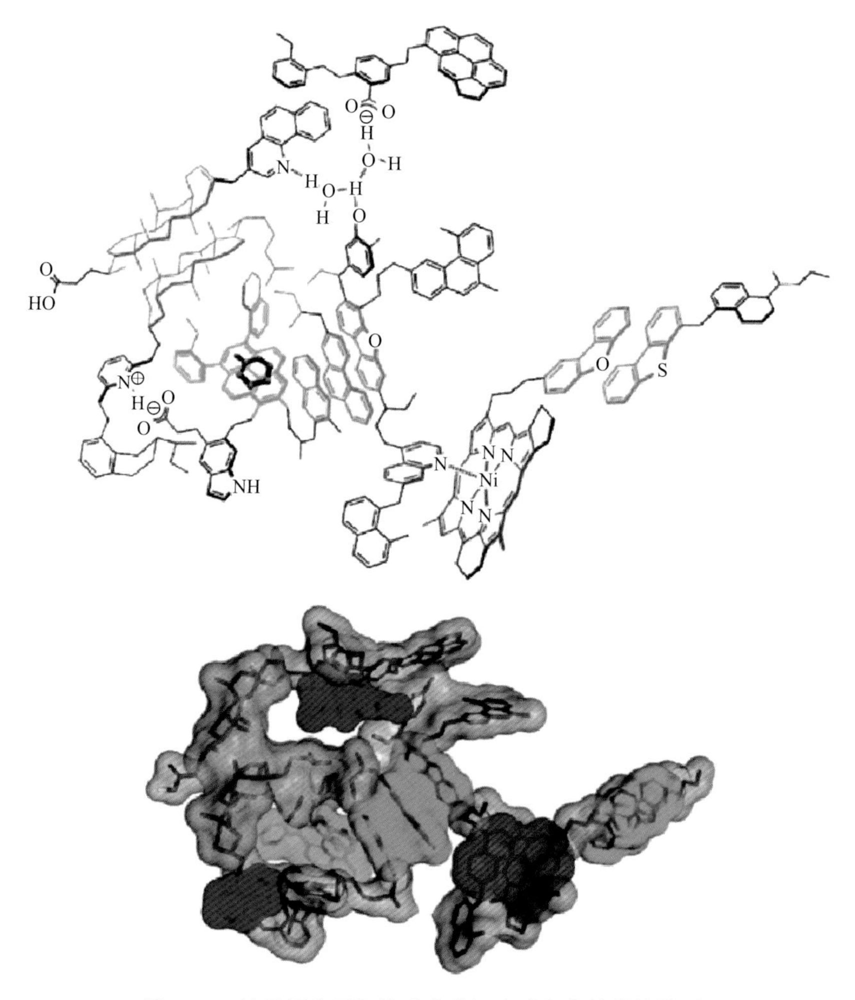

图 2-55 基于超分子组装形成的沥青质聚集体结构模型

酸碱相互作用及氢键为蓝色；金属配位作用为红色；疏水作用为橘色；π-π 共轭相互作用为绿色；色散力作用为灰色

塔河油田稠油沥青质分子平均结构的分析表征，塔河油田稠油沥青质分子中不仅具有多个芳香环和环烷环，并且还带有长度不等的烷基侧链，同时还具有硫醚、羟基及吡咯结构。正是沥青质分子的特殊结构，使沥青质分子之间可以形成氢键、π-π 共轭作用、酸碱作用、电荷转移作用等分子间相互作用，而这些分子间作用力可以使沥青质分子在稠油中聚集在一起，从而形成空间网状结构，使稠油黏度急剧增加。

(1) 沥青质芳环结构的 π-π 共轭体系：随着沥青质 H/C 的减小，芳香碳率 f_A 增加，芳环数目越多，呈迫位缩合的环数越多，越容易形成层状与三维结构的 π-π 共轭体系，产生缔合，稠油黏度增加。

(2) 杂原子偶极作用下的电荷转移作用：沥青质中非金属杂原子会导致局部正负电荷中心不重合，在沥青质分子中产生永久偶极子，沥青质偶极子由于静电吸引而头尾相接，形成二聚体、三聚体及多聚体，即沥青质分子缔合形成高分子聚集物。

(3) 杂原子官能团(羟基、胺基、羧基、羰基等)的氢键：杂原子官能团主要集中在沥青质、胶质中，它们与另外一个电负性原子或富电子中心之间形成氢键，分子间氢键的多聚缔合将导致分子间作用力变大，使稠油以大分子聚合体的形式存在。

(4) Ni、V 金属卟啉加剧 π-π 共轭作用：稠油沥青质中的部分 Ni、V 以金属卟啉的形式存在。Ni、V 属于过渡金属元素，具有外层空轨道，形成的金属卟啉具有 π-π 共轭体系，由于稠油中的沥青质也具有 π-π 共轭体系，二者可以产生 π-π 缔合作用，增加了沥青质的分子量，导致沥青质分子的聚集程度增加。

(5) Ni、V 空轨道与杂原子孤对电子配位：Ni、V 属于过渡金属元素，具有外层空轨道，沥青质芳香片层上连接的金属离子可作为交联点，与富含孤对电子的杂原子形成配合物，强化络合形成网状结构，进一步增加稠油黏度。

结合稠油致稠机理，后续降黏手段主要有以下几种。

(1) 水溶性降黏剂：原油中加入亲水表面活性剂后，因亲水基表面活性很强，替代油水界面上的疏水自然乳化剂而形成定向吸附层，吸附层将强烈改变分子间的相互作用和表面传递过程，形成水包油(O/W)型乳状液。由于连续相水的黏度很低，在流动的过程中稠油间的相互内摩擦变成水与水之间的内摩擦，稠油与管壁间的摩擦变为水与管壁间的摩擦，将大大降低油管内液体流动的阻力。

(2) 油溶性降黏剂：通过分子相似相溶机理、分子间氢键作用和溶剂化作用，降黏剂分子借助氢键分散、渗透进入沥青质、胶质分子之间，拆散一些重叠堆集的聚集杂环结构，降低沥青质聚集体聚集程度，达到降黏效果。

(3) 加热降黏：稠油通过加热可补充能量，沥青质分子运动加速，氢键、π-π 共轭作用被削弱，导致聚集形态发生变化，达到降黏效果。

2.3　稠油井筒流动特性

原油从几千米深的地层中采出，在井筒举升过程中温度、压力会不断变化，因此研究稠油垂直管流对指导稠油开采具有非常重要的意义。

2.3.1 常温常压原油垂直管流模拟实验

1. 井筒降黏模拟环道实验装置

该装置由实验管路系统、温控系统、数据采集系统、充气及吹扫系统等组成。

综合考虑实际采油过程，塔河油田油管内径为 88.9mm，油井的单井产量为 100m^3/d，为模拟油井中掺混后流体的流动形态，使模拟流体的线速度与油管中实际流体的线速度相等，测试管段采用内径为 50mm 的无缝不锈钢管和透明有机玻璃管。

垂直管段及其设计：垂直测试管段包括可视测试管段 1（下）、不锈钢测试管段 2（中）、可视测试管段 3（上），它们的总长度均为 1.8m，其中可视管段的透明有机玻璃管的长度均为 1.7m，结构如图 2-56 所示。实验环道的最大设计压力为 2.5MPa、最高设计温度为 70℃。

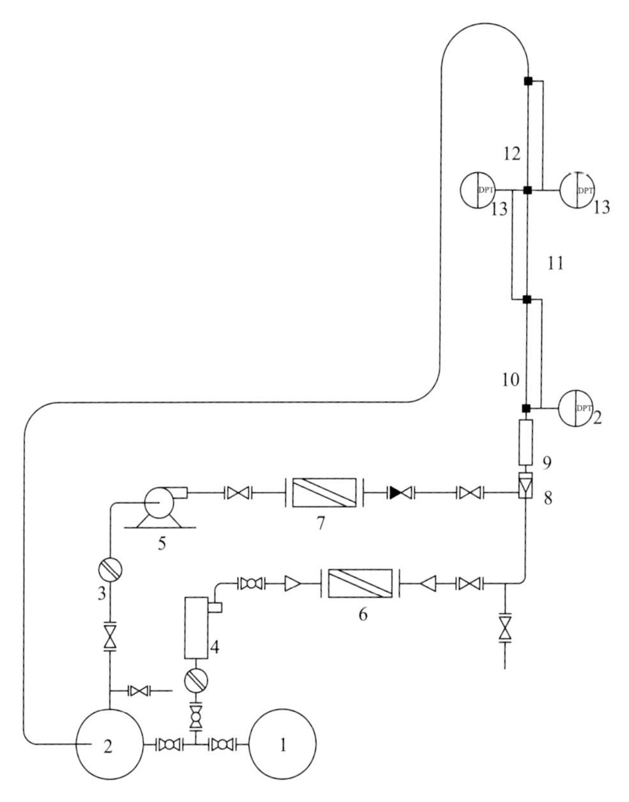

图 2-56 井筒稠油降黏模拟工艺流程

1-油罐；2-分离罐；3-过滤器；4-油泵；5-水泵；6-油流量计；7-水流量计；8-掺混段；9-混合段；10-可视测试管段 1；11-不锈钢测试管段 2；12-可视测试管段 3；13-DPT-数字压力传感器

有机玻璃管的拉伸强度为 50MPa 左右，安全系数一般取 1.2，设计压力为 2.5MPa，因此透明有机玻璃测试管段 1 和透明有机玻璃测试管段 3 的壁厚可按式（2-10）计算：

$$t_{\min}=\frac{pD_{\mathrm{i}}}{2[\sigma]\varphi-p} \tag{2-10}$$

式中，$t_{\min}$为最小壁厚，mm；p为设计压力，MPa；D_{i}为钢管内径，m；φ为焊缝系数；$[\sigma]$为不锈钢的许用应力，MPa。

将相关参数代入式(2-10)得

$$t_{\min}=\frac{pD}{2[\sigma]\varphi-p}=\frac{2.5\times0.05}{2\times50/1.2\times1-2.5}=1.55\times10^{-3}\,\mathrm{m}=1.55\mathrm{mm}$$

考虑到有机玻璃管的脆性及安全可靠性，本装置中观察段与可视测试管段采用$\Phi60\times5$的有机玻璃管。

由于不锈钢管的设计压力为2.5MPa，而304不锈钢在20℃时的拉伸强度为138MPa，将相关参数代入式(2-10)可计算不锈钢管的最小壁厚：

$$t_{\min}=\frac{pD}{2[\sigma]\varphi-p}=\frac{2.5\times0.05}{2\times138\times1-2.5}=4.57\times10^{-4}\,\mathrm{m}=0.457\mathrm{mm}$$

根据常用不锈钢管规格的标准系列，本装置的不锈钢测试管段与辅助管段均选用$\Phi57\times3.5$的304不锈钢无缝钢管。

透明测试管段主要用于观察掺入液和稠油两相流动的流型，差压变送器用于测定各测试管段的摩阻压降，差压变送器的引压管均设在不锈钢管段上，以保证有机玻璃管的强度，3个测压段的长度均为1.8m。此外在引压管上设置阀门，用于取样与排空。

为模拟实际采油过程，设计了稠油和掺入液的掺混装置，掺混段结构如图2-56所示，实物图如图2-57所示。从图2-57可以看出，油从底部进入，掺入液从上侧管道进入，稠油和掺入液在掺混段中混合后，流入静态混合段或可视管段。

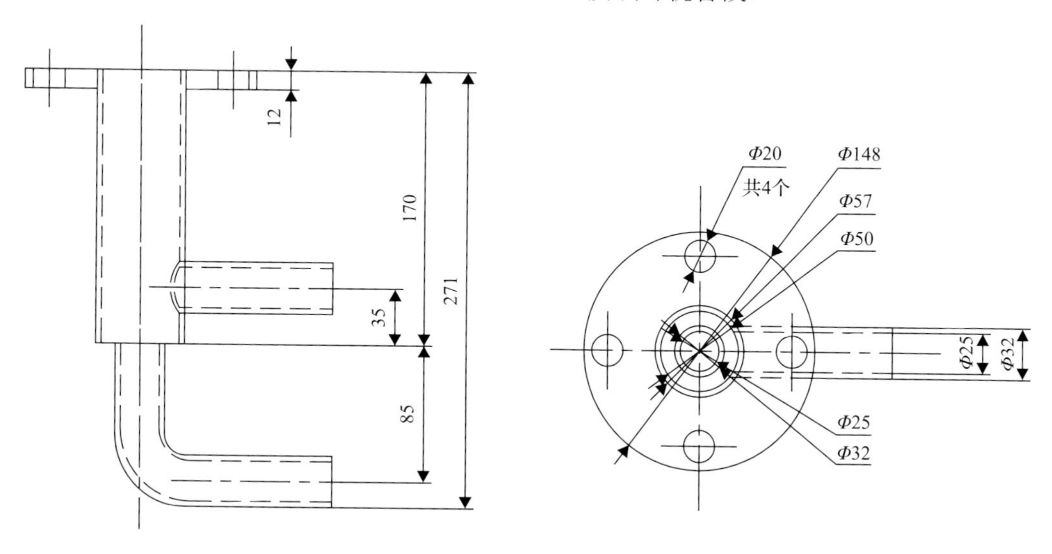

图 2-57　掺混段结构图(单位：mm)

2. 实验流程

根据塔河油田实际采油方式及井筒结构，对环道模拟装置进行了改造，进行了混合器垂直测试管段的设计安装，实验工艺流程如图 2-56 所示。

本装置可通过调节变频器改变水泵和油泵的转速，实现不同掺水量或掺剂量的降黏流动模拟，采用透明有机玻璃测试管段 1 和透明有机玻璃测试管段 3 观察实验流体的流型，3 个差压变送器分别测定 3 个测试管段的摩阻压降，对比分析稠油降黏开采过程中重力作用对掺入液和稠油混配均匀程度的影响。

可视测试管段 1、不锈钢测试管段 2、可视测试管段 3、混合段及掺混段均采用法兰连接，以便于拆卸和清洗。

分别在油罐与分离罐中加入足量的油与掺入液，将油品和掺入液加热到实验温度，保持恒温，启动油泵与水泵，油品从油罐中流出，掺入液从分离罐中流出，根据所要研究流体的混配比例，调节油泵与水泵变频器的频率，稠油和掺入液分别计量，经掺混段、混合段，流入可视测试管段 1、不锈钢测试管段 2 和可视测试管段 3，最后回到分离罐进行油水分离，如此往复循环，实现油水两相流的循环流动。

3. 稠油管流流动特性评价

1) 管流压降及流量随时间的变化关系图

本实验的测试管段为可视测试管段 1、不锈钢测试管段 2 和可视测试管段 3，均为垂直管段，测试管段内径 D＝0.050m，测试长度 $L=L_1+L_2+L_3=5.4\text{m}$。

由管流特性实验测试结果，可得到不同测试时间内测试流体的压差、密度及体积流量 Q 的实验数据。

单位测试管段长度的压降值：

$$\Delta\overline{p}=\frac{\Delta p}{L} \tag{2-11}$$

式中，$\Delta\overline{p}$ 为单位测试管段长度的压降值，kPa/m；Δp 为测试管段的压差，kPa；L 为测试管段的长度，m。

2) 管流黏温特性

首先，假设研究温度范围内的油流为牛顿流体；其次，根据不同温度下可视测试管段 1(图 2-56) 单位长度的压降、流量、密度随测试时间的变化规律，计算平均密度、平均压降及相应的平均流量；最后根据常规流体的基本水力学方程，反算相应的黏度，从而建立油流的管流黏温关系。具体方法如下所述。

(1) 本测试管段为水平直管段，因此只有沿程摩阻损失，求出测试管段的沿程摩阻损失的值：

$$h_{\mathrm{f}} = \Delta z + \frac{1000\Delta\bar{p}}{\rho g} \tag{2-12}$$

式中，h_{f} 为测试管段的沿程摩阻损失，m；Δz 为测试管段起、终点的相对高度，此处为 0m；ρ 为测试油品的密度，kg/m^3；g 为重力加速度，9.8m/s^2。

(2) 由达西公式可得到与沿程水力摩阻系数的关系：

$$h_{\mathrm{f}} = \lambda \frac{1}{D}\frac{v^2}{2g} \tag{2-13}$$

式中，λ 为测试管段的沿程水力摩阻系数；D 为测试管段的内径，m；v 为油品的流速，m/s。

(3) 联立式 (2-12)、式 (2-13) 可得到沿程水力摩阻系数的值：

$$\lambda = \frac{\pi^2 D^5 g h_{\mathrm{f}}}{8Q^2} \tag{2-14}$$

式中，Q 为流量。

(4) 常用计算水力摩阻的经验公式。

当 $Re \leqslant 2000$ 时，流态为层流：

$$\lambda = \frac{64}{Re} \tag{2-15}$$

当 $2000 < Re < \dfrac{59.7}{\varepsilon^{\frac{8}{7}}}$ (ε 为相对粗糙度)，流态处于水力光滑区：

$$\lambda = \frac{0.3164}{\sqrt[4]{Re}} \tag{2-16}$$

当 $\dfrac{59.7}{\varepsilon^{\frac{8}{7}}} < Re < \dfrac{665 - 765\lg\varepsilon}{\varepsilon}$，流态处于混合摩擦区：

$$\frac{1}{\sqrt{\lambda}} = -1.8\lg\left[\frac{6.8}{Re} + \left(\frac{\varDelta}{3.7D}\right)^{1.11}\right] \tag{2-17}$$

$$\varepsilon = \frac{2\varDelta}{D} \tag{2-18}$$

式中，$\varDelta$ 为测试管段内壁粗糙度，本测试管段取 0.15。

当 $Re > \dfrac{665 - 765\lg\varepsilon}{\varepsilon}$，流态处于水力粗糙区：

$$\lambda = \frac{1}{\left(2\lg\frac{3.7D}{\Delta}\right)^2} \tag{2-19}$$

对上述水力摩阻经验公式进行循环迭代验算，即可反算出雷诺数 Re 的值。

(5) 由雷诺数计算公式，可得到雷诺数 Re 与油品黏度的关系：

$$Re = \frac{4Q}{\pi d\eta} = \frac{4Q\rho}{\pi D\mu} \tag{2-20}$$

(6) 对式(2-20)进行反算，即可得到测试油品的黏度值：

$$\mu = \frac{4Q\rho}{\pi DRe} \tag{2-21}$$

式(2-20)和式(2-21)中，μ 为测试油品黏度，mPa·s。

(7) 对计算结果进行单位换算，即使用计算出的黏度即可得到最终的油品黏度值，其单位为 mPa·s。

(8) 基于一定温度下流体黏度随流量变化较小的事实，取其平均值作为相应温度下的管流黏度。

3) 混合稠油流动特性

采用上述测试方法，测定了混合稠油在不同温度时的管流压力与流量随时间的变化规律(图 2-58、图 2-59)。

由图 2-58 和图 2-59 可知，混合稠油在相同条件下，在 70℃时的立管压差比 40℃的立管压差要小。逐步提高实验排量，70℃环境下的立管压差保持稳定，略有升高；40℃环境下的立管压差较 70℃环境下的立管压差上升快。由图 2-60 和图 2-61 中 70℃与 40℃时的立管压差图像可知，在 70℃时不同排量的立管压差变化一致，反映混合油样在 70℃的黏度较小，管道摩阻较小；在 40℃时不同排量的立管上下压差较大，反映混合油样在 40℃的黏度较大，管道摩阻较大，井筒举升阻力大。

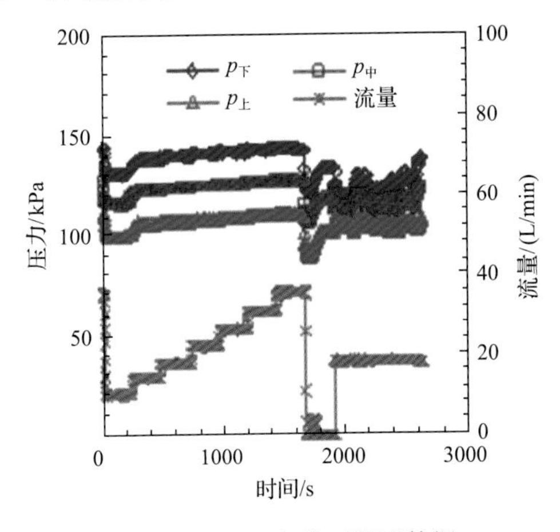

图 2-58　70℃条件下测试数据

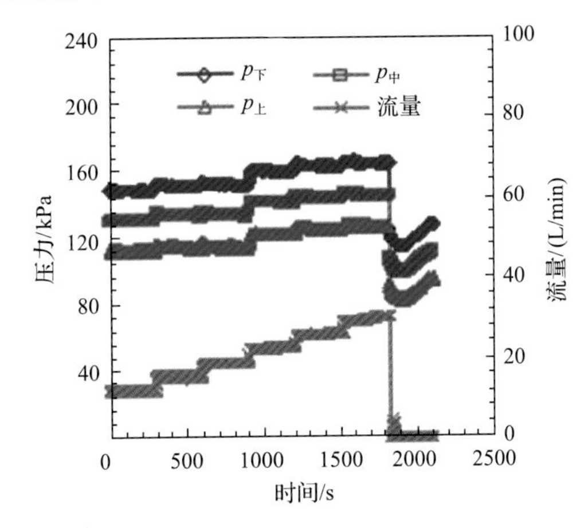

图 2-59　40℃条件下测试数据

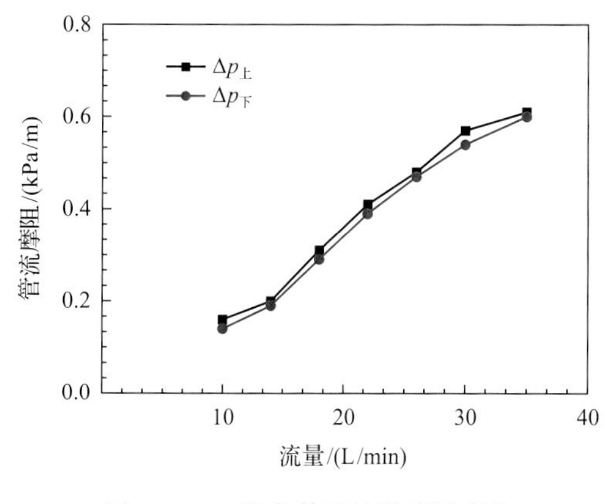

图 2-60　70℃条件下纯油摩阻变化

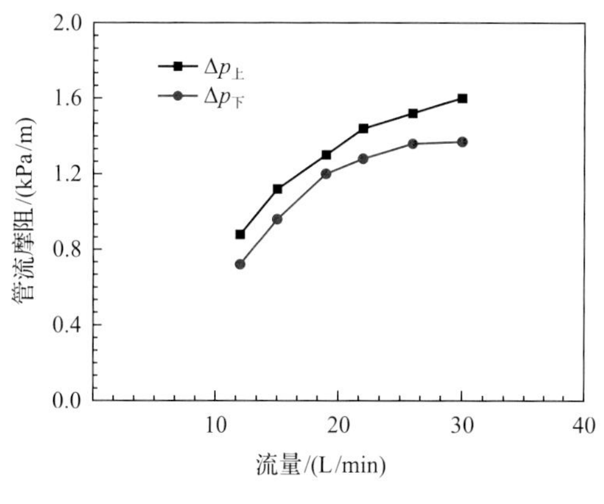

图 2-61　40℃条件下纯油摩阻变化

4)掺水后乳状液流动特征

本书测试了不同含水率(20%、30%、40%、50%、70%)条件下垂直管流摩阻变化情况(图 2-62)。观察发现，立管下段紊流严重，摩阻大于立管上段；含水率<40%时，呈油包水(W/O)型溶液，黏度高，摩阻大；含水率>40%时，游离水脱出，呈水包油型溶液，黏度低，摩阻小。

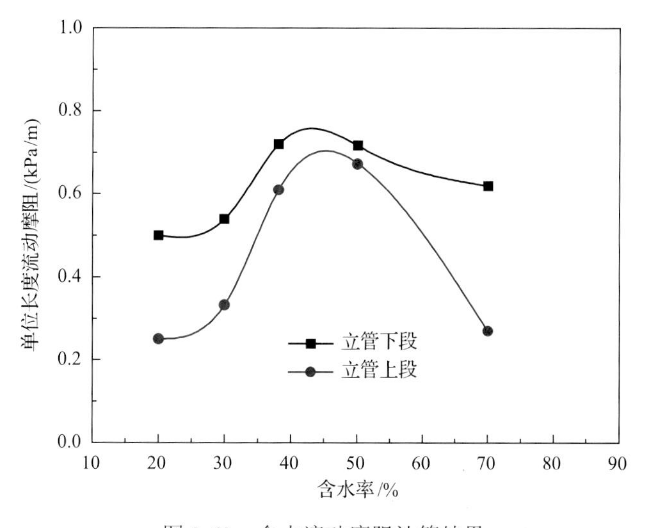

图 2-62　含水流动摩阻计算结果

从油水分布特征来看，立管油水分布较为均匀，受重力影响，水平管含水从上到下依次升高(表 2-18)。

在油水样的静置过程中，油水样中的游离水将不断析出而沉降，而分散在水中的油滴将发生聚并和上浮，从而出现明显的油水界面层，并使分层后的上层乳状液逐渐均匀化，如图 2-63、图 2-64 所示。从宏观分析可以发现，含水率越低的乳状液中，游离水沉降需要的时间越长，在室温下即使静置数天，也很难沉降出所有的游离水及较大的分散水滴。对于室温静置一天的低含水 W/O 型乳状液，可见明显的上下界面层，上层乳状液含水率较低、呈黑色，而下层乳状液含水率较高、呈棕褐色，观察底层游离水可见，水色浑浊。这可能是由于稠油中含有较多的乳化水。常温常压流动规律的研究为塔河油田稠油举升系统优化设计提供了基础数据支撑。

表 2-18　不同含水率不同位置取样静乳状液含水率情况

含水率/%	取样位置		水/mL	含水率/%
30	立管	上	52.2	57.3
		中	50.6	52.2
		下	49.5	54.3
	水平管	上	2.1	2.23
		中	47.8	49.7
		下	43.9	47.1
50	立管	上	57.8	66.9
		中	56.3	66.9
		下	62.4	71.9
	水平管	上	23.1	25.4
		中	50.3	55.2
		下	87.9	93.6
70	立管	上	72.5	75.2
		中	65.6	75.2
		下	68.2	73.3
	水平管	上	20.4	22.3
		中	78.8	84.2
		下	90.5	97.2

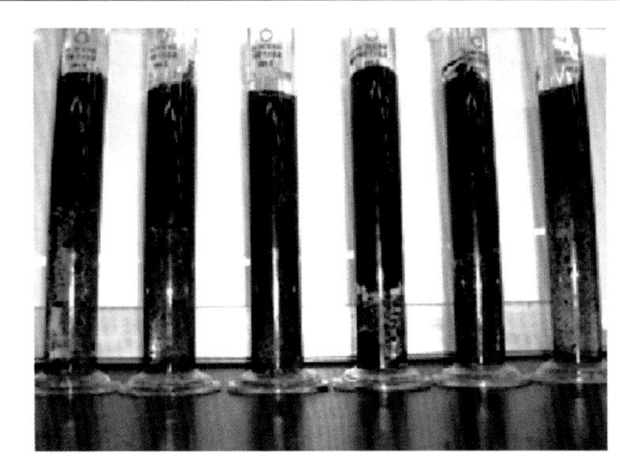

图 2-63　含水率 30%的分水实验

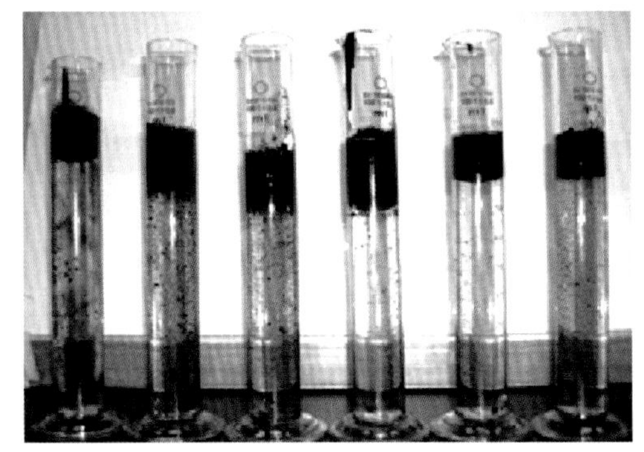

图 2-64　含水率 70%的分水实验

2.3.2　稠油高温高压井筒流动规律

前期井筒降黏环道模拟装置研究取得了一定成果，但由于装置耐压有限(2MPa)，为了提高实验结果与现场的吻合度，进一步开展了稠油高温高压井筒流动模拟装置的建立和超深稠油流动特性研究。

1. 高温高压井筒流动规律模拟装置的建立

目前在压降计算方面多采用以试验为基础的经验式或半经验式。常见的如 Duns-Ros(1963)法[12]、Hagedorn-Brown(1965)法[13]、Fogarasim(1975)法[13]，被石油工业广泛采用。而前人研究存在三大问题：①常采用煤油、白油、硅油、低黏油(＜400mPa·s)流体，与塔河油田稠油差异大，黏度＜400mPa·s，无法满足塔河油田高黏稠油需求；②物理模型相似性差，不耐温(＜60℃)、不耐压(＜0.2MPa)，而塔河油田油藏条件为 70MPa、140℃；③数值模拟适应性差，可靠数据匮乏，模型计算结果误差大。

为了更好地指导塔河油田稠油开采，根据相似准则，研发了耐温 180℃、耐压 70MPa 的高温高压井筒模拟装置，能模拟井深 7000m 自喷、机抽、电泵井开采方式的稠油井筒举升过程，利用该设备可以开展稠油井筒流动规律、稠油井筒掺稀及化学降黏、注气开采、井筒结蜡规律、工艺优化等方面的研究，目前国内外未见相关报道。

1) 流动相似性原理

相似是指组成模型的每个要素必须与原型的对应要素相似，包括几何要素和物理要素，其具体体现为由一系列物理量组成的场对应相似。对于同一个物理过程，若两个物理现象的各个物理量在各对应点上及各对应瞬间大小呈比例，且各矢量的对应方向一致，则称这两个物理现象相似。流体力学相似指的是两个流场的力学相似，即在流动空间的各对应点上和各对应时刻，表征流动过程的所有物理量各自互呈一定的比例。在流动现象中若两种流动相似，一般应满足：①几何相似。几何相似是指模型与其原型形状相同，但尺寸可以不同，而一切对应的线性尺寸成比例，这里的线性尺寸可以是直径、长度及粗糙度等。②运动相似。运动相似是指不同的流动现象，在流场中所有对应点处对应的速度和加速度的方向一致，且比值相等，也就是说，两个运动相似的流动，其流线和流谱呈几何相似。③动力相似。动力相似即不同的流动现象，作用在流体上相应位置处的各种力，如重力、压力、黏性力和弹性力等，它们的方向对应相同，且大小的比值相等，也就是说，两个动力相似的流动，作用在流体上相应位置处的各力组成的力多边形是呈几何相似。满足以上相似条件时，两个流动现象(或流场)在力学上就是相似的。这 3 种相似条件中，几何相似是运动相似和动力相似的前提和依据，动力相似是则是运动相似的主导因素，而运动相似只是几何相似和动力相似的表征，三者密切相关，缺一不可。

2) 相似准则

理论上，任意一个流动由控制该流动的基本微分方程和相应的定解条件确定。两个相似的流动现象，为了保证它们遵循相同的客观规律，其微分方程应该相同，这是同类流动的通解；此外，要求得某一具体流动的特解，还要求其单值条件也必须相似。这些单值性条件包括以下 4 点。

(1) 初始条件指非定常流动问题中开始时刻的流速、压力等物理量的分布；对于定常流动不需要这一条件。

(2) 边界条件指所研究系统边界上(如进口、出口及壁面处等)的流速、压力等物理量的分布。

(3) 几何条件指系统表面的几何形状、位置及表面粗糙度等。

(4) 物理条件指系统内流体的种类及物性，如密度、黏性等。

因此，如果两个流动相似，则作为单值性条件相似，作用在这两个系统上的惯性力与其他各力的比例应对应相等。在流体力学问题中，若存在上述力，而且满足动力相似，则必须使下列各力间的比例对应相等：惯性力与压力(或压差)之比(F_i/F_p)、惯性力与重力之比(F_i/F_g)、惯性力与摩擦力之比(F_i/F_v)、惯性力与弹性力之比(F_i/F_e)相等。

3) 相似原理与模型试验

相似原理与量纲分析方法解决了模型试验中的一系列问题。要进行模型试验，首先需要知道如何设计模型、如何选择模型流动中的介质，才能保证模型与原型(实物)流动相似。根据相似第二定理，凡同一类物理现象，当单值条件相似且由单值条件中的物理量组成的相似准则对应相等时，这些现象必定相似。设计模型和选择介质必须使单值条件相似，而且由单值条件中的物理量组成的相似准则在数值上相等。

试验过程中需要测定哪些物理量，试验数据如何处理才能反映客观实质是一个重要问题。相似第一定理表明，彼此相似的现象必定具有数值相等的相似准则。因此，在试验中应测定各相似准则中所包含的一些物理量，并把它们整理成相似准则。

模型试验结果如何整理才能找到规律性，以便推广应用到原型流动中也是一个重要问题。由 Π 定理可知，描述某物理现象的各种变量的关系可以表示成数目较少的无量纲 Π 表示的关系式，各无量纲 Π 各种不同的相似准则之间的函数关系式亦称为准则方程式。彼此相似的现象，它们的准则方程式也相同。因此，试验结果应当整理成相似准则之间的关系式，便可推广应用到原型中去。

4) 雷诺数相似法

雷诺数相似法是一种近似相似模型法。有许多实际流动，它们主要受黏性力、压力和惯性力的作用。如流体充满截面的管道流动，由于不存在自由面，没有表面张力作用，即可不考虑韦伯数(We)相似准则(即惯性力与表面张力的比值)；重力不影响流场，故可不考虑弗劳德数(Fr)相似准则(即惯性力与重力的比值)；如果流速与声速相比很低，则压缩性影响也可以忽略不计，即不必考虑马赫数(Ma)相似准则(即压缩性相似)。对于绕物体的低速气流或绕深水潜艇的流体上的弹性力及相应的水流(这时没有水面波浪形成)的情况也是这样。

从力学相似的观点来看，若两个流场在对应点作用的同种力方向相同、大小成同一比例，则满足动力相似。对于仅考虑黏性力、压力和惯性力这 3 种力的情况下，要使力三角形相似，只需满足两条边成比例且夹角相等，也就是说，在对应点上模型流动作用的惯性力和黏性力与实物流动作用的惯性力和黏性力成同一比例，因此，只要在对应点满足雷诺数相等即可。从更具有普遍意义的相似定理来看，两个流动相似，则相似准则数对应相等，由 Π 定理得出的相似准则方程式亦相同。在$(n-k)$个相似准则中，$(n-k-1)$个是独立相似准则，或称为决定性相似准则(相当于函数的自变量)，一个为非独立相似准则或非决定性相似准则(相当于函数的因变量)。对于仅考虑黏性力、压力和惯性力作用的流动情况，将雷诺相似准则和其他几何尺寸有关的准则看作独立准则，欧拉准则为非独立准则。

在几何相似的前提下，流动现象相似的决定性准则仅为雷诺准则，则模型试验必须遵守的相似称为雷诺相似。雷诺数计算公式为

$$Re = \frac{dv\rho}{\mu} \tag{2-22}$$

式中，d 为油管内径，m；v 为流速，m/s；ρ 为流体密度，g/mL；μ 为流体黏度，mPa·s。

根据现场生产数据，以每口井油管内径 d 为 74mm、混合产液密度为 0.95g/mL、黏度 μ 为 2000mPa·s，流速 v 以每口井日产液量计算得到：

$$v = \frac{Q}{3600 \times \frac{\pi d^2}{4}} \tag{2-23}$$

式中，Q 为体积流量，m^3。

由以上数据计算得到现场每口井的雷诺数，见表 2-19。

表 2-19　现场每口井的雷诺数 *Re* 计算结果

井名	日产液量/t	雷诺数 Re	井名	日产液量/t	雷诺数 Re
TH12208	115.0	11.46	TH12334	37.6	3.75
TH10342	77.1	7.68	TH12159	34.5	3.44
TH12438X	67.0	6.67	TH12507CH	31.5	3.14
TH12377	57.4	5.72	TH12209CH	31.3	3.12
TH12118	57.3	5.71	TH10120	30.8	3.06
TH10214	55.4	5.52	TH10255X	30.6	3.05
TH12353	52.1	5.19	TH12180	30.4	3.03
AD22	48.8	4.86	TH12349	30.0	2.98
TH12184	47.4	4.73	TH12233	29.3	2.92
TH12439	47.2	4.70	TH12406	28.9	2.88
TH12516X	45.9	4.57	TH12237	28.9	2.88
TH12532	40.6	4.04	THK5H	28.8	2.87
TH12511	40.3	4.02	TH12191	28.6	2.85
TH12143	38.2	3.81	TH12150	28.3	2.82

续表

井名	日产液量/t	雷诺数 *Re*	井名	日产液量/t	雷诺数 *Re*
TH121102	28.2	2.81	$S_1$04CX	16.7	1.67
TH12107	28.2	2.81	TH12355	13.7	1.36
TH12173	28.1	2.80	TH10252	10.9	1.08
TH12356CH	28.0	2.79	TH12114H	10.6	1.06
TH12503	27.9	2.78	TH12194	9.5	0.94
TH12216	26.3	2.62	TH12197	9.3	0.92
TH10232	25.4	2.53	TH10350	8.9	0.88
TH12192	24.2	2.41	TH12135CH	7.8	0.78
TH12168H	23.9	2.38	TH12514	7.2	0.72
TH121116	23.5	2.34	TH12183X	6.8	0.68
TH12251	23.3	2.32	TH10363	6.7	0.67
TH10117	21.3	2.12	TH10330CX	4.9	0.49
TH12189	20.8	2.07	S94-1	4.4	0.44
TH12116	20.7	2.06	TH10273	3.9	0.39
TH10230	20.4	2.04	TH12304X	3.6	0.36
TH12164	19.4	1.94	TH10202CH	2.0	0.20
TH10357X	18.6	1.85	TH12147	1.7	0.17
TH10343	17.8	1.77	TH12176	1.5	0.15

注：计算雷诺数时，每口井油管内径 d 为 74mm，混合产液密度 ρ 为 0.95g/mL，黏度 μ 为 2000mPa·s。

5) 高温高压井筒模拟装置建立

根据流动相似性原理，主要考虑 *Re* 相等，根据表 2-19 计算得到现场井筒流动 *Re* 为 0.15～11.46，皆属于层流流动，大部分井的 *Re* 范围在 1～4，且 *Re* 在 2 左右的井占大多数，以此标准来模拟现场流动。根据相似准则，研发了耐温 180℃、耐压 70MPa 的高温高压井筒模拟装置，能模拟井深 7000m 自喷、机抽、电泵井开采方式的稠油井筒举升过程，利用该设备，可以开展井筒流动规律、注气开采、井筒结蜡规律、工艺优化等方面的研究。

在高温高压井筒模拟装置中(图 2-65)，分别选用井筒模拟装置中的自喷井模块，将甲烷气体输送到活塞容器 A 中，将自来水加入活塞容器 B 中，并用亚甲基蓝染色，将油相加入配样容器中，设置分步降温降压程序，使系统温度和压力模拟井筒流体变化，每 100m 压力降低 0.91MPa、温度降低 2.1℃。环烷油或原油循环运行过程中，利用恒速恒压泵和加药管线将气体和自来水以一定温度和压力经过注药孔加入循环管道中，继续分步降温降压，模拟整个井筒的流动环境，通过高温高压可视釜(耐压 40MPa，耐温 180℃)观察在不同油气水比、不同温度及压力下，油气水三相垂直管流流态特征。运用电阻探针测量管道中流体的电阻率，通过电阻率的频谱变化曲线分析油气水三相垂直管流流态特征。

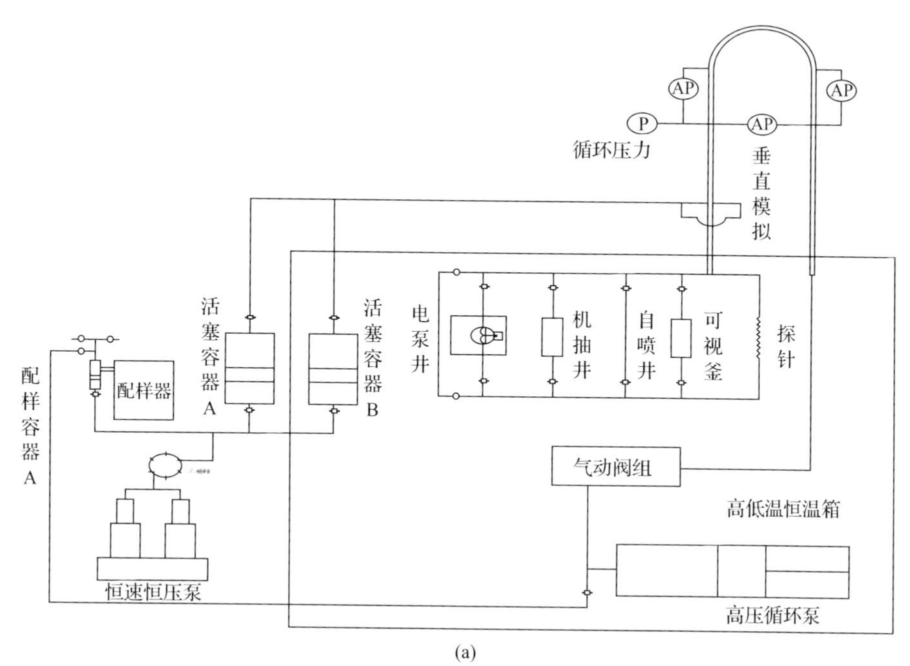

(a)

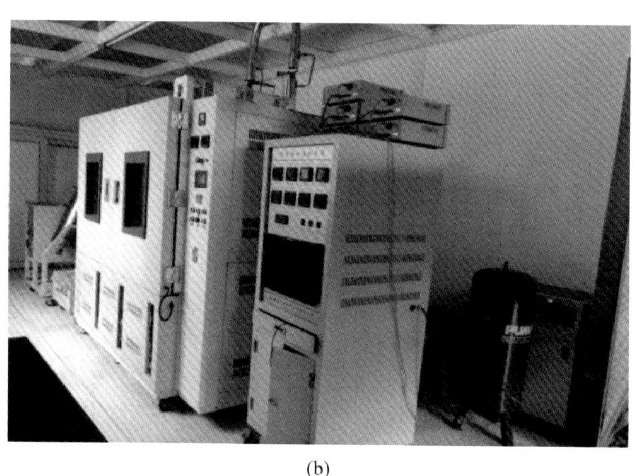

(b)

图 2-65　高温高压井筒流动规律模拟装置图

2. 油气水三相流动形态

1) 温度对油气水三相流动特征的影响

固定含水率为 50%，压力为 1MPa，设定气油比分别为 10∶1、50∶1、130∶1，改变温度，考察温度对流动形态的影响。

从图 2-66 可以观察到 7 种流动形态，垂直管道中油气水三相流动形态分别为油水弹状流、油水泡状流、油水分散流、油气泡状流、油气弹状流、油气蠕状流、油气段塞流。

在30℃时，油气水三相流动形态表现为油水弹状流、油水泡状流、油气泡状流、油气弹状流、油气蠕状流；在60℃时，油气水三相流动形态表现为油水分散流、油气泡状流、油气弹状流、油气蠕状流；在90℃时，油气水三相流动形态表现为油水分散流、油气泡状流、油气弹状流、油气段塞流。

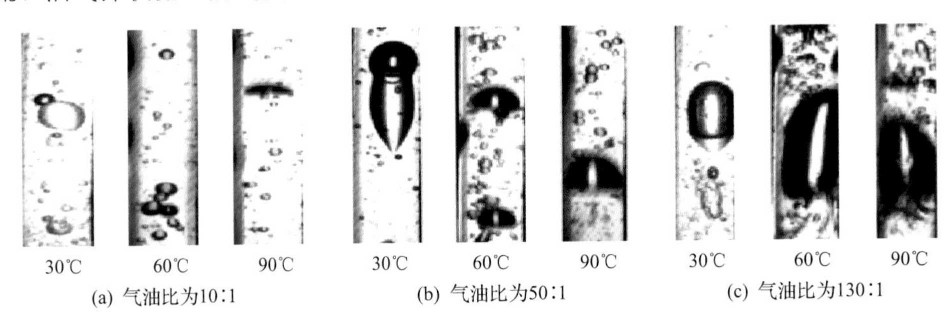

图 2-66 不同温度油气水三相流型图

从温度对油气水三相流动形态的影响可以看出，温度越高，小气泡越易在油相中膨胀成大气泡，大水珠越易在油相中分散为小水珠，相同条件下，流动形态易从油水弹状流、油水泡状流向油水分散流转变，易从油气泡状流向油气弹状流、油气蠕状流、油气段塞流转变。随着温度升高，气体粒径变大且扰动程度加剧，水珠粒径变小，其原因是温度上升，气体体积膨胀，且气体受热紊动程度加剧，水在油中的分散性增强。

2)压力对油气水三相流动特征的影响

分别固定含水率为20%、50%、90%，改变压力，固定气油比为30∶1、温度为60℃，考察压力对流动形态的影响。

从图2-67可以观察到6种流动形态，垂直管道中油气水三相流动形态分别为油水分散流、油水泡状流、油水弹状流、油水蠕状流、油气弹状流、油气泡状流。在5MPa时，油气水三相流动形态表现为油水分散流、油水泡状流、油气弹状流、油气泡状流；在15MPa时，油气水三相流动形态表现为油水泡状流、油水弹状流、油气泡状流、油气弹状流；在25MPa时，油气水三相流动形态表现为油水泡状流、油水蠕状流。

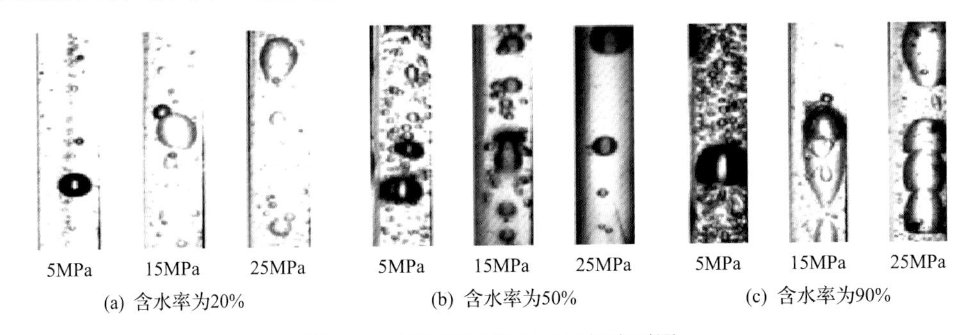

图 2-67 不同压力油气水三相流型图

从压力对油气水三相流动形态的影响可以看出，压力越大，大气泡越易在油相中压缩为小气泡，小水珠越易在油相中聚集成大水珠，相同条件下，流动形态易从油水分散流向油水弹状流、油水蠕状流转变，易从油气弹状流向油气泡状流乃至油气混相转变。随着压力的增加，气体粒径变小，水珠粒径变大，这是由于随着压力的增加，气泡受压缩体积变小，并且气泡在油中的溶解性增强，大于泡点压力后油气形成混相。水相和油相密度增大，分散在油相中的小水珠易接触聚集，增大水相密度，从而增大水珠粒径。

3) 含水率对油气水三相流动特征的影响

固定压力为 1MPa，温度为 30℃，分别设定气油比为 10∶1、50∶1、130∶1，改变含水率，考察含水率对流动形态的影响。

从图 2-68～图 2-70 可以观察到 8 种流动形态，垂直管道中油气水三相流动形态分别为油水分散流、油水泡状流、油水弹状流、油水蠕状流、油水段塞流、油气泡状流、油气弹状流、油气蠕状流。在相同条件下，随着含水率的升高，油气水三相流动形态由油水分散流向油水段塞流转变，油气流动形态几乎不发生变化。从含水率对油气水三相流动形态的影响可以看出，含水率越高，小水珠越易聚集为大水珠，而对气泡的形态几乎没有影响。这是由于含水率增加，水珠聚集度增大，水相粒径增大，但是其对油气两相的性质没有根本性的影响。

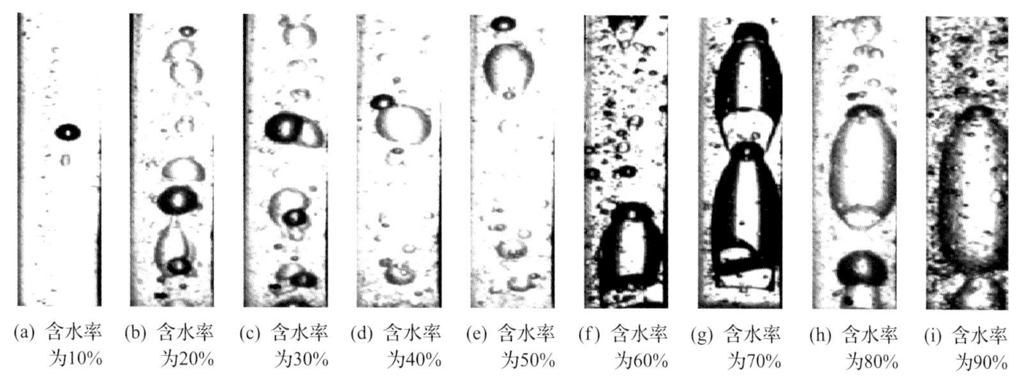

(a) 含水率为10%　(b) 含水率为20%　(c) 含水率为30%　(d) 含水率为40%　(e) 含水率为50%　(f) 含水率为60%　(g) 含水率为70%　(h) 含水率为80%　(i) 含水率为90%

图 2-68　气油比为 10∶1 时不同含水率油气水三相流型图

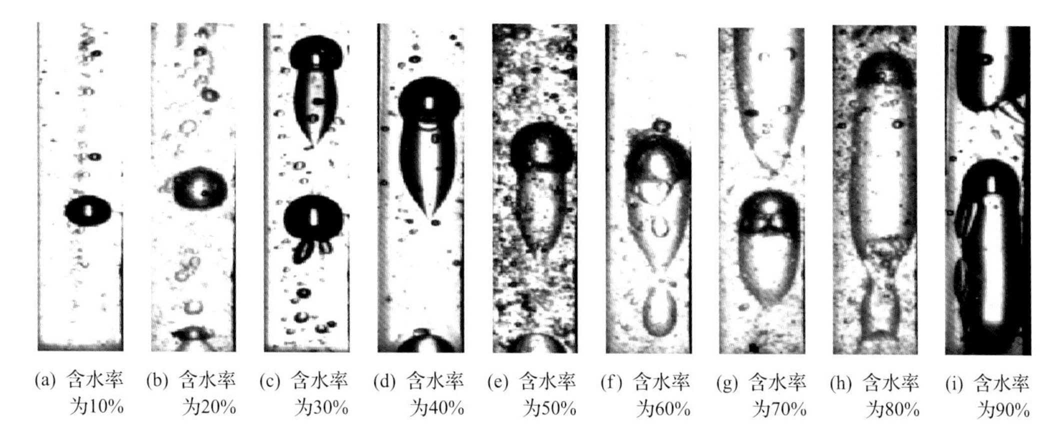

(a) 含水率为10%　(b) 含水率为20%　(c) 含水率为30%　(d) 含水率为40%　(e) 含水率为50%　(f) 含水率为60%　(g) 含水率为70%　(h) 含水率为80%　(i) 含水率为90%

图 2-69　气油比为 50∶1 时不同含水率油气水三相流型图

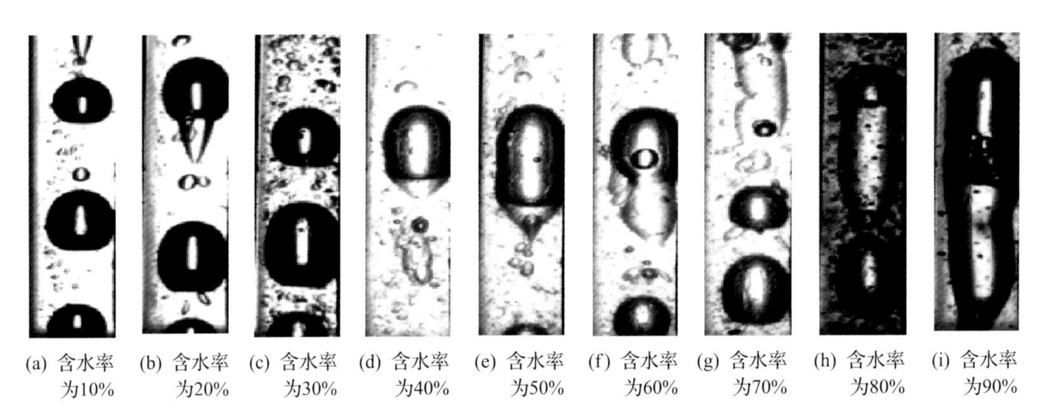

图 2-70　气油比为 130∶1 时不同含水率油气水三相流型图

4）气油比对油气水三相流动特征的影响

分别固定含水率为 10%、50%、90%，改变气油比，固定压力为 1MPa、温度为 30℃，考察气油比对流动形态的影响。

从图 2-71 可以观察到 7 种流动形态，垂直管道中油气水三相流动形态分别为油水分散流、油水泡状流、油水弹状流、油水蠕状流、油气泡状流、油气弹状流、油气蠕状流。当气油比为 10∶1 时，油气水三相流动形态表现为油水分散流、油水泡状流、油水蠕状流、油气泡状流；当气油比为 50∶1 时，油气水三相流动形态表现为油水分散流、油水弹状流、油气弹状流；当气油比为 130∶1 时，油气水三相流动形态表现为油水分散流、油水弹状流、油水蠕状流、油气蠕状流。

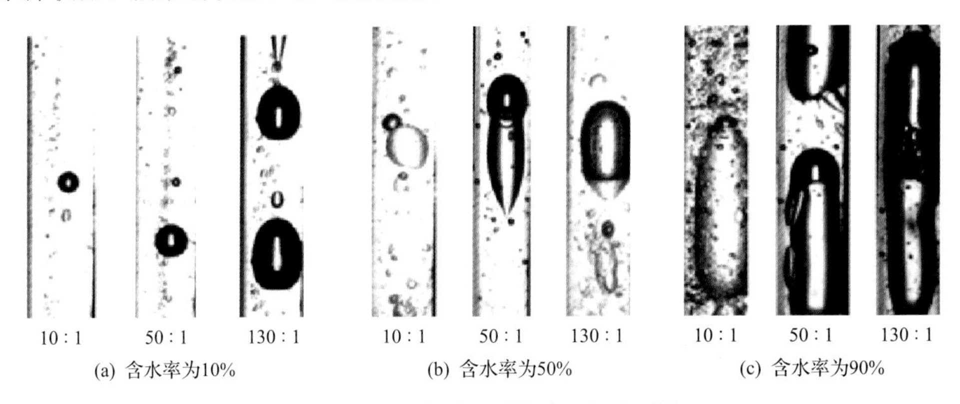

图 2-71　不同气油比油气水三相流型图

从气油比对油气水三相流动形态的影响可以看出，气油比越大，小气泡越易在油相中聚集为大气泡，油水在泡状流时易转变成弹状流，这是由于气体增加，气体聚集度增大，气相粒径增大。而油水在泡状流时，气泡会携带液体上升，使小水珠聚集程度增加，从而变为弹状流。

5）基于电阻探针的油气水三相流动形态识别

通过电阻探针对不同流动形态进行识别，可以克服可视窗口不耐高压、无法观察原油与水流动形态的缺点，为原油与水在高温高压下流动形态特征识别与相关规律研究奠定了基础。基于电阻探针观测了 130℃时气体对油水相转换的影响。

气油比为 30∶1 时，不同含水率体系在出现短暂（100s 左右）的油水两相流动形态后，快速形成乳状液，W/O 向水包油（O/W）转换的相转换点在含水率为 80%左右，如图 2-72 所示。

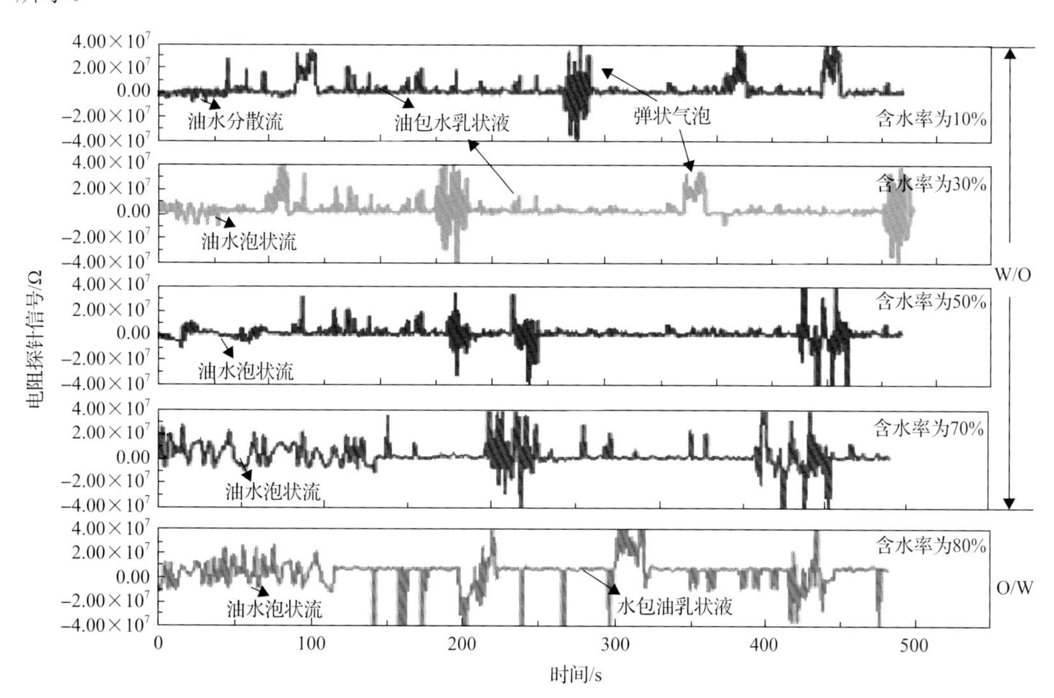

图 2-72　气油比为 30∶1 时不同含水率电阻探针信号频谱

气油比为 90∶1 时，不同含水率体系在 80s 左右出现油水两相流动形态后，很快形成了乳状液，含水率为 70% 时既存在 W/O，也存在 O/W，含水率为 80%时完全形成 O/W，相转换点在含水率为 70%～80%，如图 2-73 所示。

气油比为 180∶1 时，不同含水率体系在 30s 左右出现油水两相流动形态后，立即形成了乳状液，相转换点在含水率为 70%左右，如图 2-74 所示。

6）井筒-气液垂直管流动形态判别准则与界限方程

近年来，有研究表明流型转变与运动波的不稳定性有密切关系，意味着流型转变是受运动波传播特性控制的。因此基于运动波理论对垂直上升管中油气水三相流流型进行辨识和划分。

对于气液两相流动，气相一维质量守恒方程为

$$\frac{\partial}{\partial \tau}(\rho_{\mathrm{g}} \alpha A_{\mathrm{D}})+\frac{\partial}{\partial Z}(\rho_{\mathrm{g}} \alpha V_{\mathrm{g}} A_{\mathrm{D}})=\Gamma A_{\mathrm{D}} \tag{2-24}$$

式中，ρ_{g} 为气体密度；V_{g} 为气体体积；α 为空隙率。

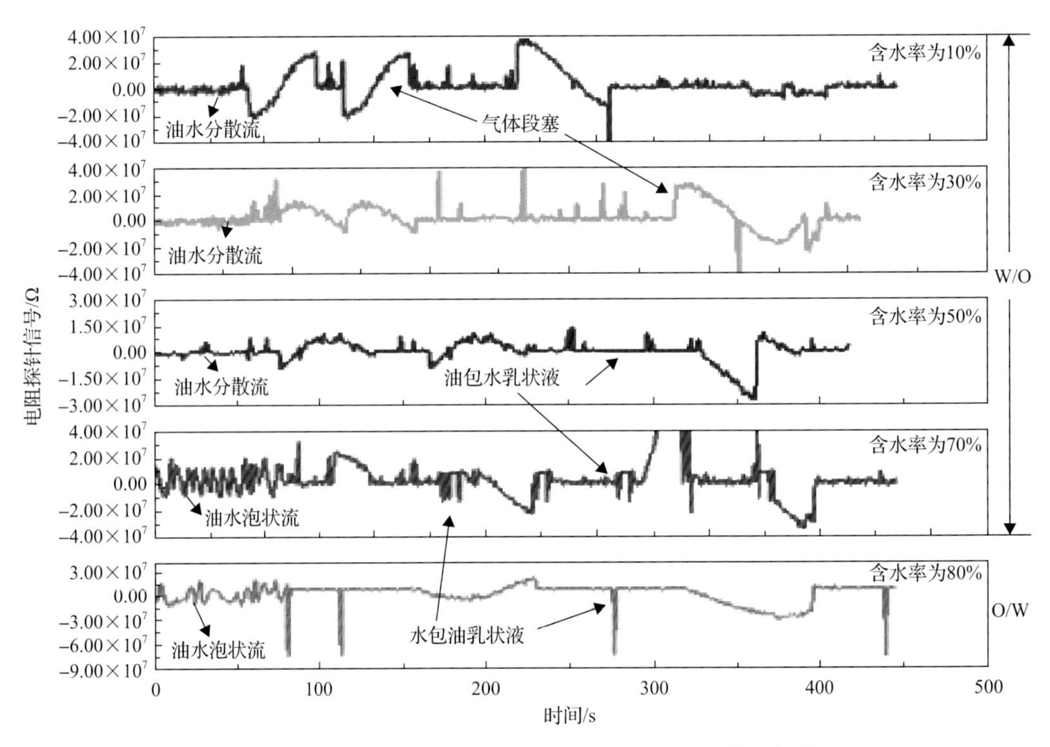

图 2-73　气油比为 90∶1 时不同含水率电阻探针信号频谱

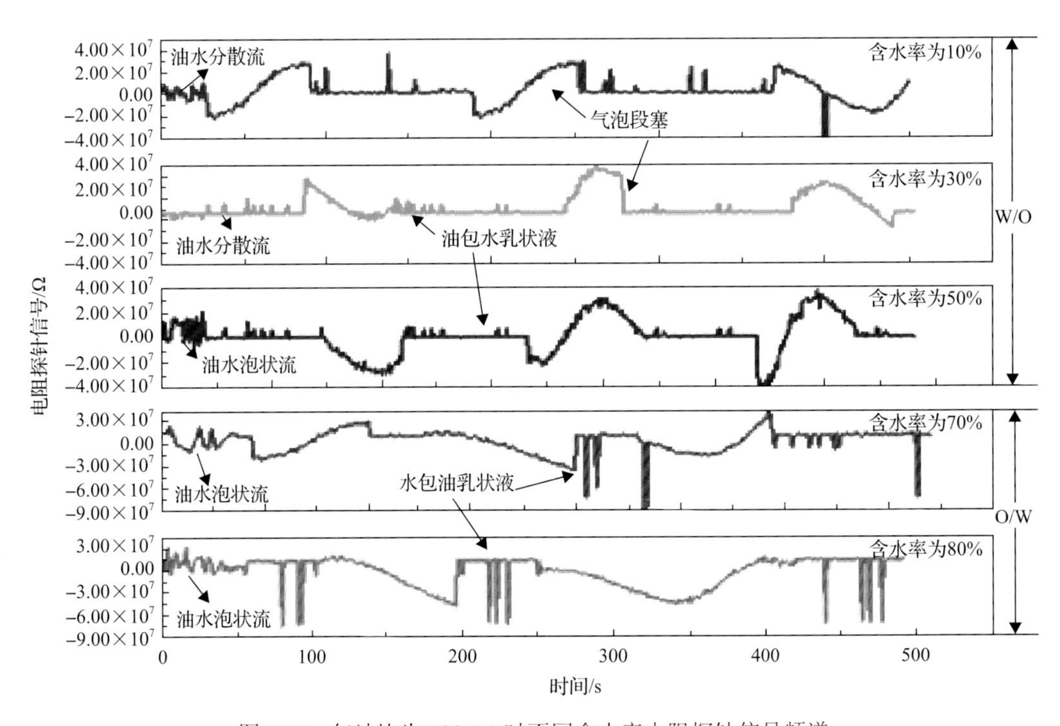

图 2-74　气油比为 180∶1 时不同含水率电阻探针信号频谱

将式(2-24)推广到油气水三相流动可得

$$\frac{\partial}{\partial \tau}(\rho_o Y_o A_D)+\frac{\partial}{\partial Z}(\rho_o Y_o v_o A_D)=\Gamma A_D \tag{2-25}$$

式中，τ 为摩擦阻力，MPa；ρ_o 为油相密度；Y_o 为持油率；v_o 为油相实际速度；Γ 为单位面积内的质量交换率；A_D 为管截面积。

由漂移模型可知：

$$v_{so}=Y_o C_o v_m + Y_o v_{gj} \tag{2-26}$$

式中，v_{so} 为油相表观速度，m/s；C_o 为油相分布因数；v_{gj} 为油相漂移速度；v_m 为油水两相混合液速。

将式(2-26)代入式(2-25)，并求导可得到运动波传播方程：

$$\frac{\partial Y_o}{\partial \tau}+\left(v_m C_o + v_m Y_o \frac{dC_o}{dY_o}+v_{gj}+Y_o\frac{dv_{gj}}{dY_o}\right)\frac{\partial Y_o}{\partial Z}=\frac{\Gamma}{\rho_o}-\frac{Y_o}{\rho_o}\frac{\partial \rho_o}{\partial \tau}-\frac{Y_o C_o v_m + Y_o v_{gj}}{\rho_o}\frac{\partial \rho_o}{\partial Z}-\frac{Y_o C_o v_m + v_{gj}}{A_D}\frac{\partial A_D}{\partial Z}-Y_o C_o\frac{\partial v_m}{\partial Z} \tag{2-27}$$

式中，Z 为管道高度，m。

运动波速度 C_k 的计算公式如式(2-28)所示：

$$C_k = v_m C_o + v_m Y_o \frac{dC_o}{dY_o}+v_{gj}+Y_o\frac{dv_{gj}}{dY_o} \tag{2-28}$$

式(2-27)等号左边项表明持油率的任何一个小的变化都将影响速度 C_k。

令持水率 $Y_w=1-Y_o$，并将其代入式(2-28)可得

$$C_k = v_m C_o - v_m(1-Y_w)\frac{dC_o}{dY_w}+v_{gj}-(1-Y_w)\frac{dv_{gj}}{dY_w} \tag{2-29}$$

又知 $v_{gj}=v_\infty Y_w^N$（v_∞ 为单一水泡上升的极限速度），假设 N 是持水率 Y_w 的函数(后面将讨论)，可以推导得到

$$C_k = v_m\left[C_o-(1-Y_w)\frac{dC_0}{dY_w}\right]+v_\infty Y_w^N - v_\infty(1-Y_w)Y_w^N\left(\frac{N}{Y_w}+\frac{dN}{dY_w}\ln Y_w\right) \tag{2-30}$$

为估算 C_k，除了确定 v_m 及 Y_w 以外，还要知道 C_o、N、dC_o/dY_w、dN/dY_w 的值。

由式(2-26)及 $v_{gj}=v_\infty Y_w^N$ 看出，当 Y_w 及 v_m 一定时，油相分布因数 C_o 及 N 的大小变化将会影响油相表观速度 v_{so}。C_o 反映了两相流动中速度及浓度分布的综合表征量，浓度分布是指分散相在管道不同径向位置的局部持液率，而速度分布是指分散相沿管道截面的局部速度，一般情况下这两种分布难以测定。假设这两种分布的变化是一致的，即如果分散相浓度分布变得平缓，则速度分布也会变得平坦，反之亦然。以下考察分散相

浓度分布对 C_o 的影响，认为 C_o 只与持水率 Y_w 有关。

指数 N 是与分散相泡径大小有关的函数。Taitel 等[14]指出在气液两相流动中最大泡径 d_{max} 可写成

$$d_{max} = K\left(\frac{\sigma}{\rho_l}\right)^{\frac{3}{5}} \varepsilon^{-\frac{2}{5}} \tag{2-31}$$

$$\varepsilon = \left(\frac{2f\rho_m v_m^2}{D}\right)\left(\frac{v_m}{\rho_m}\right) \tag{2-32}$$

式中，σ、ρ_l 分别为相间表面张力及液相密度；f 为摩阻因数；D 为测试管段的内径；ρ_m 为混合密度；K 为常数。

由式(2-31)和式(2-32)可知，在流体性质及几何参量一定的情况下，对于给定的混合流速 v_m，其 d_{max} 与 ρ_m 呈对应关系，又知 ρ_m 可写成

$$\rho_m = \rho_l Y_l + \rho_g(1 - Y_l) \tag{2-33}$$

当速度与浓度分布变化一致时，则最大泡径 d_{max} 可用持液率 Y_l 来表示，也就是指数 N 为 Y_l 的函数。把气液两相流推广到油水两相流中，则指数 N 可视为持水率 Y_w 的函数。

由式(2-26)可知：

$$\frac{v_{so}}{Y_o} = C_o v_m + v_\infty Y_w^N \tag{2-34}$$

令 $v_\infty Y_w^N = B$，则

$$\frac{v_{so}}{Y_o} = C_o v_m + B \tag{2-35}$$

若给定流体性质（σ, ρ_o, ρ_w），则单一水泡上升的极限速度 v_∞ 也就确定了，即

$$v_\infty = 1.53(g\Delta\rho\sigma / \rho_l^2)^{\frac{1}{4}} \tag{2-36}$$

这样每次固定一个 Y_w 值，做相应的 v_{so} / Y_o 与 v_m 的相关关系图，并对相关关系图进行线性拟合就可得到 C_o 及 B 值，再由 $B = v_\infty Y_w^N$ 得到 N 值，即

$$N = \ln(B / v_\infty) / \ln Y_w \tag{2-37}$$

用这种方法可以得到 C_o 与 Y_w、N 与 Y_w 的对应关系，并能得出：若要得到每一组 C_o、N 与 Y_w 的相关关系，需要在固定持水率 Y_w 的情况下考察 v_{so} / Y_o 与 v_m 的相关关系。

通过分析前面所述油气水三相流动形态特征实验结果，得到了 C_o 及 N 随持水率 Y_w 的变化关系：当 $0.20 < Y_w < 0.75$ 时，C_o 与 N 随持水率 Y_w 呈现波动变化；当 $Y_w > 0.75$ 时，

C_o 与 N 随 Y_w 的增加而增加，说明分散相的速度与浓度趋向呈非均匀分布。

从流型本身具有的动力学特点出发，可以推测当一种流型转变为另一种流型时，必然会伴有描述流型参数（C_o，N）的异常特性发生，即描述流型参数的导数应呈现不稳定的波动变化，这是流型过渡区域内所具有的动力学本质特征，也是研究流型转变的重要出发点，根据公式：

$$C_o = 0.945 - 0.56Y_w + 3.32Y_w^2 - 7.388Y_w^3 + 5.67Y_w^4 \tag{2-38}$$

$$N = 1.86 - 17.56Y_w + 87.0Y_w^2 - 149.0Y_w^3 + 88.0Y_w^4 \tag{2-39}$$

得到 dC_o / dY_w 与 dN / dY_w 随持水率 Y_w 的变化关系，可直观地看出在 $0.20 < Y_w < 0.80$ 内，流型参数及 C_o 与 N 的导数呈现不稳定波动变化。为了进一步从密度波速传播特征考察流型的转变，把各点的 C_o、N、dC_o / dY_w、dN / dY_w 代入式(2-37)，得到 C_k 随 v_m 及 Y_w 的变化关系，计算时 v_∞ 取 0.129m/s，v_m 的变化为 0.015～0.15m/s。

由于 C_o、N、dC_o / dY_w、dN / dY_w、v_m、v_∞ 及 Y_w 的综合作用，运动波波速 C_k 在 $0.20 < Y_w < 0.80$ 内出现了不稳定的波动现象，并与 dC_o / dY_w、dN / dY_w 在此区间的波动变化大致对应。根据流型转化受运动波传播特性控制的观点，判断该区间应是由油包水流型向水包油流型转化的过渡带，在过渡带内油包水及水包油两种流型共存且不稳定，这便是垂直上升管中油水两相流流型的准则。

把漂移模型式(2-26)变形为

$$v_m(1 - Y_o C_o) = v_{sw} + v_\infty Y_o Y_w^N \tag{2-40}$$

式中，v_{sw} 为水的即时速度，m/s。

再由两相滑脱持水率 K_w 的定义得

$$K_w = \frac{v_{sw}}{v_m} = (1 - Y_o C_o) - \frac{v_\infty Y_o Y_w^N}{v_m} \tag{2-41}$$

当 Y_w=0.80 时，C_o=1.217，N=1.9，代入式(2-41)，设置初始值并对方程进行拟合，得到流型向水包油流型转化的边界方程：

$$Y_w = 0.783 - 0.00961\frac{v_\infty}{v_m} \tag{2-42}$$

式(2-42)定义了流型向水包油流型转换的边界，若给定流体性质，则 v_∞ 已知，就可以在 Y_w - v_m 坐标系下按式(2-42)绘出曲线。当 v_m 趋于无穷大时，Y_w 的渐近值 $K_w^\infty = 0.783$。由式(2-42)计算的 Y_w - v_m 曲线与横轴的交点为 $v_m = 9.7\times10^{-4}$m/s，相当于流体在 76mm 内径的管中以 0.4m^3/d 的流速流动。当 Y_w =0.20 时，流型开始向油包水转化，此时，$C_o = 0.927$，N=0.998，设定初始值并对方程进行拟合，得到向油包水转化的边界方程为

$$Y_w = 0.218 - 0.01783\frac{v_\infty}{v_m} \tag{2-43}$$

当 v_m 趋于无穷大时，Y_w 的渐近值 $Y_w^\infty=0.218$。由式(2-43)计算的 Y_w - v_m 曲线与横轴的交点为 $v_m=0.0105$m/s，相当于流体在 76mm 内径的管中以 10.8m^3/d 的流速流动。

将通过观察得到的油水两相流动形态实验结果与模型得到的流型进行对比，结果如图 2-75 所示。从图 2-75 可以看出，1043mPa·s 和 10356mPa·s 两种黏度稠油井筒流动形态模型模拟结果与实验辨识结果一致。通过实验观察到的蠕状流和弹状流是以液相为连续相，气体以子弹形分散在液相中，通过模型模拟得到的弹状流和蠕状流分界线部分与段塞流和泡状流重叠，这与蠕状流和弹状流的特性有关。泡状流、弹状流、蠕状流、段塞流、环状流和雾状流基本都落在了模型模拟的流型区间。

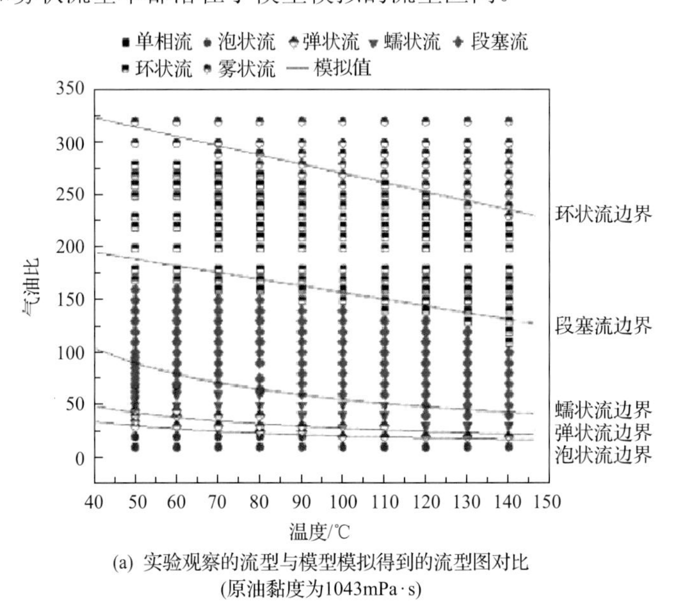

(a) 实验观察的流型与模型模拟得到的流型图对比
(原油黏度为1043mPa·s)

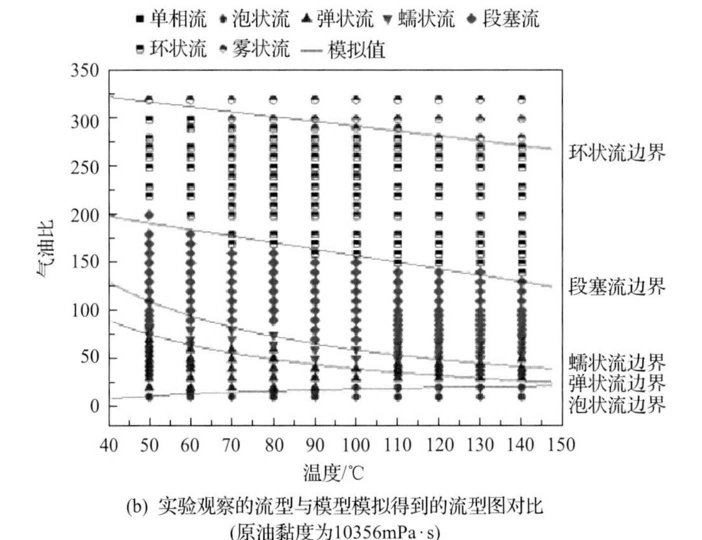

(b) 实验观察的流型与模型模拟得到的流型图对比
(原油黏度为10356mPa·s)

图 2-75　实验观察的流型与模型模拟得到的流型图对比

3. 油气水三相流动压降

1) 井筒-气液垂直管流压降模型建立

随着原油、气从几千米深的地层中采出，大多数油气井已经不是单相流动而是出现了气、液相或油、气、水三相流动，研究多相管流对指导整个油田生产系统的分析设计与原油集输工程方面具有十分重要的意义。多相管流已经成为石油工程领域中一个重要的研究对象，其研究内容主要是工艺计算，而工艺计算的重点是温降和压降。由于多相流的复杂性，目前在压降计算方面多采用以试验为基础的经验式或半经验式。常见的如 Duns-Ros 法[12]、Hagedorn-Brown 法[13]、Orkiszewski 法[6]、Aziz-Govier-Fogarasi 法[15]、Beggs-Brill 法[16]等，都被石油工业广泛采用。在上述各种方法中，流体摩阻计算是极为重要同时也是最为困难的，是影响各压降预测模型精准性的要素[17]。因此对多相管流摩阻计算的分析研究无疑是十分必要的。

Lawson 和 Brill[18]评价了 Hagedorn-Brown 法、Fancher-Brown 法、Duns-Ros 法、Poettmann-Carpente 法、Baxendell-Thoma 法和 Orkiszewski 法。Vohra 等[19]评价了 Beggs-Brill 法、Chierici 等的方法和 Aziz 等的方法。他们在评价这 9 种方法时，都是用了相同的 726 口井的数据和相同的流体物性参数的常规方法，评价工作从 5 个方面(生产气液比、生产水油比、液相的折算速度、管径和脱气原油的相对密度)来比较平均百分误差和标准误差。表 2-20 列出了具体的平均百分误差和标准误差的数值。从表中可以看出，以平均百分误差来看，最好的方法是 Hagedorn-Brown 法和 Fancher- Brown 法，以标准误差来看，最好的方法是 Hagedorn-Brown 法和 Beggs-Brill 法。在 Hagedorn-Brown 模型的基础上，推导不同油气水三相流动形态下的压降计算模型，总压降为重力压降和摩阻压降之和，其中摩阻压降主要为液相与管壁的摩擦损失 f_L。

表 2-20　对多相管流计算方法的评价

计算方法	平均百分误差/%	标准误差/%
Poettmann-Carpenter 法	−107.3	195.7
Baxendell-Thomas 法	−108.3	195.1
Fancher-Brown 法	−5.5	36.1
Duns-Ros 法	−15.4	50.2
Hagedorn-Brown 法	−1.3	26.1
Orkiszewski 法	−8.6	35.7
Beggs-Brill 法	−17.8	27.6
Aziz 等的方法	8.2	34.7
Chierici 等的方法	−42.8	43.9

$$\frac{\mathrm{d}p}{\mathrm{d}H}=\rho_{\mathrm{m}}g+(1-\Phi_{\mathrm{g}})f_{\mathrm{L}}\frac{\rho_{\mathrm{m}}v_{\mathrm{L}}^{2}}{2D}p^{d} \tag{2-44}$$

式中，p 为环境压力，MPa；H 为高度，m；$\frac{\mathrm{d}p}{\mathrm{d}H}$ 为压力梯度；ρ_{m} 为混合密度，$\mathrm{kg/m^3}$；

Φ_g 为截面含气量；f_L 为液相与管壁的摩擦损失系数；v_L 为液相流速；d 为压力指数。

通过控制油气水比和温度压力，研究不同气液流动形态下的压降规律。对于油气水三相，首先判断气液流动形态，其次判断油水两相流动形态，最后分别将两种流动形态对应的压降模型合并运算得到总压降，不同油气水三相流动形态示意图如图 2-76 所示。

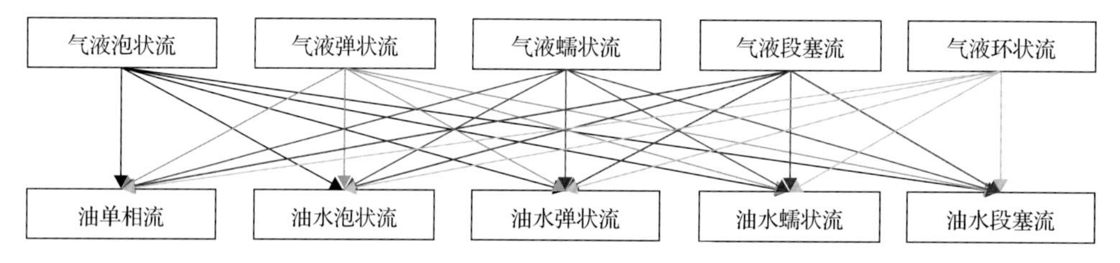

图 2-76　不同油气水三相流动形态示意图

经典模型认为不同流体状态 C_o 为定值 1.2，实验拟合修正模型计算的 C_o 与状态有关（表 2-21），为变量。结果对比表明，经典模型平均拟合度为 11%～37%，本书建立的模型平均拟合度大于 97%，更适用于高温高压条件下油气水多相流体的流动压降计算。

表 2-21　不同流体状态修正模型拟合度

流态	气液泡状流		气液弹状流		气液蠕状流		气液段塞流	
	原模型 R^2	修正模型 R^2	原模型 R^2	修正模型 R^2	原模型 R^2	修正模型 R^2	原模型 R^2	修正模型 R^2
泡状流	0.1132	0.9978	0.3522	0.9958	0.3652	0.9952	0.3593	0.9923
弹状流	0.1153	0.9942	0.3261	0.9972	0.3611	0.9841	0.3545	0.9741
蠕状流	0.1215	0.9964	0.3531	0.9961	0.36381	0.9822	0.3793	0.9752
段塞流	0.1524	0.9981	0.3618	0.9931	0.3692	0.9871	0.3721	0.9791

根据建立的不同气液流动形态井筒压降计算模型，对 8 口稠油井进行计算，得到这 8 口油井的井筒压力分布曲线，如图 2-77 所示。

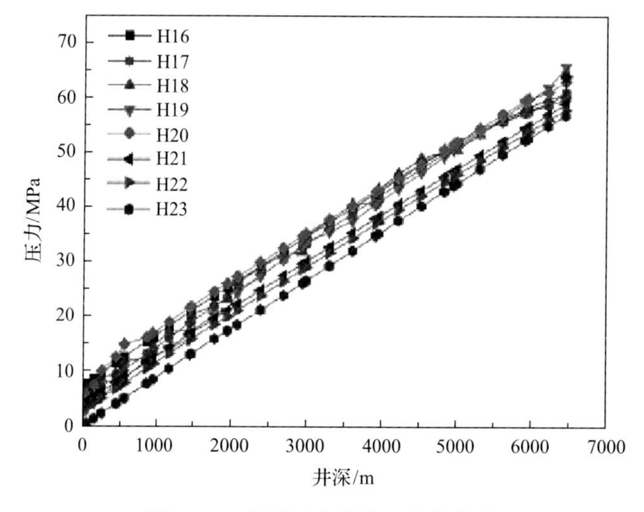

图 2-77　井筒压力随井深变化曲线

将曲线模拟结果的井口压力与实际井口压力值进行对比，见表 2-22。从表中可以看出，油气水三相标准误差均在 10%以内，计算精度较高。

表 2-22 井口压力计算相对误差率分析

井号	实际井口压力/MPa	计算井口压力/MPa	标准误差/%
H16	6.03	6.61	9.6
H19	4.07	4.47	9.8
H18	6.3	5.89	6.5
H17	2.2	2.34	6.4
H20	5.92	5.52	6.8
H22	2.89	2.98	3.1
H21	4.27	4.01	6.1
H23	0.44	0.4	9.1

2) 气液比-黏度-举升压差关系图版的建立

根据稠油黏度、举升压差与不同气液比之间的关系，建立不同黏度稠油在不同气液比下的举升压差关系图版，如图 2-78 及图 2-79 所示。

不同含水率条件下，举升压差随稠油黏度的增加呈线性增加，当气液比大于 150∶1 后，举升压差随稠油黏度的增加呈非线性增加，这是由于气液比高时，气液流动形态为环状流，气液之间的滑脱速度较大，造成举升压差分为两部分，一部分为液膜与管壁摩阻，另一部分为气芯与液膜之间的摩阻。通过建立的气液比-黏度-举升压差关系图版可以直接查出不同稠油黏度在不同气液比下的举升摩阻，为稠油举升优化设计奠定了基础。

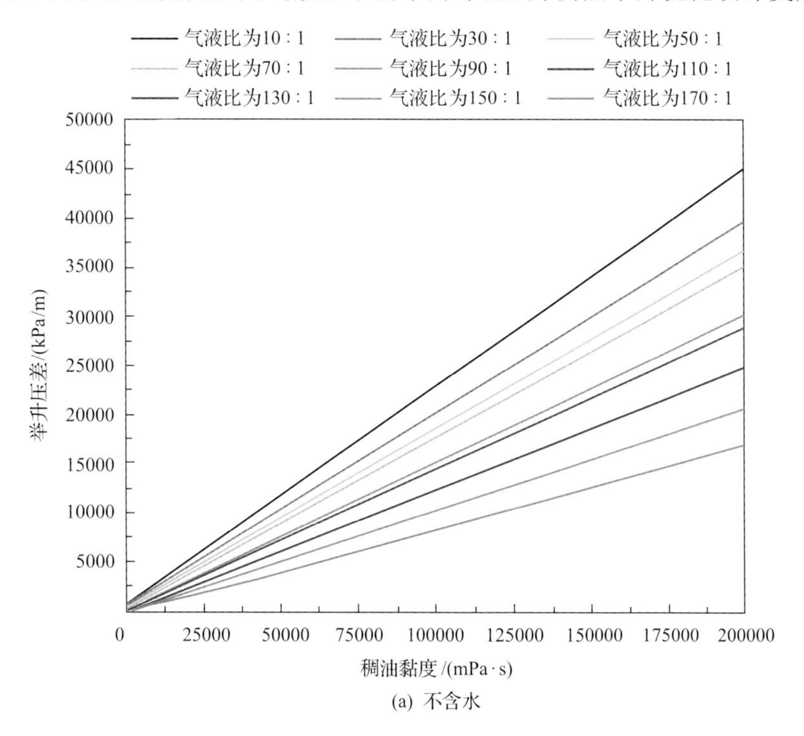

(a) 不含水

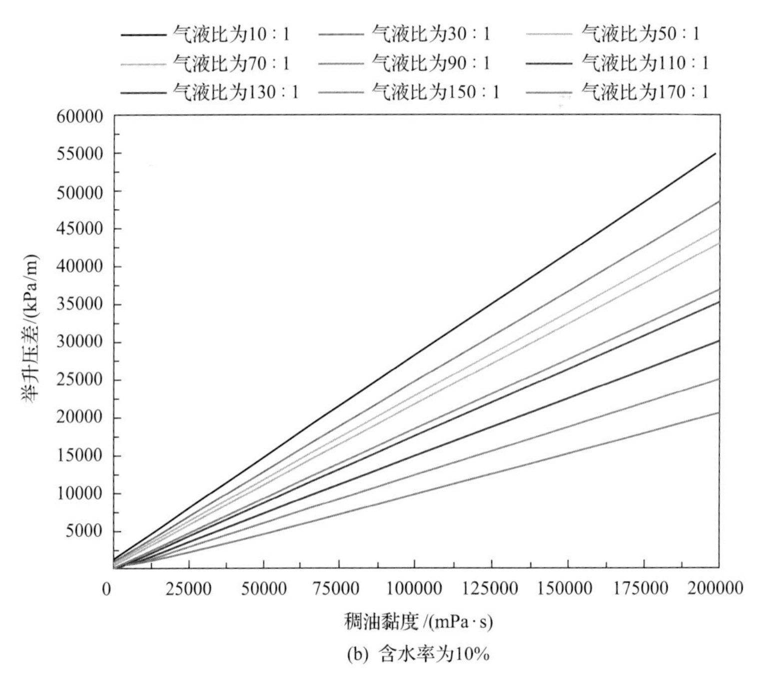

(b) 含水率为10%

图 2-78　不含水与含水率为 10%时气液比-黏度-举升压差关系图版

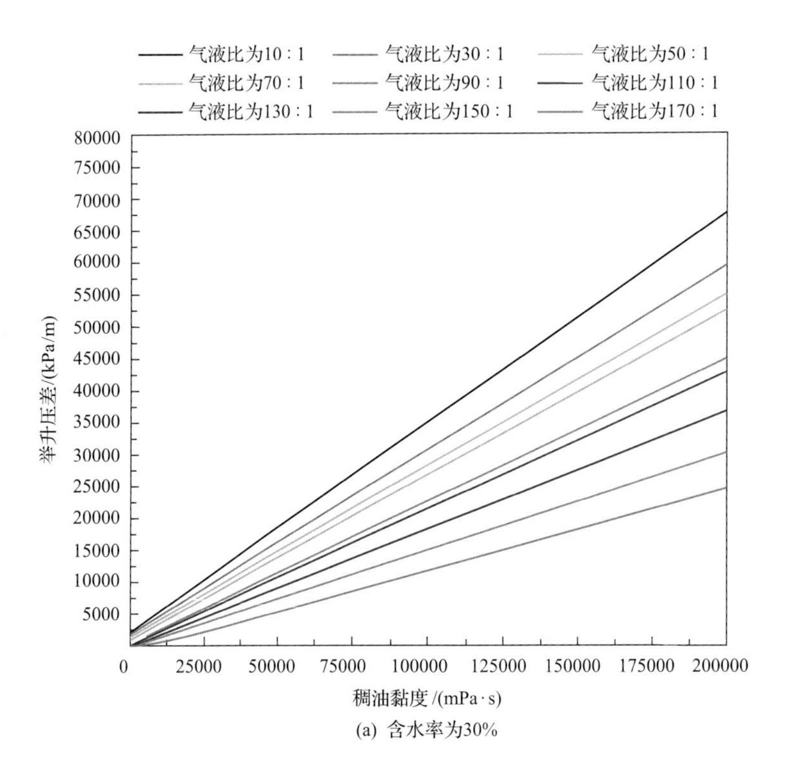

(a) 含水率为30%

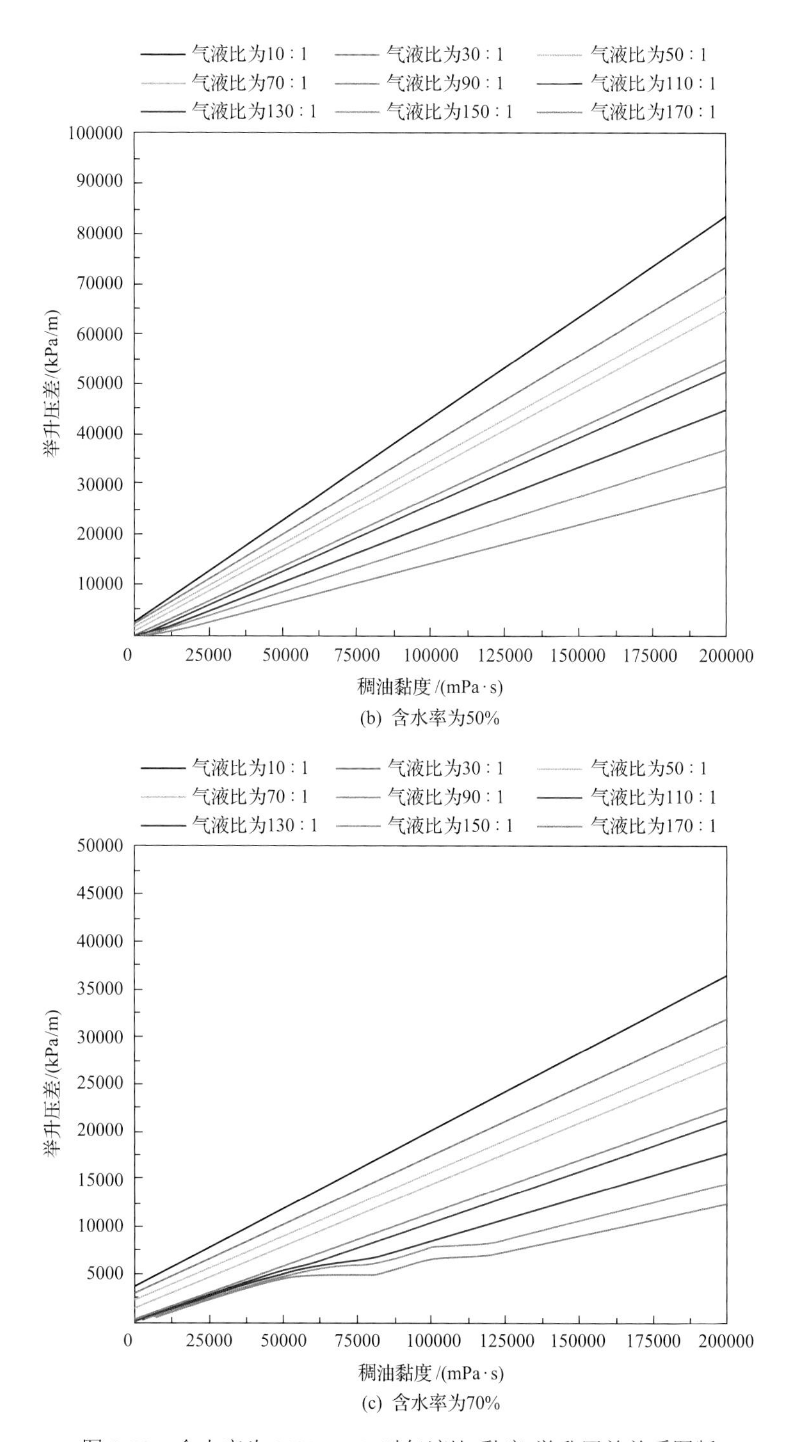

图 2-79　含水率为 30%～70%时气液比-黏度-举升压差关系图版

参 考 文 献

[1] 梁文杰. 重质油化学[M]. 青岛: 石油大学出版社, 2000: 318-328.

[2] 于连东. 世界稠油资源的分布及其开采技术的现状与展望[J]. 特种油气藏, 2001, 8(2): 98-103, 110.

[3] 牛嘉玉, 刘尚奇, 门存贵, 等. 稠油资源地质与开发利用[M]. 北京: 科学出版社, 2002: 9.

[4] 沈文敏. 稠油视密度与不同温度下的密度换算[J]. 工业计量, 2010, 20(5): 61, 63.

[5] 张方礼, 刘其成, 刘宝良, 等. 稠油开发实验技术与应用[M]. 北京: 石油工业出版社, 2007: 196-208.

[6] Orkiszewski J. Predicting two-phase pressure drops in vertical pipe[J]. Journal of Petroleum Technology, 1967, (6): 829-838.

[7] 敬加强, 罗平亚, 朱毅飞. 原油组成对其黏度影响的灰色关联分析[J]. 油气田地面工程, 2000, 19(6): 12-13.

[8] Oliver C. The modified Yen model[J]. Energy & Fuels, 2010, 24(4): 2179-2207.

[9] 任波, 丁保东, 杨祖国. 塔河油田高含沥青质稠油致稠机理及降黏技术研究[J]. 西安石油大学学报(自然科学版), 2013, 28(6): 11, 82-85.

[10] 刘必心, 龙军. 沥青质对塔河稠油黏度的影响机理研究[J]. 中国科学: 化学, 2018, 48(4): 434-441.

[11] Gray M R. Supramolecular assembly model for aggregation of petroleum asphaltenes[J]. Energy & Fuels, 2011, 7: 3125-3134.

[12] Duns H Jr, Ros N C J. Vertical flow of gas and liquid mixture in well[C]//Sixth World Petroleum Congress, Frankfurt, 1963: 22.

[13] Hagedorn A R, Brown K E. Experimental study of pressure gradients occurring during continuous two-phase flow in small-diameter vertical conduits[J]. Journal of Petroleum Technology, 1965, (17): 475-484.

[14] Taitel Y. Effect of gas expansion on slug length in long pipelines[J]. Pergamon, 1987, 13(5): 629-637.

[15] Aziz K, Govier G W, Fogarasi M. Pressure drop in wells producing oil and gas[J]. Journal of Canadian Petroleum Technology, 1972, (11): 38-48.

[16] Beggs H D, Brill J P. A study of two phase flow in inclined pipes[J]. Journal of Petroleum Technology, 1973, (25): 607-618.

[17] 廖锐全, 汪崎生, 张柏年. 井筒多相管流压力梯度计算新方法[J]. 江汉石油学院学报. 1998, (1): 59-63.

[18] Lawson J D, Brill J P. Statistical evaluation methods used predict pressure lossesmultiphaseflow vertical oil well tubing[J]. Journal of Petroleum Technology, 1974, (24): 903-914.

[19] Vohra T R, Robinson J R, Brill J P. Evaluation of three new methods for predicting pressure losses in vertical oil well tubing[J]. Journal of Petroleum Technology, 1974, (8): 829-832.

第3章　稠油化学法降黏技术

塔里木盆地深层稠油主要采用掺稀油、井筒加热等传统物理降黏方法进行开采，降黏效果相对稳定，基本可以满足稠油开采需要，实现油井连续生产[1]，但仍存在两个问题有待解决：一是稀油用量大，掺稀油供给日趋紧张；二是随着油价的大幅下跌，物理法降黏的经济性有待提高。因此，找到有效的稠油降黏方法，节约稀油掺入量，保证油井高效生产，就成为深层稠油经济高效开采的关键所在。随着采油工艺、石油化学等相关领域的不断发展，稠油降黏方法的种类也随之增多。化学降黏、微生物降黏、热声采油、低频电加热采油等新兴采油技术也逐渐研究成型[2]。其中化学降黏作为研究较为成熟的新技术渐渐进入了现场试验和应用阶段。

针对碳酸盐岩缝洞型油藏稠油存在的超深、超稠、高温及高矿化度特点[3]及其所带来的开采技术难题，本章结合塔里木盆地碳酸盐岩超深稠油油藏多年攻关实践经验，针对耐盐水溶性降黏剂、高分散油溶性降黏剂、抗稠油复合降黏剂等方面成果进行了总结，形成了一系列适合超深、超稠、高矿化度稠油的化学开采技术方法，这些方法和经验可以为同类油藏的高效开发提供借鉴。

(1) 针对地层水矿化度高、稠油乳化指数低的问题，在表面活性剂分子亲油端引入极性基团，使其对沥青质具有更强的亲和力；在亲水端采用合适的阴离子抗盐基团进行修饰，可大幅提高抗盐能力；发明了耐盐性能较强的水溶性降黏剂，在矿化度为 2.2×10^5mg/L 条件下，使黏度为 6.0×10^5mPa·s 的超稠油形成黏度小于 500mPa·s 的乳状液，降黏率大于 99%，解决了常规水溶性降黏剂对高盐、高含沥青质超稠油无法乳化降黏的难题。

(2) 针对超稠油胶体体系结构及沥青质分子极性作用力强等特点，发明了一种由聚合物和烷基芳基磺酸化合物组成的新型油溶性降黏剂[4]，该降黏剂能有效破坏沥青质空间网状结构，使沥青质聚集体粒径减小约 50%，降黏率由约 10% 提升至 50% 以上。

(3) 针对特高黏度超稠油，发明了具有分散沥青质聚集体和油/水乳化作用的高效复合型降黏剂[5]。在降黏剂结构中引入了与沥青质相匹配的亲油基团(高碳数分子长链、芳环等)和乳化性能强的耐盐亲水基团，大大增强了降黏剂分子对沥青质聚集体的分散和乳化作用，使超稠油在 50℃时的黏度由 1.8×10^6mPa·s 降低至 320mPa·s，攻克了特高黏度超稠油化学降黏开采技术难题，实现了特高黏度超稠油的化学降黏开采。

截至 2018 年底，仅在塔里木盆地示范区，稠油化学降黏就实施了 263 井次，累计新增原油 206.52×10^4t，已成为超深层稠油高效动用开采的核心技术之一，而且该技术成果获得了 2014 年度国家科学技术进步奖一等奖。

3.1 水溶性降黏剂化学降黏技术

采用乳化降黏剂来提高稠油井的产量，是解决稠油开采难题行之有效的手段，如胜利油田等已在稠油区块大量使用稠油降黏剂，提高了稠油采出量。化学降黏剂的使用受稠油物性、地层条件和水质矿化度的影响较大，适用于超高矿化度水质(含盐量达 2×10^4mg/L)的乳化降黏剂很少。塔河油田油藏深度为 5000～6000m，地层水矿化度高达 2.2×10^5mg/L 以上，其中 Ca^{2+}、Mg^{2+}质量浓度为 1.3×10^4mg/L。因此，目前市售乳化降黏剂在塔河油田使用较少，主要原因有两个：一是由于乳化用水含盐太高，乳化困难；二是加剂量过大，使用成本较高。针对塔河油田稠油油藏温度高、原油黏度高、地层水矿化度高的特性，通过持续攻关研究和现场试验，目前形成了普通乳化降黏、分散减阻剂降黏和流动改进剂降黏 3 套配方：普通乳化降黏配方解决了 3×10^4mPa·s 以下稠油水溶性降黏问题，截至 2012 年底，累计现场试验和推广应用 29 井次，累计节约稀油 2.83×10^4t；分散减阻剂降黏配方解决了 50×10^4mPa·s 以下稠油水溶性降黏问题，截至 2012 年底，累计现场试验和推广应用 41 井次，累计节约稀油 4.67×10^4t；阴非离子流动改进剂降黏配方实现了对 80×10^4mPa·s 以下稠油的水溶性降黏，截至 2012 年底，现场试验 7 井次，累计节约稀油 0.38×10^4t。

3.1.1 水溶性化学降黏机理

1. 湍流抑制

依据流体动力学理论，具有一定黏度的流体流动时，若存在某一边界层，它就会对该边界产生剪切力(ζ)。此剪切力对外界环境做功而使流体自身的能量损耗，以热量形式向环境散发。为了使流体继续保持原有的运动状态，必须依靠外力给该流体提供能量。根据 *Re* 将流体分为湍流和层流两种流动状态。层流时，流动阻力只是来源于相邻流层之间的能量传递；湍流时，流动阻力组成比较复杂，最关键因素是漩涡与管壁之间的动量交换及小漩涡之间的能量传递。对于尺寸较小的漩涡，它的 *Re* 比较大，那么 *Re* 引起的流体黏度变化就大，这种黏滞力会将流体动能快速耗散产成热能。尤其在靠近管壁边界位置处，这种能量耗散得更快速。根据以上原理，漩涡越小，黏度越大。湍流抑制说认为，当乳化降黏剂添加到流体中时，由于减阻剂自身具有一定的黏弹性，高聚物分子内部的长链自然增长，流体质点在纵坐标方向给乳化降黏剂一定的作用力使其发生弹性形变，由于力的作用是相互的，乳化降黏剂反作用于流体质点，从而削弱整个流体能量损失的趋势，达到减小摩阻的效果。一般 *Re* 越大，乳化降黏剂的减阻效果越好；但是这种作用也不是无限减少的，当 *Re* 超过某一值后，即漩涡直径小到某一极值时，无限增大的流体剪切力会破坏乳化降黏剂分子的内部结构，使其降解失效。

2. 黏弹

黏弹说认为高分子聚合物乳化降黏剂能够降低流体流动中的摩阻损失，这是因为溶液具有一定的黏弹性。大雷诺数的湍流流体流速非常快，形成的小漩涡中乳化降黏剂的存在使动能被分散吸收而降低，该部分能量被存储并以热能的形式散发到环境中去。由此，起到减阻的作用。实验证明，乳化降黏剂添加的浓度越高，其减小阻力的作用越大。即乳化降黏剂降低流体与管壁之间的流动损失可发挥减阻的功效。

3. 塔河稠油乳化降黏机理认识

一些高度支链化兼有极性和非极性端的两性表面活性分子，不仅易溶于水，而且具有很强的表面活性，在很低的浓度下，能够大幅度降低油水界面张力。同时，利用表面活性剂分子的渗透作用，降黏剂能够穿透O/W型乳状液界面膜上吸附的沥青质外壳，将沥青质从界面上顶替下来，从而破坏胶质、沥青质分子的聚集状态，降低沥青质与原油其他轻质组分分散介质之间的界面能，导致稠油内部组分的多环芳烃排布规律被打乱，紧密度降低，排布更松弛，空间延展度降低，改善O/W型乳状液的分散情况，使乳状液稳定性增强，宏观表现为塔河油田稠油胶体体系的黏度大幅度下降。应用乳状液稳定性理论研制的乳化降黏剂，对降低稠油黏度，改善稠油流动性能的作用机理主要表现为以下几个方面。

1) 降低油相之间的内摩擦力

乳化降黏剂能够降低水的表面张力，使原油分散在水中，形成热力学不稳定的O/W型乳状液，如图3-1所示，水作为连续相(有游离水存在)，使原油黏度和阻力降低。

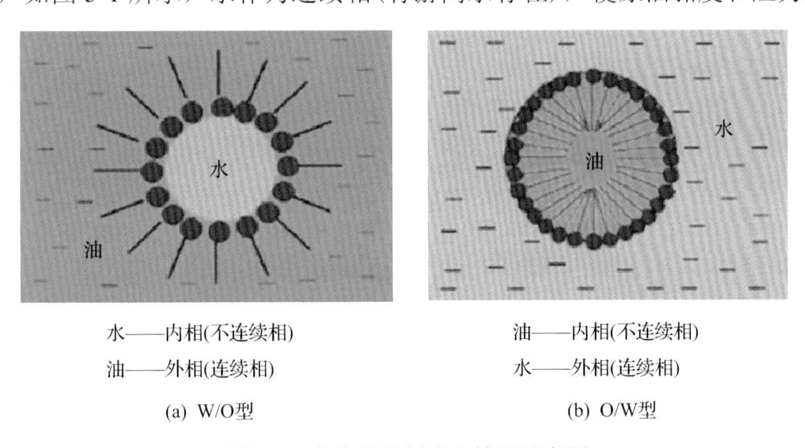

图3-1　乳化降黏剂油水转相示意图

2) 降低乳状液体系与管壁之间的黏附作用

乳化降黏剂牢固地吸附在原油表面，使原油表面形成一层比较牢固的改性水膜，减小了油相之间的相互作用及原油与管道壁面的摩擦(图3-2)。由胶体理论可知，O/W型乳状液表面带有负电荷，同时包在水相内部的油滴之间相互排斥，不利于乳状液的聚集沉积，能够保持管壁表面光滑，降低边界层处的阻力损失。

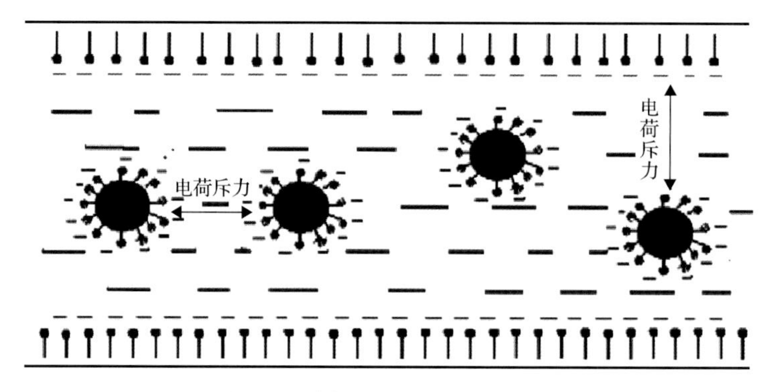

图 3-2　原油乳化降黏剂降黏原理

3）有效改善油水乳状液混合状态

乳化降黏剂中的高分子聚合物能有效提高水相黏度，改善油水乳状液混合状态（图 3-3），使油水混合物均匀流动，增强水相对稠油的分散作用，同时增加降黏剂的作用时间和作用距离。

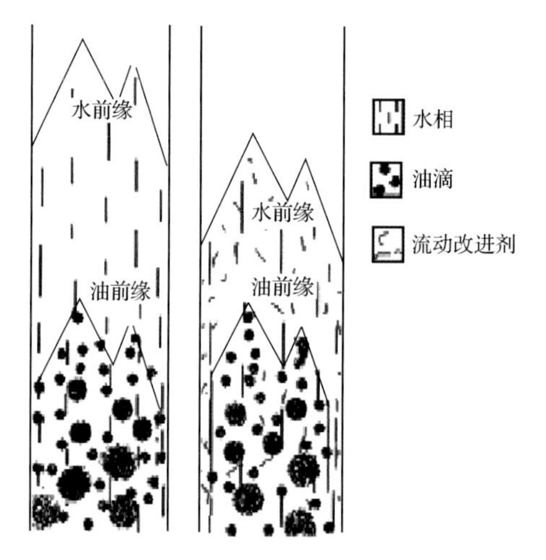

图 3-3　聚合物分子改善乳状液混合状态的作用图

3.1.2　稠油水溶性化学降黏的难点

由于塔河油田地层水矿化度高、稠油组分中胶质、沥青质含量高，稠油乳化困难（表 3-1）。当稠油黏度较高时（在塔河油田表现为黏度大于 3×10^4mPa·s，50℃），难以形

表 3-1　塔河油田与其他油田油水条件对比

	塔河油田指标	其他油田指标
油藏温度/℃	120～140	<75
原油黏度高/（mPa·s）	6000～1800000	<50000
乳化指数低	100	>1000
地层水矿化度/（mg/L）	220000	<30000
钙镁离子含量/（mg/L）	13000	<10000

成 O/W 型乳状液，或形成的 O/W 型乳状液稳定性差，造成现场应用效果较差。

1. 稠油组成结构对黏度的影响

沥青质的性质参数见表 3-2。

表 3-2　沥青质的性质参数表

稠油	单家寺	草桥	辽阳	高升	塔河油田 THK43
沥青质/%	4.6	3.9	4	4.8	＞30
C/H 原子比	0.747	0.701	0.68	0.882	0.997
芳香环系的缩合度参数	0.26	0.37	0.31	0.19	
芳香度	0.36	0.32	0.3	0.47	0.55
乳化指数	1000	1000	1430	333	100

稠油中的组分，特别是沥青质、胶质容易富集在液滴油水界面上，形成坚硬的膜，对稳定 W/O 型稠油乳状液起到重要作用。在沥青质这种极性分子内部，有很多类似于羟基的强吸电子基团，会使分子移向界面的分子，而后形成单分子或多分子膜，使体系界面能够降低，从而形成稳定的 W/O 型乳状液。此种现象适用于原油与水形成的 W/O 型乳状液，而且组分中的沥青质含量越高，油水界面能越大，结合越紧密，W/O 型稠油乳状液也就越稳定，要实现有效降黏的难度也就越大。

2. 高矿化度地层水对乳状液的影响

高矿化度地层水存在大量的金属阳离子，如 Ca^{2+}、Mg^{2+}等，这些金属阳离子不利于 O/W 型乳状液的形成，原因如下(图 3-4、图 3-5)。

(1) 在加热条件下，盐中的碱土金属与表面活性剂形成有机钙不溶性盐。

(2) 盐使非离子表面活性剂溶解度降低，浊点降低，临界胶束浓度降低。

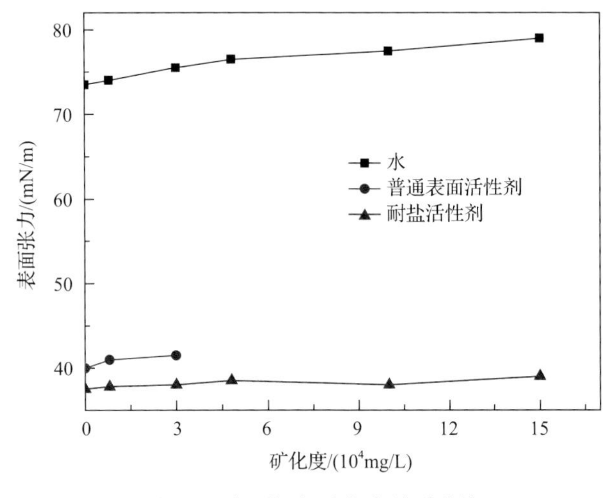

图 3-4　表面能与矿化度关系曲线

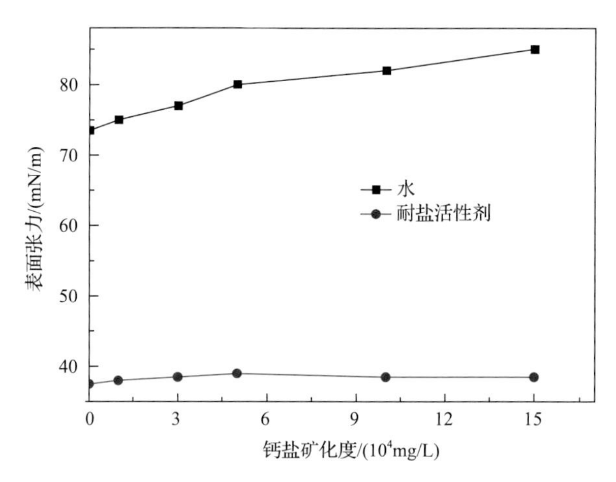

图 3-5 表面能与钙盐矿化度关系曲线

与常规不同类别表面活性剂相比(表 3-3)，耐盐表面活性剂能使盐水界面能降低，所以其耐盐范围比普通表面活性剂要宽得多，其耐盐范围在 2000～150000mg/L，表面张力在 30mN/m 左右。

表 3-3 矿化度对表面活性剂溶液外观的影响

表面活性剂	表面活性剂在不同矿化度下的状态				
	2000mg/L	5000mg/L	10000mg/L	100000mg/L	150000mg/L
耐盐表面活性剂	透明稳定	透明稳定	透明稳定	透明稳定	透明稳定
TX-10	透明	浑浊			
平平加 OS	透明	浑浊			
烯丙基聚醚	透明	浑浊			
十二烷基苯磺酸钠	透明少量析出	透明大量析出			
聚醚氨基磺酸钠	透明	透明少量析出	透明大量析出		

注：空白表示无法配置此种溶液，无此项。

3.1.3 稠油水溶性化学降黏配方的研制

1. 稠油乳化降黏剂

在原油开采中使用的乳化降黏剂，是一种能够降低原油与管道摩阻损失的有机溶剂。结合塔河油田稠油胶质、沥青质含量高，地层水矿化度高的特点，对乳化降黏剂的合成要求如下。

(1) 易溶于水形成溶液，且有较强的表面活性，能够大幅度降低油水界面张力，降低界面能，形成 O/W 型乳状液。

(2) 分子结构中要有高度分支化的链烃基，并兼有极性和非极性端，这样可以具有相应的伸展和屏蔽作用。

(3) 有较强的渗透能力，能够穿透 W/O 型乳状液界面膜上吸附的沥青质外壳，把沥青质从界面上顶替下来，在界面上形成强度更大的界面膜。

(4) 恰当的亲油基团，使降黏剂分子容易在原油中分散和溶解。

(5) 较强的抗盐和耐温性能。

(6) 自身具备较好的破乳能力，或者不具破乳能力，但不影响其他破乳剂的效果。

按照上述要求，研发的新型改性聚硅氧烷聚醚型表面活性剂，满足上述主链长度长和支链化高的要求。

2. 改性聚硅氧烷聚醚型乳化降黏剂的研制

考虑到塔河油田胶质、沥青质含量高，矿化度高的特点，在设计乳化降黏剂分子结构时设计了改性聚硅氧烷聚醚型表面活性剂[6]。

1) 仪器和材料

(1) 实验仪器如表 3-4 所示。

表 3-4　实验仪器

仪器型号	仪器名称
BROOKFIELD DV-Ⅱ+Pro	粘度计
HAAKE RV2	HAAKE 流变仪
HH-WO 型	恒温油浴锅
98-1-B 型	电子调温电热套
HH-S_1-NI	电子恒温水浴锅
JJ-1	精密定时电动搅拌器
ES-2100A	ES 系列电子天平
SHZ-D (III)	循环水式真空泵
DHG-9070A 型	电热鼓风干燥箱
Dataphysics SCAT 型	界面张力仪
SVT-S 型	界面黏弹性仪
GS-0.25 反应釜	反应釜
原油混调器 HT-Ⅱ型	自动混调器

(2) 实验试剂。

实验所需试剂见表 3-5。

表 3-5　实验试剂

药品名称	级别
低含氢硅油	自制
聚醚	分析纯
二甲苯	优级纯
石油醚	分析纯
CF_3COOH	分析纯
对甲苯磺酸	分析纯
Span-80	分析纯
Tween 80	化学纯
异丙醇	分析纯

(3)黏度测定方法。

将合成的乳化降黏剂与其他水溶性活性剂复配。在一定温度条件下充分混合后，配制成一定浓度的活性水溶液，然后把配好的活性水溶液按照一定的量加入原油中。依据行业标准《原油粘度测定 旋转粘度计平衡法》(SY/T 0520—2008)，采用 Brookfield DV-Ⅱ+Pro 黏度仪测定黏度，测试温度为 50～130℃，所用原油为塔河油田稠油。

2)改性聚硅氧烷聚醚的制备

(1)改性聚硅氧烷聚醚的合成方案。

以硅氧烷为原料，在一定催化剂作用下，使其与聚醚聚合，制得硅醚共聚物，反应式如下：

$$(CH_3)_3SiO\left[\begin{matrix}CH_3\\|\\Si\\|\\CH_3\end{matrix}-O\right]_x\left[\begin{matrix}CH_3\\|\\Si\\|\\H\end{matrix}-O\right]_y Si(CH_3)_3 + yRy(OC_3H_6)_n(OC_2H_4)_mOH$$

$$\longrightarrow (CH_3)_3SiO\left[\begin{matrix}CH_3\\|\\Si\\|\\CH_3\end{matrix}-O\right]_x\left[\begin{matrix}CH_3\\|\\Si\\|\\(OC_2H_4)_m(OC_3H_6)_nOR\end{matrix}-O\right]_y Si(CH_3)_3 + yH_2\uparrow$$

(2)改性聚硅氧烷聚醚的制备步骤。

取适当规格烧瓶，分别加入含氢硅油、聚醚和催化剂三氟乙酸，然后添加溶剂使之溶解，在磁力搅拌器下搅拌，通氮气，加热，并在一定温度下使其稳定反应一段时间，得到透明状液体产品。在甲苯溶剂中溶解反应物后加 H_2，过滤、挥发溶剂后即可得到产品。对产品测其 H_2 的质量分数，并计算反应物的转化率。

(3)正交试验设计。

选用正交表 L9(34)，固定反应物(高含氢硅油的含氢量为 1.5%，聚醚分子量为 400，环氧乙烷含量为 10%)，改变反应时间(A)、反应温度(B)、催化剂用量(C)、反应物物质的量比[D，n(含氢硅油)∶n(聚醚)]，开展四因素正交实验。

由表 3-6 可见，转化率受多种实验条件影响，且与反应时间、反应温度、催化剂用量及反应物物质的量比呈正相关。随着反应时间、反应温度、催化剂用量，以及反应物物质的量比的增大，转化率都相应增大。此外，用极差法分析各条件对产品特性的影响情况，发现反应时间的长短是转化率最关键的影响因素，其次是反应温度、催化剂用量，最后是反应物物质的量比。利用表 3-6 中的分析数据并结合生产实际经济性等综合因素，选用优化后的实验条件为：温度 110℃、催化剂浓度 0.4%且原料配比 n(含氢硅油)∶n(聚醚)为 1∶1.5 条件下，恒温反应 8h 得到预期产品。

表 3-6　正交实验数据表

序号	因素				转化率/%
	A(反应时间/h)	B(反应温度/℃)	C(催化剂用量/%)	D(物质的量比)	
1	6	90	0.3	1∶1.2	27.2
2	6	100	0.4	1∶1.3	33.2
3	6	110	0.5	1∶1.4	35.2
4	8	90	0.4	1∶1.4	38.9
5	8	100	0.5	1∶1.2	40.5
6	8	110	0.3	1∶1.3	38.7
7	10	90	0.5	1∶1.3	38.1
8	10	100	0.3	1∶1.4	38.6
9	10	110	0.4	1∶1.2	41.5

3) 改性聚硅氧烷聚醚性质分析

选取 10 区、12 区不同黏度的稠油，在降黏剂浓度为 2000mg/L，油水比(质量比，下同)为 7∶3 的条件下对降黏剂的降黏效果进行了综合评价(表 3-7)，结果表明，对于 50℃时黏度低于 44×10^4mPa·s 的原油，降黏剂具有较好的降黏效果。

表 3-7　改性聚硅氧烷聚醚型降黏剂效果评价

编号	井号	原油黏度/(mPa·s)	流动改进剂	加量/(mg/L)	乳化油黏度/(mPa·s)	降黏率/%
1	THK19	41350	SRX-1	2000	35	99.92
2	THK36	71000	SRX-1	2000	40	99.94
3	THK37	89000	SRX-1	2000	75	99.92
4	THK38	136000	SRX-1	2000	125	99.91
5	THK39	176000	SRX-1	4000	140	99.92
6	THK40	252000	SRX-1	4000	500	99.80
7	THK41	440000	SRX-1	4000	560	99.87
8	THK42	820000	SRX-1	4000	不乳化	
9	THK43	1500000	SRX-1	6000	不乳化	

针对 THK43 原油样品，主要做了以下实验：①乳化降黏剂浓度对降黏效果的影响；②选用不同矿化度的地层水时，原油降黏情况分析；③不同油水比条件下，该原油乳化降黏剂对原油降黏的作用变化；④相同浓度的改进剂与塔河油田混合油在不同质量比时，对破乳效果的影响情况；⑤不同剪切速率时，乳化降黏剂溶液油水分离时间的影响。

(1) 乳化降黏剂浓度变化对原油降黏的影响。

在矿化度为 9×10^4mg/L、油水比为 7∶3 条件下，分别对加量浓度为 2000mg/L、3200mg/L 的乳化降黏剂进行室内实验。

由表 3-8 可以看出，原油黏度与乳化降黏剂浓度变化基本呈正相关，考虑现场经济成本问题，选用低浓度（2000mg/L）即可满足条件的乳化降黏剂浓度进行实验。

表 3-8　不同乳化降黏剂浓度对降黏效果的影响

乳化降黏剂浓度/(mg/L)	现象描述
2000	乳化效果好，混合液易流动
3200	乳化效果很好，油均匀分散在水中，混合液易流动，放置 20min 后油水开始分层，1.5h 后油水分层完毕，其中油中含 12.5%的水

（2）选用不同矿化度的地层水时原油降黏情况分析。

乳化降黏剂浓度为 3200mg/L、油水比为 6∶4 条件下，依次采用矿化度为 1.2×10^5mg/L 的地层水、矿化度为 9×10^4mg/L 的联合站脱出水混合溶液进行实验，观察实验现象得到表 3-9 的结果。

表 3-9　不同水对加剂油水的分散效果的影响

水样	现象描述
矿化度为 1.2×10^5mg/L 的地层水	油均匀分散在水中，二者乳化效果好，油水混合物流动性好，稳定半小时内开始发生分层现象，90min 后油水分层结束，去除明水后，测定剩余油相含水率为 12.5%
矿化度为 9×10^4mg/L 的联合站脱出水	油水乳化效果好，混合物流动性好

通过实验可以得出，在现场使用乳化降黏剂采油工艺时，可以选用联合站脱出地层水配制溶液。

（3）不同油水比条件对分散减阻效果的影响。

A 剂加量浓度为 3200mg/L，使用矿化度为 1.2×10^5mg/L 的地层水分别配制油水比为 6∶4 和 7∶3 的乳化降黏剂溶液，考察不同油水比条件下的效果，见表 3-10。可以看出，油水比为 6∶4 时的效果比 7∶3 时的好。

表 3-10　不同油水比对降黏效果的影响

油水比	现象描述
7∶3	乳化效果好，油基本均匀分散在水中，仅有少量颗粒，混合液能流动
6∶4	乳化效果很好，混合液易流动，油均匀分散在水中

（4）不同质量比的混合油与改进剂对原油破乳效果的影响。

在 A 剂加量浓度为 3200mg/L、B 剂加量浓度为 800mg/L 条件下，使用矿化度为 1.2×10^5mg/L 的地层水配制油水比为 6∶4 的含乳化降黏剂的溶液。按塔河油田二号联合站混合油样∶含乳化降黏剂混合油（质量比）为 10∶1、8∶1、6∶1、4∶1、2∶1、1∶0 的比例配成 100mL 的混合液，加入 180mg/L 的破乳剂，考察破乳效果。

从表 3-11 可以看出，当混合油与含乳化降黏剂混合液比例小于 4∶1 后，乳化降黏剂对破乳脱水影响不明显，但大面积使用乳化降黏方式进行生产，还需改进联合站脱水工艺。

表 3-11　不同比例的乳化降黏剂与混合油对联合站脱水的影响

混合油与含乳化降黏剂混合液(质量比)	不同时间脱水量(应脱水)/mL		
	90min	120min	180min
10∶1	8(11.8)	11(13.6)	12(15.5)
8∶1	15(12.4)	15(14.2)	15(16.0)
6∶1	12(13.4)	12(15.1)	12(16.9)
4∶1	16(15.2)	16(16.8)	16(18.4)
2∶1	15(19.3)	18(20.6)	22(22)
1∶0	9	11	13

3. 阴非离子型乳化降黏剂的研制

为提高改性聚硅氧烷聚醚型乳化降黏剂的耐盐性能和其经济性，对乳化降黏剂配方进行了改进，引入活性更高的阴离子活性基团增加抗盐性，同时通过加入合适的助剂增加乳化降黏剂溶液黏度，增加油水流度比，减少毛细作用引起的游离水突进而造成的油水含水率上升问题。

1)抗矿盐表面活性剂阴离子官能团的选择

合成表面活性剂含有的阴离子基团不同，对稠油的乳化降黏效果也不同。阴离子官能团对矿化水中稠油降黏的影响见表 3-12。

表 3-12　阴离子官能团对稠油降黏的影响

阴离子官能团	乳化稠油黏度/(mPa·s)	界面张力/(mN/m)
1	94	3×10^{-2}
2	145	5.5×10^{-2}
3	不乳化	>1
4	不乳化	>1

注：矿化水，S433 稠油，实验温度为 50℃，抗盐组分加量 0.5%，油水比为 7∶3。

表面活性剂中抗矿盐基团不同，对稠油的乳化降黏效果也不同。本书考察了 4 种阴离子官能团在矿化水中对稠油降黏的影响，见表 3-12。可以看出，含不同抗矿盐官能团的抗盐组分在矿化水中对塔河油田稠油的降黏效果是不同的。含 1 类和 2 类官能团的表面活性剂更容易乳化稠油，其所形成的稠油乳状液黏度很低。含 3 类和 4 类官能团的表面活性剂在相同浓度下不能形成水包油型稠油乳状液。界面张力大于 1 的配方不能乳化稠油，界面张力越小，乳化效果越好。其中含抗矿盐官能团 1 类和 2 类表面活性剂界面张力较低，其中 2 类表面活性剂界面张力较低，且原料来源广泛，因此，在配方中把 2 类表面活性剂选作抗盐组分。

2)非离子官能团对降黏性能的影响

确定选用阴离子后，要对非离子结构进行改进，包括改进官能团特征或改进其烃类链长度，这些都将会对该种表面活性剂在水中的溶解度产生影响[7]。根据这一原理，调研几类满足条件的备用特征官能团，其乳化稠油效果见表 3-13。

表 3-13　非离子特征官能团链长数对稠油降黏的影响

官能团的烃基链长度	乳化稠油情况	稠油乳状液黏度/(mPa·s)
3	不乳化	12000
8	乳化	60
15	乳化	144
>15	不乳化	

注：地层水，S71 稠油。

3) 抗矿盐表面活性剂合成与表征

(1) 反应温度对转化率的影响。

反应温度对合成产物中目标产物和副产物比例及总转化率有一定影响。由图 3-6 可知，目标产物的摩尔分数随着温度的升高而下降，总转化率逐渐提高，即温度升高，副反应增加，当目标产物摩尔分数从 40℃时的 31.8%下降到 80℃的 26.9%时，总转化率从 40℃的 78.2%提高到 80℃的 89.5%。鉴于以上实验结果，为优化降低油田现场经济成本费用，选取 40℃为最佳反应温度。

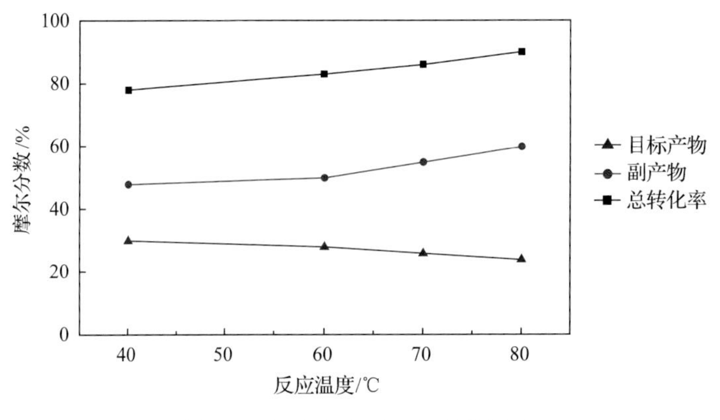

图 3-6　反应温度对转化率的影响

(2) 转化率随反应时间的变化。

可以通过控制反应时间来提高产品转化率。由图 3-7 可知，反应时间控制在 4h 为宜。

(3) 水解温度对转化率的影响。

在反应时间为 4h、反应温度为 40℃、水解时间为 6h 条件下，分别考察了水解温度为 40℃和 80℃的转化率。可知水解温度为 40℃时总转化率为 81.2%，水解温度为 80℃时总转化率为 93.3%。

(4) 水解时间对转化率的影响。

采用优化后 40℃的反应温度，在 80℃下水解，分别考察水解时间为 0h、2h、6h 的转化率并作图，如图 3-8 所示，可以看出随着水解时间的增长，要制备的目标产物的转化率和总反应的转化率均增加，二者呈正相关，同时副产物百分含量显著降低。

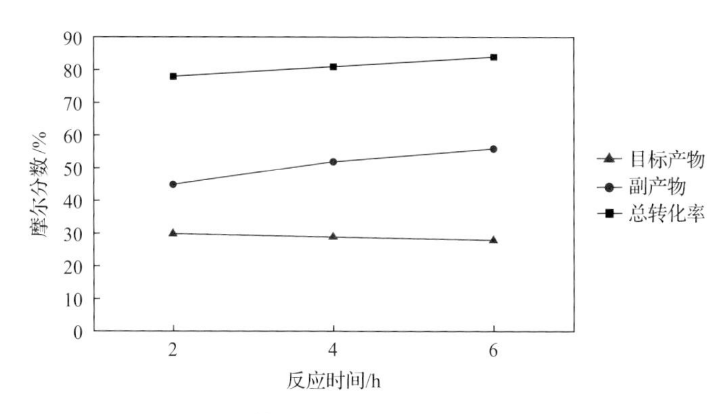

图 3-7　转化率随反应时间的变化曲线

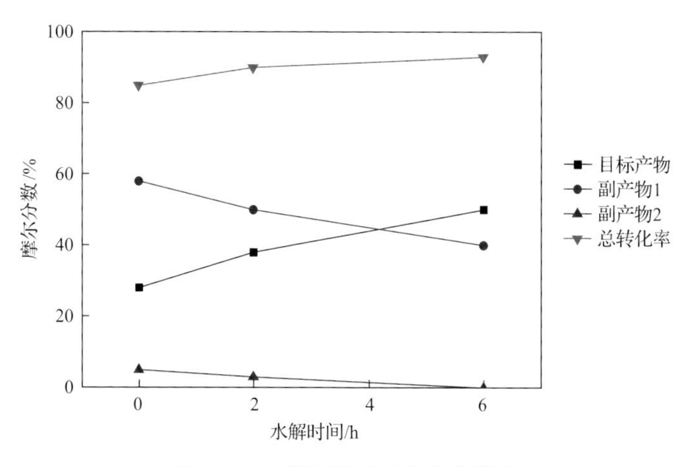

图 3-8　水解时间对转化率的影响

(5)产品表征。

图 3-9 和图 3-10 为合成产物的核磁共振谱图。根据现有资料，图中化学位移在 5.6mg/L、4.4mg/L 和 0.8mg/L 附近出现的峰分别为目标产物、副产物的特征峰。其他在 0～20mg/L 的峰为不同聚合度的副产物 2。

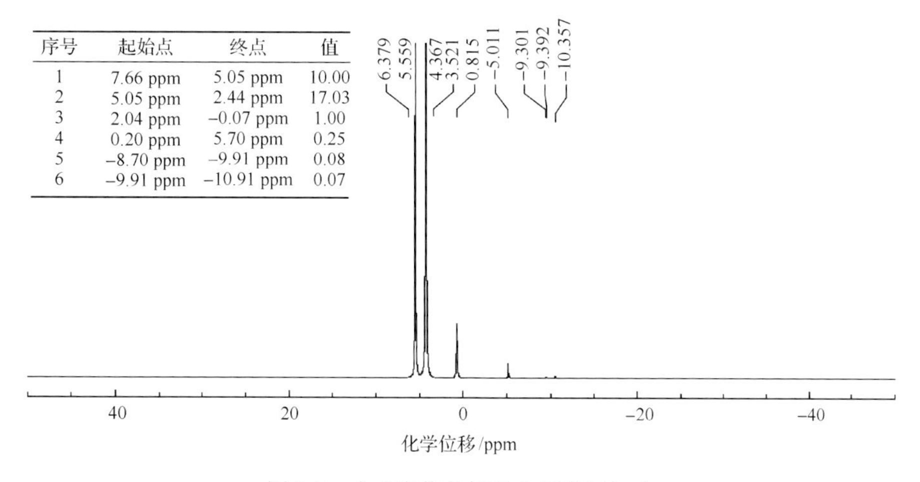

序号	起始点	终点	值
1	7.66 ppm	5.05 ppm	10.00
2	5.05 ppm	2.44 ppm	17.03
3	2.04 ppm	−0.07 ppm	1.00
4	0.20 ppm	5.70 ppm	0.25
5	−8.70 ppm	−9.91 ppm	0.08
6	−9.91 ppm	−10.91 ppm	0.07

图 3-9　合成产物的核磁共振谱图(一)

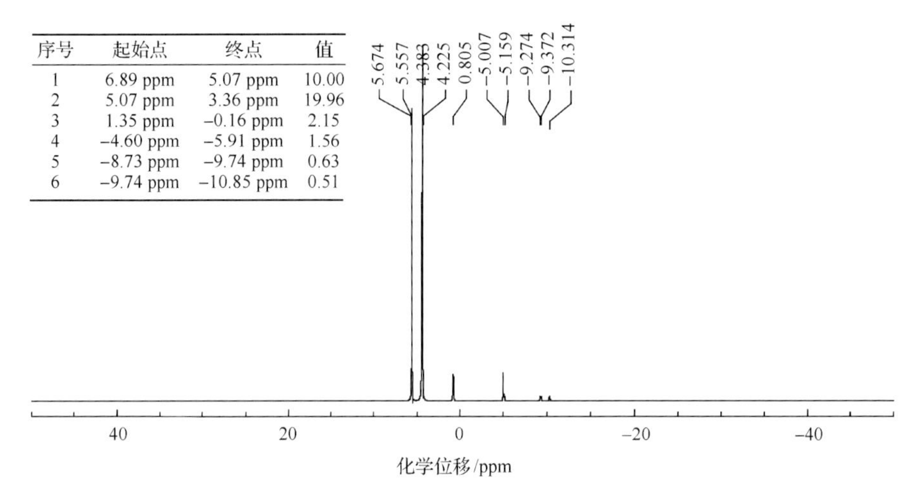

图 3-10　合成产物的核磁共振谱图(二)

图 3-11 为合成产物质谱图。从图 3-11 可以看出，*m*/*z*=652 的分子离子峰与目标产物的分子量一致，证明产品中存在目标产物。

4) 抗矿盐乳化降黏剂的复配

(1) 抗矿盐组分筛选。

将合成的抗矿盐组分用于塔河油田几口稠油井油样室内降黏实验，考察其效果，并与其他表面活性剂进行对比，结果见表 3-14。可以看出，SRX-2 系列合成化合物对塔河

表 3-14　抗矿盐组分筛选

油样井号	乳化降黏剂(名称、加量)	温度/℃	乳化情况
THK43	4%的羧酸盐	60	粗分散
THK43	2%的 NP-15+1%的 LAB	60	否
THK43	10%的 AEO-9	60	粗分散
THK43	2%的环烷酸+碱	60	否
THK43	2%的石油磺酸盐	60	否
THK43	1%的 2-壬基苯磺酸	60	否
THK43	8%的 PAPE	60	否
THK43	10%的 CAB	60	否
THK43	10%的 K-12	60	否
THK43	10%的 HR-S	60	否
THK43	10%的 AES	60	否
THK43	4%的 SRX-2+1%的 1231	60	否
THK43	1.6%的 T60	60	否
THK43	0.4%的 S60	60	否
THK43	1.2%的 SRX-2	60	完全
THK24	5%的 SRX-2	80	完全
THK28	0.15%的 SRX-2	60	完全

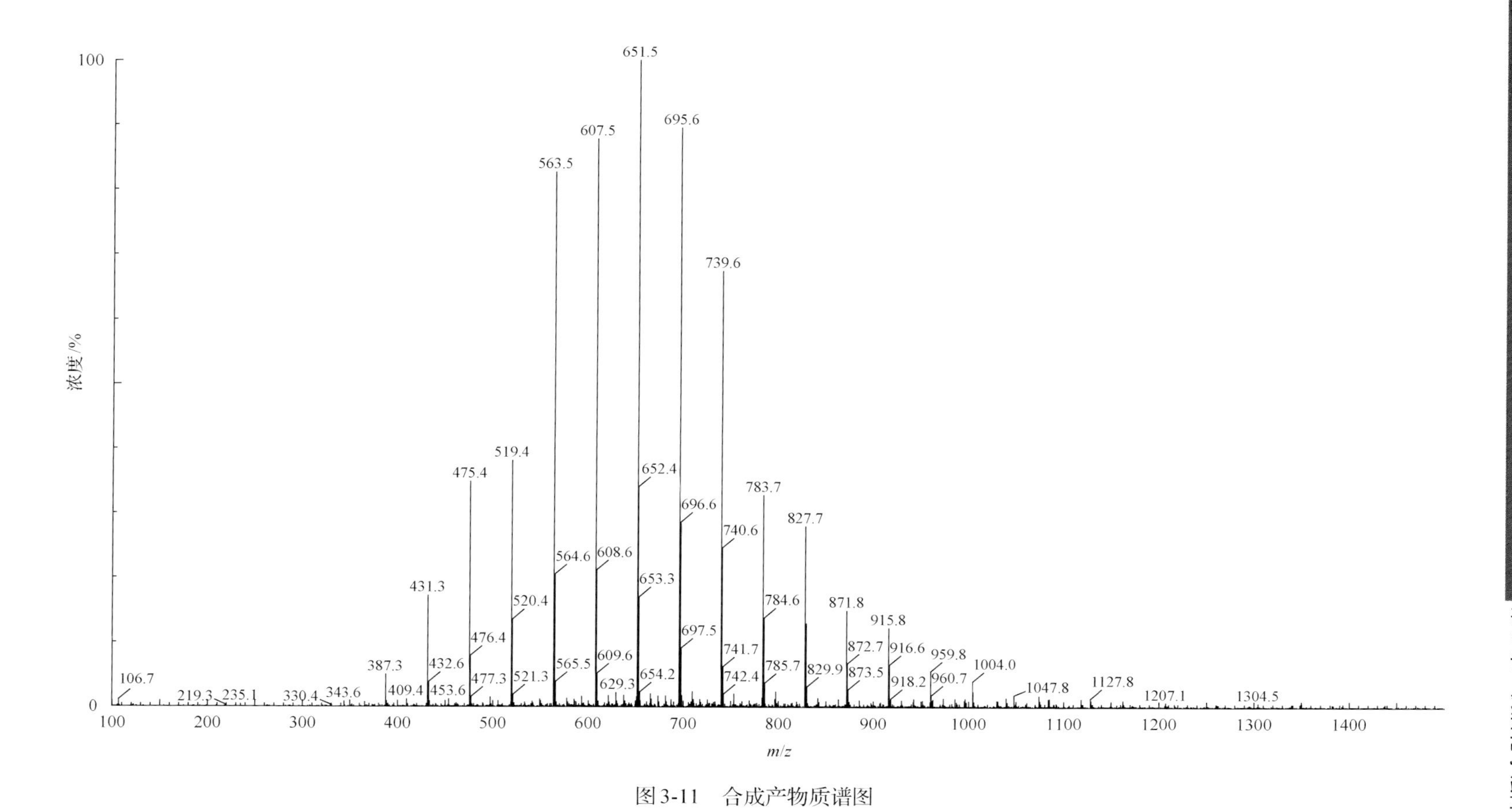

图3-11　合成产物质谱图

油田超稠原油具有良好的乳化作用，烷基链长为 C_8～C_{10} 的 SRX-2 在 80℃下可使原油完全乳化。

(2) 助剂对自制表面活性剂的增效作用。

实验中发现，用矿化水配制自制表面活性剂 SRX-2 时，在一定温度下溶液变混浊，说明地层水中高浓度盐使表面活性剂的溶解性变差，有效浓度降低，从而导致使用剂量增加。通过加入适合的助剂可以提高表面活性剂的界面活性，增加有效浓度。在 5000mg/L 的 SRX-2 中加入不同浓度的助剂，考察对塔河油田 THK43 井稠油降黏效果的影响，结果见表 3-15。可以看出，在 5000mg/L SRX-2 中添加助剂 1 和助剂 2 后，降黏效果明显提高，当二者加剂浓度分别为 300mg/L 时，都可以有效乳化塔河油田 THK43 井稠油。但助剂 3 和助剂 4 对降黏效果无影响。由于助剂 1 价格较高，选择助剂 2 作为稠油降黏助剂，得到的配方命名为 SRX-2。

表 3-15　助剂对自制表面活性剂的增效作用

助剂	助剂浓度/(mg/L)				
	0	60	300	600	900
助剂 1	不乳化	不乳化	乳化	乳化	乳化
助剂 2	不乳化	不乳化	乳化	乳化	乳化
助剂 3	不乳化	不乳化	不乳化	不乳化	不乳化
助剂 4	不乳化	不乳化	不乳化	不乳化	不乳化

注：实验用稠油为塔河油田 THK43 井稠油。

(3) 抗矿盐表面活性剂配方对不同稠油的乳化降黏效果。

将上述筛选配方用于塔河油田有代表性的稠油的乳化降黏，结果见表 3-16。由表可以看出，抗矿盐表面活性剂配方具有良好的乳化降黏性能，对几种塔河油田稠油均具有显著的乳化降黏效果。通过形成的水包油型乳状液的显微成像照片可以看出(图 3-12)，水包油型乳状液中油滴颗粒粒径较小，说明在复合配方作用下，塔河油田稠油在水中可形成稳定的细分散体系。

表 3-16　抗矿盐表面活性剂配方对不同稠油乳化降黏效果

油样	加药浓度/(mg/L)	黏度(50℃)/(mPa·s)	降黏率/%
THK44	3570	43	99
THK45	3570	77	99
THK39	4600	105	99
THK43	7000		99
THK7	4600		99

注：空白表示未测或无此项。

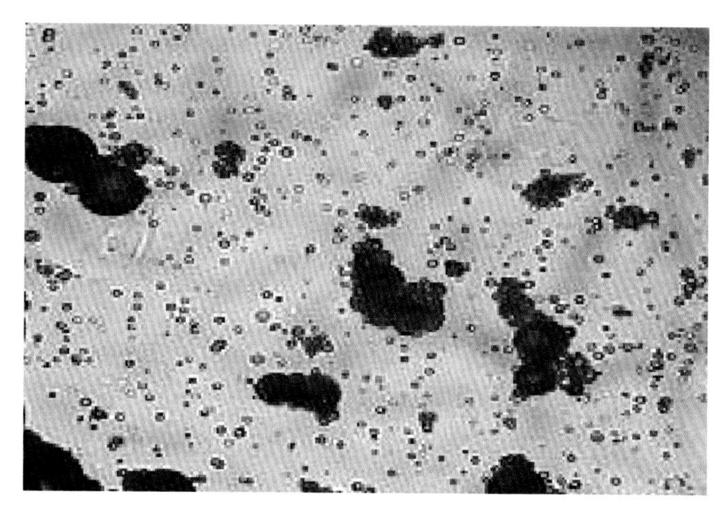

图3-12 水包油型乳状液显微成像照片(放大400倍)

5)优化后乳化降黏剂与改性聚硅氧烷聚醚型乳化降黏剂对比评价

SRX-2与改性聚硅氧烷聚醚型乳化降黏剂对塔河油田稠油乳化降黏试验结果分别见表3-17和表3-18。当采用自来水，且THK33在油水比为7∶3，SRX-2浓度为9000mg/L时形成O/W型乳状液乳化分散好时，SRX-2对所选的6种塔河油田稠油均具有良好的乳化降黏效果，形成良好的O/W型乳状液。采用Brookfield旋转黏度计对THK46井乳化稠油黏度进行测定，当在50℃、2号转子条件下转速为25r/min时，乳状液黏度为127mPa·s；转速为50r/min时，乳状液黏度为100mPa·s。当在50℃、6号转子条件下转速为25r/min时，乳状液黏度为80mPa·s；转速为100r/min时，乳状液黏度为60mPa·s；转速为200r/min时，乳状液黏度为37mPa·s，SRX-2显示出优异的降黏效果。

表3-17 SRX-2对塔河油田稠油乳化效果

油样井号	m(油)∶m(水)	ρ(SRX-2)/(mg/L)	乳化状态
THK46	7∶3	5000	O/W(乳化分散很好)
	6∶4	4200	O/W(乳化分散很好)
THK7	7∶3	5000	O/W(乳化分散很好)
	6∶4	4200	O/W(乳化分散很好)
THK47	7∶3	5000	O/W(乳化分散很好)
THK48	7∶3	5000	O/W(乳化分散很好)
THK49	7∶3	5000	O/W(乳化分散很好)
THK33	6∶4	9000	O/W(乳化分散很好)

注：所用水为自来水。

表 3-18　改性聚硅氧烷聚醚型乳化降黏剂对塔河油田稠油乳化效果

油样井号	$\rho_{(对比剂)}$/(mg/L)	乳化状态
THK46	5800	不能形成水包油乳化状态，但有一定分散性
THK7	5800	不能形成水包油乳化状态
THK47	5800	不能形成水包油乳化状态
THK48	5800	不能形成水包油乳化状态，但有一定分散性
THK49	5800	不能形成水包油乳化状态
THK33	15800	不能形成水包油乳化状态

注：油水比为 7∶3，水为自来水。

同样条件下的改性聚硅氧烷聚醚型乳化降黏剂除了对 THK46 井、THK48 井稠油有一定的分散性外，对其他井稠油均不能使其形成水包油型乳状液。

图 3-13 是 SRX-2 与改性聚硅氧烷聚醚型乳化降黏剂 SRX-1 使稠油乳化形成的乳状液照片，可清晰地看出 SRX-2 形成的乳状液油滴粒径非常小；根据胶体化学理论，判断 O/W 型乳化状态的方法是将此乳状液倒入一清水容器中，若油滴很快在水中分散开，便认为形成了 O/W 型乳状液。由图 3-14 可见，SRX-2 形成的乳状液是典型的 O/W 型乳状液。在同样的试验条件下，改性聚硅氧烷聚醚型乳化降黏剂 SRX-1 使稠油在水中有分散性，可形成水环油型的粗分散体，没有形成 O/W 型稠油乳状液。

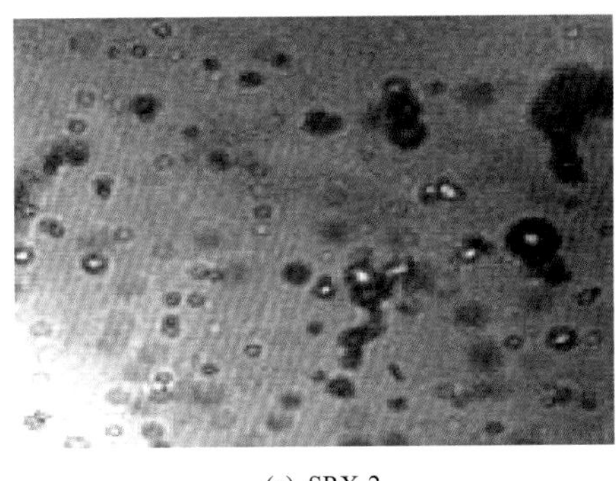

(a) SRX-2

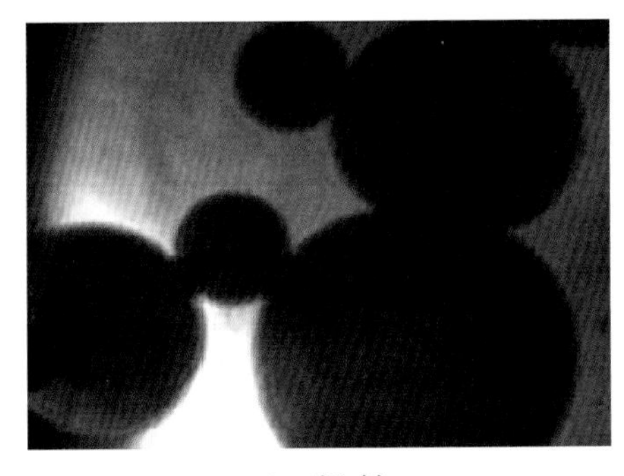

(b) 对比剂

图 3-13　不同乳化降黏剂所形成的油水乳状液显微镜照片

从图 3-14 中可以看出，SRX-2 形成均匀的油水乳状液，水中油滴粒径大部分为 2～8μm；而改性聚硅氧烷聚醚型乳化降黏剂只能形成非均匀混合体系，水中油滴均为大颗粒，该体系无法稳定存在。

试验进一步考察了在地层水条件下的乳化降黏效果(其中地层水取自塔河采油二厂塔河油田二号联合站一次沉降罐出口，总矿化度为 220000mg/L)，结果见表 3-19 和表 3-20。

由表 3-19 和表 3-20 可知，当地层水总矿化度为 110000mg/L 时，SRX-2 仍能很好地乳化 THK7、THK48、THK49 3 口井的稠油，且乳化效果很好，形成良好的 O/W 型乳状液，对 THK46 井也能形成 O/W 型乳状液，只是分散相液滴粒径较大，乳状液破乳较快。由表 3-20 可知，当地层水总矿化度为 110000mg/L 时，对比剂也能很好地乳化 THK46 井的稠油，乳化效果很好，但对其他几口井均不能使其形成 O/W 型乳状液。

表 3-19　SRX-2 对塔河稠油乳化降黏效果

井号	矿化度/(mg/L)	$\rho_{(SRX-2)}$/(mg/L)	乳化状态
THK46	110000	5800	O/W(粗分散)
THK7	110000	5800	O/W(分散很好)
THK47	110000	5800	粗分散体系
	150000	5800	粗分散体系
THK48	110000	5800	O/W(分散很好)
THK49	110000	5800	O/W(分散很好)

注：油水比为 7∶3，水为地层水。

表 3-20　改性聚硅氧烷聚醚型乳化降黏剂对塔河稠油乳化效果

井号	矿化度/(mg/L)	$\rho_{(对比剂)}$/(mg/L)	乳化状态
THK46	110000	5800	O/W(分散很好)
THK7	110000	5800	不能形成水包油乳化状态
THK47	110000	5800	不能形成水包油乳化状态
THK48	110000	5800	不能形成水包油乳化状态
THK49	110000	5800	不能形成水包油乳化状态

注：油水比 7∶3，水为地层水。

4. 水溶性化学降黏现场应用效果评价

1) 总体情况分析

乳化降黏剂累计推广应用至 67 口井，其中能稳定生产的井数为 65 口，累计产油 36345.5t，累计节约稀油 57385t(表 3-21)。

表 3-21　乳化降黏剂现场应用情况统计

降黏方式	实施井次/口	有效井次/口	累计产油/t	累计节约稀油/t	平均浓度/(mg/L)
改性聚硅氧烷聚醚型 SRX-2	57	56	33618	52399	2300
阴非离子乳化降黏剂降黏 SRX-3	10	9	2728	4986	4000
合计	67	65	36346	57385	

2) 单井应用效果评价

在确定单井注入量时，遵循以下原则。

一是注入 SRX-1 药剂初期先采用大排量注入替稀油替换环空，排量参考掺稀生产注入量。

二是为减轻注入液体对地层的影响，替满环空后日药剂注入量逐渐降低，直至满足生产需要的最低注入量。

(1) THK53 井。

THK53 井原油黏度为 150000mPa·s(50℃)，前期为掺稀降黏配合机抽生产。2011 年 8 月 24 日开始进行 SRX-1 药剂试验，试验前注入 12m^3 稀油进行隔离，药剂返出井口后观察到分散、乳化效果良好，混合液流动性明显改善，同时回压略有下降，由于水溶性药剂的加入，增加了水相，上行电流略有增加。日节约稀油 19.7t，日增油 9.8t，生产稳定、试验效果良好，如表 3-22 及图 3-14 所示。

(2) THK52 井。

该井 2011 年 6 月 8 日开始添加阴非离子型乳化降黏剂 SRX-2 进行降黏试验，后期由于含水率高而关井。2011 年 8 月 22 日开井掺稀生产，2011 年 8 月 28 日开展第二次 SRX-2 型乳化降黏剂评价试验。抽稠泵下深 2422m，工作制度为 5m×3 次/min，至泵底油套总容积为 90.03m^3。

①现场试验方案。

该井的原油黏度在 50℃时为 528000mPa·s，黏度较高。据此初步确定药剂配液浓度为 A 剂 2%，B 剂 0.25%，用清水配液，初期注入量为 27.0m^3/d。

表 3-22　THK53 井水溶性降黏剂现场试验效果前后对比

措施	时间	工作制度	日产液/t	日产油/t	含水率/%	注入量/(t/d)
试验前	04-29～05-05	7m×2.5 次/min×44mm/70mm	41.4	41.2	0.48	19.7
试验期间	08-24～10-01	7m×1.5 次/min×44mm/70mm	55.4	51.0	7.94	39.8
差值			14	9.8		20.1

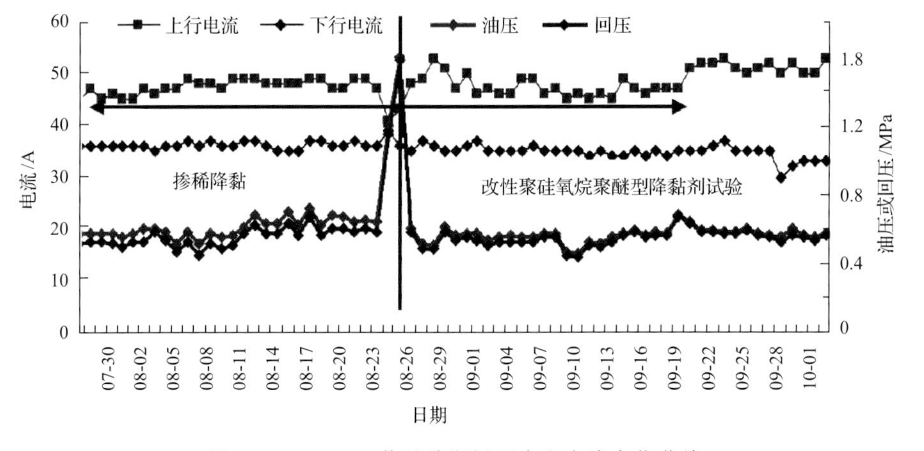

图 3-14　THK53 井试验期间压力和电流变化曲线

②试验结果。

该井于 2011 年 8 月 28 日加阴非离子型乳化降黏剂生产，至 10 月 7 日药剂用完停止试验，该井为继续评价井，调整至最佳注入量为 0.54m^3/h，化学降黏期间油压为 0.85MPa，回压为 0.83MPa，电流保持在 35/40A，各参数较前期无明显升高。其生产情况见表 3-23 和图 3-15。

从图 3-16 可以看出，该井曾添加聚醚类乳化降黏剂生产，期间计量无产液，恢复掺稀，加入阴非离子型乳化降黏剂后能保证生产，但由于含水率上升，产量降低。第二次继续评价试验期间累计产液 1504.5t，累计产油 393.4t，累计注入药剂 673.2t，之后由于地层高含水而关井。

表 3-23　THK52 井阴非离子型乳化降黏剂生产情况表

序号	时间	掺稀降黏			化学降黏		
		日产液/t	日产油/t	含水率/%	日产液/t	日产油/t	含水率/%
1	06-08～07-20	46.3	17.2	62.8	50.1	8.3	83.4
2	08-28～10-07	46.3	17.2	62.8	36.7	9.6	73.8

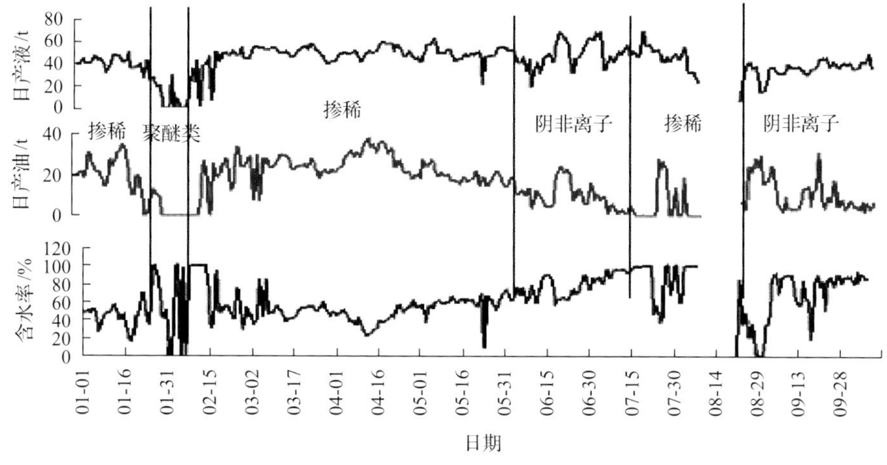

图 3-15　THK52 井加药剂生产曲线

现场试验期间井口取样观察油水分散均匀，油井生产正常，说明该药剂能满足该井生产。

(3) THK49 井试验情况。

该井 2010 年 6 月 27 日用 6.5mm 油嘴反掺稀投产，生产稳定后油压为 3.5MPa，日产液 63.38t，日产油 35.88t，日掺稀油量 66.10t，投产即见水。2010 年 12 月 8 日转电泵生产，电泵下深 2526.14m，排量为 $100m^3/d$。

①现场试验方案。

该井的原油黏度在 70℃时为 108000mPa·s(折合成 50℃时黏度，为 432000mPa·s)，黏度较高，据此确定药剂浓度为：A 剂配液浓度为 2%，B 剂配液浓度为 0.25%。为保证药剂性能，采用清水配液。设计初期注入量为 32t/d。

②试验结果。

该井于 2011 年 9 月 14 日开始加阴非离子型 SRX-2 乳化降黏剂生产，至 10 月 7 日药剂用完停止试验，累计试验 24d。化学降黏初期降黏剂注入量为 $1.9m^3/h$，9 月 17 日试图下调注入量后引起出液较稠，电流升高。由于该井为电泵井，为安全起见注入量未再调整，开始调整配液浓度。油井生产情况如表 3-24 和图 3-16 所示。

表 3-24　THK49 井 SRX-2 型化学降黏生产情况

时间	掺稀基值			化学降黏		
	日产液/t	日产油/t	含水率/%	日产液/t	日产油/t	含水率/%
09-14～10-07	22.9	20.1	12.2	27.3	21.3	21.98

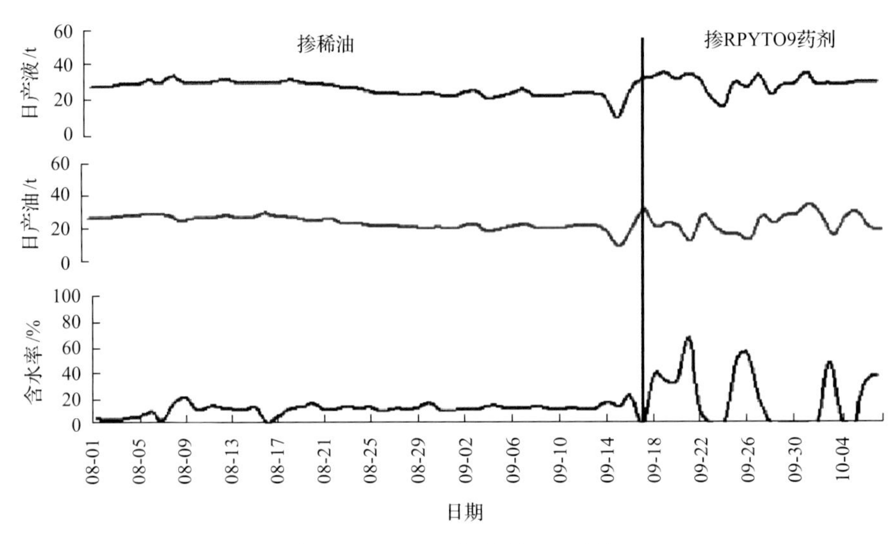

图 3-16 THK49 加药剂生产曲线

从图 3-17 可以看出，试验期间含水率波动较大，产量略有增加。化学降黏期间累计产液 654.2t，累计产油 513.3t，累计注入药剂 935t。试验期间井口取样混合液分散均匀，表明该药剂能满足该井生产需要。

3.2 油溶性降黏剂化学降黏技术

传统油溶性降黏剂主要有聚合物型和溶剂型两种。聚合物型降黏剂主要起抑制蜡晶形成的作用，对高含沥青质稠油降黏效果差；溶剂型降黏剂通过稀释作用降低稠油黏度，加剂量大（>5%），经济性差。经过近几年的攻关研究，油溶性降黏经过三轮次 35 种药剂配方的筛选及联合研究，其中 2007 年优选出了 1 个室内评价性能相对较好的配方进入现场试验，节约稀油率仅 7.3%。2008 年开展了大批量的降黏剂筛选工作，同时完善了配套工艺，2 种降黏剂进入现场试验 6 井次，节约稀油率提高至 15%，节约稀油 1119t。2009 年共优选了 9 种降黏剂进行现场试验，累计实施 31 井次，节约稀油率提高至 25%，节约稀油 8249.6t。2010 年以中国石油化工集团有限公司（简称中国石化）“十条龙”科技攻关项目《超深层碳酸盐岩稠油降黏开采关键技术研究》为支撑，研发了高效油溶性降黏剂配方，现场试验节约稀油率提高至 35%，该技术被中国石化鉴定为“达到国际领先水平”。

3.2.1 油溶性化学降黏剂降黏机理

关于油溶性降黏剂的降黏机理国外文献未见报道，国内文献的报道也较少。目前，多借鉴降凝剂的降凝机理，从降黏剂分子与稠油中各组分的相互作用和改善稠油流动状态方面探讨其降黏机理，总体来说，其降黏机理包括以下 4 点。

1. 降黏剂分子对胶质、沥青质的溶解作用

胶质、沥青质分子是多个芳香环稠合的强极性物质，如图3-17所示，而一般所设计的降黏剂分子结构中都含有苯环及其他强极性基团。根据相似相溶原理，当稠油中加入降黏剂时，降黏剂分子对胶质、沥青质分子聚集体能起到溶解、剥离作用。

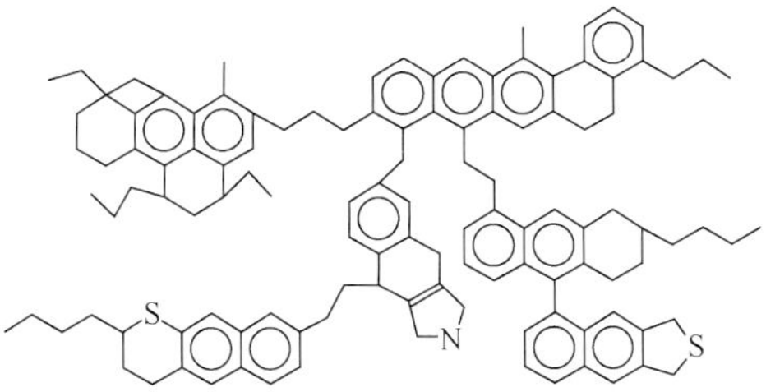

(a) 胶质结构近似模型

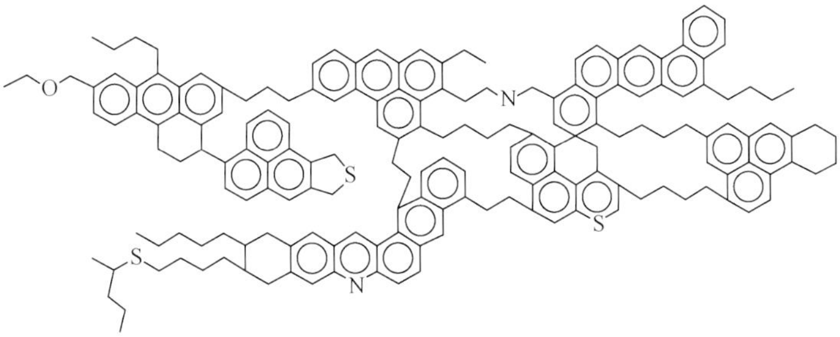

(b) 沥青质结构近似模型

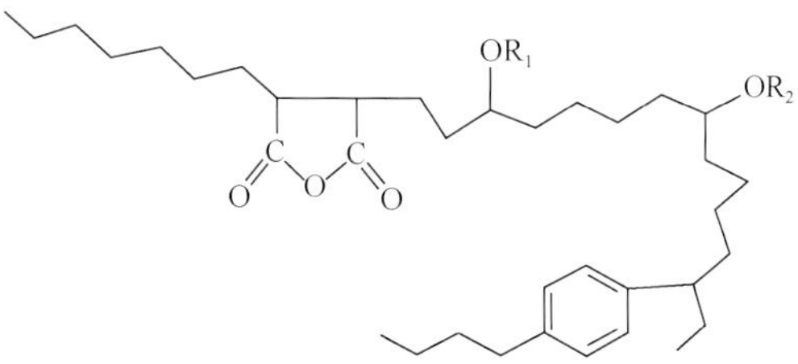

(c) 降黏剂结构近似模型

图3-17　胶质、沥青质及降黏剂分子结构近似模型

2. 降黏剂分子的渗透分散作用

降黏剂分子结构中一般含有极性较强的官能团，从而使降黏剂分子具有较强的渗透性及形成氢键的能力。降黏剂分子可借助较强的形成氢键的能力和渗透、分散作用进入胶质、沥青质片状分子之间，与胶质、沥青质形成更强的氢键，改变沥青质本身的Zeta电位，从而拆散平面重叠堆砌而成的聚集体，使稠油中的超分子结构由较高层次向较低层次转化，导致芳香片无规则堆积、结构比较松散、有序程度降低、空间延展度减小，从而降低稠油体系的黏度，其机理如图3-18所示。

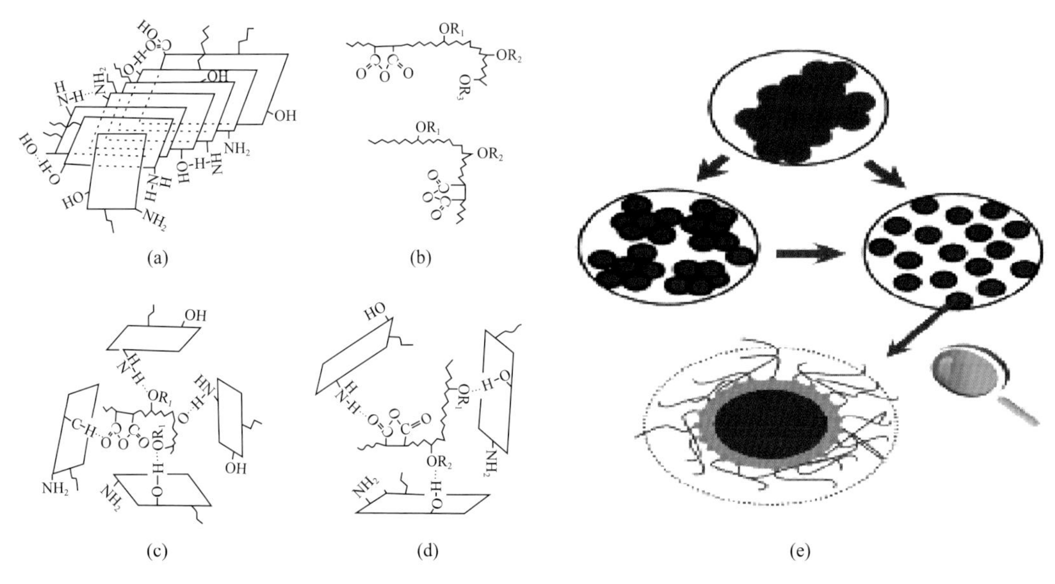

图 3-18　油溶性降黏剂作用示意图

3. 降黏剂分子的溶剂化作用

多数降黏剂都是具有极性的酯类聚合物。当极性的酯基与胶质或沥青质芳香片侧面的—OH、—NH_2等极性基团形成氢键时，降黏剂的长酯链烷基舒展地露在芳香片外侧，形成降黏剂溶剂化层，通过静电斥力及空间位阻作用，防止胶质或沥青质芳香片重新聚集，从而起到抑制增黏(或者说降黏)的作用。

4. 降黏剂分子对胶质沥青质分子聚集体内包裹小分子烃类的释放作用

稠油体系存在较大的胶团结构，胶团内部包裹一定的小分子烃类，降黏剂通过解缔、渗透、分散及溶解作用，破坏稠油原有的超分子胶体结构，释放出胶团结构中所包裹的液态油，增加稠油体系的分散度(图 3-19)。

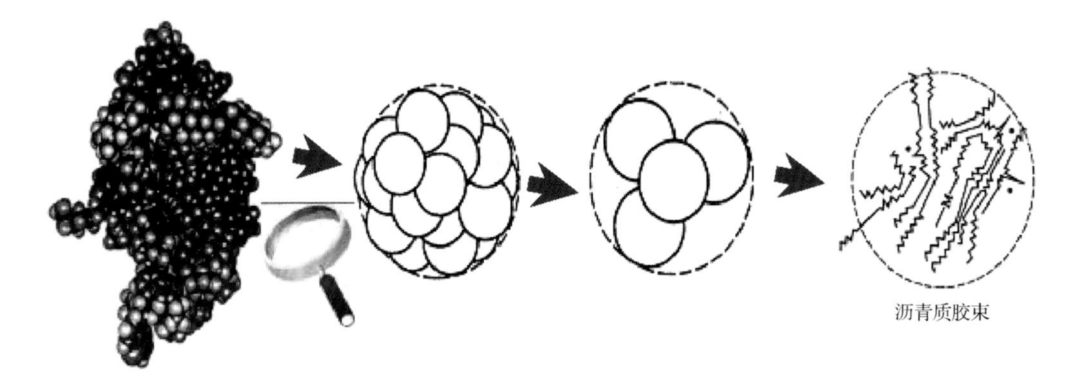

图 3-19　降黏剂释放包裹液体油示意图

国内外有关油溶性降黏剂的研制和应用进展缓慢，主要是这类降黏剂的研究还存在降黏剂的作用机理、降黏效果及生产成本等几个方面的问题：①由于稠油中烷烃碳数分布的多元性和胶质、沥青质结构的复杂性，稠油对降黏剂具有很强的选择性，要找到适用于所有稠油的降黏剂几乎是不可能的。②不同地区稠油组成和结构性质不同，降黏剂的作用机理有异，因此，降黏剂机理的研究是亟待解决的首要问题。因降黏剂机理不清，如何设计适用于不同组成稠油的降黏剂成为合成中的一大难题。由于降黏剂的用量大，如何研究效果好且成本低的降黏剂也是一大难题。③在应用中如何使降黏剂很好地与地层稠油作用发挥其本来的效力，是在应用工艺技术中的一大难题。

近几年来，降黏剂研发趋势是在分子骨架上引入具有极性或表面活性的侧链，利用极性基团和表面活性剂基团的空间效应及降低固液界面张力的能力，提高对蜡晶、胶质、沥青质的分散作用以降低黏度[8]。将降黏剂与油溶性表面活性剂或含氟表面活性剂等进行复配来增强降黏效果，也是今后降黏剂的发展趋势。许多学者还提出了一些新的研究思路和方法。例如，用具有特定表面活性的乳化剂将油溶性降黏剂配成乳状液，将这种乳状液注入井中，乳状液破乳后油溶性降黏剂与稠油作用，降低稠油黏度，黏度降低的稠油易被乳化，因而可达到很高的降黏效率。该复合降黏的作用机理既不同于油溶性降黏机理，又有别于乳化降黏机理，其基本特征是乳化剂加量极少，含水要求低，油溶性降黏剂加量影响内相黏度，形成的乳状液既非O/W型，也非W/O型，而是介于二者之间的过渡型，即类乳状液。利用胶体流变学、胶体化学、非电解质理论进行综合作用改变原油均相分布，使原油形成非均相胶体，形成轻质馏分油包围蜡晶和胶质的聚集体以降低黏度也是值得关注的一个新构想。

3.2.2　塔河油田油溶性化学降黏配方体系的研制

1. 油溶性化学降黏剂分子结构设计

油溶性化学降黏剂的降黏性能与其结构密切相关。降黏剂分子由两部分组成，即长链烷基和极性基团，长链烷基结构单元可以在侧链上，也可以在主链上，或者是两者兼有。分子结构对原油降黏效果影响的主要因素包括：烷基链长度及碳数分布、极性基团的含量及其极性大小、支化度、分子量大小、降黏剂在油中的形态等[9]。根据稠油结构性质设计分子结构适宜的油溶性降黏剂。

1)考虑分子结构特征的影响

从目前已经应用过的降黏剂和降凝剂的分子结构看，多采用各类酯型结构。文献中报道了用现代分析方法分别研究了酯型聚合物的分子结构与其降黏降凝性能的关系及酯型聚合物与胶质、沥青质相互作用后对胶质、沥青质聚集体结构的影响，证实了酯型聚合物与稠油中各组分间会发生一些特殊的作用，可以达到降黏的目的。据此确定油溶性降黏剂采用酯型结构，并考虑酯型聚合物降黏剂发展趋向于多元共聚物结构，本书设计降黏剂基本特征为烯类单体与极性单体的多元共聚物。

2)考虑分子极性的影响

在酯型聚合物结构上引入一些极性官能团或极性较高的单体，可以促进降黏剂分子与胶质、沥青质中的极性基团形成氢键，提高降黏效果。设计选用具有较高极性的单体甲基丙烯酸高级酯和马来酸酐，通过在大分子链上接入极性链段增加聚合物分子的极性。

降黏剂的极性大小对改性效果也有较大的影响。降黏剂中极性基团极性强或表面活性高，可以增加蜡晶粒子间及沥青质粒子间的相互排斥，因此，降黏剂与蜡晶结合起到抑制蜡晶进一步聚集的作用，提高其分散性和抗沉积能力，在宏观上表现出对原油具有良好的降凝、降黏和抗剪切性能，从而改善原油的低温流动性，但活性太高、分子极性太强，会造成降黏剂在原油中的溶解度下降，即在原油中的溶解性变差，从而影响降黏剂的降黏效果。

3) 考虑酯链长度的影响

酯型聚合物的酯链长度及其支化度对油溶性降黏剂的降黏效果有很大影响[10]。一般认为，降凝剂的酯链长度最好与原油中的碳数分布接近一致，但稠油降黏剂的作用更多考虑的是降黏剂分子与胶质、沥青质分子间的缔合作用，所以其具有适当的长酯链即可(形成溶剂化层等)。过长的酯链会降低聚合物分子的极性，增加卷曲程度和空间位阻，所以设计酯链为含有长链和短链、直链与支链的混合物。

本书在调研前人研究的基础上，提出以下研究思路：以破坏稠油中胶质、沥青质的层状结构及破坏稠油中石蜡低温析出时的空间网络结构为出发点，合成具有梳状结构和一定含量的极性基团、柔链、分子量适度的油溶性共聚物。在降黏剂合成中，苯乙烯的加入使分子的柔性和油溶性增强；马来酸酐的加入使共聚物的极性增强，拆散沥青质、胶质结构的能力增强，并使聚合物对蜡晶的生长有抑制作用，酸酐基对沥青质、胶质中的极性部分的亲和力增强；更为重要的是，合成的降黏剂结构应能够与稠油结构相似。

以乙烯、苯乙烯、α-烯烃、醋酸乙烯酯、马来酸酐、(甲基)丙烯酸酯、丙烯酰胺等为原料，合成对稠油降凝降黏效果显著的多元共聚物。

(1) 初步合成。

三元共聚物 A 的初步合成：稠油溶性降黏剂初始摸索阶段合成工艺条件为 $X_1:X_2:X_3=9:2:2$(物质的量比)，引发剂 Q 为 X_1 质量的 0.7%；有机溶剂在 90℃恒温水浴及氮气的保护下反应 8h，待合成液冷却，用甲醇提取。

不同酯链长度三元共聚物的合成：根据三元共聚物 A 的合成条件，改变合成剂的原料种类，将 X_1 改为醋酸乙烯酯、硬脂酸甲酯、硬脂酸乙酯，分别合成不同支链长度的降黏剂。

四元共聚物的合成[12]：稠油溶性降黏剂初始摸索阶段合成工艺条件为 $X_1:X_2:X_3:X_4=1.5:1.5:2:2$(物质的量比)，引发剂 Q 为 X_1 质量的 0.7%；有机溶剂在 90℃恒温水浴及氮气的保护下反应 8h，待合成液冷却，用甲醇提取。X_1、X_2、X_3、X_4 分别为丙烯酰胺、醋酸乙烯酯、硬脂酸甲酯、醋酸乙烯酯，分别按照上述方法合成四元共聚物，其分别称作四元共聚物 1、四元共聚物 2、四元共聚物 3 和四元共聚物 4。

分别考察三元共聚物和四元共聚物对 THK1 稠油的降黏效果，降黏剂加量为 1%(质量分数)，降黏效果见表 3-25。由表 3-25 可以看出，三元共聚物的降黏效果好于四元共聚物的降黏效果，优于现场油溶性降黏剂 P。以下主要针对三元共聚物进行研究。

表 3-25　不同共聚物对 THK1 稠油的降黏效果

项目	黏度/(mPa·s)(130℃)	降黏率/%(130℃)	黏度/(mPa·s)(90℃)	降黏率/%(90℃)	黏度/(mPa·s)(50℃)	降黏率/%(50℃)
现场油溶性降黏剂 P	129	53	249	82	1511	88
LDY-102	103	63	172	88	1013	92
LDY-104	137	50	429	70	3721	71
三元共聚物	103	62	137	90	586	95
四元共聚物 1	155	44	275	81	1319	89
四元共聚物 2			515	64	1718	87
四元共聚物 3			283	80	4294	67
四元共聚物 4			550	61	6355	51

(2) 三元共聚物油溶性降黏剂合成条件的优化。

①实验因素与水平。

选择 3 种反应物单体配比(物质的量的比)、反应时间、反应温度及引发剂加量为实验因素(不考虑各因素之间的交互作用)，各自确定 3 个不同的水平，选择情况见表 3-26。

表 3-26　因素和水平

因素	单体配比	反应时间/h	反应温度/℃	引发剂加量/%
水平 1	3∶1∶1	8	70	0.6
水平 2	3∶2∶1	9	80	0.8
水平 3	3∶2∶2	10	90	1.0

②试验方案。

本实验的正交试验设计见表 3-27。按照试验设计方案合成出不同反应条件下的油溶性降黏剂主剂，在 m(稀油)∶m(稠油)= 0.4∶1，降黏剂加量为 1%(质量分数)，50℃下条件用 HAAKE 流变仪测得塔河油田 THK1 号稠油的表观黏度，对合成工艺进行优化，以期得到最佳反应条件。

表 3-27　正交试验方案表

序号	单体配比	反应时间/h	反应温度/℃	引发剂加量/%	试验方案
1	1∶1	1	1	1	$A_1B_1C_1D_1$
2	1∶1	2	2	2	$A_1B_2C_2D_2$
3	1∶1	3	3	3	$A_1B_3C_3D_3$
4	2∶1	1	2	3	$A_2B_1C_2D_3$
5	2∶1	2	3	1	$A_2B_2C_3D_1$
6	2∶1	3	1	2	$A_2B_3C_1D_2$
7	3∶1	1	3	2	$A_3B_1C_3D_2$
8	3∶1	2	1	3	$A_3B_2C_1D_3$
9	3∶1	3	2	1	$A_3B_3C_2D_1$

由表 3-27 结果可以看出：①在实验范围内，各反应时间、温度、引发剂加量因素对降黏剂降黏率的影响从极差分析可知，对降黏率的影响大小为原料单体配比＞引发剂加量＞反应时间＞反应温度。针对以上情况，本实验以降黏剂的降黏效果为主要依据，确定出最佳单体配比为 3∶2∶2。②由降黏率随各因素的变化趋势可知，聚合反应温度对聚合物对稠油的降黏效果具有较大的影响。综合考虑降黏剂的产率和降黏率，当反应温度为 80℃时，效果最好。③引发剂加量对共聚反应产率的影响。从对塔河稠油的降黏特性评价结果看，综合考虑降黏剂的产率和降黏率，当引发剂加量为 0.8%时，降黏效果最好。这是由于在自由基聚合反应中，引发剂是影响聚合物分子量的重要因素，引发剂加量越多，所形成聚合物的分子量越小，而作为降黏剂，它的分子量有一定范围，不宜过大但也不能太小。④使实验指标油溶性降黏剂降黏率最佳的适宜条件为 $A_3B_2C_2D_2$。

根据正交试验结果可知(表 3-28)，试验条件下获得的最佳合成工艺条件为：总反应时间为 9h，反应原料单体配比为 3∶2∶2(物质的量的比)，引发剂加量为 0.8%，反应温度控制在 80℃。

表 3-28　正交试验结果

项目	单体配比	温度 T/℃	引发剂加量/%[1]	时间 t/h	50℃时的降黏率/%
1	3∶1∶1	70	0.6	8	56.67
2	3∶1∶1	80	0.8	9	72.00
3	3∶1∶1	90	1.0	10	57.33
4	3∶2∶1	70	1.0	10	73.33
5	3∶2∶1	80	0.8	8	73.67
6	3∶2∶1	90	0.6	9	65.33
7	3∶2∶2	70	1.0	9	78.67
8	3∶2∶2	80	0.6	10	73.33
9	3∶2∶2	90	0.8	8	76.00
K_1	186.00	208.67	195.33	207.34	
K_2	213.33	220.00	221.33	216.00	
K_3	228.00	198.66	210.67	203.99	
k_1	62.00	69.56	65.11	69.11	
k_2	71.11	73.33	73.78	72.00	
k_3	76.00	66.22	70.22	67.99	
极差 R	13.00	7.11	8.67	3.01	

注：为药品总质量的百分比，溶剂量除外。

(3)溶剂加量对合成产物降黏效果的影响。

根据正交实验得出的最佳合成工艺条件，改变不同的溶剂加量，合成的降黏剂不提纯直接使用。将油溶性降黏剂加入稀油中，m(稀油)∶m(降黏剂)=3∶1(即稀油与降黏剂的质量比为 3∶1)，搅拌均匀。然后将含降黏剂的稀油加入稠油中，m(稀油)∶m(稀油)=0.4∶1。50℃下用哈克(HAKKE)黏度计测定塔河油田 THK1 稠油的表观黏度，考察降黏剂溶剂加量对稠油降黏效果的影响，结果见表 3-29。

表 3-29　溶剂加量对塔河油田 THK1 稠油黏度的影响　　（单位：mPa·s）

质量比	黏度(130℃)	黏度(90℃)	黏度(50℃)
稠油	274	1416	12881
m(单体)∶*m*(溶剂)=1∶1	137	406	3010
m(单体)∶*m*(溶剂)=1∶2	103	137	583
m(单体)∶*m*(溶剂)=1∶3	85	137	772
m(单体)∶*m*(溶剂)=1∶4	103	171	1202

由表 3-29 可知，单体与溶剂加量的质量比对稠油油溶性降黏剂的降黏效果有影响，尤其是在低温下降黏效果更佳。在 *m*(单体)∶*m*(溶剂)=1∶1～1∶4 范围内，*m*(单体)∶*m*(溶剂)=1∶2 时降黏效果最佳。

资料报道，油溶性降黏剂所起的作用主要是溶剂效应。为了验证合成的降黏剂对塔河油田稠油的降黏效果，进行溶剂与降黏剂扣除溶剂效应后的对比实验。

实验条件：①将溶剂加入稀油中，搅拌均匀，然后将含降黏剂的稀油加入稠油中，*m*(稠油)∶*m*(稀油)=0.4∶1。②将油溶性降黏剂加入稀油中，搅拌均匀，然后将含降黏剂的稀油加入稠油中，*m*(稠油)∶*m*(稀油)=0.4∶1。

对比实验结果见表 3-30，可以看出，在溶剂和降黏剂用量相同的条件下，合成降黏剂的降黏效果明显好于溶剂效应产生的降黏效果。

表 3-30　油溶性降黏剂降黏效果与溶剂对比　　（单位：mPa·s）

项目	黏度(130℃)	黏度(90℃)	黏度(50℃)
THK1 稠油	275	1417	12881
稀油∶溶剂=3∶1	215	412	1477
稀油∶降黏剂=3∶1	103	137	584

注：油溶性降黏剂的合成条件为单体∶溶剂＝1∶2。

2. 油溶性降黏剂评价方法

1) 初步评价条件探索

(1) 最佳实验油样黏度范围的确定。

为确定实验油样的黏度范围，分别取 MSA-1、MSA-2、MSA-3、MSA-4、MSAM-2 5 种降黏剂，考察其对 THK1 井稠油样在掺稀稀稠比为 0.3∶1 时，在不同温度条件下的降黏效果，如图 3-20 所示。由图可知，当掺稀稀稠比为 0.3∶1 时，各降黏剂之间的降黏效果差异比较明显，便于降黏剂的筛选评价。其主要原因可能为掺稀稀稠比较大时，稀油在降黏中起到了主导作用，而降黏剂为辅助作用。因此，室内评价降黏剂时一般选取合适的掺稀稀稠比，使实验油样黏度在 15000～30000mPa·s 比较合适。为保证所筛选出的降黏剂具有普适性，评价过程中所选用的稠油应是具有代表性的不同区块的稠油。

(2)最佳实验温度的确定。

为确定最佳实验温度，分别取 MSA-1、MSA-2、MSA-3、MSA-4、MSAM-2 5 种降黏剂，考察其对 THK1 井稠油样掺稀稀稠比为 0.5：1 时在不同温度条件的降黏效果，如图 3-21 所示。由此可知，当温度为 50～60℃时加入降黏剂，可获得最佳降黏效果。当温度升高时，降黏剂的降黏作用反而不太明显，这可能是温度升高使得原油中胶质、沥青质的缔合体在热力作用下解体，热处理的降黏效果强于降黏剂的降黏效果。液体黏度与温度有着相应的函数关系，即黏度随温度升高而降低。表面活性剂的活性随温度升高而增强，随温度下降而降低。通常流出井口的原油在 50℃左右，原油标准黏度也为在 50℃时的黏度，温度太低测定黏度困难，同时降黏剂分子不能很好地渗入胶质、沥青质缔合体，而温度太高热效应占据主导地位也会影响降黏效果的评定。因此，把实验温度控制在 50℃测定降黏效果比较合适。

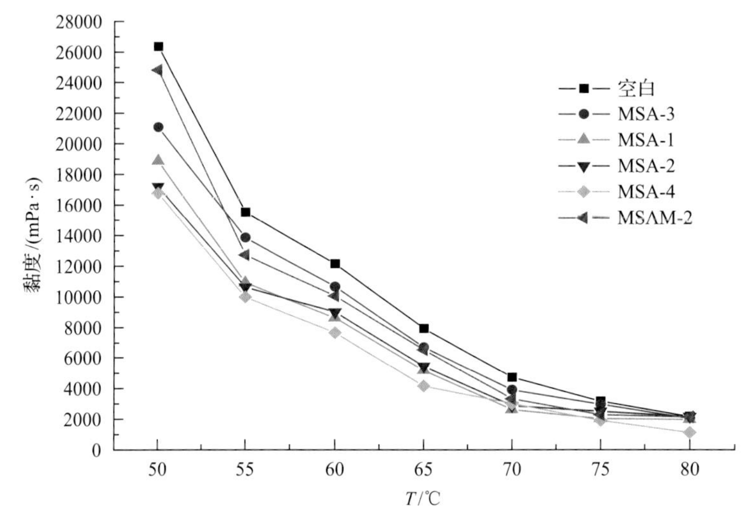

图 3-20　掺稀稀稠比为 0.3：1 条件下降黏效果

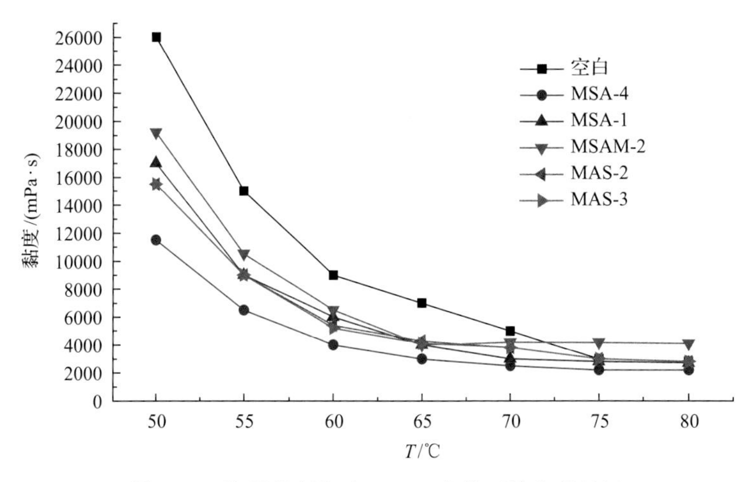

图 3-21　掺稀稀稠比为 0.5：1 条件下的降黏效果

(3) 最佳降黏剂加量的确定。

为确定室内评价实验降黏剂的最佳加量，考察了 MSA 三元共聚物用量不同时的降黏效果。图 3-22 是降黏剂加量对原油降黏效果的影响(稠油为 THK1 井稠油样，稀油∶稠油=0.35∶1，加入温度为 50℃)。结果表明，降黏效果并不是随降黏剂加量的增加而持续增加。当降黏剂加量达到一定值后，随着降黏剂的增加，稠油的降黏率反而降低。这是由于过多的降黏剂大分子起到增黏的作用。从测定结果可以看出，当降黏剂加量为 5000mg/L 时，降黏效果最佳。

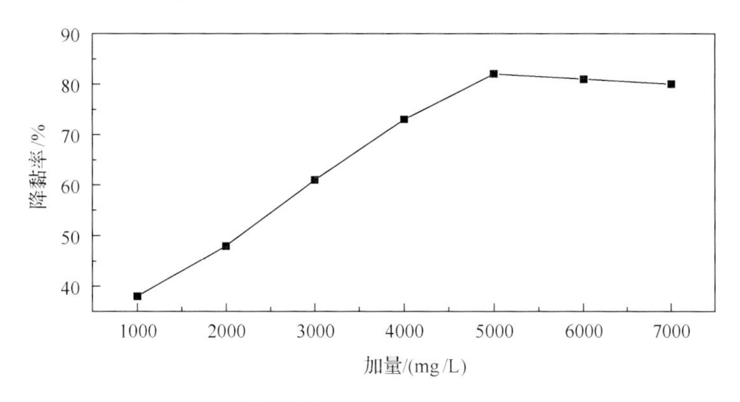

图 3-22　降黏剂加量对原油降黏效果的影响

(4) 加剂方式的确定。

为考察加剂方式对降黏效果的影响，探索了以下 3 种加剂方式。

第一种：先将降黏剂加入稀油中，混合均匀后再倒入稠油中。

第二种：先将稀油和稠油混合均匀后，测试每个样品的空白黏度，再加入降黏剂，测试降黏效果。

第三种：向稠油中直接加稀油和降黏剂。

经过室内对比实验发现，按第一种加剂方式测试的降黏率比按第二种加剂方式的高。例如，MA-1 样品按第一种加剂方式和第二种加剂方式测试的降黏率分别为 17.75%和−5.58%。此例中按第二种加剂方式反而黏度增大，表明降黏剂没有起到正作用，而是起到负作用。又如，MSA-2 样品按第一种加剂方式和第二种加剂方式测试的降黏率分别为 31.65%和 17.79%。纵观整个测试结果都表明第一种加剂方式效果较好，降黏剂加入稀油中可与稀油充分混合并能更好地将降黏剂分散到稠油中发挥降黏剂的降黏作用。另外，第一种加剂方式在现场工艺上也易于实施，据此确定按第一种加剂方式进行室内测试和现场应用。

2) 油溶性化学降黏剂室内评价方法

(1) 降黏实验。

称取 100g 塔河油田现场待测稠油，在水浴锅中加热一段时间后，掺入稀油，改变掺入稀油量直至使混合油在 50℃时黏度为 $1\times10^4\sim2\times10^4$mPa·s，记录此时的稀油加量，将其作为基准掺稀稀稠比 k_0。然后将降黏剂以一定剂量加入基准混合油中，用玻璃棒充分搅拌后，在 50℃下测量其黏度，此时的黏度记作 μ_0。

(2) 稠油黏度测定。

用德国 HAAKE VT 550 型旋转黏度计在规定温度下测试稠油黏度。

降黏率 ξ 按下式计算：

$$\xi = \frac{\mu_1 - \mu_0}{\mu_1} \times 100\% \tag{3-1}$$

式中，μ_1 为稠油黏度；μ_0 为加药剂后的稠油黏度。

(3) 节约稀油量的计算。

用一定掺稀稀稠比的混合油样做比对降黏实验，加入稀油后混合油黏度记作 μ，此时的掺稀稀稠质量比记作 k；另取 100g 稠油，掺入一定剂量的降黏剂后，再添加稀油至混合油样的黏度接近 μ_0，此时的掺稀稀稠质量比记作 k_1，则节约稀油量 ζ 为

$$\zeta = \frac{k - k_1}{k} \times 100\% \tag{3-2}$$

3. 油溶性化学降黏剂性能评价

1) 降黏效果

将研制的降黏剂应用到塔河油田 4 口井的稠油中，降黏试验结果见表 3-31。从表中的结果来看，所研制的降黏剂对所选 4 种塔河油田稠油均具有较显著的降黏效果。降黏率最低为 28.1%，最高为 69.0%。

表 3-31　研制的降黏剂对不同稠油的降黏效果

油样	稀油∶稠油(质量比)	原始黏度/(mPa·s)	加药后黏度/(mPa·s)	降黏率/%
THK31	0.95∶1	10390	3220	69.0
THK32	0.4∶1	18030	12960	28.1
THK33	0.5∶1	14150	5230	63.0
THK34	0.5∶1	10620	5560	47.6

注：加剂质量分数为 1%。

2) 节约稀油效果

按照节约稀油量实验方法，考察研制降黏剂在 50℃条件下对 THK34 井采取降黏措施后节约的稀油量。取混合稠油样 150g，分别添加 0.5%研制降黏剂和掺稀油 20g 后测定油样的黏度，见表 3-32。初始稀油与稠油质量比为 0.45∶1，掺入 20g 稀油后稀油与稠油质量比为 0.64∶1，计算得到节约稀油率约为 29.7%。

表 3-32　添加研制降黏剂和掺稀油的降黏效果　（单位：mPa·s）

项目	混合油样初始黏度	加剂后黏度
添加 0.5%研制降黏剂	11660	6520
掺稀油 20g	11900	6320

3.2.3　油溶性降黏剂现场应用效果评价

1. 选井原则

(1) 优选 10 区、12 区稠油掺稀井。
(2) 优选产量相对稳定的单井进行试验。
(3) 所选油井的掺稀量大于 55t、含水率小于 10%。
(4) 油井供液能力充足，试验前连续稳定生产 30d 以上。
(5) 井下技术状况良好，无套变、套错、井下落物等。

2. 注入工艺

采用两条管线，一条注入稀油，一条注入降黏剂，在注入油套环空前混合注入(图 3-23)。利用掺稀泵从套管内掺入稀油，同时利用计量泵使套管掺入油溶性降黏剂，两种掺入液通过汇管同时进入井内，利用油管进行生产。降黏初期采用较高的降黏剂浓度，逐级下调掺稀量，达到极限后再逐步降低降黏剂浓度，调整过程中应以油井正常生产为前提。

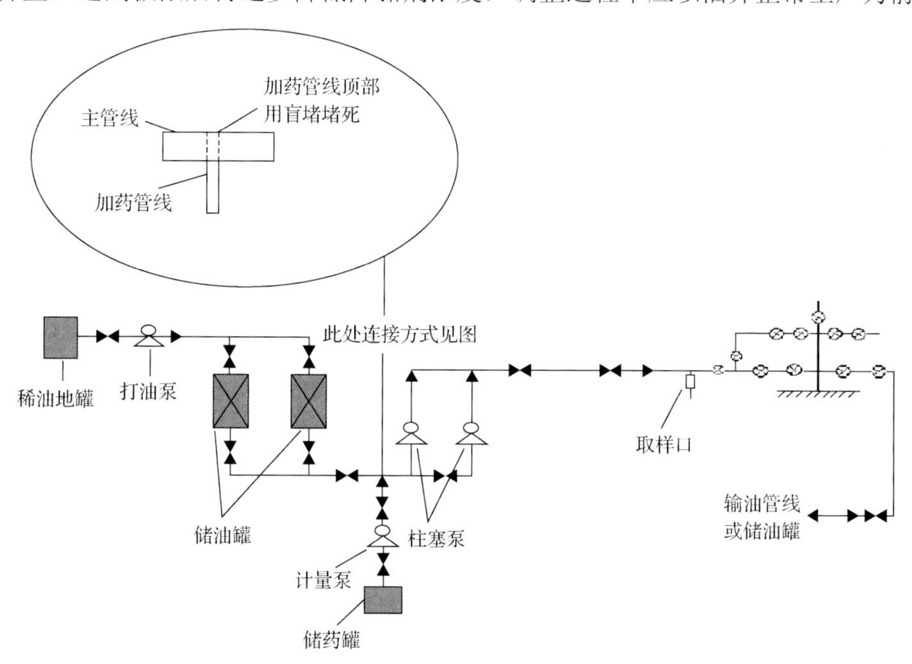

图 3-23　降黏现场试验井场流程示意图

3. 注入参数的确定

初期加药浓度按掺稀量的 1%，保持初期注入量不变，注入 1 个油套环空后观察 24h，若有下调余地，则按掺稀量的 10%到 5%从大到小逐步下调掺稀量。若无法继续下调掺稀量则下调药剂浓度，则按掺稀量的 0.1%逐步下调药剂浓度。

4. 节约稀油量计算方法

节约稀油量用公式表示如下：

$$T = \frac{G_2 m_1}{G_1} \tag{3-3}$$

$$J_1 = m_1 - m_2 \tag{3-4}$$

$$J_2 = \frac{G_2 m_1}{G_1} - m_2 \tag{3-5}$$

$$\alpha = \frac{J_2}{T} \times 100\% \tag{3-6}$$

式中，m_1 为掺稀生产时的掺稀量；m_2 为化学降黏时的掺稀量；G_1 为掺稀生产时的产油量；G_2 为化学降黏时的产油量；T 为折算需掺稀量；J_1 为绝对节约稀油量；J_2 为相对节约稀油量；α 为相对节约稀油率。

5. 现场试验总体情况

自油溶性降黏工艺在塔河油田应用以来，在塔河油田 THK25、THK29 等 36 口掺稀井进行现场应用，累计节约稀油 18443.2t，累计产油 47721.1t，取得了较好的试验效果。

6. 单井情况分析——THK31 井

2011 年 7 月 6 日～8 月 14 日在 THK31 井对油溶性降黏剂进行现场试验。从试验结果来看(图 3-24)，试验期间日掺稀量从试验前的平均 26.4t 降到最低 12.9t，平均日产油 57t，较试验前平均日产油 60.4t 减少 3.4t。试验期间平均日加药量为 0.5t。与掺稀基值相比，试验进入稳定评价阶段后最大掺稀稀稠比降低幅度达 48.2%。

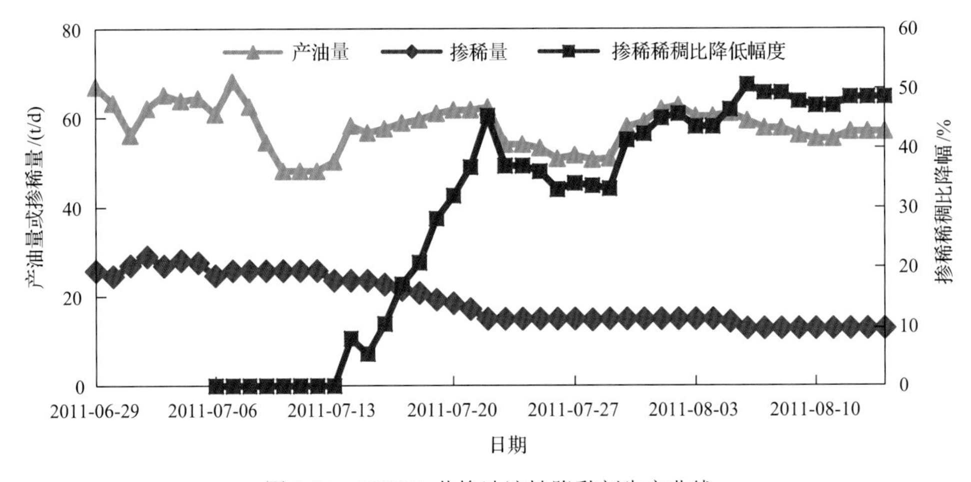

图 3-24　THK31 井掺油溶性降黏剂生产曲线

3.3　水溶-油溶复合降黏技术

针对高黏度(黏度＞60×10^4mPa·s，50℃)、高含水率(含水率＞30%)稠油开采技术难题，本书发明了具有分散沥青质聚集体和油/水乳化作用的复合降黏剂。在降黏剂结构中引入了与沥青质相匹配的亲油基团(高碳数、芳环等)和乳化性能更强的耐盐亲水基团(如—SO_3H、PO_4^{3-}等)，进一步增强了降黏剂分子对沥青质聚集体的分散和乳化作用。配套开发了掺稀-乳化复合降黏开采新工艺，现场试验中使稠油黏度由1.00×10^6mPa·s(50℃)以上降低至 500mPa·s 以下，攻克了高黏度、高含水率稠油降黏开采技术难题。

3.3.1　化学复合降黏剂的研制

降黏剂的结构与稠油性质密切相关，设计降黏剂分子结构时，要充分考虑降黏剂结构与稠油性质的匹配性[5]。

1. 遵循基本原理

Scatchard 和 Hidebrand 进行了正规溶液分子间作用能方程的推导(方程中下标 1 为溶剂，下标 2 为溶质)：

$$H = U = (x_1V_1 + x_2V_2)\varphi_1\varphi_2(\delta_1 - \delta_2)^2 \tag{3-7}$$

式中，φ_1、φ_2为溶剂与高聚物的体积分数；δ_1、δ_2为溶剂与高聚物的溶解度参数；x_1、x_2为溶剂与高聚物的质量分数；V_1、V_2为溶剂与高聚物的体积。

Hidebrand 和 Scott 还定义了溶解度参数：

$$\delta_i = \sqrt{\Delta E_i / V_i} \tag{3-8}$$

式中，ΔE_i为摩尔汽化能(内聚能)；V_i为摩尔体积。

δ是物质很重要的性质，体现了分子中色散、偶极定向、偶极诱导和氢键作用力的大小。实验中内聚能可以等价为小分子的汽化热，理论上它主要与分子的键长、键角变化相关联。

相似相溶原理一般是指：极性物质易溶于极性溶剂中，非极性物质易溶于非极性溶剂中。这一经验原理说明了物质在溶剂中的溶解性与溶质、溶剂的结构有着密切关系，即溶质与溶剂的结构相似者易溶，结构相差较大者难溶。

要达到相溶目的，则溶质、溶剂的溶解度参数值(分子内聚能)要接近。其值与链长、极性、分子结构、支化度有关，所以设计降黏剂分子，需要与塔河油田稠油的分子结构匹配，即相似。

溶解度参数与溶解度的关系：①溶质 A 在液体 S 中的溶解度的对数值，随着 A 的摩尔体积成比例减小。②溶解度参数差别越大，溶解度越小。③溶解度参数相近的两液体能够很好地相互溶解。

2. 分子结构设计需要考虑的因素

设计塔河油田稠油降黏剂分子结构时[13]，需要考虑分子结构特征、分子极性、碳链长度与原油性质相匹配，满足以下条件。

(1)引入耐温、耐盐基团：满足塔河油田储层高温(140℃)，地层水高硬度、高矿化度(2.4×10^5mg/L)的特点。

(2)分子链长度：结合原油的碳数分布特点，降黏剂的亲油碳链长度选在C_{20}～C_{50}，大体呈正态分布。

降黏剂结构重点考虑以下因素。

(1)降黏剂结构中C_{10}～C_{90}直链结构与稠油碳分布的匹配，以及支链结构和极性基团类型(如—OH、—NO_2等)。

(2)降黏剂分子与稠油分子极性相似相溶，且具有较好的降黏效果。

主要考虑降黏剂结构中亲油基团(—CH_3、—CH_2—、苯环等)、亲水基团(如—CH_2O—、—SO_3—)与稠油结构的匹配，以及降黏剂的耐温、耐盐性。

降黏剂的降黏性能与其结构密切相关。降黏剂分子由两部分组成，即长链烷基和极性基团，长链烷基结构单元可以在侧链上，也可以在主链上，或者是两者兼有。影响原油降黏效果的主要因素有：长链烷基长度及碳数分布、极性基团的含量及其极性大小、支化度、分子量大小、降黏剂在油中的形态等。

复合降黏剂分子中含有亲油基团和亲水基团。亲油基团极性侧链和高碳烷烃主链在原油降黏过程中的作用不同，它们共同作用才能有效地降低原油黏度，其中主碳链要有一定的长度，才能具有良好的空间伸展作用和屏蔽效应。分子中的极性基团与胶质、沥青质中的极性基团形成更强的氢键，以破坏胶质、沥青质分子的平面堆砌，形成无规则堆砌，使结构变得松散，有序化程度降低，形成有降黏剂分子参与的聚集体，达到降黏效果。亲水基团的作用是增强降黏剂分子在原油中的分散性、增溶性、渗透性，使降黏剂分子在原油中更好地溶解和分散。复合降黏剂分子良好的接触状态，是发挥其效果的保证。

根据塔河油田稠油性质，设计并研制了适合超稠油降黏的新型复合降黏剂(图3-25)，

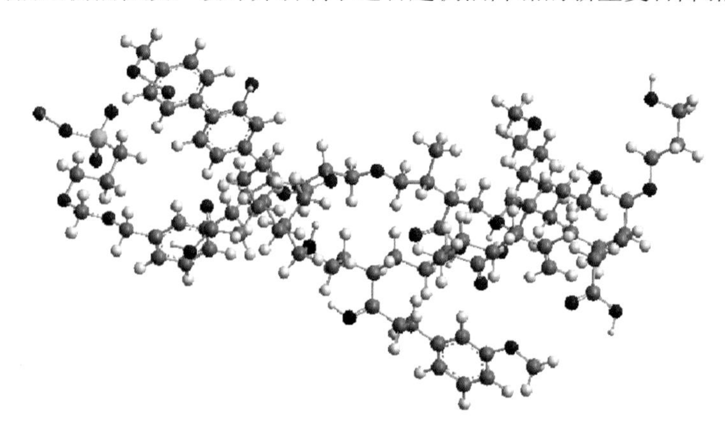

图3-25　复合降黏剂分子结构预测图

这种结构的复合降黏剂汇集了水溶性和油溶性降黏剂的优点。以乙烯、苯乙烯、α-烯烃、醋酸乙烯酯、马来酸酐、(甲基)丙烯酸酯、丙烯酰胺等为原料，主要考虑降黏剂结构中亲油基团(—CH_3、—CH_2—、苯环等)、亲水基团(如—CH_2O—、—SO_3—)与稠油结构的匹配性。

3.3.2　化学复合降黏剂性能评价

1. 溶液稳定性能

配制浓度为 1%、3%、5%、7%、10%(均为质量分数)的复合降黏剂溶液。并与质量分数为 10%的水溶性降黏剂、油溶性降黏剂进行对比，如图 3-26 所示。由图可知，水溶性降黏剂溶解在水中为透明溶液，油溶性降黏剂溶解在水中会明显分层，复合降黏剂溶解在水中会产生丁达尔效应，表明复合降黏剂在水中形成胶体，且随着浓度的增加，体系渐渐浑浊。

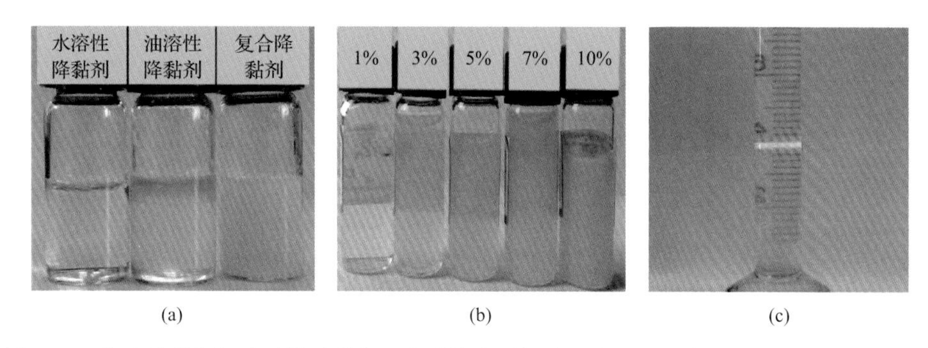

(a)　(b)　(c)

图 3-26　复合降黏剂与油溶性降黏剂、水溶性降黏剂在水中溶解状态图的对比(丁达尔现象)

取质量分数为 10%的油溶性降黏剂和复合降黏剂，放入 100 倍显微镜下观测，结果如图 3-27 所示。油溶性降黏剂分子亲油性强，溶解在水中时，与水有较明显的界面；而复合降黏剂溶解在水中时，未见明显的分层。主要是因为复合降黏剂溶解在水中时，油溶性部分增溶在水相中，形成了胶束并分散在水中(图 3-28)，增加了油溶性部分在水中的溶解度，形成了相对稳定的体系(图 3-28)。

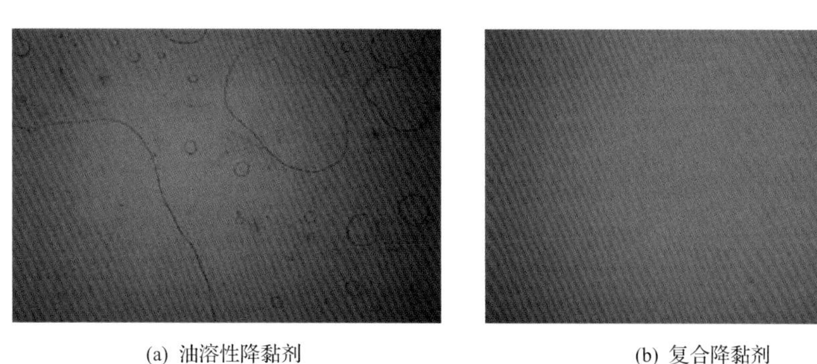

(a) 油溶性降黏剂　(b) 复合降黏剂

图 3-27　10%降黏剂图(100 倍)

配制浓度为1%、3%、5%、7%、10%(均为质量分数)的复合降黏剂溶液。按照浓度从小到大的顺序，将其放入纳米粒度及Zeta电位仪中，测量其粒度分布情况。发现随着质量分数的增大，粒径呈现上升趋势，表明降黏剂在水中形成的胶束粒径随质量分数的增大而增大。

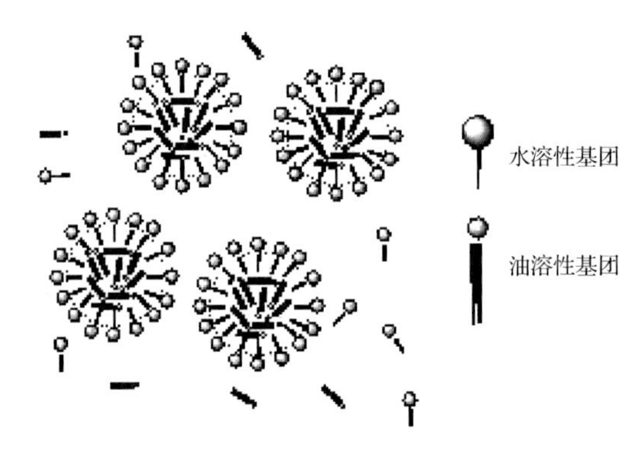

图3-28　复合降黏剂在水中形成的胶束图

2. 乳化性能

1) 与稀油乳化作用

在m(水)∶m(稀油)=7∶3的体系中，分别考察加质量分数为1%的复合降黏剂前后的分散状态。采用FM200高剪切分散乳化机在转速6000r/min下将样品剪切2min，静置不同时间，观察其现象。未加入复合剂的样品的分层十分明显，而加入复合剂的样品未观察到明显的分层现象(图3-29)。

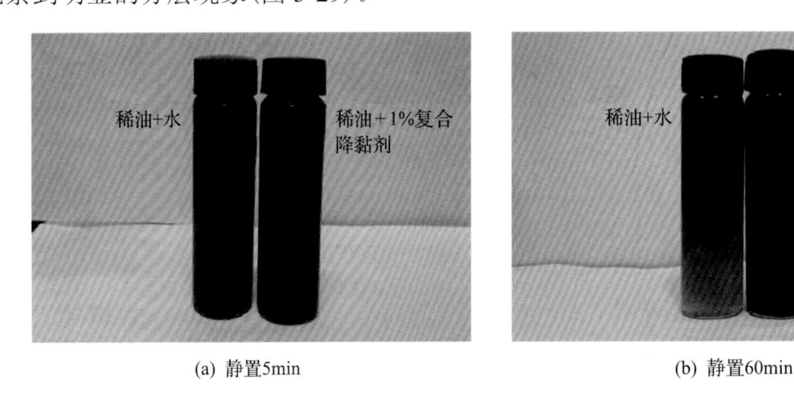

(a) 静置5min　　(b) 静置60min

图3-29　m(水)∶m(稀油)=7∶3体系加剂前后对比图

在m(水)∶m(稀油)=7∶3体系中，分别考察加质量分数为1%的复合降黏剂前后的分散状态。采用高剪切分散乳化机在转速6000r/min下将样品剪切2min，静置5min，分别取上层和下层液滴在显微镜下观察(图3-30和图3-31)。

未加剂体系上层为稀油，下层中含有大小不一的块状油；加入复合降黏剂后，体系分散系增强，形成小油滴。上述分析表明，加入SDG-2复合降黏剂后，稀油与水可以形成良好的O/W型乳状液，且分散系增强。

(a) 上层

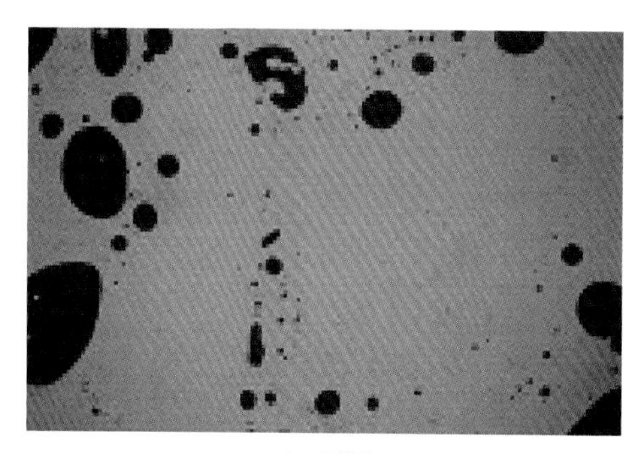

(b) 下层

图 3-30　未加剂体系乳状液混合状态图

(a) 上层

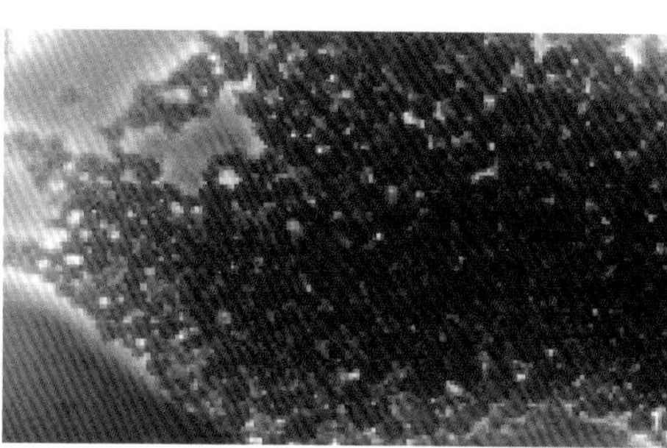

(b) 下层

图 3-31　加 1%复合降黏剂体系乳状液混合状态图

2) 与稀油乳化后再与稠油作用

分别取含复合降黏剂和不含复合降黏剂的稀油，按照 m(稀油)∶m(稠油)=3∶1 加入稠油，随后加入水，使总体系含水率为 70%，含剂体系复合降黏剂质量分数为 1%。采用 FM200 高剪切分散乳化机在转速 6000r/min 下将样品剪切 2min，静置不同时间，观察现象，如图 3-32 所示。

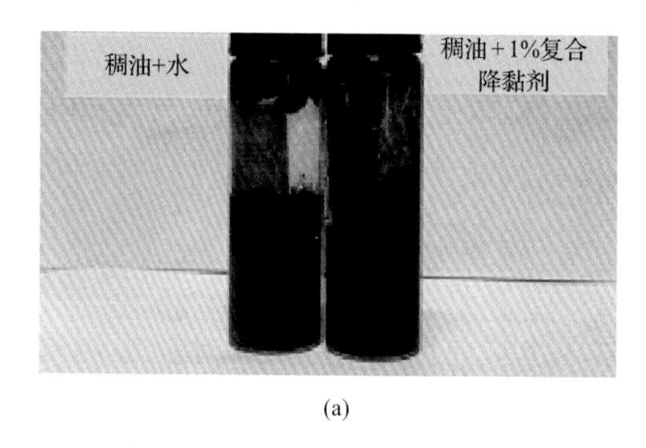

(a)

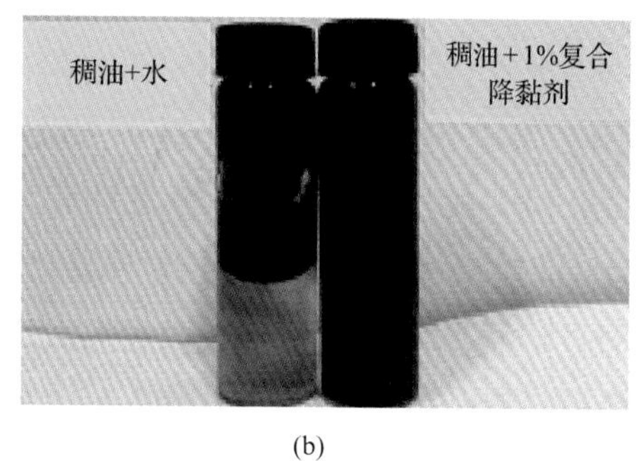

(b)

图 3-32　m(水)∶m(掺稀稠油)=7∶3 体系加剂前后状态(静置 5min、60min 后)

在 m(水)∶m(稀油)=7∶3 体系，加质量分数为 1%的复合降黏剂，再将其加入稠油中。采用 FM200 高剪切分散乳化机在转速 6000r/min 下将样品剪切 2min，静置 5min，分别取液滴在显微镜下观察，如图 3-33 和图 3-34 所示。

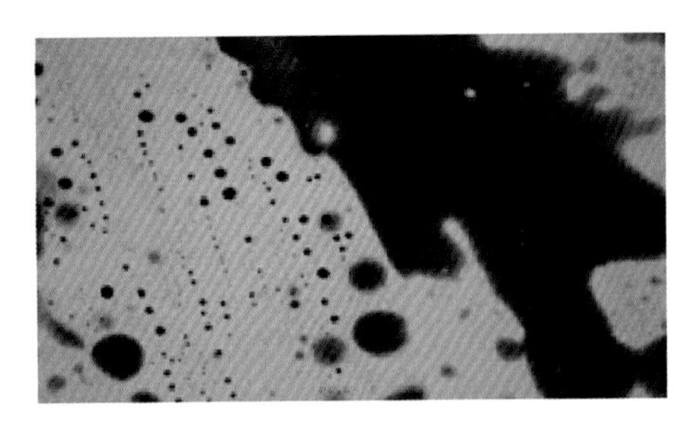

图 3-33 加剂前油/水混合体系状态图

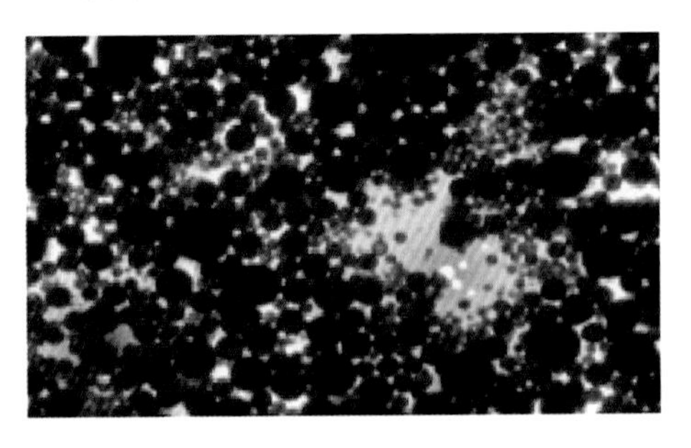

图 3-34 加剂后稠油/水混合体系状态图

3. 降黏性能

1) 对不同稠油的乳化性能

室内在 m(油，稀稠比为 1∶4)∶m(水)=7∶3 体系中，按加剂质量分数 1%，温度 80℃搅拌充分，复合降黏剂与稀油形成的降黏体系能够对黏度 1.80×10^6mPa·s(50℃)以下的稠油进行乳化降黏，乳化后黏度可降至 200mPa·s 以下，见表 3-33。

表 3-33 复合降黏剂降黏性能评价表

稠油	黏度(50℃)/(mPa·s)	现象
THK40	252000	高温下分散较好，室温下油水分离较快，搅拌后仍能较好地分散，流动性好，乳化后黏度为 120mPa·s
THK41	440000	分散较好时，稍稍搅拌仍能较好地分散，黏度为 23mPa·s
THK42	820000	高温下分散较好，室温下油水易分离，搅拌后仍能较好地分散，流动性好，黏度为 180mPa·s
THK34	1500000	高温下分散较好，室温下油水易分离，搅拌后仍能较好地分散，流动性好，黏度为 56mPa·s

2) 复合降黏剂与常规水溶性降黏剂对比

THK42 井稠油样掺入稀油(稀稠比为 1∶4)后，考察 w(混合油)∶w(水)=7∶3 混合体系在 140℃下搅拌 4h 后的溶解情况，测量常规水溶性降黏剂与复合降黏剂 SDG-2 在加剂量为 1%、50℃下的体系黏度，结果见表 3-34。

表 3-34 TH12416 高温剪切乳化后溶解效果

降黏剂	掺稀稠比	降黏剂质量分数/%	总体系含水率/%	溶解情况	黏度/(mPa·s)(50℃)
水溶性	0.25	1	40	油水分离	
复合降黏剂	0.25	1	40	均匀无颗粒	56.0

常规水溶性降黏剂不能乳化高黏稠油，复合降黏剂可以与稠油形成相对稳定的 O/W 型乳状液，黏度仅为 56.0mPa·s。

3) 复合降黏脱水后对原油黏度的影响

将复合体系乳化后的原油用DWY-1A型多功能原油脱水试验仪在加电场，且90℃条件下脱水2h，取出后静置冷却48h，在50℃条件下测得其黏度，结果见表3-35。脱水后，与未用复合降黏剂乳化的原油黏度相比，降黏率达36%。

表3-35　脱水前后黏度变化情况　　（单位：mPa·s）

原油	未乳化前	乳化脱水后
黏度	9370	6000

4. 耐温抗盐性能

1) 复合降黏剂耐温性能

在烧杯中用自来水作溶剂将复合降黏剂配制成5%的溶液，将配好的浓度为5%的复合降黏剂水溶液分别在90℃和140℃烘箱中放置6h和12h，观察其在高温放置处理过程中溶液颜色、状态及对TH12126掺稀稠油的乳化降黏性能(图3-35，表3-36)。

复合降黏剂具有较强的耐温性，在140℃高温下放置12h后复合剂水溶液颜色、状态及降黏率变化较小。

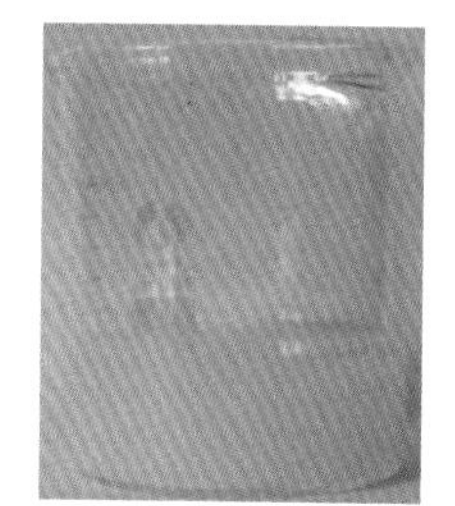
(a) 40℃放置6h

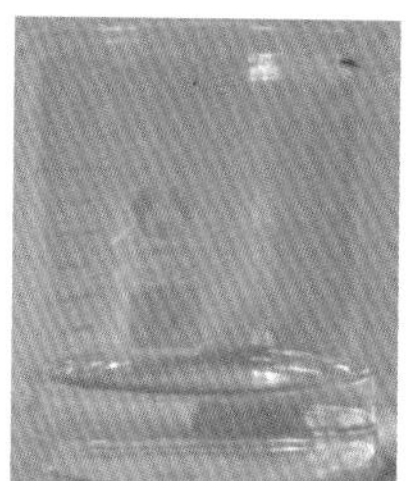
(b) 90℃放置6h

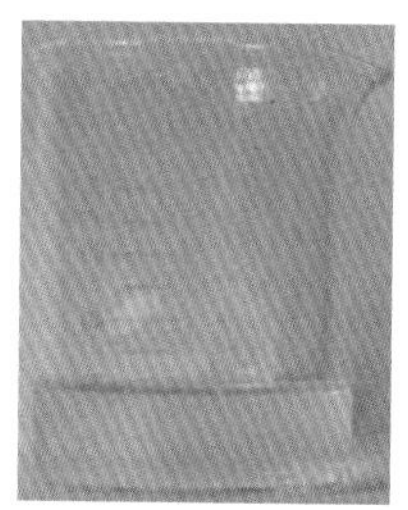
(c) 90℃放置12h

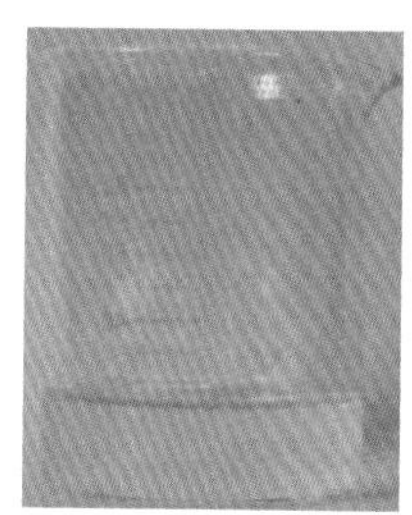
(d) 140℃放置6h

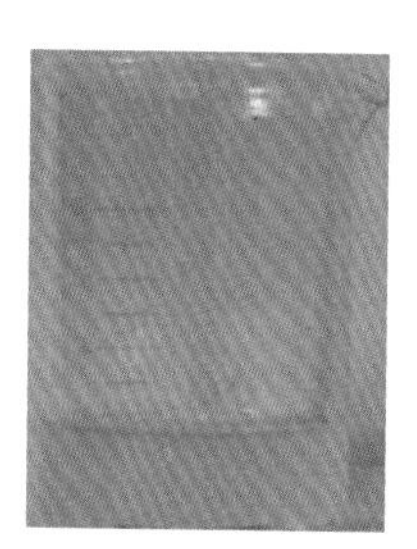
(e) 140℃放置12h

图3-35　复合降黏剂在不同温度下放置后的状态

表3-36　温度对复合降黏剂降黏效果的影响

温度/℃	时间/h	复合液颜色	复合液状态	黏度/(mPa·s)	降黏率/%
40	6	乳白色	均一相	70	99.84
90	6	乳白色	均一相	110	99.76
	12	乳白色	均一相	170	99.62
140	6	淡白色	均一相	220	99.51
	12	淡白色	均一相	310	99.31

注：油水质量比为7∶3，加剂质量分数为1%，空白油样黏度为45000mPa·s。

2) 复合降黏剂抗盐性能

用不同矿化度的塔河油田地层水配制复合降黏剂，考察其在不同矿化度下所配溶液的颜色、状态及对TH12126掺稀稠油的乳化降黏性能(图3-36，表3-37)。复合降黏剂耐矿化度可达24×10^4mg/L，塔河油田地层水对复合降黏剂的降黏效果基本无影响。

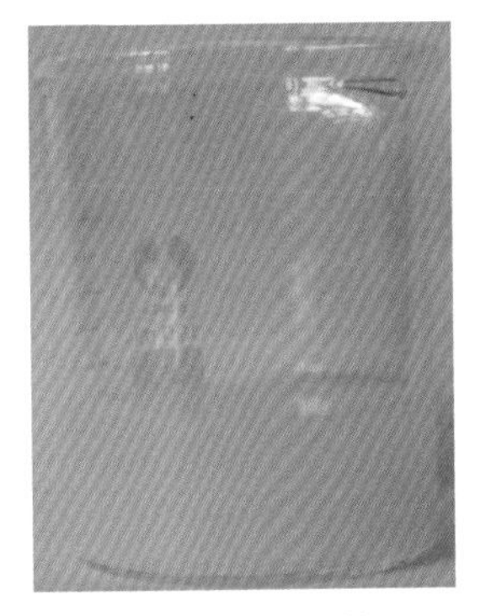

(a) 去离子水配制

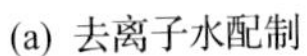

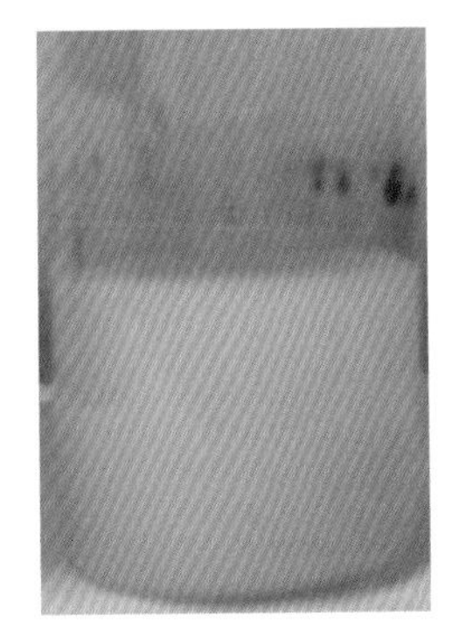

(b) 18×10^4mg/L矿化度水配制

(c) 24×10^4mg/L矿化度水配制

图 3-36 复合降黏剂用不同矿化度水配置的效果

表 3-37 矿化度对复合降黏剂降黏效果的影响

矿化度/(mg/L)	复合液颜色	复合液状态	黏度/(mPa·s)	降黏率/%
去离子水	乳白色	均一相	70	99.84
6×10^4	乳白色	均一相	120	99.73
12×10^4	淡白色	均一相	210	99.53
18×10^4	淡白色	下层有少量絮状物，轻微振荡即消失	265	99.41
24×10^4	淡黄色	上层有少量絮状物，轻微振荡即消失	325	99.28

注：油水质量比为 7∶3，加剂质量分数为 1%，空白油样黏度为 45000mPa·s。

5. 油田安全性能

1) 与破乳剂的配伍性

在 100mL 试管中加入 m(油)∶m(水)=7∶3 混合液，加入破乳剂 7007，考察破乳温度为 70℃时，不同质量分数的复合降黏剂对破乳效果的影响，如图 3-37 所示。

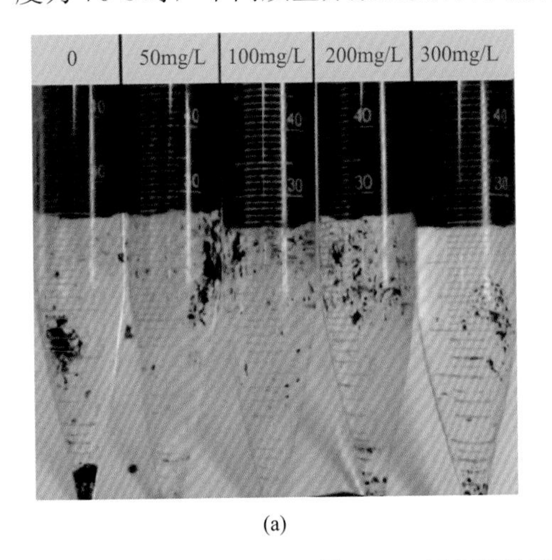

(a)

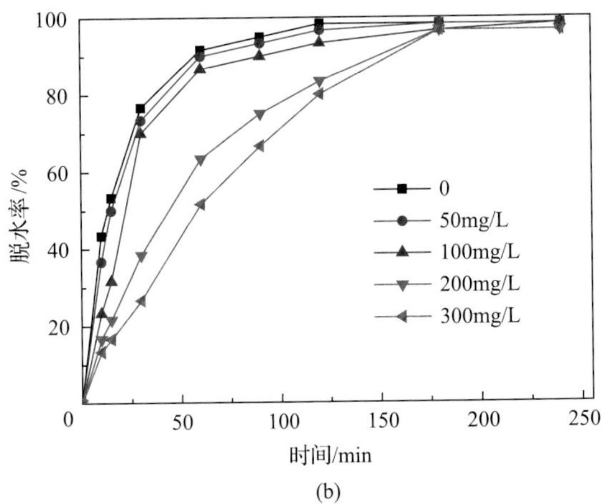

(b)

图 3-37 复合降黏剂质量分数对破乳效果的影响

随着复合降黏剂质量分数的增加，乳状液稳定性增强，在小于 100mg/L 时，对原油破乳基本无影响，大于 100mg/L 后，对破乳脱水时间有影响，对最终脱水率影响不大。

2) 腐蚀性

将已称量的金属试片分别挂入蒸馏水、塔河油田地层水及分别用蒸馏水和塔河油田地层水配制的 1%的复合降黏剂溶液中，每种介质中分别挂 3 片金属试片。浸泡 8d 后取出，先后用石油醚、酸洗液、碱洗液、无水乙醇清洗，干燥处理后称量，结果见表 3-38。

表 3-38　复合降黏剂加入前后对材质腐蚀结果对比表

介质	腐蚀速率/(mm/a)			
蒸馏水	0.09090	0.07181	0.07772	0.08014
蒸馏水配制的 1%的复合降黏剂	0.06318	0.03909	0.05272	0.05166
塔河油田地层水	0.1031	0.09640	0.1076	0.1024
地层水配制的 1%的复合降黏剂	0.05638	0.05564	0.05638	0.05610

加入复合降黏剂后，蒸馏水和塔河油田地层水腐蚀速率均明显降低。在蒸馏水和塔河油田地层水中加入 1%的复合降黏剂时，缓蚀效率分别达到 35.54%和 45.21%，表明复合降黏剂 SDG-2 具有一定的缓蚀作用(图 3-38)。

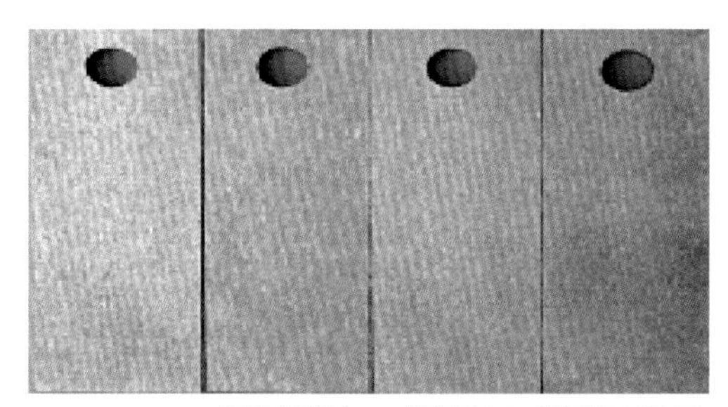

蒸馏水　蒸馏水配制的降黏剂　塔河油田地层水　塔河油田地层水配制的降黏剂

(a) 腐蚀前

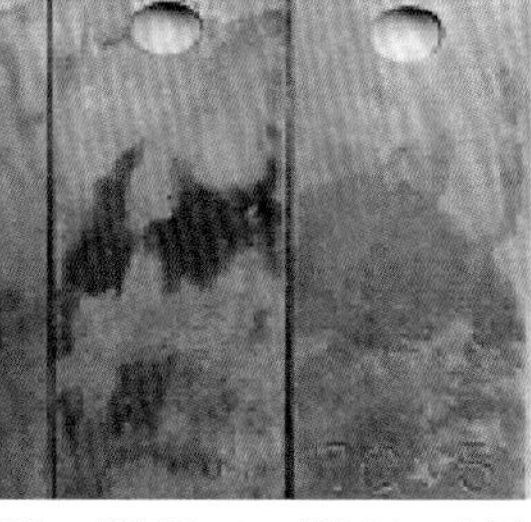

蒸馏水　蒸馏水配制的降黏剂　塔河油田地层水　塔河油田地层水配制的降黏剂

(b) 腐蚀后

图 3-38　蒸馏水与塔河油田地层水在复合降黏剂加入前后的腐蚀效果图

3) 炼化安全性(有机氯)

将复合降黏剂送中国石化机电产品采油助剂质量监管检测中心进行有机氯含量检测，结果见表 3-39。有机氯检测结果显示，复合降黏剂不含有机氯。

表 3-39　有机氯检测报告

序号	检测项目	单位	技术要求	检测结果/%	备注
1	有机氯含量			0	

3.3.3 化学复合降黏现场试验及效果评价

1. 选井原则

(1) 机抽油井，油井生产稳定，电流、产液量、产油量、掺稀量、掺稀稀稠比等参数稳定；

(2) 稠油井黏度大于 100×10^4mPa·s(50℃)，掺稀稀稠比大于 2∶1；

(3) 油井供液充足，避免生产过程中油井因供液不足而影响试验。

2. 工艺参数设计

1) 注入参数设计

(1) 注入溶液量：确保总液量综合含水率大于 30%，这样有利于乳状液的形成，同时不影响分水效果。分别加入一定比例的稀油[m(稀油)∶m(稠油)=0.3∶1]、复合剂(质量分数为油水总量的 1%)、一定质量的水(使含水率分别为 0、10%、20%、30%、40%、50%、60%)，在 3500r/min 下剪切 3min 使其乳化，考察其稳定性(图 3-39，图 3-40)。

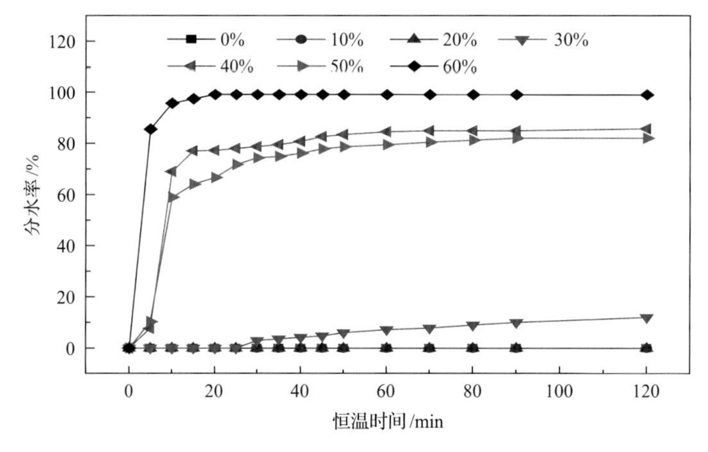

图 3-39 分水时间与分水率的关系

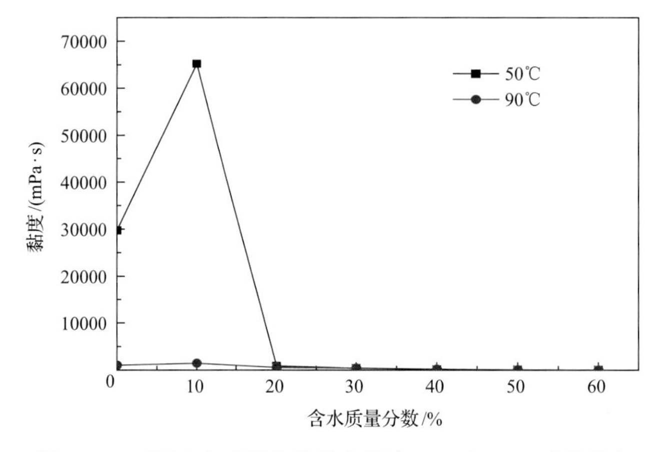

图 3-40 不同含水质量分数的乳状液 50℃和 90℃时的黏度

含水率小于 10%时，稠油所形成的乳状液为 W/O 型乳状液，乳化后黏度较大，且较稳定，2h 仍未见分水迹象。含水率超过 20%时，稠油所形成的乳状液为 O/W 型乳状液，乳化后黏度较小，含水率超过 40%时，所形成的乳状液稳定性较差，5min 内即大量分水。因此，现场试验过程中，体系含水率需大于 30%。

(2)注入浓度：根据室内评价，降黏剂浓度占总液量的 0.5%～1%。分别加入一定比例的稀油[w(稀油)：w(稠油)=0.3：1]、药剂(质量分数为油水总量的 0%、0.5%、1%)，含水率为 30%，在 3500r/min 下剪切 3min 使其乳化，考察其稳定性(图 3-41，表 3-40)。

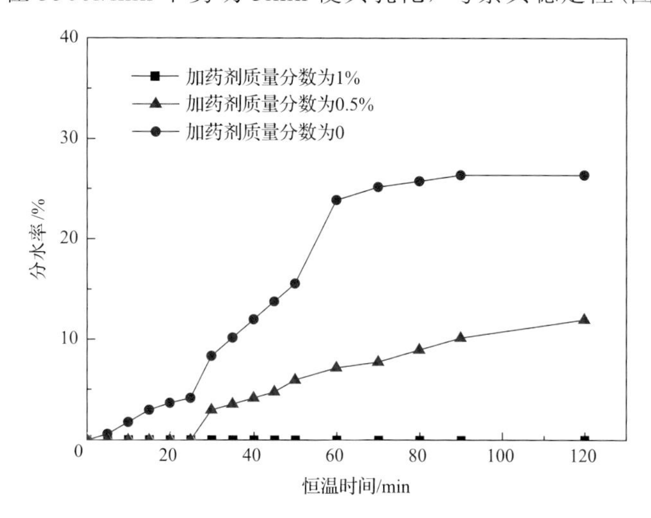

图 3-41　分水率与恒温时间的关系

表 3-40　不同加药剂质量分数的乳状液在 50℃和 90℃时的黏度

加药剂质量分数/%	0	0.5	1.0
50℃黏度/(mPa · s)	60000	730	400
90℃黏度/(mPa · s)	2500	1440	600

复合剂浓度对乳状液的形成及稳定性影响很大，当复合剂用量较少时，难形成 O/W 型乳状液；当复合剂剂用量较大时，所形成的乳状液过于稳定，脱水困难。因此，加药剂量适宜控制在 0.5%～1%。

2)试验过程中参数调整设计

(1)稀油量调整：按照 30%、15%、10%、5%的降幅依次往下调整，调整幅度需根据现场取样乳化效果灵活变化。

(2)注入液量调整：在满足 30%含水率的基础上，根据稀油减少量调整注入量。

(3)浓度调整：稀油调整至极限后，根据井口乳化情况下调注入液浓度。

3. 配套工艺设计

1)管柱配套设计

化学复合降黏采用原机抽管柱即可(图 3-42)。针对供液能力弱的油井，也可采用环空闭式管柱(图 3-43)。

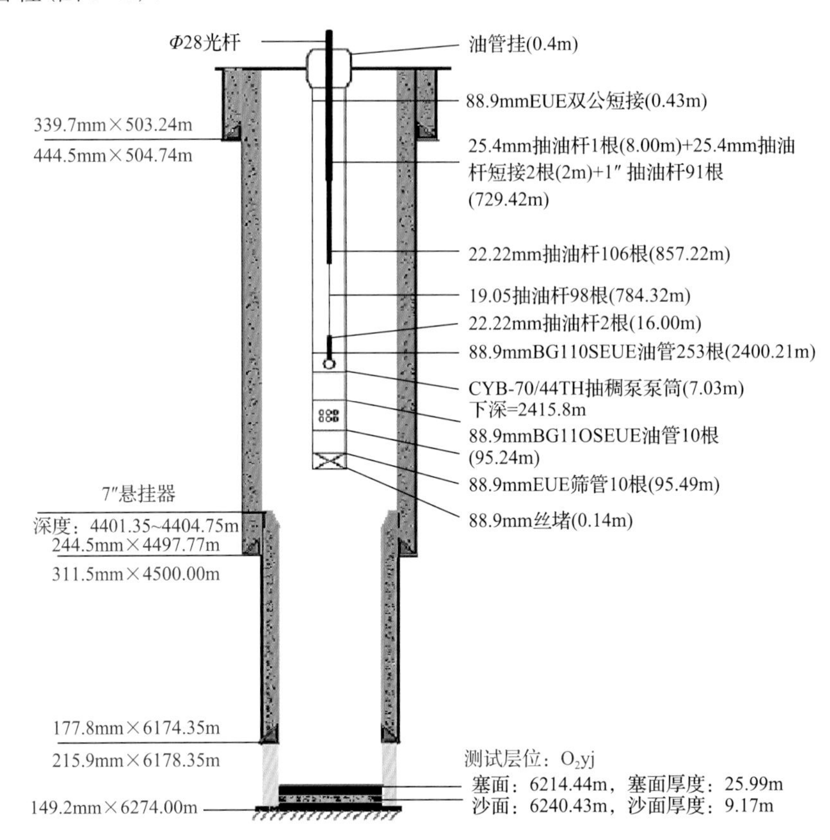

图 3-42　复合降黏剂常规配套机抽管柱示意图

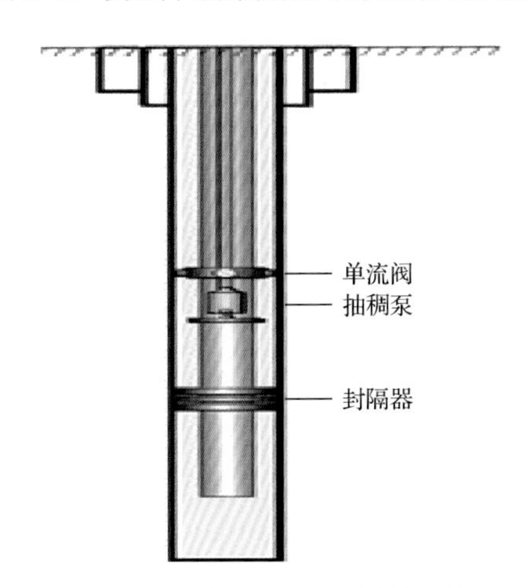

图 3-43　环空闭式复合降黏配套管柱设计示意图

降黏剂由环空掺入，通过泵上的掺稀单流阀进入油管，与稠油混合形成水包油型乳状液后采出地面，其中封隔器起到隔开掺入液与地层产液的作用。这种管柱设计的优点为：不影响地层生产压差；环空液体直接进入油管，不过泵，节省泵排量。

2)地面配套设计

根据复合降黏剂工艺要求，对地面流程有以下几点要求。

(1)能够实现复合降黏剂和稀油加热到50℃以上。

(2)能够实现复合降黏剂和稀油充分混合。

(3)能够实现将降黏剂和稀油混合液注入井筒内。

(4)能够储备一定掺稀用油和复合降黏剂，且能够计量单井产量。

根据上述要求，设计了一套单井复合降黏地面配套流程，如图3-44所示。各设备的性能参数见表3-41。

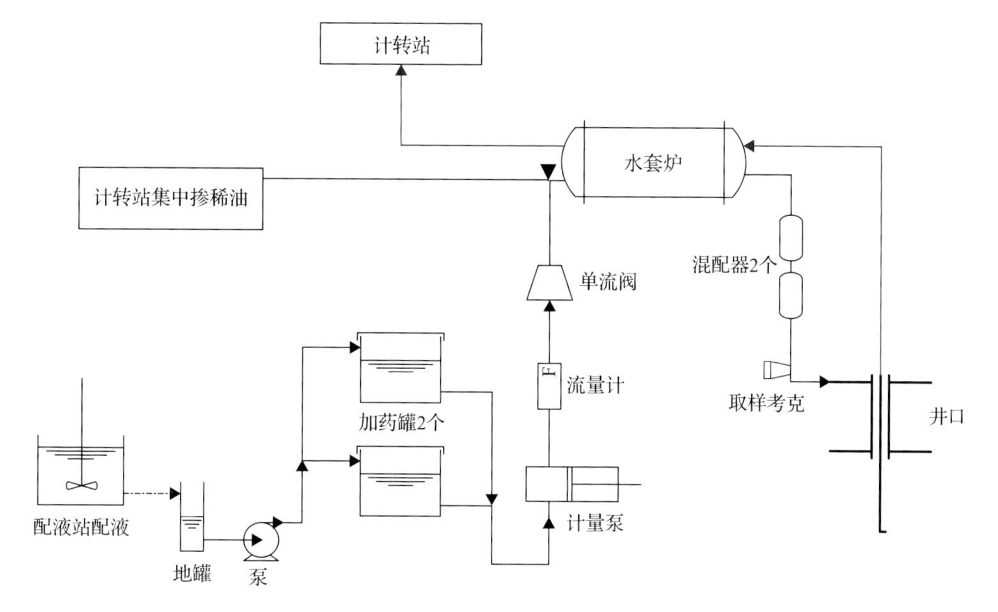

图3-44　单井复合降黏地面配套流程示意图

表3-41　单井复合降黏地面配套流程设备基本性能参数

序号	设备名称	基本参数	备注
1	储油罐	50m^3	2个
2	加药罐	50m^3	2个
3	水套炉	400kW，150℃	1台
4	掺稀泵	2～5m^3/h	2台
5	混配器	2个	

4. 现场试验及效果评价

1)总体情况

截至目前，现场试验累计5井次，满足100×10^{4}mPa·s以上稠油乳化降黏，平均节约稀油率达66.6%(表3-42)。

表 3-42　化学复合降黏现场试验效果统计表

井号	黏度/(10^4mPa·s)(50℃)	基值			试验				节约稀油率/%
		日产油/t	日掺稀/t	掺稀稀稠比	日产油/t	日掺稀/t	日加药量/m^3	掺稀稀稠比	
THK55	180	14.5	46	3.17	16	15.6	17.1	0.98	66.1
THK56	150(邻)	18.1	46.6	2.57	22.3	14.5	18.9	0.65	68.9
THK58	160(邻)	13.1	29.7	2.27	15	10.8	21.2	0.72	63.6
平均		15.2	40.7	2.7	17.8	13.6	19.1	0.8	66.6

2)单井分析

THK55 井 50℃稠油黏度为 180×10^4mPa·s。选取试验期间稳定生产阶段 2012 年 1 月 8 日～1 月 14 日作为评价期，该井掺稀量由 46t/d 下降至 15.6t/d，掺稀稀稠比由 3.17 下降至 0.98，节约稀油率为 66.1%(表 3-43，图 3-45)。

表 3-43　TH12329 井现场试验评价指标

阶段	油压/MPa	回压/MPa	井口温度/℃	产液量/(t/d)	产油量/(t/d)	掺稀量/(t/d)	掺稀稀稠比	节约稀油率/%
基值	0.5	0.47	49	14.5	14.5	46	3.17	68.7
化学复合	0.52	0.5	53	16	16	15.6	0.98	

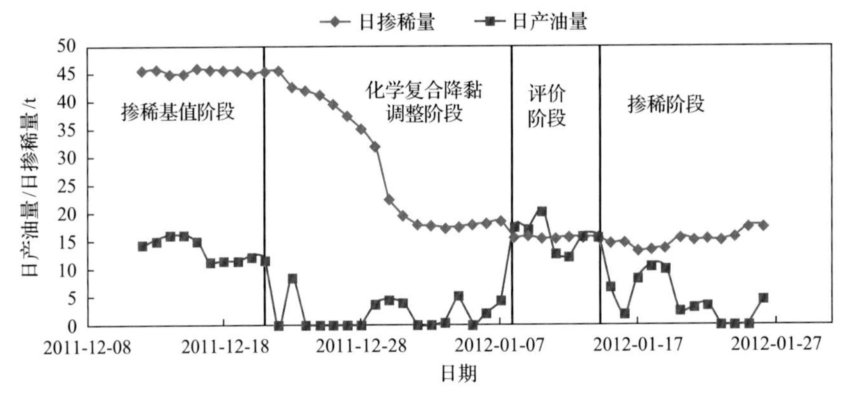

图 3-45　THK55 井化学复合降黏日产油量、日掺稀量评价图

参 考 文 献

[1] 梁尚斌. 塔河油田深层稠油掺稀降粘技术研究与应用[D]. 成都: 西南石油大学, 2006.

[2] 杨亚东. 掺稀采油在塔河油田的应用研究[J]. 西南石油学院学报, 2006, 28(26): 53-55.

[3] 任波, 丁保东, 杨祖国. 塔河油田高含沥青质稠油致稠机理及降黏技术研究[J]. 西安石油大学学报(自然科学版), 2013, (6): 82-85.

[4] 潘海滨. 稠油降粘主要技术及应用实践刍议[J]. 中国石油和化工标准与质量, 2017, 37(6): 124-126.

[5] 秦冰, 罗咏涛, 李本高. 稠油油溶性降黏剂结构与性能的关系[J]. 石油与天然气化工, 2012, 41(5): 499-503.

[6] 甘振维. 塔河油田超稠油水溶性减阻降粘剂的研究与应用[J]. 应用化工, 2010, 39(5): 687-692.

[7] 庄伟, 黄云, 靳永红. 聚醚类水溶性化学降粘剂 THEC 的室内评价[J]. 内蒙古石油化工, 2010, 36(18): 52-53.

[8] 辛寅昌, 张盛军, 邱增中. 原油的微观形态改变与降摩阻剂降摩阻性能的关系[J]. 石油学报(石油加工), 2008, (5): 548-552.
[9] 秦冰, 李财富, 李本高. 胜利油田稠油用微乳液型驱油剂研制[J]. 石油与天然气化工, 2017, 46(2): 68-74.
[10] 张凤英, 李建波, 诸林. 稠油油溶性降黏剂研究进展[J]. 特种油气藏, 2006, (2): 1-4.
[11] 井继哲. 油溶性降粘剂的合成与研究[D]. 荆州: 长江大学, 2012.
[12] 陈小凯. 油溶性降黏剂 SA/MMA/VTEO 共聚物的合成与性能评价[J]. 化学工程师, 2016, 30(7): 37-40.
[13] 郭继香, 杨矞琦, 张江伟. 超稠油复合降粘剂 SDG-3 的研究和应用[J]. 精细化工, 2017, 34(3): 341-348.

第 4 章　稠油物理法降黏技术

受塔河油田埋藏深、地层温度高、矿化度高等客观条件限制，常规掺稀降黏技术在超深井筒中的混配及降黏效果亟须优化；东部油田常用电加热工艺，在超深井筒中无法满足耐温抗压要求，而常规的蒸汽吞吐辅助降黏工艺技术又难以适应塔河油田复杂的井下工况。因此，物理法降黏技术亟须结合塔河油田井况，开展系统配套才能满足塔河油田超深层超稠油工况要求。本章在塔河油田超稠油物理降黏技术探索实践的基础上，总结了掺稀优化、加热降黏、超临界注汽吞吐等技术，形成了系列化的稠油物理法降黏技术，有效支撑了塔河油田稠油上产及效益开发，同时为同类型稠油降黏工作提供了借鉴。

(1) 通过稠油井筒流体流动规律研究和井筒温度场、压力场模拟计算，建立了超深掺稀降黏井井筒温度压力场模型，为合理优化掺稀降黏、加热降黏等物理降黏工艺参数提供了理论依据，现场应用准确度较高，能满足深层稠油井作业参数优化设计的要求。

(2) 结合不同区块稠油特性，开展掺稀油密度优化研究，明确了最优掺稀油密度为 $0.91g/m^3$；对影响掺稀稀稠比影响因素进行了研究分析，明确了主导因素，可为现场优化工艺提供指导。

(3) 针对超深层稠油泵挂深、稠油黏度高的难题，对常规加热降黏工艺进行了优化改进，先后试验了双空闭式热流体循环加热降黏技术、矿物绝缘电缆加热降黏技术，取得了一定成效，推进了超深层超稠油加热降黏技术的进步。

(4) 结合单项降黏技术特点，提出了电加热物理降黏与化学降黏有机组合的思路，形成了电加热+油溶降黏和电加热+催化降黏复合降黏工艺，提高了井筒加热降黏工艺在塔河油田超深层超稠油井的工艺适应性。

(5) 实践了 5000m 超深层稠油热采工艺，在 D64 井先导试验了超临界注汽吞吐工艺，探索了工艺的适应性，完善了超深层超稠油热采技术。

塔河油田稠油物理降黏现场实施 10000 余井次。近年来，以掺稀优化为主导的物理法降黏技术，已成为了塔河油田超稠油效益开发的主导技术。

4.1　超深层稠油井井筒温度-压力场模型

应用掺稀优化、加热降黏、气体混溶降黏等物理法降黏技术时，需对技术参数进行系统优化设计以提升工艺效果。然而，基于浅层油藏井筒特征下的常规井筒温度-压力场模型，无论是其适用范围，还是计算精度都无法满足塔河超深层超稠油井况下的工艺设计要求。为此，以解决塔河油田超深超稠油井筒流动性差为目标，开展超深掺稀降黏井井筒温度、压力场模拟计算，合理优化其工艺参数，为塔河油田超深超稠油物理法降黏技术参数提供设计依据。

本节系统分析了塔河油田深井井筒温度压力影响因素，充分考虑了塔河油田超深、超稠的井况特点，根据 Ramey 传热理论[1]建立了适合塔河油田井筒温度场的计算模型，建立了预测掺稀油及电加热情况下的环空及油管温度场预测方法；根据 Hagedorn-Brown 多相垂直管流计算方法[2]，建立了适合塔河油田井筒压力场的计算模型。通过上述两项计算模型的建立，科学指导了掺稀降黏、电加热等降黏技术的参数优化设计方法的建立。

4.1.1　井筒温度场数学模型建立

1. 超深井井筒温度场模型选择

对井筒温度影响因素进行分析，明确温度场构建过程中的主要影响因素，科学指导后续模型建立过程。

1) 原油物性对井筒原油温度的影响

含蜡量及析蜡温度越高，对井筒原油温度的影响越大，会使井筒原油温度降低得越快。原油中的蜡在结蜡温度点析出结蜡，会增大原油黏度及摩擦阻力，使井筒中的举升压力降低，原油中的气体脱出；气体脱出会吸热，加快原油温度的下降；同时，原油在井壁上结蜡造成管径减小，原油摩擦阻力增大，原油的流速减慢，油井产量下降，从地层中带出的热量减少。随着井筒中原油与井壁及地层的热交换，井筒内原油温度下降加快。

原油中胶质、沥青质含量越高，原油黏度越高，原油摩擦阻力越大，原油的流速越慢，油井产量越低，从地层中带出的热量减少。随着井筒中原油与井壁及地层的热交换，井筒内原油温度下降加快。

原油的流变性。原油的流变性与沥青质、胶质、溶解气含量、温度、压力等有关。

2) 产量对井筒原油温度的影响

通过产油温度场的研究和现场生产可知，原油的产量越高，原油从地层中带出的热量越多，原油的质量流量内能越多，温度梯度越小，原油在井筒中的温度越高，井口出油温度越高。当产量达到某一值时，井筒中原油温度高于自由流动的临界温度，油井可以自喷；当产量低于某一值时，油流举升到某一高度后，原油温度低于自由流动的临界温度，油井就不能自喷；当产量很低时，原油在井筒中某一深度的温度就低于原油凝固点。

3) 原油中不同含水量、不同含气量对井筒原油温度的影响

原油中的含水量与井筒中的原油温度成正比，因为水的热焓值高于油的热焓值，含水越多，内能越高，井筒温度越高。原油中的含气量与井筒温度成反比，当井筒中的压力小于饱和压力时，原油中的天然气就会脱出，这是一个吸热过程，从而降低原油温度。原油中的含气量越大，井筒原油温度降低得越多。油、气、水这三种介质在井筒中或混合或分离，在不同深度导致传热变化并不均匀一致。

4）地层自然地温场对井筒原油温度的影响

众所周知，井筒中没有产液流出时，其温度分布是自然地温场。原油从井筒流出地面后，井筒内则存在一个产油的温度场。原始地层温度越高，原油在井筒中的温度越高。地温梯度越大，原油在井筒的流程中热损失越大，井筒原油温度下降越快。

5）油井深度对井筒原油温度的影响

油井深度越深，原油在井筒中的流程越长，热损失越多，原油温度会越来越低。

6）其他因素对井筒原油温度的影响

在井筒与地层的热交换中，固井质量、地层岩性不同等，导致传热系数（油管、套管的导热系数，隔热管的导热系数，油管、套管的厚度，水泥环的导热系数、地层的导热系数、地层的热扩散系数、液膜和污垢层对流换热系数、环空介质导热系数等发生变化）在井筒的三维结构上并不均匀一致，会对井筒温度产生不同的影响。另外，如果在井筒中采取保温措施（如隔热管），井筒原油温度就会提高。

通过对以上温度场影响因素进行分析评价，结合常见温度场模型，并考虑塔河油田超深层超稠油井况特点，选取 Ramey 传热模型进行超深井井筒温度场模型建立及计算。

2. 关键参数计算

稠油对温度敏感性较强，在析蜡温度以下时，随温度下降原油急剧稠化；对高凝、高含蜡原油来说，温度下降到析蜡温度以下时易引起蜡结晶析出。要想使稠油井正常生产，必须保持一定的井筒温度。通过井筒温度场的建立，可以有效地帮助确定不同井深处的温度分布，这是进行物理降黏工艺设计的前提。

稠油常规开采时，产液井底温度等于原始油层温度，因此，可将这一温度作为初始温度，然后分段逐段计算出加热起始处的原油温度，进而计算出加热段的温度分布。井筒温度场数学模型建立的条件如下。

(1) 环空介质在整个井筒中均匀分布，并且热物理性质不随压力下降而变化。

(2) 管柱材料、结构、尺寸、热物理性质均匀一致。

(3) 地层的热物理性质均匀一致。

井筒温度分布计算是基于 Ramey 传热模型，该模型适用范围较广，满足塔河油田超深高温井况要求。Ramey 依据热力学定律导出了既可用于单相流又可用于两相流系统的能量守恒方程，进而导出了井筒流体温度梯度表达式：

$$\frac{\mathrm{d}T_\mathrm{f}}{\mathrm{d}z} = \pm(T_\mathrm{f} - T_\mathrm{ei})L_\mathrm{R} - \frac{g\sin\theta}{c_p J g_\mathrm{c}} - \frac{v}{c_p J g_\mathrm{c}}\frac{\mathrm{d}v}{\mathrm{d}z} + C_\mathrm{J}\frac{\mathrm{d}p}{\mathrm{d}z} \tag{4-1}$$

式中，“+”为生产方向；“−”为注入方向；T_f 为井筒内流体温度；v 为井筒内混合产出液速度；p 为井筒内混合产出液压力；z 为井筒深度；T_ei 为地层温度；L_R 为松弛参数；c_p 为流体比定压热容；g_c 和 J 为两个换算系数；C_J 为 Joule-Thompson 系数；θ 为井斜角。

1) 松弛参数的计算

松弛参数 L_R 是 Ramey 定义的松弛距离(任意流通断面的地温按井筒内流体流动温度梯度折算到流温曲线所产生的相对距离)的倒数。L_R 的单位为 m^{-1}，表达式中同时包含了地层和井筒的热物理性质，此外，还包含了无因次时间函数 $f(t_D)$，即

$$L_R = \frac{2\pi}{c_p G_t}\left[\frac{r_{to}U_{to}K_e}{K_e + \left(r_{to}U_{to}f(t_D)\right)}\right] \tag{4-2}$$

松弛参数 L_R 的计算主要包括无因次时间 T_D 和总传热系数的计算。

(1) 无因次时间的计算。

无因次时间的表达式为

$$t_D = \frac{K_e t}{c_e \rho_e r_{wb}^2} \tag{4-3}$$

$$f(t_D) = -0.2t_D + (1.5 - 0.3719e^{-t_D})\sqrt{t_D} \tag{4-4}$$

式(4-2)～式(4-4)中，K_e 为地层导热系数，W/(m·℃)；t 为生产时间，h；c_e 为地层热容，kJ/(kg·℃)；ρ_e 为地层岩石密度，kg/m^3；r_{wb} 为井筒半径，m；r_{to} 为油管外径，m；U_{to} 为油管外表面至水泥环的总传热系数，W/(m·℃)；G_t 为总产出液质量流量，kg/s，$G_t=G_o+G_w+G_g$。

(2) 总传热系数的计算。

井筒总传热系数是整个井筒温度分布计算的一个关键参数，它与流体温度、井深结构及其材料有关。井筒结构如图 4-1 所示。

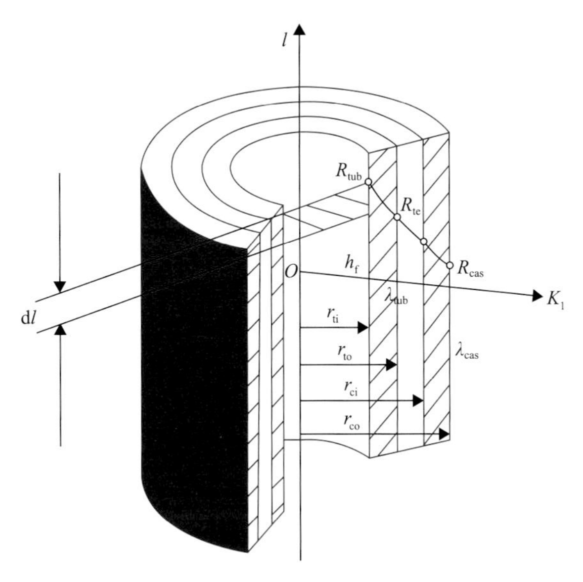

图 4-1　井筒结构示意图

l-沿井深方向长度，m；K_1-由井筒内向地层方向的传热系数

热在井筒中的传导有多种形式，通过油管壁、套管壁及水泥环的热流是以热传导方式发生的。而在油套环空中，存在 3 种传热方式，即热传导、热辐射及热对流。显然，环空中的热阻计算是最困难的。

当环空中是气体时，热辐射占很大的比重，甚至起主导作用，这取决于油管外壁及套管内壁的表面状况及散热与吸热特性。当环空中是液体时，热对流则占主导地位，这是油套管壁间的温度差引起的液体密度差产生的自然剧烈对流所致。为实用方便起见，将环空中的传热速率称作换热系数 h_c(自然对流及热传导)及 h_r(环空热辐射)之和。根据传热系数和热阻的定义，井筒到水泥环外壁的总传热系数可写成如下形式：

$$U_{to}=2\pi r_{to}\left(R_o+R_{tub}+R_{te}+R_{cas}+R_{cem}\right) \tag{4-5}$$

式中，

$$R_o=\frac{r_{to}}{r_{ti}h_f} \tag{4-6}$$

$$R_{tub}=\frac{r_{to}\ln\dfrac{r_{to}}{r_{ti}}}{\lambda_{tub}} \tag{4-7}$$

$$R_{te}=\frac{r_{to}}{r_{to}(h_c+h_r)} \tag{4-8}$$

$$R_{cas}=\frac{r_{to}\ln\dfrac{r_{co}}{r_{ci}}}{\lambda_{cas}} \tag{4-9}$$

$$R_{cem}=\frac{r_{to}\ln\dfrac{r_h}{r_{co}}}{\lambda_{cem}} \tag{4-10}$$

式(4-5)～式(4-10)中，R_o 为油管内流体热阻，(m·℃)/W；R_{tub} 为油管材料热阻，(m·℃)/W；R_{te} 为油套环空热阻，(m·℃)/W；R_{cas} 为套管材料热阻，(m·℃)/W；R_{cem} 为水泥环热阻，(m·℃)/W；r_{ti} 为油管内径，m；r_{to} 为油管外径，m；r_{ci} 为套管内径，m；r_{co} 为套管外径，m；r_h 为水泥环外壁半径，m；λ_{tub} 为油管导热系数，W/(m·℃)；λ_{cas} 为套管导热系数，W/(m·℃)；λ_{cem} 为水泥环导热系数，W/(m·℃)。

2)重要传热系数的计算

(1)辐射换热系数 h_r 的计算。

当油套环空或隔热管与套管之间充有气体时，热辐射流量 Φ_r 取决于注入管外壁温度 T_{to} 与套管内壁温度 T_{ci}，按斯特藩-玻尔兹曼(Stefan-Boltzmann)定律：

$$\Phi_r=2\pi r_{to}\sigma F_{tci}\left(T_{to}^{*4}-T_{ci}^{*4}\right)\Delta L \tag{4-11}$$

式中，“*”为绝对温度(T+273)；ΔL 为井筒单位长度，m；σ 为 Stefan-Boltzmann 常数，取 5.673×10^{-8}W/($\text{m}^2\cdot\text{K}^4$)；$F_{\text{tci}}$ 为由油管外壁表面积 A_{to}(m^2)向套管内壁表面积 A_{ci}(m^2)的辐射散热有效系数，它代表吸收辐射的能力。对于井筒条件：

$$\frac{1}{F_{\text{tci}}}=\frac{1}{\bar{F}_{\text{tci}}}+\left(\frac{1}{\varepsilon_{\text{to}}}-1\right)+\frac{A_{\text{to}}}{A_{\text{ci}}}\left(\frac{1}{\varepsilon_{\text{ci}}}-1\right) \tag{4-12}$$

式中，ε_{to}、ε_{ci} 为油管外壁及套管内壁的辐射系数；$\bar{F}_{\text{tci}}$ 为两个表面间的总交换系数。对于井筒传热条件，通常 $\bar{F}_{\text{tci}}$ 的取值为 1.0。

因此，在已知 T_{to} 及 T_{ci} 时，可以计算出 h_{r}：

$$h_{\text{r}}=\sigma F_{\text{tci}}(T_{\text{to}}^{*2}+T_{\text{ci}}^{*2})(T_{\text{to}}^{*}+T_{\text{ci}}^{*}) \tag{4-13}$$

(2) 自然对流换热系数 h_{c} 的计算。

在油套环空间的热传导及自然对流引起的径向热流速度为

$$\Phi=\frac{2\pi\lambda_{\text{hc}}(T_{\text{ci}}-T_{\text{to}})\Delta L}{\ln\dfrac{r_{\text{ci}}}{r_{\text{to}}}} \tag{4-14}$$

式中，λ_{hc} 为环空液体的等效导热系数，即在环空平均温度及压力下，自然对流影响的环空液体的综合导热系数，W/(m·℃)。

当自然对流很小时，$\lambda_{\text{hc}}=\lambda_{\text{ha}}$，其中 λ_{ha} 是环空液体或气体的导热系数。

因为 $\Phi=2\pi r_{\text{to}}h_{\text{c}}(T_{\text{ci}}-T_{\text{to}})\Delta L$，所以有

$$h_{\text{c}}=\frac{\lambda_{\text{hc}}}{r_{\text{to}}\ln\dfrac{r_{\text{ci}}}{r_{\text{to}}}} \tag{4-15}$$

根据 Dropkin 等实验数据可知，在井筒条件下：

$$\frac{\lambda_{\text{hc}}}{\lambda_{\text{ha}}}=0.049(GrPr)^{0.333}Pr^{0.074} \tag{4-16}$$

式中，格拉斯霍夫(Grashof)数 Gr 及普朗特(Prandtl)数 Pr 为

$$Gr=\frac{(r_{\text{ci}}-r_{\text{to}})^3 g\rho_{\text{an}}^2\beta(T_{\text{to}}-T_{\text{ci}})}{\mu_{\text{an}}^2} \tag{4-17}$$

$$Pr=\frac{c_{\text{an}}\mu_{\text{an}}}{\lambda_{\text{ha}}} \tag{4-18}$$

式(4-17)～式(4-18)中，ρ_{an} 为环空流体密度，kg/m^3；μ_{an} 为环空流体黏度，mPa·s；c_{an} 为

环空流体比热容，kJ/(kg·℃)；β 为环空流体体积热膨胀系数，$℃^{-1}$。

3)总换热系数计算程序

计算辐射及自然对流换热系数时，需要知道油管外壁温度及套管内壁温度。套管内壁温度可由下式求得

$$T_{ci}=T_h+\left(\frac{\ln\frac{r_h}{r_{co}}}{\lambda_{cem}}+\frac{\ln\frac{r_{co}}{r_{ci}}}{\lambda_{cas}}\right)r_{to}U_{to}(T_s+T_h) \tag{4-19}$$

忽略强迫对流热阻、油管及套管壁热阻，上式可简化为

$$T_{ci}=T_h+\frac{r_{to}U_{to}\ln\frac{r_h}{r_{co}}}{\lambda_{cem}}(T_{to}-T_h) \tag{4-20}$$

根据 Ramey 近似解，水泥环与地层交界面的径向热流速度为

$$\Phi=\frac{2\pi\lambda_e(T_h-T_e)\Delta L}{f(t)} \tag{4-21}$$

式中，

$$f(t)=\ln\frac{2\sqrt{\alpha t}}{r_h}-0.2 \tag{4-22}$$

其中，T_s 为蒸汽温度，℃；ΔL 为单位长度井筒段，m；T_h 为水泥环外缘温度，℃；T_e 为平均原始地层温度，℃；$f(t)$ 为随时间变化的无因次时间函数；α 为地层平均散热系数，m^2/h；t 为生产时间，h。

计算总换热系数 U_{to} 的程序如下。

(1)根据试验结果或其他资料估计一个具体井筒结构方式的 U_{to} 值。

(2)计算 $f(t)$。

(3)计算 T_h 和 T_{ci} 值。

(4)计算 h_r 及 h_c 值。

(5)计算新的 U_{to} 值。

(6)对比计算出的 U_{to} 值与估计的 U_{to} 值，二者会有差别，再重新确定一个 U_{to} 后，重复(2)～(4)，这样迭代多次就可求出比较准确的 U_{to} 值。

总换热系数计算程序结构图如图 4-2 所示。总传热系数会随着井深不断发生变化，环空的自然对流换热显著地影响着 U_{to} 值，随着井深变化，温差发生变化，自然对流换热也随之变化，因此 L_R 也是深度的函数。然而，L_R 随井深的变化通常很小(U_{to} 同时出现在分子分母中)，一般可以忽略。

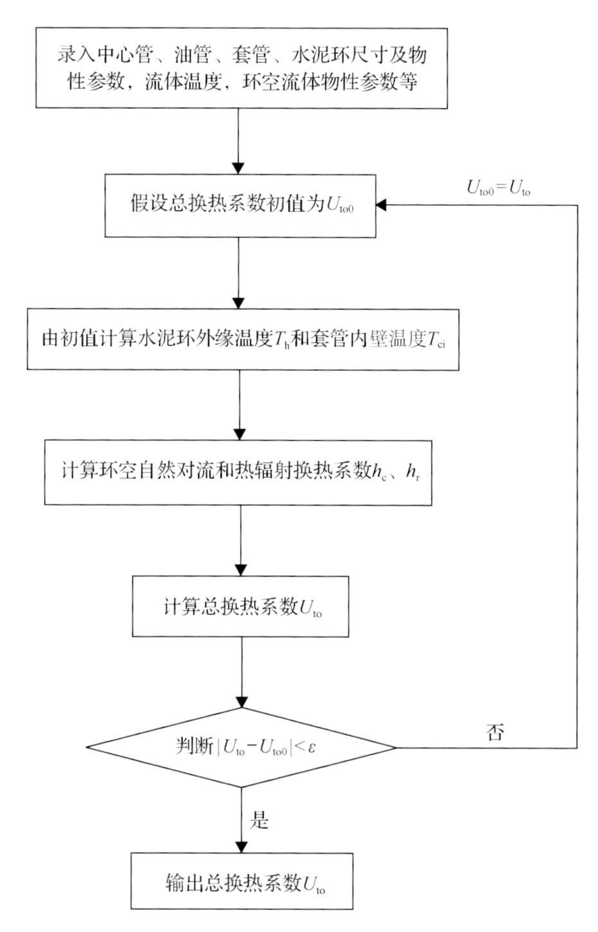

图 4-2　总换热系数计算程序结构图

3. 温度场求解

假设 Φ 和 L_R 对于井深是独立的，能量守恒方程便可写成一阶线性微分方程，在井底 $T_f=T_{eibh}$ 处对方程进行求解：

$$T_f = T_{ei} + \frac{1-e^{(z-L)L_R}}{L_R}\left(g_G \sin\alpha + \Phi - \frac{g\sin\theta}{c_p J g_c}\right) \tag{4-23}$$

式中，L 为从井底向井口的距离，m；g_G 为地温梯度，℃/m。

参数 Φ 的值取决于多个变量，如流速、气液比及井筒压力，Hasan 和 Kabir 使用了一个经验公式来计算 Φ；Sagar 等在其基础上进一步研究，可以较为准确地计算在流速小于 2.27kg/s 条件下的 Φ 值[3]：

$$\begin{aligned}\Phi = &-0.002978 + 1.006\times10^{-6} p_{wh} + 1.906\times10^{-4} w - 1.047\times10^{-6}\mathrm{GLR} \\ &+ 3.229\times10^{-5}\mathrm{API} + 0.004009\gamma_g - 0.3551 g_G\end{aligned} \tag{4-24}$$

式中，p_{wh}为井口油压，MPa；w为质量流速度，kg/h；GLR为气油比；API为原油重度；γ_g为天然气相对密度。

井筒温度场的建立，以及塔河油田超深高温高压稠油井黏温变化规律，为电加热、闭式热流体等加热降黏工艺参数的设计提供了理论依据。

4. 温度场数学模型应用

1）掺稀条件下的井筒温度场分布

掺稀方式采用反掺，掺稀后使各产量下原来无法自喷的油井实现自喷。表4-1为掺稀量分别为10m^3/d和30m^3/d时的计算参数，温度场如图4-3和图4-4所示。

表4-1 不同掺稀量下参数对比

掺稀量/(m^3/d)	产量/(m^3/d)	井底流压/MPa	井口温度/℃	井口压力/MPa	井筒能耗损失/MPa
10	5	70	34.6	17.16	52.84
	25	70	56.6	1.67	68.33
	45	70	72.5	0.634	69.36
	65	70	83.87	0.73	69.27
	85	70	92.4	0.45	69.55
30	5	66	44.6	17.11	48.89
	25	66	60.9	9.42	56.58
	45	66	74.1	5.09	60.91
	65	66	84.1	2.35	63.65
	85	66	91.9	0.30	65.7

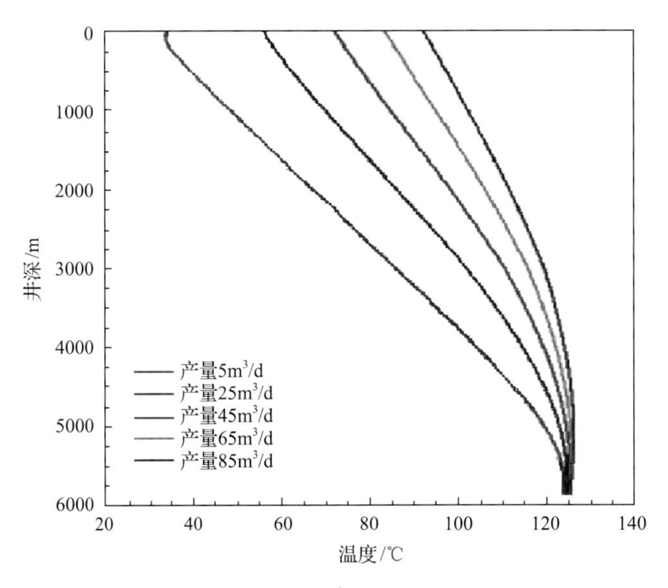

图4-3 掺稀量为10m^3/d时的井筒温度分布

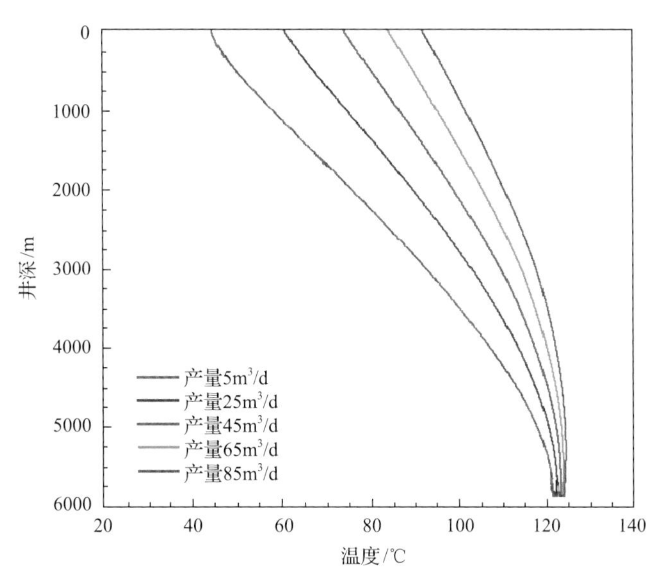

图 4-4　掺稀量为 30m³/d 时的井筒温度分布

2) 加热条件下的井筒温度场分布

以电加热工艺为例，加热深度为 2200m(最大电加热深度)，加热功率为 30W/m，从井筒黏度和温度分布图(图 4-5，图 4-6)可以看出，随着产量的增加，井口温度升高，井口黏度降低。进入加热段后，产出液温度快速升高，而产出液黏度快速下降。

3) 掺稀与加热共同作用下的井筒温度场分布

掺稀方式采用反掺，掺稀量为 $10m^3/d$，电加热深度为 1800m，加热功率为 30W/m。掺稀和加热共同作用时，温度场的分布如图 4-7 所示。

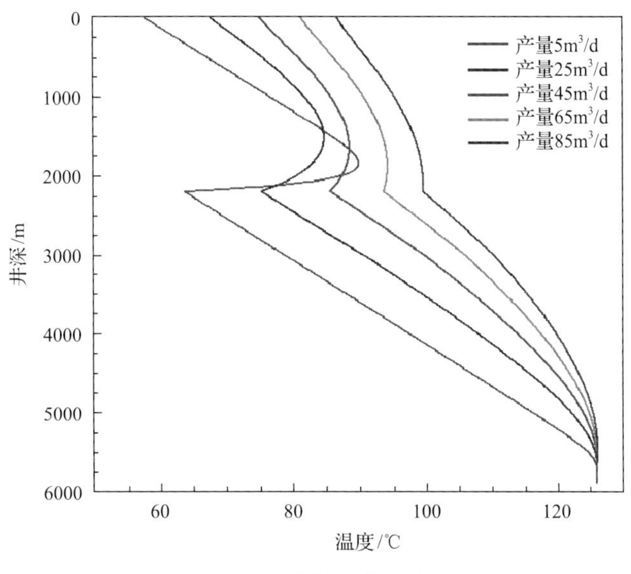

图 4-5　井筒温度分布

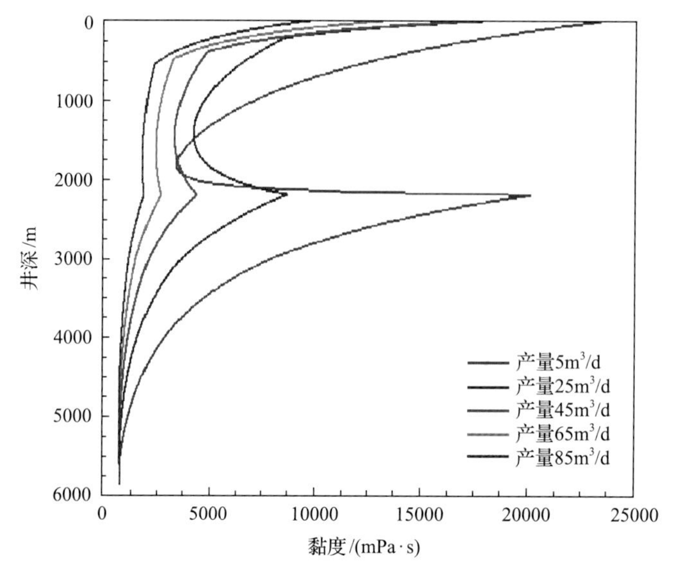

图 4-6 井筒黏度分布

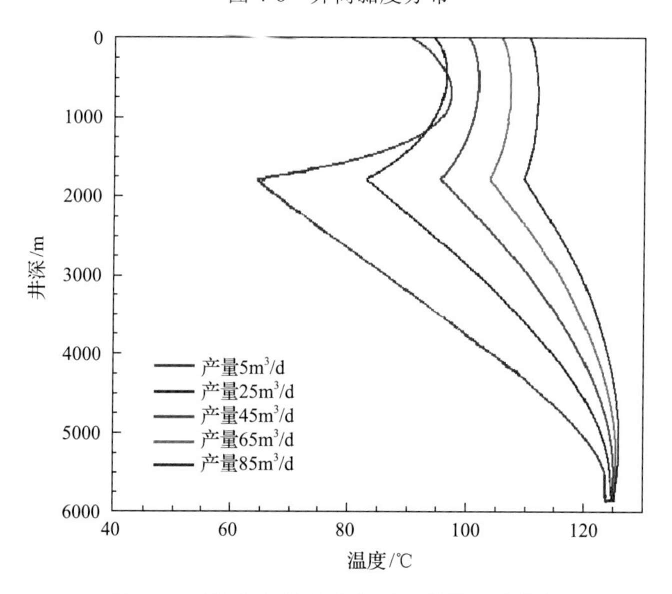

图 4-7 掺稀与加热共同作用下井筒温度分布

4.1.2 井筒压力场数学模型建立

1. 超深井井筒压力场模型选择

井筒内油气水多相管流的压力降是摩擦损失、势能变化和动能变化之和。影响井筒压力的主要因素如下所述。

1)原油物性对井筒压力的影响

原油含蜡量、胶质含量、沥青质含量越高，原油黏度越高，原油的摩阻越大，原油的流速越慢，井筒压力越小。

2) 地层压力、产液量对井筒压力的影响

地层压力越大，产液量越大，井筒压力越大。

3) 气液比对井筒压力的影响

产液气液比越大，井筒压力越小。

4) 产液含水、含气量对井筒压力的影响

产液含气量越高，导致气液两相真实密度小，混合流速大，井筒压力变大，反之则变小。产液若含水，初始含水阶段会形成油包水型乳状液，导致稠度增大，两相流摩擦系数增大，井筒压力变小；当含水率超过一定值时，可能形成水包油型乳状液，此时原油黏度会降低，流速增大，井筒压力变大。

5) 热传递系数对井筒压力的影响

固井质量不同、地层岩性不同、传热系数不均，对井筒温度产生的影响不同，从而影响井筒压力的分布。

6) 降黏工艺对井筒压力的影响

降黏工艺的不同也会造成井筒压力的变化，如掺稀油时注入压力，可能产生回压。

鉴于目前没有针对稠油多相流的压力计算模型。通过对以上压力影响因素的分析评价，结合常见井筒压力梯度预测模型，并考虑塔河油田超深层超稠井况特点，选取 Hagedorn-Brown 垂直管压降计算方法进行超深井井筒压力梯度预测。

2. 超深井井筒压力梯度模型

由于流体的非均匀性，在气液两相管流中，气液各相的分布状况有可能是多种多样的，存在着各种不同的流动形态，而气液界面又很复杂，寻求严格的数学解释是很困难的。一般的处理方法是从物理概念和基本方程出发，采用实验和因次关系式。根据由经验处理方法所得到的两相管流压降关系式可知，在相同或相似条件下，该方法得到的结果更为准确。

这里使用的 Hagedorn-Brown 垂直管压降计算方法被多位学者验证具有较好的精度，而且该方法无须判断管流流型、适用范围较广，满足塔河超深高温井况要求。

$$\frac{\mathrm{d}p}{\mathrm{d}z}=\rho_{\mathrm{m}}g+f_{\mathrm{m}}\frac{G_{\mathrm{m}}^{2}}{2DA^{2}\rho_{\mathrm{m}}} \tag{4-25}$$

$$\rho_{\mathrm{m}}=\rho_{\mathrm{l}}Y_{\mathrm{l}}+\rho_{\mathrm{g}}(1-Y_{\mathrm{l}}) \tag{4-26}$$

$$G_{\mathrm{m}}=G_{\mathrm{g}}+G_{\mathrm{l}}=A(v_{\mathrm{sl}}\rho_{\mathrm{l}}+v_{\mathrm{sg}}\rho_{\mathrm{g}}) \tag{4-27}$$

式(4-25)～式(4-27)中，ρ_{g}、ρ_{l}、ρ_{m} 为气相、液相、气液混合物密度，$\mathrm{kg/m^3}$；g 为重力加速度，$\mathrm{m/s^2}$；A 为油管内流通截面积，$\mathrm{m^2}$；D 为管子内径，m；Y_{l} 为持液率；G_{m} 为气液

混合物质量流量，kg/s；G_g、G_l 分别为气相、液相质量流量，kg/s；v_{sg}、v_{sl} 为气相、液相表观流速，m/s。

两相摩阻系数 f_m 采用 Jain 公式计算：

$$\frac{1}{\sqrt{f_m}}=1.14-2\lg\left(\frac{e}{D}+\frac{21.25}{Re^{0.9}}\right) \tag{4-28}$$

雷诺数表达式如下：

$$Re_m=\frac{\rho_{ns}v_m D}{\mu_m} \tag{4-29}$$

$$\mu_m=\mu_l^{H_l}\mu_g^{(1-Y_l)} \tag{4-30}$$

式(4-28)～式(4-30)中，e 为绝对粗糙度；μ_g、μ_l、μ_m 分别为气相、液相、混合物黏度，Pa·s；v_m 为混合物流速，m/s；ρ_{ns} 为无滑脱混合物密度，kg/m^3。

Hagedorn-Brown 在试验井中进行两相流试验，得出了持液率的 3 条相关曲线。使用这 3 条曲线时，需要计算下列 4 个无因次量。

液相速度数：

$$N_{lv}=v_{sl}\left(\frac{\rho_l}{g\sigma'}\right)^{1/4} \tag{4-31}$$

气相速度数：

$$N_{gv}=v_{sg}\left(\frac{\rho_g}{g\sigma'}\right)^{1/4} \tag{4-32}$$

液相黏度数：

$$N_l=\mu_l\left(\frac{g}{\rho_l\sigma'^3}\right)^{1/4} \tag{4-33}$$

管径数：

$$N_D=D\left(\frac{\rho_l g}{\sigma'}\right)^{1/2} \tag{4-34}$$

式中，σ' 为气液表面张力，N/m。

在整个压力场计算中，最为关键的是持液率的计算，其计算步骤如下。

(1) 计算动条件下的上述 4 个无因次量。

(2) 由 N_l-CN_l 关系曲线，根据 N_l 确定 CN_l 值(图 4-8)，其中 C 为液相黏度系数，无因次。

(3) 根据 $\dfrac{N_{lv}}{N_{gv}^{0.575}}\left(\dfrac{p}{p_{sc}}\right)^{0.10}\dfrac{CN_l}{N_D}$ 值，确定 Y_l/φ(φ 为修正系数)；其中 p 为井筒内混合产

出液压力，Pa；p_{sc}为标准大气压，为1.013×10^5Pa(图4-9)。

(4) 根据$\left(\dfrac{N_{gv}N_l^{0.380}}{N_D^{2.14}}\right)$确定$\varphi$(图4-10)。

(5) 计算$Y_l=(Y_l/\varphi)\varphi$。

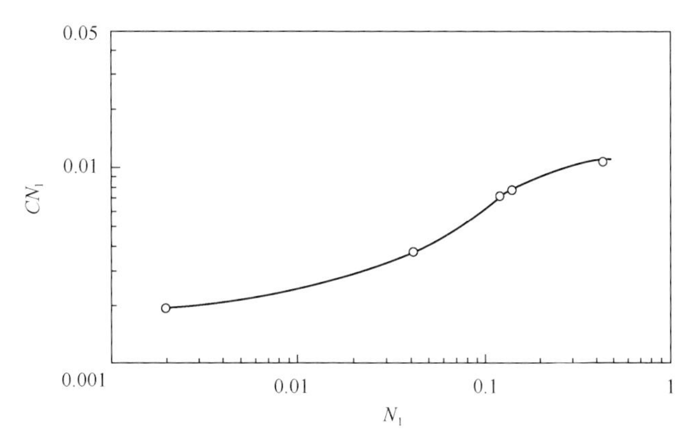

图4-8　N_l与CN_l关系

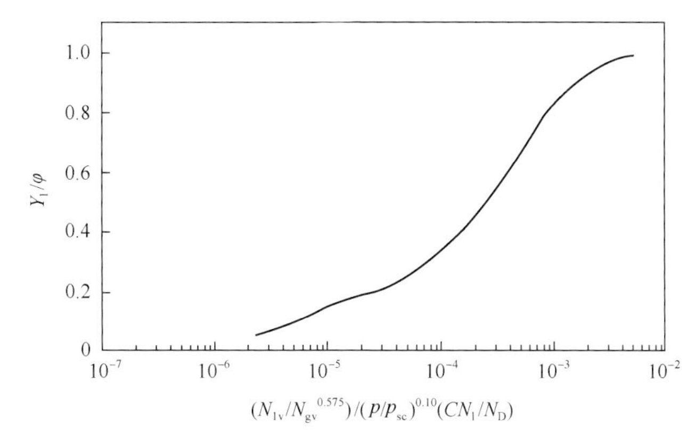

图4-9　持液率系数

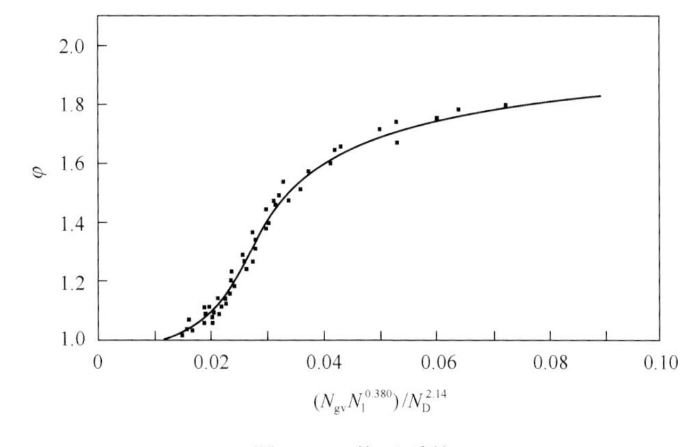

图4-10　修正系数

3. 压力场数学模型应用

1) 模型准确性分析

用 TH236 井现场测试的流压数据来检验模型计算的准确性，对比结果如图 4-11 所示。从图可以看出，压力模型具有较好的计算精度。

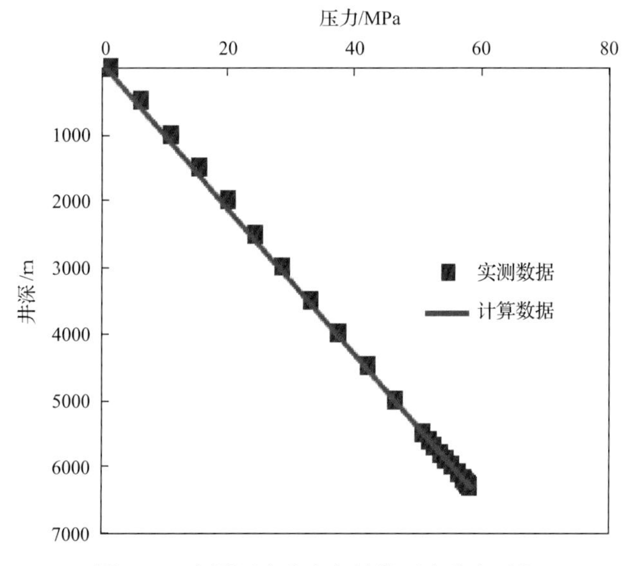

图 4-11 实测压力分布与计算压力分布对比

2) 掺稀条件下的井筒压力场分布

同样以表 4-1 中的参数为例，计算不同掺稀量下井筒压力场分布，如图 4-12 和图 4-13 所示。

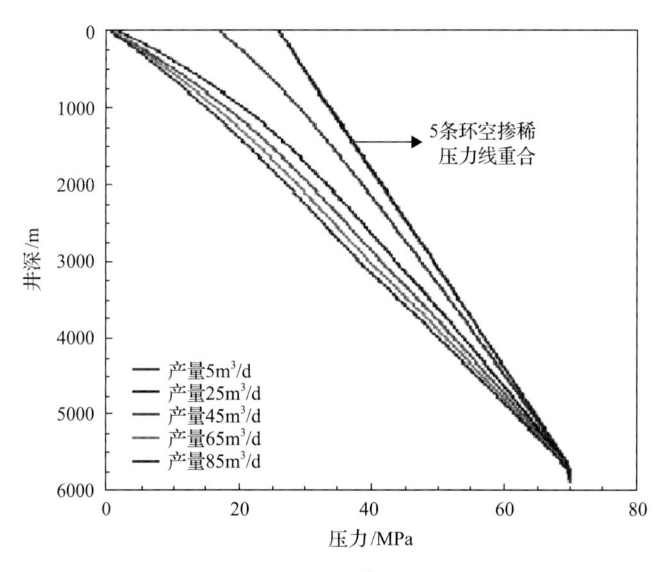

图 4-12 掺稀量为 $10m^3/d$ 时的压力分布

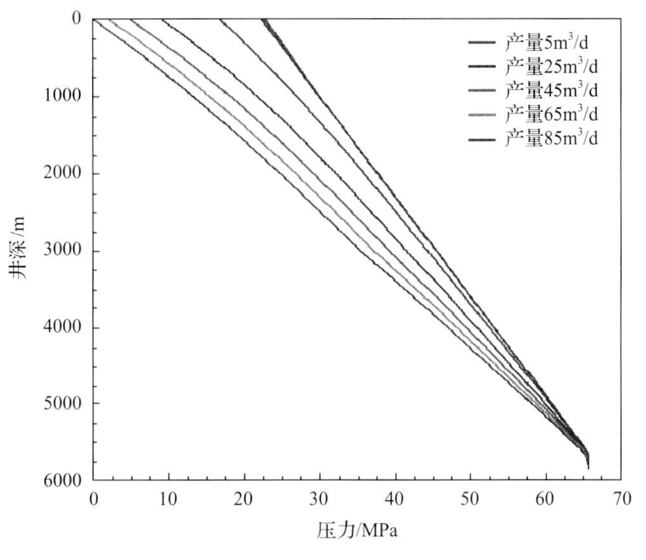

图 4-13 掺稀量为 $30m^3/d$ 时的压力分布

3) 加热工艺对井筒压力场分布的影响

不掺稀而仅采用加热工艺时，以电加热工艺为例，加热深度为 2200m(最大电加热深度)，加热功率为 30W/m，模拟计算其井筒压力场分布，如图 4-14 和图 4-15 所示。

4) 掺稀与加热共同作用下的井筒压力场分布

掺稀方式采用反掺，掺稀量为 $10m^3/d$，电加热深度为 1800m，加热功率为 30W/m。掺稀和加热共同作用时，压力和温度较单项作用时有了进一步升高(图 4-16)。

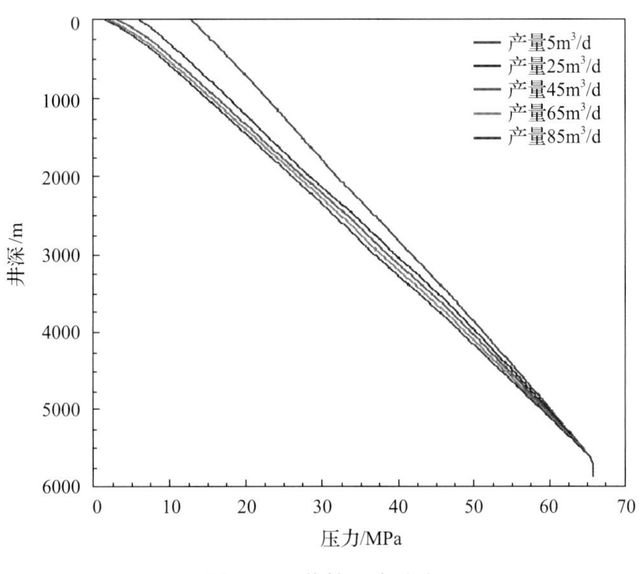

图 4-14 井筒压力分布

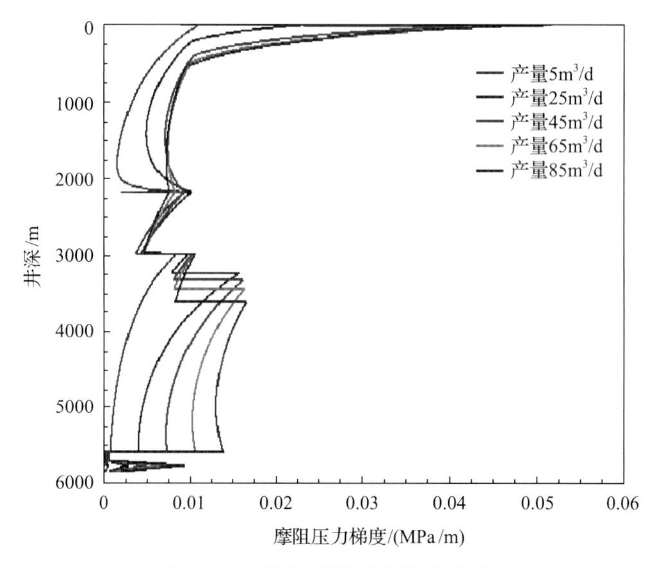

图 4-15　井筒摩阻压力梯度分布

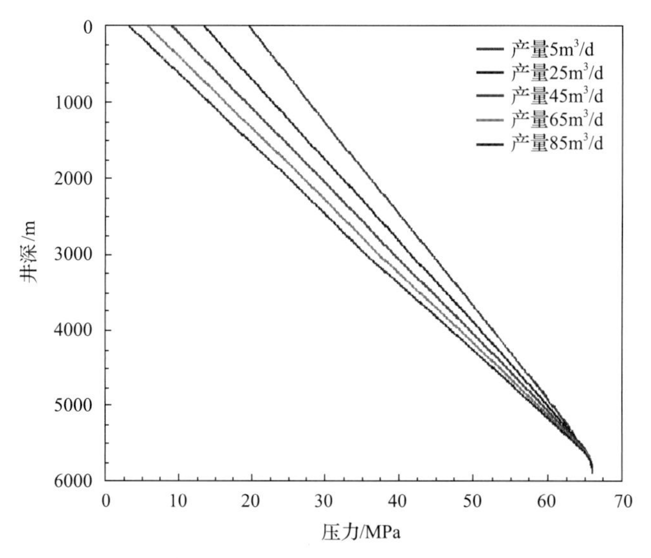

图 4-16　掺稀和加热共同作用时的井筒压力分布

4. 结论

(1) 原油黏度(井底流压较高)决定着该油井能否自喷，无法自喷的油井可以通过掺稀或者加热使其自喷。

(2) 减少掺稀量后需更大的井底压力才能自喷生产，主要是由于摩阻压降大幅度增加，换句话说，增大掺稀量有利于降低井底流压，适当增加掺稀量能有效降低井筒压力损失。

(3) 通过加热可以降低摩阻压力梯度，提高井口油压。随着加热深度和功率的增加，井口油压增加。

(4) 加热可以降低稀油的使用量，在部分井次甚至可以替代使用稀油。

(5) 产量增大(忽略井底流压变化)，井口压力会降低(稠稀比增加，混合流体黏度增大，摩阻压降增大)，一定工艺条件下，超过一定产量的油井将无法自喷。

(6) 一部分仅依靠掺稀或者加热无法自喷的井，可以通过两种工艺的组合来实现自喷采油。

4.2　掺稀降黏优化技术

掺稀降黏采油是通过油管或油套环空向油井底部注入稀油，使稀油和地层产出的稠油充分混合，从而降低稠油黏度和稠油液柱压力及稠油流动中的阻力，增大井底生产压差，使油井恢复自喷或达到机械采油条件的一项工艺技术。针对塔河油田稠油掺稀生产过程稀油利用效率低、掺稀稀稠比确定困难的问题，开展了掺稀油密度优化及掺稀优化方法探索，形成了中质油混配密度优化及掺稀稀稠比优化图版技术：

一是以稠油致稠机理为指导，开展了基于组分平衡的掺稀油密度优化技术，确定了最佳掺稀油密度为 0.91g/cm^3，在确保掺稀效果的同时提高了可用掺稀量；

二是针对现场不同粘度计生产条件下稠油井掺稀稀稠比确定困难的问题，开展了掺稀优化方法探索，形成了三参数掺稀稀稠比优化图版，有效指导了现场掺稀生产。

4.2.1　掺稀油密度优化

1.技术原理

1) 胶质/沥青质对掺稀的影响

根据原油的胶体体系理论，沥青质以胶体形式悬浮于油相中，胶质组分相当于分散稳定剂，对沥青质起非常好的稳定化作用。基础实验证实，胶质/沥青质低是缝洞型碳酸盐岩稠油致稠的一个主要因素，通过将稠油井胶质/沥青质及现场掺稀稀稠比进行对比，可以看出随着胶质/沥青质的增加，掺稀稀稠比是降低的(图 4-17)，同时根据相似相溶原理，在一定范围内，组分越相似，稀稠油混合越好。从提高胶质含量、促进沥青质分散出发，提出使用混配中质油掺稀降黏的概念[4,5]开展掺稀油密度研究。

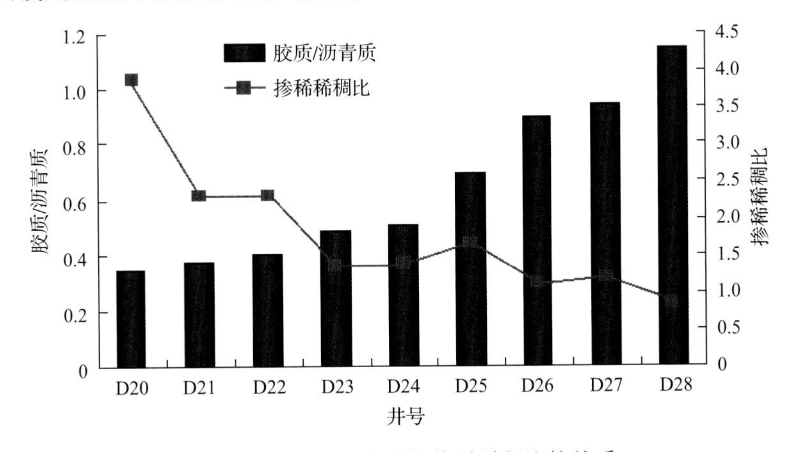

图 4-17　胶质/沥青质与掺稀稀稠比的关系

室内采用密度为0.8094g/cm^3、黏度为9.6mPa·s(50℃)、饱和烃含量为69.1%的凝析油进行掺稀实验，实验结果如图4-18所示。

(a) 凝析油为30%的照片(50℃)　(b) 凝析油为40%的照片(50℃)　(c) 凝析油为50%的照片(50℃)

(d) 凝析油为55%的照片(50℃)　(e) 凝析油为60%的照片(50℃)　(f) 凝析油为65%的照片(50℃)

图4-18　凝析油掺稀实验情况

结果表明，凝析油样与稠油样按照不同的质量比混合搅拌后，因凝析油中饱和烃含量高，其加入过量时会使沥青质产生沉淀，可见掺稀密度较低的凝析油并不适合用于掺稀。

进一步采用不同密度的混合油分别进行测定(表4-2)，可以看出随着混合油密度的增加，胶质、沥青质含量增加，胶质/沥青质值先增加后减少，密度增加到一定值后，稀油中沥青质增加幅度大于胶质增加幅度，表明掺稀油密度存在最佳点。

表4-2　不同密度混合油组分分析

样品名称	沥青质/%	饱和烃/%	芳香烃/%	胶质/%	胶质/沥青质
0.89g/cm^{3}混合油	11.1	51.9	29.3	7.7	0.69
0.90 g/cm^{3}混合油	12.8	48.4	29.6	9.2	0.72
0.91 g/cm^{3}混合油	14.4	46.1	29.7	9.8	0.68
0.92 g/cm^{3}混合油	17.7	42.6	29.6	10.1	0.57
0.93 g/cm^{3}混合油	19.4	39.8	30.6	10.2	0.53

2) 密度优化的热力学研究

现场掺稀试验表明，如果掺稀油密度过低，含大量烷烃原油的加入会造成井筒内稠油四组分(即沥青质、饱和烃、芳香烃、胶质)失衡，引发胶质、沥青质析出，堵塞井筒，影响油井正常生产。反之，如果掺稀油密度过高，显然无法满足降黏要求。因此，选择合适的掺稀油密度不仅要考虑降黏效果，还需保证胶体体系的稳定性。从不同密度中质油掺稀分子活化能、Zeta 电位及掺稀溶解焓变化等角度开展研究，可揭示中质油密度与石油胶体稳定性及掺稀降黏效果之间的关系，为现场中质油混配密度优化提供理论指导。

(1) 实验部分。

稠油样为 THC5 井稠油(50℃下黏度为 133200mPa·s)，不含水。中质油由密度为 0.88g/cm^3 和 0.95g/cm^3 的原油混配制得，其密度和族组成见表 4-3。实验药剂为乳化剂 OP-10(分析纯)。地层水样采用塔河油田地层模拟水，其离子组成见表 4-4。

表 4-3 掺稀油密度及族组成

密度/(g/cm^3)	沥青质/%	饱和烃/%	芳香烃/%	胶质/%
0.8805	9.4	56.0	27.7	6.9
0.8904	10.4	52.6	29.3	7.7
0.9020	10.8	51.4	28.6	9.2
0.9102	12.2	48.6	29.4	9.8
0.9207	17.7	40.7	31.5	10.1
0.9309	21.4	30.1	37.3	11.2

表 4-4 塔河油田模拟水离子组成

项目	Cl^-	HCO_3^-	Ca^{2+}	Mg^{2+}	SO_4^{2-}	Br^-	I^-	矿化度
参数值/(mg/L)	3445.62	2.64	586.38	56.55	270	144	7.9	4520.12

仪器采用 HH-S 数显循环恒温水浴、带进出水口的循环玻璃水套、美国 Brookfield DV-Ⅱ数显黏度计、英国 Nano-ZS90 Zeta 电位仪、SRC100 型具有恒温环境的精密溶解-反应量热系统。

(2) 实验方法。

①中质油掺稀黏温特性分析。

称取一定质量的 THC5 井稠油，并分别加入相同比例的不同黏度中质油，稀稠油比例以混合后油样黏度在 2000～10000mPa·s 为宜。加热至 90℃，并充分搅拌混合均匀后置于 90℃恒温水浴中，缓慢下调水浴温度，测定其在不同温度下的黏度。

②Zeta 电位测定。

将 0.05g 的中质油分散在 25g 油田模拟水中，取 1.25g OP-10 作为分散剂，超声分散 15min，然后于 25℃下在 Nano-ZS90 Zeta 电位仪上测定其 Zeta 电位，以此比较其胶体稳定性。为了排除表面活性剂对中质油 Zeta 电位值的影响，需在同等条件下测定 OP-10 的 Zeta 电位值，作为空白值扣除。

③掺稀过程的溶解焓测定。

将装有 100mL 中质油的反应器置于稳定性高的恒温槽中，稠油先置于样品池中，并与中质油隔开，待反应开始时将装有 0.2g THC5 稠油的样品池推入中质油中，稠油与中质油接触并开始反应。反应产生的温度变化被传感器感知并通过计算机采集和处理，得到溶解和反应过程的热效应。

(3) 实验结果分析。

①活化能分析。

按稀稠油质量比为 0.6∶1，采用缓慢降温的方式测定不同中质油掺稀黏温曲线，结果见表 4-5。从表可以看出，在相同掺稀稀稠比下，随着中质油密度逐级增大，从 0.9102g/cm^3 开始，混合油黏度均迅速升高，掺稀降黏效果变差。

表 4-5 不同中质油密度下掺稀降黏的黏温数据

温度/℃	黏度/(mPa·s)					
	0.8805g/cm^3	0.8904 g/cm^3	0.9020 g/cm^3	0.9102 g/cm^3	0.9207 g/cm^3	0.9309 g/cm^3
90	70	88	100	142	220	455
80	135	168	195	285	440	945
70	274	346	396	574	910	1970
60	535	676	786	1153	1826	4110
50	1066	1355	1576	2318	3732	8544
40	2110	2700	3150	4659	7600	17800

根据文献分析表明，稠油黏温特性很好地符合 Arrhenius 方程：

$$\ln\mu = A + E / RT \tag{4-35}$$

式中，μ 为原油的表观黏度；A 为无量纲经验常数，与原油的物性有关；E 为稠油分子平均活化能；R 为气体常数；T 为热力学温度。

采用 Arrhenius 方程对黏温曲线进行线性回归，得到稠油分子平均活化能与中质油密度之间的关系，结果见表 4-6。从表可以看出，不同密度中质油掺稀后 $\ln\mu$-$(1/T)$ 曲线用 Arrhenius 方程回归，相关度大于 0.9971。其中 $\Delta E/R$ 表示活化能的相对大小，反映稠油中 π 键和氢键缔合作用的强弱。随着中质油密度的增大，活化能在密度为 0.9102g/cm^3 之后开始迅速增大。产生这种现象的原因可能是随着中质油密度的增大，胶质沥、青质含量增加，二者之间的缔合作用增强，密度到达一定值后黏度迅速上升，掺稀降黏效果变差。

表 4-6 不同密度中质油掺稀后黏温关系

密度/(g/cm^3)	回归方程	相关度	$\Delta E/R$
0.8805	$\ln\mu = -17.058+7758.8/T$	0.9982	7758.8
0.8904	$\ln\mu = -16.975+7809.7/T$	0.9983	7809.7
0.9020	$\ln\mu = -16.976+7858.6/T$	0.9983	7858.6
0.9102	$\ln\mu = -16.818+7932.7/T$	0.9981	7932.7
0.9207	$\ln\mu = -16.732+8058.7/T$	0.9982	8058.7
0.9309	$\ln\mu = -16.76+8335.2/T$	0.9981	8335.2

②Zeta 电位。

从化学角度看，石油是一种比较稳定的胶体分散系统，一般认为，石油胶体分散系统以沥青质为核心，以依附于沥青质的胶质共同构成分散相。胶体的这种结构决定了它的电学性质，并对其稳定性起着十分重要的作用。测定的不同密度中质油的 Zeta 电位值结果见表 4-7。从表可以看出，随着中质油密度的增大，Zeta 电位绝对值呈先增大后减小的趋势，并在密度为 0.9020～0.9102g/cm^3 出现 Zeta 电位最高值。

表 4-7　不同密度掺稀油 Zeta 电位值

密度/(g/cm^3)	0.8805	0.8904	0.9020	0.9102	0.9207	0.9309
ζ电势绝对值/mV	2.09	3.29	7.8	7.23	6.7	4.57

研究表明，胶体粒子的 Zeta 电位值与反离子在粒子表面和体相中的扩散系数之比有关[6,7]。以中质油密度、Zeta 电位值及胶质/芳烃含量值作曲线，结果如图 4-19 所示。从图可以看出，胶质/芳烃含量值与 Zeta 电位有较好的对应关系，分析其主要原因有：一是随着中质油密度的增大，胶质含量增加，络合作用增强，胶质在胶粒表面的密度增大。二是随着稀油密度的增大，芳烃含量同时增加，胶质从胶粒表面剥离。胶质/芳烃含量值变化对胶质在沥青质表面吸附和体相中的扩散产生双重影响，在密度为 0.9020～0.9102g/cm^3 达到平衡，从而获得一个最高 Zeta 电位值。在该密度区间内，Zeta 电位值较高，胶体体系较稳定，掺稀过程中不易发生沥青质析出现象。

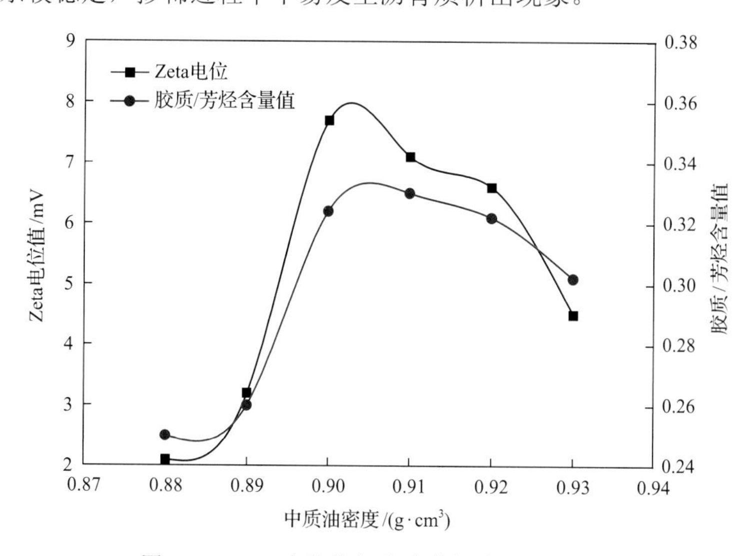

图 4-19　Zeta 电位值与胶质/芳烃含量值的关系

③溶解焓测定结果。

稠油掺稀降黏过程可看成是将溶质(稠油)溶解于溶剂(中质油)的过程，该过程会产生热效应，而在等压过程中，这种热效应就等于该过程的焓变。掺稀溶解焓变越小，说明该过程中系统会越快达到热力学平衡。不同密度中质油掺稀过程中的溶解热焓变测定结果见表 4-8。

表 4-8　不同密度中质油溶解焓变测定

稀油密度/(g/cm^3)	0.8805	0.9020	0.9102	0.9207	0.9309
溶解热焓/(kJ/mol)	3.88	3.58	3.51	3.63	3.81

从表 4-8 可以看出，随着掺稀中质油密度的增大，掺稀溶解热焓呈先降后升趋势，在 $0.9102g/cm^3$ 出现最低值。根据热力学中吉布斯自由能定义，在等温、等压、不做其他功的条件下，自发变化总是朝吉布斯自由能减少的方向进行。因此，中质油密度在 $0.91g/cm^3$ 附近溶解热焓最低，恒温恒压下，溶解过程最有利，掺稀效果最佳。

2. 最佳掺稀油密度确定

为了确定最佳掺稀油密度，分别将 $0.88g/cm^3$ 的稀油与 $0.945g/cm^3$ 的外输油按照不同比例配制成密度为 $0.89g/cm^3$、$0.90g/cm^3$、$0.91g/cm^3$、$0.92g/cm^3$、$0.93g/cm^3$ 的中质油，与 1.5×10^5～1.20×10^5mPa·s 的稠油进行掺稀降黏实验，确定不同密度稀油与稠油混合后黏度达到 3000mPa·s(50℃)时的掺稀稀稠比。通过混配后中质油量及掺稀稀稠比，可以确定稠油产量理论值，然后分别以掺稀油密度为横坐标，以混配后中质油总量、掺稀稠比及稠油产量理论值为纵坐标作图(图 4-20～图 4-25)，可以看出稠油产量理论值曲线整体上具有先增加后降低的趋势，从掺稀效果及经济性考虑，选取稠油产量理论值相对大的点对应的掺稀油密度为最佳掺稀油密度值。

实验结果表明，随着稠油黏度的增加，掺稀效果变差，通过将各黏度范围稠油加权平均后，确定最佳掺稀油密度为 $0.91g/cm^3$。

运用相同的实验方法，对其他来源的稀油进行混配掺稀实验，实验结果如图 4-26 所示。从图中可以看出，针对其他来源稠油的掺稀用油选择具有相同趋势。由于其他稀油来源接近所选实验用稠油，油品性质更接近，最佳稀油密度为 $0.9145g/cm^3$。

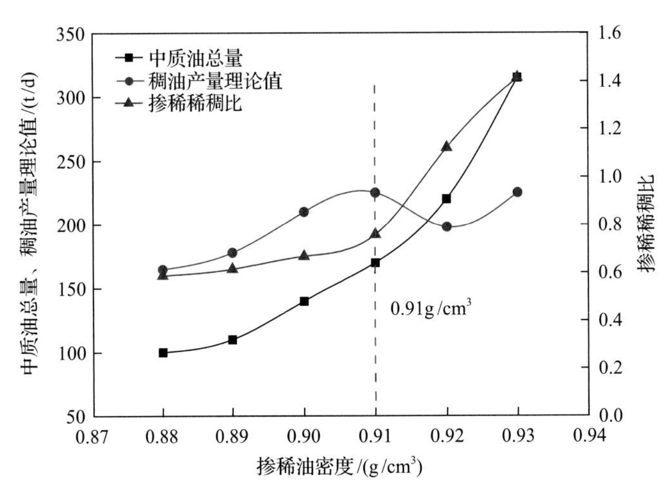

图 4-20　15×10^4mPa·s 稠油掺稀实验

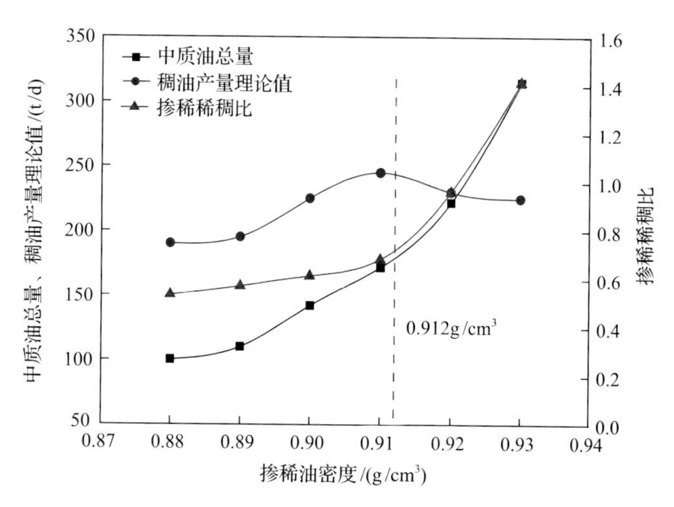

图 4-21　30×10^4mPa·s 稠油掺稀实验

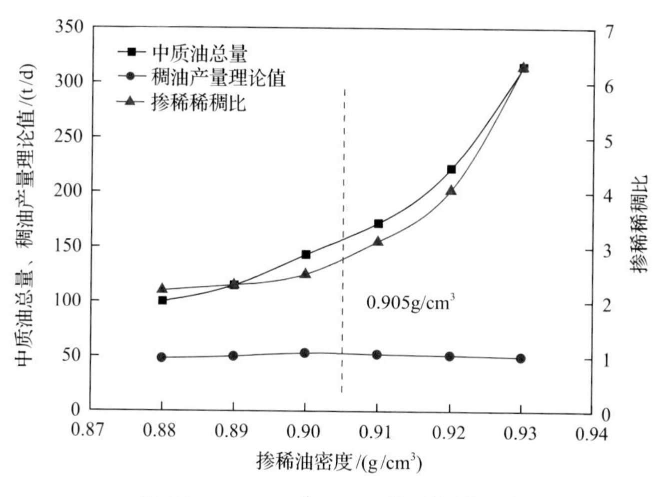

图 4-22　60×10^4mPa·s 稠油掺稀实验

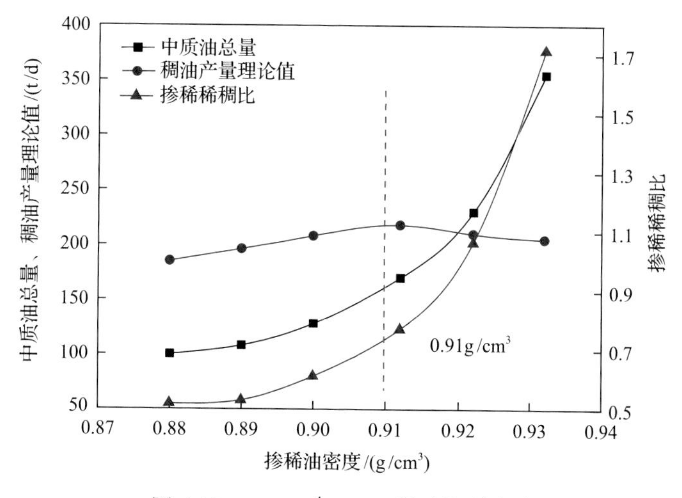

图 4-23　90×10^4mPa·s 稠油掺稀实验

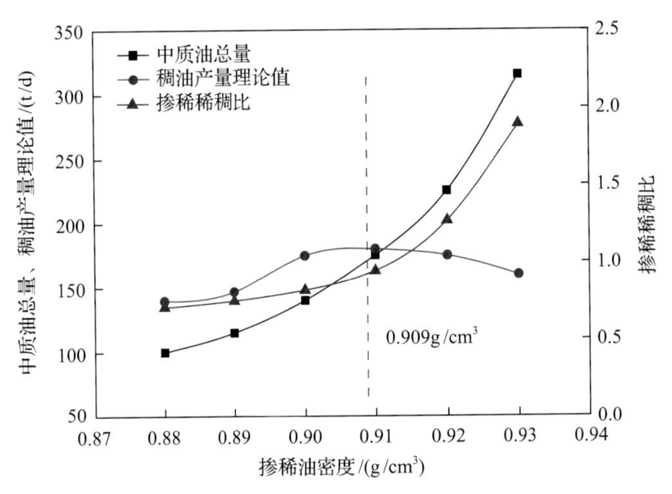

图 4-24　120×10⁴mPa·s 稠油掺稀实验

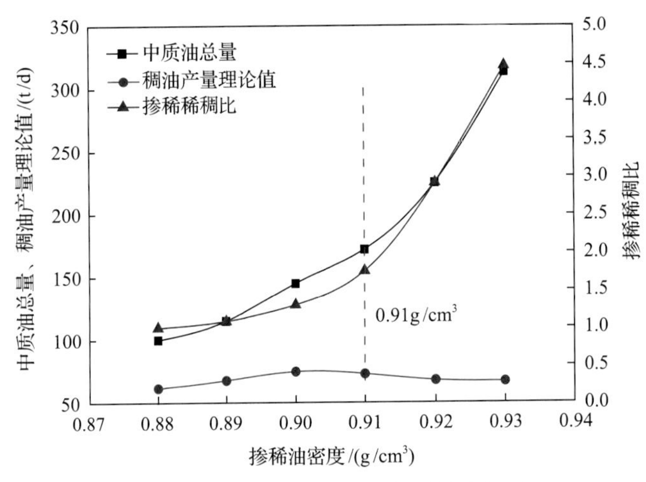

图 4-25　不同稠油加权平均后总体情况

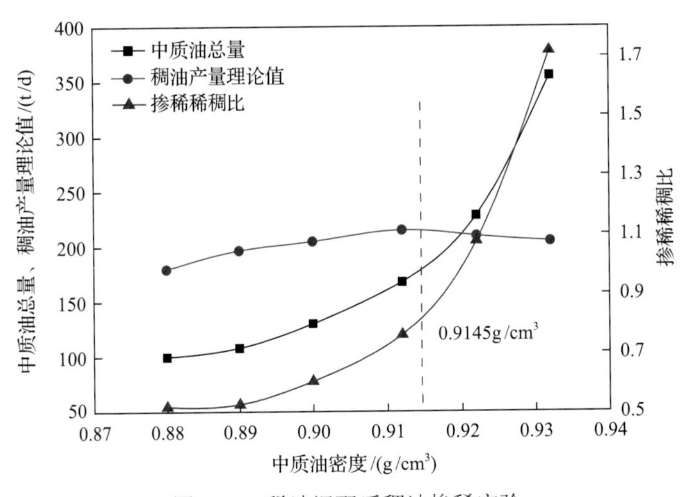

图 4-26　稀油混配后稠油掺稀实验

3. 掺稀油密度混配工艺

为了填补塔河油田掺稀油缺口，塔河油田创新提出了联合站稀油动态混配工艺技术，将塔河油田二号联合站、三号联合站工艺进行改造调整，用于对掺稀用中质油的混配。

混配后掺稀油密度计算公式：

$$\rho_{混}=\frac{Q_{稀}\rho_{稀}+Q_{稠}\rho_{稠}}{Q_{稀}+Q_{稠}}$$

式中，$\rho_{混}$为混合油密度，g/cm³；$\rho_{稀}$为稀油密度，g/cm³；$\rho_{稠}$为稠油密度，g/cm³；$Q_{稀}$为稀油液量；$Q_{稠}$为稠油液量。

1) 二号联合站混配工艺

二号联合站掺稀混配优化调整工程将一号联合站和三号联合站稀油输送至二号联合站，在二号联合站进行集中掺稀。一号联合站和三号联合站运输来的稀油经计量进入2#、4#罐储存，二号联合站根据混配用油情况，将生产的净化油直接送入12#罐，在罐内进行混配。然后通过外输泵提升后外输至掺稀增压站内进入12区稀油管网(图4-27)。

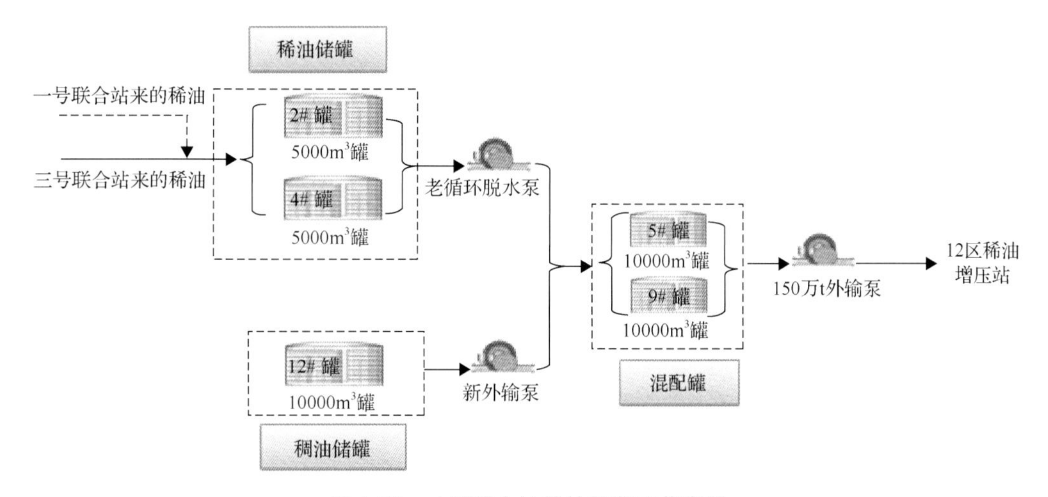

图4-27 二号联合站稀油混配工艺流程

2) 三号联合站混配工艺

塔河油田三号联合站所辖区块采出的稀油和稠油在进入一次沉降罐之前完成混配，混配油全部通过脱硫塔进行脱硫，再通过2座5000m³原油一次沉降罐(1#、2#)、2座5000m³原油二次沉降罐(4#、6#)，通过脱水泵提升后进入脱硫塔二段脱硫，二段脱硫后的混配油一部分进入1座5000m³稀油储罐(3#)，其余混配油进入1座5000m³三次沉降罐(5#)和2座10000m³净化油罐(7#、8#)。稀油在储罐内进行脱水处理，与此同时，合格的稀油经稀油外输泵外输至稠油区块掺稀(图4-28)。

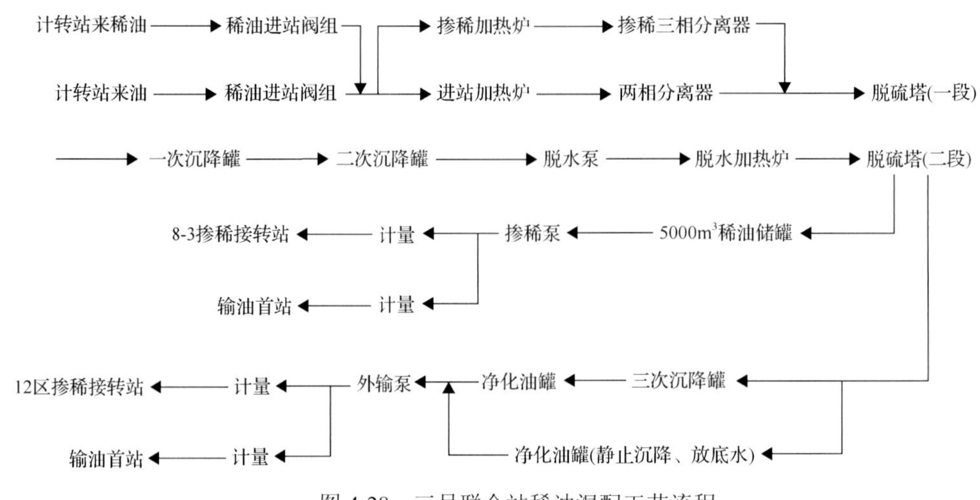

图 4-28　三号联合站稀油混配工艺流程

4. *矿场试验*

1) 不同密度稀油掺稀试验

试验采用单井掺稀及接喷计量流程，可以有效减小计量误差影响。现场混配及试验流程如图 4-29 所示。

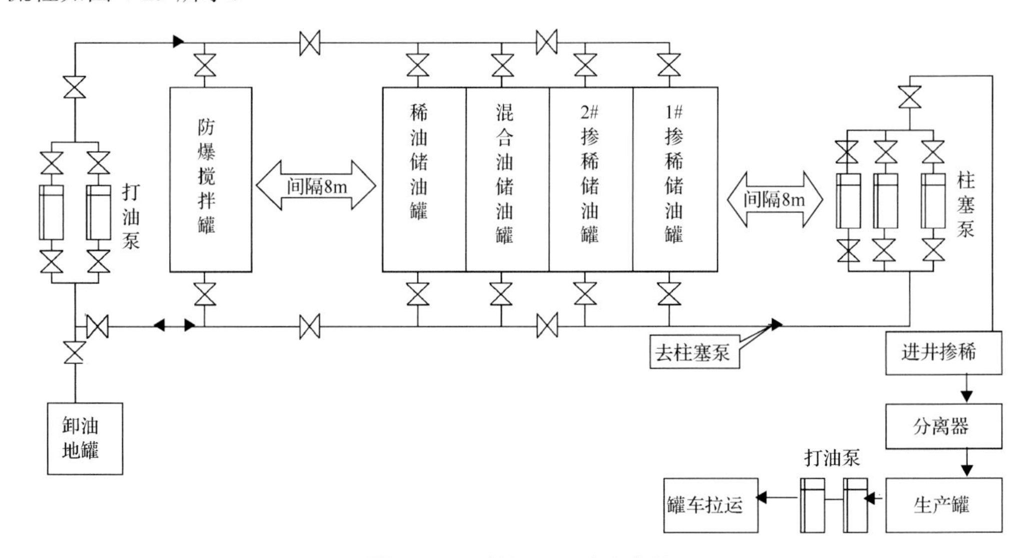

图 4-29　现场混配及试验流程

主要掺稀、生产流程设备有：1 台防爆搅拌罐、4 座储油罐、3 台柱塞泵、1 台分离器、2 座生产罐；另外井场配备有标准密度仪一台，检验混配出的中质油及混合液密度。

试验过程中，根据现场生产情况调整注入量达到最佳。

在保证油井正常生产的前提下，掺稀量的调整遵循以下几个原则。①回压不超过 2.0MPa，且与回压基值相差不超过 0.5MPa；②产液黏度不超过 3500mPa·s，且与黏度基值相差不超过 2000mPa·s；③油井产量与基值相比不超过 3t/d，可以根据产量、掺稀量等需要调整油嘴大小。

中质油混配现场试验对采油密度为0.92g/cm³的稀油进行掺稀，在保证油井产量、产液黏度及回压不变的情况下，产液密度略有增大，油压降低0.2～0.5MPa，套压降低0.5～1MPa，说明中质油掺稀能满足油井的正常生产需要。

按照试验取得的数据及掺稀基值计算D29井和D30井节约纯稀油效果，见表4-9。从表中可以看出D29井及D30井通过将掺稀油密度由0.895g/cm³提高至0.92g/cm³起到了很好的节约纯稀油的效果。

表4-9　中质油掺稀节约纯稀油效果

井号	掺0.895g/cm³中质油时				掺0.92g/cm³中质油时				节约纯稀油/%
	工作制度	产液/(t/d)	掺入量/(t/d)	纯稀油/(t/d)	工作制度	产液/(t/d)	掺入量/(t/d)	纯稀油/(t/d)	
D29	6.5mm	50	84	64.6	7mm	50.8	99.4	38.27	40.76
D30	6mm	73	75.1	57.75	6.5mm	74.9	110.9	42.7	26.06
平均		61.5	79.55	61.18		62.85	105.2	40.49	33.82

2) 规模应用情况

利用掺稀油密度优化技术，塔河油田将掺稀油密度提升至0.91g/cm³，每年可节约掺稀油量为60×10^4～80×10^4t，极大地解决了掺稀油不足的难题。

4.2.2　掺稀稀稠比优化技术

1. 技术原理

掺稀稀稠比是指注入稀油量与地层产油量的比值。实际生产过程中，掺稀稀稠比受油品性质、生产方式及输送管道要求等限制，需要差异化掺稀。因此对不同油井掺稀稀稠比要求不同。

(1) 油品性质。由于塔河油田稠油不同缝洞单元原油密度黏度差异较大，在混合液黏度相同条件下，掺稀稀稠比不同。

(2) 生产方式。由于井筒举升需要，要求稠油黏度不能过高，否则容易出现沿程摩阻损失过大及入泵难等问题，举升困难。

(3) 由于地面管线受管径、输送距离等条件影响，为确保原油输送要求，黏度不能过高，否则无法输送至计转站进行下一步处理。

(4) 含水。原油含水会形成W/O型乳状液，造成黏度上升，相应的掺稀稀稠比需要上调以确保生产正常。

综上所述，受生产、集输条件制约，要求混合油在一定黏度以下，同时为节约稀油往往需要尽量降低掺稀稀稠比，因此针对塔河油田不同黏度稠油，需要一种能快速确定掺稀稀稠比的方法。

2. 掺稀稀稠比影响因素

掺稀稀稠比是指注入稀油量与地层产油量的比值。一般根据油井测试层位的产能大小和混合产液的密度、黏度，仔细进行分析计算，确定合适的掺稀量，为保证掺稀生产的正常运行，对混合液的黏度(要求控制在3000mPa·s左右，50℃)进行调整。理论上来说，在温度一定的条件下，混合液黏度只和稀油、稠油黏度及其掺稀稀稠比有关，但现场产率不同，井口混合液温度不同，另外原油含水造成原油乳化，原油乳状液黏度受到含水率的影响，因此，掺稀稀稠比的影响因素主要包括稀油密度、稠油黏度及外输黏度要求，考虑现场因素油井产量、含水率影响，实际影响掺稀稀稠比的主要因素为稀油密度、稠油黏度、外输油黏度、油井产量、含水率5个参数。

1)稠油和稀油黏度

目前国内对不含水、一定温度情况下、一定黏度范围内的稠油掺稀稀稠比开展研究，通过对现场数据的整理，筛选众多混合油黏度计算模型进行计算和误差分析对比，认为双对数模型比较符合混油黏度计算：

$$\lg\lg\mu = X_1\lg\lg\mu_1 + X_2\lg\lg\mu_2 \tag{4-36}$$

式中，μ为混合原油黏度(表观黏度)，mPa·s；μ_1、μ_2为低黏度、高黏度组分原油黏度(表观黏度)，mPa·s；X_1、X_2为低黏度、高黏度(表观黏度)组分原油质量分数。

式(4-36)适用于不含水、温度一定条件下低黏度稠油掺稀稀稠比的确定，未考虑油井含水率、油井产量等现场因素的影响。以塔河油田超稠油为样品进行验证[8,9]，该式适用于黏度在5×10^4mPa·s以下稠油掺稀稀稠比的确定，相对误差可控制在10%以内；对黏度高于5×10^4mPa·s以上的稠油掺稀稀稠比的确定不适用，现场相对误差大于25%。表4-10列出了部分掺稀井用式(4-36)计算出的混合油黏度与实测黏度之间的对比，从表中可以看出其计算值与实测值的误差较小。

表4-10　混合油黏度计算值与实测值对比

井名	日期	计算混合油黏度/(mPa·s)	实测混合油黏度/(mPa·s)	误差值/%
D31	2008-05	472.95	480	1.49
		266.84	270	1.18
		131.9	130	1.44
D32	2008-05	640.94	600	6.39
		330.87	320	3.29
		169.67	160	5.70
D33	2008-10	644.44	700	8.62
		398.94	380	4.75
D34	2008-08	3139.02	3100	1.24
		1543.6	1600	3.65
		747.3	810	8.39
D35	2008-09	1701.76	1600	5.98
		807.04	830	2.84
平均误差/%				4.1

2) 含水率

乳状液的黏度与外相黏度、内相黏度、内相体积分数、液珠大小及乳化剂性质等因素有关。当内相体积分数较小时，乳状液黏度主要取决于外相黏度。内相体积分数的影响可以粗略地用式(4-37)表示。该式是 Einstein[10]在层流条件下用流体力学导出的，用于球形刚性粒子在牛顿液体中的分散体系。它只适用于内相体积分数足够小(<0.02)的体系，用于乳状液存在一定误差：

$$\mu = \mu_0 \left(1 + 2.5\varphi\right) \tag{4-37}$$

式中，μ 为乳状液黏度；μ_0 为分散介质黏度；φ 为内相体积分数。

Sibree[11]研究了很多石油分散在水中的乳状液，提出的乳状液黏度与内相体积分数公式比较精确，适用的内相体积分数范围较宽，如式(4-38)所示：

$$\mu = \mu_0 \left(\frac{1}{1-(h\varphi)^{1/3}}\right) \tag{4-38}$$

式中，h 为积因子，大约为 1.3，可能与乳化剂的浓度和类型有关。

当内相体积分数较大时，乳状液黏度主要取决于内相体积分数。内相黏度高时，乳状液黏度增高。当内相黏度很高时，可将液珠视为固体质点。事实上，液膜性质对体系黏度的影响远比内相性质的影响大。液膜性质与乳化剂性质有关。乳化剂性质的影响主要来源于界面流变性质，油水相中的分配、内外相之间的分散程度、油水相液体中胶束的形成及其增溶作用等方面。

3) 油井产量

油井产量与油井温度相关(图 4-30)，油井产量越高，油管内流体的对流换热强度越大，井口温度越高，油井在高产时，油管壁的对流换热系数大，通过管壁散失的热量比低产时大，这样引起地层温度的增加值也变大。因此，油井温度随油井产量的增高而增大。

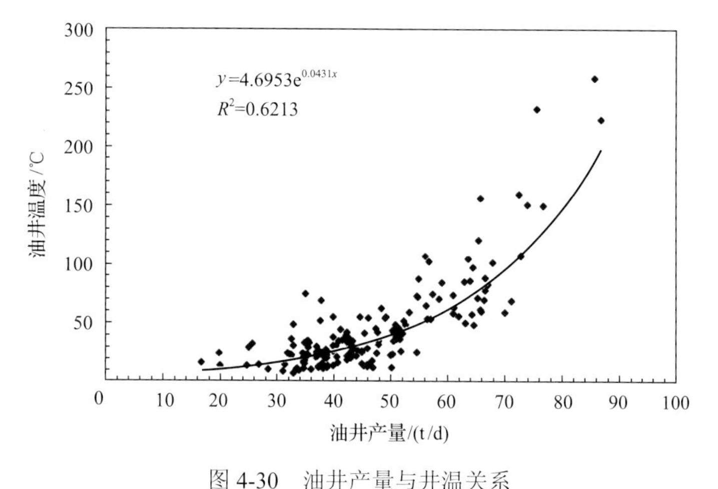

图 4-30　油井产量与井温关系

油井温度是影响混合液黏度的重要因素，同一井况下，掺稀稀稠比越大，即掺入稀油量越大，油井温度越高，油井产量越大，而达到外输要求的掺稀稀稠比则越低，也就是说油井温度越高，掺稀稀稠比越低，但掺稀温度对掺稀稀稠比的影响不大，通过增大掺稀温度来降低掺稀稀稠比的效果不好。

对油井产量对掺稀稀稠比的影响进行归纳，绘制出油井产量与掺稀稀稠比的关系图(图 4-31)，并进行数据拟合，得出含水率与掺稀稀稠比的关系式。在黏度变化不大、排除含水率影响条件下，掺稀稀稠比随油井产量的升高而降低。

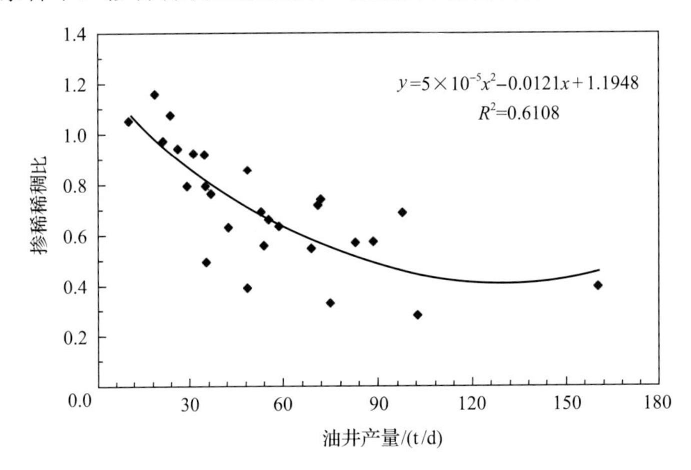

图 4-31　油井产量与掺稀稀稠比关系

掺稀稀稠比影响因素主要分为外输油黏度要求及现场因素两类。

(1)油品性质。

主要指稀油密度及稠油黏度，稠油黏度越低，稀油混合比例就越小，稀油密度越大，黏度越高，掺稀时需求的稀油比例就越大。

(2)外输油黏度要求。

油井生产过程中，外输管线距离、机采井对产液黏度要求共同决定了稀油和稠油的混合比例。

(3)现场因素。

现场因素主要指油井产量和含水率的影响。油井产量在一定程度上影响混合产液的温度，油井产量越大，温度越高，掺稀稀稠比就越低。含水率影响油水乳状液状态，O/W型乳状液会起到增黏作用，而 O/W 型乳状液起降黏作用。

3. 最佳掺稀稀稠比确定方法

1)掺稀优化图版母版

根据掺稀稀稠比影响因素制定掺稀图版。由于现场均采用密度为 0.91g/cm^3 的稀油进行掺稀，无法采用现场统计的方法考察密度不同的稀油掺稀效果，采用室内实验模拟现场，确定稀油密度和稠油黏度对掺稀稀稠比的影响。

室内实验采用密度为 0.88g/cm^3 的稀油与密度为 0.945g/cm^3 的混合油混配成密度为 0.89g/cm^3、0.90g/cm^3、0.91g/cm^3、0.92g/cm^3、0.93g/cm^3 的中质油，与黏度为 5×10^4mPa·s、

15×10^4mPa·s、30×10^4mPa·s、60×10^4mPa·s、90×10^4mPa·s、120×10^4mPa·s 的稠油进行混合至黏度为 3000±200mPa·s，记录掺稀稀稠比的变化。

通过实验得到稀油密度、稠油黏度与掺稀稀稠比之间的关系，如图 4-32 所示。利用图4-32可以在外输油黏度要求为3000mPa·s时直接读出不同密度稀油和不同黏度稠油条件下的合理掺稀稀稠比。

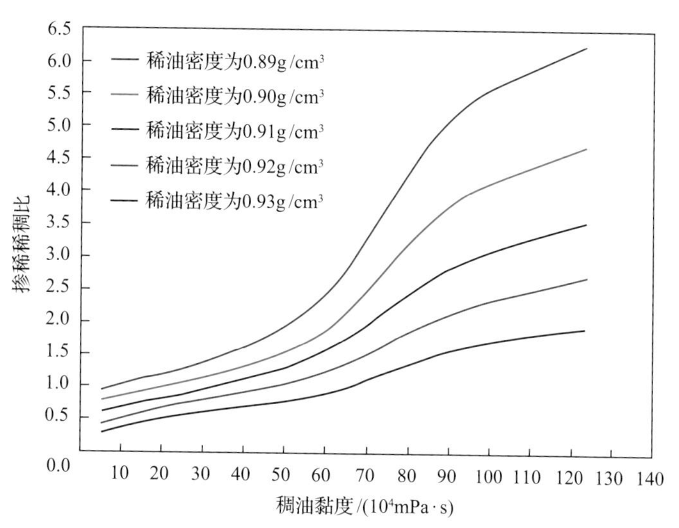

图 4-32　稀油密度、稠油黏度与掺稀稀稠比之间的关系图

2) 外输油黏度修正图版

掺稀图版母版是在外输油黏度要求为 3000mPa·s(50℃)的实验条件下得出的，但现场生产过程中采油方式及计转站距离远近不同，造成对井口混合液黏度要求不同，因此需要根据外输油黏度要求对掺稀图版母版得出的掺稀稀稠比进行校正。

室内实验考察不同黏度稠油与稀油混合至黏度为 1000mPa·s、2000mPa·s、8000mPa·s，并以外输油黏度要求为 3000mPa·s 下的掺稀稀稠比为基准，考察其偏离程度，得到如图 4-33 所示的外输油黏度修正图版。

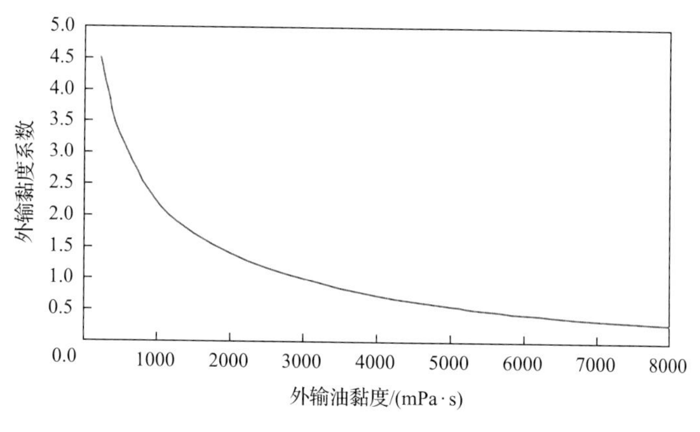

图 4-33　外输油黏度修正图版

3) 产量修正图版

油井温度与油井产量呈正相关。油井温度是影响混合液黏度的重要因素，在黏度变化较小、排除含水率影响条件下，掺稀稀稠比随着油井产量的升高而降低。通过现场数据统计，油井产量与油井温度之间存在如下关系(图 4-34)。

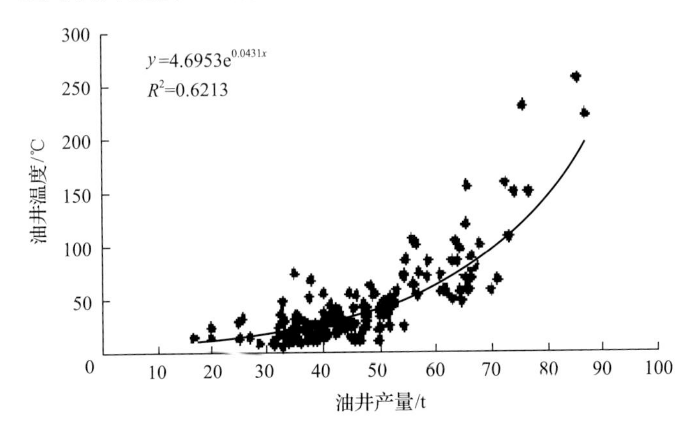

图 4-34　油井产量与油井温度关系

通过图 4-34 拟合得出的油井温度和油井产量之间存在的关系式为

$$T_{油}=4.6953e^{0.0431q} \tag{4-39}$$

式中，$T_{油}$ 为油井温度，℃；q 为油井产量，t/d。

计算得出 50℃对应的井口产量应为 55t/d。因此，现场统计以含水率为 0、油井产量为 55t/d 条件下，不同掺稀稀稠比为基准，考察不同油井产量的偏离值，得到如图 4-35 所示的产量修正图版。

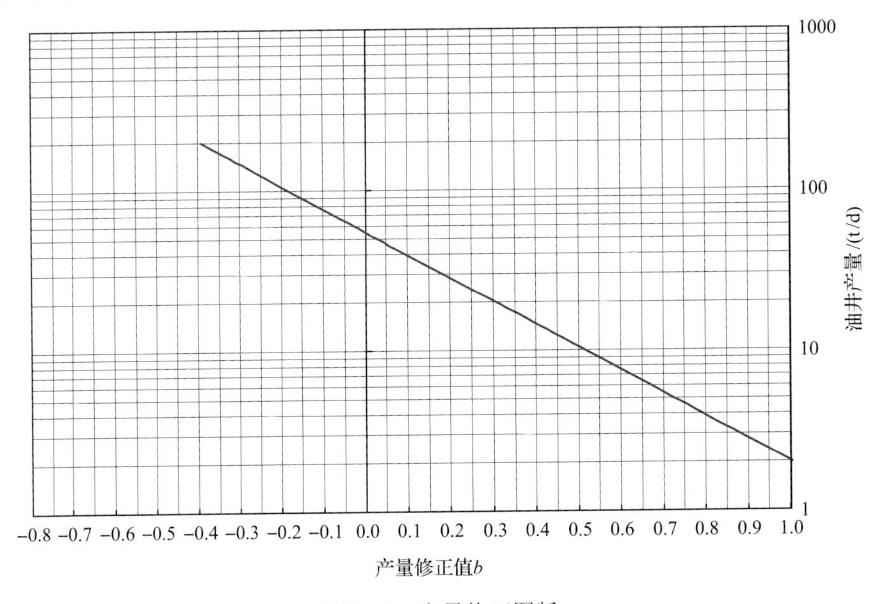

图 4-35　产量修正图版

4) 含水率修正图版

现场统计结果表明，随着含水率的不断升高，掺稀稀稠比呈指数下降趋势，表明含水率是影响掺稀的重要因素之一。选取油井产量为 55t/d 左右，对不同含水率稠油井掺稀稀稠比进行统计，并与不含水时的掺稀稀稠比进行比较，计算偏差值，得出含水率修正值(图 4-36)。

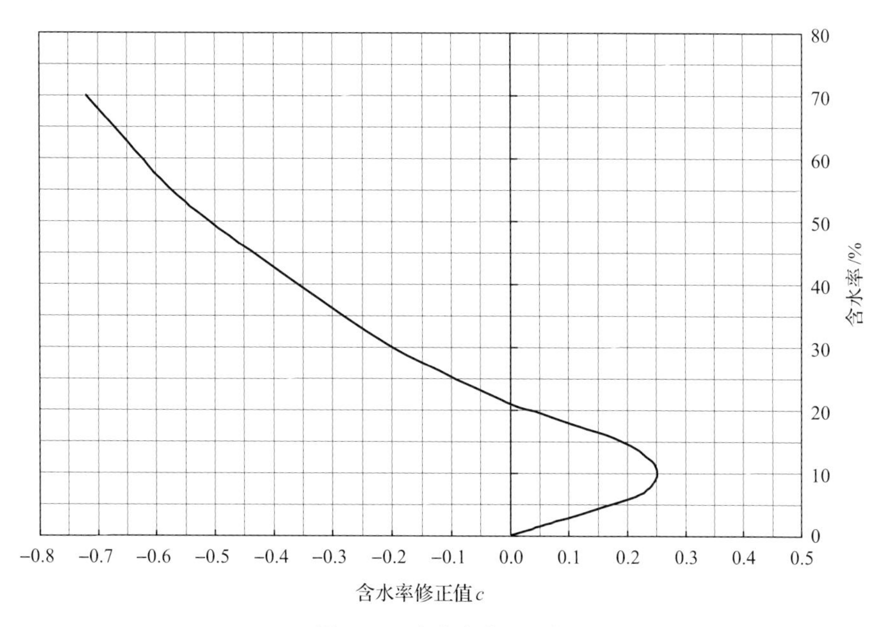

图 4-36　含水率修正图版

掺稀稀稠比计算方法：

$$\gamma = ka+b+c \tag{4-40}$$

式中，γ 为油井最佳掺稀稀稠比；k 为外输油掺稀稀稠比影响系数；a 为非修正原始掺稀稀稠比；b 为油井产量修正值；c 为含水率修正值。

4. 掺稀优化系统软件

鉴于井筒掺稀降黏工艺掺稀稀稠比确定比较复杂，本书提出根据掺稀图版确定掺稀稀稠比的方法，但该方法的计算过程比较复杂，且存在误差，造成其工程应用非常不方便，因此，依据第 4 章的三参数掺稀图版和掺稀优化图版研制出了掺稀优化系统软件，较好解决了掺稀实际应用问题，为现场掺稀降黏工艺提供了参考。

掺稀优化系统采用 VB 编制而成，主要功能模块包括数据录入及修改、数据处理、结果输出等模块。

1) 软件简介

掺稀优化系统软件是在 Visual Basic 平台上开发的，该平台功能强大，拥有系统化的数据结构、数据管理、输入和输出设计。该软件采用简洁且通俗易懂的顺序结构编制，有利于数据的快速输入、计算和修改。为方便用户使用，增强软件系统的可操作性和可维护性，达到快捷计算的目的，在编制过程中应用了 1 个模块、10 个过程函数，整个系统采用 Windows 支持的 Excel 办公软件进行原始数据的输入和计算结果的保存，输入方式为键盘、数据文件两种，输出方式为数据、图形显示两种。

2）功能说明

(1) 数据录入及修改。

计算掺稀稀稠比时需要用户输入相应的掺稀图版数据和油井参数，该系统可通过修改数据文件修改录入的掺稀图版数据。录入和修改的数据包括 5 个部分：①非修正掺稀图版数据录入和修改；②外输油黏度修正图版数据录入和修改；③产量修正图版数据录入和修改；④含水率修正图版数据录入和修改；⑤油井参数录入。

(2) 掺稀图版显示。

根据录入的掺稀图版数据，在主界面上绘制出非修正掺稀图版、外输黏度修正图版、产量修正图版、含水率修正图版。

(3) 掺稀稀稠比计算结果显示和保存。

通过该系统进行掺稀稀稠比计算，在掺稀稀稠比计算界面上显示计算结果，并将计算结果保存在数据文件中，以供查阅。

3）数据处理模块设计

(1) 数据结构设计。

该系统的数据包括非修正掺稀稀稠比数据、外输黏度修正数据、产量修正数据、含水率修正数据、油井参数、掺稀稀稠比计算结果。数据结构与模块的关系见表 4-11。

表 4-11　数据结构与模块的关系

序号	数据对象名称	数据类型	处理方法
1	非修正掺稀稀稠比数据	输入数据	参数录入、绘图、计算
2	外输油黏度修正数据	输入数据	参数录入、绘图、计算
3	产量修正数据	输入数据	参数录入、绘图、计算
4	含水率修正数据	输入数据	参数录入、绘图、计算
5	油井参数	输入数据	参数录入、计算
6	掺稀稀稠比计算结果	输出数据	保存

(2) 数据处理方法。

该软件采用三次样条插值法实现数据的拟合、计算和绘图。三次样条函数可以给出光滑的插值曲线，保证插值函数光滑、连续、准确，在数值逼近、数值求解、工程数据和实验数据的计算中起着重要作用。

该软件系统包括 4 个计算部分：①非修正掺稀稀稠比计算；②外输黏度修正计算；③产量修正计算；④含水率修正计算。

该软件通过过程函数的调用实现数据计算和绘图，编制的过程函数包括：三次样条插值过程函数、总体计算过程函数、含水率输入过程函数、掺稀稀稠比输入过程函数、产量输入过程函数、外输输入过程函数、含水率修正过程函数、掺稀稀稠比修正过程函数、产量修正过程函数、外输黏度过程函数。

(3)掺稀优化系统软件编制流程。

该软件首先调用掺稀图版数据，并对非修正掺稀稀稠比、外输黏度修正、油井产量修正、含水率修正数据进行三次样条插值，得出三次样条函数，在Visual Basic的Picture控件中绘出4组曲线；其次根据输入的稠油黏度、稀油密度、外输油黏度、油井产量、含水率数据按照三次样条函数分别计算非修正原始掺稀稀稠比a、外输油黏度修正值k、油井产量修正值b、含水率修正值c；最后根据最佳掺稀稀稠比计算公式[式(4-40)]进行计算，得出最佳掺稀稀稠比数据。具体计算流程如下：①调用输入函数；②调用三次样条插值函数；③调用总体计算过程，计算出相应的插值；④调用修正函数；⑤由窗体过程计算出修正值；⑥绘制图形函数的调用。

4)软件界面说明

(1)进入界面。

掺稀优化系统进入界面如图4-37所示。选择“进入”，则将进入掺稀优化系统主界面，选择“取消”则将退出该系统。

图4-37　进入界面

(2)主界面。

主界面用于显示掺稀优化图版及连接相关系统功能，用户可以在主界面上点击相应的菜单或工具进入下一级窗口，从而实现系统的正常操作和运行。

(3)掺稀稀稠比计算。

掺稀稀稠比计算界面可实现油井参数(稠油黏度、稀油密度、外输油黏度、油井产量、含水率)的输入。用户进入该界面后，系统会读取已经存储的数据，如果未曾修改过原始参数，系统则使用默认数据。用户录入数据后单击“计算”，系统会检查所输入数据的合理性，包括数据范围和数据类型。检查通过后，系统将此数据存入系统内存，进行计算时，软件将使用这些更新过的参数数据，计算结果在该界面上显示。掺稀稀稠比计算界面如图4-38所示。

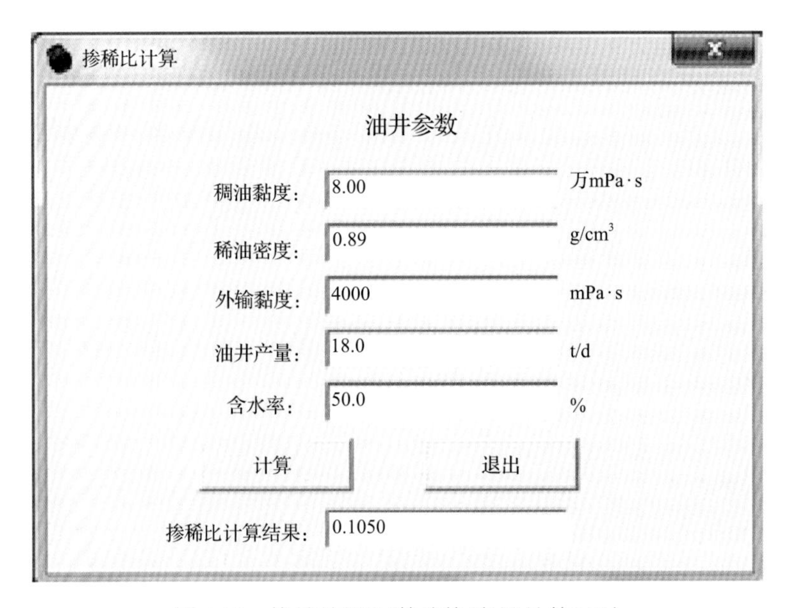

图4-38 掺稀稀稠比（简称掺稀比）计算界面

(4) 保存界面。

该界面可实现油井参数和掺稀稀稠比计算结果的输出。用户进入该界面后，单击“是”将计算结果保存在“save.xls”文件中。

5) 使用说明

具体的软件操作内容主要包括以下几个方面。

(1) 系统的启动。

程序安装后，双击掺稀优化系统快捷方式打开系统，进入“进入界面”，单击“进入”则进入主界面，单击“取消”则取消本次操作。

(2) 系统的退出。

单击“退出”菜单或工具退出本系统。

(3) 掺稀图版数据修改。

单击菜单栏或工具栏上 “参数”菜单或工具，选择需要修改的图版，单击该选项，进入Excel格式的数据文件，完成数据修改后，单击Excel数据表工具栏上的“保存”按钮，修改完成后，关闭数据文件。打开数据文件后，无须修改直接退出Excel数据表即可。

(4) 掺稀图版绘图。

单击菜单栏或工具栏上“绘图”菜单或工具，选择进行修改的图版，单击该选项，界面自动刷新，绘制出新的图版。

(5) 掺稀稀稠比计算。

单击菜单栏或工具栏上“计算”菜单项或工具，进入“掺稀稀稠比计算”界面，输入油井参数，单击“计算”按钮，则系统计算掺稀稀稠比数值并显示结果。

(6) 数据保存。

单击菜单栏或工具栏上“计算”菜单项或工具，进入“保存”界面，单击“是”按钮，则系统将最新计算的掺稀稀稠比计算结果及油井参数保存在“save.xls”数据文件中。

(7) 打开帮助文件。

单击菜单栏或工具栏上“帮助”菜单项或工具，打开帮助文件。

6) 应用举例

(1) 油井参数。

以 D39 井为例，其油井参数见表 4-12。

表 4-12　D39 井油井参数

井号	油井产量/(t/d)	掺稀量/(t/d)	外输油黏度/(mPa·s)(50℃)	含水率/%	稠油黏度/(mPa·s)(50℃)	稀油密度/(g/cm^3)
D39	52.7	76.8	3000	0	650000	0.90

(2) 计算过程。

根据现有掺稀优化图版计算 D39 井的最佳掺稀稀稠比。D39 井掺稀稀稠比计算界面如图 4-39 所示。得到的掺稀稀稠比计算结果为 1.2210。

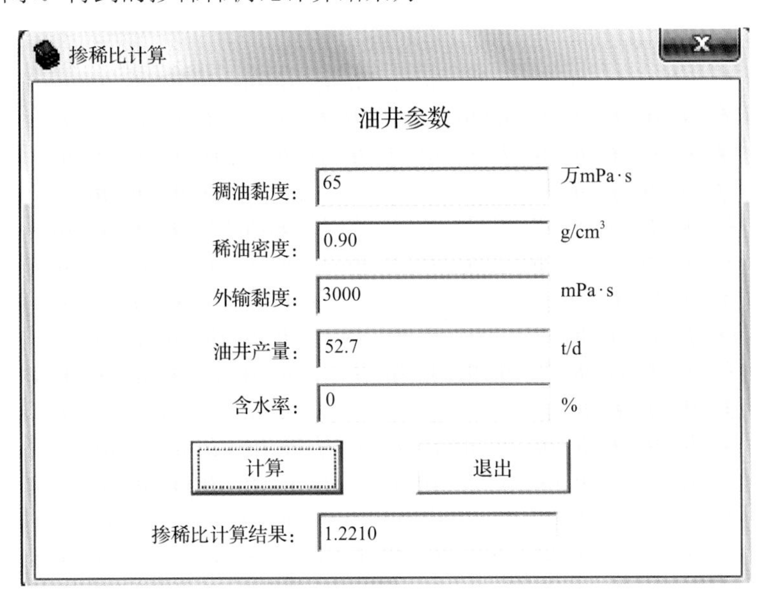

图 4-39　D39 井掺稀稀稠比计算界面

(3) 计算结果评价。

D39 井的掺稀稀稠比计算结果见表 4-13。计算结果与实际相符，且精度更高，证实了该软件的正确性。

表 4-13　D39 井的掺稀稀稠比计算结果

井号	油井产量/(t/d)	掺稀量/(t/d)	掺稀稀稠比	含水率/%	稠油黏度/(mPa·s)(50℃)	稀油密度/(g/cm³)
D39	52.7	76.8	1.46	0	650000	0.9

掺稀稀稠比母版值	外输油黏度修正值	油井产量修正值	含水率修正值	推荐掺稀稀稠比	掺稀稀稠比下调	掺稀量下调/(t/d)
1.2	1	0.02	0	1.22	0.24	12.6

5. 掺稀稀稠比调整技术

联合站输送来的掺稀油进入计转掺稀站稀油储罐，通过计转站内的高压掺稀泵，将稀油压力增至 15.0MPa 以上，输至掺稀阀组，再经高压流量自控仪调节掺稀量后输至井口掺稀。现场通过控制掺稀量来调整掺稀稀稠比。在掺稀阀组处设置高压流量自控仪，实现了单井掺稀计量与流量调节一体化，且能够精确检测和自动调控流量，确保了油田原油生产连续平稳运行，同时又节约了大量的人力，为原油生产精细化管理提供了有力保障。

(1)结构。

高压流量自控仪由转子流量计、自动调节阀和控制器整合而成，一台仪表同时具备掺稀油流量检测及自动调节掺稀油注入量的功能，并且输出模拟量和 RS485 信号，实现数据上传(图 4-40)。

图 4-40　高压流量自控仪

(2)工作原理。

通过设定键设定流量值，当被测介质流过时，流体冲击叶轮产生脉冲信号，经过电路处理，传送给控制器，控制器把实际流量值和设定值进行比较。当不符合设定要求时，控制器就会发出指令，驱动电机正旋或反旋调节阀门，使瞬时流量值接近或等于设定值。

(3) 设备特点。

使用高压流量自控仪，解决了掺稀管线的流量调节问题，实现了掺稀油流量自动调节，从而在流程上打破了传统单一的集中掺稀工艺。

塔河油田引进高压流量自控仪后，通过技术手段进行改造，逐步使其性能满足油田高压掺稀计量和流量调节的需求，既能在现场显示瞬时流量和累积流量，还能输出脉冲流量信号，方便远程流量检测与控制，而且其操作简单、数据直观，也可通过手动实时调整流量大小以达到恒定流量的工艺要求。

6. *矿场试验*

选取现场 8 口掺稀井，对其生产报表进行分析计算，通过掺稀井井筒压力场和温度场软件计算，输入稠油黏度等参数后，计算理论掺稀稀稠比。

从表 4-14 可以看出，通过软件计算 8 口掺稀井的合理掺稀稀稠比和掺稀深度，其掺稀稀稠比和掺稀深度均低于现场实际参数。

表 4-14 现场 8 口掺稀井掺稀的优化方案

井号	掺稀深度/m	现场井口黏度/(mPa·s)	现场掺稀稀稠比	软件计算掺稀深度/m	建议掺稀稀稠比(50℃时混合油黏度 2000mPa·s)		
					稀油(80mPa·s)	稀油(150mPa·s)	稀油(200mPa·s)
D40	5498	1380	2∶1	4600	0.95∶1	1.25∶1	1.45∶1
D41	5806	1420	2∶1	4300	0.73∶1	0.97∶1	1.12∶1
D42	3123	1320	2∶1	3100	0.83∶1	1.10∶1	1.27∶1
D43	5004	1080	1.5∶1	3900	0.26∶1	0.35∶1	0.40∶1
D44	5819	440	2.5∶1	3500	0.30∶1	0.40∶1	0.46∶1
D45	3802	1360	2∶1	3600	0.86∶1	1.14∶1	1.32∶1
D46	2217	1852	1.3∶1	2000	0.28∶1	0.37∶1	0.42∶1
D47	2318	7082	1.6∶1	2100	0.31∶1	0.40∶1	0.46∶1

自掺稀优化软件推广应用后，每年现场实施掺稀优化 3000 余井次，年节约稀油 $9\times10^4\sim10\times10^4$t，极大地降低了掺稀油用量，并提高了稀油利用效率。

4.3 加热降黏技术

稠油黏温特性实验研究结果表明，稠油具有温度敏感性强的特点，温度每提高 10℃，黏度可降低一半。因此，采用加热方法提高井筒流体温度，可以大幅度降低稠油黏度，从而提高其流动性。针对这一原理，稠油开采过程中形成了包含电加热、热流体循环在内的多种井筒加热降黏工艺，并优选其中效果较好的工艺进入现场试验。针对前期常规物理加热降黏技术存在的电能利用率低、加热降黏成本高等问题，创新形成了矿物绝缘电缆电加热及双空心杆闭式热流体循环井筒加热降黏技术，以提高井筒加热降黏工艺在塔河油田超深超稠油井的工艺适应性。

一是针对常规电加热存在的电热转化效率低的问题，研制了矿物绝缘电缆电加热降黏技术，电热转化效率可达99%，有效提高了节约稀油的效果。

二是针对常规电加热耗电量高的问题，研制了双空心杆闭式热流体循环加热降黏技术，并对其进行了工艺优化，提高了该技术在超稠油井井筒加热的工艺适应性。

4.3.1 双空心杆闭式热流体循环加热降黏技术

1. 工作原理

双空心杆闭式热流体循环加热降黏技术在国内应用范围较为广泛，其主要原理为通过采用空心杆内加入隔热管实现热介质密闭循环(图4-41)，提高井筒温度，保持井筒温度的相对恒定，达到降低原油黏度，减少原油举升过程中的流动阻力，满足稠油、高凝油和高含蜡井的开采要求，最终实现降低掺稀油用量的目的。

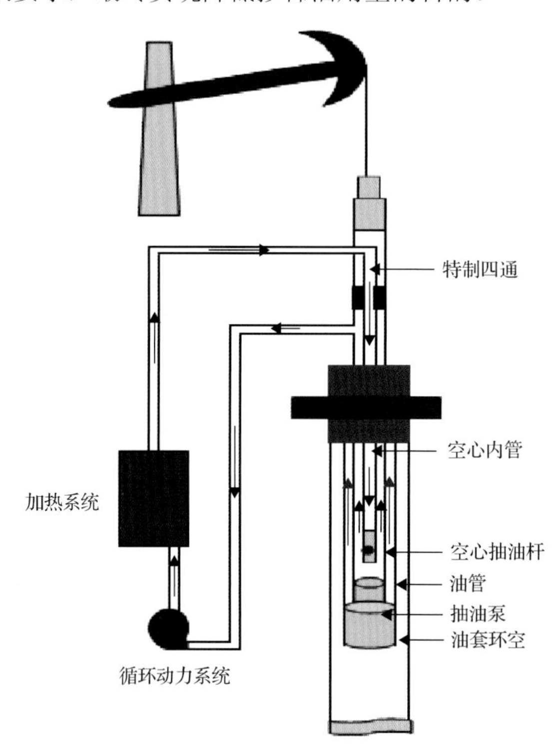

图4-41 双空心杆闭式热流体循环加热原理示意图

整个循环系统由3部分组成：地面加热系统、地面循环系统和井筒内循环系统。其主要特点为：①热载体形成独立的闭路循环系统；②热载体不与原油和空气接触，杜绝了热载体的消耗和泄漏问题，消除了环境污染；③热载体不进入原油中，对原油的计量、输送和后处理都不会造成影响；④能耗小，运行费用低。

2. 工艺设计

1) 双空心杆设计

缝洞型碳酸盐岩油田具有油藏埋藏深、原油黏度高等特点。本书分析认为现有的双空心杆闭式热流体循环加热降黏技术在缝洞型碳酸盐岩油田的应用中面临以下两个方面的难题：一是循环深度较浅；二是循环水量少。针对以上问题对现有的双空心杆进行技术设计改进，改进后的相关设备参数见表4-15～表4-17。

表4-15　改进后双空心杆参数对比表

外管外径/mm	外管内径/mm	外管接箍/mm	内管外径/mm	保温材料厚度/mm	内管内径/mm	内孔截面积/cm^2	耐温/℃	本体自重/(kg/m)	极限下深/m	循环量/(m^3/h)	循环流速/(m/s)
50	40	63	23/31	4	21	3.5033	180	6	2000	3.5	2.2

表4-16　试验采用的双空心杆技术参数

材质	断面收缩率/%	强度等级	抗拉强度/MPa	接箍外径/mm	外管密封强度/MPa	最大抗外挤/MPa	最大抗拉吨位/t	单杆长度/m	屈服强度/MPa	内管密封强度/MPa	千米容积/L
35CrMo	≥45	D	793～965	Φ63	≥35	35	55.9	8.3	≥620	16	≈800

表4-17　双空心光杆技术参数详表

材质	杆体直径/mm	截面积/mm^2	接箍外径/mm	接箍长度/mm	光杆长度/mm	每米质量/(kg/m)	屈服强度δ_s/MPa	抗拉强度δ_b/MPa
35CrMo	50	707.3	63	110	7000～10000	6.3	≥620	793～965

2) 加热循环装置设计

包括加热炉、离心泵、储液罐的主要加热循环设备及其阀门、管线等附件主要技术参数见表4-18。

表4-18　地面加热循环装设备技术参数

<table>
<tr><td colspan="6">同轴式双空心抽油杆循环加热装置RT-DGN-50</td></tr>
<tr><td>热负荷/kW</td><td>循环流量/(m³/h)</td><td>加热深度/m</td><td>电源电压/V</td><td>出口温度/℃</td><td>最大输入功率/kW</td></tr>
<tr><td>200</td><td>4</td><td>2000</td><td>380</td><td>180</td><td>7.2</td></tr>
<tr><td colspan="6">注入介质离心泵</td></tr>
<tr><td>泵型</td><td>扬程</td><td>流量/(m³/h)</td><td>功率/kW</td><td>耐温/℃</td><td>耐压/MPa</td></tr>
<tr><td>QDLF4型离心泵</td><td>200m</td><td>15</td><td>3</td><td>120</td><td>5</td></tr>
<tr><td colspan="6">其他附件</td></tr>
<tr><td colspan="2">储液罐容积/L</td><td>加热炉出口闸门/MPa</td><td colspan="2">储液罐承压</td><td>循环水进(回)水软管/MPa</td></tr>
<tr><td colspan="2">300</td><td>4</td><td colspan="2">常压</td><td>8(16)</td></tr>
</table>

在前期试验的基础上，对以下部分地面循环加热装置进行了改进，以适应更高温度级别。

(1)高压软管：耐温等级提高至180℃。

(2)硬管线：壁厚由2.5mm增至4mm，耐压25MPa。

(3)储液罐：材质由搪瓷改为不锈钢，工作压力为0.5MPa，容积由310L增至380L，结构如图4-42所示。

(4)加热炉出口闸门：公称压力由1.6MPa增至4MPa，耐温等级由150℃增至180℃。

(5)循环泵：采用两套循环注入泵(共4套，用两套，备用两套)串联，实现小时注入量为3.5m^3。

(6)增加管线换热器：掺稀管线、混合产液管线各1套，降低回水温度，避免回水温度高而汽化，同时提高掺稀油及外输油的温度，结构如图4-43所示。

图4-42　储液罐结构示意图

图4-43　换热器井场示意图

3. 配套工艺

1)机抽井井口优化配置

与常规机采井口相比，闭式热水循环抽油机井口主要有两个功能：一是实现采油功能；二是实现热水在井筒中的密闭循环加热功能。因此，需对现有机抽井口进行改造，配套改进井口密封装置和特制井口四通。

(1)密封装置。

对原有机抽井口的双闸板防喷器及光杆密封器进行结构改进，适应直径50mm的双空心光杆的密封要求(表4-19)。

表4-19　常规、新型双闸板防喷器主要参数

序号	技术参数	常规双闸板防喷器	双空心杆专用新型双闸板防喷器
1	型号	2SFZ65-21	2SFZ65-21
2	闸板内径	Φ25mm、Φ28mm、Φ38mm	50mm
3	通径/mm	65	65
4	额定工作压力/MPa	21	21

(2)特制井口四通。

提供一种井筒双空心杆闭式热流体循环加热装置特制四通，既能保证高分子/不锈钢高温隔热连续管与空心光杆连接的牢固性、抗拉性，又能保证内管进水和内外管环空面积回水的密封性结构，可减少组件、降低成本。其主要结构如图 4-44 所示。

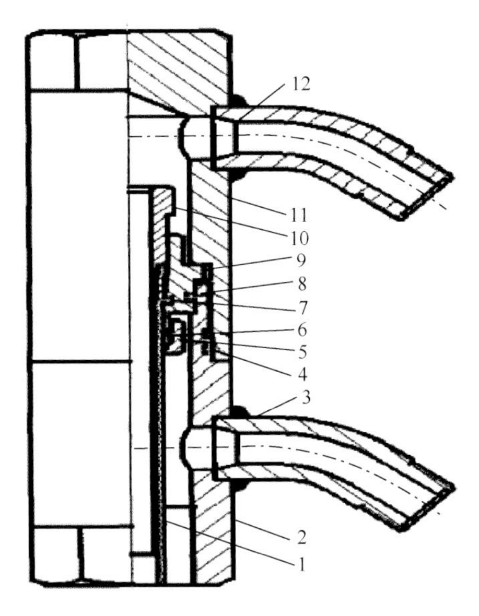

图 4-44　特制井口四通结构示意图

1-热水导管；2-四通下体；3-出水管；4，7，8-O 形橡胶密封圈；5-锁箍；6-紧箍帽；9-锁紧体；10-胀管；11-四通上体；12-进水管

2) 自喷井井口配套

为确保双空心杆闭式热流体循环降黏工艺生产运行安全，有效防止井喷事故发生，同时避免井口污染，需配套井口密封装置。参考自喷井电加热杆降黏工艺井口密封技术经验，采用双闸板防喷器，可实现双空心杆闭式热流体循环自喷井口密封。双闸板上端通过变扣连接自喷井特制井口吊封装置，用来悬挂双空心杆。顶部连接特制四通，提供热水循环通道。

闸板防喷器要有 4 处密封起作用才能有效密封井口，即闸门顶部与壳体的密封、闸板前端与管子的密封、壳体与侧门的密封、闸板轴与侧门的密封。由于顶部密封和前封为耐压橡胶，受挤压后，将防喷器上腔密封完全。

闸板防喷器的密封过程分为两步：第一步，在丝杆的推动下，闸板轴推动闸板前密封胶心挤压变形密封前部，顶部密封胶心与壳体间过盈压缩密封顶部从而形成初始密封；第二步，井内有压力时，井压从闸板后部推动闸板前部密封进一步挤压变形，同时井压从下部推动闸板上浮贴紧壳体上密封面，从而形成可靠的密封。

手动闸板防喷器结构示意图如图 4-45 所示，各结构组成及材质见表 4-20。

特制四通的结构原理与抽油机井的井口配套相同。前期设计自喷井专用井口配套如图 4-46 所示，双闸板上端通过变扣连接特制四通，但实际作业过程中，考虑自喷井没有抽油机、抽油杆等配置，将特制四通改为三通，三通上端为循环水入口，如图 4-47 所示。

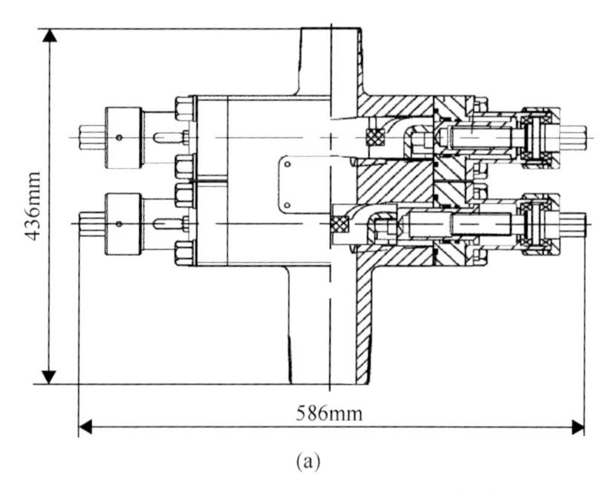

(a)

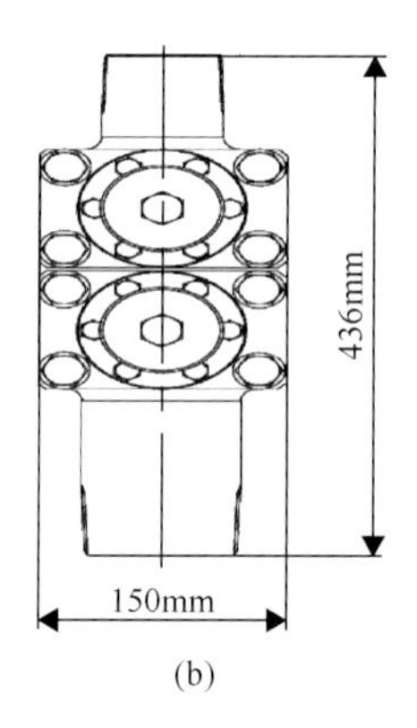

(b)

图 4-45　手动闸板防喷器结构示意图

表 4-20　手动闸板防喷器结构组成及材质表

序号	名称	材质
1	2SFZ6.2-21A5 壳体	25CrNiMo
2	闸板总成	35CrMo
3	闸板轴	35CrMo
4	侧门	35CrMo
5	丝杆	35CrMo
6	护罩	35CrMo
7	背帽	35CrMo
8	侧门螺栓	36CrMo
9	轴承	标准件
10	O 形橡胶密封圈	耐油橡胶 1-3
11	YX 形密封圈	耐油橡胶 1-4
12	O 形橡胶密封圈	耐油橡胶 1-3
13	M10 六角螺栓	标准件
14	铆钉	标准件
15	2SFZ6.2-21 标牌	不锈钢

手动闸板防喷器主要技术参数见表 4-21。

表 4-21　手动闸板防喷器主要技术参数

	参数值
工作压力/MPa	21
强度试验压力/MPa	42
通径/mm	65
行程	47
闸板规格	Φ25mm、Φ28mm、Φ38mm、Φ50mm 全封
上、下联接型式	88.9mmTBG
金属材料的温度等级	PU（–29～121℃）

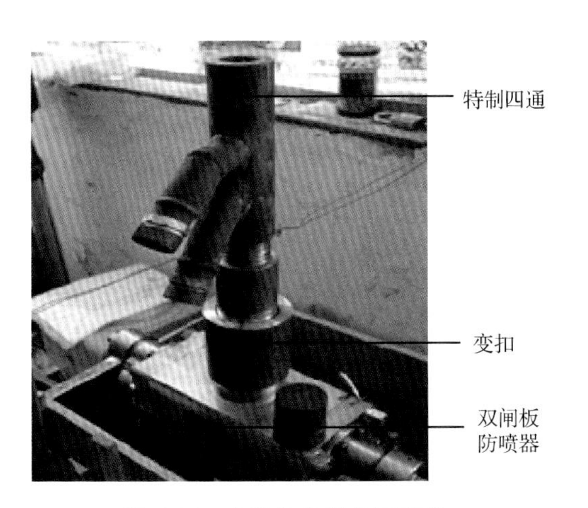

图 4-46　自喷井专用井口配套

图 4-47　H41 自喷井口

3) 井场地面布置方案

双空心杆闭式热流体循环加热降黏工艺井场布置流程如图 4-48 所示。

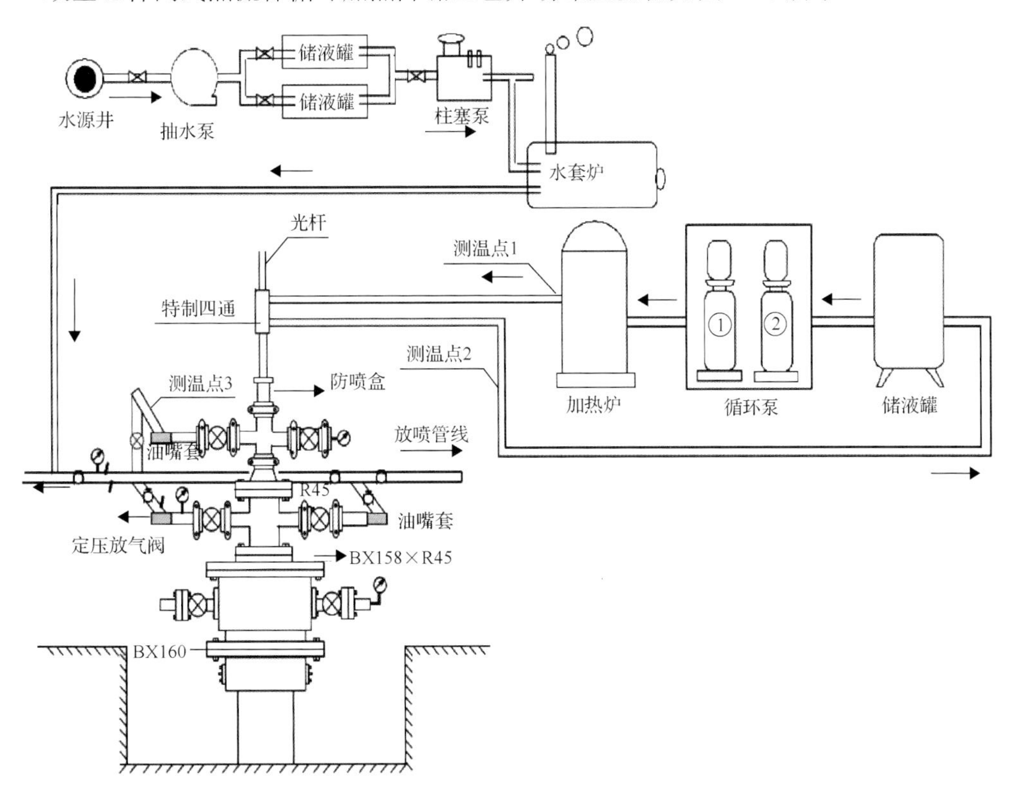

图 4-48　双空心杆闭式热流体循环加热降黏工艺井场布置流程图

4. 参数设计

双空心杆闭式热流体循环加热降黏技术现场应用参数主要包括流体、井筒和循环 3 类参数。流体参数包括油井产量、含水率、黏度；井筒参数包括套管、油管型号尺寸；

循环参数包括热载体类型、循环量、加热深度和热载体进出口温度、产出液出口温度等。对于稠油热采井，影响循环加热效果的因素主要包括热载体介质、循环深度、循环温度和循环注入量。

1) 热载体的选择

热载体的选择对降黏工艺有较大的影响，闭式热流体循环常用的热流体为循环水和导热油，其物性参数见表 4-22，导热油的比热小于循环水的比热，导热油的黏度大于循环水的黏度。

表 4-22　循环水与导热油物性参数

热载体	密度/(kg/m^3)	比热/[kJ/(kg · ℃)]	黏度/(mPa · s)
循环水	1000	4.2	1.0
导热油	870	2.1	2.3

在相同产液量、相同热载体循环量和相同隔热内管深度情况下，选用不同热载体时的产液温度和黏滞力载荷分别见表 4-23 和图 4-49。

表 4-23　热载体对降黏效果的影响

热载体	热载体循环量/(m^3/h)	隔热内管深度/m	循环水注入压力/MPa	产液温度/℃	黏滞力载荷/kN
循环水	0.8	2000	2.48	75.39	13.35
导热油	0.8	2000	3.97	73.05	17.67

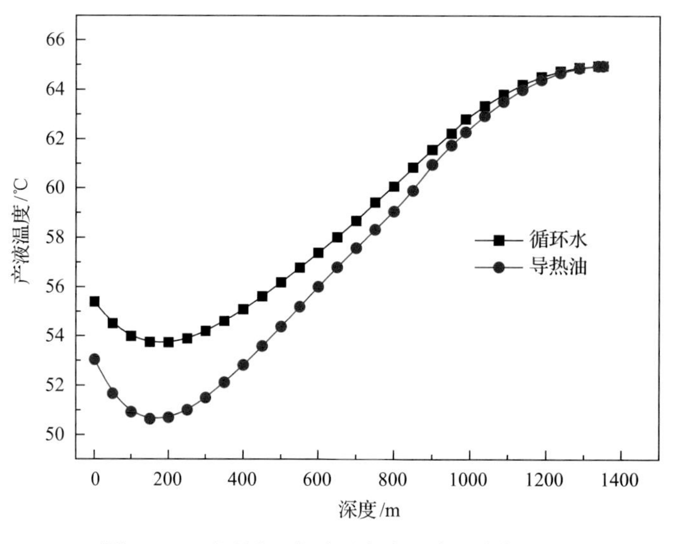

图 4-49　不同循环介质对产液温度分布的影响

由于导热油的比热小于水的比热，相同循环流量的导热油携带的热量较少，导热油的降黏效果较差，产液温度低于循环水的温度，黏滞力载荷较大；由于导热油的黏度大于循环水的黏度，循环压力损失较大，所需循环压力较高。当然，导热油在常压下可加热到较高温度，而采用循环水则需要带压运行，地面设备选择有一定的差异。但综合各方面因素，虽然循环水需要带压运行，但低压力就可以满足需要，同时考虑腐蚀与结垢等问题，推荐选用软化水作为密闭循环热载体。

2)循环点深度的确定

热载体循环加热不需要从井底开始，所需循环点深度视原油的物性和油井的产量等因素而定，当然也与热载体循环量和入口温度等有关。通过模拟计算，以单井产量35t/d、混合产液63t/d的油井流温为例，循环水量为84m^3/d(目前注入最大排量为3.5m^3/h)，按注入温度130℃计算，油井在2500m处开始，隔热管内水温与加热前原油温度相同，继续往下，隔热管出口水温低于加热前原油温度，达不到加热原油的目的，如图4-50所示。

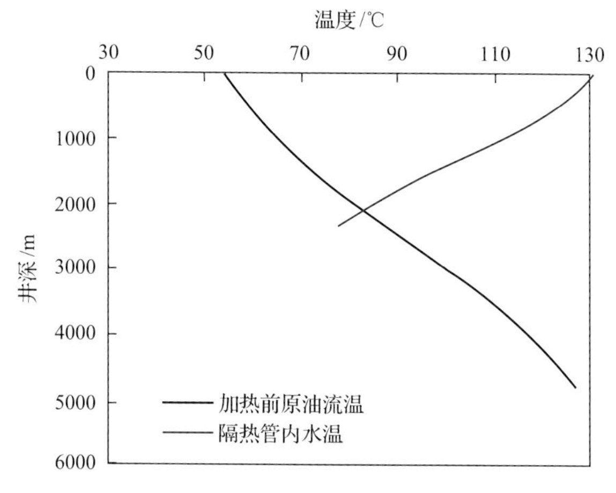

图4-50　加热前井筒流温与隔热管水温对比

当采用不同循环点深度时，降黏效果不同，详见表4-24。随着循环点深度的增大，产液温度升高，黏滞力载荷逐渐降低，但循环水注入压力增大。

表4-24　循环深度对降黏效果的影响

循环点深度/m	循环水注入压力/MPa	产液温度/℃	黏滞力载荷/kN
600	1.13	55.56	15.58
800	1.44	56.63	14.83
1000	1.75	57.35	14.31
1200	2.06	59.68	14.02
1400	2.21	61.37	13.95
1600	2.42	62.20	13.82
1800	2.60	64.81	13.68
2000	2.82	67.01	13.57
2200	3.01	71.23	13.40
2400	3.22	73.50	13.20

在选择隔热内管下深时，受稠油黏温曲线、循环水温度及井温等诸多因素的影响，可以选择不同的下深，但推荐根据热采末期确定下深以满足各个阶段的要求。不同井况下深不同，过深之后不仅成本增加，而且循环水从产液中吸热后再放热意义不大，因此，建议在现场方案设计中将双空心杆下到2000～2500m位置，具体数值可根据实际井况计

算得出。

3)循环温度的确定

在循环注入量一定(3.5m³/h)的条件下，模拟计算不同混合液量、不同注入介质温度条件下预计出口介质温度，见表4-25。由表可以看出，相同混合液量情况下，注入介质温度越高，预计出口介质温度越高；注入介质温度相同的情况下，混合液量越低，预计出口介质温度越高。

表4-25 不同混合液量、不同注入介质温度条件下出口介质温度模拟测算

混合液量/(m³/d)	注入介质温度/℃	预计出口介质温度/℃
80	110	71
	120	82
	150	105
	180	120
60	110	73
	120	84
	150	107
	180	125
40	110	75
	120	87
	150	110
	180	130

在循环注入量一定(3.5m³/h)的条件下，模拟计算不同混合液量、不同注入介质温度条件下预计加热后井口混合液的温度，见表4-26。由表可以看出，相同混合液量情况下，注入介质温度越高，预计加热后原油井口混合液的温度越高；注入介质温度相同情况下，混合液量越低，预计加热后原油井口混合液的温度越高。

表4-26 不同混合液量、不同注入介质温度条件下加热后原油出口温度计算

混合液量/(m³/d)	注入介质温度/℃	预计加热后井口混合液的温度/℃
80	110	60
	120	65
	150	70
	180	76
60	110	62
	120	67
	150	72
	180	78
40	110	64
	120	69
	150	74
	180	80

因此，混合产液量越低，注入介质温度越高，预计加热后井口混合液的温度越高，降黏效果越好。提高热进水温度可提高井筒内的产出液温度水平，降低产出液的流动阻力，但往往要多消耗一部分燃料，因此，要考虑地面设备耐温条件，一般不强调采用过高的热载体入口温度。

考虑塔河油田原油的可流动温度较高，初步确定进水温度应在110℃以上。

4) 循环注入量的确定

水比热为4.2kJ/(kg·℃)，设定注入介质温度为150℃，计算不同混合液条件下循环水注入量，具体见表4-27。

表4-27　不同混合液条件下循环水注入量

混合液量/(m^3/d)	注入介质温度/℃	预计出口介质温度/℃	原油出口温度/℃	预计加热后井口混合液的温度/℃	循环注入量/(m^3/h)
50	150	120	50	78	1.91
100	150	120	55	78	3.14
150	150	120	59	78	3.89

当循环注入量增加时，沿井筒的平均温度升高，将有效降低产出液在井筒流动过程中的黏度，减小沿井筒的流动阻力，改善举升效果。因此，增加循环注入量对加热效果的影响是明显的。另外，循环注入量受到双空心抽油杆尺寸和隔热内管尺寸的影响，以及地面压力的限制，双空心杆和隔热内管的匹配至关重要，因此要根据循环水泵的额定工作压力选择循环注入量。

5. *矿场试验*

双空心杆闭式热流体循环加热降黏工艺分3次购进6套设备，先后在5口井进行了6井次现场试验，其中机采井4井次，自喷井2井次，试验总体情况见表4-28。

表4-28　双空心杆现场试验总体情况

序号	井号	生产方式	掺稀减少/(m^3/h)	注入介质温度/℃	井口温度升高/℃	日增油/t	掺稀稀稠比降低幅度/%	累增油/t	累节约稀油/t
1	D51	机采井	1	130	29	3.7	68.7	355.6	1949.7
2	D52		0.6	125	34	7.7	33	1701.1	270
3	D53		0.8	160	30	10.9	69.1	498.6	1679.1
5	D54		0.2	130	37	4	100	408.7	285.6
4	D55	自喷井	1.6	170	12	10.4	22.3	14948.6	379.3
6	D56		0.6	150	32	10	22	357.1	498.2
平均/合计			0.8	144	29	7.8	52.5	18269.7	5061.9

试验期间，井口温度平均提高29℃，掺稀稀稠比最高降低幅度为100%，累增油18269.7t，累节约稀油5061.9t。

4.3.2 矿物绝缘电缆电加热降黏技术

1. 工作原理

矿物绝缘电缆以铜作为发热导体，不锈钢为护套，导体与护套之间以矿物材料填充形成绝缘层，其结构如图 4-51 所示。

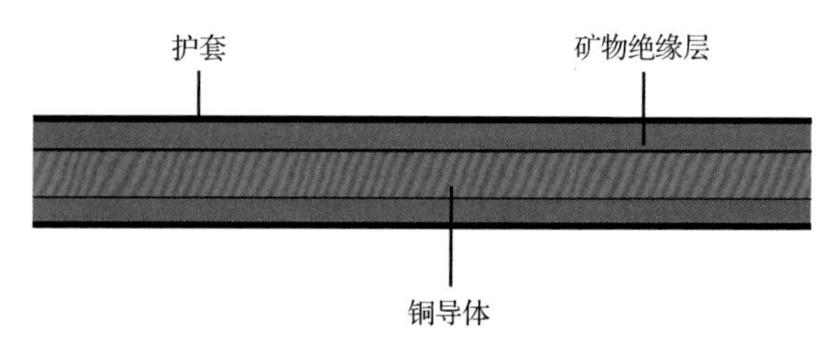

图 4-51 矿物绝缘电缆结构示意图

矿物绝缘电缆为整体式连续电缆[12]，工作时，铜导体通电后，依靠导体自身电阻产生热量，热量通过耐高温矿物绝缘层和不锈钢护套传递给原油，从而实现加热降黏。

2. 矿物绝缘电缆工艺设计

1) 发热导体设计

作为加热电缆，常用的发热导体(电阻材料)主要有铜、铜镍合金(NC005、NC010、NC015、NC020、NC025、NC030、康铜等)及镍铬合金($Cr_{20}Ni_{80}$)。加热电缆常用发热导体的电阻率及电阻温度系数见表 4-29。

表 4-29 常用发热导体的电阻率及电阻温度系数

品种类别	牌号	电阻率(20℃)/(μΩ/m)	电阻温度系数/K
铜	T2	0.0168～0.0172	0.004
铜镍合金	NC005	0.05	＜0.001
	NC010	0.10	＜0.0006
	NC012	0.12	＜0.00057
	NC015	0.15	＜0.0005
	NC020	0.20	＜0.00038
	NC025	0.25	＜0.00025
	NC030	0.30	＜0.00016
	NC035	0.35	＜0.00010
	6J40	0.48	
镍铬合金	$Cr_{20}Ni_{80}$	1.13	0.0001(200℃)

根据导体电阻计算公式：

$$R_{导} = \rho L / S \tag{4-41}$$

式中，$R_{导}$ 为导体电阻；ρ 为电阻率；L 为导体长度；S 为导体截面积。

可得导体截面积公式：

$$S = \rho L / R_{导} \tag{4-42}$$

即在电阻相同的情况下，电阻率越大、导体截面积越大。在保证电缆下深和强度及发热功率的条件下，电缆截面积越小，对油管内流体节流作用越小，因此优选电阻率较低的 T2 铜作为绝缘导体。

2) 矿物绝缘层设计

(1) 绝缘材料选用。

电缆的用途不同，其采用的矿物绝缘材料也不同，矿物绝缘电缆常用的绝缘材料有氧化镁粉、氧化铝粉及硅微粉。用于电力和控制信号传输及电加热使用的矿物绝缘电缆的绝缘材料为氧化镁；高辐射场合控制信号传输的矿物绝缘电缆选用的绝缘材料为氧化铝或硅微粉；用于高温、高辐射场合射频信号输送的矿物绝缘电缆一般选用硅微粉作绝缘材料。

(2) 绝缘厚度设计。

国家标准《额定电压 750V 及以下矿物绝缘电缆及终端 第 1 部分：电缆》(GB/T 13033.1—2007) 规定，额定电压 750V、标称截面 1～150mm^2 的电缆绝缘标称厚度为 1.3mm。

国家标准《额定电压 300/500V 生活设施加热和防结冰用加热电缆》(GB/T 20841—2007) 规定，矿物绝缘加热电缆的绝缘标称厚度为 0.7mm。

选用的矿物绝缘加热电缆为 3 根单芯成组安装，单根电缆的实际工作电压为 660V，为了更加可靠，绝缘标称厚度按 1.5mm 设计。

(3) 绝缘性能设计。

国家标准《额定电压 750V 及以下矿物绝缘电缆及终端 第 1 部分：电缆》(GB/T 13033.1—2007) 及《额定电压 300/500V 生活设施加热和防结冰用加热电缆》(GB/T 20841—2007) 规定，绝缘电阻与电缆长度的积应不小于 1000mΩ·km，当电缆长度小于 100m 时，测量的绝缘电阻应不低于 1000mΩ。

3) 护套设计

(1) 护套材料选型。

矿物绝缘加热电缆常用护套材料为 TP2 磷脱氧铜、SUS304 不锈钢及 SUS321 不锈钢。

TP2 铜护套矿物绝缘加热电缆不适用于直接加热原油。

304 不锈钢是应用最为广泛的一种铬-镍不锈钢，作为一种用途广泛的钢，具有以下优点：①优良的不锈耐腐蚀性能和较好的抗晶间腐蚀性能及耐热性能。②低温强度和机械特性。③冲压、弯曲等热加工性好，无热处理硬化现象，使用温度为–196～800℃。④具有较强的抗腐蚀性。室内实验表明，在浓度≤65%的沸腾温度以下的硝酸中，304 不锈钢具有很强的抗腐蚀性；对碱溶液及大部分有机酸和无机酸亦具有良好的耐腐蚀能力；耐大气腐蚀，广泛应用于工业和家具装饰行业及食品医疗行业。

321 不锈钢是 Ni-Cr-Ti 型奥氏体不锈钢，其性能与 304 不锈钢非常相似，但是由于加入了金属钛，其具有更好的耐晶界腐蚀性及高温强度。另外，可有效控制碳化铬的形成。其具有以下优点：①具有优异的高温应力破断 (stress rupture) 性能及高温抗蠕变性能

(creep resistance)，应力机械性能都优于 304 不锈钢；②在不同浓度、不同温度的有机酸和无机酸中，尤其是在氧化性介质中具有良好的耐磨蚀性能，主要应用于抗晶界腐蚀性要求高的化学、煤炭、石油产业的野外露天机器，以及建材耐热零件及热处理有困难的零件。

(2) 护套厚度及外径设计。

国家标准《额定电压 750V 及以下矿物绝缘电缆及终端 第 1 部分：电缆》(GB/T 13033.1—2007) 规定，额定电压 750V、相近规格 1 芯 $6mm^2$ 电缆铜护套平均厚度为 0.48mm，1 芯 $10mm^2$ 电缆铜护套平均厚度为 0.50mm。

国家标准《额定电压 300/500V 生活设施加热和防结冰用加热电缆》(GB/T 20841—2007) 规定，矿物绝缘加热电缆铜套厚度平均值应不小于测得的铜套外径的 7%，最小值为 0.25mm。按此计算，矿物绝缘加热电缆不锈钢套厚度应不小于 0.5mm。

考虑电缆的机械强度及腐蚀余量，不锈钢套厚度按不锈钢套外径的 10%设计，电缆外径为 7.8mm，护套标称厚度为 0.78mm。

国家标准《流体输送用不锈钢无缝钢管》(GB/T 14976—2012) 规定，SUS321 不锈钢 (国标牌号 1Cr18Ni9Ti) 抗拉强度 $\delta_b \geqslant 520MPa$、屈服强度 $\delta_s \geqslant 205MPa$。

3. 杆柱强度校核

为保证油井生产安全，对电加热入井杆串进行强度校核，根据不同下深计算结果可知，下深 5000m 时 Φ19mm 抽油杆负载系数为 0.60，满足安全要求 (表 4-30)。

表 4-30　矿物绝缘电缆加热杆柱强度校核

H 级抽油杆/mm	下深 2000m			下深 3000m			下深 5000m		
	长度/m	重量/(kg/m)	负载系数	长度/m	重量/(kg/m)	负载系数	长度/m	重量/(kg/m)	负载系数
Φ22	2000	8830.5	0.23	3000	13245.8	0.34	5000	22076.3	0.57
Φ19	2000	6898.5	0.24	3000	10347.8	0.36	5000	17246.3	0.60

电加热杆柱入井后，由于节流作用会对油井生产产生一定影响。对采用 Φ22mm 或者 Φ19mm 实心抽油杆作为辅助入井工具进行节流影响分析，结果表明，采用 Φ19mm 抽油杆最大节流点在电缆扶正器位置，有效过流面系数为 54.1%，节流影响可以通过放大生产制度弥补 (表 4-31)。

表 4-31　节流影响分析

位置	型号规格	内/外径/mm	扶正器截面/mm^2	电缆截面/mm^2	总截流面积/mm^2	有效过流面系数/%
油管	3.5	76	4536.5			
抽油杆本体位置	Φ19mm	19	283.5	150.7	434.2	93.8
	Φ22mm	22	380.1	150.7	530.9	91.6
扶正器位置	65-19	65		150.7	2082.2	54.1
	65-22	65		150.7	2178.9	52
抽油杆接箍位置	65-19	42	1385.4	150.7	1536.2	66.1
	65-22	46	1661.9	150.7	1812.6	60

4. 井筒加热参数设计

矿物绝缘电缆采用三根电缆作为三相电流通道，终端采用星形连接形成回路。矿物绝缘电缆加热降黏工艺流程如图4-52所示。

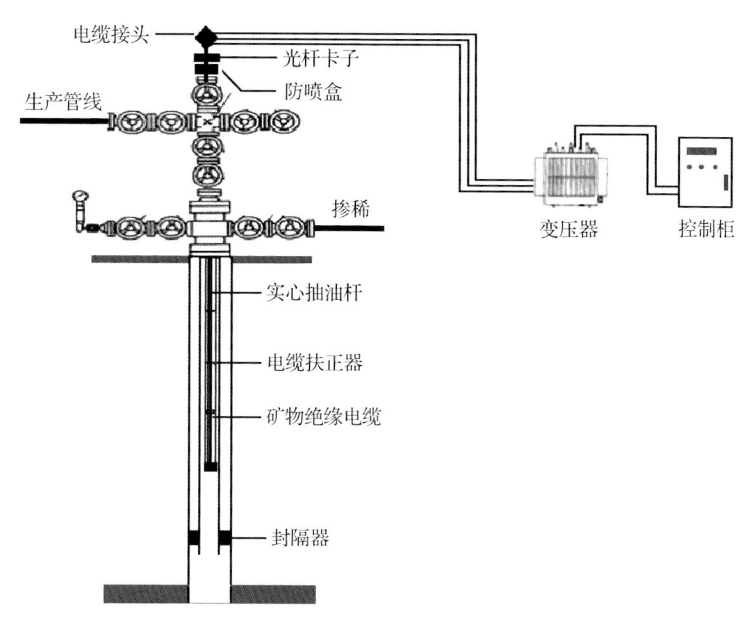

图4-52　矿物绝缘电缆加热降黏工艺流程

加热深度一般要考虑原油黏温拐点深度，一般要求加热深度处于黏温拐点以下。缝洞型碳酸盐岩稠油黏温拐点均在80℃以上，对应井深均在2000m以上，因此为保证降黏效果，电缆加热深度应大于2000m。

产液温度需保持在80℃以上，以此目标设计加热功率按式(4-43)计算：

$$Q_{总} = Q_{升} + Q_{散} \tag{4-43}$$

式中，$Q_{总}$为电缆发热量；$Q_{升}$为产液升温所需热量，t/d；$Q_{散}$为井筒散热量，取2.5kJ/(kg·℃)。

产液升温所需热量计算公式如下所示(kW)：

$$Q_{升} = 0.01157mC(t_y - t_0) \tag{4-44}$$

式中，m为产油量，t/d；C为原油比热容，取2.5kJ/(kg·K)；t_y为加热区平均油温，℃；t_0为加热区平均岩层温度，按梯度2.2℃/100m、年平均气温11℃取值。

井筒散热量计算公如下所示：

$$Q_{散} = \frac{2\pi\lambda h'(t_y - t_0)}{\ln(D' + 2\sigma') - \ln D'} \tag{4-45}$$

式中，λ为加热区岩层综合导热系数，W/(m·K)；h'为加热区长度，m；D'为油井套管直径，mm；σ'为岩层计算厚度，mm；

设油井综合散热系数k'计算公式如下所示[W/(m·K)]：

$$k' = \frac{2\pi\lambda}{\ln(D' + 2\sigma') - \ln D'} \tag{4-46}$$

则油井散热计算公式如下所示：

$$Q_{散} = k'(t_y - t_0)h' \tag{4-47}$$

5. *矿场试验*

2014年12月以来，矿物绝缘电缆在D59井和D60井开展现场试验2井次。2口试验井平均降黏率为68.1%，掺稀稀稠比降低幅度为42.1%，累计节约稀油8335.3t，累计增油2588.6t(表4-32)。

表4-32　矿物绝缘电缆总体试验情况

井号	阶段	生产情况					累计增油/t	累节约稀油/t
		井温/℃	产油/(t/d)	掺稀/(t/d)	掺稀稀稠比	井口黏度/(mPa·s)		
D59	加热前	38	18.7	33.2	1.70	4900	1590.1	5338
	加热后	68.4	25.8	16	0.62	1860		
	差值	30.4	7.1	−17.2	−1.08	−3040		
D60	加热前	23	24.9	39.6	1.59	4800	1001.5	3002.7
	加热后	63.6	24.6	30.8	1.25	1238		
	差值	40.6	−0.3	−8.8	−0.34	−3562		

4.4　物理-化学复合降黏技术

物理-化学复合降黏技术思路来源于20世纪80年代在委内瑞拉发展起来的常规热/化学降黏技术，稠油在蒸汽与表面活性剂作用下黏度明显降低、采收率大幅提高。本节系统研究了稠油基础性质及各单项降黏技术的特点，提出了工艺复合降黏思路[13,14]，并开展复合降黏机理研究及室内模拟，提出了电加热物理降黏与化学降黏有机组合的思路，在充分研究及室内实验模拟的基础上形成了电加热+油溶降黏和电加热+催化降黏复合降黏工艺，通过电加热杆提高井筒温度场，提高油溶性降黏剂的作用效果和催化降黏剂的反应温度，从而整体上提高油溶性降黏和催化降黏的整体节约稀油效果，现场试验6井次，掺稀稀稠比降低幅度达到51.27%，大大提高了化学降黏节约稀油效果。

4.4.1　工艺复合降黏室内评价

考察不同温度条件下，加热降黏与化学降黏复合作用效果，并与单项作用效果进行对比分析。

1. 只在加热条件下对稠油进行的模拟实验

不同温度下分子的能量分布是不同的(图 4-53)。当温度升高时，分子的运动速率增大，不仅使气体分子在单位时间内碰撞的次数增加，更重要的是由于分子能量增加(图 4-54)，活化分子百分数增大。图 4-55 中曲线 t_1 表示在 t_1 温度下的分子能量分布，曲线 t_2 表示在 t_2 温度下的分子能量分布($t_2>t_1$)。温度为 t_1 时，活化分子的多少可由面积 A_1 反映出来；温度为 t_2 时，活化分子的多少可由面积 A_1+A_2 反映出来。从图 4-55 中可以看到，温度升高，可以使活化分子百分数增大，从而使反应速率增大。

2. 只有降黏剂情况下对稠油进行的模拟实验

以酶和底物为例，二者自由状态下的势能与二者相结合形成的活化分子的势能之差就是反应所需的活化能。酶通过降低活化能(实际上是通过改变反应途径的方式降低活化能)来促进一些原本很慢的生化反应得以快速进行。降黏剂作用下分子能量变化、黏度变化、微观变化如图 4-56～图 4-58 所示。

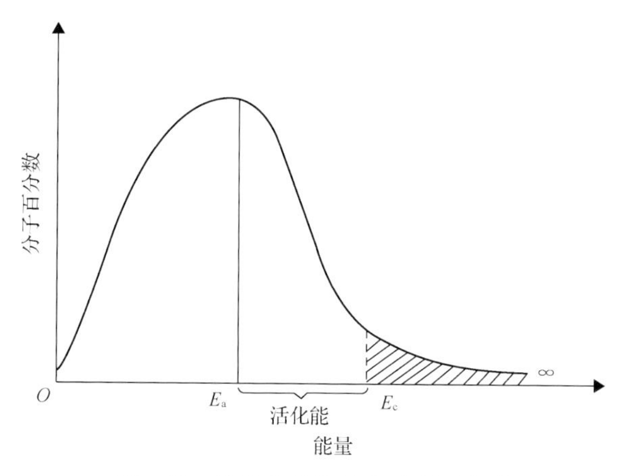

图 4-53　等温条件下的分子能量曲线

E_a-最大活化能；E_c-稳定活化能

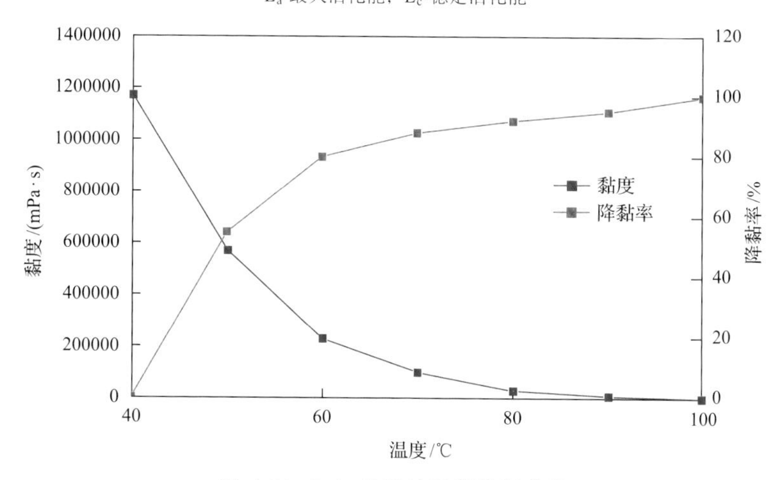

图 4-54　D61 井原始油样黏温曲线

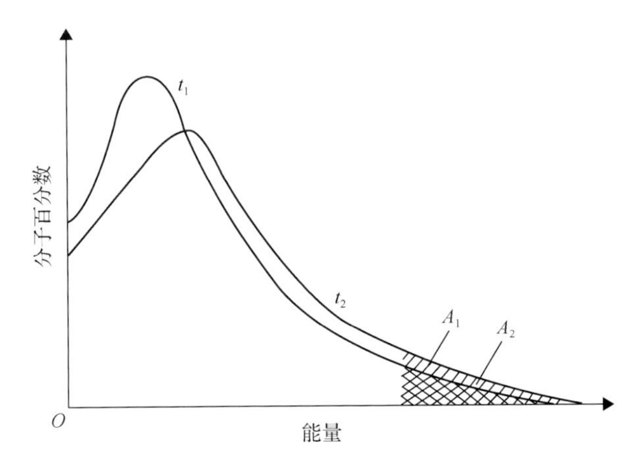

图 4-55　不同温度下的分子能量曲线

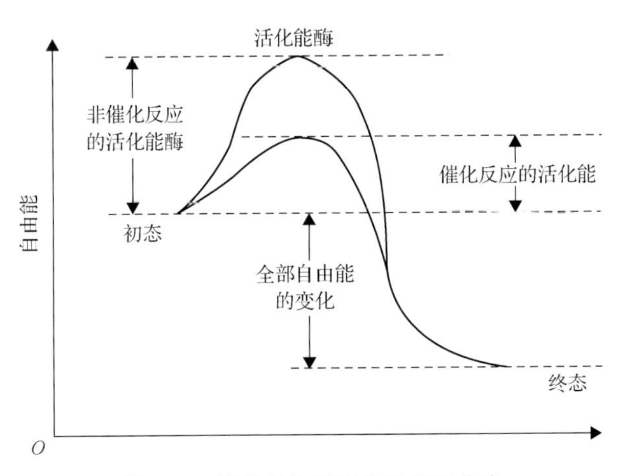

图 4-56　降黏剂作用下分子能量曲线

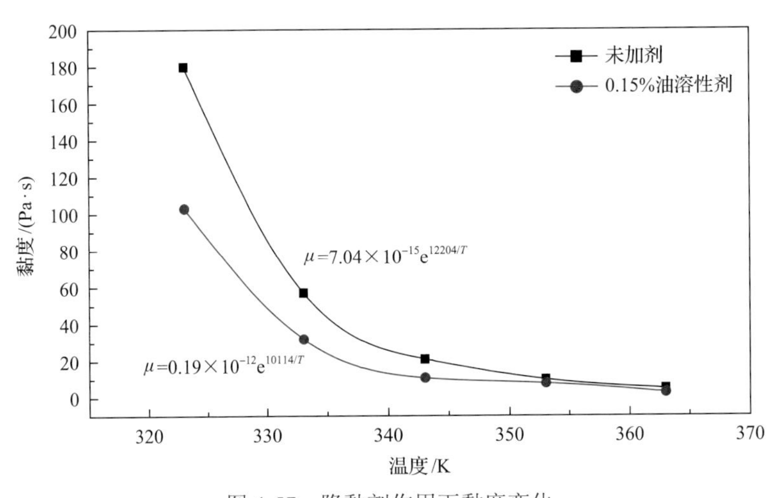

图 4-57　降黏剂作用下黏度变化

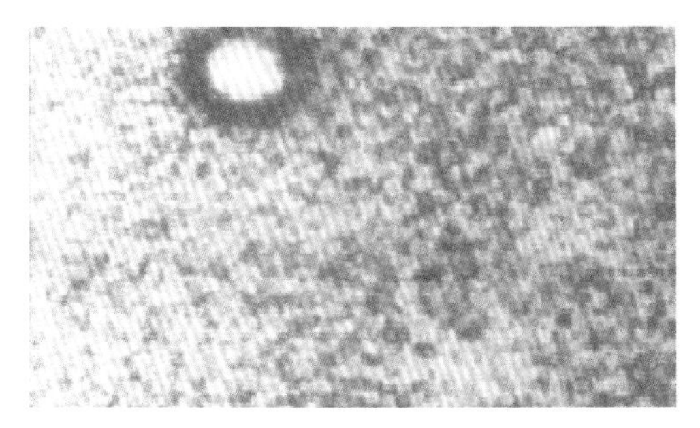

(a) 稠油分散体系的显微照片(×1000)

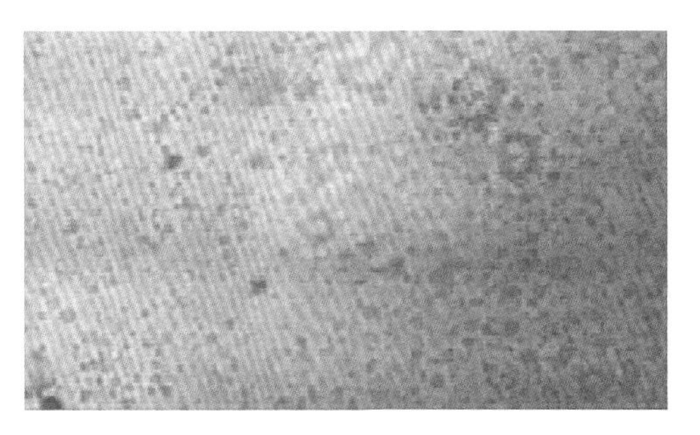

(b) 含剂混合原油分散体系的显微照片
(×1000、掺稀稀稠比0.75+0.50%剂)

图 4-58 降黏剂作用前后体系显微照片

降黏剂加入后可以降低活化能，活化分子继续增多；通过渗透分散作用，分散沥青质分子，达到降黏的目的。

3. 加热+降黏剂同时对稠油作用的模拟实验

用 D61 的原始油样和塔河油田二号联合站掺稀用油配置成黏度在 20000mPa·s(50℃)左右的待用油样，在加药浓度为 5000mg/L、不同温度下，使其在磙子炉中反应 2h，模拟加热与降黏剂降黏对稠油降黏效果的影响规律。

(1)将稠油黏度混配成 50℃时黏度为 21700mPa·s，加药浓度为 5000mg/L，反应 2h，测试不同温度下的黏度，分析加热与降黏剂共同作用下的降黏效果。从图 4-59 可以看出，在温度和降黏剂共同作用下，80℃时对稠油的降黏率可达到 80%。

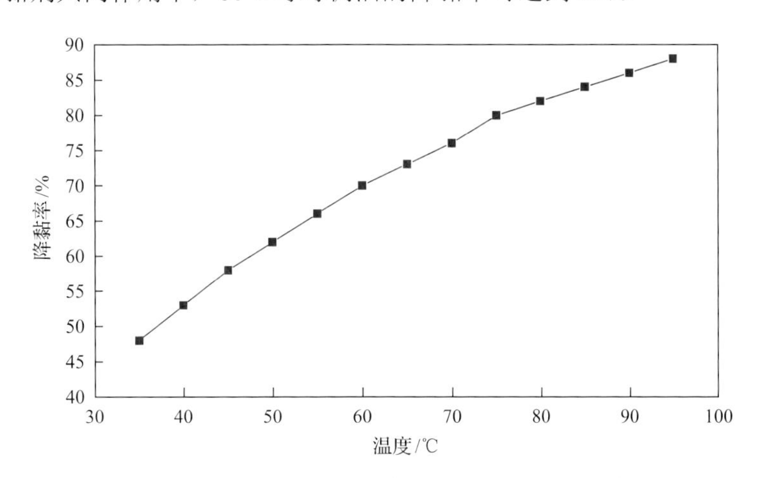

图 4-59 加热+降黏剂共同作用下降黏率变化曲线(稠油混配黏度为 21700mPa·s)

(2)将稠油黏度混配成 50℃时黏度为 22000mPa·s，加药浓度为 5000mg/L，反应 2h，测试不同温度、黏度一致情况下(去除温度对黏度影响)，降黏剂对稠油的降黏效果。从图 4-60 可以看出，随着反应温度的升高，降黏剂降黏效果提升，温度对降黏剂降黏效果有明显的促进作用，降黏率由 35%提高至 57%。

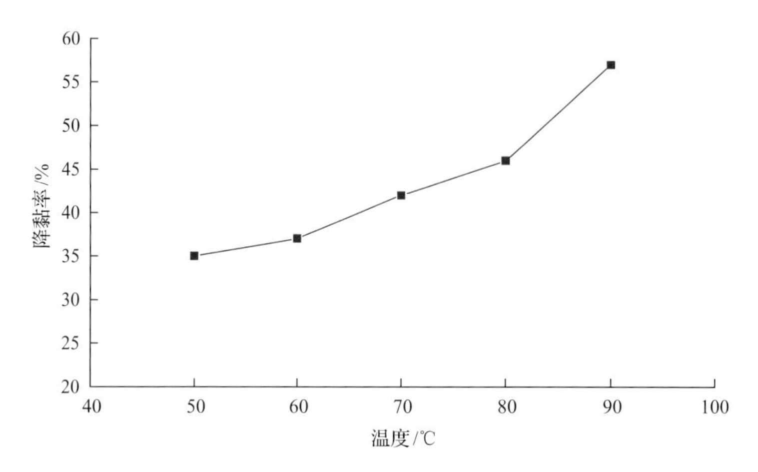

图 4-60 加热+降黏剂共同作用下降黏率变化曲线（稠油混配黏度为 22000mPa·s）

4.4.2 伴热方式的优选

目前塔河油田主要采用电加热和闭式热流体循环井筒伴热工艺。

1. 电加热伴热工艺技术

1）加热位置分析

起始加热位置的选择会影响到原油加热段的温度分布。从模拟结果可以看出，加热深度与井筒温度场分布密切相关，加热深度为 2000m 时，0～2000m 温度分布最优（图 4-61）。

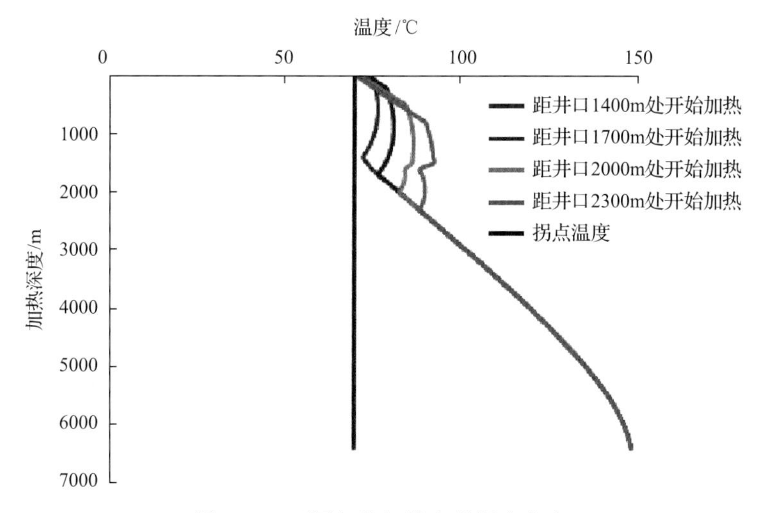

图 4-61 不同加热起始点的温度分布

2）加热功率

不同的加热功率对温度分布的影响也是显著的。选择分别以 20W/m、30W/m、40W/m、50W/m、60W/m 对原油进行加热，加热深度相同时，选择的单位功率越高，消耗的总功率越高。从模拟结果可以看出：不同加热功率下，原油井口温度差异明显，功率越高，加热效果越好(图 4-62)。

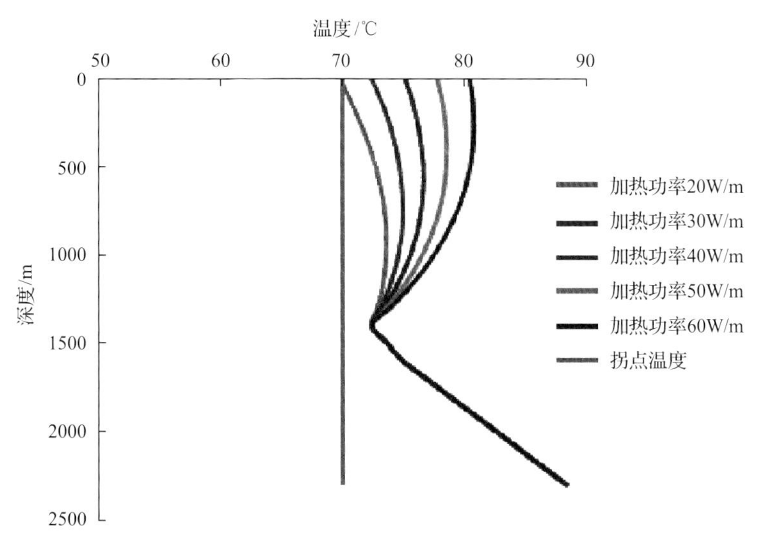

图 4-62　不同加热功率下井筒温度分布图

2. 闭式热流体循环伴热工艺技术

双空心杆闭式热流体循环加热降黏工艺的主要配套设备包括井下部分和地面循环部分。井下部分主要为双空心抽油杆，地面循环部分包括循环介质加热、注入、循环等，同时地面循环加热流程涉及供热水的方式、热水站建设的方案、工艺流程、平面布置、主要设备及器件等。

1) 循环点深度

循环点深度的确定与 4.3 节相同。

2) 自喷井循环管柱适应性

塔河油田主要使用 88.9mm 油管，自喷井在使用 88.9mm 油管配套双空心杆后，原油过流面积急剧减小，摩阻增大，已经严重影响到井液举升。配套双空心杆后，88.9mm 油管的过流面积明显减小(表 4-33)。

表 4-33　不同管径下的过流面积表

管柱结构	过流面积/mm^2
88.9mm 油管光管	4.53×10^3
88.9mm 油管配套双空心杆	2.57×10^3 (接箍处 1.42×10^3)
101.6mm 油管配套双空心杆	4.16×10^3 (接箍处 3.0×10^3)

以 TH12161 油井基础数据为准，分别计算了光油管和配套双空心杆两种不同管柱情况下不同流量的摩阻值(表 4-34，表 4-35，图 4-63)。

表 4-34　光油管摩阻计算表

光管柱					
油管内径/mm	温度/℃	摩阻/MPa			
		80t/d	100t/d	120t/d	140t/d
76.0	50	13.82	16.10	18.22	20.23
	60	10.10	11.97	13.75	15.45
	70	7.52	9.07	10.56	12.00
	80	6.16	7.50	8.79	10.06
	90	1.97	2.41	2.83	3.25
	100	0.54	0.66	0.78	0.90
88.3	50	8.76	10.21	11.55	12.83
	60	6.18	7.33	8.41	9.45
	70	4.45	5.37	6.24	7.10
	80	3.58	4.35	5.10	5.84
	90	1.13	1.39	1.63	1.87
	100	0.31	0.38	0.44	0.51

表 4-35　配套双空心杆摩阻计算表

配套双空心杆					
油管内径/mm	温度/℃	摩阻/MPa			
		80t/d	100t/d	120t/d	140t/d
76.0	50	20.72	24.13	27.31	30.33
	60	15.74	18.66	21.42	24.07
	70	12.18	14.69	17.10	19.44
	80	10.19	12.41	14.55	16.65
	90	3.29	4.02	4.73	5.43
	100	0.91	1.11	1.31	1.51
88.3	50	11.31	13.18	14.91	16.56
	60	8.17	9.68	11.12	12.49
	70	6.02	7.25	8.44	9.60
	80	4.90	5.96	6.99	8.00
	90	1.56	1.91	2.25	2.58
	100	0.42	0.52	0.62	0.71

通过计算光油管和配套双空心杆两种不同管径、不同温度和不同流量下的摩阻值可以看出，在相同条件下，管径与摩阻呈反比关系，温度和摩阻呈反比关系，流量和摩阻呈正比关系。同时采用自喷井节点分析方法进行了简单的自喷井混合产液量模拟计算，在其他地层条件参数不变的情况下，采用 101.6mm 油管配套双空心杆后对混合产液量影响不大，且根据过流面积计算，101.6mm 油管配套双空心杆后不会出现停喷，因此，为了不影响油井产量和压力，需用 101.6mm 油管配套，88.9mm 的油管不适用。

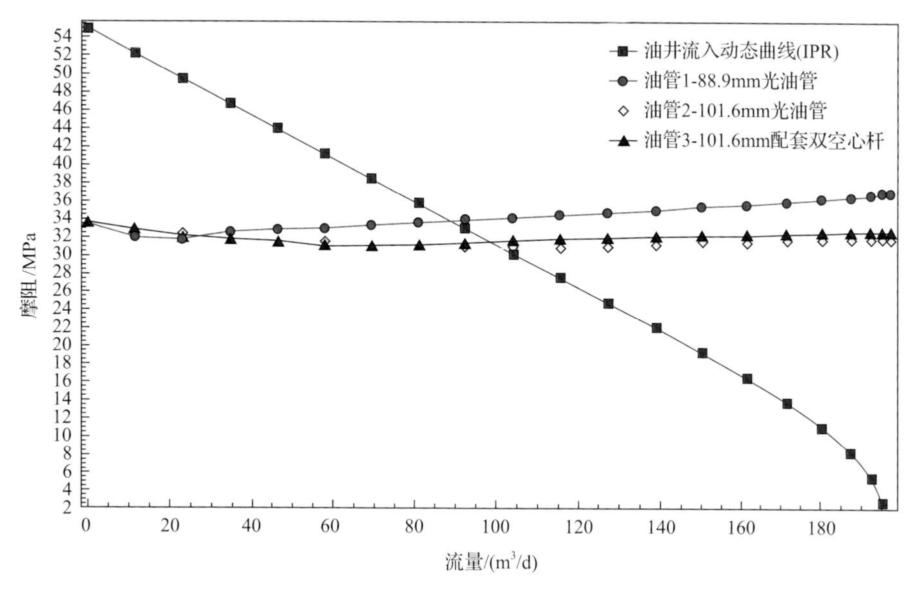

图 4-63 D6 井配套不同管柱后的混合产液计算

通过对工艺适用条件、工艺投入、运行管理等方面进行比较，优选电加热工艺作为复合降黏伴热方式(表 4-36)。

表 4-36 井筒伴热工艺对比

对比项目	电加热	闭式热流体循环
初期投入/万元	50	125～130
适用油井	自喷井	抽油机
下深/m	小于 2000m	小于 2200m
提升温度/℃	10～15	15～20
运行管理	管理方便	管理复杂
其他	压井更换	修井、配套大型抽油机

4.4.3 现场试验及效果评价

1. 选井原则

(1) 油井能量充足，压力大于 3.5MPa，调整掺稀过程中不停喷。
(2) 油井生产稳定，产量、掺稀量、压力等稳定 1 个月以上。
(3) 含水率小于 5%的油井。
(4) 优先选择有电加热装置的油井。

2. 管柱设计

井筒配套管柱为掺稀生产时的原管柱，示意图如图 4-64 所示

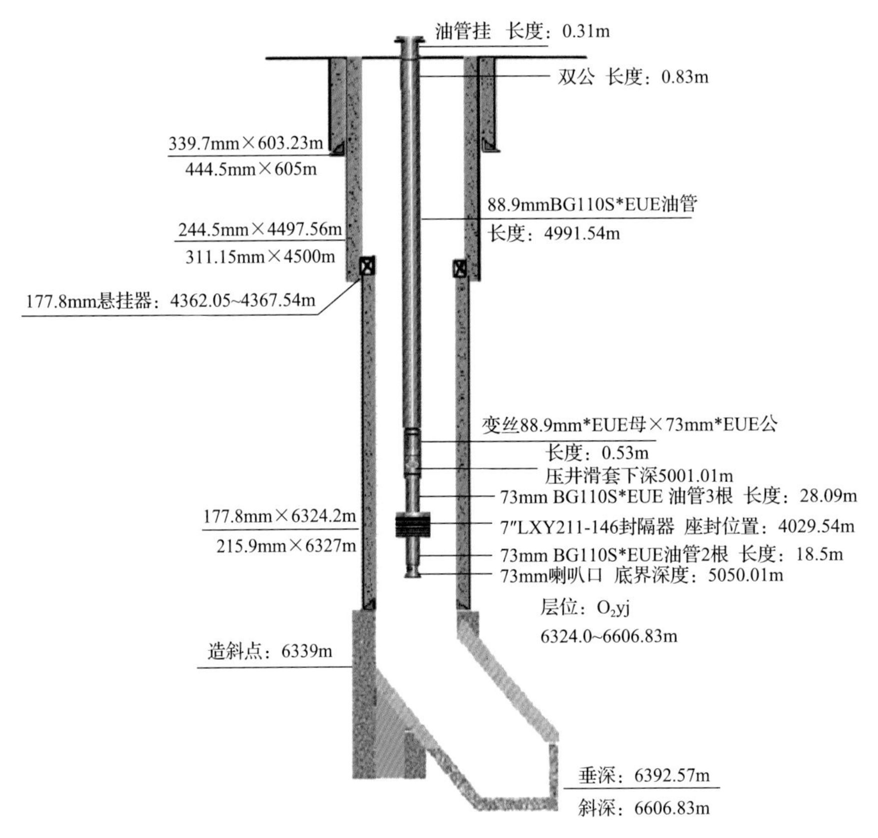

图 4-64 自喷井管柱结构示意图

3. 地面流程设计

该工艺流程分为加药系统、稀油系统和生产计量系统 3 部分，能够更加准确地评价油井生产情况和评价药剂效果，如图 4-65 所示。

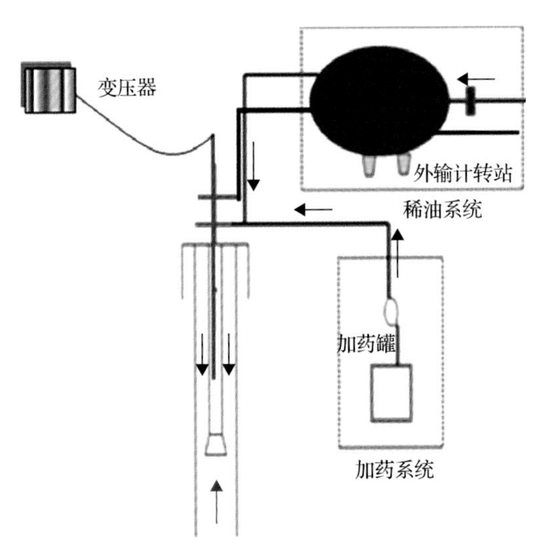

图 4-65 催化降黏现场试验流程示意图

4. 现场试验及效果评价

1) 总体情况

目前在 12 区选择不同掺稀稀稠比油井试验 4 井次，日节约稀油量 146.8t，平均节约稀油率 51.27%(表 4-37)。

表 4-37　工艺复合降黏现场试验统计表

井号	基值			试验				节约稀油率/%
	日产油/t	日掺稀/t	掺稀稀稠比	日产油/t	日掺稀/t	日加药量/t	掺稀稀稠比	
D61	72.6	55.9	0.77	52.63	22.33	0.46	0.42	60.05
D62	50.12	79.71	1.59	60.68	62.2	0.69	1.03	21.97
D63	49.94	118.9	2.38	86.4	73.9	0.64	0.86	37.85
D64	62.5	119.6	1.93	90.6	68.9	0.78	0.76	42.39

2) 单井效果分析

D63 井复合工艺试验 43d，电加热期间井口温度上升 12.16℃，在加药浓度为 4129mg/L 时，掺稀稀稠比由 2.38 下到 0.86，综合节约稀油率为 64.04%(表 4-38)。

表 4-38　D63 井评价数据表

阶段	油压/MPa	回压/MPa	井口温度/℃	产液量/(t/d)	产油量/(t/d)	掺稀量/(t/d)	混合液黏度/(mPa·s)	掺稀稀稠比	复合掺稀稀稠比降低/%
基值	3.61	1.08	60.3	50.99	49.94	118.9	1095	2.38	64.07
工艺复合	2.8	0.93	72.46	86.5	86.4	73.9	1968	0.86	

4.5　超临界注汽吞吐技术

室内实验表明，塔河油田于奇西等超稠油区块地下黏度高达数万毫帕·秒，严重影响稠油地下流动，因此，借鉴常规稠油注蒸汽技术开展地层降黏技术探索，为下一步稠油提高采收率提供借鉴。针对塔河油田稠油埋藏深、注汽工艺设计及工艺配套难度大的问题，开展相关技术研究，形成了超深井注汽工艺设计及配套技术，并进行了超深井超临界注汽提高采收率实践。

一是针对塔河油田超深井注汽参数设计困难的问题，建立了稠油井注蒸汽设计模型，模拟了高温高压注汽参数，现场符合率较高。

二是针对超深井注汽工艺配套难的问题，设计了井筒保温管柱、井口及地面高温配套注汽设备，可确保超临界注汽试验安全高效实施。

4.5.1　技术原理

向油层注入高温高压蒸汽，通过热对流和热传导作用，近井地带地层及缝洞体内原油温度升高，从而降低原油黏度，减小原油在地层及井筒的流动阻力，达到降黏及增产目的。稠油难动用储量不断增加，对注汽锅炉压力的等级要求越来越高。水通常有三相和五态，在一般情况下水由液相变为气相都是要经过一个汽化过程，即水经过吸热首先变为饱和水，其次经过吸热，部分水变为水蒸气，继续吸热后水全部变为水蒸气形成饱和水蒸气，整个汽化要经过一段时间的两相共存过程，并且在湿饱和水蒸气和干饱和水蒸气状态时，增大压力可使水蒸气重新变为液态。但是，当水蒸气压力＞22.14MPa 时，水由液相向气相的转化没有液、气两相共存过程，而当温度升到 374℃时，水由液相全部转变为气相，并且超过此温度后不管再加多大的压力也不能将其变为液相。凡超过 22.14MPa、374℃时的状态，称为超临界状态，超临界注汽相对于常规注汽具有高压、高热焓、低密度、易扩散等优点，可有效解决油井压力高、注汽困难的问题。

4.5.2 管柱设计及配套

1. 管柱设计

考虑油井垂深普遍达 6000m 的实际情况，结合目前隔热油管的强度，设计了如下注汽工艺管柱。

注汽管柱分 3 段(结合固井质量，优选悬挂器座挂位置)。

(1)下部管柱(自下而上)。

喇叭口(尾深 5980m)+8.89cm 外加厚油管+17.78cm 套管悬挂器+丢手回接筒(3000m)。

(2)中间管柱(自下而上)。

插入密封插头+11.43cm×8.89cm 超临界隔热油管 200m+超临界井下补偿器+超临界井下补偿器+11.43cm×8.89cm 超临界隔热油管+11.43cm(BCSG，公)×8.89cm(UPTBG①，母)变径接头+17.78cm 套管悬挂器＋丢手回接筒(1980m)。

(3)上部管柱(自下而上)。

插入密封插头+11.43cm×8.89cm 超临界隔热油管 200m+井下热胀补偿器+井下热胀补偿器+11.43cm×8.89cm 超临界隔热油管+井口。

针对设计的分三段下入的注汽工艺管柱，优化设计了套管悬挂器，这种井下悬挂器满足奇西超深层稠油井注蒸汽热采工艺的需要。井下管柱相关悬挂器、丢手回接筒、井下热胀补偿器等装置技术参数要求如下。

1)悬挂器

该悬挂器技术参数如下。

(1)总长为 2086mm。

(2)本体最大外径为 150mm，内径为 76mm。

(3)卡瓦牙最大外径为 170mm，最小外径为 148mm。

(4)扶正块最大外径为 170mm，最小外径为 150mm。

(5)上、下端连接螺纹为 88.9mmUPTBG。

---

① UPTBG 指外加厚扣。

(6)悬重为 80t。

超临界注汽工艺管柱结构如图 4-66 所示。

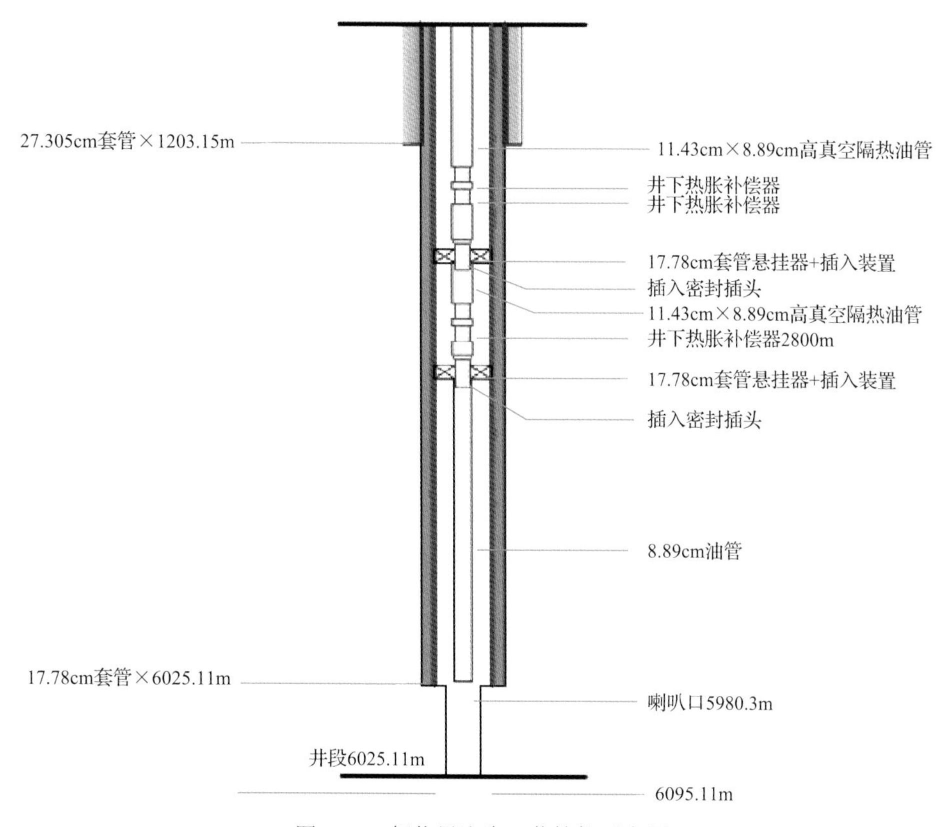

图 4-66　超临界注汽工艺管柱示意图

管柱设计中的套管悬挂器结构如图 4-67 所示。

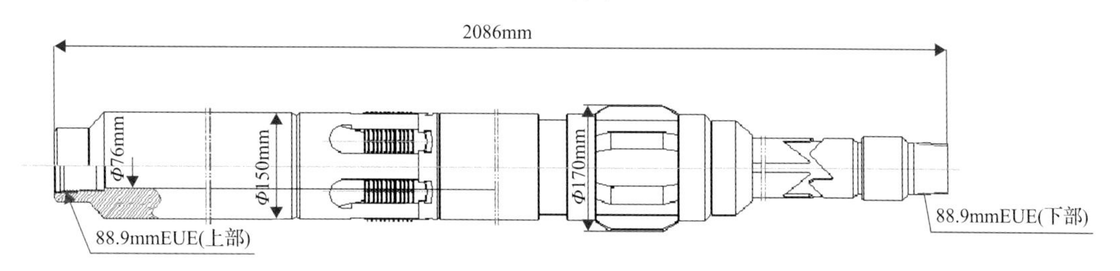

图 4-67　套管悬挂器结构示意图

2)丢手回接筒

在套管悬挂器悬挂完成后，为实现下部管柱的丢手，研制了丢手回接筒。这种丢手回接筒通过投球打压实现丢手，其留井部分可以与插入密封插头配合，实现整个注汽管柱的密封(图 4-68)。丢手回接筒技术参数如下。

(1)总长为 1059mm。

(2)外径为 150mm。

(3) 丢手部分内径为 40mm。

(4) 留井回接筒内径为 105mm。

(5) 上、下端连接螺纹为 88.9mmUPTBG。

(6) 悬重为 56t。

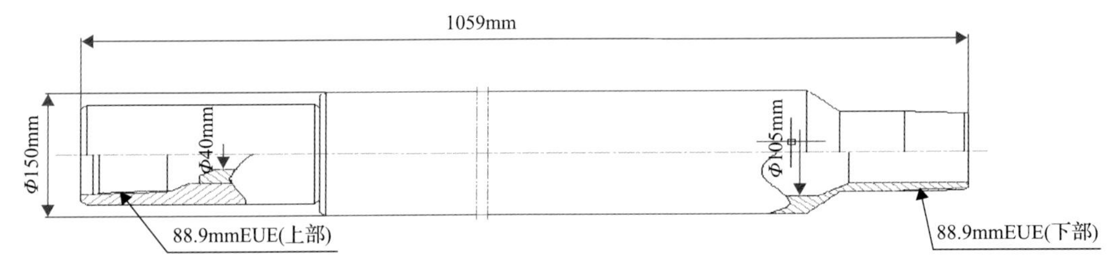

图 4-68　丢手回接筒结构示意图

3) 井下热胀补偿器

在注蒸汽过程中，井下管柱会受热膨胀，由于悬挂器位置固定，管柱的膨胀因无法释放会对注汽井口和油层套管造成破坏，影响正常注汽，带来生产事故。为此，研制了井下热胀补偿器(图 4-69)，以抵消注汽管柱受热带来的应力。

这种补偿器的主要技术参数如下：

(1) 最大外径为 132mm，最小内径为 75.9mm。

(2) 补偿长度为不小于 7000mm。

(3) 材质为 P110。

(4) 工作压力为 26MPa。

(5) 工作温度为 370℃。

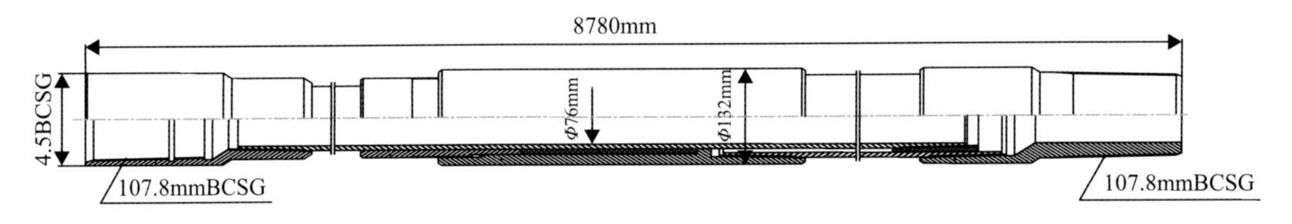

图 4-69　井下热胀补偿器结构示意图

4) 插入密封装置的研制

由于设计注汽工艺管柱为三段连接，为确保相连的两段注汽管柱密封对接以减少注汽过程中的热量损失，研制了插入密封装置(图 4-70)。

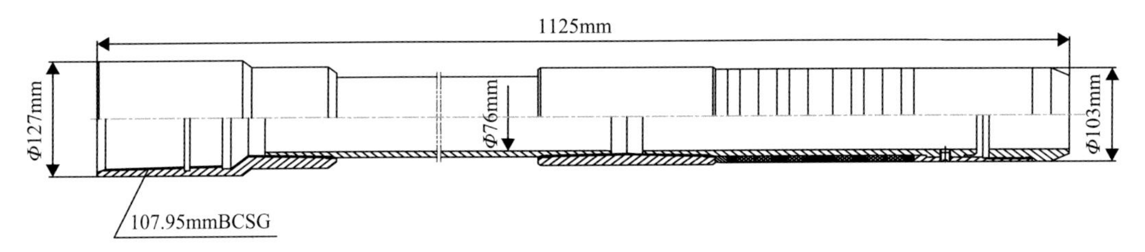

图 4-70　插入密封装置结构示意图

在油套环空不采取隔热措施的情况下，该管柱强度校核见表 4-39～表 4-41。结果表明下部 3000m 油管能满足要求，但隔热油管在井口的抗拉安全系数仅为 1.24。

表 4-39　163.83cm×8.89cm 高真空隔热油管参数

材质	常温		单重/(kg/m)	外管		内管		导热系数/[W/(m·℃)]
	杨氏模量/10^5MPa	屈服强度/MPa		外壁/mm	内壁/mm	外壁/mm	内壁/mm	
P110	1.924	888.3	31.77	114.3	100.54	88.9	76	0.02

注：隔热油管材质选择要有抗 H_2S 功能 P110 管材。

表 4-40　隔热油管强度校核(11.43cm×8.89cm)

安全系数	井口	2000m	3000m	经验值
抗拉安全系数	1.70	1.75		1.6
抗内压安全系数	3.33	2.38	2.04	1.5
抗外挤安全系数	2.80	1.63	1.43	1.4

表 4-41　油管强度校核(8.89cmP110S)

井筒位置/m	温度/℃	P110 管材屈服应力/MPa	抗拉能力/t	3000mEUE8.89cm 油管自重/t	抗拉安全系数
3000	329	700.15	119	40.44	2.94

注：EUE 指外加厚。

2. 地面流程技术要求

根据对深层稠油注蒸汽压力预测，井口蒸汽压力高达 30MPa 左右，这对地面流程设备(注汽井口、注汽地面管线、井口补偿器)提出了更高的要求，其地面工艺流程如图 4-71 所示。所涉及的主要设备有井口、注汽管线、井口补偿器等。

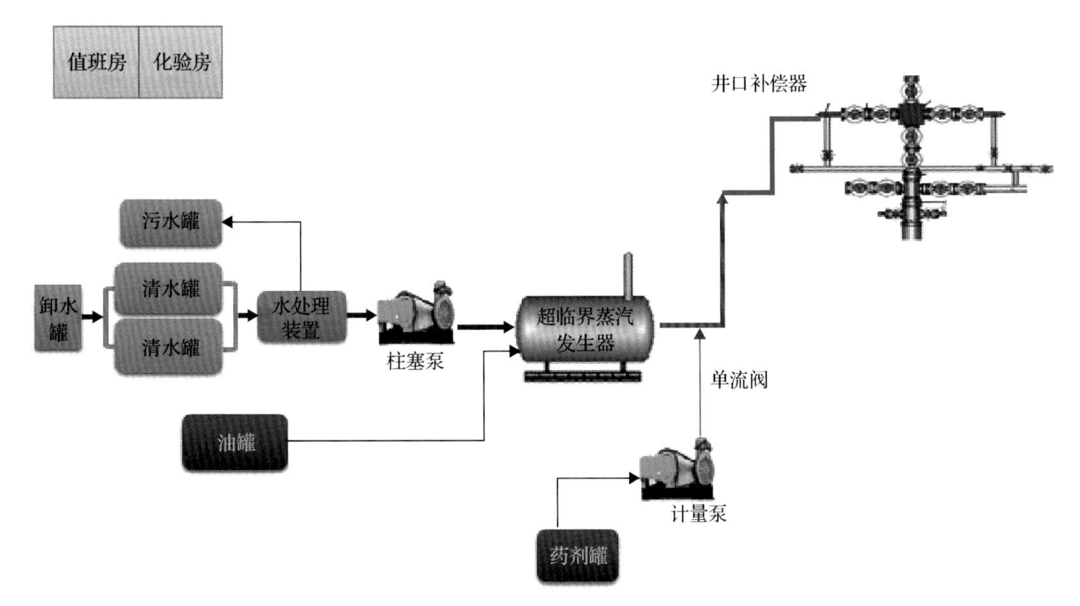

图 4-71　超临界注汽地面工艺流程图

1）井口技术要求

（1）额定工作压力（常温）：70MPa。

（2）注蒸汽额定工作压力（390℃）：35MPa。

（3）工作温度：–46～390℃。

（4）材料级别：EE。

（5）规范级别：PSL3。

（6）性能级别：PR1。

（7）工作介质：石油及石油伴生气蒸汽泥浆。

（8）悬挂隔热油管：11.43cm BCSG。

（9）密封检测（常温水压）：≥45MPa。

（10）参考标准、规范：《石油天然气钻采设备 热采井口装置》（SY/T 5328—2019）、《石油天然气工业 钻井和采油设备 井口装置和采油树》（GB/T 22513—2013）。

2）注汽管线技术要求

（1）注蒸汽额定工作压力（390℃）：35MPa。

（2）工作温度：≥390℃。

（3）工作介质：水及蒸汽。

（4）密封检测（常温水压）：≥45MPa。

（5）使用中保温层外壁温度：≤65℃。

（6）公称通径：65mm。

3）注汽井口补偿器技术要求

（1）注蒸汽额定工作压力（390℃）：≥35MPa。

（2）工作温度：≥390℃。

（3）工作介质：水及蒸汽。

（4）试压要求（常温）：≥45MPa。

（5）单套补偿距离：0.4～0.5m。

4.5.3 超临界注汽参数设计

1. 基本模型

在国内外石油开采工业中广泛采用注蒸汽的方法开采稠油[15]。注蒸汽的主要目的是加热井底油层中的稠油，以降低其黏性，便于开采。因而，在蒸汽注入过程中如何减少散热损失及预测在一定结构与运行条件下散热损失，具有重要的意义。从本质上说，蒸汽注入井筒后的热交换过程是一个非稳态传热过程，各个热力参数不仅随井深而异，也随时间而变化。井筒四周的地层把井筒的散热量不断地向四周扩散，同时井筒内蒸汽的散热不可分割地同压力的变化联系在一起。这些都增加了井筒散热计算的复杂性[16]。

为减少热损失，在油管外有一层绝热材料。在绝热层外的环形空间中一般为低压空气或高压下的气体与水的分层结构。从锅炉来的具有一定初始参数的蒸汽流过水平管，然后进入注汽井。

为使模型更具适应性，在建立模型时，设定注汽井为水平井。使其对于斜井、大斜度井乃至水平井均可以适用。

2. 模拟计算基本假设

井底温度压力模型计算中，有如下假设。

(1) 锅炉出口的蒸汽压力、温度、流量及干度在注汽过程中保持恒定。

(2) 从井筒到水泥层之间的热传递过程是稳态的，从水泥层到地层深处的导热过程是非稳态的。

(3) 除注射介质、绝热材料的物性外，计算中所涉及的其他物性均取常数；

(4) 把注汽管中汽液两相的流动当作一维两相均质流动来处理。

(5) 井下过渡段泥土传热的计算区域忽略倾角的影响，与井下垂直段的计算方法相同。

(6) 蒸汽的状态变化近似以理想气体处理。

3. 控制方程

注汽管内一维均质流动的动量方程式：

$$\left.\frac{\mathrm{d}p}{\mathrm{d}z}\right|_t=\left.\frac{\mathrm{d}p}{\mathrm{d}z}\right|_f+\left.\frac{\mathrm{d}p}{\mathrm{d}z}\right|_a+\left.\frac{\mathrm{d}p}{\mathrm{d}z}\right|_g \tag{4-48}$$

式中，由重力引起的压力变化：

$$\left.\frac{\mathrm{d}p}{\mathrm{d}z}\right|_g=g\rho_{\mathrm{z}}\sin\theta' \tag{4-49}$$

式中，θ' 为汽流方向与水平方向的夹角。

摩擦阻力损失：

$$\left.\frac{\mathrm{d}p}{\mathrm{d}z}\right|_f=-\frac{f}{d}\frac{\rho v_{汽}^2}{2} \tag{4-50}$$

加速损失：

$$\left.\frac{\mathrm{d}p}{\mathrm{d}z}\right|_a=-\frac{W}{A}\frac{\mathrm{d}v_{汽}^2}{\mathrm{d}z}=-\frac{W^2}{A^2}\frac{\mathrm{d}}{\mathrm{d}z}\left(\frac{1}{\rho_{\mathrm{z}}}\right) \tag{4-51}$$

式中，f 为摩擦阻力系数；W 为质量流量；A 为油管内流通截面积；$v_{汽}$ 为蒸汽流速。

加速损失在总压差中所占比例极小，对于饱和蒸汽，仅在流态为雾状流动中才予以考虑。但对于过热蒸汽及超临界流体，必须考虑损失的影响，此时按理想气体来处理。在雾状流动中也近似用理想流体来描述汽相行为，于是有

$$\frac{\mathrm{d}}{\mathrm{d}z}\left(\frac{1}{\rho_{\mathrm{z}}}\right)=RT_{平}\frac{\mathrm{d}}{\mathrm{d}z}\left(\frac{1}{p}\right)=-\frac{1}{\rho_{\mathrm{z}}}\frac{1}{p}\left.\frac{\mathrm{d}p}{\mathrm{d}z}\right|_t \tag{4-52}$$

式中，R 为气体常数；$T_{平}$ 为本段两相流平均温度；p 为井筒内混合产出液压力。

由此得

$$\left.\frac{\mathrm{d}p}{\mathrm{d}z}\right|_a=\frac{W^2}{A^2}\frac{-1}{\rho_z}\frac{1}{p}\left.\frac{\mathrm{d}p}{\mathrm{d}z}\right|_t=\frac{W}{A^2}\frac{q_v}{p}\left.\frac{\mathrm{d}p}{\mathrm{d}z}\right|_t \tag{4-53}$$

式中，q_v 为体积流量；p 为井筒内混合产出液压力。

将式(4-50)～式(4-52)代入式(4-53)，整理可得

$$\left.\frac{\mathrm{d}p}{\mathrm{d}z}\right|_t=\frac{g\rho_z\sin\theta'-\tau_f}{1-\dfrac{W^2}{\rho_z A^2 p}} \tag{4-54}$$

当井筒内蒸汽处于两相流动区时，ρ_m 为注汽管内蒸汽平均密度，f 为摩擦阻力系数；τ_f 为流体摩擦应力。

当井筒内蒸汽处于单相流动区(过热区或超临界区)时，采用阻力公式：

$$\frac{f}{f_0}=1+0.17\frac{|f_{u1}|}{f_0} \tag{4-55}$$

式中，f_0 为常物性等温流动的阻力系数，按下式计算：

$$f_0=\left(1.82\lg\frac{Re}{8}\right)^{-2} \tag{4-56}$$

式(4-55)中等号后的第二部分是由于减速作用，截面上的速度发生变化而影响到沿程阻力的修正，其中 f_{u1} 为加速损失：

$$f_{u1}=\frac{-\left.\dfrac{\mathrm{d}p}{\mathrm{d}z}\right|_a d}{\dfrac{1}{2}\rho_z u_m^2} \tag{4-57}$$

式中，d 为水泥环外径。

将式(4-54)代入式(4-57)得

$$f_{u1}=2d\rho_z\frac{\mathrm{d}}{\mathrm{d}z}\left(\frac{1}{\rho_z}\right) \tag{4-58}$$

将式(4-58)代入式(4-50)得出单相区的动量方程式：

$$\left.\frac{\mathrm{d}p}{\mathrm{d}z}\right|_t=\frac{g\rho_z\sin\theta'-\dfrac{f_0}{d}\dfrac{\rho v^2}{2}}{1-1.17\dfrac{W^2}{\rho_z A^2 p}} \tag{4-59}$$

注汽管内一维均质流动的能量方程：

$$\frac{\mathrm{d}Q_{总}}{\mathrm{d}z}+W\frac{\mathrm{d}}{\mathrm{d}z}\left(h_{\mathrm{m}}+\frac{v_{\mathrm{m}}^2}{2}-gz\right)=0 \tag{4-60}$$

式中，$Q_{总}$ 为从地面起算到所计算地点的总散热量；h_{m} 为流体克服流动阻力消耗的能量；v_{m} 为混合物流速。

由此得到：

$$\frac{\mathrm{d}h_{\mathrm{m}}}{\mathrm{d}z}=-\frac{1}{W}\frac{\mathrm{d}Q_{总}}{\mathrm{d}z}-\frac{W^2}{\rho_{\mathrm{z}}A^2}\frac{\mathrm{d}}{\mathrm{d}z}\left(\frac{1}{\rho_{\mathrm{z}}}\right)+g \tag{4-61}$$

对于每个计算工况，第一天的第二段以后（含第二段）及第二天以后（含第二天）各天，均用差分方法来计算 $\frac{\mathrm{d}}{\mathrm{d}z}\left(\frac{1}{\rho_{\mathrm{m}}}\right)$ 的值：

$$\frac{\mathrm{d}}{\mathrm{d}z}\left(\frac{1}{\rho_{\mathrm{z}}}\right)=-\frac{1}{\rho_{\mathrm{z}}^2}\frac{\mathrm{d}\rho_{\mathrm{z}}}{\mathrm{d}z}\approx\frac{1}{\rho_{\mathrm{z}}^2(i)}\frac{\rho_{\mathrm{z}}(i-1)-\rho_{\mathrm{z}}(i)}{\Delta z} \tag{4-62}$$

据 $Q_{总}$ 的定义，得到注汽管柱的散热方程

$$\frac{\mathrm{d}Q_{总}}{\mathrm{d}z}=U(T_{\mathrm{s}}-T_{\mathrm{ref}}) \tag{4-63}$$

式中，对于地面水平段，T_{ref} 为常年平均气温，对井下段，T_{ref} 取为水泥与地层交界面处的温度 T_{cem}；U 为单位长度的总传热系数；T_{s} 为油管内流体温度。

对于地面上的水平段，式(4-59)～式(4-61)组成了封闭的方程组。对于井下段，式(4-62)中的 T_{ref}（即 T_{cem}）为未知数，把地层的非稳态导热看成是一维的，而且用时间函数 $f(\tau)$ 来考虑时间的影响：

$$\frac{\mathrm{d}Q_{总}}{\mathrm{d}z}=\frac{2\pi K_{\mathrm{e}}(T_{\mathrm{cem}}-T_{\mathrm{e}})}{f(\tau)} \tag{4-64}$$

式中，K_{e} 为地层导热系数；T_{e} 为地层远处温度。

时间函数 $f(\tau)$ 按下式进行计算：

$$f(\tau)=0.982(1+1.81\sqrt{t_{\mathrm{d}}}) \tag{4-65}$$

式中，

$$t_{\mathrm{d}}=\frac{4a'\tau}{d^2} \tag{4-66}$$

其中，τ 为注汽时间；a' 为地层导温系数。

式(4-64)可用来确定通过地层的热阻，从而确定 T_{cem}。

地层中温度分布的控制方程式及初始和边界条件：

$$\frac{1}{r}\frac{\partial}{\partial r}\left(r\frac{\partial T_{平}}{\partial r}\right)+\frac{\partial^2 T_{平}}{\partial z^2}=\frac{1}{a}\frac{\partial T_{平}}{\partial \tau} \tag{4-67}$$

$$t=0, T_{平}=T_{\mathrm{m}}+rz \tag{4-68}$$

$$t>0, z=0, T_{平}=T_{\mathrm{m}} \tag{4-69}$$

$$z=z_{\max}, \frac{\partial T_{平}}{\partial z}=0 \tag{4-70}$$

$$r=R_{\mathrm{cem}} \tag{4-71}$$

$$\frac{\mathrm{d}Q_{总}}{\mathrm{d}z}=-\pi D_{\tau} K_{\mathrm{e}}\frac{\partial T_{平}}{\partial r} \tag{4-72}$$

$$r=\infty, \frac{\partial T_{平}}{\partial r}=0 \tag{4-73}$$

式(4-68)和式(4-72)中，T_{m} 为井口位置处温度；D_{τ} 为地层中心到井筒某处的距离，m。

计算导热问题时，坐标的选取如图 4-72 所示。把计算区域底部的边界条件表示为 $T_{平}=T_{\mathrm{res}}$，但并未给出 T_{res} 的取值方法。考虑到蒸汽注入井底后，其所带的热量必是向深处及四周扩散的，因而本计算中近似地取 $\frac{\partial T_{平}}{\partial z}=0$。

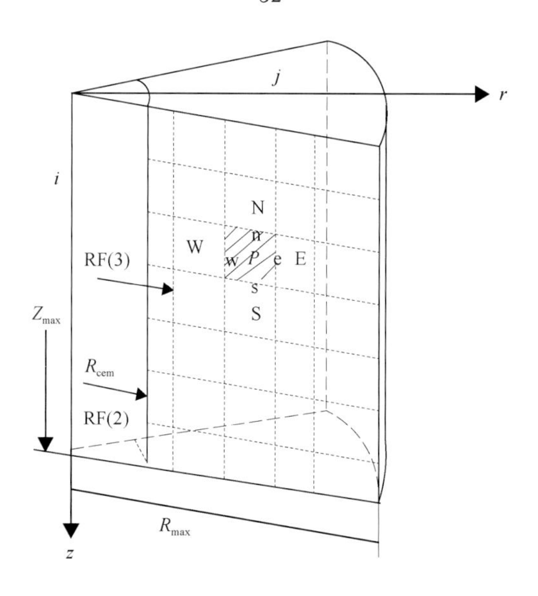

图 4-72　地层导热计算坐标系的选取

i-z 轴上单位长度段；*j-r* 轴上单位长度距离；$R_{\max}$-井筒中各点与井筒中心轴径向最远距离；RF(2)-井筒中各点与井筒中心轴径向距离；RF(3)-井筒中各点与井筒中心轴径向距离

4. 参数设计

用上面的数学模型，计算了井底压力和井底温度随注汽速度的变化数据，可以得出如下结论(表 4-42)。

(1)在上述模拟条件下，注汽速度越大，蒸汽的井底压力越低，井底温度越高。

(2)随着注汽速度的增大，注汽的井底压力与测得的静压(59.51MPa)之间的差值越小。

表 4-42　井底压力和井底温度与注汽速度的变化数据表

注汽速度/(t/h)	井底压力/MPa	井底温度/℃
7	70.91	173.51
8	69.77	188.95
9	68.75	203.63
10	67.80	216.89
11	67.01	229.90
13	65.54	251.95
15	64.27	260.84

注：按井口蒸汽压力 25MPa、井口温度 380℃、3000m 隔热油管、全井筒内通径为 8.89cm 计算。

综合以上结果，结合目前国内超临界注蒸汽锅炉每小时的蒸汽发生量为 7.5～9t/h，设计试验井注汽速度为 9t/h，在注汽锅炉压力允许的情况下尽量保持较高的注汽速度。

4.5.4　矿场试验

2014 年 6 月在塔里木盆地某碳酸盐岩油藏 D64 井开展现场超临界注汽试验，期间累计注入蒸汽量按水量计算为 3000m^3，注入蒸汽温度为 375℃，注汽压力为 29MPa，注汽速度为 7t/h。

该井注汽后，生产期间油嘴为 5.2～7.0mm，累计增油 202.3t，与前期生产方式相比，日产油从 6～13t 上升至 25t，掺稀稀稠比从 6～23 下降到 6.2，取得了明显的增油降黏效果(表 4-43)。

表 4-43　注汽前后油井生产效果

序号	生产时间	生产阶段	平均日产油/t	最高掺稀稀稠比	最低掺稀稀稠比	平均掺稀稀稠比	备注
1	2009-03-25～2009-12-30	自喷初期	20	10.9	2.9	6∶1	—
2	2012-06-01～2012-08-16	自喷末期	6	34.8	17.7	23∶1	无法稳定生产
3	2012-08-16～2013-03-27	注水替油	13	23.5	7	8.2∶1	无法稳定生产
4	2014-06-14～2014-06-24	注蒸汽初期	25	7.6	4.5	6.2∶1	增油降黏明显

参考文献

[1] Ramey H J J.Wellbore heat transmission[J]. Journal of Petrology, 1962, 14(4): 427-435.

[2] Hagedorn A R,Brown K E.Experimental study of pressure gradients occurring during continuous two-phase flow in small-diameter vertical conduits[J]. Journal of Petroleum Technology, 1965, 17(4): 475-484.

[3] 朱沫. 超深稠油井井筒伴热工艺数值模拟研究[D]. 成都: 西南石油大学, 2014.

[4] 高秋英, 杨祖国, 程仲富. 基于胶体化学和热力学的稠油掺稀降黏试验研究[J]. 长江大学学报(自科版), 2015, 12(31): 20-23.

[5] 程仲富, 杨祖国, 何龙. 中质油掺稀密度优化分析[J]. 地质科技情报, 2016, 35(4): 199-201.

[6] Dukhin S S, Derjaguin B V, Matievic E. Electrokinetic phenomena[J]. Surface and colloid science, 1974, (7): 37-41.

[7] 王慧云, 崔亚男, 张春燕. 影响胶体粒子 zeta 电位的因素[J]. 中国医药导报, 2010,(20): 28-29.

[8] 明亮, 敬加强, 代科敏, 等. 塔河稠油掺稀黏度预测模型[J]. 油气储运, 2013, (3): 263-265.

[9] 裴海华, 张贵才, 葛际江. 塔河油田超稠油混合掺稀降黏实验研究[J]. 特种油气藏, 2011, 18(4): 111-113.

[10] Einstein A. Eine neue bestimmung der Moleküldimensionen[J]. Annalen der Physik, 2005, 14(S1): 229-247.

[11] Sibree J O. The viscosity of emulsions. Part Ⅱ[J]. Transactions of the Faraday Society, 1931, (27): 161-176.

[12] 程仲富. 塔河油田超深超稠油矿物绝缘电缆加热技术研究[J]. 长江大学学报(自科版), 2017, 14(21): 32-35.

[13] 郭娜, 李婷婷, 杨祖国. 电加热配合油溶性降黏复合工艺在塔河油田的应用[J]. 内蒙古石油化工, 2013, 39(5): 123-125.

[14] Guo J X, Wang H Y, Chen C G, et al. Synthesis and evaluation of an oil-soluble viscosity reducer for heavy oil[J]. Petroleum Science, 2010, 7(4): 536-540.

[15] 郝玉兰, 王梓桐, 苑丹丹. 我国注蒸汽采油研究进展[J]. 化学通报, 2014, 77(2): 137-141.

[16] 张紫军, 姜泽菊, 陈玉丽. 深层稠油油藏超临界压力注汽开发技术研究[J]. 石油钻探技术, 2004, (6): 44-46.

第 5 章　超深层稠油高效深抽技术

塔河油田稠油油藏具有埋藏深、温度高、供液好、油品性质差、腐蚀介质复杂等特点，并且稠油黏度受温度影响明显，井深 3000m 以下才具有良好的流动状态，要求抽稠泵在较深的位置进行生产，即抽稠泵必须具有较高的强度；同时采用掺稀生产，需要较大的排量及较高的泵效才能满足人工举升的有效排量要求。

为此，针对性地改进常规采油工艺，形成了适合塔河油田超深层稠油的有杆泵、潜油电泵、螺杆泵采油工艺配套技术，现场应用效果较好，为塔河油田的高效开发提供了重要的技术支撑，也为类似的超深层稠油井的人工举升技术提供了参考。

5.1　大排量抽稠泵深抽技术

前期塔河油田超深层稠油井采用常规抽稠泵开采，但存在排量无法满足生产需求及强度不够的问题[1]，为此塔河油田开展了大排量抽稠泵优化设计：一是新抽稠泵满足排量要求，二是进行材质提升及结构优化以满足下深要求，三是提供井下杆柱和地面配套提高系统的稳定性，为塔河油田超深层稠油藏提高采收率提供了技术支撑。

5.1.1　常规液压反馈抽稠泵局限性分析

1. 工作原理

常规液压反馈抽稠泵[2]的结构原理如图 5-1 所示，主要由上泵筒、上柱塞、下泵筒、下柱塞等组成管式泵，上、下柱塞由中心管连接，上、下泵筒由泵筒接头连接，进油阀和出油阀均装在柱塞中。工作时，抽油杆带动柱塞运动引起环形腔容积变化而分别形成低、高压腔，使阀打开或关闭，从而完成进液和排液。下冲程时，油管液柱重量座在进油阀上，形成液压反馈力[3]，帮助抽油杆下行，解决了抽油杆在稠油井中下行困难的问题，提高了泵效，克服了球阀滞后关闭现象。

2. 塔河油田应用情况

常规液压反馈抽稠泵虽然具有一定的稠油适应性，但是在超深层稠油油藏的开采中尚存在以下不足[4]。

1) 泵排量与泵挂矛盾突出

随着液面加深，泵挂深度必然增加，虽然下泵深度已经取得了较大突破，但受机-杆-泵承载能力约束，深抽时的泵径较小，虽然泵效较高但实际排量较低，不能满足配产需求。同时稠油井目前普遍采用环空掺稀措施，虽解决了抽油问题，但实际产量为泵抽液量与掺稀量之差，“有效泵效”或“有效系统效率”更低，难以满足稠油井掺稀生产要求。

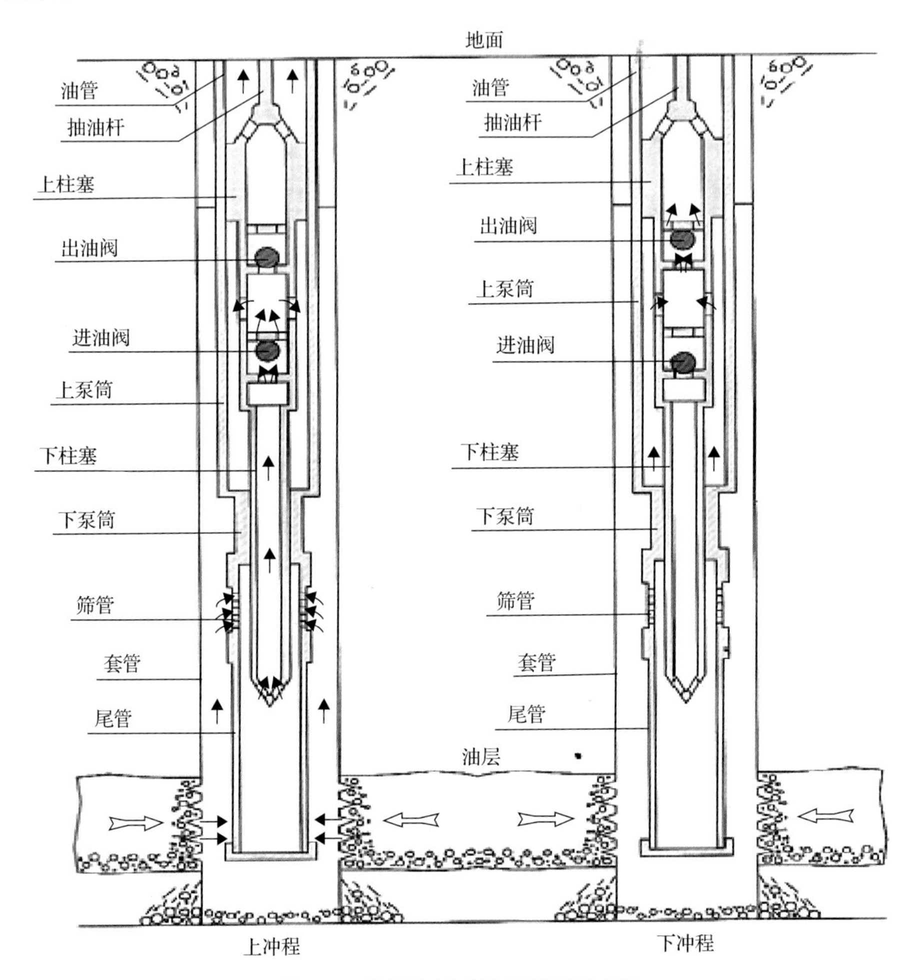

图 5-1　常规液压反馈抽稠泵示意图

2) 深抽设备能力问题

受抽油机负荷能力、抽油杆强度、抽油泵强度、阀球和阀座间冲击与冲蚀等问题的制约，下泵深度尤其是大直径泵下泵深度有限，已经不能完全满足液面深度超过 4000m 的抽油需要。

3) 工艺优化设计问题

针对稀油、稠油井的不同特点，在其设计、诊断方面尚存在以下不足。

(1) 更新设计方法与手段。原油特性差异很大，应针对不同油品特点与不同设备的工作特性，对机抽系统进行针对性设计，不能采用常规的、经验的方法。

(2) 改造后泵的受力特点与常规泵存在较大差异，对应的悬点载荷计算、杆柱系统设计等与常规泵不同，需要开展针对性的设计。

(3) 优化沉没度与泵挂深度关系。稠油井为了解决泵吸入口的原油流动问题，通常将泵下到黏度拐点以下，使部分井的沉没度很大。而在进行抽油系统设计时，一般以环空液面被抽到泵吸入口时的极限深度作为设计与校核依据，这种设计方法能够完全保证抽油系统尤其是杆柱系统的可靠性，但却使沉没度较大井的允许下泵深度被消减，使部分大泵井的设计下入深度难以提高。

5.1.2　深抽大排量抽稠泵优化设计

1. 结构及原理

大排量抽稠泵由上泵筒、上柱塞、下泵筒、下柱塞、进油接头、进油阀、出油阀、抽油杆接头等组成[5]，上、下柱塞由进油接头连接，上、下泵筒由进油阀连接，进油阀为偏心阀，出油阀安装在上柱塞上，如图 5-2 所示。

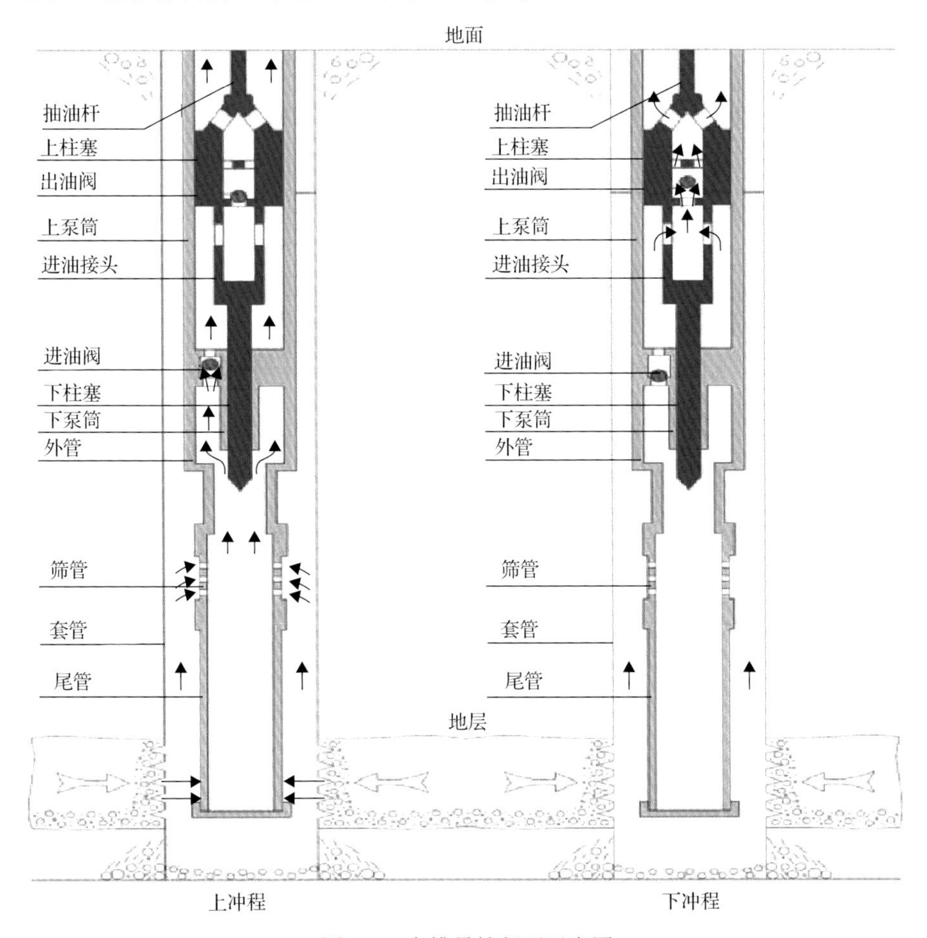

图 5-2　大排量抽稠泵示意图

上冲程时，出油阀关闭，上柱塞以上油管内的原油被排出，上、下柱塞之间的环形腔容积增大，形成低压腔，进油阀打开，环形腔充油；下冲程时，进油阀关闭，环形腔容积减小，形成高压腔，高压环形腔中的原油顶开出油阀，进入油管内。

该泵主要靠抽油杆带动上、下柱塞运动，引起环形腔容积变化从而分别形成低、高压腔、使凡尔阀迅速打开或关闭。

2. 优化设计

1)结构设计

由于现有大排量抽稠泵上冲程时通过下柱塞进油，其进油通道长而小，如 56/38mm 抽油泵下柱塞内径为 24mm、进油阀孔直径为 23mm，70/44mm 抽稠泵的下柱塞内径为 30mm、进油阀孔直径为 27mm，而原油黏度较高，这种狭长的进油通道造成进油阻力很大，稠油入泵困难，会影响泵的排量和泵效。

为解决液压反馈稠油泵的进油阻力问题，将其由下柱塞进油改为在下柱塞与下泵筒间环空一侧通过进油阀进油，将原先进油口直径从 23mm 增大到 42mm，降低了稠油进泵的阻力。

在泵间隙等级选择上，根据国家标准，柱塞和衬套的配合间隙分为 5 个等级，见表 5-1，但在实际应用中，需根据泵的实际情况确定。

表 5-1　柱塞-泵筒配合间隙表

间隙代号	泵筒与金属柱塞配合间隙范围/mm
Ⅰ	0.025～0.088
Ⅱ	0.050～0.113
Ⅲ	0.075～0.138
Ⅳ	0.100～0.163
Ⅴ	0.125～0.188

在现场选用间隙等级时必须考虑泵的间隙等级与漏失量的关系，漏失量的大小通常采用以下经验公式来进行计算：

$$q_{漏}=\frac{\pi D\Delta p_{柱}\sigma_{间}^{3}}{12\mu L_{柱}} \tag{5-1}$$

式中，$q_{漏}$ 为柱塞与泵筒间隙的压差漏失量，m^3/s；$L_{柱}$ 为柱塞长度，m；D 为抽油泵公称直径，m；$\sigma_{间}$ 为柱塞与泵筒之间的间隙，m；μ 为流体黏度，Pa·s；$\Delta p_{柱}$ 为柱塞上下压差，Pa。

通过公式(5-1)计算可知，5 级间隙等级的大排量抽稠泵漏失量为 $0.0001m^3/d$，完全满足现场使用要求。

泵间隙等级太小会造成泵的下行阻力较大，加之超深层稠油油田流体黏度较大，70/44mm 与 56/38mm 抽稠泵现场生产初期采用 2.5 级间隙等级对应的间隙范围为 0.063～0.126mm。后期生产时下行阻力较大，需将泵的间隙等级从 2.5 级增大到 5 级(间隙范围为 0.125～0.188mm)，即减小泵筒和柱塞之间的摩擦力，降低下行阻力，同时也满足了深抽时泵变形量较大的要求。

为了进一步解决泵挂与排量的矛盾，在原来70/32mm抽油泵的基础上改进加工了83/44mm更大排量泵投入现场进行试验，83/44mm抽油泵除了保留了原来的结构特点外，在柱塞连接方式上也进行了优化改进，提高了泵的排量，更加适合稠油深抽的要求。

2) 强度设计

(1) 材质改进。

由于在超深层稠油井生产时大排量抽稠泵承压能力要求更高，在原先材质的基础上，对超深层稠油油田使用的大排量抽稠泵进行了材质优选，其主要部件材料如下所述。

①泵筒：在常规泵中推荐选用4%～6%铬钢镀铬，最小屈服强度为483MPa；或4%～6%铬钢碳氮共渗，最小屈服强度为483MPa。特种泵推荐选择强度更高的材料。

②柱塞：45#、镀硬铬、喷焊镍基合金和喷涂陶瓷等工艺，最小屈服强度不低于345MPa。

③阀座：用硬质合金代替普通泵采用的6Cr18Mo，以减少深抽时对球座的冲蚀。

④阀：用硬质合金代替普通泵采用的9Cr18Mo，以增强阀球的抗冲蚀、冲击能力。

(2) 强度校核。

影响抽油泵下入深度的主要因素之一是泵筒强度。抽油泵泵筒主要承受管内液柱压力、管外环空液柱压力，以及悬挂尾管时的拉应力。

①泵筒受力分析。

泵筒承受的力可能有：泵内承受液柱压力 p、泵外承受管外环空液柱压力 p'、泵筒以上油管内液柱载荷 W_L、尾管在液柱中的重量 W_T，其余载荷如泵筒组自重、柱塞-井液对泵筒的摩擦力等很小，可忽略。其中，底部固定式杆式泵(定筒式与动筒式)泵筒主要承受内压。

下冲程固定阀关闭时，泵筒呈闭口圆筒。一方面，泵内承受整个液柱的压力 p、泵外承受管外环空液柱的压力 p'；另一方面，同时承受液柱载荷 W_L 与尾管在液柱中的重量 W_T。上冲程游动阀关闭，柱塞以上泵筒承受的内外压力与下冲程基本相同，而柱塞以下主要承受外环空液柱的压力 p'；另外，泵筒承受的液柱载荷 W_L 消失(转移到抽油杆上)，但同时承受下部尾管在液柱中的重量 W_T。因此，在一个抽汲周期中，下冲程为抽油泵泵筒最危险的工况。

取流体相对密度 γ_L 为1.0，尾管按73.02mm平式油管、重量按93.4N/m计算。于是

$$p=\gamma_L L_P/100+p_t \tag{5-2}$$

$$p'=\gamma_L\left(L_P-L_f\right)/100+p_c \tag{5-3}$$

$$W_L=pA_p=\left(\gamma_L L_P/100+p_t\right)\times 10^6\times\frac{\pi}{4}D^2 \tag{5-4}$$

$$W_T=\left(\rho_t-\rho_L\right)gA_tL_T=81.64L_t \tag{5-5}$$

式中，L_P、L_f 分别为泵挂深度与动液面深度，m；p_t、p_c 分别为井口油压与套压，MPa；A_p、A_t 分别为泵筒截面积与尾管截面积，m^2；$A_p=\pi/4D^2$；L_T 为尾管长度；ρ_t、ρ_L 分别

为油管及井液密度，m^3/d，取 ρ_L=1000kg/m^3。

考虑极端危险工况，即当地层出现供液不足、环空液面降至泵挂处，此时 $p'\approx 0$；同时井口油压 p_t 一般不超过 2MPa，相对于深抽液柱压力较小，且油压、套压相互“抵消”，于是泵筒承受的最大压力(MPa)可简化为

$$p_{\max压} = \gamma_L L_P / 100 = L_P / 100 \tag{5-6}$$

液柱载荷相应变为

$$W_L = p_{\max压} A_p = L_P / 100 \times 10^6 \cdot \frac{\pi}{4} D^2 \tag{5-7}$$

②泵筒应力分析。

A. 内压产生的应力。

下冲程固定阀关闭时，泵筒成为闭口圆筒。根据厚壁筒理论，取其应力元分析，在内压 $p_{\max}$ 作用下，其受三向应力作用，三向应力为

$$\sigma_\theta = \frac{R_2^2 + R_1^2}{R_2^2 - R_1^2} p_{\max} \tag{5-8}$$

$$\sigma_z = \frac{R_1^2}{R_2^2 - R_1^2} p_{\max} \tag{5-9}$$

$$\sigma_r = -p_{\max} \tag{5-10}$$

式中，σ_θ、σ_r、σ_z 分别为切向、径向、轴向应力，MPa；R_1、R_2 分别为泵筒内径、外径，mm；

B. 轴向载荷产生的应力。

轴向载荷包括 $p_{\max}$ 产生的液柱载荷及尾管在液柱中的重量 W_T，因此有

$$\sigma_z = \frac{W_L + W_T}{A_t} = \frac{R_1^2}{R_2^2 - R_1^2} p_{\max} + \frac{W_T}{\frac{\pi}{4}\left(R_2^2 - R_1^2\right)} \tag{5-11}$$

其中，杆式泵尾管在液柱中的重量由外管承担，泵筒只受液柱载荷即式(5-11)第 1 项的作用。

C. 当量应力与强度条件。

泵筒在以上三向应力作用下，采用第四强度理论计算其当量应力：

$$\sigma_{xd} = \sqrt{\frac{1}{2}\left[\left(\sigma_\theta - \sigma_z\right)^2 + \left(\sigma_z - \sigma_r\right)^2 + \left(\sigma_r - \sigma_\theta\right)^2\right]} \tag{5-12}$$

其强度条件为

$$\sigma_{xd} \leqslant [\sigma] = \frac{\sigma_s}{n_{安}} \tag{5-13}$$

式中，σ_{xd} 为第四强度当量应力；$[\sigma]$ 为许用应力；σ_s 为屈服强度；$n_{安}$ 为安全系数。

③泵筒的变形量。

泵筒的变形量影响泵筒、柱塞间歇与漏失量，因此在保证泵筒强度的同时还必须使泵筒变形量尽可能小。泵筒整体可近似为开口厚壁圆筒，忽略温度等对泵筒变形的影响，在内压 P_{max} 作用下泵筒内径处的最大径向变形为

$$\mu_{变} = \frac{1-\nu_{泊}}{E}\frac{R_1 p_{max}}{R_2^2 - R_1^2} + \frac{1+\nu_{泊}}{E}\frac{R_1 R_2^2 p_{max}}{\left(R_2^2 - R_1^2\right)} \tag{5-14}$$

式中，$\mu_{变}$ 为泵筒内径处的最大径向变形，cm；E 为钢的弹性模量，取 2.1×10^5MPa；$\nu_{泊}$ 为钢的泊松比，取 0.3。

④泵筒危险截面。

根据《石油天然气工业　钻井和采油设备　往复式整筒抽油泵》(GB/T 18607—2017)，泵筒端面为密封面，3 种螺纹结构形式(C12、C21、C31)下可不考虑退刀槽对泵筒强度的削弱，因此，泵筒强度的真正危险点是泵筒螺纹处。

根据泵筒强度的计算与分析，83/44mm 大排量泵最大推荐下泵深度为 3000m，具体下泵深度需根据油井的具体参数进行计算模拟。

3) 特点及主要技术参数

(1) 在原有 70/44mm 泵的基础上缩小下柱塞截面积，下柱塞外径由 44mm 改为 32mm，使泵排量系数由 3.35 增加到 4.37，同时在保留原有 70/32mm 大排量抽稠泵的特点的基础上改进加工了 83/44mm 大排量抽稠泵，使泵排量系数由 4.37 增加到 5.47，增大了泵排量。

(2) 改变进油阀位置，进油阀设置在下泵筒下部偏心阀罩中，使进油口直径由 23mm 增加到 42mm，缩短了进油路程，提高了泵的充满程度。

(3) 增大泵间隙，泵的间隙等级由 2.5 级增大为 5 级，减小泵筒和柱塞之间的摩擦力，降低下行阻力。

(4) 对出油口接头材质进行了改进，提高其抗拉强度。

具体参数见表 5-2。

表 5-2　大排量抽稠泵的主要技术参数

泵径规格		70mm/32mm	83mm/44mm
柱塞长度/m	上柱塞	0.9	
	下柱塞	6.7～11	
泵筒长度/m	上泵筒	6.7～11	
	下泵筒	0.9	
冲程范围/m		5.1～9.3	
泵常数/(m^3/d)		4.37	5.47
抽油杆规格		25.4mm 抽油杆 CYG25	
联接油管		88.9mm UPTBG	101.6mm UPTBG
最大外径/mm		150	178
最大下泵深度/m		3000	

5.1.3 深抽配套优化技术研究

1. 杆柱优化设计

深抽工艺对抽油杆柱的要求较高，单一的抽油杆柱难以满足超深井大泵深抽的工艺要求。根据某超深层稠油油田的实际情况，经过分析与计算，稠油井推荐采用H级钢质抽油杆。

1）抽油杆系统设计方法

（1）钢质杆柱系统设计。

对杆柱系统进行设计时，按照从下到上依次计算的方法。应用奥金格方法计算杆柱下端面所需要的最小杆径 d_0 的计算公式为

$$d_0 = \sqrt{\frac{4W_L}{\pi\sqrt{2}F[\sigma]}} \tag{5-15}$$

式中，$F[\sigma]$ 为折算应力。

经过多年的实践，与抽油泵连接的第一级抽油杆规格已经标准化，其推荐的抽油杆规格与泵径匹配的规范见表5-3。

表5-3 泵径与抽油杆规格的匹配

	泵径						
	32mm	38mm	44mm	58mm	70mm	82mm	95mm
抽油杆规格	CYG16 15.875mm	CYG16 15.875mm	CYG19 19.05mm	CYG19 19.05mm	CYG22 22.225mm	CYG22 22.225mm	CYG25 25.4mm

根据表5-3，对于确定的泵径，选择与之匹配的第一级抽油杆直径 d_1 进行计算。若 $d_1 > d_0$，则该处的折算应力小于许用应力，表示第一级杆柱合适，否则，需相应调整杆径大小进行计算，由此确定第一级抽油杆直径大小。

确定了泵上抽油杆第一级杆径后，就要计算该级杆的最大使用长度。对于该级杆的下端面来说，因为使用的杆径 d_1 大于所需要的最小杆径值 d_0，所以该处的折算应力小于许用应力。由此点向上随着端面位置的上移，其下的杆重和惯性力增加，于是折算应力增加。当端面上移到折算应力等于材料的许用应力时，这个长度就是该级杆的最大允许使用长度。其计算分析过程如下。

假设当泵上某一级杆长为 L_i 时，其上端的折算应力等于许用应力，其有

$$F_{AQ}[\sigma] = \sqrt{\frac{(p_{\max i} - p_{\min i})p_{\max i}}{2A_{ri}^2}} \tag{5-16}$$

$$p_{\max i} = A_p L_{fc}\gamma_1 + A_{ri}L_i\gamma_S\left(1+\frac{Sn^2}{1790}\right) \tag{5-17}$$

$$p_{\min i} = A_{ri}L_i\gamma_S\left(1-\frac{Sn^2}{1790}\right) \tag{5-18}$$

式(5-17)和式(5-18)中，S 为冲程；n 为冲次。

将式(5-17)和式(5-18)代入式(5-16)化简后有

$$2\gamma_{\mathrm{S}}^2\frac{Sn^2}{1790}\left(1+\frac{Sn^2}{1790}\right)L_i^2+\gamma_1 L_{\mathrm{fc}}\gamma_{\mathrm{S}}\frac{D^2}{d_i^2}\left(1+3\frac{Sn^2}{1790}\right)L_i+\left(\gamma_1 L_{\mathrm{fc}}\frac{D^2}{d_i^2}\right)^2-2(F[\sigma])^2=0 \quad (5\text{-}19)$$

经过推导，可求出泵上第 i 级杆柱下入深度的计算公式：

$$L_i=\frac{-b_i+\sqrt{b_i^2-4a_i c_i}}{2a_i} \quad (5\text{-}20)$$

式中，

$$a_i=2\gamma_{\mathrm{S}}^2\frac{Sn^2}{1790}\left(1+\frac{Sn^2}{1790}\right)$$

$$b_i=\frac{W_1}{A_{\mathrm{r}i}}\gamma_{\mathrm{S}}\left(1+\frac{3Sn^2}{1790}\right)+\frac{4W_{\mathrm{r}i}\gamma_{\mathrm{S}}}{A_{\mathrm{r}i}}\frac{Sn^2}{1790}\left(1+\frac{Sn^2}{1790}\right)$$

$$c_i=\frac{1}{A_{\mathrm{r}i}^2}\left\{W_1\left[W_1+W_{\mathrm{r}j}\left(1+\frac{3Sn^2}{1790}\right)\right]+2W_{\mathrm{r}j}^2\frac{Sn^2}{1790}\left(1+\frac{Sn^2}{1790}\right)\right\}-2[\sigma]^2$$

$$W_{\mathrm{r}j}=\sum_{n=1}^{j}L_n A_{\mathrm{r}n}\gamma_{\mathrm{S}}$$

其(5-16)～式(5-20)中，γ_{S}、γ_1 分别为钢材和抽汲液体的重度，$\mathrm{N/m^3}$；W_{L} 为液柱静载荷，N；F_{AQ} 为安全系数，一般取 0.9，稠油井还可以取得更低；i 为第 i 级杆柱；L_i 为第 i 级杆柱下入深度，m；$A_{\mathrm{r}i}$ 为第 i 级杆柱横截面积，$\mathrm{m^2}$；$W_{\mathrm{r}j}$ 为第 j 级杆柱下端杆柱总重量，N(j=i–1 且 W_{r0}=0)；d_i 为第 i 级杆柱直径；$p_{\mathrm{max}i}$ 为第 i 级杆柱最大载荷；$p_{\mathrm{min}i}$ 为第 i 级杆柱最小载荷；L_{fc} 为 n 级杆柱长度；n 为冲次；L_n 为最 n 级杆柱长度；$A_{\mathrm{r}n}$ 为最 n 级杆柱面积。

(2)玻璃钢-钢混合杆柱系统设计。

设计玻璃钢-钢混合杆柱与钢质杆柱十分类似，也要从泵开始依次向上计算。根据玻璃钢杆柱的许用应力 F_{x1} 的情况，应用钢质杆柱的设计方法，可以对玻璃钢-钢混合杆柱系统进行初步设计。

钢质抽油杆柱设计与玻璃钢-钢混合杆柱设计最大的不同点在于：钢质杆柱设计的主要目标是满足系统拉应力及循环应力，实现最轻杆方案；玻璃钢杆柱具有较大的弹性且不能承受过大的压力，设计时要求玻璃钢杆柱不承受压力且能够满足玻璃钢-钢混合杆柱实现超冲程的基本要求。另外，温度对玻璃钢抽油杆柱有一定的影响，在设计时要求按照实际情况增加安全系数。

对于钢质杆柱，一次设计出的杆柱方案就能够满足杆柱设计的要求，然而一次设计出的玻璃钢-钢混合杆柱方案还要经过计算固有频率、校核、加重、扶正等设计步骤，往往不能一次完成设计。

在设计时，玻璃钢-钢混合杆柱中的底部钢杆不但要满足上冲程的拉应力，而且还要满足下冲程的压应力。当抽油杆柱下行阻力小于抽油杆柱的临界弯曲载荷($p_x<F_c$)时，底部抽油杆可以采用常规的钢质抽油杆。当抽油杆下行阻力大于抽油杆柱的临界弯曲载荷($p_x>F_c$)时，抽油杆柱将发生失稳弯曲，造成抽油杆柱与油管偏磨，此时需要下加重杆，依靠加重杆的重力来克服部分下行阻力。加重杆可以减轻或避免下部抽油杆柱受压应力作用而发生弯曲，从而改善抽油杆的工作状况，提高抽油杆的工作寿命和泵效。

(3)底部杆柱设计计算。

目前大多数文献中提供的玻璃钢-钢混合杆柱设计方法均以中和点在钢质杆柱上为应力校核的目标。为防止杆柱的失稳、弯曲、偏磨，仅仅以中和点位置为目标函数是不够的，在设计时还要求底部钢质杆柱也不能受压失稳。为此，本书提出了一种以避免抽油杆受压失稳为目标的杆柱设计方法，应用该方法计算泵上部第一级抽油杆柱(常规钢杆或加重杆)长度，其推导过程如下。

假设泵上部第一级抽油杆柱的直径为 D_{r1}，则杆柱对应的分布载荷为 q_{h1}、惯性模量为 I、临界载荷为 F_{c1}。以避免底部杆柱受压为目标，要求下冲程时抽油杆下行阻力小于临界载荷($p_x<F_{c1}$)：

$$\begin{cases} q_{h1}=\rho_r A_r g-(p_f+p_r+p_{cl}+p_{fc}+p_{mc}+p_1')/L_{jz} \\ I=\dfrac{\pi D_{r1}^4}{64} \\ F_{c1}=kq_{h1}\left(\dfrac{EI}{q_{h1}}\right)^{1/3} \end{cases} \tag{5-21}$$

式中，k 为常数；E 为杨氏模量；p_1' 为上点下行游动阀打开瞬间及打开后抽油杆所受的上顶力；ρ_r 为抽油杆密度；A_r 为抽油杆截面积；p_f 为流压；p_r 为游动阀阻力；p_{cl} 为临界压力；p_{mc} 为抽油杆与液柱之间的摩擦力；p_{fc} 为柱塞与衬套之间的摩擦力。

求解泵上部第一级抽油杆柱长度 L_{jz} 的方法为：从 0 开始不断增加 $L_{jzi}=L_{jz}+\Delta L$ 的长度，则直径为 D_{r1} 的抽油杆柱对应的临界载荷 F_{c1} 也在不断减小，当 L_{jzn} 达到使 $p_x\approx F_{c1}$ 时，则对应的第一级抽油杆柱(常规钢杆或加重杆)长度就应该为 L_{jzn}，有

$$L_{jzn}=(p_f+p_r+p_{cl}+p_{fc}+p_{mc}+p_1')\left(\rho_r A_r g-\frac{p_x}{k}\sqrt{\frac{p_x}{kEI_L}}\right)^{-1} \tag{5-22}$$

式中，I_L 为第 L 段的惯性模量。

通过比较式(5-22)与中和点的计算公式 $L_m=\dfrac{p_f+p_r+p_{cl}+p_{fc}+p_{mc}+p_1'}{\rho_r A_r g}$，发现二者的分子相同，中和点计算公式的分母为 $\rho_r A_r g$，而由避免受压法计算出的泵上部第一级抽油杆柱长度计算公式的分母为 $\rho_r A_r g-\dfrac{p_x}{k}\sqrt{\dfrac{p_x}{kEI_L}}$，显然 $L_{jzn}>L_m$。通过该方法计算出的泵上部第一级抽油杆柱长度 L_{jzn} 大于中和点 L_m 长度，只有泵上部第一级抽油杆柱承受压力，保证了中和点在钢质抽油杆柱上。

通过上述分析不难发现在进行玻璃钢-钢混合杆柱系统设计时，只需要满足底部钢质杆柱不受压失稳的应力要求，即能满足整个杆柱设计的应力(中和点、屈曲弯曲)要求。在设计底部抽油杆柱时采用逐渐增加杆柱直径的试算法，很容易获得最轻质的玻璃钢-钢混合杆柱的组合。

在进行玻璃钢抽油杆柱系统设计时，需要考虑的因素很多，不但要满足杆柱的应力要求，还要充分考虑混合杆柱固有振动频率、系统优化等方面的因素。在混合杆柱优化设计的过程中，也可以根据具体的设计目标函数调整泵上部第一级抽油杆柱直径，获得较小的固有频率从而实现整个系统的优化设计。此外，在设计底部杆柱时，还要注意满足玻璃钢-钢混合杆柱的防冲距测试要求。

2) 加重杆设计

(1) 传统方法在抽油杆下部需加的自重力为

$$G = \frac{W_{\mathrm{w}} - W_{\mathrm{cr}}}{1 - \dfrac{\rho_{\mathrm{l}}}{\rho_{\mathrm{s}}}} \tag{5-23}$$

所需的加重杆长度为

$$L_{\mathrm{jz}} = \frac{p_{\mathrm{x}} - F_{\mathrm{c}} - W_{\mathrm{n}}}{\dfrac{\pi}{4}(D_{\mathrm{jz}}^2 - d_{\mathrm{n}}^2)\rho_{\mathrm{l}} g} \tag{5-24}$$

式中，F_{c} 为抽油杆临界弯曲载荷，N；D_{jz} 为加重杆直径，m；d_{n} 为最末一级杆直径，m；W_{n} 为最末一级杆重力，N；ρ_{l} 为油管内流体密度；ρ_{s} 为抽油杆密度；W_{w} 为临界弯曲重力；W_{cr} 为加重杆以上的杆柱重量。

(2) 以帮助柱塞下行和打开游动阀为目标，可用下式计算加重杆长度：

$$L_{\mathrm{jz}} = \frac{9.81 \times 10^{-6} C L_{\mathrm{f}} \rho_{\mathrm{l}}}{(1 - 0.128\rho_{\mathrm{l}}) W_{\mathrm{b}}} \tag{5-25}$$

式中，W_{b} 为加重杆单位长度重力，N；L_{f} 为动液面深度，m；C 为加重杆系数，见表 5-4。

表 5-4　加重杆系数

柱塞直径/mm	32	38	44	56	70	95
加重杆系数 C	194	258	290	355	452	903

由以上可知，实际生产中稠油井推荐采用 H 级抽油杆三级组合。

3) 杆柱优化配套

考虑超深层稠油油田抽稠泵实际生产中存在的问题，对杆柱进行以下优化和配套。

(1) 防脱器设计

针对超深层稠油油田使用大排量抽稠泵后杆柱脱扣比较严重的现象，在杆柱配套设计时，考虑使用防脱器进行杆柱优化设计。

①工作原理与结构特点。

抽油杆万向防脱器主要由扶正体、球形万向节和上、下接头组成，连接在上、下抽油杆之间，与上、下抽油杆相对转动，可以根据斜井井斜角或方位角的变化适当地在轴向上偏斜一个角度，消除由井身弯曲而在抽油杆上产生的弯曲应力和反扭矩，从而防止抽油杆断脱，提高抽油杆使用寿命(图 5-3)。

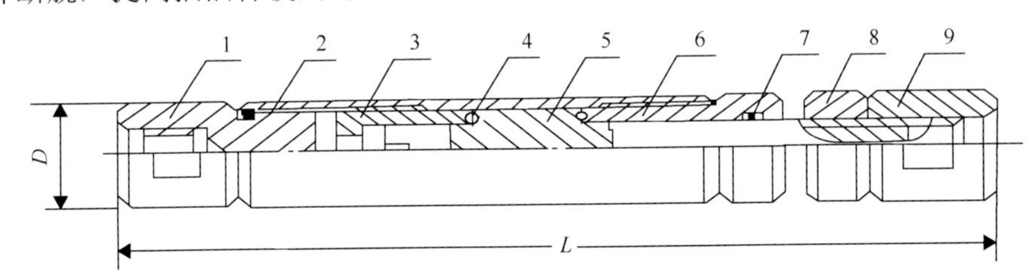

图 5-3　防脱器结构示意图

1-上接头；2-外筒；3-限位帽；4-刚球；5-传动体；6-压帽；7-“O”形圈；8-拼帽；9-下接头

②技术参数。

最大工作载荷为 80kN、100kN、120kN；最大外径为 56mm；长度为 310mm、320mm、340mm；最大转向角为 10°；连接扣型为 19mm、22mm、25mm。

现场应用防脱器 14 井次，截至 2017 年 3 月投入使用 9 口井，均为抽稠泵，其中 70/32mm 大排量泵 2 口井，83/44mm 大排量泵 2 口井。从现场反馈情况来看，有 5 口井应用防脱器后停用，其中 3 口井因防脱器出现问题而停用，2 口井因其他原因停用，在用的 9 口井目前使用防脱器正常，未发生滞后现象，有效率达到了 64.3%。

(2)脱接器设计。

由于 83/44mm 大排量泵与连续出液泵的特殊尺寸与结构，在现场施工作业时一般采用脱接器来进行杆柱与柱塞的对接。

①工作原理。

将中心杆装入工作筒内，使卡件的卡爪卡在工作筒台阶上，将中心杆下接头与抽油泵活塞相连，装入抽油泵泵筒，将工作筒与泵筒相连，脱接器中心杆与工作筒随抽油泵下入油井内，然后将脱接器对接爪与抽油杆相连下入油管内。

②结构特点。

脱接器主要由中心杆、工作筒和对接爪 3 个可拆部件组成，其中在中心杆上装有卡件、弹簧、限位套、密封锁套等组件(图 5-4)。图中所示状态为对接爪与中心杆对接后卡在工作筒内，形成密封的工作状态。

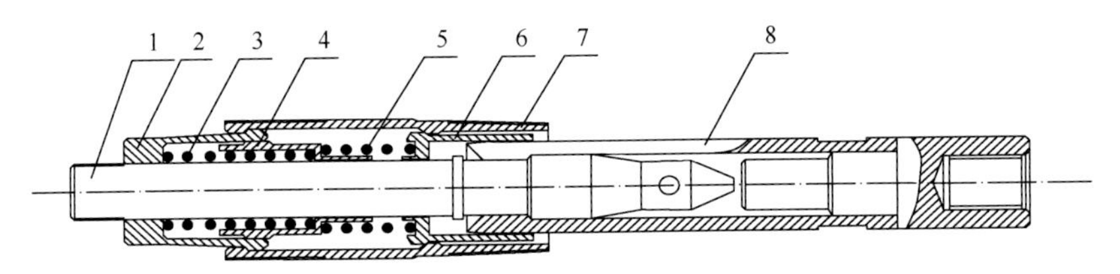

图 5-4　脱接器结构示意图

1-中心杆；2-卡件；3-弹簧 A；4-限位套；5-弹簧 B；6-密封锁套；7-工作筒；8-对接爪

③技术参数。

通径为 55mm；外径为 71mm；对接力为 1～3kN；脱锁力为 4～6kN；拉伸屈服载荷≥300kN；许用载荷为 100kN；疲劳寿命为 1.5×10^6 次。

④技术特点。

第一，具有高强度承载能力，100%对接，无脱锁率，疲劳寿命可以达到 700d 以上；第二，该防喷脱接器增加了卡件和限位套，采用机械悬挂抽油泵活塞，悬挂牢靠，在起下抽油泵的过程中不会发生悬挂不住的现象，同时对接后对接爪释放容易。

2. 管柱优化设计

在抽油井中油管设备占有相当重要的地位。由于在下冲程中，液柱载荷全部转移到油管上，油管承受着相当大的载荷。在抽油机井优化设计中，由于泵挂深度发生变化，相应的油管长度也会发生变化；同时，有的油井泵挂深度可能达到 2000m 以上，此时一级油管有可能满足不了强度需要。在这种情况下，需要对油管组合进行设计，使油管能满足强度需要，保障抽油井能够安全正常地工作。

1) 油管直径优选

油管直径优选遵循以下原则。

(1) 与抽油泵匹配。

(2) 选择常用油管。

(3) 多种油管满足要求时选择较大直径，以降低摩阻。

(4) 强度满足下泵深度要求。

(5) 深抽井实际选用过程中一般与抽油泵匹配，选择 73.02mm 或 88.9mm EUE 油管。

2) 油管摩阻计算与管径优选

通过计算不同管径下使用 83/44mm 大排量抽稠泵的各项参数可知：在流量一定的条件下，输入管径与井筒摩阻呈反比，即输入管径越大，摩阻越小；同一输入管径条件下，光管柱的摩阻相对配套抽油杆的要小。因此推荐 83/44mm 大排量抽稠泵采用 101.6mm 及以上油管(表 5-5)。

表 5-5　83/44mm 侧向有杆泵摩阻计算(泵效 80%，排量 $107.5m^3/d$)

油管内径/mm	类型	流量/(m^3/d)	输入管径/mm	长度/m	温度/℃	摩阻/MPa
62	光管柱	107.5	62	2000	60	5.84
	机抽	107.5	40	2000	60	9.25
76	光管柱	107.5	76	2000	60	3.87
	机抽	107.5	54	2000	60	6.85
88.3	光管柱	107.5	88.3	2000	60	2.37
	机抽	107.5	66.3	2000	60	4.05

3) 油管载荷与允许下入深度

油管最大载荷=油管自重+液柱载荷+解封力，其中解封力为采用封隔器或油管锚时所特有。据此，等直径油管最大下入深度为

$$L_{\max}=\frac{[\sigma]A/n_{安}-F_{解封力}-W_{\mathrm{L}}}{G} \tag{5-26}$$

上粗下细组合油管：

$$L_{1\max}=\frac{[\sigma]A_1/n_{安}-F_{解封力}-W_{\mathrm{L}}-L_{2\max}G_2}{G_1} \tag{5-27}$$

式中，下标 1、2 为表示组合油管的上、下级；G 为油管自重，N/m；A 为油管截面积，m^2；$L_{\max}$ 为油管允许最大下入深度，m；W_{L} 为液柱载荷，N，液压反馈泵液柱载荷计算见表 5-6；$F_{解封力}$为封隔器或油管锚解封力；$n_{安}$ 为安全系数，取 1.5；$[\sigma]$ 为许用应力。

表 5-6　液压反馈泵液柱载荷计算表

泵径/mm	泵常数	当量泵径	L_{P} /m	W_{L} /t
56/38	1.91	41.1	3500	4.7
70/38	3.91	58.8	3000	8.1
70/44	3.35	54.4	3000	7.0
83/44	5.6	70.4	2000	7.8
83/56	4.25	61.3	2200	6.5

相同当量泵径下，大排量抽稠泵与普通泵作用在油管上的液柱载荷相等，但作用在悬点的液柱载荷较普通泵大。按液柱载荷 W_{L}=5t 计算得到单直径油管最大允许下深(安全系数取 1.5)，见表 5-7。

表 5-7　单直径油管最大允许下深(安全系数取 1.5)

油管型号/mm	外径/mm	公称重量/(lb[①]/ft)	壁厚/mm	内径/mm	接头型式	油管下入深度(按 W_{L}=5t 计算)	
						L80	P110
73.02	73.00	6.50	5.51	62.00	EUE	3680	5368
	73.00	7.90	7.01	59.00	EUE	3937	5666
	73.00	8.70	7.82	57.38	EUE	4004	5734
88.9	88.90	9.30	6.45	76.00	EUE	3939	5629
	88.90	12.95	9.52	69.85	EUE	4200	5925

注：①lb=$10^{-28}m^2$。

4)尾管悬挂计算与分析

大排量抽稠泵使用时，由于杆柱强度有限，设计时泵挂深度受限，为了加深掺稀深度，必须通过悬挂尾管来提高掺稀效果，尾管长度计算公式如下：

$$L_{尾管}=F-\pi(R^2-r^2)h\rho \tag{5-28}$$

式中，F 为泵筒承载能力，t；R 为大柱塞直径，mm；r 为小柱塞直径，mm；h 为泵挂深度，mm；ρ 为液体相对密度；$L_{尾管}$ 为尾管极限长度。

以 88.9mm TP-JC 油管单位质量为例，假设按泵挂深度 2600m、安全系数 1.5 计算可知：70/32mm 抽稠泵尾管极限长度为 1433m，83/44mm 抽稠泵尾管极限长度为 1627m。

(88.9mm TP-JC 油管单位质量为 13.7t/km)。

5) 脱节器分离管柱设计

2019 年以前针对脱节器分离设计的现场应用井仅有 E-1-1 井，2016 年 7 月 22 日该井组下 83/44mm 大排量抽稠泵，开展大排量抽稠泵配套脱节器试验。E-1-1 井脱节器分离管柱设计如下。

(1) 管柱设计(自下而上)。

丝堵+88.9mm 油管 2 根+筛管 10 根+88.9mm 油管 1000m+CYB-83/44TH 泵筒+变扣+114.3mm 油管 2 根+变扣+脱接器释放筒+88.9mm 油管 2300m+双公短节+油管挂。

(2) 杆柱设计(自下而上)。

CYB-83/44TH 柱塞+脱接器+25.4mm 抽油杆 200m+防脱器+22.22mm 抽油杆 1449m+25.4mm 抽油杆 635m+调整短节+25.4mm 抽油杆 2 根+Φ38mm 光杆。

该井前期为电泵井，生产过程中掺稀稀稠比保持在 2.8∶1 左右，配产 35t，混合产液在 120t 左右，目前液面 40m，从生产情况看，供液能力较好，选择的泵型为 83/44mm 抽稠泵，符合该井生产配产要求，配套 1000 型皮带机尾管加深 1000m，提高掺稀点混配深度。通过脱节器杆柱的设计，实现了 83/44mm 抽稠泵在不更换 88.9mm 油管的情况下正常生产，降低了生产成本。

3. 地面配套优化设计

超深层稠油油田抽稠泵井地面配套以 14 型游梁式抽油机为主，部分机抽井因油稠、产能低、下泵深，抽油机载荷大，易因杆柱疲劳发生杆断或因电流高而发生烧电机等事故，为满足超深层稠油油田深抽或大泵提液的需要，引入了长冲程、慢冲次的大型抽油机来解决高载荷的问题。

长冲程、慢冲次抽油机具有以下优势。

(1) 参数调整范围大(2～8m，1～4 冲次/min)，可匹配地层供液。

(2) 相对冲程损失小，有利于提高泵效和采油时率。

(3) 大幅度降低冲次，可减少泵、杆机械磨损，延长检泵周期。

(4) 恒速运动时间长，动载荷小，延长抽油杆运行寿命。单纯从承载能力来看，皮带式抽油机与直线电机抽油机最大承载能力相当，且其运动规律相似，均能满足深抽或大泵提液的需要。下面以皮带式抽油机为例进行分析。

1) 皮带式抽油机工作及运动原理分析

电动机通过皮带传动和减速箱减速后，驱动主动链轮(下链轮)旋转，传动链条在抽油机塔架内垂直布置，分别挂在上下链轮上，传动链条在主动链轮和从动链轮(上链轮)间做环形循环运动，如图 5-5 所示。

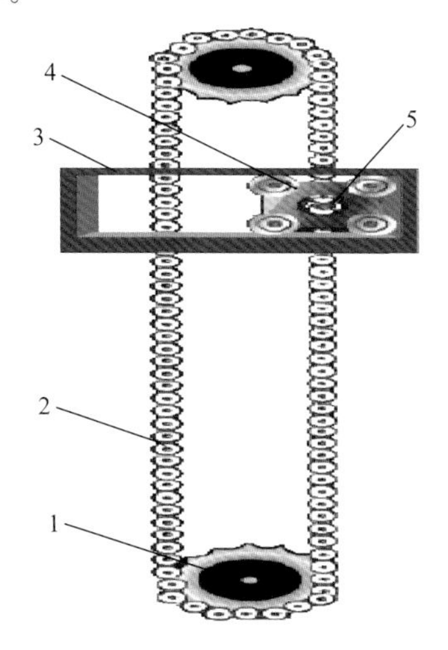

图 5-5　链条往复运动原理示意图

1-传动链轮；2-链条；3-往返架；4-滑车架；5-曲拐

曲拐轴的头部实际上充当着轨迹链条的一个特殊链节，其圆轴部插入滑车架，可以在滑车架内转动。滑车架可以在往返架内沿导轨横向移动，曲拐轴也随着做环形运动，当曲拐轴随轨迹链条的直线部分上行时，曲拐轴带动滑车架，滑车架带动往返架，往返架只能沿着塔梁内壁作纵向运动，此时滑车架与往返架相对静止，往返架的运动速度与链条的运动速度相等，整个往返架向上运动。当曲拐轴运动到轨迹链条的圆弧部分即链轮部分时，它继续带动往返架向上运动，同时带动滑车架沿导轨横向移动，到达最高点后曲拐带动往返架改变方向向下运动。因此，往返架(悬点)在直线运动部分基本与链条具有相同的速度和加速度。

2)皮带式抽油机悬点加速度分析

皮带式抽油机的运动规律与链条式抽油机相同，如图5-6所示。其冲程开始(*AB*段)作加速运动，末端(*CD*段)作减速运动；下冲程开始(*DE*段)作加速运动，末端(*FA*段)作减速运动。其余为匀速运动。

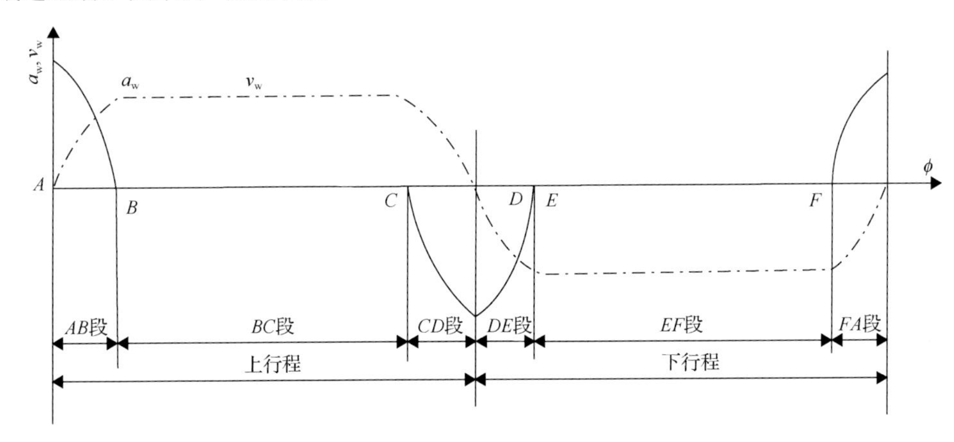

图5-6 皮带式油机运动规律分析

a_w-悬点加速度；v_w-悬点运动速度；ϕ-主轴销离基准垂线的转角

根据皮带式抽油机的结构特点和工作条件的不同，悬点(往返架)加速度分析应分两种情况进行讨论，即$\lambda < R_{链}$和$\lambda > R_{链}$，其中λ为冲程损失。

(1)$\lambda < R_{链}$情况。

当悬点上冲程静变形期结束时，悬点产生最大载荷W_{max}，此时曲拐轴位于上链轮的圆周上，往返架(悬点)的速度、加速度应与链轮上该点竖直方向的速度、加速度相等，往返架(悬点)做简谐运动。

①在简谐运动阶段，往返架或悬点的位移s、速度v、加速度a由式(5-30)～式(5-32)确定：

$$S = R_{链}(1-\cos\varphi) \tag{5-29}$$

$$v = R_{链}\omega\sin\omega t \tag{5-30}$$

$$a = R_{链}\omega\cos\omega t \tag{5-31}$$

式中，φ 为上链轮离基准线的转角；ω 为链轮角速度，rad/s；$R_{链}$ 为链轮半径，m；t 为时间。

②假如当上链轮基准线的转角为 φ_1 时（$\varphi_1 < 90°$），往返架或悬点的位移 s 等于冲程损失，即 $s=\lambda$，利用式(5-29)～式(5-31)就可求得上冲程静变形期结束时悬点的位移 s，即冲程损失 λ、速度 v_λ 加速度 a_λ：

$$\lambda = R_{链}\left(1-\cos\varphi_1\right) \tag{5-32}$$

$$v_\lambda = R_{链}\omega\sin\varphi_1 \tag{5-33}$$

$$a_\lambda = R_{链}\omega^2\cos\varphi_1 \tag{5-34}$$

由式(5-32)～式(5-34)可以得到静变形期结束时悬点的速度 v_λ 和加速度 a_λ 与冲程损失 λ 的关系为

$$v_\lambda = \omega\lambda\sqrt{\frac{2R_{链}}{\lambda}-1} \tag{5-35}$$

$$a_\lambda = \omega^2\lambda\left(\frac{R_{链}}{\lambda}-1\right) \tag{5-36}$$

(2) $\lambda > R_{链}$ 的情况。

当悬点上冲程变形结束时，往返架位于直线运动段，此时曲拐轴与传动链相对静止，因此，往返架(悬点)的速度、加速度与链条对应位置的速度、加速度变化相同，具体分析如下。

链条的每个链节是刚性的，链条绕上链轮后形成折线，因此链传动相当于一对多边形轮子之间的传动，边数为链轮的齿数，如图 5-7 所示。

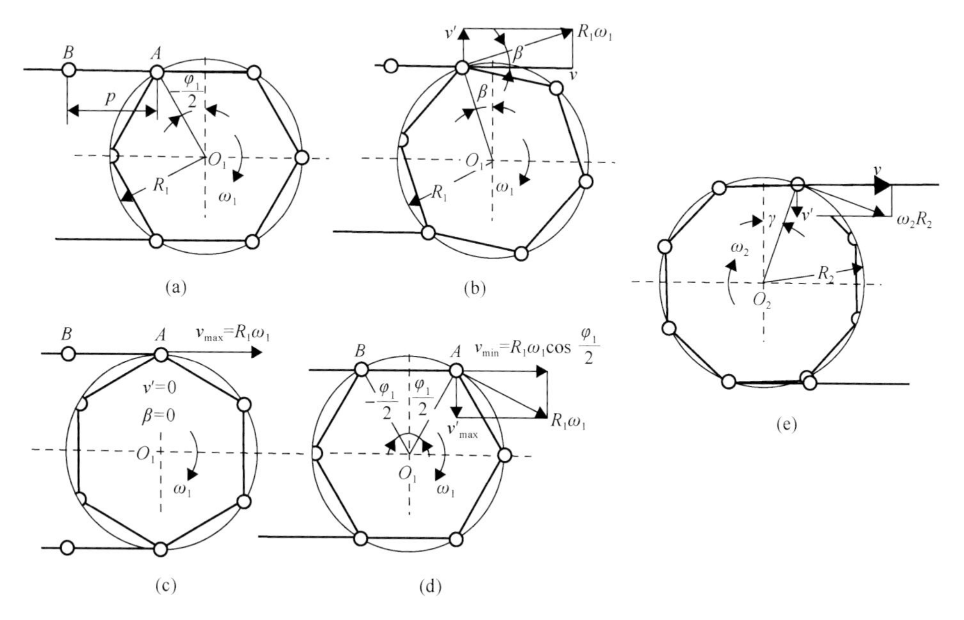

图 5-7　链传动示意图

设 z_1、z_2 分别为主动链轮和从动链轮的齿数，p 为节距(mm)，n_1、n_2 分别为主动链

轮和从动链轮的转速(r/min)，则链条平均线速度(简称链速)为

$$v = \frac{z_1 p n_1}{60 \times 1000} = \frac{z_2 p n_2}{60 \times 1000} \tag{5-37}$$

$$n_1 = \frac{L_p}{z_1} n \tag{5-38}$$

$$\omega_1 = \frac{n\pi L_p}{30 z_1} \tag{5-39}$$

式中，L_p为链条节数；n为冲次，$\min^{-1}$；ω_1为主动轮的角速度，rad/s。

为了便于分析，设链的主动边(紧边)处于水平位置，如图 5-7(a)所示，主动链轮以等角速度ω_1回转，当链节与链轮轮齿在A点啮合时，链轮上该点的圆周速度的水平分量即为链节上该点的瞬时速度，其值为

$$v = R_1 \omega_1 \cos\beta \tag{5-40}$$

式中，R_1为主动链轮的分度圆半径，m；β为A点的圆周速度与水平线的夹角。

任一链节从进入啮合到退出啮合，β角的范围是$-\frac{\varphi_1}{2} \sim +\frac{\varphi_1}{2}$，即在$-\frac{180^\circ}{z_1} \sim +\frac{180^\circ}{z_1}$范围内变化。所以，当$\beta$=0时，链速最大为$v_{\max} = R_1\omega_1 = R_1 \frac{n\pi L_p}{30 z_1}$，如图 5-7(c)所示；当$\beta = \pm\frac{180^\circ}{z_1}$时，链速最小为$v_{\min} = R_1\omega_1 \cos\frac{180^\circ}{z_1}$，由此可知，当主动轮以角速度$\omega_1$等速转动时，链条的瞬时速度$v_{瞬}$周期性地由小变大，又由大变小，每转过一个节距就变化一次。

链条加速度为

$$a = \frac{\mathrm{d}v_{瞬}}{\mathrm{d}t} = -R_1 \omega_1{}^2 \sin\beta \tag{5-41}$$

当$\beta = \pm\frac{\varphi_1}{2}$时，最大加速度$a_{\max} = \pm R_1 \bar{\omega}_1^2 \sin\frac{\varphi_1}{2} = \pm\left(\frac{n\pi L_p}{30 z_1}\right)^2 R_1 \sin\frac{180^\circ}{z_1} = \pm\frac{1}{2}\left(\frac{n\pi L_p}{30 z_1}\right)^2 p = \pm\frac{\pi^2 L_p{}^2 n^2 p}{1800 z_1^2}$；当$\beta = 0$时，最小加速度$a_{\min} = 0$。其中$\bar{\omega}_1$为主动轮平均角速度。

根据皮带式抽油机的运动特点，其载荷曲线如图 5-8 所示，较游梁式抽油机更平稳，有利于深抽。

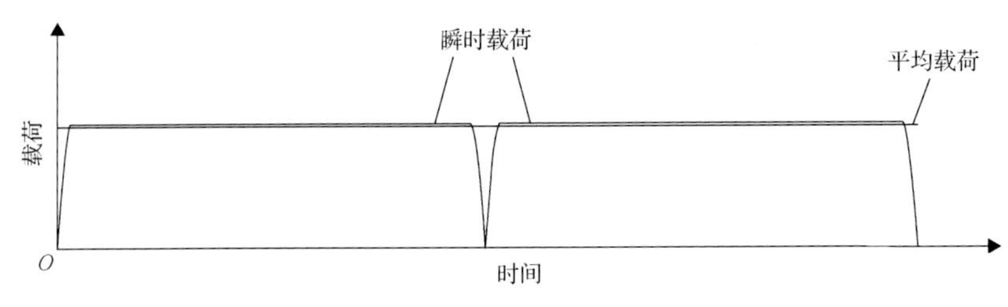

图 5-8　皮带式抽油机载荷曲线

目前在用的 70/32mm 大排量抽稠泵举升工艺中地面配套的大型抽油机共 20 台，其中 900 型皮带式抽油机 12 台、1000 型皮带式抽油机 7 台，24 型链条抽油机 1 台。通过应用地面大型抽油设备，可实现长冲程、慢冲次的工作制度，保证了油井正常生产，减轻了对杆柱的疲劳伤害，为深抽工艺提供了设备保障。

5.1.4　矿场试验效果

以 E-1-2 井为例[6]，前期该井采用 QYDB 100/2800 型电泵，泵挂深度 2838.7m，日产液量为 20.0t，不含水，掺稀稀稠比为 2.24∶1，产液平稳。2011 年 12 月 3 日过流停机后油管射孔实施注水替油生产，注水后生产周期极短。2012 年 5 月修井更换为 70/32mm 大排量抽稠泵生产，泵挂深度为 2618.7m，泵下实施加长尾管 500m，使泵吸入口下移至 3120m，改善稠油混配问题，地面配套 1000 型皮带式抽油机。2012 年 5 月 26 日以 7.3m×2 冲次/min 工作制度启抽，初期平均日产液量为 39.4t，不含水，掺稀稀稠比为 1.26∶1，泵效为 93.0%。2013 年 8 月 11 日供液不足关井，关井前，工作制度为 7.3m×2.1 冲次/min，日产液量为 10.1t，日产油量为 10.1t，泵效为 47.0%，累计增油 3578.9t。E-1-2 井日度生产曲线如图 5-9 所示。

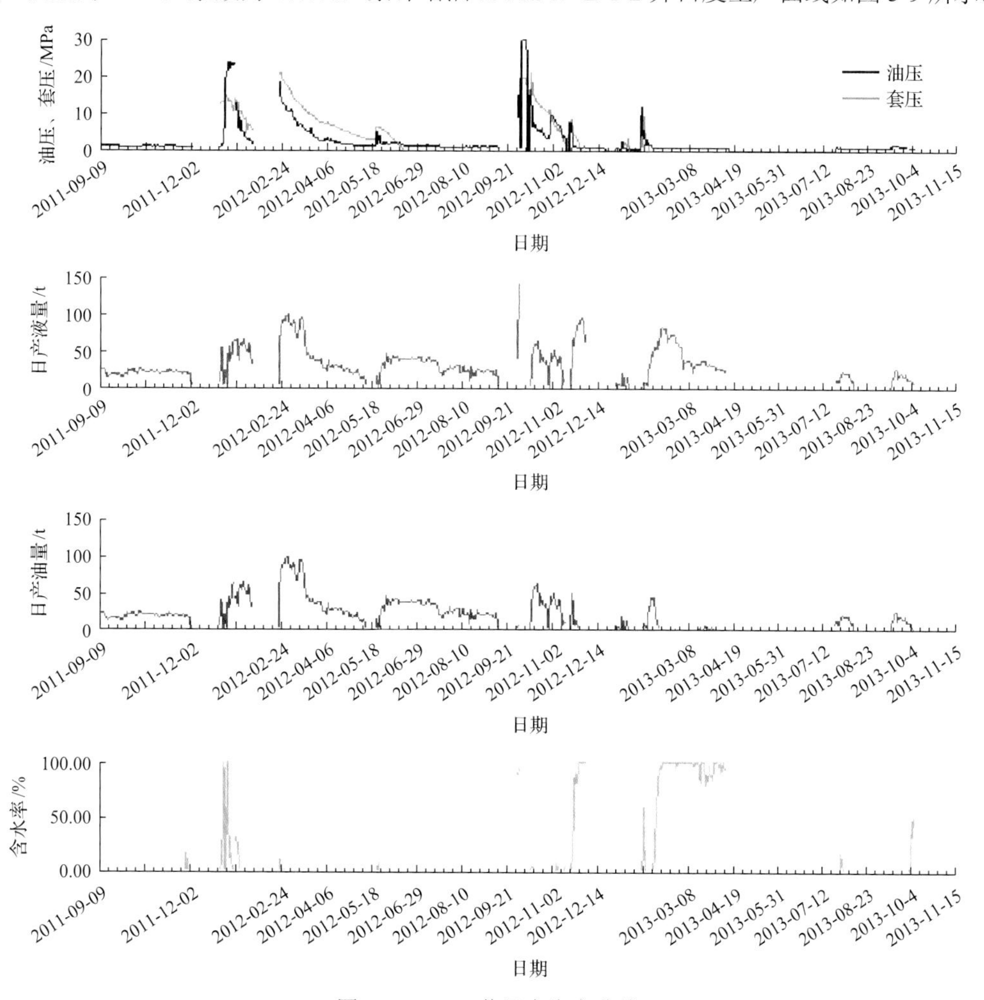

图 5-9　E-1-2 井日度生产曲线

E-1-3 井转抽前 7mm 油嘴自喷生产，日均产液量为 31.3t，不含水，日均掺稀 47t，掺稀稀稠比为 1.5∶1。该井转抽采用 83/44mm 侧向进油大排量抽稠泵试验，泵挂深度为 2509m，应用 114.3mm 油管并配套防脱器，杆柱组合采用 100m 25.4mm 加重抽油杆+1440m 22.2mm 抽油杆+844m 25.4mm 抽油杆+Φ38mm 光杆。根据载荷计算，地面配套 1000 型皮带式抽油机。

初期启抽工作制度为 10mm×8m×2 冲次/min，日产液量为 7.3t，日产油量为 4.7t，含水率为 35.6%，日掺稀 38.8t。目前工作制度为 12mm×8m×2.2 冲次/min，日产液量为 48.9t，日产油量为 41.7t，含水率为 14.7%，日掺稀 28.2t，掺稀稀稠比为 0.58∶1，累计增油 3320.0t，通过 2011 年 9 月至 2013 年 11 月生产情况可知(图 5-10)，83/44mm 大排量抽稠泵可以替代部分电泵的功能。

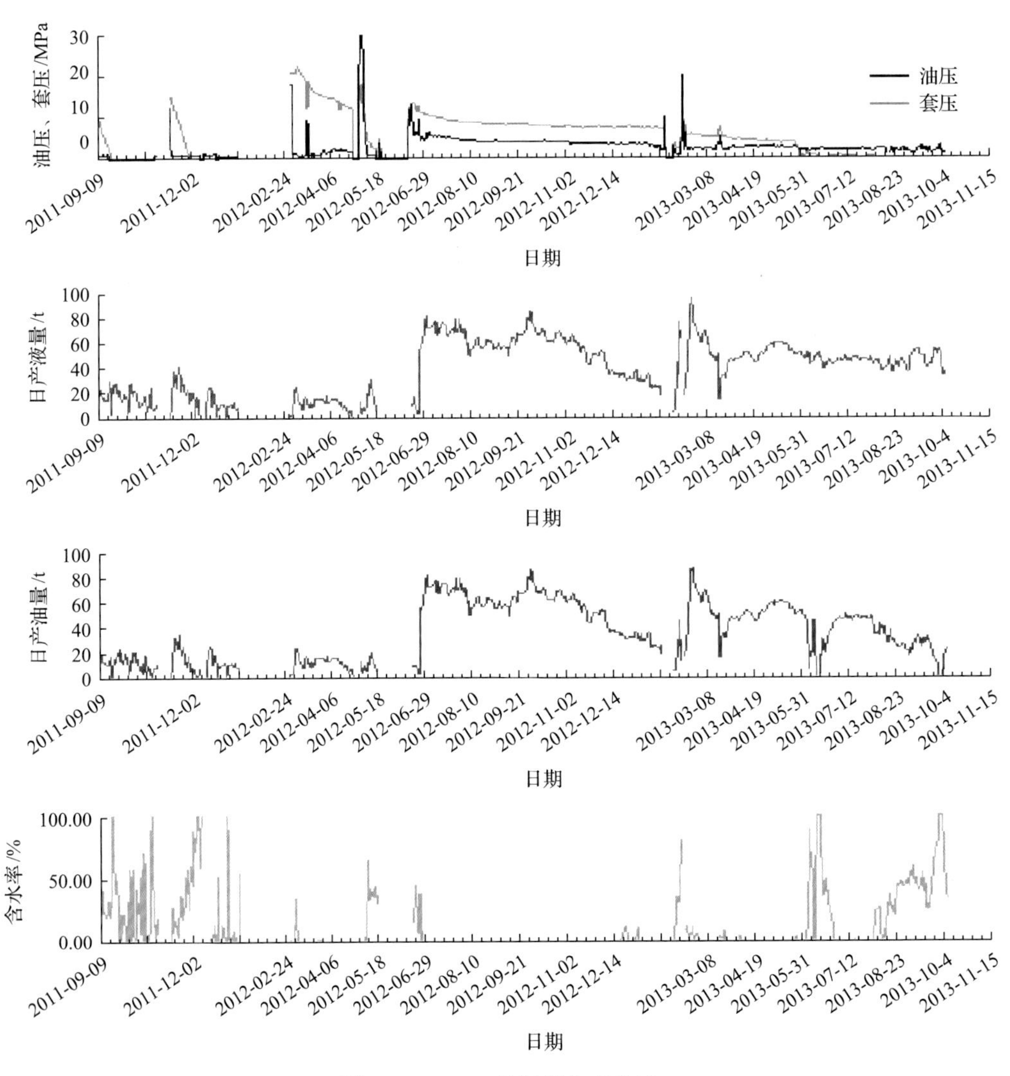

图 5-10　E-1-3 井日度生产曲线

塔河油田仅 5 个超深层稠油区块就推广应用了大排量抽稠泵 180 多井次。其中 70/32mm 大排量抽稠泵平均理论排量为 80.3m^3/d，平均单井日产液量为 26.9t，日产油量为 22.1t，含水率为 19.2%，日均掺稀 35.8t，平均泵效为 78.0%，累计增油 80765.6t。83/44mm 大排量抽稠泵在超稠油区块共应用 2 井次，达到了替代电泵提液的目的。

大排量抽稠泵在泵深 2500m 以内，排量需求为 50～137m^3/d，原油黏度小于 4000mPa·s，气油比小于 200，含蜡量低于 25%，含胶质、沥青质低于 20%，含砂量小的超深层稠油井具有广泛的适用性。截至 2017 年 3 月，已经成功应用 180 余井次，其中 83/44mm 抽稠泵可取代部分小排量电泵生产，具有较好的经济效益，总体上取得了良好的效果。

5.2　抗稠油潜油电泵举升技术

针对塔河油田超深层稠油的特点及前期常规潜油电泵出现的问题[7]，开展了抗稠油潜油电泵举升技术研究，提升了潜油电泵电机的抗压等级、耐高温能力、绝缘与密封性能，增强了潜油离心泵的抗压、抗扭强度，提高了单级叶轮扬程，并对配套抗高温电缆、强正弦滤波器等方面进行了改进设计，研发设计了过桥尾管加深技术，提高了抽稠潜油电泵机组在超深层稠油井中运行的可靠性和稳定性。

5.2.1　常规潜油电泵在超深层稠油中应用的局限性分析

常规潜油电泵在稀油油藏的生产中具有很多优点，但由于油藏超深和油品超稠，采用掺稀降黏工艺后潜油电泵吸入口处原油黏度仍高达 5000mPa·s 以上，存在摩阻大、流速低、电机散热困难等问题[8]，因此在运转或启动过程中出现泵轴断裂、电机损坏、电缆损坏等问题，导致大排量潜油电泵检泵周期缩短。

1. 泵轴断裂

(1) 油井井液中含砂量过高。较多砂进入导叶轮配合间隙，特别是砂粒粒径较大时，会导致局部卡死，高速运转的轴不能转动，负载增大，电流升高，机组过载停机，当砂卡不能通过停机和震动解除时，则造成卡泵，甚至机组轴断裂。泵轴部位最易遇卡，泵轴受的扭矩最大，因此泵轴断裂的概率也最高。

(2) 潜油电泵的不合理启动。潜油电泵在正常情况下启动为轻载启动，启动电压为额定电压的 65%时，便可一次启动成功。若启动时电网电压向上波动，启动时间缩短。启动时间越短，造成的动负荷就越大，若动负荷超过泵轴抗扭强度极限，则泵轴可能断裂；潜油电泵欠载频繁启动，全压启动的强电流冲击也易引起泵轴断裂。

(3) 电机轴应力集中。电机轴花键承受着非常大的扭矩，而电机轴花键的根部存在着应力集中、尺寸差异大的特点，这样易造成轴花键根部的强度、承载力等降低，达不到要求强度，在使用中便会出现失效断裂。

(4) 举升原油黏度过大。原油黏度对潜油电泵性能的影响表现为：随黏度增加，潜油电泵排量、扬程降低，泵效下降，而功率上升，泵轴扭矩增大，有可能导致泵轴发生断裂。

(5) 单流阀失效：在潜油电泵采油中，若潜油电泵机组上部单流阀发生泄漏，导致停机时砂子沉入泵中卡泵，或者管柱内液柱回灌使得泵反转，此时若采取直接启动则有可能造成泵轴扭断。

2. 电机损坏

(1) 保护器密封失效。电机保护器 O 形密封圈若出现密封失效，将导致电机进水，从而将直接导致电机烧毁，密封失效主要有以下几种可能：密封圈高温失效、密封环质量不合格失效、振动致密封失效。

(2) 井底高温环境。电机长期在高温下运转，电磁线绝缘性能下降，最终导致电机不绝缘。

(3) 井底高温环境将引起泵轴或导叶轮结垢，导致导叶轮转动困难或卡死，机电流增大，温度进一步升高，或使机组过载，最终使电机或电缆烧毁。

(4) 工程施工及管理因素。施工未严格按程序操作、日常管理随意停机、频繁启动等都能造成电泵机组损坏。

3. 电缆损坏

(1) 稠油区块油井 H_2S、CO_2 等腐蚀介质含量高，腐蚀介质在水环境下电离，使水具有酸性。在高温和高压下，H_2S 更具有腐蚀性和渗透性，易于渗透至潜油电缆的护套层和绝缘层，使一些橡胶材料迅速老化、损坏。

(2) 在电缆运输、保存、施工等作业过程中对电缆护套层的挤压损坏。

(3) 电网供电不稳：电网时常出现停电或电网电压波动现象，电压波动及电机启动瞬间的高压也是电缆击穿不绝缘的一个重要原因。

5.2.2 抗稠油潜油电泵优化设计

1. 技术原理

通过优化潜油离心泵的叶轮流道进出口宽度、叶轮角度等参数，降低稠油对离心泵的影响，提高扬程。同时对潜油电泵系统的电机、保护器、电缆等关键的配套部件进行升级优化，提升其在高温高压稠油环境下的适应性，从而提高潜油电泵系统运行的稳定性，降低损坏率，提高检泵周期。

2. 离心泵的优化设计

离心泵的工作状态是抗稠油潜油电泵成败的关键，也是潜油电泵最主要的部件。针对潜油电泵轴强度差，叶导轮摩阻大，离心泵扬程低等问题，对常规离心泵工艺方面做了以下优化改进工作。

1) 增宽叶轮通道，降低阻力

黏度的影响会使泵的效率降低，作为弥补，采用宽流道设计将叶轮通道由 R9 升级到 H27，前者流道宽度为 7mm，后者流道宽度为 4mm，前者是后者的 1.75 倍，相应的过流面积增加了 4.3 倍，易于稠油通过。

2) 优化叶轮水利角度，提升扬程

叶片进、出口安放角是泵重要的几何参数之一，对性能影响很大，在一定范围内，随着出口安放角的增大，在相同流量工况下，扬程增加。

因此，增大叶片进、出口安放角，减小叶轮外径是提高低比速离心泵效率的有效措施之一。进、出口安放角增大后，圆周方向的分速度增大，在一定范围内，泵的扬程将提高。

为节省功率，提高潜油电泵的功率因数，可通过增大叶导轮进、出口安放角度，在相同排量条件下，降低单级叶导轮的摩擦阻力。因此，将叶导轮进、出口安放角度由 32° 提高到 38°，可在相同排量条件下，降低单级叶导轮功率消耗，使单级扬程由 5m 提高到 6.2m，提高了 24%，提高离心泵效率，有效缩短机组整体长度。

3) 增大泵轴，减少断轴

超深层稠油井油井深度为 5000m，按照日举升液体 $50m^3$ 的要求，为防止因长时间高强度工作造成轴断，保证泵的使用寿命，必须采用大功率电机才能将液体举升至地面。

设电机额定功率 P_N=113kW，泵轴的剪切弹性模量 $G_{模}$=12.1×10^4MPa，许用剪应力 [τ]=224.5MPa，转速 $n_{转}$＝2915r/min。在轴传动计算中，可选取[τ]=0.5～10°/m。

计算外力矩：

$$m = 9550\frac{P_{\mathrm{N}}}{n_{转}} = 9550 \times \frac{113}{2915} = 370.2\,\mathrm{N \cdot m} \tag{5-42}$$

轴的横截面上的扭矩 M_n=m=370.2N · m。

由强度条件：

$$\tau_{\max} = \frac{M_{\mathrm{n}}}{W_{\mathrm{p}}} \leqslant [\tau] \tag{5-43}$$

$$W_{\mathrm{p}} = \frac{\pi}{16} D_{潜}^3 (1 - \alpha_{比}^4) = 0.2D^3 \tag{5-44}$$

式中，$\alpha_{比}$ 为轴的内径与外径之比，因潜油电泵轴为实心，$\alpha_{比}$=1；$D_{潜}$ 为轴径，mm；$\tau_{\max}$ 为最大强度；W_p 为抗扭截面系数。

得

$$D_{潜} \geqslant \sqrt[3]{\frac{M_{\mathrm{n}}}{0.2[\tau]}} = 19.6\,\mathrm{mm}$$

由刚度条件：

$$\theta = \frac{M_{\mathrm{n}}}{G_{模} J_{\mathrm{p}}} \frac{180}{\pi} \leqslant [\theta] \tag{5-45}$$

式中，$G_{模}J_p$ 为轴的抗扭刚度，取决于轴的材料与截面的形状与尺寸。目前国内的潜油电泵轴均采用蒙乃尔 K-500 合金材料。轴的 $G_{模}J_p$ 值越大，扭转角越小，表明抗扭转变形的能力越强，其中，$J_{\mathrm{p}} = \frac{\pi D_{潜}^4}{32}$。

可得

$$D_{潜} \geqslant \sqrt[4]{\frac{32\times180\times M_{n}}{G\times\pi^{2}\times[\theta]}}=19.8\,\text{mm}$$

式中，$[\theta]$ 为许用扭转角度。

在保证泵轴强度的情况下，为提高安全可靠性，取安全系数为 1.1，得到 $D_{潜}$=21.78mm，取 $D_{潜}$=22mm。当泵轴由 17.2mm 增加到 22mm 时，抗扭强度由 173.8MPa 提高到 363.7MPa，提高了 1.09 倍，能够满足 5000m 超深层稠油井举升的强度和功率需求。

4）增加耐磨涂层，减少阻力，提高耐磨性

耐磨涂层是指在叶轮和导壳表面镀 0.05mm 镍（图 5-11），目的是增加表面的光洁度，减少摩阻，提高抗稠油能力与抗腐蚀能力，适合在高 H_2S 含量油井使用；同时增加耐磨程度，使其在长期运行条件下不被磨损，保证泵效。

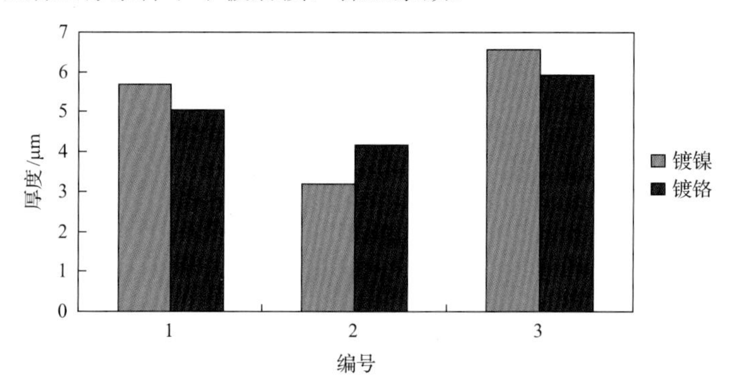

图 5-11　不同涂层厚度条件下镀镍和镀铬的磨损率柱状图

1-0.025mm；2-0.05mm；3-0.075mm

5.2.3　抗稠油潜油电泵关键技术配套

1. 潜油电机技术

潜油电机是潜油电泵的动力机，主要由定子、转子、电机头、壳体组成（图 5-12），为提高潜油电机耐温等级及使其适应超深层稠油井高温高压的井下运行环境的要求，主要做了以下技术改进。

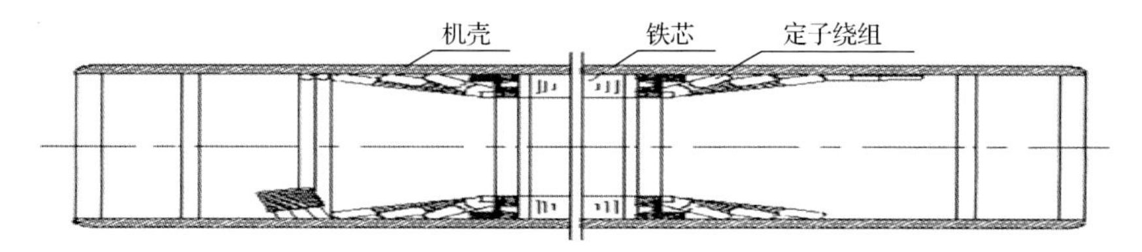

图 5-12　潜油电机结构示意图

1）优化结构参数

（1）设计为 143mm 大直径电机，实现更高的电机效率和轴强度。

(2)改进电机定子压装工艺，调整定子硅钢片压紧力，进一步改善电机磁场，减少自身生热，提高效率。

(3)优化高温电机各摩擦副间配合间隙。根据机组实际运行情况，针对电机摩擦副配合进行进一步优化调整，对主要的径向扶正摩擦副尺寸进行线形膨胀试验，以取得不同环境温度下的配合间隙。

(4)优化电机油循环系统，提高散热能力：润滑油循环系统由前置自循环系统和后置强制循环系统组成，前者靠电机转子旋转产生的离心力驱动润滑油循环流动；后者则安装了驱动叶轮，叶轮旋转产生推力，可加快润滑油的循环速度。

(5)将电机头部的止推轴承改为高承载止推轴承。

2)提高耐温等级

(1)为提高电机定子绝缘漆的绝缘耐温等级，可采用高温溶剂浸渍绝缘漆，其耐温240℃，能有效提高电机耐温等级。

(2)为提高电磁线的耐温等级和绝缘等级，采用进口耐高温绝缘膜线，其耐温204℃。

通过采用高温绝缘材质，将电机耐温等级由120℃提高至180℃，以满足5000m环境下的运行温度要求。

3)提高耐硫化氢能力

(1)在电机壳体端部增加耐高温耐硫化氢性能优异的壳体垫片隔离井液和硫化氢。

(2)将电机头座处的密封由原来的单O形环密封，改为双O形环密封。

(3)将O形环材料更换为具有较高耐温等级和耐硫化氢性能的AFLAS材料。

(4)选用新型电机扶正轴承胶圈，提高其抗硫化氢腐蚀和抗高温能力，确保电机扶正轴承的中心位置，以起到扶正作用。

2. 保护器技术

保护器的主要作用是隔离井液和为电机提供电机润滑油，达到保护潜油电机的目的。由于5000m环境下压力高、温度高，为达到较好的密封效果，针对保护器进行了以下几方面的改进。

1)双胶囊设计

保护器采用了双胶囊设计，用胶囊隔离井液与电机油，只要胶囊不破损，井液就不会进入电机。

2)采用抗硫化氢材质

针对超深层稠油油田原油硫化氢含量高的特点，胶囊采用抗硫化氢材质，可保证油井在含硫化氢情况下寿命达到5年。

3)多级密封

保护器的机械密封设计为6道(图5-13)，既改善了机械密封的散热条件，又保证了保护器密封性能，使其完全适应在60MPa条件下长期工作。

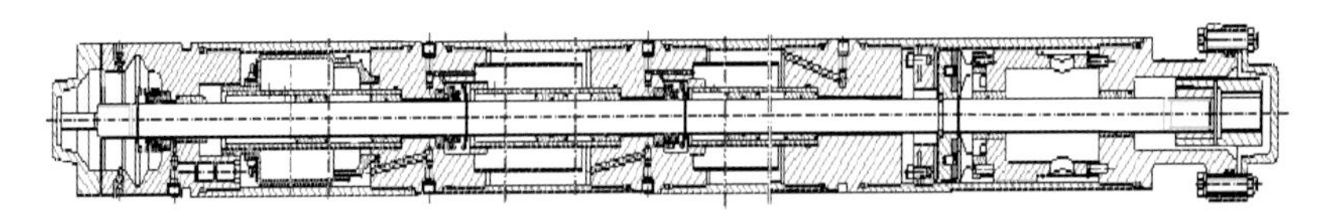

图 5-13 保护器结构示意图

3. 油气分离器技术

油气分离器位于保护器和多级离心泵之间，是井液的吸入口和分离气体的装置。为满足稠油掺稀生产要求，分离器采用旋转式分离原理，增加了一级搅拌叶轮，以提高稀油与稠油的混合效果，改善离心泵的运行状态。同时，为保证油气分离器在长期搅拌增加负载的状态下能够稳定工作，增加了一道固定支撑(图 5-14)。通过以上改进，改善了稀油与稠油的混合效果。

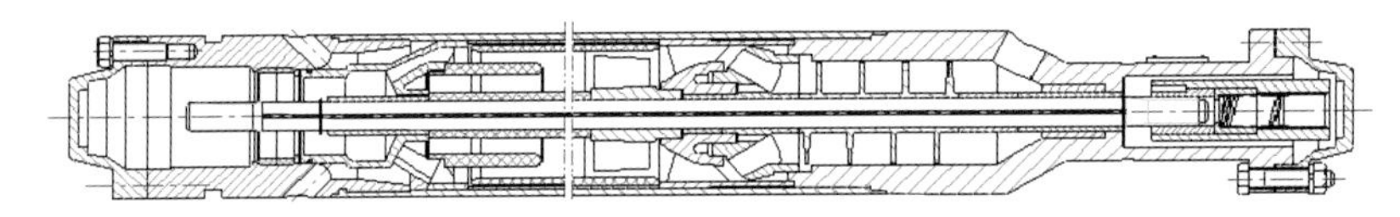

图 5-14 油气分离器结构示意图

4. 电缆技术

1) 引接电缆

(1) 引接电缆的耐温等级由原来的 120℃提高至 204℃，耐压等级由原来的 3kV 提高至 6kV。引接电缆采用不锈钢带铠装。

(2) 在后续机组运行过程中，针对运转时间过短出现的躺井状况[9]，本书在对机组进行认真剖析的同时，对电缆插头出现的问题也进行了分析整理：主要是电缆插头的三孔橡胶垫所用的氟橡胶性能较差，在井液中溶胀导致电缆插头壳体处的密封压垫与壳体间隙过大，如图 5-15 所示。将电缆插头内的三孔橡胶垫更换为具有较高耐温等级和耐硫化氢性能的 AFLAS 材料。

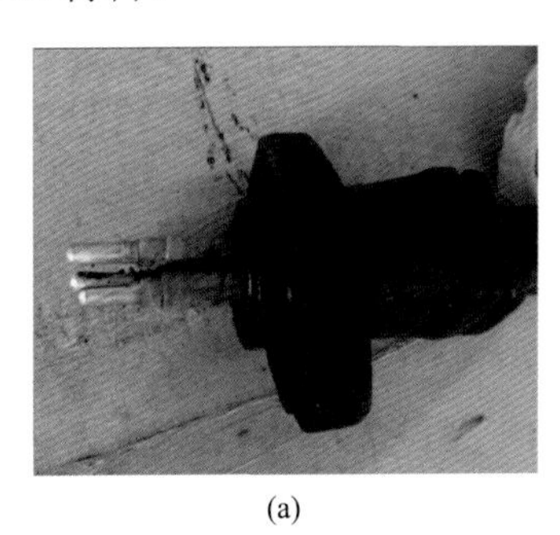

(a)

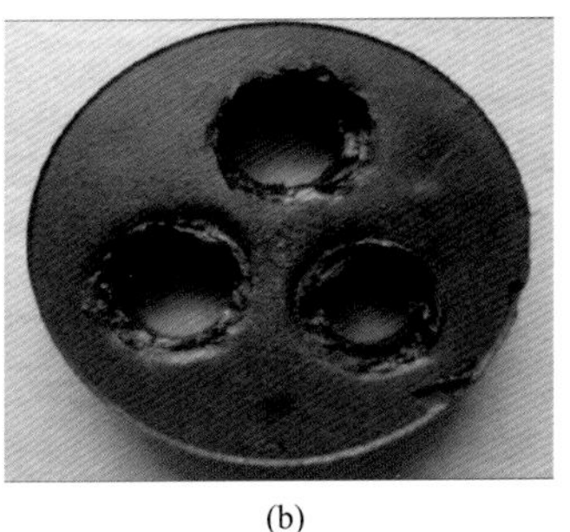

(b)

图 5-15 引接电缆三孔橡胶垫

(3) 将电缆插头处的径向 O 形环更换为具有较高耐温等级和一定耐硫化氢性能的 AFLAS 材料，并将 O 形环加粗，减少施工中 O 形环剪切现象的发生。另外，将电缆插头处的端面 O 形环更换为耐高温和耐硫化氢性能优异的垫片，该工艺措施经室内气密试验证实密封效果良好，能达到设计要求。

(4) 重新梳理规范了电缆头制作工艺。明确了配件清洗、零件选配的技术要求，特别是压紧力矩，通过试验结果规定了力矩值，制作过程中使用扭力扳手压紧，保证了批量产品工艺的一致性。

(5) 优选了零部件材质。选用了高介电强度的防腐高温改性橡胶材料；调整橡胶件膨胀系数，使其既能产生一定程度的膨胀，起到密封作用，又不会挤伤电缆辅助绝缘层。定制了专用小扁电缆，采用进口杜邦聚酰亚胺膜，同时增加了主绝缘层厚度，大幅度提升了小扁电缆本体的绝缘性能和耐温等级。

(6) 设计了小扁后挡堵结构，增强了小扁抗拉强度。内部结构上优化配合间隙，调整零部件位置，杜绝橡胶件膨胀挤伤小扁电缆本体绝缘的现象。

2) 动力电缆

在前期所用潜油电缆结构、使用材质及其技术性能参数的基础上，依据潜油电泵电缆使用的油井类型及潜油电泵流温流压测试结果，结合目前国内外潜油电泵电缆材质类型及电缆故障原因，出台了《塔河油田稠油潜油电泵井电缆技术规格书》，对超深层超稠油潜油电泵电缆做了针对性的技术改进：总体由前期的“单绝缘、单护套”结构改成目前的“双绝缘、双护套”结构，具体改进内容如下。

(1) 绝缘层由前期的 1.9mm 厚的三元乙丙橡胶(EPR)或聚丙烯(PP)单绝缘改为 5 层 0.045mm 厚的聚酰亚胺-氟 46 复合薄膜辅助绝缘及 2.3mm 厚的三元乙丙橡胶双绝缘。

(2) 扁电缆护套层由前期的 2.0mm 厚的丁腈橡胶改为 1.0mm 厚的铅合金，圆电缆由 2.0mm 厚的丁腈橡胶改为单根缆芯 0.8mm 厚的铅合金护套及整体 2.0mm 厚丁腈橡胶护套。

(3) 增加绕包垫层。

(4) 技术指标：耐温由前期的 90～120℃提升至 150℃和 180℃，耐电压级别由前期的 3kV 提升至 6kV。

改进后圆电缆及扁电缆结构示意图如图 5-16 所示。

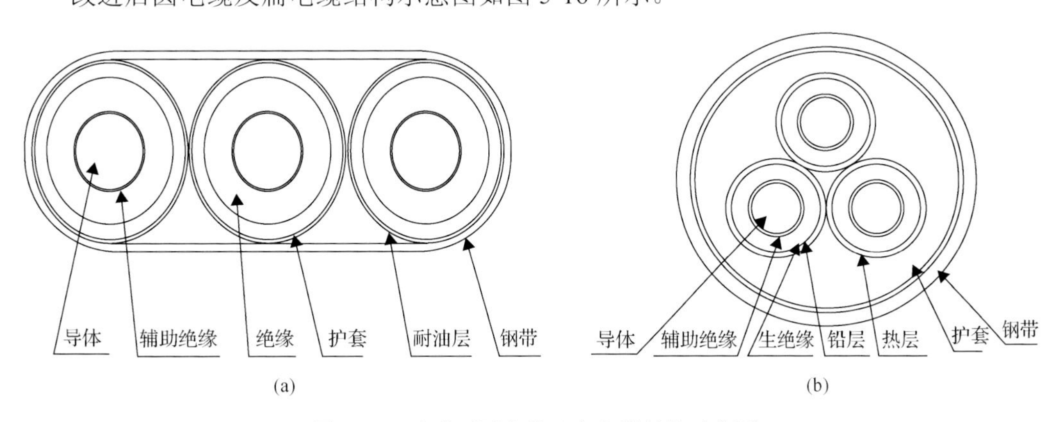

图 5-16　改进后圆电缆及扁电缆结构示意图

5. 配套技术

1）地面配套

（1）变频柜的改进。

①壳体的结构设计。

针对新疆塔河油田现场风沙大的现状，为提高控制柜壳体的防护等级，采用了柜内加贴密封条、在风道进出口处焊接细密丝网防沙等措施，将壳体的防护等级做到IP3X，有效抑制了风沙进入柜内。

②电气元件的选用及优化。

对于柜内使用的电器元件，采用了高防护等级的产品，防止因风沙进入器件内部导致机构卡死而影响正常操作；对于散热风扇选用全金属、耐高温的优质产品，以适用现场的高温高热环境。

③优化潜油电泵机组保护方式。

在以往的高-低-高变频系统设计中，潜油电泵机组高压侧保护一般是通过电机保护仪监测高压侧的电压、电流，一旦发现异常，控制变频停机实现保护功能。但目前国内生产的电机保护仪在元器件的选用、软硬件的设计方面较国外一流水平有一定的差距，保护仪在现场应用过程中存在着故障率高、容易误操作等缺陷，给现场服务及故障排查带来了不便。针对这种情况，选用了英威腾电气股份有限公司出品的GD300系列变频器，其具有抗过载能力强、保护功能完善等优点，通过变频器自身的软件设定，即可实现针对电机的过载、欠载、缺相、短路等进行保护。采用这种保护方式，变频的响应速度快、变频自身的检测电路完善，不会有误动作发生，从而可有效保护潜油电泵机组。

④优化滤波器设计方案。

在潜油电泵系统中，变频器和电机之间必须用三相扁平电缆连接，由于电缆漏抗和分布电容的存在，变频器输出电压脉冲通过长电缆时会发生电压电流反射，随着电缆的加长，将给电缆和电机的绝缘加重负担。通常的解决方法是安装滤波器，通常用的滤波器是二阶无线链路控制（RLC）低通滤波器。根据滤波器的目的又可分为dy/dt滤波器和正弦波输出滤波器。前者的目的是加长输出电压脉冲的上升时间，所以过电压将大幅度下降。后者将脉冲宽度调制（PWM）脉冲尽可能滤为正弦波，即使电缆很长，在电机端没有过电压发生。

根据塔河油田的管理要求，变频输出侧的电压总谐波畸变率（total harmonic distortion，THD）≤5%。我们选用正弦波输出滤波器。同时结合现场的井况，在正弦波滤波器的设计上进行了相应调整。正弦波滤波器的电抗和电容必须和电动机的容量精确匹配，否则达不到预期效果。对于滤波电抗，增大电抗值可以降低输出电压的畸变率，但是当带载情况不变时，增大电抗值无疑会降低输出电压，甚至会出现拖不动电动机的情况。增大电容值同样可以提高输出电压质量，但是输出电压也会有所降低，并且成本也会相应增加。因此必须寻求平衡点，既能满足滤波要求又能降低成本，优化后的结果对比如图5-17～图5-20所示。

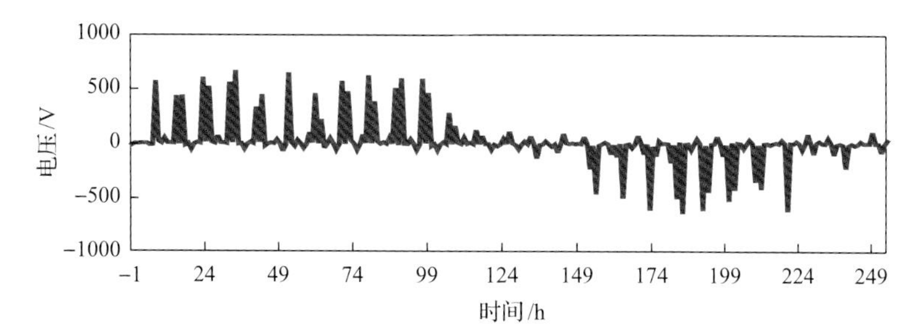

图 5-17　35Hz，滤波器前端，电压总谐波畸变率为 143%

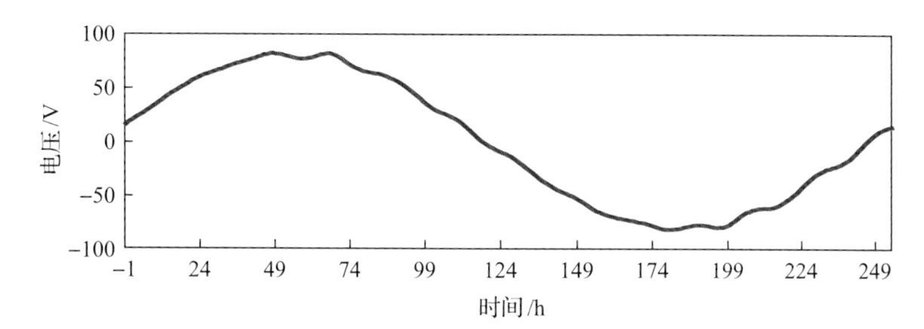

图 5-18　35Hz，滤波器后端，电压总谐波畸变率为 2.2%

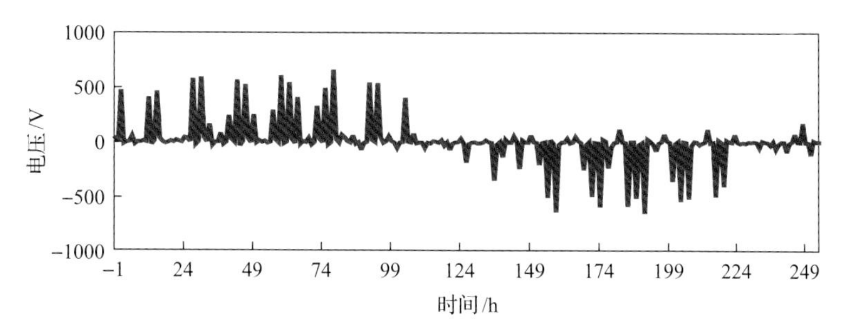

图 5-19　50Hz，滤波器前端，电压总谐波畸变率为 217%

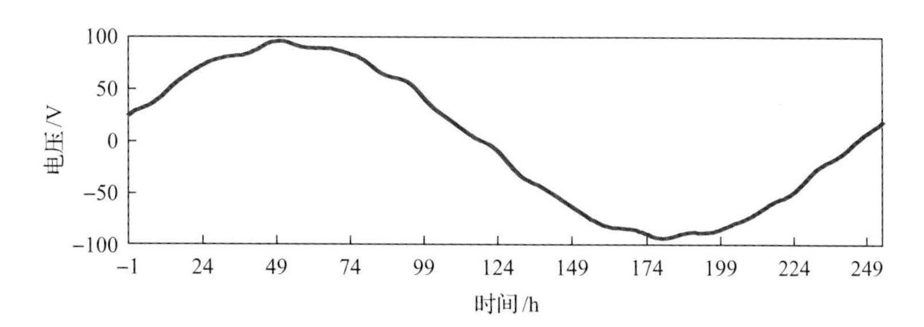

图 5-20　50Hz，滤波器后端，电压总谐波畸变率为 1.9%

(2)地面设备优化。

①完善保护功能，强化生产管理，降低中压变频柜故障率。

在前期认识的基础上，对中压变频柜提出了如下改进要求：增加缺相保护、电流不平衡保护及故障记录功能；开放变频柜控制参数，便于生产管理；弱化环境温度过高保护及直流欠压保护功能；提高电子元器件耐压级别，减少直流过压保护。

生产管理上：加装空调，强化清灰，提高风扇散热能力，弱化直流欠压保护，加强操作技能培训，强化变频柜专业检查修复力度。

上述措施的应用效果如表 5-8 所示。

表 5-8　因地面设备故障导致停机对比

年度	停机类型	过欠压、过热、无显示、乱码空开跳等	总停机次数
2011 年 1～9 月	井次	237	481
	比例/%	49.3	100
2012 年 1～9 月	井次	106	350
	比例/%	30.3	100
对比	井次	–131	–131
	比例/%	–19.0	—

与 2011 年同期相比，2012 年 1～9 月变频柜导致故障停机下降 131 井次，故障率下降 19.0%。

②引入试验低压变频柜，提高控制系统稳定性。

2012 年试验了 10 台低压变频控制系统，应用的 9 个月中，未发生过因变频柜导致的故障停机，试验效果明显。

③对比分析中低压控制系统，进行针对性改进。

中压变频控制系统具有专用性强、操作简单、谐波低、能耗低、系统效率高的优点，但也存在故障率高(占比 27.3%)、保护功能不完善的缺点。而低压变频控制系统具有成熟、稳定的特点，但存在能耗高、系统效率低、谐波高、操作较复杂的缺点(表 5-9)。

表 5-9　中低压变频控制系统对比表

对比参数	中压变频控制系统	低压变频控制系统
操作	简单	较复杂
保护功能	不完善	完善
专业性	专用	通用
电子元器件	成熟度低	成熟
能耗	低，2%	高，10%
系统效率	高	低
故障率	高，27.3%	低，0%
谐波电压	2%	5%～10%
谐波电流	5%～10%	5%～15%

针对低压变频控制系统能耗及谐波高的缺点，做以下改进：重新调整变频柜配套滤波柜的电容和电抗的匹配参数；电容由整体式改为分体式；改进滤波柜通风散热能力。通过上述 3 项工作降低变频控制系统的噪声、能耗、谐波及温升。

④严格进行地面其他配套设备的选型设计。

针对 2015 年出现空气开关烧毁、地面电缆烧毁、变压器跌落式高压熔断器脱溶等情况，根据所下机组的相关参数，将地面配套设备配备设计要求写入修井施工设计中，确保配套设备和所下机组匹配。

设计要求如下：空气开关承载电流=(电机额定电压+电缆压降)×电机额定电流/380，变压器容量=1.732×(电机额定电压+电缆压降)×电机额定电流，地面电缆负载电流=(电机额定电压+电缆压降)×电机额定电流×1.2/380。

2) 井下过桥尾管加深技术

(1) 工作原理。

针对常规潜油电泵管柱掺稀降黏过程中存在掺稀混配不均、电机过热等问题，设计采用 177.8mm 套管作为潜油电泵护罩、护罩下加挂 3000m 尾管的设计方案，加深吸入口，大幅提高掺稀行程，改善潜油电泵工作条件，进而提高潜油电泵寿命及整体采收率。

在采取掺稀降黏开采方式的稠油井中，加装导流罩把掺稀混合点下移，提高混合效果，同时使保护器在低黏度井液环境下工作，降低保护器发生故障的次数。同时提高电机外围流体流速，降低电机温度。

在高油气比的稠油井中，由于潜油电泵机组加装导流罩，井液中气体不能直接进入离心泵吸入口，减少了进入离心泵内的气体，达到了防止气锁、保证潜油电泵机组正常运转的目的。稠油潜油电泵过桥尾管管柱结构如图 5-21 所示。

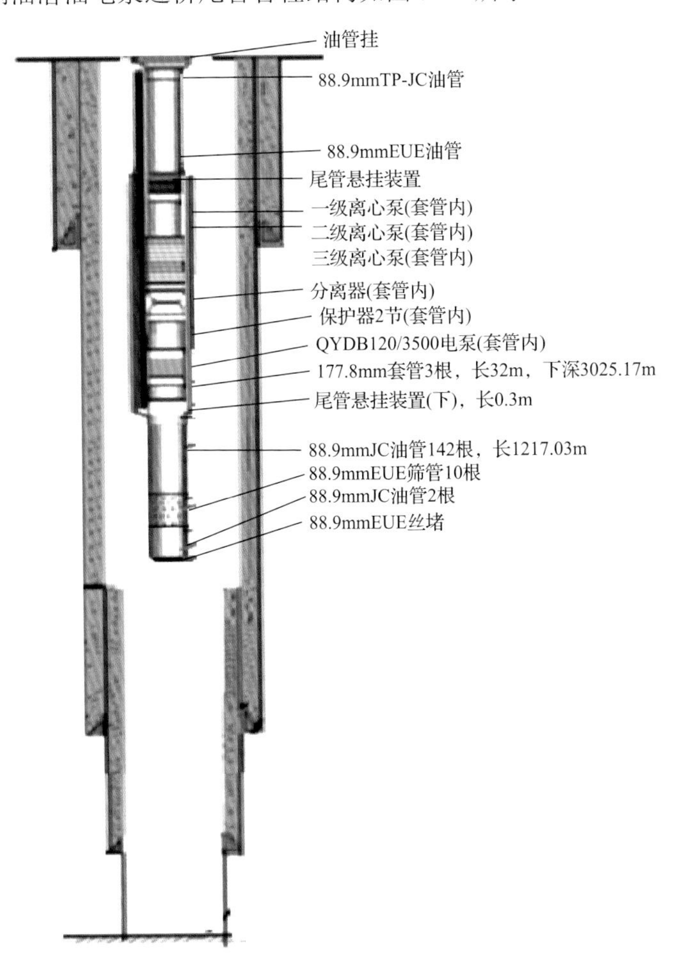

图 5-21　稠油潜油电泵过桥尾管管柱结构图

(2)结构形式。

采用 177.8mm 套管做机组护罩，要求下挂 3000m 尾管，并能承受 15MPa 的密封压力，根据要求，制定的初步方案如下。

引接电缆剥开铠皮，3 根芯线带铅皮穿入护罩接头，采用两组 V 形橡胶密封圈带压帽密封，过封后引接电缆与动力电缆连接。

优点：密封可靠，V 形橡胶密封圈密封压力可达 20MPa 以上。

缺点：一是现场施工复杂，因 V 形橡胶密封圈对铅皮要求高，要求现场需剥开引接电缆铠皮至少 500mm，且需对铅皮进行整形、打磨；二是因采用 3 根芯线分别通过护罩接头，所以剥开铠皮后的电缆上下各有一小段无法得到铠皮的保护，对电缆是一种考验。

(3)方案实施。

通过新设计的护罩接头，下方外侧通过套管长圆螺纹与连接接箍的 177.8mm 套管连接组成潜油电泵护罩系统，内侧通过油管短节连接泵排出头，上方连接油管。电缆拆除铠装层后逐根通过护罩接头上的密封孔，上下两侧利用 V 形密封圈，采用螺钉压紧的方法密封，设计密封压力为单向 20MPa，总体结构及密封结构如图 5-22 和图 5-23 所示。

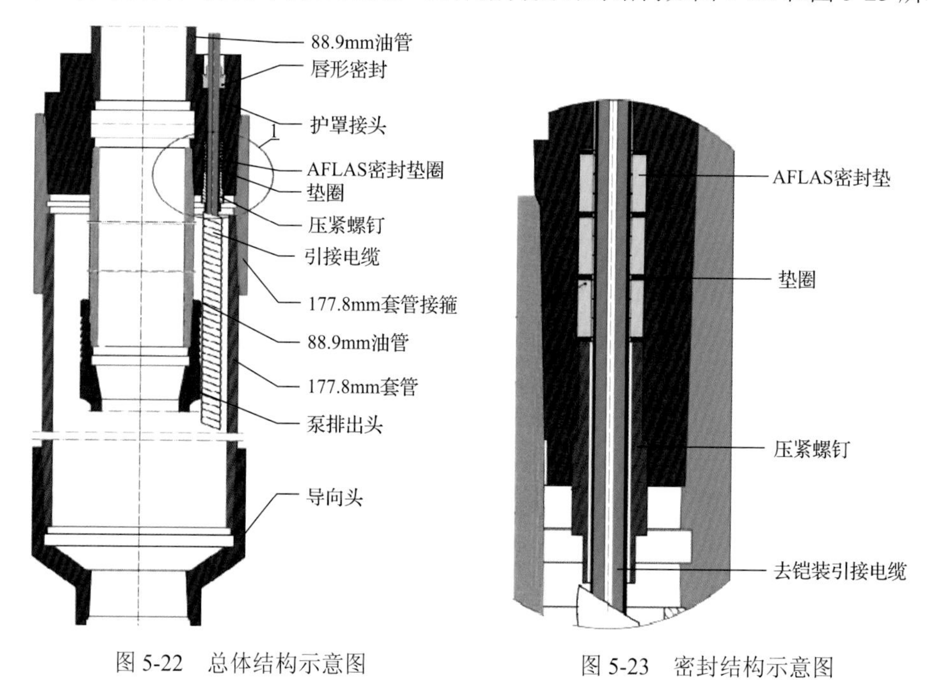

图 5-22　总体结构示意图　　　图 5-23　密封结构示意图

(4)方案验证。

该试验的试验井准备扬程 1800～2000m 机组一套，排出口 73.02mm UPTBG，6#6kV 引接电缆 0.5m。

将 6#6kV 引接电缆铠皮剥开，3 根芯线(带铅皮)将铅皮整形、磨光，依次传入压环、V 形密封圈、支撑环及压紧螺钉，穿入护罩接头并旋紧压紧螺钉。

将机组依次连接后下入试验井内，排出口接 MPHZ7-0-10 试验接头，试验接头上连接护罩接头，护罩接头上再连接密封结构，如图 5-23 所示。

启动后机组在 50Hz 频率下运转，关井至排出口压力 20MPa，运转 30min，观察护罩接头电缆密封处无泄露为合格。经验证，20MPa 稳压 30min 不泄露，说明该方案密封性能可靠。

3) 设计方法优化

抗稠油潜油电泵生产系统设计的任务是在满足潜油电泵下泵深度的前提下，选择泵型和工作参数，在满足排量要求的前提下使其达到效率最高和能耗最小。

(1) 潜油电泵井合理沉没度问题

①气体影响。

针对缝洞型油藏部分井产气量较大的特点，研发了潜油电泵井合理沉没度计算软件，主要针对高含气井不同套压下的气体膨胀原理，计算满足泵入口深度下的自由气体积比重不能超过 10%的沉没深度和沉没压力，潜油电泵井沉没度计算界面如图 5-24 所示。

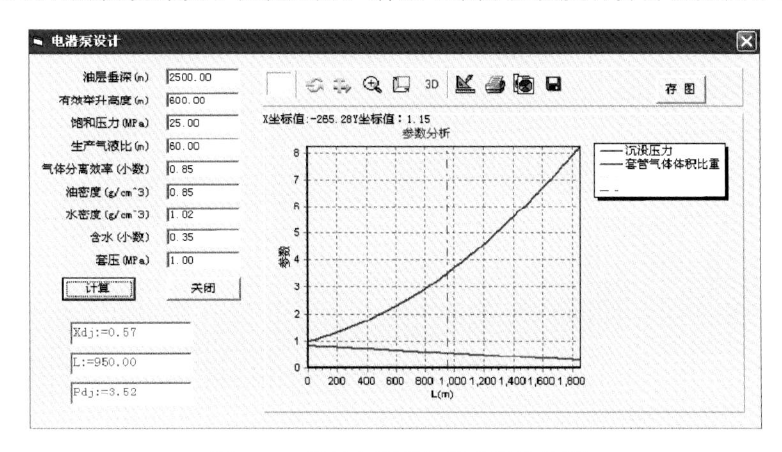

图 5-24　潜油电泵井沉没度计算界面

潜油电泵井不同套压和不同气液比情况下的沉没度见表 5-10。

表 5-10　潜油电泵井不同套压和不同气液比情况下的沉没度

套压/MPa	气液比/(m³/m³)					
	20	40	60	100	140	200
1.0	100	500	950	1900	2900	4350
2.0	0	100	450	1150	1900	3000
3.0	0	0	150	700	1300	2200
4.0	0	0	0	350	850	1600
5.0	0	0	0	50	500	1150
6.0	0	0	0	0	200	800

注：饱和压力为 25MPa，气体分离效率为 85%。

假如检泵周期内一般的产能下降用动液面下降幅度(按照 400m)计算(约合地层压力下降 3MPa)。考虑检泵周期内一般的液面下降的推荐沉没度见表 5-11。

表 5-11　考虑检泵周期内一般的产能下降的推荐沉没度

	气液比(m^3/m^3)					
	20	40	60	100	140	200
合理套管放气压力/MPa	1～2	1～2	2～3	3～5	4～5	4～6
最小沉没度/m	0～100	100～350	150～450	100～600	100～500	300～1100
推荐沉没度/m	400～500	500～750	550～850	500～1000	500～900	700～1500

②稠油入泵。

一般认为稠油入泵问题是确定稠油井下泵深度的重要因素之一，某缝洞型深层稠油油藏大部分稠油井黏温曲线的拐点在 50～60℃，E-2-1 井(抽稠泵井)黏温曲线如图 5-25 所示。解决稠油井下泵深度可以应用以下两个原则。

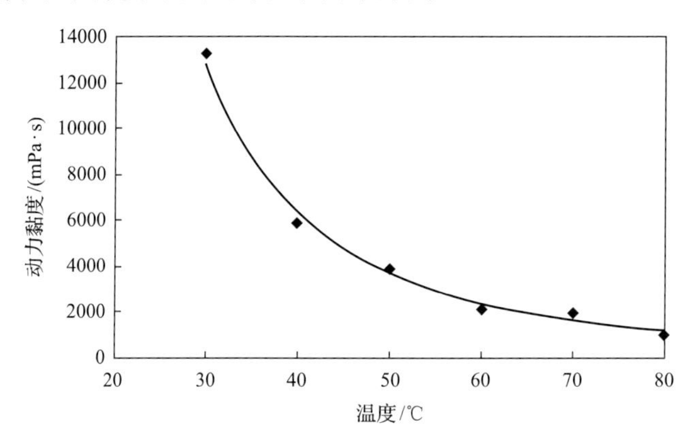

图 5-25　E-2-1 井(抽稠泵井)黏温曲线

原则 1：泵深温度在黏温曲线的拐点以上。

理论研究和现场试验表明：超过 80%的稠油井在 2066m 深度处的黏度均在黏温曲线的拐点以下，能够满足正常的生产需求，且在此基础上加深泵挂，混合液黏度变化小。

原则 2：加深沉没度弥补稠油入泵的压力损耗。

现场实践表明，对于黏度较高的稠油井，只要在稀油井的基础上加深 100m 的泵挂深度，其增加的泵入口压力就足以平衡稠油入泵所需的压力损耗。

(2)潜油电泵工艺参数设计。

在生产中，由于受到井眼轨迹、温度等条件的限制，一般不把潜油电泵下入井底，而是挂于井筒某一深度，典型的潜油电泵抽油系统的压力剖面如图 5-26 所示。

把潜油电泵视为节点系统分析的函数节点，则其设计综合数学模型为

$$\begin{cases} p_{\text{in}} = \overline{p}_{\text{R}} - \Delta p_{\text{res}} - \Delta p_{\text{泵下套管}} \\ p_{\text{out}} = p_{\text{wh}} + \Delta p_{\text{泵上油管}} \\ S_{\text{t}} = \left(\dfrac{10^6}{9.81 q_{\text{sc}} \rho_{\text{fsc}}}\right) \displaystyle\int_{p_{\text{in}}}^{p_{\text{out}}} \dfrac{V}{h(V)} \text{d}p \\ \text{HP} = \left(\dfrac{1000}{9.81}\right) \displaystyle\int_{p_{\text{in}}}^{p_{\text{out}}} \dfrac{h_p(V)}{h(V)} \text{d}p \end{cases} \tag{5-46}$$

式中，V 为体积；$\overline{p}_R$ 为地层压力；Δp_{res} 为生产压差；$\Delta p_{泵下套管}$ 为泵下套管压力损失；$\Delta p_{泵上油管}$ 为泵上油管压力损失；S_t 为级数；HP 为功率；q_{sc} 为产量；ρ_{fsc} 为流体密度。

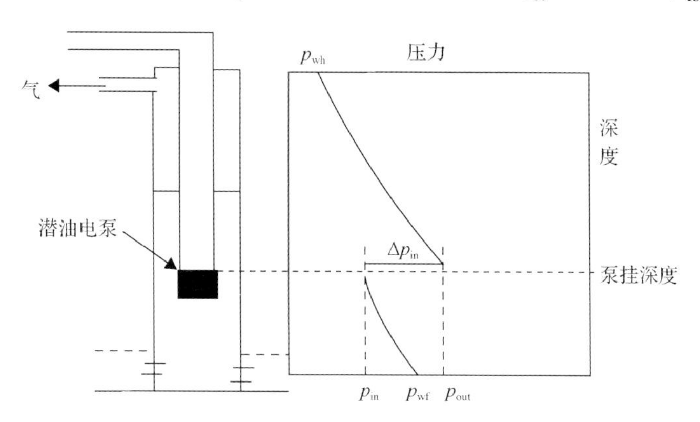

图 5-26 潜油电泵抽油系统的压力剖面

p_{wh}-井口压力；p_{wf}-井底流压；p_{in}-泵吸入口压力；p_{out}-泵排出口压力

求解该模型，可以得到不同生产条件下(如产量、泵挂深度、含水率等的变化)所需的泵功率及级数，为论证和优选合理的潜油电泵抽油系统提供技术依据。

(3)潜油电泵井排量、扬程校正。

我国在选泵优化问题上普遍没有考虑气体较多或者黏度较高情况下推荐排量范围需要校正的问题。图 5-27 为潜油电泵水实验特征曲线与修正后特征曲线的对比，由于稠油比重大，潜油电泵标准特征曲线左移，推荐排量范围大幅下降，且变频后潜油电泵的额定排量和推荐排量范围等均会发生变化，如图 5-28 所示。为此，建立了不同黏度(20～1000mPa·s)、频率(60～30Hz)和排量(50～200m^3/d)正交设计的大量的排量、扬程修正表(表 5-12)，供现场工程师选泵或潜油电泵分析使用，提高了设计分析的准确性。

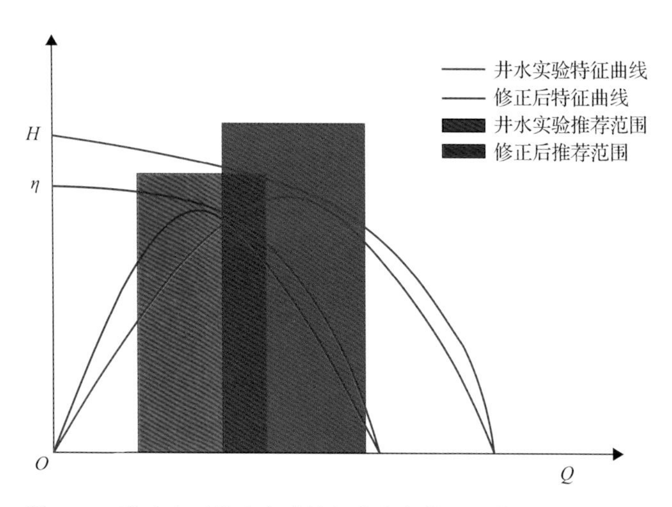

图 5-27 潜油电泵井水实验特征曲线与修正后特征曲线的对比

Q-排量；H-扬程；η-效率

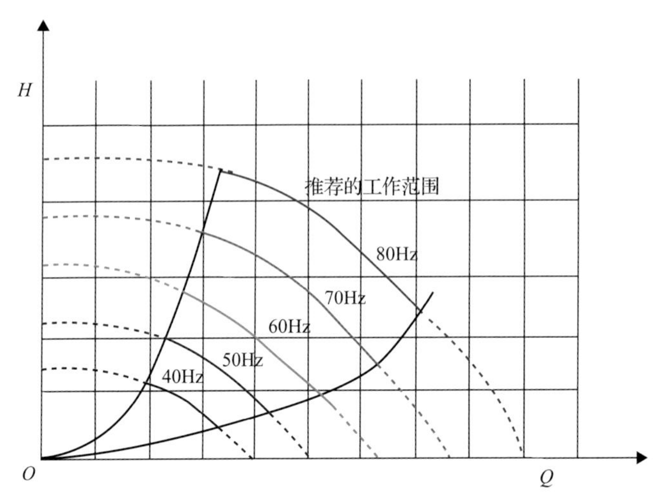

图 5-28　潜油电泵井“变频调速”后推荐排量范围变化情况

表 5-12　排量、扬程修正表

综合黏度/(mPa·s)	排量矫正系数	校正排量/(m³/d)	推荐排量/(m³/d)		扬程校正系数	校正扬程/m
			下限	上限		
20.00	0.972	49	39	58	1.000	2000
50.00	0.920	46	37	55	1.000	2000
80.00	0.894	45	36	54	1.000	2000
100.00	0.881	44	35	53	1.000	2000
170.00	0.851	43	34	51	1.000	2000
250.00	0.765	38	31	46	0.986	1973
300.00	0.722	36	29	43	0.967	1935
400.00	0.655	33	26	39	0.938	1875
800.00	0.492	25	20	30	0.865	1731
1000.00	0.440	22	18	26	0.842	1684

5.2.4　矿场试验效果

为了验证深抽抗稠油潜油电泵采油工艺技术在超深层稠油井的适应性和可行性，在前期论证、研究和优化设计的基础上，优选先导试验井开展现场试验，总结分析评价深抽抗稠油潜油电泵的适用性。

1. 总体应用情况及效果

2012 年潜油电泵躺井 63 井次，躺井率为 5.28%，较 2011 年躺井减少 40 井次，躺井率下降 4.2 个百分点，产量损失减少 20292t；潜油电泵故障停机 434 次，较 2011 年减少 190 次，月均减少近 16 次，产量损失较 2011 年减少 4037t(图 5-29)。

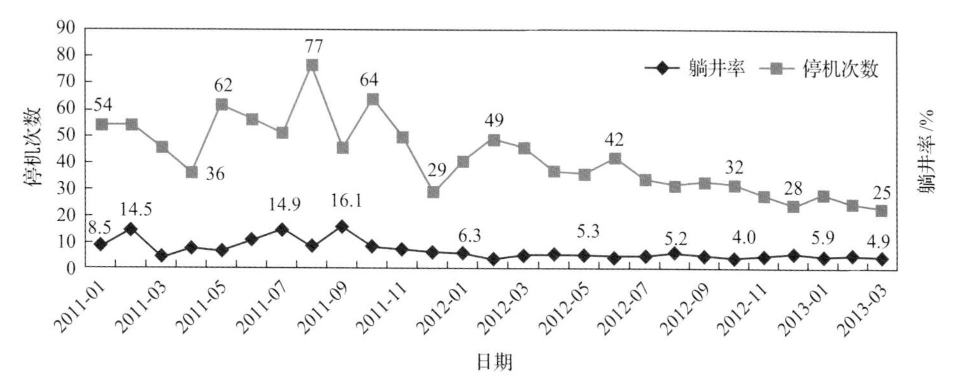

图 5-29　躺井井次、停机井次月度变化情况

2013 年第一季度躺井 16 井次，躺井率 5.0%，产量较 2012 年同期减少 1108t；故障停机 76 井次，产量较 2012 年减少 332t。

躺井原因如图 5-30 所示，2012 年比 2011 年电缆问题造成的躺井减少 31 井次，电缆问题已基本解决；小扁电缆插头问题造成的躺井数量增加幅度较大，主要原因是随着电机整体的改进、电缆耐温等级和耐压等级的提升，此位置成为一个相对薄弱的环节，目前在随着一系列制度建设及管理力度的加大，轴质量、装配质量、生产管理及井况因素等造成的躺井均下降，截至 2019 年小扁电缆损坏占躺井比例大幅减少。

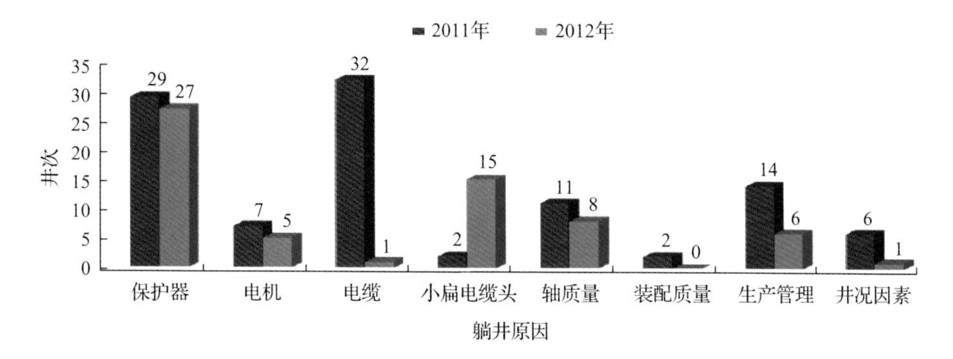

图 5-30　2011 年、2012 年躺井原因分类对比

2. 典型井例分析

E-2-2 井 5000m 深抽先导试验情况如下所述。

(1) 油井简况：E-3-2 井于 2009 年 5 月完井，自喷生产 11d 后停喷转 70/44mm 抽稠泵生产。生产至 2010 年 6 月，因地层能量下降快，液面下降至 2130m，抽油机运行载荷大、电流高，地层产液低，间开生产无效，须进行深抽。

(2) 深抽潜油电泵参数设计：综合潜油电泵自身特性，结合 5000m 深抽环境下井筒温度场与黏度情况，对流体特性、泵特性做以下研究与设计。

转速对泵性能的影响：

$$Q_1/Q_2=N_1/N_2$$

$$H_1/H_2=(N_1/N_2)^2$$

$$N_1/N_2=(N_1/N_2)^3 N_1=(N_1/N_2)^3 N_2$$

式中，下标 1 为转速为 N_1 时的参数；下标 2 为转速为 N_2 时的参数 Q、H 为计算的流量、扬程。

介质黏度对泵性能的影响：

$$Q'=CQ \qquad H'=CH \qquad \eta'=CE\eta$$

式中，Q'、H'、η' 为根据黏度校正后的流量、扬程、效率；η 为效率；C 为校正系数。

通过掺稀后降低原油黏度，采用流动摩阻公式计算摩阻系数，潜油电泵在室内通常采用清水做实验，因此，在软件优化设计过程中，通过掺稀举升生产，对井筒的流态进行模拟计算，E-2-2 井筒温度场和黏温分布如图 5-31 和图 5-32 所示。

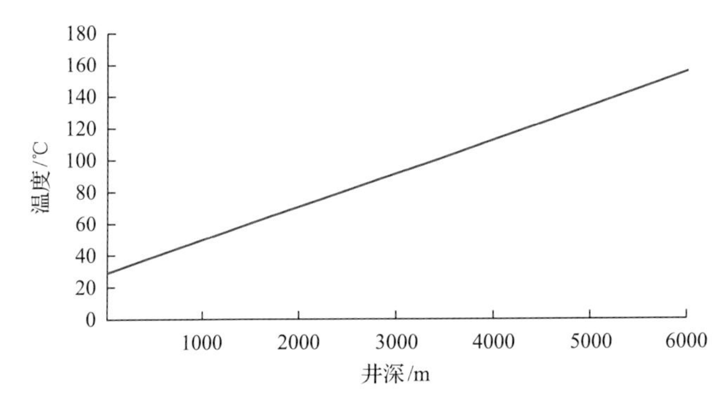

图 5-31　E-2-2 井井筒温度场曲线

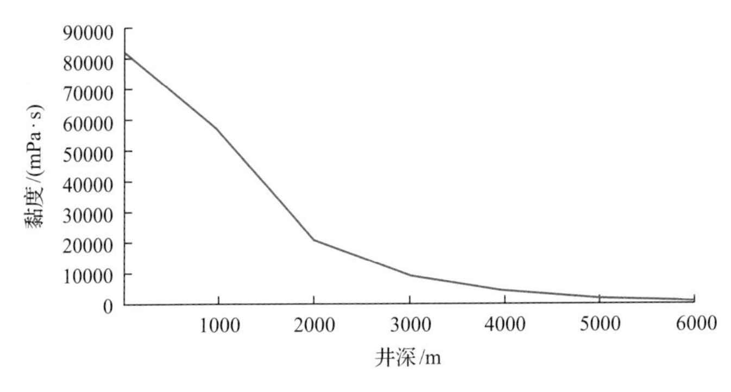

图 5-32　E-2-2 井筒黏度分布曲线

以最高效率为目标函数，通过掺稀降黏优化软件进行模拟计算，按照掺稀稀稠比 1∶1 进行计算，即按日注稀油 25m^3、日产原油 25m^3 计算，混合后的原油在泵的入口处黏度降低到 1720mPa·s 左右能够满足生产要求。

考虑稠油黏度的影响，对泵的排量、扬程、效率进行优化。优选 562 系列电机，功率为 90kW，具体设计参数见表 5-13。为了有效避免电机频繁启动故障，在变频控制柜后增添强滤波柜，防止因调频等引起电流波动损伤潜油电泵机组。动力电缆根据井温模拟结果优选两套电缆——2500m/150℃+2550m/150℃组合电缆，防止电缆在高温下被击穿或者导致电流损失。

表 5-13　E-2-2 超深抗稠油潜油电泵优化设计结果

序号	名称	描述	单位	数量
1	潜油电泵机组	562 系列电机、最大外径为 143mm、浸油电机 143-90kW、1470V、48A、50Hz、180℃	套	1
		保护器(沉降胶囊式)400 系列，最大外径为 102mm，潜油保护器-102CJ，双节	套	1
		分离器旋转式 400 系列，潜油分离器-102X	套	1
		离心泵 400 系列潜油泵 102-50m³/d-5000m 50Hz	套	1
2	电缆	大扁电缆 QYEQ 3×20mm² 2500m /150℃+2550m/150℃	套	1
		小扁电缆 DLT114-150R，24m，3kV 3×13mm²	套	1
3	变压器	三相油浸式，180kVA，原边电压 380V，副边电压 1850±3×50V	套	1
4	控制柜	变频控制柜(含加强型滤波)ZC2500-200	套	1
		接线盒	套	1
5	安装配件	包括 O 形圈、铅垫、螺栓、电缆连接材料等	套	1
6	电缆卡子	不锈钢，含长卡子 50 个	个	1700

(3)现场实施情况：E-2-2 井 Φ50/5000m 潜油电泵下深至 5029.8m，以频率 30Hz、5mm 油嘴启机试抽，运行电流 22.6A，电压 1174V，泵效大于 100%。后期逐步将频率调整到 40Hz，初期日产液量为 27.8t，日产油量为 27.8t，日掺稀 30.6t，实现日增油 16.4t，已累增油 22.7t(图 5-33)。

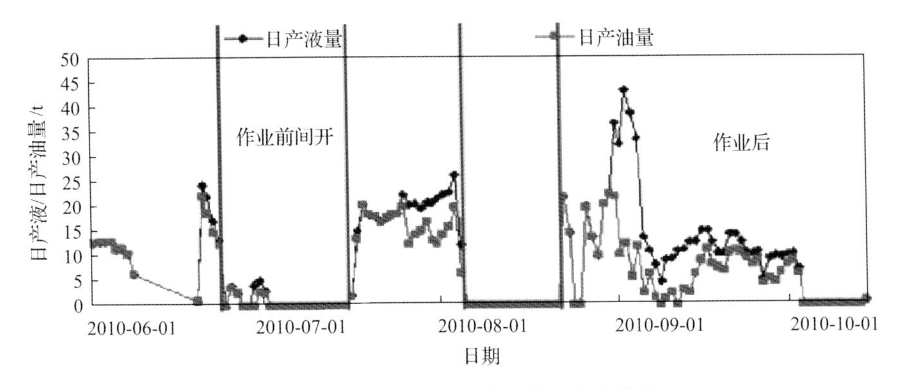

图 5-33　E-2-2 井措施作业前后生产曲线

(4)效果分析评价：通过现场初期运行情况分析，该工艺实现了油井生产的连续性，同时起到了增油效果，具有良好的适应性；但针对掺稀稠油井保证掺稀量及动态生产的稳定性对潜油电泵深抽影响较大，同时对油井井筒条件要求高，下一步将针对潜油电泵系统的薄弱软件进行进一步攻关研究改进，优选试验参数继续开展现场试验评价。

经过对离心泵、电机、保护器及电缆等部件的优化改进提升，提高了潜油电泵系统在塔河油田超深层稠油油藏生产过程中的适应性和稳定性。该潜油电泵在塔河油田超深层稠油井应用已经超过 130 井次，其中最高可实现 5300m 的下深，平均检泵周期延长至

700d，取得了良好的效果，成为塔河油田人工举升工艺的中流砥柱。

地面驱动螺杆泵在塔河油田超深层稠油油藏应用中存在杆断、橡胶不适应高硫化氢环境的问题，导致频繁检泵，影响开井时效[10,11]。开展潜油直驱螺杆泵技术研究，对螺杆泵的定子橡胶材质、定子和转子配合间隙、电机、电缆、连接器及地面配套设备进行优化研究，形成了稠油潜油直驱螺杆泵深抽技术。该技术具有泵效高、稠油适应性强、无杆柱影响等优点，解决了稠油举升问题，是超深层稠油生产推广应用潜油直驱螺杆泵采油技术迈出的关键一步，将成为塔河油田超深层稠油开采的另一新利器。

5.3 地面驱动螺杆泵举升技术

5.3.1 地面驱动螺杆泵局限性分析

自 2000 年以来，塔河油田超深层稠油井应用地面螺杆泵 14 井次，2000～2005 年应用 12 井次，主要用于停喷井转抽，平均寿命为 517d；2012 年以后使用 2 井次，用于解决原油乳化、降低稀油用量，平均寿命为 1025d。运行 400d 以上的井仅 5 口。检泵 9 井次，其中杆断 8 井次。所用井硫化氢最高含量为 1109mg/m^3，50℃时原油最高黏度为 7320mPa·s。

其中空心杆共使用 11 井次，杆断 7 井次，占总检泵井数的 78%，其中接箍断 6 次，丝扣断 1 次(图 5-34)。

图 5-34　空心杆断实物图

普通抽油杆应用 1 井次(E-4-1 井)，杆柱组配为 Φ25mm 普通螺纹抽油杆，泵挂深度由 900m 加深至 1200m，生产 21d 后不出液，检查第 70 根抽油杆本体断裂(图 5-35)。杆断原因主要有以下几个方面。

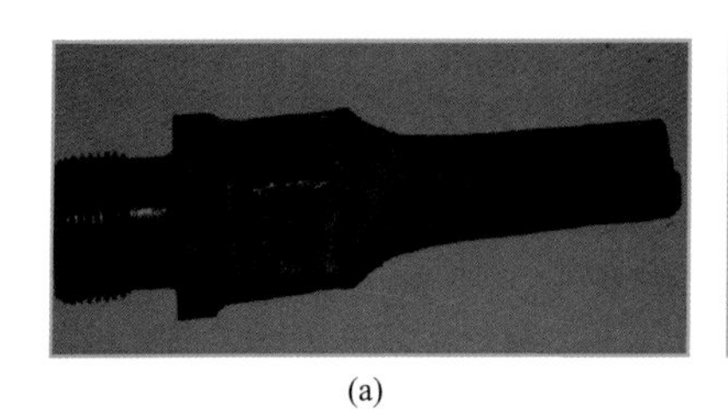

(a)

(b)

图 5-35　25mm 抽油杆断裂实物图

(1) 原油黏度高，造成扭矩较大，导致抽油杆断脱。

(2) 在防冲距不够的情况下，原油密度高，造成抽油杆伸长量增大，转子与底部限位销摩擦，扭矩增大，最终造成抽油杆断脱。

(3) 对供液能力相对较差的油井，定子和转子干磨，导致扭矩急剧增加，抽油杆断脱。

为了避免上述问题，在塔河油田超深层稠油井开展潜油直驱螺杆泵技术研究。

5.3.2　潜油直驱螺杆泵优化设计

1. 结构及工作原理

潜油直驱螺杆泵主要包括地面部分、中间部分和井下部分。其中地面部分包括地面控制柜及接线盒；中间部分包括电缆、油管、单流阀和泄流阀；井下部分包括潜油专用永磁同步电机、保护器、连接器和螺杆泵，潜油专用永磁同步电机置于井下设备的底端，依次与保护器、连接器及螺杆泵自下而上同轴连接(图 5-36)，其中螺杆泵的结构示意图如图 5-37 和图 5-38 所示。

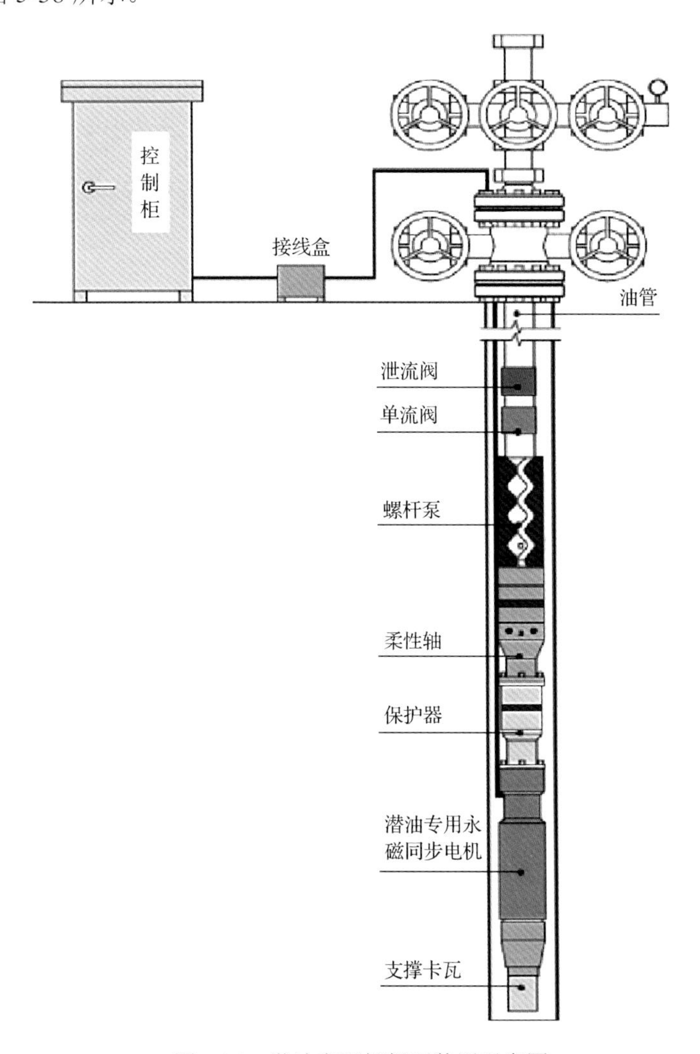

图 5-36　潜油直驱螺杆泵装置示意图

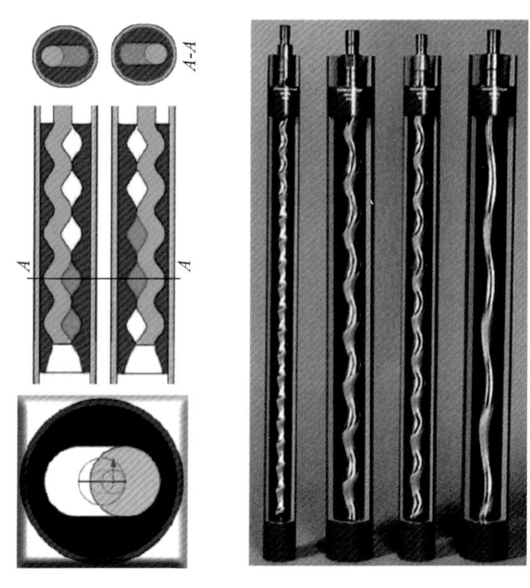

图 5-37　螺杆泵的结构示意图

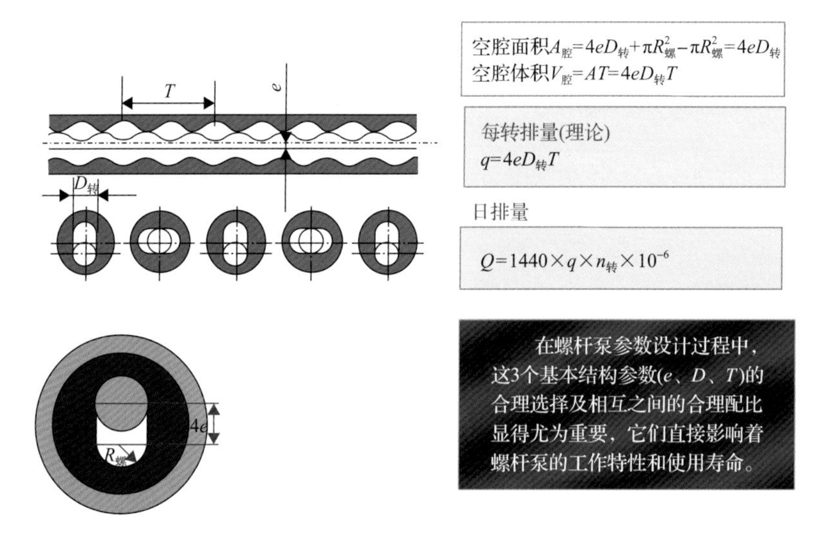

图 5-38　螺杆泵内部结构示意图

e-转子偏心距，mm；$D_{转}$-转子截圆直径，mm；T-定子导程，mm；$R_{螺}$为定子的半径；n 为每分钟旋转数

工作时，由地面部分的控制柜控制潜油专用永磁同步电机，对其进行无级调速，使其以低转速运行、大扭矩输出，直接驱动螺杆泵进行采油。这种直驱采油模式无须抽油杆和机械减速装置，提高了系统效率，降低了能耗，节约了成本，具有结构简单、安装维护方便、工作安全可靠等优点。

沿着螺杆泵的全长，在转子外表面与定子橡胶衬套内表面之间形成多个密封腔室；随着转子的转动，在吸入端转子与定子橡胶衬套内表面之间会不断形成密封腔室，并向排出端推移，最后在排出端消失，油液在吸入端压差的作用下被吸入，并由吸入端推挤到排出端，压力不断升高，流量非常均匀。螺杆泵工作的过程本质上也就是密封腔室不断形成、推移和消失的过程。

2. 螺杆泵的优化

1) 原油与定子橡胶配伍试验

针对塔河油田提供的 E-3-1 井等 3 口井的油样，选取 4 种橡胶进行试验：NBR-常用橡胶(丁腈橡胶)、NBRH-橡胶(高丙烯腈含量丁腈橡胶)、HNBR-橡胶(氢化丁腈橡胶)、FKM-橡胶(氟橡胶)。

选取 4 种橡胶，分别做温度、二氧化碳含量、含水率、含气量、原油密度、硫化氢含量共 6 项内容的测试，其结果如图 5-39 所示，其中需选择绿色适宜范围来匹配对应的井况。

根据测试结果，可针对塔河油田各井况的差异选择不同的橡胶类型，其中 FKM-橡胶(氟橡胶)和 HNBR-橡胶(氢化丁腈橡胶)基本上可满足大部分井的使用需求[12,13]。

2) 橡胶溶胀试验

对 4 种橡胶在 50℃下进行 120h 的橡胶溶胀试验[14,15]，将试验结果与评判标准对比，试验效果依次是 HNBR＞FKM＞NBRH＞NBR(表 5-14，表 5-15)。

表 5-14　评判标准

等级	优	良	好	一般	可用	不可用
	A	B	C	D	E	F
溶胀前后体积变化	≤1%	1%～2%	2%～3%	3%～4%	4%～6%	≥6%
溶胀前后重量变化	≤1%	1%～2%	2%～3%	3%～4%	4%～6%	≥6%
溶胀前后硬度变化	≤1°	1°～2°	2°～3°	3°～4°	当＞4°时，不可用	

表 5-15　试验记录

材质	体积/cm³				重量/g				邵氏硬度		
	溶胀前	溶胀后	体积差值	溶胀率/%	溶胀前	溶胀后	体积差值	溶胀率/%	溶胀前	溶胀后	差值
NBR	2.071	2.138	0.067	3.24	2.510	2.585	0.075	2.99	78	76	2
NBRH	1.638	1.682	0.044	2.69	2.210	2.269	0.059	2.67	77	75	2
HNBR	1.508	1.547	0.039	2.59	2.910	2.973	0.063	2.16	74	73	1
FKM	1.552	1.593	0.041	2.64	1.825	1.866	0.041	2.25	77	76	1

因此，综合分析确定塔河地区所用橡胶类型为 HNBR-橡胶(氢化丁腈橡胶)。

3) 基本参数的确定

(1) 螺杆泵理论排量计算方式。

现场应用中，根据选用泵的型号可计算出理论排量，公式如下：

$$Q_{理论}=1440\times q\times n_{转}\times 10^{-6} \tag{5-47}$$

式中，$Q_{理论}$为螺杆泵理论排量，m^3/d；q 为螺杆泵每转排量，mL/r；$n_{转}$为转速，r/min。

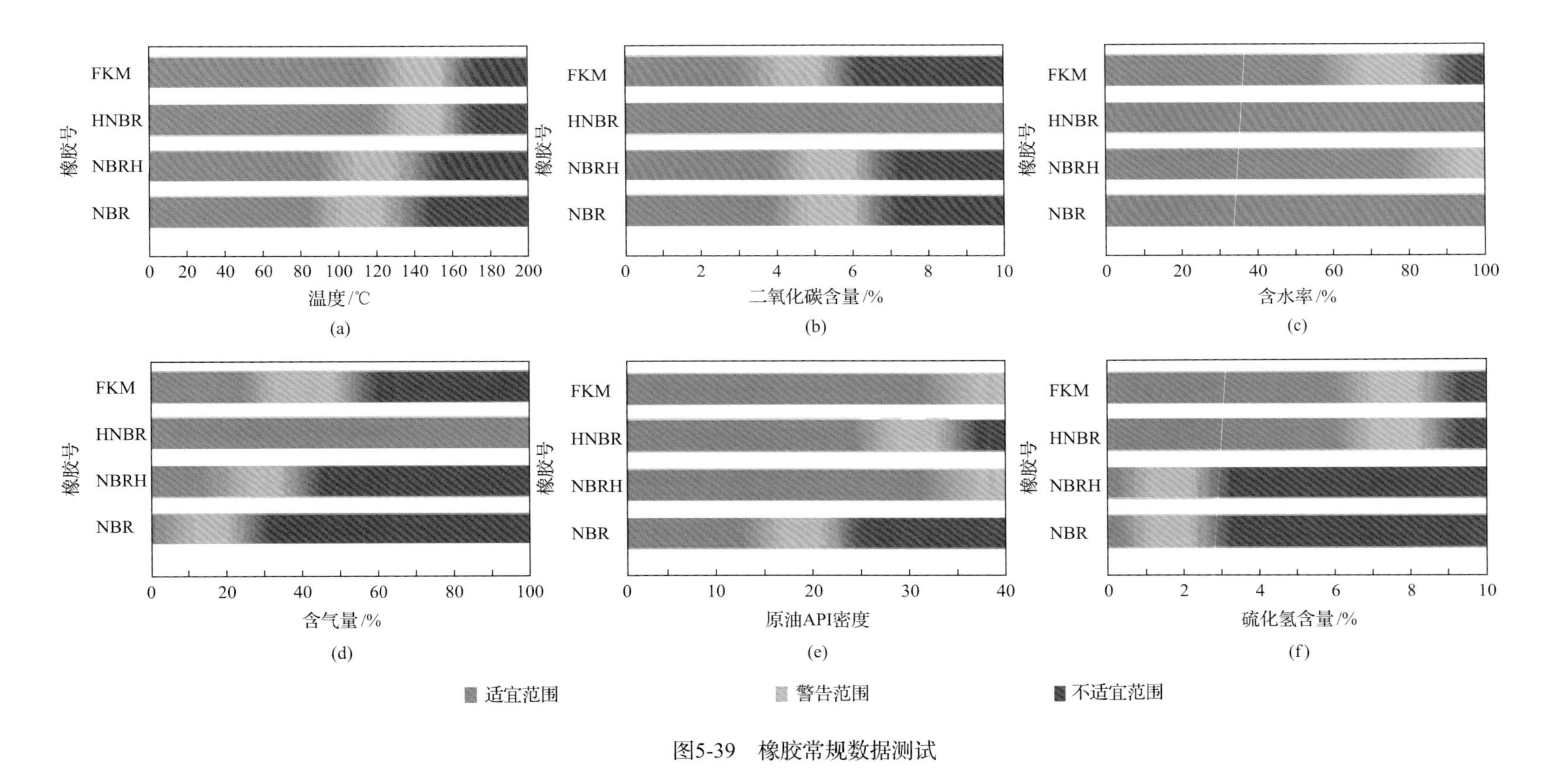

图5-39 橡胶常规数据测试

(2)螺杆泵的实际排量。

螺杆泵为容积泵，在实际工作中，容积效率一般取 0.7，工作过程中橡胶会受温度影响，因此，在计算实际排量时要考虑温度升高的影响。螺杆泵的实际排量为

$$Q_{实际}=Q_{理论}\times 0.7$$

(3)螺杆泵的压头。

螺杆泵的压头由单级承压能力和级数的乘积而定[13]。在油田的应用中，抽油系统压头是泵吸入口压力和排出口压力的函数，泵排出口压力是泵以上油管内流体的密度和高度、地面油管压力及泵排出口和地面之间沿程损失的函数。

泵的压头是螺杆泵抽油系统正常运行的最基本参数，它是螺杆泵能否正常运转的关键指标。若螺杆泵的压头低于油井所需压头，则油井不能生产。泵的压头由单级承压能力和级数决定，由水力特性曲线可以查出。但在应用中，抽汲介质的黏度、螺杆泵的有效工作级数、螺杆泵单级承压能力等都是影响螺杆泵工作压头的因素。

举升流体所需压头：

$$\Delta p = p_{\mathrm{out}} - p_{\mathrm{in}} = p_{\mathrm{d}} + p_{\mathrm{z}} + p_{\mathrm{m}} - p_{\mathrm{h}} - p_{\mathrm{c}} \tag{5-48}$$

式中，Δp 为螺杆泵在工作时实际举升液体所需压头，MPa；p_{out} 为螺杆泵排出口压力(包括螺杆泵举升液体在油管中自重产生的压头、沿程损失产生的压头及油井井口回压的总和)，MPa；p_{in} 为螺杆泵吸入口压力，MPa；p_{d} 为地面输油管线回压，MPa；p_{z} 为泵出口至井口油管内液柱静压，MPa；p_{m} 为泵出口至井口油管液体流动的沿程损失，MPa；p_{h} 为环空动液面到泵出口的液柱压力，MPa；p_{c} 为套压，MPa；

由流体力学可知，单相流动时沿程水头损失(不考虑局部损失) $H_{水}$ 公式为

$$H_{水} = \lambda_{摩} \frac{L_{深}}{d_{\mathrm{e}}} \frac{v^2}{2g} \tag{5-49}$$

式中，$\lambda_{摩}$ 为摩阻系数；$L_{深}$ 为下泵深度，m；v 为油液流速，m/s；d_{e} 为环形空间的当量直径，m；$H_{水}$ 为沿程水头损失。

除满足举升所需压头外，应留一定的安全系数，以免举升条件变差或泵本身压头随着泵磨损不断增加，有效举升压头不断下降，一般留 20%为宜。

(4)螺杆泵橡胶温度。

已知下泵深度和地温梯度，螺杆泵橡胶温度的计算方式如下：

$$T_1=T_0+15+\frac{L_{深}}{100}\left(\alpha_1+\frac{0.1n_{转}}{100}\right) \tag{5-50}$$

式中，T_1 为螺杆泵橡胶温度，℃；T_0 为地表温度，℃；$L_{深}$ 为下泵深度，m；$n_{转}$ 为转速，r/min；α_1 为地温梯度，℃/100m。

(5)泵的级数和定子、转子长度的确定。

单级螺杆泵满足不了实际举升高度(扬程)的需要，如同潜油电泵一样需要多级泵。

泵的级数可根据油井实际需要的举升高度和单级扬程来确定，即

$$Z = \frac{H}{H_f} \tag{5-51}$$

式中，Z 为泵的级数；H 为泵的扬程，m；H_f 为泵的单级扬程，m。

泵的级数确定后，就可确定定子和转子长度。定子和转子长度由泵的级数和衬套的导程来决定：

$$L_d = T_{导} Z \tag{5-52}$$

$$L_Z = L_d + (250 \sim 350mm)$$

式中，L_d 为定子长度，m；L_Z 为转子长度，m；$T_{导}$ 为衬套的导程，m；Z 为泵的级数；250～350mm 为保证转子能够安装到位所保留的余量。

(6) 过盈值的确定。

确定了初始过盈值后，一般根据经验或通过检测试验，研究各种流体条件下橡胶材料的配伍性，以确定总的过盈值。

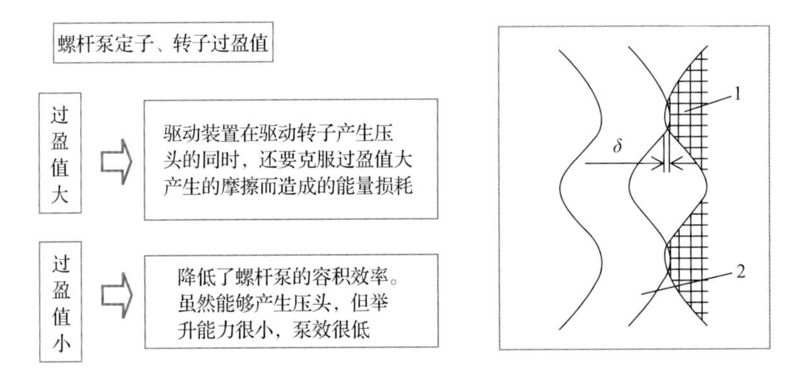

图 5-40　定转子过盈配合

$\delta_{盈} = \delta_1 + \delta_2 + \delta_3; \delta_1 = (0.005 - 0.01)D_{转}$。其中，$\delta_1$ -初始过盈值，根据螺杆泵的外特性确定；δ_2 -由定子橡胶衬套温度变化产生的过盈值；δ_3 -由定子橡胶衬套油气影响产生的过盈值；1-定子；2-转子

(7) 橡胶过盈值影响因素。

①定子橡胶材料。

不同的定子橡胶，物理机械性能各不相同，它直接影响过盈值的确定。因此，螺杆泵定子橡胶材料的选择是设计中一个很重要的环节，需要根据油井基本情况和产出液性质来优选综合性能良好的定子橡胶配方(给定初始过盈值 δ_1)。

②井下液体温度。

螺杆泵定子外壳一般为钢制品，外壳胀量极小，橡胶受热只能向内腔膨胀(橡胶的热膨胀倍数是钢的 50 倍以上)，使定子内腔尺寸减小，过盈值(温度变化产生的过盈值 δ_2)增大。

③液体性质。

橡胶在原油中，尤其是在高芳香烃原油中会产生较大的溶胀，使定子内腔变小，过盈值增大。流体黏度高，润滑性好，转子与定子间摩擦系数较小，过盈值可选择大一些。

流体黏度低，润滑性差，转子与定子间摩擦系数较大，过盈值(油气影响产生的过盈量值δ_3)可选择小一些。

螺杆泵在井下工作时总过盈值$\delta_{盈}$为

$$\delta_{盈}=\delta_1+\delta_2+\delta_3 \tag{5-53}$$

可以用改变转速的方法改变泵的最高压力点(扬程)和最佳工作区域；另外，在某些场合，可用小过盈值、高速运转实现高压头工作。一般来说，小排量螺杆泵过盈值为0.3～0.5mm，大排量螺杆泵过盈值为0.1～0.3mm。

4) 螺杆泵容积效率测试

螺杆泵容积效率(η_v)影响因素如图5-41所示。

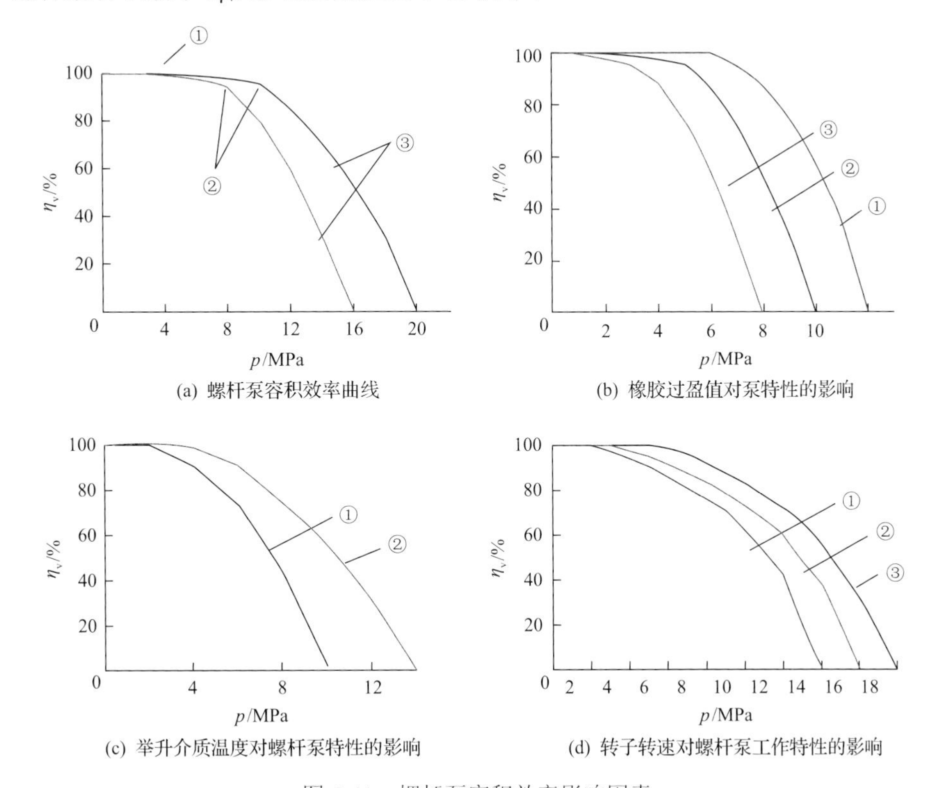

图5-41　螺杆泵容积效率影响因素

(a)①容积泵特性曲线段，②拐点，③离心泵特点曲线段；(b)①$\delta_{盈}=0.45$mm，②$\delta_{盈}=0.2$mm，③$\delta_{盈}=0.1$mm；(c)①清水15℃，②清水30℃；(d)①162r/min，②205r/min，③255r/min

5.3.3　关键配套技术优化

1. 电机优化技术研究

1) 永磁同步电动机结构设计

潜油螺杆泵专用永磁同步电动机是潜油螺杆泵专用的电动机，除了具有普通三相电动机的特点外，还有自己的结构特点。

(1)细而长的结构。

潜油螺杆泵专用永磁同步电动机要下到套管内径为 0.152m 以上的油井内驱动潜油螺杆泵抽取原油，因而其外径受到限制。众所周知，当电动机的外径确定后，其功率的大小将由长度来决定。因此为保证潜油螺杆泵专用永磁同步电动机具有一定的负载能力，使其有足够的输出功率，只能靠增加潜油螺杆泵专用永磁同步电动机的长度。普通电动机定子铁心长径比一般为 1 左右，而潜油螺杆泵专用永磁同步电动机的定子铁心长径比为 50 左右，甚至更高。

(2)定、转子分节。

潜油螺杆泵专用永磁同步电动机细长的结构特点，决定了其必须加强转子的支撑。为保证潜油螺杆泵专用永磁同步电动机转子运转的可靠性并考虑制造细长整体转子的困难性，以及潜油螺杆泵专用永磁同步电动机气隙均匀、定转子不会摩擦，潜油螺杆泵专用永磁同步电动机转子采用多支点的径向支承，支承点就是扶正轴承。整个转子由多节相同的小转子串联组成，每节转子就是一个小潜油螺杆泵专用永磁同步电动机，每两节之间放置扶正轴承。每节转子的长度取决于转轴的挠度。

潜油螺杆泵专用永磁同步电动机的定子铁心也具有分节的特点，由磁性材料硅钢片和非磁性的铜片交替叠压而成，并压入细长的机壳内。根据转子节和扶正轴承的长度，每叠压一段硅钢片后，叠压一段铜片，作为扶正轴承支承处的无磁性区域。组装时，转子的转子节与定子的定子铁心硅钢片段是平齐的，整个潜油螺杆泵专用永磁同步电动机是由数个相同的小永磁同步电动机串联而成的。

(3)特殊的油路循环系统。

潜油螺杆泵专用永磁同步电动机长期工作于油井中，环境温度高，转子采用多点径向支承，径向支承大多位于定、转子之间，轴承空隙很小，因此潜油螺杆泵专用永磁同步电动机各部分的散热和润滑就显得十分必要和重要，必须加强各部件的冷却和润滑。所以潜油螺杆泵专用永磁同步电动机中设计了一个特殊的油路，以便对其进行冷却和润滑。

油路循环系统的组成：主要由循环动力源、油道、流体介质等组成。在最初的潜油螺杆泵专用永磁同步电动机设计中，油路循环系统的循环动力源是由设置在上部或下部与转轴固定在一起的特殊的打油叶轮提供的。

油路循环过程：潜油螺杆泵专用永磁同步电动机正常运行时，密封在电动机内部的机油随着转子带动止推轴承的动块旋转，将气隙中的电动机机油通过转轴的径向油孔压入转轴的空心腔内，再使其从上端出口流回气隙中去；这样便形成了油路循环的闭合回路，即气隙-转轴的轴孔-转轴的上端出口-气隙；循环的不间断往复，不但润滑了电动机内部的各种运动部件，又把电动机内部大量的热量通过电动机的两端及定子铁心传递给机壳散发到油井的井液中去了，达到了润滑和冷却的双重目的。

(4)潜油螺杆泵专用永磁同步电动机的串联运行。

由于电动机的细长结构，要整体制造大功率的潜油螺杆泵专用永磁同步电动机，其长度是可想而知的，不但给电动机的有关部件(如转轴、机壳)的制造带来了工艺上难以实现的困难，而且给安装、运输带来很多不便。因此，大功率的潜油螺杆泵专用永磁同步电动机是由相同规格的两台甚至多台功率相同或不同的潜油螺杆泵永磁同步电动机串联来实现的。定子绕组之间的连接多采用插入式连接方法，轴与轴之间则采用花键套连接，首尾的连接则采用法兰连接。

现行潜油螺杆泵专用永磁同步电动机组的电动机一般为细长结构的两极三相鼠笼式电动机，潜油螺杆泵专用永磁同步电动机定子的外壳是钢管，其内部压装有由硅钢片组成的长度为0.32～0.45cm的定子铁心。定子由非磁性物(一般为硅铜片)隔开的多级磁性铁心组成。定子绕组通常制成各级共用的。转子也由多级组成，每一级的长度与定子铁心长度一致。各级转子之间装有中间滑动轴承，它支靠在定子的非磁性物上，以防止定子和转子接触，同时，用来改善电动机的性能。潜油螺杆泵专用永磁同步电动机为密闭式，定子、转子的间隙充满电机油，起绝缘、润滑、散热作用。

(5)潜油螺杆泵永磁电动机结构组成。

潜油螺杆泵永磁电机主要由以下4部分组成。

定子：潜油螺杆泵专用永磁同步电动机的定子铁心主要由硅钢片和硅铜片组成。硅铜片按一定要求放置于两节硅钢片之间；定子绕组采用双层叠绕组；机壳采用有弹性的钢质合金的圆管经精加工后成为一个细长的钢筒，用以固定和支撑定子铁心及连接上、下接头(图5-42)。

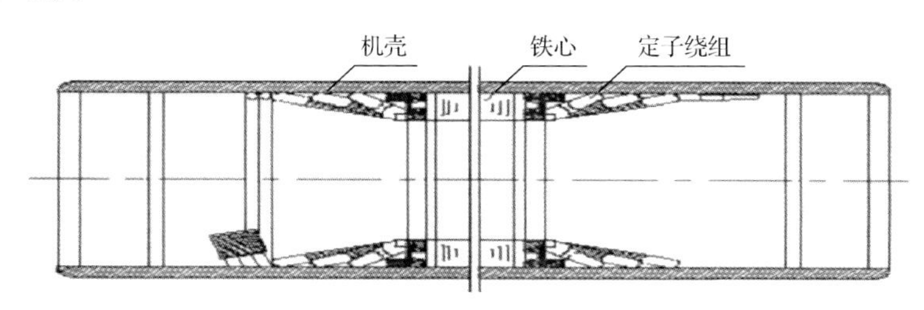

图5-42 潜油螺杆泵永磁电机定子结构

转子：潜油螺杆泵永磁电机转子分节，由许多小的转子键、转子扶正轴承和转轴组成，如图5-43所示。各小节为独立单元。转子扶正轴承由铜套(内套)和钢套(外套)两部分构成，用以在定子内腔中支撑每节转子，使之不与定子内腔表面摩擦，保证定转子之间气隙均匀，提高电动机的运行可靠性。转轴为空心，其上按一定间隔开有通至转轴中心的空腔，用来润滑转子扶正轴承的内外套并作为机油的流道。

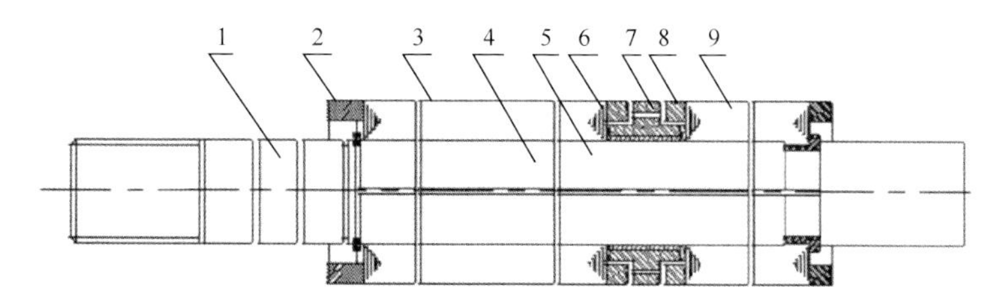

图5-43 永磁潜油螺杆泵电机转子结构

1-轴；2-卡簧；3-转子总成；4-转子键；5-转子轴承键；6-垫片；7-转子扶正轴承；8-挡板；9-绝缘垫片

上、下接头：潜油螺杆泵永磁电机的上接头又叫电机头，用来安装止推轴承，限制转子的轴向运动及引出电机定子绕组与电缆连接的引出线；下接头主要用来密封电机内腔及连接星点或测试引出线。

止推轴承：潜油螺杆泵永磁电机是一种立式悬垂电机，为了承受整个转子的重量，使电机转子在固定位置上正常工作，在电机的上接头中装有一个滑动轴承，它除了承受转子的重量外，还可以承受由于转轴的偏置而产生的径向拉力，这个轴承就是止推轴承。它也是由两部分组成：静块和动块。固定在电机上接头中的部分是静块，与转轴固定在一起且共同旋转的是动块。止推轴承正常工作磨损较小，但如果设计不合理、组装不正确、定转子铁心没对齐，将会受到单边磁拉力，磨损往往很严重，甚至可能在极短时间内完全烧毁。

潜油螺杆泵永磁电机截面图如图 5-44 所示。

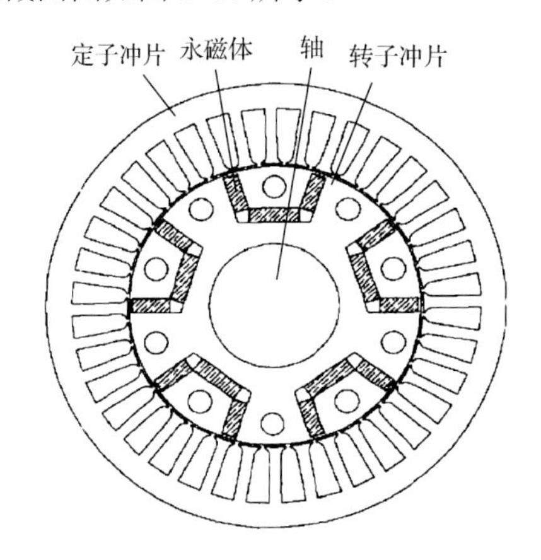

图 5-44　潜油螺杆泵专用永磁同步电动机截面图

⑥主要尺寸的确定。

A. 电动机长度的确定。

电动机设计中主要尺寸基本方程式：

$$\frac{D_{i1}^2 l_{ef} n_c}{P_N} = \frac{6.1}{a_i K_{Nm} K_{dpl} A_{负} B_\delta} \frac{K_E}{\eta_N \cos\varphi_N} \tag{5-54}$$

$$l_{ef} = \frac{P_N}{D_{i1}^2 n_c} \frac{6.1}{a_i K_{Nm} K_{dpl} A_{负} B_\delta} \frac{K_E}{\eta_N \cos\varphi_N} \tag{5-55}$$

式中，$A_{负}$ 为线负荷，A/m；η_N 为额定效率，%；$\cos\varphi_N$ 为额定功率因数；l_{ef} 为电枢有效长度，mm，$l_{ef} \approx l_a$；K_E 为额定负载时感应电势与端电压的比值，K_E =0.8～0.94；n_c 为同步转速，r/min；a_i 为计算极弧系数；K_{Nm} 为气隙磁场波形系数；K_{dpl} 为绕组系数；D_{i1} 为定子内径；B_δ 为气隙磁通。

注意，潜油螺杆泵专用永磁同步电动机的额定电压为非标准值，随着潜油螺杆泵专用永磁同步电动机节数的增多，其额定电压成比例增大。

B. 气隙的确定。

通常气隙选取尽可能小的值，以获得更高的功率因数和效率。但气隙不能过小，否则除影响机械可靠性外，还会使谐波磁场及谐波漏抗增大，导致最大转矩减小，谐波转矩和附加损耗增加，进而造成温度升高较多、噪声较大。气隙基本上取决于定子内径、轴的直径和轴承的转子长度。对于潜油螺杆泵永磁电机，可用经验公式来求气隙长度：

$$\delta=0.3\left(0.4+\sqrt[7]{D_{i1}l_i}\right)\times10^{-3} \tag{5-56}$$

式中，δ 为气隙长度；l_i 为每段单元铁心长度。

而对于潜油螺杆泵专用永磁同步电动机，转子上永磁体的存在使气隙磁场的谐波含量很大，为减小过大的杂散损耗，降低电动机的振动与噪声及便于电动机的装配，一般其气隙长度比同规格潜油螺杆泵电机的气隙大 0.1～0.2mm。适当增大电机气隙还可以减小定子漏抗和电机同步电抗。提高电机的性能最大转矩倍数，也使得电机的效率变高。

C. 定子的设计

a. 定子冲片的特点。

一般的潜油螺杆泵电机是两极结构，极距较大，轭部高度需较大，而对于多极永磁潜油螺杆泵电机，极距较小，轭部高度应较小。极距计算公式为

$$\tau_1=\frac{\pi D_{i1}}{2p} \tag{5-57}$$

可知在定子内径 D_{i1} 不变的情况下，电机的极对数 p 越大，极距 τ_1 越小。

$$h'_{j1}\approx\frac{\tau_1 B_{\delta av}}{2K_{Fe}B_{jav}} \tag{5-58}$$

式中，$B_{\delta av}$ 为气隙平均磁密度；B_{jav} 为轭部平均磁密度；K_{Fe} 为叠压系数；h'_{j1} 为轭部计算高度。

为充分有效地利用铁磁材料，在定子轭部平均磁密度和气隙平均磁密度基本不变的情况下，电机的极对数 p 与轭部计算高度 h_{j1} 成反比，即 p 越大，轭部计算高度越小；反之，电机的极对数 p 越小，轭部计算高度越大。

b. 定子槽形的确定。

在定子内径基本不变的情况下，潜油螺杆泵永磁电机的槽数是普通异步潜油螺杆泵电机的 2 倍，其定子槽变窄，为保证定子绕组有足够的空间，定子槽则变得较深，这就增大了定子槽漏抗，使电机的最大转矩倍数变小。由于定子槽较深，为了给卡簧留出足够的空间，定子采用平底槽。

潜油螺杆泵永磁电机定子漏抗所占主电抗的比例较大。定子冲片槽多且较深，槽漏抗很大，且此电机采用分数槽，谐波漏抗亦较大。定子若采用闭口槽，可以减小潜油螺杆泵永磁电机的磁导齿谐波导致的杂散损耗，从而使电动机的效率有所提高。但闭口槽使潜油螺杆泵永磁电机的漏磁系数和槽漏抗有所增大，使最大转矩降低。对于潜油螺杆泵永磁电动机，最重要的参数为最大转矩，为提高最大转矩倍数，定子冲片采用了半闭口槽。

c. 定子绕组的特点。

为实现电机多极(低转速)的目的，一般情况下只要将定子外径加大，在定子上多开一些槽就可以了，但由于潜油螺杆泵永磁电机的定子外径受到限制，不能像普通电机一样在其定子上开出较多的槽。例如，潜油螺杆泵永磁电机的套管内径是0.125m，电机外径是0.114m，电机定子芯片外径只能在0.lm左右，因此潜油螺杆泵的驱动电机则需要较低的转速。此电机的定子冲片为36槽结构，要得到较低的转速，需设计分数槽绕组。由于分数槽绕组起到了增大每极每相槽数的效果，对削弱齿谐波有一定的作用，同时也能获得对称的三相电势。因此，分数槽绕组在三相交流电机中具有实用意义。

分数槽绕组是双层绕组的一种特殊形式，它的线圈数等于槽数，而每相的极组相数等于极数。每极每相槽数为分数，所以每极相组中的线圈数必须化零为整、平衡分配、合理分布，使绕组的排列与整数槽一样，基本符合磁路上的对称。在实际生产中，每相在每一个极下所占的槽数只能是整数，不可能是分数。所谓的分数槽绕组，实际上是每相在每个极下所占的槽数不相等，而每极每相槽数实际上是一个平均值。

2) 永磁材料的选择与放置方式

(1) 永磁材料的选择。

永磁材料的种类多种多样，性能相差很大，因此，在设计潜油螺杆泵永磁电机时首先要选择适宜的永磁产品品种和具体的性能指标。选择的原则为：①应能保证气隙中有足够大的气隙磁场和规定的电机性能指标；②在规定的环境条件、工作温度和使用条件下应能保证磁性能的稳定性；③有良好的机械性能，以方便加工和装配；④经济性好，价格便宜。

钕铁硼永磁材料是1983年问世的高性能永磁材料。它的磁性能好，室温下剩磁感应强度 B_r 可达1.5T，感应矫顽力 H_c 可达992kA/m，最大磁能积高达397.9kJ/m^3，是目前磁性能最高的永磁材料，永磁潜油螺杆泵永磁电机所选用的永磁材料即为钕铁硼。

(2) 永磁体尺寸的设计。

永磁体尺寸包括永磁体的轴向长度 L_M、永磁体厚度 h_M 和永磁体长度 b_M。当永磁体的轴向长度一般与电动机的铁心轴向长度相同时，电动机的直轴电抗合理。h_M 大时，直轴电抗变小，能提高异步起动潜油螺杆泵专用永磁电机的功率密度和起动性能。反之，h_M 小时，直轴电抗变大，但 h_M 不能过薄，因为这样会使永磁产品的废品率上升，还会使永磁体易于退磁。设计 h_M 应使永磁体于最佳工作点工作。因为电动机中永磁体的工作点很大程度上取决于永磁体 h_M。为调整电动机的性能，通常要调整气隙，因为永磁体的 b_M 直接决定了永磁体能够提供磁通的面积。当要求电动机磁负荷较高时，应选择安装更多永磁体，即安装气隙更大的转子磁路结构。永磁体尺寸除影响电动机的运行性能外，还影响电动机中永磁体的空载漏磁系数 $\&_0$，从而也决定了永磁体的利用率。永磁体尺寸越大，空载漏磁系数越小；永磁体尺寸越小，空载漏磁系数越大。

永磁体放置方式为内置混合式，但永磁体的尺寸可以用内置切向式的永磁体尺寸预估，永磁体的厚度为

$$h_M = \frac{2k_s k_a b_{m0} \delta}{(1 - b_{m0}) \&_0} \tag{5-59}$$

式中，k_s 为电动机的饱和系数，其值为 1.05～1.3；k_a 为与转子有关的系数，其值为 0.7～1.2；b_{m0} 为永磁体空载工作点；δ 为气隙长度。

永磁体的长度为

$$b_M = \frac{\sigma_0 B_{\delta 1} \tau_1 l_{ef}}{\pi b_{m0} B_r k_\Phi l_M} \tag{5-60}$$

式中，$B_{\delta 1}$ 为空载气隙磁密度基波幅值；B_r 为剩磁感应强度 3mT；k_Φ 为气隙磁通的波形系数；l_M 为永磁体的轴向长度，mm。

由于潜油螺杆泵专用永磁同步电机的工作环境温度很高，应适当加大 h_M，以保证其不退磁。同时 h_M 增大使磁通量减小，永磁转矩的幅值上升，使步转矩倍数增大。

(3) 永磁体的放置方式。

目前潜油螺杆泵永磁电机转子的磁路结构一般可以分为 3 种：表面式、内置式和爪极式。表面式转子磁路结构的制造工艺简单、成本低，适宜于矩形波永磁同步电动机。但因潜油螺杆泵电机转子表面空间有限，磁路结构不宜做成表面式。而对于爪极式转子结构永磁同步电动机，爪极的结构复杂，制造困难，脉动损耗较大，效率下降，性能较低。对于内置式转子磁路结构，由于永磁体位于转子内部，永磁体外表面与定子铁心内圆之间有铁磁物质制成的极靴，转子内的永磁体受到极靴的保护，并且其转子磁路结构的不对称性所产生的磁阻转矩有助于提高电动机的过载能力和功率密度，而且易于“弱磁”扩速，受到了广泛的应用。内置式转子磁路结构又可分为径向式、切向式和混合式 3 种。径向式结构的优点是转子冲片机械强度高、安装永磁体后转子不易变形等，但是不宜做成多极。切向式结构的优点在于一个极距下的磁通由相邻两个磁极并联提供，可得到更大的每极磁通，可提高气隙磁密度，尤其在极数多的情况下，这种结构的优势便显得更为突出，因此，适合于极数多且要求气隙磁密度高的潜油螺杆泵永磁电机。但是切向式结构的漏磁系数大，并且需采用相应的隔磁措施，使电动机的制造工艺和制造成本较径向式结构有所增加。混合式结构虽然集中了径向式和切向式转子结构的优点，但其结构和制造工艺较复杂，成本也比较高。样机采用内置式转子磁路结构，由于转子空间相对狭小，永磁体的放置方式选择混合式，以提供足够的每极磁通(图 5-45)。

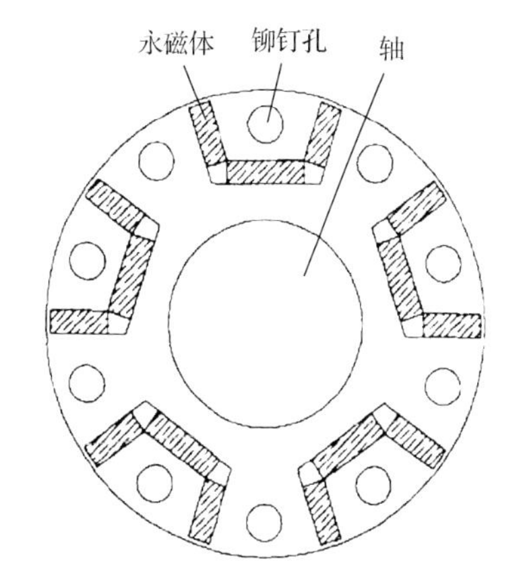

图 5-45　样机转子剖面图

3) 控制系统设计

(1) 井下控制器设计。

潜油螺杆泵永磁电机位于井下，考虑到响应速度和信号损耗等问题，需要将电机的控制器置于井下。井下控制器内部需要常压环境，同时智能功率模块(IPM)等器件发热较为严重，因此，在设计中主要考虑如何通过密封和散热设计提高井下控制器的可靠性与寿命问题。

(2) 潜油伺服系统磁电式编码器设计。

常用的光电编码器难以应用于井下恶劣环境中，而磁电式编码器抗油污、抗振动、耐高温和装配精度低等优点使得其在井下恶劣环境中有着较好的应用前景。磁电式编码器利用霍尔效应检测转轴位移信息，主要由霍尔元件、磁钢环、导磁环、电路板和支架等组成(图 5-46)，由于要将潜油螺杆泵永磁电机的内腔与井下控制器隔离，需要设计一款专用的磁电式编码器。

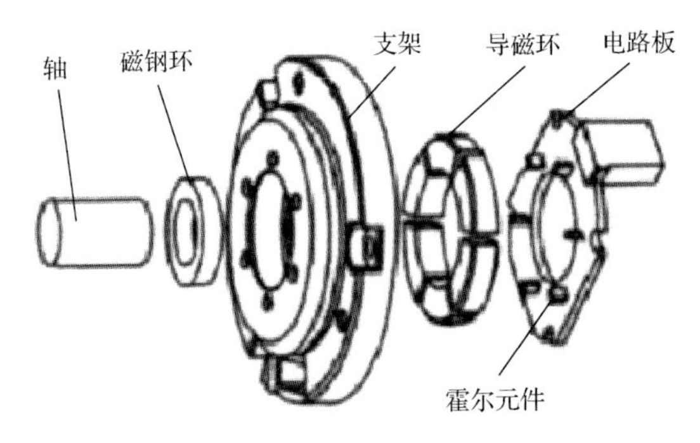

图 5-46　磁电式编码器拆分示意图

由于不导磁材料对磁场基本无影响，如果在磁电式编码器的磁钢环与导磁环之间用一种不导磁材料(如不锈钢)的罩子隔开，这样在不影响磁电式编码器工作的情况下，无须将电机尾轴伸入井下控制器，巧妙地将磁电式编码器安装在电机与井下控制器之间，潜油螺杆泵永磁电机专用磁电式编码器便可以在振动、油污和高温环境下可靠地工作，将电机的角位移信息反馈到井下控制器中，响应快且损耗极低。

(3) 节能控制器结构设计。

井下直驱螺杆泵潜油伺服系统设计的关键在于控制器设计，前面已经提到需要将电机控制器置于井下，为方便地面操作与控制井下控制器，设置地面控制器，因此，该系统采用双控制器结构。考虑潜油螺杆泵永磁电机交流伺服控制主回路为交—直—交结构，在本设计中，考虑将整流滤波模块置于地面控制器中，将三相工频电转变为直流电再通过潜油电缆输送给井下控制器。对比该种方式与变频驱动方式在潜油电缆中的损耗情况可知，与变频驱动相比，频率越低，直流电传输与交流电传输的损耗比越小，节能效果越明显。采用双控制器结构形式，将三相工频电流滤波后采用直流传输能以更加节能的方式传输电能。此外，采用直流传输只需要两根电缆线，大大节约了用铜量，降低了电缆成本。

(4) 密封设计。

对于井下控制器，其处于井下高温高压的环境中，首先要考虑其在高压下的密封问题，井下控制器各部分均采用螺纹连接，因此，主要考虑螺纹连接密封问题。采用细牙螺纹并在装配时涂上螺纹密封胶，再配合 O 形橡胶密封圈进行密封。井下控制器处于四周均是高压的环境中，内部为常压环境，这些压力由控制器的壳体承担，增强了其强度。

(5) 散热设计。

为了提高井下控制器的散热性能，在控制器内部安装了一个导热性能好的散热板，如图 5-47 所示。将电路板灌封在散热板上，热源 IPM 直接贴在散热板上，采用导热性能较好的变压器油作为导热介质，利用变压器油以自然对流换热的形式将热量传到周围井液中。为了得到散热性能好的井下控制器结构，对井下控制器中的散热板的结构参数(基板厚度、助片长度等)和 IPM 的位置进行优化设计，建立了井下控制器的简化模型，对不同井下控制器结构进行热-流耦合分析。

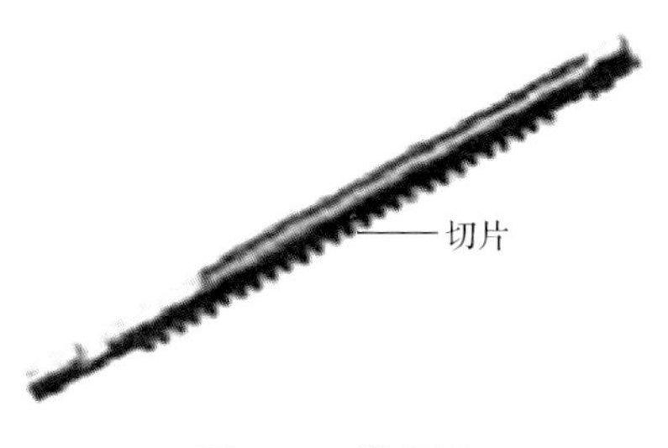

图 5-47　散热板

4) 潜油螺杆泵永磁电机技术参数

(1) 技术参数。

外径：114mm、143mm 两种规格，可以适用于 5.5cm 及以上套管。

转速：从 100～400r/min 可无级调速。

扭矩：启动扭矩即为工作扭矩，在额定转速下扭矩都能以额定扭矩工作；最大扭矩≤1200N·m。

温度：温度上升小，电机设计耐温 230℃。

控制精度：转速、电流、位置三闭环控制，能够根据负载的变化及时调整输出的扭矩，避免“大马拉小车”，确保系统高效、节能、平滑运行。

寿命：设计寿命为 5 年。

(2) 耐温性。

根据塔河油田泵挂深、井底温度高的特点，按照 H 级选材和设计，空气中测试无热传导，电机最大升温至 120℃，选择 H 级绝缘材料，标准要求达到 180℃，实际达到可满足油藏温度≤230℃的举升需求(表 5-16，图 5-48)。

表 5-16　电机绝缘耐温等级参数标准

	绝缘耐温等级				
	A	E	B	F	H
最高允许温度/℃	105	120	130	155	180
绕组温升限值/K	60	75	80	100	125
性能参考温度/℃	80	95	100	120	145

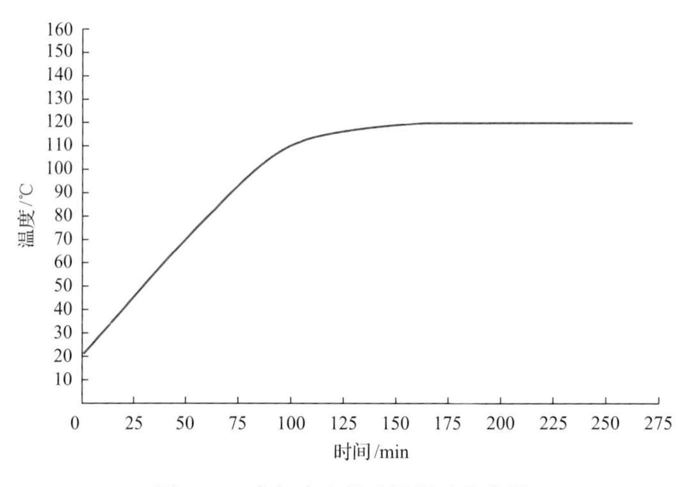

图 5-48　空气中电机升温测试曲线图

2. 传动系统优化

潜油螺杆泵是十几年前就已经大力开展研究的一项课题，但当时的井下电机的输出转速高(最低为 1500r/min)，与螺杆泵(100～300r/min)的转速匹配需要相差一个数量级，若采用多极电机或降低电源频率，则电机体积太大，电机的性能也太差，在技术和经济上均不合理，因此，需要配套专门的井下减速器，通过减速器降低转速。因减速器体积受限，承受的扭矩较大，构件的疲劳特性较低，减速器易出现故障，影响整机使用寿命。

随着机械采油技术的发展，潜油螺杆泵设计的结构效益和结构完整性的综合要求日益提高，不仅给构件的设计和选材提出了更高的要求，而且也要求提高效率、减少零件的制造成本。

在潜油直驱螺杆泵中，取消了制约潜油螺杆泵技术寿命最主要的关键点——减速器装置，采用柔性轴。在传动系统中，柔性轴是关键传动部件，主要用于电机与螺杆泵之间的连接、传递扭矩，并补偿系统带来的偏差，将螺杆泵偏心运行调整为同心运行，同时又是井液进入螺杆泵的通道，还能传递扭矩和轴向力。

1)设计指标

(1)满足适合塔河油田井下螺杆泵的正常驱动。

(2)传动效率要在 95%以上。要提高整个潜油直驱螺杆泵采油系统的机械效率。

(3)输出扭矩要达到 1000N·m 以上，以保证正常传递扭矩。

(4)使用寿命要达到 2 年以上。

(5)使用温度要达到 120℃以上，连续、稳定采油作业。

2)基本结构

潜油直驱螺杆泵的传动系统取消了传统的减速器，采用螺杆泵+连接器的特殊“一体”结构，连接器内部采用多级扶正。该结构将螺杆泵偏心运行调整为同心运行，同时又是井液进入螺杆泵的通道，并传递扭矩和轴向力，既保证了“聚中”，又解决了轴向力的问题。

连接器作为泵的吸入口，用来调整螺杆泵偏摆，使保护器、电机传动轴保持同心，传递扭矩(图 5-49)。

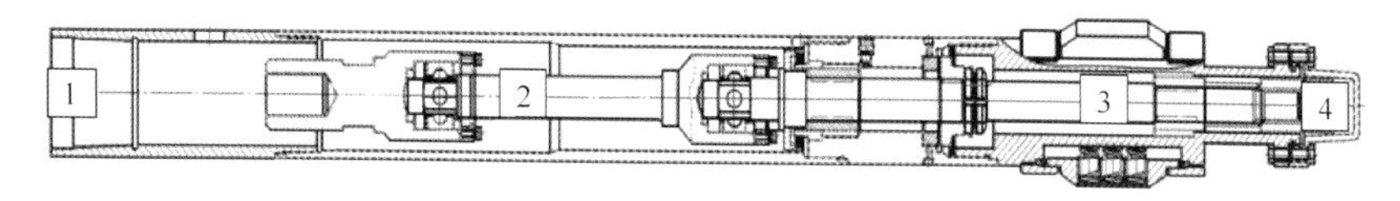

图 5-49　柔性轴连接器

1-螺杆泵连接处(API 油管螺纹)；2-柔性轴；3-自调偏扶正器；4-保护器连接处(法兰连接)

柔性轴下方与保护器相连，传递电机扭矩，上方与螺杆泵相连，起自动调整螺杆泵偏摆的作用，可保持设备整体同心运行。

3) 主要技术参数

根据设备外径 100mm、114mm、143mm 3 种外径规格，研发出 3 种外径规格的柔性轴，其规格参数如表 5-17 所示，材质均为 42CrMo，其中 28mm 轴的工作参数如表 5-18 所示。

表 5-17　柔性轴技术参数表

型号	最大外径/mm	长度/mm	传递扭矩/(N · m)	轴向力/(N · m)	连接扣型
RXZ-88-1605	88	1200	≥1500	≥60kN	下部为法兰连接，上部与螺杆泵为一体结构
RXZ-102-1605	102	1332	≥1500	≥60kN	
RXZ-130-1605	130	1332	≥1500	≥60kN	

表 5-18　柔性轴(28mm)试验数据

	转速		
	100r/min	200r/min	300r/min
额定扭矩/(N · m)	1050	1050	1050
极限扭矩/(N · m)	1500	1500	1500
损坏扭矩/(N · m)	1668	1630	1575

3. 动力电缆参数优化

动力电缆作为潜油直驱螺杆泵输送电能的通路部分，长期工作在高温、高压、具有腐蚀性气体和液体的环境中。为使潜油螺杆泵机组长期稳定运转，要求与之相配套的动力电缆具有较好的耐高温、耐高压、耐腐蚀性。因此，要从结构材质方面进行优化。

1) 动力电缆结构

动力电缆由导体、绝缘层、护套层、编织层和钢带铠装组成。用于高温井还可采用双护套绝缘的特殊电缆。

导体：导体芯线为三芯实心铜线或七股铜绞线。导体的作用是传递电能。

绝缘层：绝缘层为芯线外挤压包裹的塑料或橡胶绝缘层，具有很高的介电性能和可靠的密封性能。绝缘层的作用是在工作环境下，使电缆的电气性能长期保持稳定。

护套层：三根芯线绝缘成缆后，在每根芯线的绝缘层外挤包橡胶(或铅)护套，所起的作用是防止绝缘层受潮、机械损伤及化学介质的侵蚀。护套层有一定的机械强度和良好的气密性，对介质有抗耐性。

钢带铠装：为了防止电缆护套层在下井过程中损伤同时对护套层起束缚作用，根据井况需要可以在护套层外用镀锌(蒙乃尔或不锈钢)钢带进行瓦楞状铠，防止护套层爆裂。

2)动力电缆材质

(1)导电材料。

用于动力电缆的导电材料应具有良好的导电性、足够的机械强度、不易氧化、不易腐蚀和容易加工焊机的特性。

铜是动力电缆导电芯材最好的导电材料。

(2)绝缘材料。

由于动力电缆长期工作在高温、高压、具有腐蚀性气体和液体的环境中，要求动力电缆具有较高的电绝缘性能，一般情况下用绝缘电阻、介电系数、介质损耗和耐电强度等参数来表征。

①乙丙橡胶。

乙丙橡胶在动力电缆中用于耐温120℃以上的绝缘层。乙丙橡胶性能如下。

A. 具有优异的电性能，尤其是耐电晕性可达两个月以上。

B. 具有突出的耐老化性能，阳光下暴晒三年不见裂纹；在臭氧含量为100mL/m^{3}的介质中放置2400h仍不见龟裂；具有耐热性，长期使用温度为90℃，特殊配方使用温度可达150℃。

C. 力学性能较好，纯机械强度只有3～6MPa，但经炭黑补强后可显示出较好的力学性能。

D. 化学稳定性较好，对各种极性的化学药品和酸、碱均有较强的耐抗性，与其长时间接触后性能变化不大。

E. 其缺点是硫化速度比一般合成胶慢，因而同其他不饱和度高的橡胶并用时，共硫化性和相容性都不太好，物理力学性能显著降低。

②聚丙烯。

聚丙烯属于塑料的一种，具有密度小、密封性好的特点，通常用来作为油矿电缆的绝缘层，用在90℃以下等级的动力电缆上。聚丙烯的基本性能如下。

A. 聚丙烯机械强度大，抗拉强度为300～390MPa，耐磨性及耐弯曲变形能力良好。

B. 介电常数比低密度聚乙烯还小(2.0～2.6)，介质损耗角正切值为0.0005～0.001，体积电阻系数在104Ω·m以上，击穿场强较高(30MV/m)，吸水性好。

C. 耐热性好，结晶相熔融温度高达167℃，在110℃有负载的情况下可连续使用；无负载情况下加热到50℃，外形与制品尺寸保持不变。

③氟塑料。

氟塑料的基本性能如下。

A. 具有良好的物理力学性能、优异的电气绝缘性能、良好的耐热性、突出的耐老化性能和耐应力开裂性能。

B. 具有优异的化学稳定性，耐油、耐溶剂性优于已知的各种橡胶。

C. 氟塑料绝缘层可以做得很薄，重量轻、耐温等级高，被广泛使用。

(3) 护套材料。

动力电缆长期工作在高温、高压、具有腐蚀性气体和液体的环境中，需要有良好的护套层保护绝缘层不受油、气、水的侵蚀，满足现场使用需求，常用的保护层有丁腈橡胶和铅两种。

①丁腈橡胶

丁腈橡胶常用作耐温 90℃以下等级动力电缆的保护层，经过特殊处理后也可作为耐温 120℃等级的护套。丁腈橡胶的主要性能如下。

A. 丁腈橡胶具有良好的耐油性。其耐油性仅次于聚硫橡胶、氯醚橡胶和氟橡胶。但在非极性溶剂如丙酮、甲乙酮及含氯的有机化合物中，丁腈橡胶将急剧膨胀和溶解。

B. 未经补强的硫化丁腈橡胶的机械强度是很低的，抗张强度为 3～4.5MPa，伸长率为 550%～660%，而且随着丙烯腈含量的增加，抗张强度、定伸强度和硬度都相应提高，耐磨性比天然橡胶好。

C. 丁腈橡胶比天然橡胶、丁苯橡胶的耐热性好一些，它的最高连续使用温度为 75～80℃。在配方适宜的情况下，可在 120℃下连续使用。

D. 丁腈橡胶的电性较差，而且随着温度的变化，影响电性的幅度比天然橡胶大。

②铅。

由于铅的密封性好，耐高温，常用作动力电缆耐温 120℃以上级别的护封层，适用于含气量较大的油井中。铅的主要性能如下。

A. 耐腐蚀性。铅是一种重金属，表面极易氧化，但氧化以后的抗腐蚀性特别强，不溶于一般溶剂，是最稳定的金属之一。

B. 热导率和膨胀系数较低，在低温时热导率只有银的 8%、铜的 7.8%，其膨胀系数只有 0.0000183。

C. 相对密度大，熔点较高，伸长性能好，常温下铅的密度较大，为 11.34g/cm^3，熔点为 327℃，伸长率为 52%。

D. 铅的缺点是相对密度大，难以搬运，同时易与谐波产生共振而损坏。

3) 动力电缆技术参数

(1) 绝缘电阻。

电缆的绝缘电阻是指绝缘线上所加的直流电压 U 与泄漏电流 I_g 的比值 R_i。即 $R_i=U/I_g$。

相应于泄漏电流分为表面泄漏电流或体积泄漏电流的，绝缘电阻也可分为表面绝缘电阻和体积绝缘电阻。一般所说的绝缘电阻均是体积绝缘电阻。

在均匀电场下绝缘电阻 R_v 与绝缘厚度 $\delta_{绝}$ 成正比，而与电极面积 $A_{电}$ 成反比，即

$$R_v = \rho_v \delta_{绝} / A_{电} \tag{5-61}$$

式中，ρ_v 为体积绝缘电阻系数，Ω·m。

测量绝缘电阻是检查动力电缆线路绝缘最简单的方法。由于绝缘电阻的极化和吸收

作用，绝缘电阻的测量值与加压时间有很大的关系，因此测量时必须用在一定时间内读取的数值进行比较。

在一定的电压下，绝缘电阻随时间的变化表明了其吸收的特点，这有利于决定绝缘干燥程度。

(2) 直流电阻。

动力电缆的直流电阻就是电缆导体的直流电阻。测量电缆的直流电阻的目的在于检查导体截面积是否与制造厂的规范相等，电导率是否符合标准，导体是否有断裂。导体的电阻 R' 与导体的材料有关，也与导体的横截面积和长度有关，即

$$R' = \rho_{阻} \frac{L_{导}}{S_{面}} \tag{5-62}$$

式中，$\rho_{阻}$ 为导体材料在 20℃时的电阻系数，Ω·m；$L_{导}$ 为导体的长度，m；$S_{面}$ 为导体的横截面积，m^2。

(3) 直流耐压。

进行直流耐压试验时，加在电缆上的电压是由很多个整流半波充电，逐渐增加到接近最大值为止：

$$U_t = U_1 e^{-\frac{t_{放}}{R' C_{容}}} \tag{5-63}$$

式中，R' 为电阻，MΩ；$C_{容}$ 为电缆电容，μF；$t_{放}$ 为放电时间，s；U_t 为 t 时间的瞬时电压；U_1 为最大电压。

4. 保护器结构优化

保护器是潜油直驱螺杆泵的重要组成部分之一，所起的作用是通过隔离井液为轴承、电机等组件提供机油使其得到保护。

1) 保护器作用

保护器的主要功能有两个方面：一方面是密封电机，防止井液进入其中；另一方面是进行呼吸作用，保证电机推力轴承的润滑。保护器能够使电机内部压力和吸入口处的压力保持平衡。当系统运行时，减速器和电机内部的机油因温度升高而膨胀，保护器内有足够的空间存储因膨胀而溢出的机油；反之，当机油因温度下降而收缩时，保护器内的机油又可以返回补充给电机。

综上所述，保护器的基本作用可分为 4 点。

(1) 提供电机油的膨胀空间。电机腔内的电机油用于润滑电机中的机械零件，同时起冷却和保护绝缘作用。在机组安装、运行和停止过程中，机油会膨胀和收缩，其体积变化将由保护器来补偿。

(2) 压力平衡。保护器用于平衡电机内部与井筒之间的压力，消除轴密封周围的压力不平衡。

(3) 隔离井液。保护器起到防止井液进入电机腔内的作用。

(4) 传递扭矩。保护器传递电机到螺杆泵间的扭矩，包括壳体间的反向扭矩。

2) 保护器种类

(1) 沉淀型保护器。

沉淀型保护器主要由机械密封、沉淀室、沉淀管、轴及止推轴承组成，其分为上下两个腔室，底部设有止推轴承。顶部涨缩管与井液相连通，顶部沉淀管与下节沉淀腔用缩管相连通，底部沉淀管与电机内腔相连通。两节护轴管的顶部分别安装一个单端面机械和防砂帽，防止井液从护轴管直接进入电机。

沉淀型保护器是根据井液、电机油两种液体的密度不同，利用沉淀的方法，将进入保护器的井液和电机油分开，保证井液不能从连通系统进入电机。机组下入井底后，随着温度的升高，保护器呼出部分电机油，同时井液进入上部胀缩管和上腔体底部。启动电机使机组工作，达到最高温度后，电机油不再膨胀，此时保护器电机油呼出量达到最大值。当电机停止运行后，电机温度降至井底环境温度，电机油体积收缩，井液从顶部胀缩管进入保护器上腔底部，补充电机油收缩的体积。机组重复工作时，保护器将补充的井液从顶部涨缩管呼出。

沉淀型保护器单节有两个机械密封，上级机械密封两端存在极小的压差，基本上是在平衡状态下工作。在保护器初始工作状态下，压差为

$$\Delta p = (\rho_{井} - \rho_{电})h_{顶} \times 10^{-4} \tag{5-64}$$

式中，$\rho_{井}$ 为井液的密度，kg/m^3；$\rho_{电}$ 为电机油的密度，kg/m^3；$h_{顶}$ 为顶部涨缩管的高度，cm。计算得 Δp =0.0014MPa，非常小。

保护器的下级机械密封两面压力是完全平衡的。这两个机械密封的主泄漏方向都是离心方向。

保护器在工作时，密封不断产生漏失，井液从顶部涨缩管不断进入沉淀腔底部进行补充，当进入上沉淀腔的井液淹没顶部沉淀管时，井液就进入下级沉淀腔，上级沉淀腔就会失效。下级沉淀腔重复上级沉淀腔的工作，当下级沉淀腔失效时，井液就会进入电机，这时保护器就会完全失效。

(2) 胶囊型保护器。

胶囊型保护器上部为胶囊，下部为沉淀式结构，具有以下优点。

(1) 用机械密封来隔离井液与机油，是采用直接隔离的方法，只要胶囊部分破损，井液就不能进入电机。其具有沉淀式保护器的优点，机械密封分散安装，改善了机械密封的散热条件。

(2) 利用胶囊实现机油的热膨胀呼吸作用，可以减少机油的漏失。

胶囊型保护器主要由胶囊、单流阀、机械密封及沉淀腔等组成，上部胶囊的外部与井液相连通，内腔通过护轴管的呼吸孔与下部沉淀腔相连接。

当机组下入井底后由于温度升高，机油膨胀，有部分机油进入收缩的胶囊。机组运行后，电机的温度继续升高，又有部分机油进入收缩的胶囊，达到温度最高值时，

机油不再膨胀，保护器的胶囊完全容纳了由常温到井底温度，再到机组工作温度时膨胀的机油。

3）保护器呼吸量计算

（1）液体的压缩性和膨胀性。

在温度不变的情况下，流体体积随着压力增加而缩小的性质，称为液体的压缩性。压缩性的大小可以用体积压缩系数$\beta_{压缩}$来表示，它是增加一个单位压力所引起的体积的相对缩小量：

$$\beta_{压缩}=-\frac{1}{V}\frac{\mathrm{d}V}{\mathrm{d}p} \tag{5-65}$$

式中，$\frac{\mathrm{d}V}{\mathrm{d}p}$为流体体积随压力的变化率；$V$为体积。

在压力不变的情况下，液体体积随温度升高而增大的性质称为液体的膨胀性。膨胀性的大小可以用体积膨胀系数$\alpha_{膨}$来表示，它是增加一个单位温度所引起的体积的相对增大量：

$$\alpha_{膨}=-\frac{1}{V}\frac{\mathrm{d}V}{\mathrm{d}t} \tag{5-66}$$

式中，$\frac{\mathrm{d}V}{\mathrm{d}t}$为流体体积随温度的变化率。流体的$\alpha_{膨}$值随温度和压力而变化。

（2）呼吸量的计算。

呼吸量是设计保护器腔内体积和选择保护器时应该计算的数据。由式（5-67）可以得到$\alpha_{膨}\mathrm{d}t=-\frac{1}{V}\mathrm{d}V_0$，其中$\alpha_{膨}$值可以从机油膨胀性试验中取一个合理常数，积分后得

$$V_2=V_1\mathrm{e}^{\alpha_{膨}(T_{电}-T_0)} \tag{5-67}$$

$$\Delta V=V_1\left[\mathrm{e}^{\alpha_{膨}(T_{电}-T_0)}-1\right] \tag{5-68}$$

式（5-68）～式（5-69）中，T_0为地面环境温度，℃；$T_{电}$为电机运行温度，℃；ΔV为机油的膨胀量；V_0为地面温度下的机油体积；V_1为注入机油的总体积，m^3；V_2为机油膨胀后的体积，m^3；$\alpha_{膨}$为膨胀系数，℃$^{-1}$。

令呼出量$Q_{呼}=\Delta V$，则

$$Q_{呼}=V_1\left[\mathrm{e}^{\alpha_{膨}(T_{电}-T_0)}-1\right] \tag{5-69}$$

保护器井液吸入量的近似值为

$$Q_{吸}=V_1\left[1-\mathrm{e}^{-\alpha_{膨}(T_{电}-T_{井})}\right] \tag{5-70}$$

式中，$T_{井}$ 为井底温度，℃。

当 $T_{井}>T_0$ 时，一般 $Q_{呼}>Q_{吸}$，设计中只要 $Q_{呼}$ 能够满足使用要求即可。

5. 地面控制柜优化设计

潜油直驱螺杆泵电控柜具有 GPRS 远程控制功能，能实现远程启停、远程调速，使用户操作更方便。

该潜油直驱螺杆泵电控柜选用 XFBP 系列变频器，该变频器是高性能、强功能矢量控制变频器，可自由选择开、闭环磁通矢量控制及开、闭环 V/F(恒压频比)控制，其速度控制范围可达 1∶1000，具有零伺服控制、节能控制、滑差补偿、转矩补偿、速度控制、力矩控制及参数拷贝等多种高级功能。

1) 控制柜结构及技术特点

(1) 结构。

潜油直驱螺杆泵专用控制柜用铁皮制成，结构为落地式，高低压区域用隔板隔开，后门和前门均用钥匙开关，前门内部有触摸液晶控制面板、转速旋钮、启动停止按钮及指示灯、本地远程切换开关(图 5-50)。

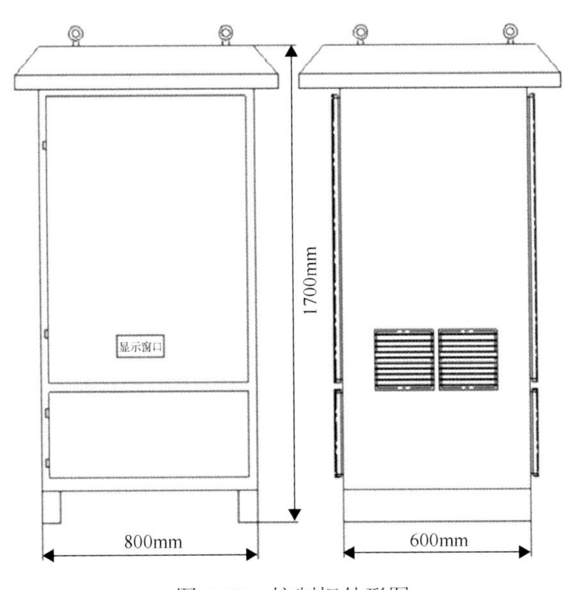

图 5-50　控制柜外形图

(2) 技术特点。

控制柜具有无传感器闭环控制性能，在采用矢量控制算法的基础上实现对电机速度、位置、电流三闭环的控制；拥有强大的自学习功能，拥有快速识别电机参数以适应负载的快速变化的能力；控制柜配备数据采集单元，能够采集三相电压、电流、转速、有功功率、无功功率、功率因数、动液面等参数；控制柜还配备了远程控制单元，能够实现远程控制启停、远程调速等功能，并能采集数据传送至上位机(图 5-51，表 5-19)。

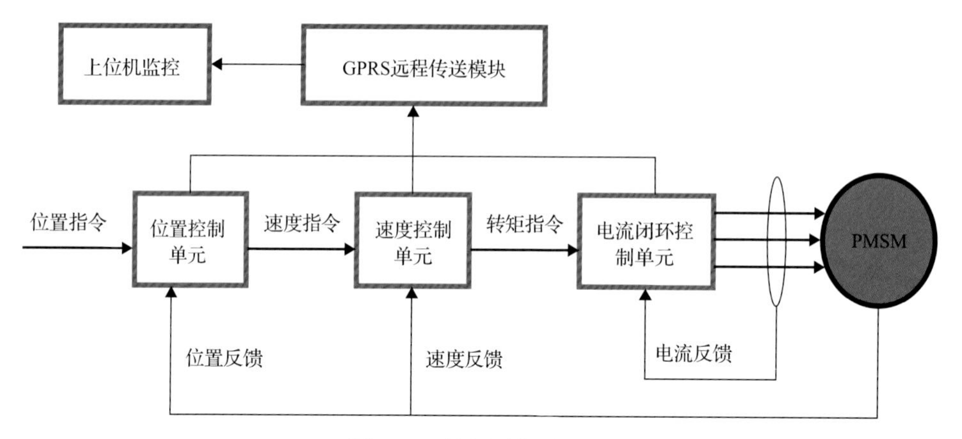

图 5-51　控制系统原理图

PMSM-永磁同步电机模型控制系统

表 5-19　控制系统变频器技术参数表

		规范
电源	电压、频率	380/660V（±10%～15%），50/60Hz±5%
控制特性	控制方式	DTC 速度转矩控制
	启动转矩	无 PG（速度传感器）200%　0.5Hz 带 PG 0Hz
	速度控制范围	无 PG（速度传感器）1∶500（带 PG 1∶1000）
	控制精度	无 PG（速度传感器）±0.1%（带 PG±0.01%）
	速度响应	无 PG（速度传感器）10ms（带 PG 1ms）
	转矩限制	可使用 4 个模式
	转矩精度/%	±0.5
	转矩响应	无 PG（速度传感器）10ms（带 PG 1ms）
	频率控制范围/Hz	0.1～400
	频率精度（温度变动）	数字指令±0.01% 模拟指令±0.05%（-40～80℃）
	过载能力	额定输出电流的 150%（1min）
	速度频率给定	键盘、模拟量、通信远程多种模式
	加减速时间	0.01～6000s，可独立设定
其他特性	数据显示器记录远程数据采集	液晶显示器，显示三相电参数及有功功率、无功功率、功率因数，带 GPRS 远程数据实时监控功能、远程启停和电机防反转功能
保护功能	过压、欠压、过载、过流、电子热继电器、过热、失速、接地、瞬时停电补偿、充电保护、输入缺相、输出缺相等	
防护等级	陆地 IP54 强制风冷（海上 IP66，防潮防湿）	
环境温度	-40～80℃	
使用场合	海拔不高于 2000m，高于 2000m 降级使用	

注：DTC-直接转矩控制；PG-脉冲发生器。

2）控制系统

地面控制柜有本地和远程两种控制模式，两种模式均具有操作简单便捷的特点（图 5-52）。

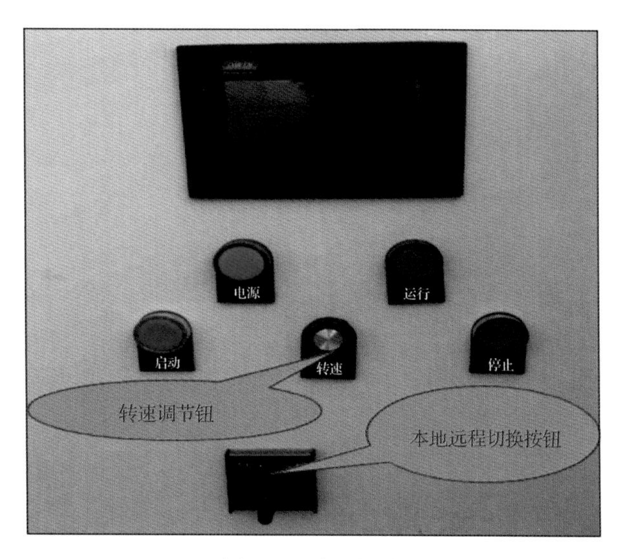

图5-52　控制面板

(1)本地控制模式。

将本地远程控制旋钮切换到本地控制模式下，此时远程模式无法操控只能监控，只能通过本地控制面板操作，通过启动开关启动机组，通过速度旋钮调速，同时查看液晶面板显示的转速是否达到要求，若速度过小或过大，调整旋钮至要求的转速。

(2)远程控制模式。

将本地远程控制旋钮切换到远程控制模式下，此时本地模式无法操控只能由远程实现控制调速启停。

3)控制柜关键组件

(1)远程监控、启停装置。

本控制系统将电机电压、电流、速度、功率等实时数据通过GPRS传送到上位机，通过可视化界面直接看到系统运行情况。

具有GPRS远程传输模块及远程启停、调速模块，可以实现远程数据传输、远程启停、调节转速功能。通过GPRS和数据采集器传输到上位机上的数据信息包括电机三相电压、三相电流、转速、有功功率、无功功率、功率因数等参数，并具有存储功能。此外，可根据用户需求自定义远程监控启动参数。

(2)自锁防反转装置。

防反转功能用于防止系统在停电、停机、故障等状态时因外力如井液倒灌、套压过高等情况导致电机产生反发电，可有效防止对系统及人身造成安全威胁。

(3)数据采集器。

数据采集器采用单片机为主控制元件，运用数字处理及控制技术，具有速度快、精度高、控制功能强大等优点，采用触摸显示器，使人、机交互操作更方便。

功能：①具有三相电流、三相电压、有功功率、无功功率、功率因数的采集与显示功能；②具有井下压力与套管压力的采集与显示、井下液面高度(吸入口以上的液面高度)的计算与显示功能；③具有变频器输出转速、电流的显示功能；④具有运行参数及运行状态的数据远传功能(采用 GPRS 通信)；⑤具有远程起动、停止、点动、调速等控制功能(采用 GPRS 通信)。

电气参数：①主回路额定电压为 380V；②输出继电器接点容量为 250V/10A。

5.3.4 矿场试验效果

E-3-1 井 2014 年 10 月 27 日完钻，泵深 1816m，生产期间能间歇自喷生产，供液充足。2017 年 2 月 1 日 1 组下潜油驱动螺杆泵，泵挂深度为 2004.62m。井下管柱由下而上依次为：尾管(油管)2 根+变扣(88.9mm EUE 公×73.12mm NUE 母)+支撑卡瓦 1 个+永磁电机 1 个(电缆护罩 1+电缆护罩 2 直至螺杆泵上接头)＋电机保护器 1 个＋连接器 1 个(扶正器)+螺杆泵 1 个+变扣(88.9mm NUE 公×88.9mm EUE 母)+ 88.9mm EUE 油管短节(1m)1 根+88.9mm EUE 油管 2 根+变扣(88.9mm EUE 公×73.12mm NUE 母)+泄油器+变扣(73.12mm NUE 公×88.9mm EUE 母)+88.9mm EUE 油管 210 根+油管挂。截至 2018 年 4 月，工作频率为 65Hz，日产液 22.7t，日产油 22.7t，不含水，日掺稀 19.7t，累计增油 149t，累计节约稀油 808t。具体生产情况见表 5-20。

表 5-20 E-3-1 井使用螺杆泵前后对比情况

生产方式	工作制度	泵挂深度/m	日产液/t	日产油/t	含水率/%	日掺稀/t	掺稀稀稠比	累计增油/t	累计节约稀油/t
抽稠泵	70/44mm×5m×4r/min	1816	22.7	21.0	7.5	24.8	1.18	149	808
螺杆泵	65Hz	2014	22.7	22.7	0	19.7	0.88		
差值		198	0	1.7	−7.5	−5.1	−0.30		

E-3-1 井下入螺杆泵后的生产曲线可以反映出该井下螺杆泵后生产较为平稳，较好地降低了掺稀稀稠比。从表 5-20 可以看出，E-3-1 井采用螺杆泵后与措施前相比，日增油 1.7t，日节约稀油 5.1t，截至 2018 年 4 月累增油 149t、累计节约稀油 808t。这表明螺杆泵大大地降低了 E-3-1 井的稀油用量。

开展潜油直驱螺杆泵技术研究，对常规潜油螺杆泵进行改进，电机采用永磁驱动，降低转速，去除减速器，减少了潜油螺杆泵的故障率；优选出适合塔河油田稠油的定子橡胶及合适的配合间隙；同时对电机电缆等配套设备进行优化，使潜油直驱螺杆泵在塔河油田稠油油藏达到最佳状态，最终形成了一套完整的潜油直驱螺杆泵举升技术。取消了抽油杆，彻底解决了管杆偏磨问题；取消了机械减速装置，降低了系统故障率；采用可靠性高的高性能伺服控制装置，实现了对电机的闭环控制；通过开展先导试验验证了潜油直驱螺杆泵举升技术的高效性及适应性，为塔河油田的稠油开采提供了有效的技术支撑。

5.4 掺稀井系统效率计算方法与影响因素

对于常规的非掺稀机采井，系统效率的计算方法和影响因素研究已经较为完善，但对于稠油掺稀机采井系统效率的研究，国内尚属空白，本节主要通过剖析目前常规系统效率计算方法存在的问题及其适应性，对稠油掺稀机采井进行系统节点分析，通过地面—井筒—地层流动规律研究，从能量输入、输出角度全面分析，形成了一套适合塔河超深层稠油机采井的掺稀井系统效率计算方法，并分析了其影响因素，另外还提出了全新的机采井系统效率最大潜能评价方法，为提高国内外掺稀机采井系统效率的研究提供了较为可靠的矿场经验。

5.4.1 传统系统效率计算方法适应性评价

常规非掺稀抽油机工作过程中能量损失主要表现为电动机损失、皮带传动损失、减速箱损失、四连杆机构损失、盘根盒损失、抽油杆损失、抽油泵损失和抽油管柱损失 8 个方面。

根据系统工作的特点，将抽油机的系统效率分为两个部分，即地面效率和井下效率。以光杆为界，光杆以上的机械传动效率和电机运行效率之积为地面效率；光杆以下到抽油泵，再由抽油泵到地面的效率为井下效率。

地面效率包括电动机工作效率、皮带传动工作效率、减速箱工作效率、四连杆机构工作效率。

地下工作效率包括盘根盒工作效率、抽油杆工作效率、抽油泵工作效率和抽油管柱工作效率。

从能量输入与输出的角度来考虑，常规的抽油机井系统效率计算模型是有效功率与系统输入功率之间的比值，主要包含地面效率和井下效率；而利用非掺稀井系统效率模型计算掺稀井的系统效率时存在一定的问题，忽略了掺稀泵的输入功率和掺稀系统对油井举升系统的影响，因此，系统效率的计算值较实际有所偏差。因为非掺稀井的总输入功率只有电机消耗的功率，而掺稀井的总输入功率由两部分组成，一部分为电机输入功率，另外一部分为掺稀注入功率，因此需要考虑建立新的系统效率模型对掺稀井进行评价。

稠油掺稀抽油机井泵出口以上油管内流体黏度高、流动阻力大且环空内稀油密度通常小于油管内液体密度，常规系统效率计算方法均存在以下局限。

(1)有效功率中未计入抽油泵克服泵出口至井口的流动摩阻的做功，导致稠油井有效功率被低估，系统效率偏低，出现“高泵效，低系统效率”的典型特征。

(2)没有考虑环空掺入稀油对有效扬程和有效功率的影响。

(3)没有考虑地面掺稀泵对输入功率的影响。

(4)没有考虑随着举升过程中压力降低，原油中析出的溶解气发生气体膨胀并作用给举升系统，即溶解气膨胀功率。

5.4.2 稠油掺稀抽油机井系统效率计算难点及影响因素

1. 能量消耗分析

在稠油掺稀抽油机井采油过程中，所消耗的能量包括两大部分，一部分是有用能量(用于提升所载液体所必需的有效功)，另一部分是在举升过程中损失的能量。

损失功率包括地面损失功率和地下损失功率两部分。地面损失功率主要包括电机损失功率和抽油机摩阻损失功率两部分。地下损失功率主要包括黏滞摩阻损失功率、滑动摩阻损失功率、“水击”能耗损失功率和掺稀功率4部分。其中，由于“水击”发生时间非常短促，其平均功率很低。

2. 地面损失功率的分析

在稠油掺稀抽油机井生产中，其地面设备(抽油机)的种类不尽相同，种类不同各自的能量损失也不尽相同，但差别较小。

在游梁抽油机中，地面损失能耗按各构件组成共分为 5 部分：①电机能耗；②皮带—减速箱间传动能耗；③减速箱能耗；④四连杆机构能耗；⑤抽油机驴头同光杆连接部分能耗。在这5部分能耗中，除电机能耗外，其他4部分主要是机械摩阻造成的。这种损失功率同所承受的载荷和传动速度密切相关。从机械摩阻损失功率的角度看，它同传动功率成正比。根据力学分析，在润滑条件较好时，一般机械摩阻损失功率不大。按照功率损失形式把地面损失功率分成两大部分，一部分是电机损失功率，另一部分是除电机以外的机械传动损失功率。不论是电机损失功率还是机械传动损失功率，都与传输功率密切相关。从物理学角度看，传输功率的大小是由力和运动速度二者共同决定的。尽管各个运动构件所受的力和速度的大小与方向各不相同，但是它们都可用光杆载荷及光杆速度统一起来：力可归结为光杆载荷，速度可归结为光杆杆速。而光杆载荷和光杆杆速存在周期性变化，这又决定了它的复杂性。并且，由于抽油机是平衡的，地面抽油机的功率传输对各个部件的作用并不是一贯的，被客观地分成对变速箱以前的各部件的作用和变速箱以后的各部件的作用。由抽油杆自重和液柱质量所引起的传输功率的影响常常仅发生在变速箱以前的各部件中，而对变速箱以后各部件几乎没有影响(当抽油机平衡时)。而光杆功率(即光杆传输功率中的有效功率、井下损失功率、膨胀功率)对整个抽油机的各个部件都会产生影响。

电机的能量损耗分铁损和铜损两类。铁损基本上是恒定的，而铜损是随着输入功率的变化而变化，这部分量值应同光杆功率成正比，即电机损失功率应包括固定损失功率和变动损失功率两部分。一般来说，电机能耗在地面机械损失功率中所占比例较大。

3. 黏滞损失功率的影响因素分析

掺稀稠油井生产过程中，被举升的液体因与油管、抽油杆发生摩擦而损耗的功率称作黏滞损失功率。

在掺稀稠油井生产的上冲程中，黏滞损失功率发生在液柱与油管壁之间；在下冲程中，黏滞损失功率发生在液柱与抽油杆壁之间。

产生这一能量消耗的原因是抽油杆、油管与液体间发生相对运动，以及被举升液体具有黏性，显然黏滞损失功率的大小还要受管径、杆径及运动杆柱长度的制约。

由于功率是单位时间内所做的功，它还可以被看成作用力与其方向上的速度之积。因此，只要能够求出黏滞阻力和抽油杆的运动速度，便可以求出瞬时黏滞损失功率。

4. 膨胀功率影响因素分析及其函数关系的确定

原油在举升过程中，溶解气因所受压力的降低而不断从原油中析出，这部分组分由液态转化为气态，一方面导致物质本身的能量降低，即温度降低；另一方面这部分能量转化成体积膨胀能作用给举升系统，把这一功率称作溶解气膨胀功率，此时原油黏度由于轻质馏分逃逸而提高。

溶解气膨胀功率的主要影响因素包括原油产量、原油饱和压力、溶解气的溶解系数、沉没压力、井口油压 5 个。

5. 掺稀系统的影响因素分析

掺稀稠油井抽油系统实际包含了掺稀与抽油两个部分，《油田生产系统能耗测试和计算方法》(GB/T 33653—2017)中只考虑了抽油泵部分，没有考虑掺稀泵对系统效率的影响。因此，掺稀泵有效功率为将稀油掺入井筒需克服掺稀管线摩阻、高程等做的功，在稠油掺稀生产现场，一个掺稀系统(站)可能同时对多口井掺稀，为了便于对掺稀与抽油组合系统进行考核评价，可将掺稀系统的输入功率、有效功率按掺稀量进行分配。

5.4.3　稠油掺稀抽油机井系统效率计算方法

常规的抽油机井系统效率计算方法采用节点分析法对油藏、井筒、地面进行能量交换与流动规律研究，但掺稀井系统效率由于引入掺入系统，整体系统较为复杂，分析时需要对引入的掺稀管线及流动系统进行研究，分析时将掺稀抽油机井生产系统分为油藏渗流子系统、井筒管流子系统、井筒掺稀管流子系统和地面水平成倾斜管流子系统 4 个依次衔接、相互影响，又具有不同流动规律的流动子系统及采油设备子系统。

(1)油藏渗流子系统：反映原油从油层向井底的流动过程，其工作规律用油井流入动态关系(IPR)来描述。

(2)井筒管流子系统：用来描述流入井底的生产流体向井口的流动过程，其工作规律用井筒多相管流规律相关式来描述。对抽油机井而言，井筒多相管流规律又受到采油设备工作的影响，同时它也影响采油设备子系统的工作状况。

(3)井筒掺稀管流子系统：用来描述掺稀流体通过地面管线向井筒掺入稀油的流动过程，其工作规律遵循多相管流，同时又影响井筒管流子系统。

(4)地面水平或倾斜管流子系统：描述被举升至地面的生产流体通过地面出油管线向油气分离器的流动过程，它遵循水平或倾斜多相管流规律。在抽油机井举升工艺优化设计中，一般认为地面管线不变更，或以要求的井口回压(油压)来界定。

基于非稠油掺稀抽油机井系统效率计算方法的研究，结合塔河油田掺稀抽油机系统特点，分析稠油掺稀抽油机井系统效率计算方法主要考虑两个方面：一方面需考虑掺稀注入系统的影响；另一方面需要确定掺稀抽油机井动液面。

1. 稠油掺稀抽油机井系统效率计算方法的确定

稠油掺稀抽油机井筒效率分析依然将稠油掺稀抽油机井系统效率分为两个部分，即地面系统效率和井下系统效率，其中地面系统效率的计算可分为单井掺稀与计转站集中掺稀两种。

1) 稠油掺稀抽油机井油套环空掺稀油举升工艺地面效率的计算

(1) 单井掺稀地面系统效率 $\eta_{地面}$ 计算：

$$\eta_{地面}=\frac{\dfrac{P_{光}}{P_{入}+P_{CXB}}}{\dfrac{P_{光}}{P_{入}+P_{CXB}}\times 1.233+0.05333}\times 100\% \tag{5-71}$$

式中，

$$p_{CXB}=\frac{p_{wh}Q\left(1-f_{w}\right)R_{m}}{86.4\eta_{CXB}} \tag{5-72}$$

其中，$P_{光}$ 为光杆功率；p_{wh} 为掺入稀油的压力，MPa；f_{w} 为含水率；R_{m} 为掺稀稀稠比；P_{CXB} 为地面掺稀泵的功率，kW；η_{CXB} 为掺稀泵的效率；$P_{入}$ 为抽油机电动机的输入功率，kW。

(2) 计转站集中掺稀地面系统效率计算。

考虑到计转站集中掺稀后各单井的掺稀压力与掺稀流量不同，采用以下计算方法进行地面效率的计算：

$$\eta_{地面}=\frac{P_{光}}{p_{站}Q_{掺}+P_{入}} \tag{5-73}$$

式中，$p_{站}$ 为站点掺稀压力，MPa；$Q_{掺}$ 为油井日掺入量，m^3/d。

2) 井下系统效率的计算

井下系统效率的计算和常规抽油机井类似，计算过程如下：

$$P_{有}=\frac{Q(p_{out}-p_{in})}{86.4} \tag{5-74}$$

式中，$P_{有}$ 为系统有效功率，kW；p_{out} 为泵排出口压力，MPa；p_{in} 为泵吸入口压力，MPa；Q 为计算的流过抽油泵的流量，m^3/d。

抽油机井的光杆功率为

$$P_{光}=\frac{\left(p_{max}-p_{min}\right)ns}{60000} \tag{5-75}$$

式中，$P_{光}$ 为光杆功率，kW；p_{max} 为悬点最大载荷，N；p_{min} 为悬点最小载荷，N；n 为抽油机的冲次，min^{-1}；s 为抽油机的冲程，m。

则抽油机的举升效率为

$$\eta_{举升}=\frac{P_{有}}{P_{光}}\times 100\% \tag{5-76}$$

综上所述，掺稀稠油抽油机井油套环空掺稀油举升工艺的系统效率为

$$\eta_{cc} = \eta_{举升}\eta_{地面} \tag{5-77}$$

式中，η_{cc} 为掺稀稠油抽油机井油套环空掺稀油举升工艺的系统效率。

2. 稠油掺稀抽油机井系统效率计算分析

在计算泵的有用举升功率时，需准确确定泵吸入口压力和排出口压力，根据油井多相流计算原理，需准确确定油井动液面，计算方法如下。

1) 地面掺稀泵的注入压力大于 0

当地面掺稀泵的注入压力大于 0 时，动液面在井口，整个井筒充满液体，采用水动力学方法即可计算井口至掺入点的压力分布，进而计算出泵吸入口和排出口的压力。

根据计算出的泵吸入口和排出口的压力，采用式(5-72)～式(5-78)的系统效率计算公式即可进行计算(此处不再赘述)。

2) 地面掺稀泵的注入压力等于 0

当地面掺稀泵的压力为 0 时，油套环空中存在一个相对稳定的液面。井下系统效率计算与常规抽油机井类似，此时主要考虑动液面的确定。

3) 动液面确定方法分析研究

当地面掺稀泵的注入压力为 0 时，油套环空中存在一个相对稳定的液面。如何确定掺稀井动液面，则为主要考虑因素。

(1) 停掺稀测试动液面深度。

目前一般在停掺稀泵 5～10min 后进行液面检测，但是该方法缺少理论依据，因此，建立了动液面测试时间的模型。

将井口至掺稀点深度的距离 $H_{距}$ 等分为 n 段（$n \to \infty$），每一段长度记为 $l_i (i=1,\cdots,n)$。假设在 l_i 段内，掺入稀油的加速度不变，则

$$H_{距} = \sum_{i=1}^{n} l_i = \sum_{i=1}^{n} \int_0^{T_i} \left(v_{i-1} + a_i t\right) \mathrm{d}t \tag{5-78}$$

式中，$H_{距}$ 为井口至掺稀点深度的距离，m；l_i 为每一段的长度，m；T_i 为掺入稀油流过 l_i 长度的距离所用的时间，s；v_i 为每一段的初始速度，m/s；a_i 为每一段内的加速度，m/s^2；t 为时间，s。

动液面测量的最大时间为

$$T_{\mathrm{M}} = \sum_{i=1}^{n} T_i \tag{5-79}$$

式中，T_{M} 为动液面测量的最大时间，s。对于沉没度较高的油井，推荐在 $0.6T_{\mathrm{M}}$～$0.8T_{\mathrm{M}}$ 的时间内监测动液面。

其中，当 $i=1$ 时，$v_i = 0$；$v_i \geqslant 2$ 时，$v_{i-1} = v_{i-2} + a_{i-1}T_{i-1}$。

$$a_i = g - \frac{F_{fi}}{m_i} \tag{5-80}$$

式中，g 为重力加速度，m/s^2；F_{fi} 为每一段内管壁对流体的摩擦力，N；m_i 为每一段内流体的质量，kg。

$$F_{fi} = \frac{\lambda_{阻} l_i q_m v_i}{2d} \tag{5-81}$$

式中，$\lambda_{阻}$ 为沿程阻力系数；d 为油套环空的当量直径，m；q_m 为掺入稀油的质量流量，kg/m。

其中，$\lambda_{阻}$ 根据不同流速下掺入稀油的形态来确定，由下式判断：

$$Re = \frac{v_i d}{\mu} \tag{5-82}$$

式中，Re 为雷诺数；μ 为流体动力黏度，m^2/s。

①当 $Re < 2000$ 时，$\lambda_{阻} = 64/Re$。

②当 2000＜Re＜105 时，$\lambda_{阻} = \frac{0.3164}{Re^{0.25}}$。

③当 105＜Re＜3×106 时，$\frac{1}{\sqrt{\lambda_{阻}}} = 2\lg\frac{Re\sqrt{\lambda_{阻}}}{2.51}$。

通过建立模型进行计算模拟和现场论证可知，停掺稀测液面的准确时间一般控制在15min左右最能体现该井的动液面深度。

现场停掺稀测液面一般采用 SF-III型计算机综合测井仪进行测试，即在关停掺稀阀门之后(一般 3～5min)将声源枪连接在套管接头上与油套环空相通，利用氮气瓶里的氮气作动力，由控制仪器控制声源枪向油套环空发出声波(瞬间爆破声)，声波通过环空传至井下液面，遇液体后返回，再由地面接收仪器接收声波，通过对各种井下噪声信号进行过滤，计算油管接头数便可得到液面深度，并在计算机上记录深度变化曲线。如图 5-53 所示，为某抽油机井停掺稀后所测动液面曲线。

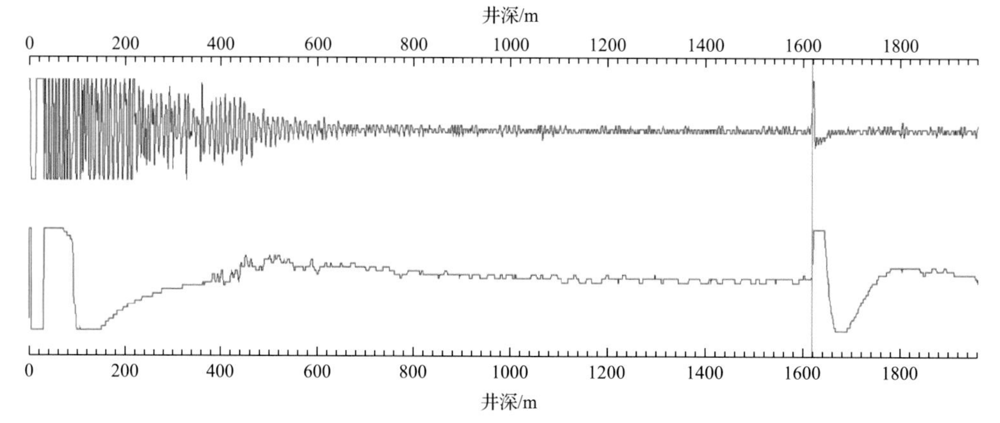

图 5-53　某抽油机井停掺稀后所测动液面曲线

井号：TH10210；日期：2012-8-18；声速=305.60m/s；深度=1616.3m；点序号=2747

(2) 不停掺稀测取动液面。

鉴于停掺稀测取动液面深度存在测试需停掺停抽，工序较为复杂，停井时间长，影响采油时效，且易导致起抽异常，本书针对部分掺稀抽油机井论证其不停掺稀测取动液面的可行性。

选井原则：①无套压、井口具有测试液面条件的抽油机井；②掺稀量介于 10～50t/d、地层产量低于 30t/d；③掺稀稀稠比介于 0.5～3.0；④电流低于 70A(37kW 电机)或100A(55kW 电机)。

测试仪器：北京四方世纪科贸有限公司 SF-Ⅲ低压测试仪器。

测试方法：测试方法与停掺稀类似，区别在于测试液面时是否关停掺稀阀门。

(3) 示功图法计算动液面。

抽油机井动液面是了解油井的供液情况、诊断油井故障的重要参数。针对抽油机掺稀井中动液面无法准确测量的问题，建立了示功图法计算动液面的方法。

把地面示功图或悬点载荷与时间的关系用计算机进行数学处理之后，由于消除了抽油杆柱的变形、杆柱的黏滞阻力、振动和惯性等的影响，将会得到形状简单而又能真实反映抽油泵工作状况的井下抽油泵示功图。

在普通管式泵抽油系统悬点载荷计算的基础上，结合大排量抽稠泵的结构及工作原理、柱塞受力分析及运动规律，建立大排量抽稠泵抽油系统柱塞受力分析计算模型，如图 5-54 所示。

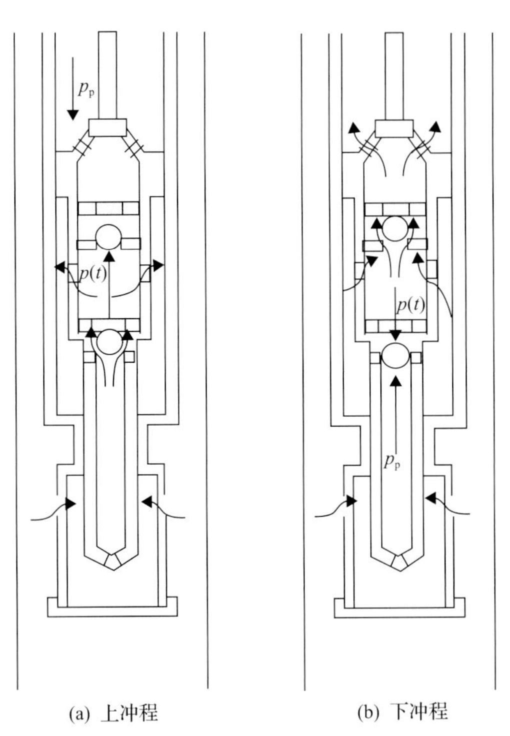

图 5-54　抽抽泵工作过程中柱塞受力分析图

泵工作过程：泵筒内压力 $p(t)$ 随柱塞运动方向的改变而改变，即由吸入口压力 p_{in} 升

至排出口压力 p_{out} 或由 p_{out} 降至 p_{in}，柱塞完成卸载或加载：当进油阀开启后，液体经进油阀孔吸入泵腔，此时 $p(t)$=p_{in}，柱塞加载完成，泵载荷保持不变；当出油阀开启后，液体经出油阀孔排出泵腔，此时 $p(t)$=p_{out}，柱塞卸载完成，泵载荷保持不变；当进油阀和出油阀均处于关闭状态时，$p_{in}<p(t)<p_{out}$。

如果忽略柱塞与液体的惯性力，则作用于柱塞上的平衡方程应为

$$F_{pu}(t)=p_p(A_{pt}-A_r)-p(t)A_{pt}+W_p+f_{阻} \tag{5-83}$$

$$F_{pd}(t)=p(t)A_{ps}-p_n A_{ps}+W_p-f_{阻} \tag{5-84}$$

式中，$F_{pu}(t)$、$F_{pd}(t)$ 分别为上、下冲程柱塞的载荷，N；p_p 为上冲程时出油阀上部的压力，Pa；p_n 为下冲程时进油阀下部承受的压力，即沉没压力，Pa；$p(t)$ 为泵筒内压力，Pa；W_p 为柱塞重量，N；$f_{阻}$ 为柱塞与泵筒间的摩阻，N；A_{pt}、A_{ps}、A_r 分别为上柱塞、下柱塞及抽油杆的截面积，m^2。

进油阀或出油阀打开时，载荷基本不变，并可通过转化的泵示功图得到，因此沉没压力可联合式(5-84)和式(5-85)求出，然后与油套环空压力分布得到的沉没压力进行比较，推算动液面深度：

$$L_f=\frac{F'_{pu}-F'_{pd}}{\rho_o g\Delta A_p}-\frac{p_t-p_c}{\rho_o g}+\left(1-\frac{\rho_l}{\rho_o}\right)\left(L_{总}+L'\right)+\frac{(p_t+\rho_l gL)A_r}{\rho_o g\Delta A_p}+\frac{\Delta p_t A_{ps}-\Delta p_s A_{pt}-2f_{阻}}{\rho_o g\Delta A_p} \tag{5-85}$$

式中，$F'_{pu}-F'_{pd}=\dfrac{F_{pu}-F_{pd}}{1+xoc}$，xoc 为注采比，xoc=$Q_{日掺稀}/Q_{日产液}$；$p_t$、$p_c$ 分别为油压、套压，Pa；ρ_o 为油套管环空内液体密度，kg/m^3；$L_{总}$ 为抽油杆总长，m；L' 为泵下加尾管长度，m；L_f 为动液面深度，m；$\Delta A_p=A_{pt}-A_{ps}$；Δp_t 为液体通过出油阀压力降；Δp_s 为通过进油阀压力降；ρ_l 为油管内液相密度。

以 E-5-1 井为例测试动液面深度为 606m，通过示功图计算动液面深度的方法得到的动液面深度结果为 620.8m，误差为 14.8m(表 5-21)。

表 5-21　E-5-1 井示功图计算动液面相关数据表

	值		值
套压/MPa	0	泵径/mm	70/44
油压/MPa	0.5	油管直径/mm	76
掺稀稀稠比	0.63	第一级杆长度/m	791.5
混合液密度/(g/cm^3)	0.965	第二级杆长度/m	711.6
稀油密度/(g/cm^3)	0.910	第三级杆长度/m	699.3
黏度/(mPa·s)	200	尾管长度/m	1611
冲程/m	3.4	冲次/(n/min)	3.19
悬点最大载荷/kN	90.8	柱塞最大载荷/kN	29.0
悬点最小载荷/kN	65.8	柱塞最小载荷/kN	–1.7
测试动液面/m	606	计算动液面/m	620.8

利用示功图资料计算动液面深度方法对超深层稠油油田 8 口井进行计算，见表 5-22，平均误差为 14.22%。主要原因为计算过程中未考虑气体影响及柱塞与泵筒间的摩擦，并且地面功图转化为泵功图时，误差偏大。

表 5-22　示功图计算动液面数据表

井号	掺稀情况	测试日期	测试值/m	计算值/m	差值/m	误差/%
E-5-2	非掺稀	2012-05-23	1570	1847	277	17.30
E-5-3	非掺稀	2012-02-25	650	738.7	88.7	13.60
E-5-4	非掺稀	2012-09-16	569	679	110	19.33
E-5-5	非掺稀	2012-09-19	694	732	38	5.48
E-5-6	掺稀	2012-09-14	588	476	−112	19.05
E-5-7	掺稀	2012-07-01	920	1036	116.2	12.60
E-5-8	掺稀	2012-07-01	1345	1582	236.9	17.60
E-5-9	掺稀	2012-05-05	606	659.6	53.6	8.80
平均					154.5	14.22

5.4.4　稠油掺稀抽油机井系统效率评价方法

目前国内常规系统效率评价方法多采用宏观评价法，但该方法适合整体区块且区块内油井特征较为相似的井的评价，而塔河油田是典型的碳酸盐岩缝洞型油藏，各油井间差异明显，因此对油井评价时，除采用常规的宏观图版法外，还必须根据油井的实际运行情况进行评价，形成系统效率最大潜能评价方法。

1. 宏观图版法

在理想状况下，地面效率可达 72.9%～82.3%，井筒效率可达 77.5%～80.4%。抽油机井系统效率值为《油田生产系统能耗测试和计算方法》(SY/T 5264—2006) 中所规定的达标值 20%。结油田生产实际及大量的测试资料，确定地面效率、井筒效率最高均为 80%，达标率为 50%，即地面效率、井筒效率均达到 50%～80%的油井为合格井。

以井筒效率为横坐标、地面效率为纵坐标，再结合塔河油田的实际生产情况，以合适的井筒效率及地面效率值作为系统效率评价框图的达标线，可绘制出系统效率的评价曲线框图，如图 5-55 所示。图中的曲线为系统效率线，图中右边框处的数值为对应曲线的系统效率值。

图 5-55 将抽油机井的效率划分为如下 8 个区：特效区(或待落实区)、高效区、达标区、地面潜力区、井筒潜力区、地面低效区、井筒低效区及负值区。

1) 特效区(料待落实区)

该区系统效率在 49%以上，地面效率、井筒效率均为 49%～100%。落在该区的井可能是沉没度与泵效不协调，也可能是计量或测试资料有误所致。应核实产量和动液面等数据，消除虚假资料后，重新计算其工况指标，从而在工况管理图中标出其正确的坐标位置。连抽带喷井一般也出现在该区。

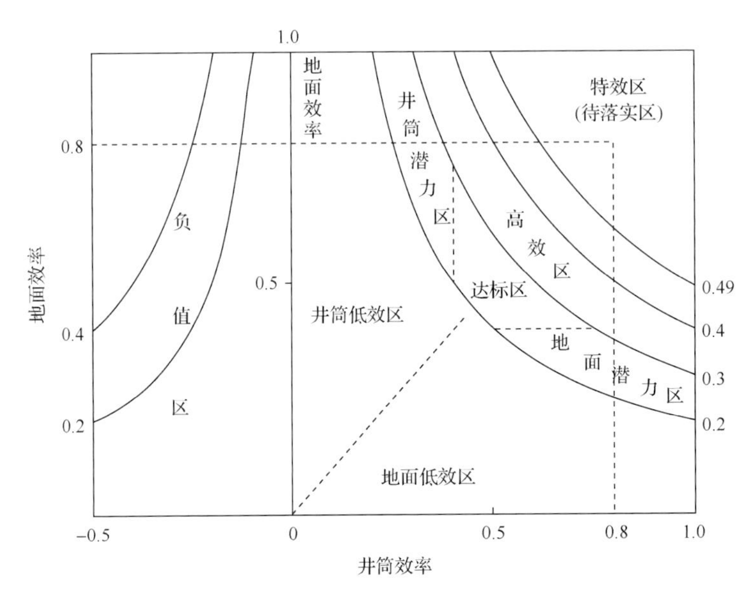

图 5-55　抽油机井系统效率评价框图

2) 高效区

该区系统效率为 30%～40%，地面效率、井筒效率均为 40%～80%。

3) 达标区

该区系统效率为 20%～30%，地面效率、井筒效率均为 40%～75%。落在该区的井一般抽油设备工作参数合理，泵工作良好，抽油设备排液能力与油层的供液能力相匹配。应对该区内的油井加强日常管理，使其长期高效工作。

4) 地面潜力区

该区系统效率为 20%～30%，井筒效率为 50%～100%，地面效率为 20%～40%。落在该区的井一般沉没度大、泵效低。可能的原因是泵磨损严重或泵工作不正常(如泵阀漏等)，也可能有油管漏或抽油杆断脱等现象。对该区的油井应进行诊断和综合分析，弄清泵效低的原因，制定相应的措施使其恢复正常生产。

5) 井筒潜力区

该区系统效率为 20%～30%，地面效率为 50%～80%，井筒效率为 25%～40%。落在该区的井一般沉没度大、泵效高。说明油层有潜力，抽油系统的工作参数相对偏小。该区的油井是挖潜增油的主要目标井，增大抽汲参数可增加油井产量。

6) 地面低效区

该区系统效率为 0～20%，地面效率为 0～45%，井筒效率为 0～80%。落在该区的井一般设备不匹配，传动效率较低。主要原因是设备选择不合理，需使设备能力与井筒生产协调。

7) 井筒低效区

该区系统效率为 0～20%，井筒效率为 0～45%，地面效率为 0～80%。落在该区的井一般沉没度小、泵效低或者沉没度过大、有效举升高度小。对于沉没度小、泵效低的井主要原因是油层供液不足、抽汲参数偏大。需要对油层采取改造措施，加强注水或调小抽汲参数等，使设备排液能力与油层供液能力相匹配。

8) 负值区

该区系统效率小于 0，地面效率为 0～80%，井筒效率小于 0。落在该区的油井一般工作制度不合理，或者没有有效控制套压，导致实际举升液柱高度为负。应该核实该井参数，调整采油方式或工作参数。对于高气液比油井，建议增加井下气液分离器，环空适时放气，确保油井高效安全生产。

系统效率评价图中的井点位置是由其地面效率和井筒效率的值决定的。抽油机井的工作状况可由评价图中的井点位置来判断，利用此评价图可进行问题井的选择及分区进行统计和调整。

2. 构建无因次新物理量法

将实测的系统效率记为 $\eta_{实}$，采用模型计算的系统极限效率记为 $\eta_{极}$。将 $\eta_{实}$ 与 $\eta_{极}$ 的比值称为系统效率实现值 $R_{系}$：

$$R_{系}=\eta_{实}/\eta_{极} \tag{5-86}$$

一口井或一个油田的系统极限效率不但可以直接反映油井或该油田在提高系统效率方面的潜力，而且也能反映油田的管理水平。$R_{系}$ 的范围为 0～100%。一口井的 $R_{系}$ 值越小，其潜力越大；反之，其潜力越小。当 $R_{系}$ 值为 1 时，其潜力为 0。也可以认为，$R_{系}$ 值越小，管理水平越差；反之，管理水平越高。

1) 评价模型构建原则

根据系统效率评价模型可知，影响抽油机井系统效率的主要因素包括黏度、气油比、含水率、冲程、冲次、井深、泵径、产量和有效举升高度等。为细化分类，将影响因素分为 3 类：油井自然因素，包括井深、黏度、含水率、气油比；人为可调因素，包括冲程、冲次、泵径；与油井自然因素和人为可调因素均有关系的，包括产量、有效举升高度。

依据以下原则构建评价模型。

(1) 自然因素分析显示，抽油机井的系统效率与原油黏度、含水率、气油比为单变关系，即随黏度、气油比的增大而降低，随含水率的增大而升高。因此，可以通过求取极值划分大致范围。

(2) 人为可调因素(冲程、冲次、泵径)为求取效率极值的必要条件，将其归入油井自然因素(黏度、含水率、气油比)分类的过程内。

(3) 定产能情况下，对于固定的一口井或者一个区块的井，有效举升高度对系统效率的影响可以归入产量对效率的影响；变产能情况下，可以通过确定采液指数变化下的产液量来确定对系统效率的影响。

2) 系统效率最大潜能评价方法

将测试井实际测试得出的系统效率记为 η_{now}，油井按照供排协调计算得出的系统效

率记为 η_{best}，系统效率实现率 $R_{实}$为

$$R_{实}=\eta_{now}/\eta_{best}\times 100\% \tag{5-87}$$

应用系统效率实现率指标来判断一口井、一个区块或一个采油厂的系统效率实现状况，评价管理水平。

5.4.5 稠油掺稀抽油机井系统效率影响因素及技术对策

抽油机系统是一个涉及空间(地面设备、井下管杆柱、油藏)与时间作用、固体与液体耦合、技术与管理交融的复杂、多维系统工程。为了更好地分析、研究、提高抽油机井系统效率，应用系统工程学的方法，建立了系统效率敏感性分析体系，把一口井分为管理参数、油井参数、抽汲参数 3 个方面(图 5-56)的影响，为敏感性分析奠定了基础。

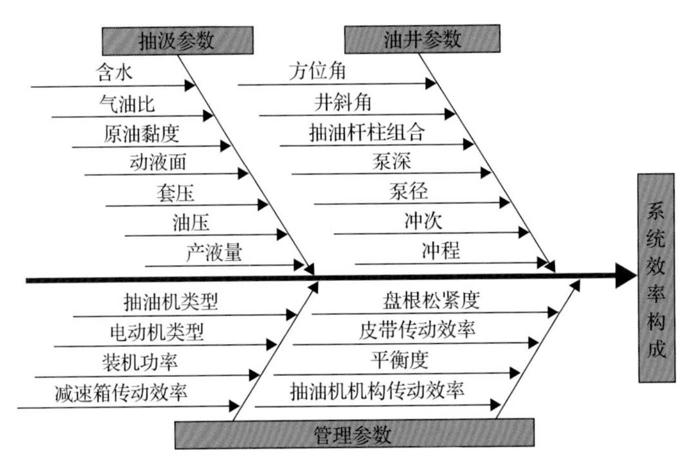

图 5-56　抽油机井系统效率影响因素构成图

在抽油机井影响因素研究方面，国内外许多学者都进行过大量研究工作，有学者指出，电动机、抽油杆和抽油泵损失的能量最大，3 项合计占了 66%。各部分对系统效率的影响程度如图 5-57 所示。

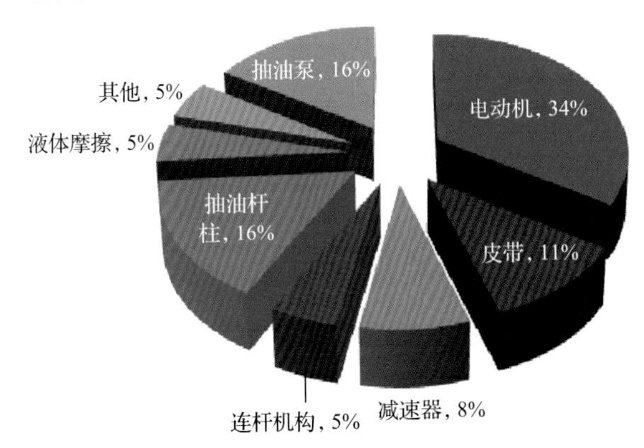

图 5-57　各部分对系统效率的影响程度图

也有学者参考相关机械手册，列出了表 5-23 所示的抽油机井系统效率构成表。

表 5-23　抽油机井系统效率构成表　　　　（单位：%）

抽油机井系统		效率	能量损失率	能量损失占系统无效功率
地面系统	电动机	75～94	8～30	12～18
	皮带	90～98	2～10	3～7
	减速箱	85～90	10～15	11～15
	四连杆	95	5	4～7.5
井下系统	盘根盒	90～97	3～10	6～7.5
	抽油杆	80～85	15～20	4～22
	抽油泵	30～90	10～70	15～40
	抽油管柱	30～90	10～70	14～40

1. 稠油掺稀抽油机井系统效率影响因素分析

根据以上对非稠油掺稀抽油机井系统效率影响因素的分析研究可知，常规有杆抽油系统采油是通过抽油设备将地面的电能转化传递给井筒中的生产流体，从而将其举升至地面。整个系统的工作实质上就是能量不断传递和转化的过程，在能量的每一次传递和转化过程中，都会有一定的能量损失。从地面供入系统提供的能量中扣除系统中的各种损失，就是系统给井筒流体的有效能量，其与系统输入的能量之比即为抽油机井的系统效率。

根据非掺稀影响因素分析流程，同样将稠油掺稀抽油机井影响因素分为地面因素与井下因素来进行考虑[16]。

1) 地面因素

(1) 抽油机运行方式因素影响分析。

影响分析：抽油机运行方式对系统效率的影响主要体现在抽油机型号的选择方面。通过对超深层稠油油田 48 口掺稀井的统计，抽油机型号使用情况见表 5-24。

表 5-24　超深层稠油油田掺稀井抽油机型号统计表　　　　（单位：台）

抽油机型号	14 型	16 型	18 型	900 型皮带机	1000 型皮带机	总计
数量	35	10	0	2	1	48

通过对测试的稠油掺稀抽油机井进行抽油机型号数据统计，做出如图 5-58 所示的抽油机动态控制图。由图可知，稠油掺稀抽油机井问题与非稠油掺稀抽油机井问题类似，同样存在载荷利用率高、功率利用率较低的问题。

(2) 抽油机动力驱动因素影响分析。

对超深层稠油油田 48 口掺稀抽油机井的电动机进行统计，统计结果见表 5-25。

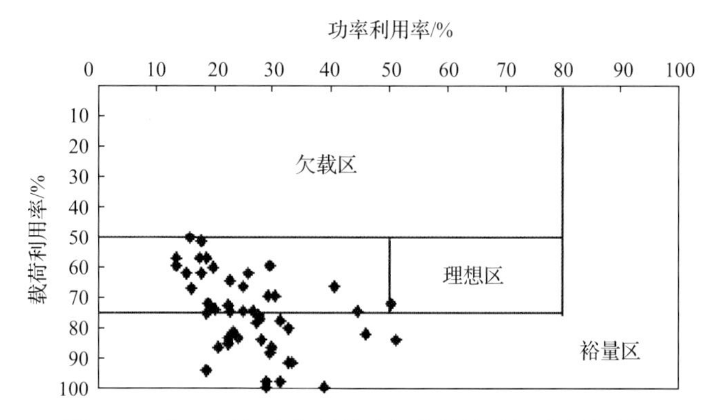

图 5-58　超深层稠油掺稀抽油机井的抽油机动态控制图

表 5-25　电动机功率应用情况统计表

额定功率/kW	井数	平均有功功率/kW	平均无功功率/kW	平均视在功率/kW	平均载荷利用率/%	平均功率因数
37	35	10.2	24.7	27.0	75.17	0.388
55	12	12.95	36.04	38.58	75.20	0.351
75	1	22.80	30.49	38.07	69.17	0.599

根据测试数据表，做出载荷利用率与功率因数的关系曲线，如图 5-59 所示。

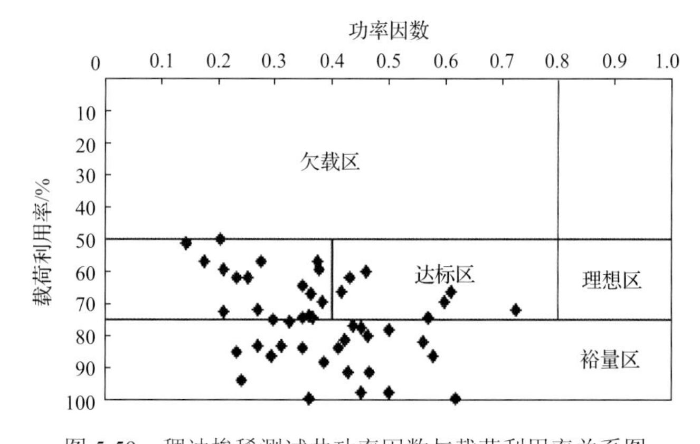

图 5-59　稠油掺稀测试井功率因数与载荷利用率关系图

由表 5-25 的数据和图 5-59 可以看出，与非稠油掺稀抽油机井类似，稠油掺稀抽油机井也普遍存在电机额定功率配备过大，出现“大马拉小车”的现象。

(3) 抽油机平衡度因素影响分析。

稠油掺稀抽油机井的平衡度与系统效率的关系分析如图 5-60 所示。通过数据对比分析可知，稠油掺稀抽油机井的平衡度主要分布在 80%～120%，平衡性较好。

(4) 地面注入系统效率因素影响分析。

掺稀系统中柱塞泵需要消耗功率来保证掺入流体的速度稳定，因此柱塞泵的效率也就影响了整个抽油机井的系统效率。稠油掺稀抽油机井总输入功率中要增加柱塞泵的输入功率，这样就增大了整个系统的输入功率。柱塞泵由于机械摩擦等，不能把输入功率完全转化为输出功率，这样就使系统效率比非掺稀井低。由此可知，地面注入系统的效率越低，系统效率越低。

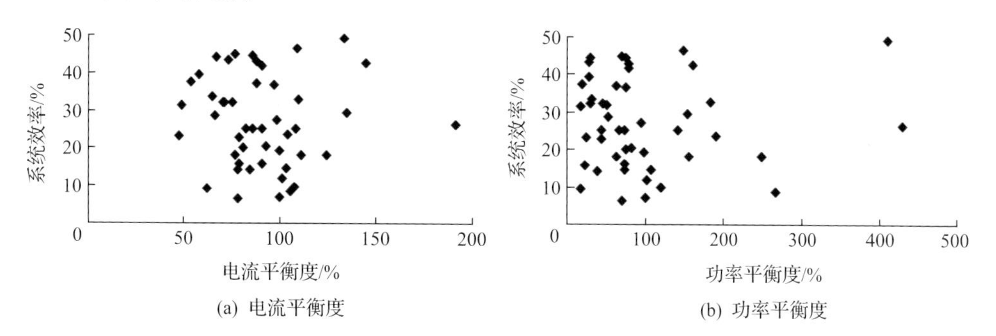

图 5-60 超深层稠油油田掺稀井两种平衡度与系统效率的关系

其他影响因素与非稠油掺稀抽油机井类似，此处不再详述。

然而对于稠油掺稀抽油机井来说，除了非稠油掺稀抽油机井的常规影响因素之外，掺稀泵的效率、稀油掺入悬点载荷差及泵挂深度是影响掺稀油井举升效率的主要因素，且相互之间也存在相关性。因此，单一分析各因素对举升效率的影响复杂，也不现实，必须针对具体的油井和油藏的实际情况，以举升效率或经济效益为目标，进行动态模拟计算，合理配置抽油设备并优化工作参数，保证油井高效工作。

2) 井下因素

(1) 井口动态参数素影响。

从图 5-61 和图 5-62 中可以看出，在相同情况下，对比非稠油掺稀抽油机井，套压较高时，系统效率较低。油压在 0.8～1.2MPa、套压为 0 时，系统效率最高。

(2) 掺稀影响分析。

不同掺入比和掺入量对系统效率的影响如图 5-63 和图 5-64 所示。

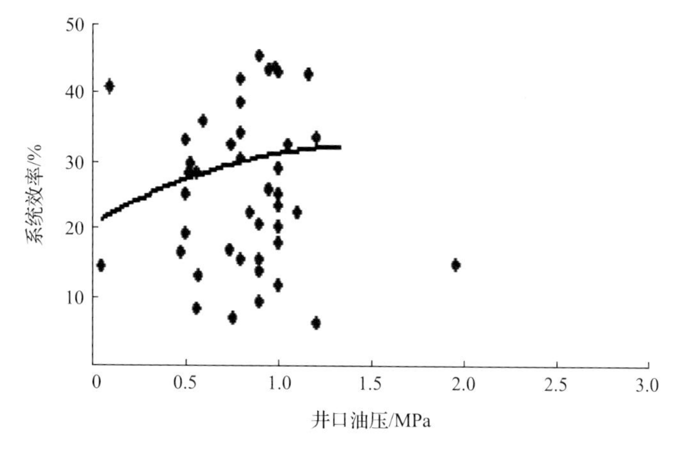

图 5-61 井口油压对系统效率的影响

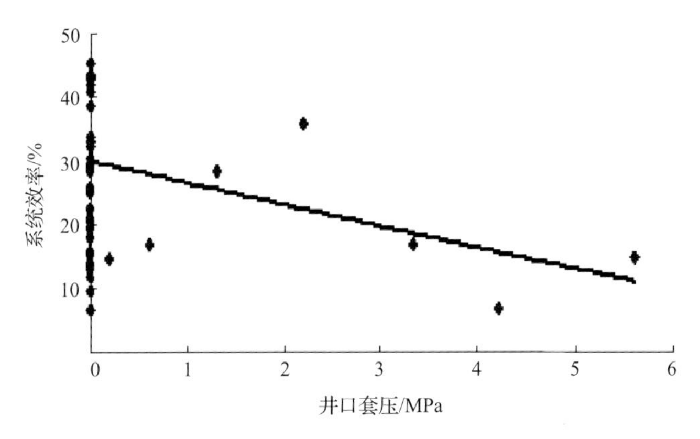

图 5-62　井口套压对系统效率的影响

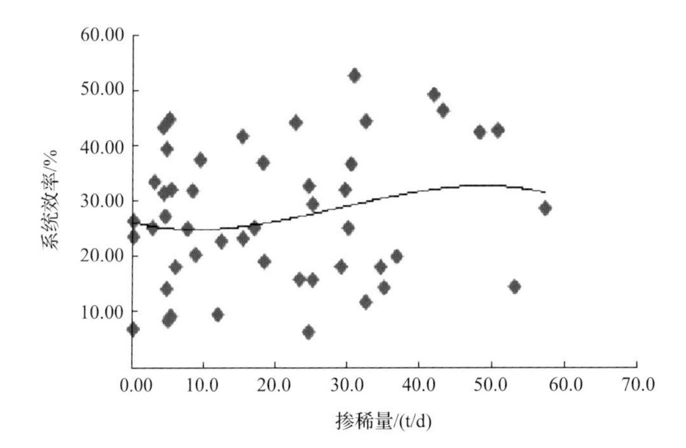

图 5-63　掺入比对系统效率的影响

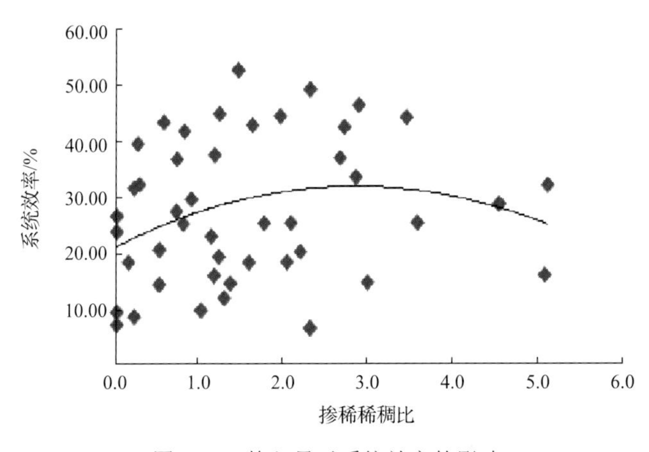

图 5-64　掺入量对系统效率的影响

从图 5-63 和图 5-64 可以看出，在相同情况下，稠油掺稀抽油机井的掺稀稀稠比、掺稀量较高或较低时，系统效率都会降低。分析其原因是：随着泵以下掺入量的增加，进泵流体中地层产液所占总进泵量的份额降低，两种流体混合后，密度、黏度降低，油管中杆液、管液摩擦变小，同时泵以上液柱载荷变小，因而导致悬点最大载荷、最小载荷均变小。由于泵以上液柱压力随着掺入比的增加而减小，泵排出口压力降低，在泵入口压力相同的情况下，水力功率降低，系统效率下降。

可见，稠油掺稀抽油机井的掺稀稀稠比、掺稀量较高或较低时，系统效率都会降低，因此，通过分析可知，稠油掺稀抽油机井最优掺稀稀稠比为 1.5～2.0，最优日掺稀量为 20～24m^3。

(3) 掺入深度与泵挂深度分析。

不同泵挂深度与掺稀深度对系统效率的影响如图 5-65 和 5-66 所示，由图可以看出，在相同掺入温度、相同掺入比时，泵挂深度较高或较低时，系统效率均较低，而掺稀深度越大，系统效率越高。分析其原因：在掺入比、掺入温度不变的情况下，随着掺入深度的增加，泵以上井筒中液柱载荷、杆柱载荷均增加，使得悬点最大载荷增加；杆柱长度增加，最小载荷增加，同时泵以上井筒中的混合液(稠油和稀油)与抽油杆、油管摩擦段变长，摩擦力也逐渐增加，但杆柱载荷增加的幅度大于摩擦载荷增加的幅度，悬点最小载荷增加；最大载荷增加的幅度大于最小载荷增加的幅度，载荷差变大，光杆功率增加，举升效率降低，从而导致系统效率降低。

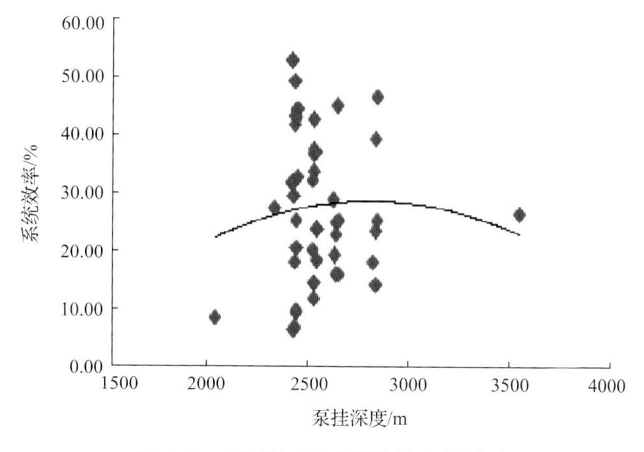

图 5-65　泵挂深度对系统效率的影响

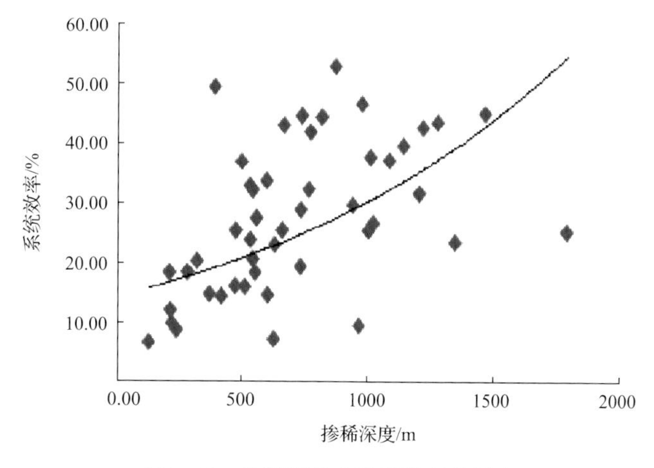

图 5-66　掺稀深度对系统效率的影响

因此，建议超深层稠油掺稀抽油机井泵挂深度控制在 2400～2600m，而掺稀深度应尽量加大。

(4) 井下管柱影响分析。

稠油掺稀抽油机井的稀油从套管中注入，因此油套环空的空间大小也是影响稀油注入过程消耗能量的一个影响因素。从压力损失公式(5-89)可知，压力损失和油套环空的当量直径成反比，油套环空越小，掺稀流体在相同的速度下消耗掉的能量越大。也就是说，在掺入同样稀油量的情况下，177.8mm 回接套管损耗的能量要多：

$$\Delta p' = \lambda_{阻} \frac{l_{沿}}{d} \frac{\mu^2}{2} \rho_1 \tag{5-88}$$

式中，$\Delta p'$ 为压力损失，MPa；$\lambda_{阻}$ 为沿程阻力系数；$l_{沿}$ 为沿程长度，m；d 为油套环空的当量直径，m；μ 为流体动力黏度，mPa·s；ρ_1 为液体密度，kg/m^3。

由图 5-67 可以看出，在掺稀流体速度相同的情况下，油套环空越小，消耗掉的能量越大。其中，177.8m 回接套管损耗的能量最多。

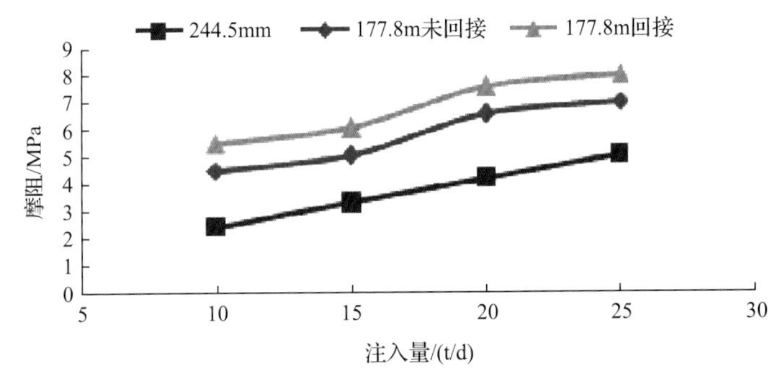

图 5-67　不同管柱与流量下的摩阻对比

2. 稠油掺稀抽油机井系统效率影响因素敏感程度分析

将各因素进行无因次归一化，分析单位量度下影响因素对稠油掺稀抽油机井系统效率的影响程度。从表 5-26 中可知，地面影响因素中仍然是以电动机影响最大，其次还需考虑地面注入系统效率部分；而井下因素中掺稀稀稠比对系统效率的影响比较明显。

表 5-26　稠油掺稀抽油机井系统效率敏感性程度计算结果

序号	分类	敏感性参数	最大值	最小值	敏感程度	权重系数/%
1	地面因素	抽油机载荷利用率	99.43%	49.97%	0.358	0.32
2		电动机功率利用率	51.27%	13.36%	9.3527	8.42
3		抽油机平衡度	429.99%	17.48%	0.9075	0.82
4		冲程	8	3.4	2.3308	2.1
5		冲次	5	2.1	9.6845	8.72

续表

序号	分类	敏感性参数	最大值	最小值	敏感程度	权重系数/%
6	井下因素	油压/MPa	2.7	0.1	4.991	4.49
7		套压/MPa	6.28	0	2.0218	1.82
8		泵挂深度/m	3532.91	2005.77	2.7991	2.52
9		沉没度/m	2517.91	828.85	41.582	37.45
10		原油黏度/(mPa·s)	15000	1.5	6.1047	5.5
11		气液比/(m^3/m^3)	396.26	0	15.887	14.31
12		产液量/(m^3/d)	50	2.6	4.0822	3.68
13		含水率/%	100	0	0.5124	0.46
14		泵径/mm	70/32(62.258)	38	3.2735	2.95
15		掺稀稀稠比	5.09	0	7.1509	6.44
合计/平均		15 个因素			111.0381	100

3. 稠油掺稀抽油机井系统效率提高技术对策研究

根据以上稠油掺稀抽油机井系统效率影响因素的分析可知，在非稠油掺稀抽油机井常规的地面因素及井下因素的基础上，稠油掺稀抽油机井还需考虑地面注入系统及井下掺入深度等方面的影响。因此，在系统效率提高对策方面，不仅需要考虑非稠油掺稀抽油机井提出的提高设备性能、优化管杆柱结构、加强油井日常管理等方面，还需要考虑掺稀部分[17,18]。

掺稀的三大问题为地面注入压力、掺稀稀稠比和掺入点深度。针对地面注入压力，优化地面掺稀管网，加强计转站或单井管理制度，做到压力变化实时监控，保证掺稀油井的注入量。针对掺稀稀稠比，根据油井前期的生产情况及地层实际情况，结合掺稀油密度、稠油密度、油井含水率确立油井合适的掺稀稀稠比，进行单井制定，同时生产中还需要通过观察井口黏度和油井回压，不断调整掺稀稀稠比；针对掺入点深度，根据油井的黏温曲线、井筒温度场和压力场等方面，优化掺入点深度，优化管杆柱设计，可以考虑使用加长尾管等相关配套工艺。

5.4.6 塔河系统效率评价标准的建立

按照《油田生产系统节能监测规范》(GB/T 31453—2015)标准规定，稀油井系统效率合格指标与油藏渗透率及泵挂深度有关，详见表 5-27。

表 5-27 抽油机井节能监测合格指标

油井种类	系统效率/%	功率因数
稀油井	20(K_1、K_2)	0.4
稠油井	15	0.4

注：K_1 为油田渗透率对机采井系统效率的影响系数(中、高渗油田取值为 1)；K_2 为泵挂深度对机采井系统效率的影响系数。

因此，结合塔河油田生产实际，建立塔河油田系统效率评价标准(表 5-28)。

表 5-28 塔河油田系统效率评价标准

油井种类	油井类型			功率因数
	评价标准	常规生产井系统效率/%	塔河油田机采井系统效率/%	
稀油井	好	26	20	0.6
	中	23	18	
	差	20	15	
稠油掺稀井	好	23	18	0.4
	中	20	15	
	差	18	13	

参 考 文 献

[1] 王磊磊. 塔河油田抽稠泵低泵效原因分析及治理对策[J]. 石油天然气学报, 2013, 35(2): 158-160.

[2] 张亦楠, 王磊磊, 胡慧光. 抽稠泵配套组合在塔河油田的应用研究[J]. 中外能源, 2016, 21(8): 68-72.

[3] 袁波, 杜林辉, 梁志艳. 稠油掺稀液压反馈式抽稠泵杆柱设计优化[J]. 西南石油大学学报(自然科学版), 2013, 35(5): 157-164.

[4] 马德昌. 抽稠泵在塔河油田高粘原油开采中的应用[J]. 石油钻探技术, 2003, (3): 50-51.

[5] 郭忠良, 高伟. 70/32 大排量抽稠泵研制及其在塔河油田超稠油井中的应用[J]. 石油天然气学报, 2012, 34(9): 328-330.

[6] 夏新跃. 大排量抽稠泵替代稠油电泵应用实践[J]. 钻采工艺, 2018, 41(1): 110-111.

[7] 丁雯. 塔河油田电泵井系统效率影响因素及对策研究[D]. 成都: 西南石油大学, 2017.

[8] 刘玉国. 稠油潜油电泵工作寿命影响因素分析及治理[J]. 石油钻采工艺, 2014, 36(4): 75-78.

[9] 刘玉国. 超深稠油潜油电泵电缆技术改造与应用[J]. 化学工程与装备, 2015, (1): 117-118.

[10] 何希杰, 劳学苏. 螺杆泵现状与发展趋势[J]. 水泵技术, 2007, (5): 1-5.

[11] 韩传军, 任旭云, 郑继鹏. 稠油开采中常规螺杆泵定子衬套磨损研究[J]. 润滑与密封, 2018, 43(5): 25-29.

[12] 王明起. 螺杆泵定子力学特性及疲劳寿命研究[D]. 大庆: 东北石油大学, 2015.

[13] 韩国有, 徐桂影, 王明起. 采油螺杆泵举升压力随过盈量的变化规律研究[J]. 石油矿场机械, 2014, 43(3): 10-13.

[14] 陈玉祥, 王霞, 周松, 等. 提高螺杆泵定子橡胶材料寿命的分析与研究[J]. 排灌机械, 2005, (4): 6-9.

[15] 杨秀萍, 郭津津. 单螺杆泵定子橡胶的接触磨损分析[J]. 润滑与密封, 2007, (4): 33-35.

[16] 曹畅, 甄恩龙, 彭振华. 掺稀电泵井系统效率影响因素分析及对策研究[J]. 石油石化节能, 2016, 6(10): 1-3.

[17] 秦飞, 金燕林, 李永寿. 塔河稠油电泵掺稀开采系统效率测试分析评价[J]. 特种油气藏, 2012, 19(4): 145-148.

[18] 刘玉国, 任文博, 袁波. 掺稀稠油井系统效率计算方法改进[J]. 特种油气藏, 2018, 25(1): 160-163.

第6章 超稠油地面配套技术

塔河超稠油相较于常规原油地面配套主要有以下难题：一是超稠油密度大，平均比重为1.0074g/cm^3；含盐高，最高为126279mg/m^3，密度与水的密度非常接近，形成的油水乳状液十分稳定，高含盐地层水使常规化学破乳剂失效，油水分离困难。二是超稠油中H_2S含量较高，由于黏度高，稳定原油中H_2S含量仍比较高，不仅带来了安全生产隐患，而且增加了原油的处理成本。三是井流物介质复杂，具有含CO_2和H_2S腐蚀性气体、高Cl^-、高矿化度、低pH的强腐蚀特点，腐蚀环境十分苛刻。

针对超稠油地面配套存在的难题，本章结合超稠油集输处理多年的攻关实践经验，针对超稠油破乳脱水、脱硫稳定，腐蚀防护与治理等方面的技术进行了成果总结，其主要成果可总结为以下3项：①集成创新了“中和+水洗+高频电脱”工艺，采用多级沉降及新型高效化学破乳工艺，实现了超稠油高效脱水。②自主创新了超稠油负压气提脱硫稳定一体化技术，解决了正压气提法脱除H_2S工艺中气提气循环处理量大、原油蒸发损耗大、混烃产量低的问题，同时实现了脱硫+稳定一体化，提高了轻烃收率、减少了气提气循环量、降低了原油蒸发损耗。③揭示了腐蚀机理及规律特征，建立了“低频导波+C扫描(相控阵)+超声测厚”内腐蚀检测技术，研发出了苛刻环境下抗点蚀能力较强的L245耐蚀金属材质，优化非金属管结构进一步提升了耐蚀性能，应用非开挖的内穿插修复、风送挤涂管道修复技术解决了严重的金属管腐蚀问题，创新了原位更新管道修复技术，解决了失效严重的非金属管修复难题，研发了针对稠油高温、溶解氧及细菌工况环境下的稠油系统缓蚀剂，有效减缓了稠油系统的管道腐蚀。

塔河油田在超稠油地面配套生产实践中形成了以“高效脱水、负压稳定脱硫、苛刻环境下集输管线腐蚀防治”等为核心的地面配套技术。近年来部分技术进行了广泛的现场应用，并取得了良好的效果，不仅为超稠油开发打下了坚实的基础，也为该类油藏地面配套提供了良好的借鉴。

6.1 高效超稠原油脱水技术

塔河稠油在钻井、酸化、压裂、堵水调剖、化学降黏、化学清防蜡、沥青质解堵等作业过程中，加入了酸液、压裂液、油田化学用剂、泥浆泥沙漏失液、油井前期返排液。这些作业残液会与地层中表面活性物质及原油逐渐形成极难破乳脱水的乳状液，进一步增加了超稠原油的脱水难度。面对这一难题，本书通过深入分析，掌握了超稠原油破乳的影响因素，结合化学破乳剂脱水、重力沉降脱水、热化学脱水、电脱水等脱水工艺针对性地提出了“中和+水洗+高频电脱”的解决方案，解决了超稠原油破乳脱水的难题。

6.1.1 塔河超稠油脱水系统简介

塔河油田稠油集中处理站主要为二号联合站，该站有 150×10^4t 和 240×10^4t 两套处理装置，针对不同稠油的性质，形成了“三相分离+二次沉降热化学脱水”和“三相分离、二次沉降热化学脱水+电脱水”的脱水工艺[1]，前者处理 10 区、12 区低含水超稠原油，后者处理 6 区、7 区较高含水稠油。

“三相分离+二次沉降热化学脱水”和“三相分离、二次沉降热化学脱水+电脱水”工艺流程示意图如图 6-1 和图 6-2 所示。主要脱水工艺如下所述。

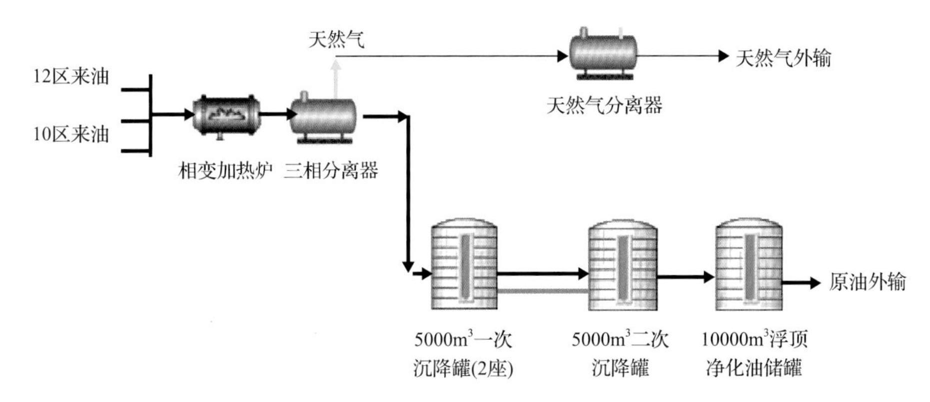

图 6-1 “三相分离+二次沉降热化学脱水”流程图

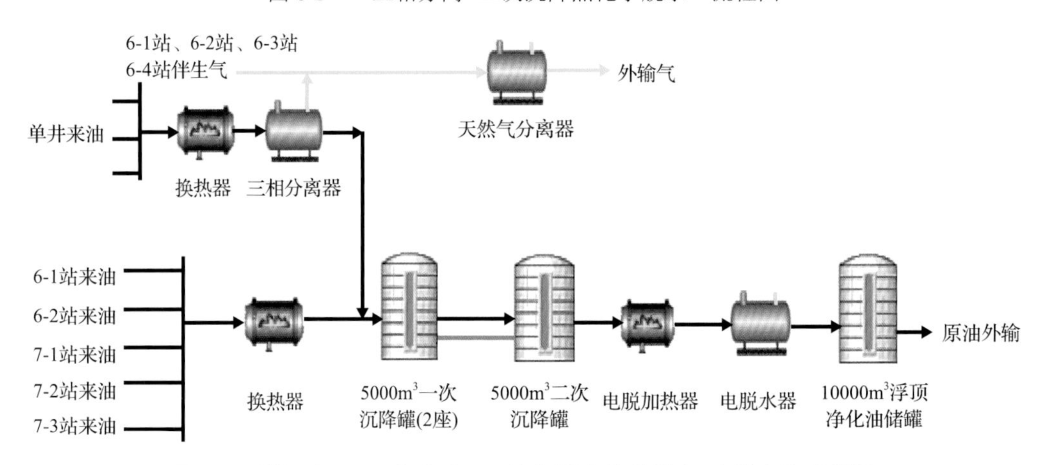

图 6-2 塔河油田“三相分离、二次沉降热化学脱水+电脱水”流程图

1) 三相分离器预脱水

进站原油进入三相分离器，脱除其中的伴生气，避免对沉降罐产生冲击；同时原油含水率较高时，可分离出部分游离水，起到一定的预脱水作用。

三相分离器采用卧式重力分离器，150×10^4t 装置的进口平均含水率由 23.86%降至 18.9%，脱水率为 20.9%，起到了较好的预脱水效果。

2) 化学破乳脱水

原油脱水的主要方法是重力沉降。原油中含有环烷酸，而环烷酸的乳化作用导致水和油以乳化液的形态存在，无法通过沉降使水和油分离，因此要加入化学破乳剂。

根据塔河油田稠油的特点，通过对比实验，确定 DE-15、SX-4056 复配作为二号联合站的破乳剂，复配比例为 4∶1，加药浓度为 300mg/L，沉降温度选定为 80℃，推荐脱水时间不低于 26h。

塔河油田二号联合站 240×10^4t 装置原油含水率由 4%～6%降至 0.4%以下；150×10^4t 装置原油含水率由 23%～25%降至 0.4%以下，满足原油脱水要求（表 6-1，表 6-2）。

表 6-1 240×10^4t 原油处理装置化学破乳脱水情况效果表

月份	进站含水率/%	出站含水率/%	脱水率/%
2010 年 1 月	4.91	0.32	93.5
2010 年 2 月	4.96	0.29	94.2
2010 年 3 月	5.31	0.22	95.9
2010 年 4 月	5.12	0.30	94.1
2010 年 5 月	4.65	0.24	94.8
2010 年 6 月	4.98	0.39	92.2
平均	4.99	0.29	94.1

表 6-2 150×10^4t 原油处理装置化学破乳脱水情况效果表

月份	进站含水率/%	出站含水率/%	脱水率/%
2010 年 1 月	24.61	0.32	98.7
2010 年 2 月	24.21	0.29	98.8
2010 年 3 月	23.09	0.22	99.0
2010 年 4 月	23.76	0.30	98.7
2010 年 5 月	23.81	0.24	99.0
2010 年 6 月	23.73	0.39	98.4
平均	23.86	0.29	98.8

3）原油沉降罐脱水

根据塔河油田混合稠油热化学沉降试验结果，原油处理装置的一次、二次沉降罐各采用 2 座 5000m^3 罐，设计沉降时间分别为 25h 和 12.4h，一次沉降原油含水率由 15%降至 10%，二次沉降原油含水率由 10%降至 5%。

塔河油田一次沉降罐实际沉降时间为 20h，原油脱水至含水率为 5%以下；二次沉降罐实际沉降时间为 8.2h，原油脱水至含水率为 0.5%以下，满足商品原油含水要求。

4）电脱水器脱水

乳状液置于电场中，乳状液中的小水滴在电场作用下发生变形、聚结而形成较大水滴，进而从油中分离出来。对重质、高黏原油，常使用电脱水，它适用于含水率低于 30%的油包水型乳状液。

塔河油田 150×10^4t 原油处理装置的电脱水器使原油平均含水率由3.4%降至0.3%，具有较好的脱水效果。

6.1.2 超稠油破乳影响因素分析

1. 超稠油性质对破乳的影响

实验选取了4口不同单井(均含有残留酸的油样)进行分析，并考察了其破乳脱水情况(破乳剂加量300mg/L，温度75℃，沉降8h)，结果见表6-3。

表6-3 超稠油成分分析表 (单位：%)

编号	饱和烃	芳香烃	沥青质	胶质	机械杂质	原始含水率	脱水率
1	27.91	19.74	10.63	46.55	0.77	42.1	6.3
2	29.92	20.83	5.22	43.77	0.26	43.2	7.1
3	35.49	26.69	4.42	33.31	0.09	40.4	12.3
4	33.04	21.99	4.66	40.2	0.11	39.8	9.1
平均	31.59	22.31	6.23	40.96	0.31	41.3	8.7

由表6-3可知，原油中胶质、沥青质含量越高，原油破乳越困难[2]。这是因为在酸性环境下，胶质、沥青质中的极性物质容易与铁离子反应生成酸化淤渣，酸化淤渣是一种很好的乳化剂，会造成原油脱水困难。含酸的原油中机械杂质粒径很小，分散在油水界面上，能够增强界面膜强度，对油水乳状液有很好的稳定作用。据分析，酸化压裂中残留的表面活性剂可以和这些微粒结合，形成具有稳定界面膜的天然乳化剂，从而使乳状液更为稳定。此外，也有研究表明[3]，沥青质与固体颗粒共同作用形成的乳状液比沥青质单独形成的乳状液要牢固得多。因此，从超稠油组分来看，超稠油破乳脱水难度较大。

2. 酸化压裂返排液对破乳的影响

实验中酸化压裂液为变黏酸和胶凝酸，主要组成分别见表6-4和表6-5。实验用的两种酸化压裂液在1200r/min条件下与塔河油田普通稠油(不含残留酸原油，含水率为32.5%)乳化混合，分别考察了酸化压裂液占稠油质量分数为0、2.5%、5.0%、7.5%、10%对破乳脱水的影响。实验温度为75℃，破乳剂加量为300mg/L。

表6-4 变黏酸的组成

序号	名称	质量分数/%
1	HCl	20
2	ZX-H1 缓蚀剂	2.0
3	ZX-P1 破乳剂	1.0
4	ZX-Z1 助排剂	1.0
5	ZX-T1 铁离子稳定剂	1.0
6	ZX-T120V 变黏酸胶凝剂	0.8

表 6-5　胶凝酸的组成

序号	胶凝酸	质量分数/%
1	HCl	20
2	缓蚀剂 CT-H	2.0
3	助排剂 CT-Z	1.0
4	高温胶凝剂 CT-S	0.8
5	破乳剂 CT-P	1.0
6	铁离子稳定剂 CT-T	1.0

实验以常用的变黏酸和胶凝酸为例，研究了不同酸化压裂浓度对原油破乳脱水的影响[4,5]，实验结果如下。

由表 6-6、表 6-7 及图 6-3 可知，两种酸化压裂液对原油破乳具有很大影响，当酸化压裂液质量分数达到 7.5%时原油基本不能脱水。可见，残液返排进入系统后，影响分离脱水效果，因为残留酸中的 H^+将激活稠油中的环烷酸，增加乳化剂数量，使乳化膜强度加大，从而使破乳剂替换油水界面的难度加大，阻碍了化学脱水的进行，造成原油破乳困难，脱水系统紊乱；另外，残留酸会与原油中的碱性氮化物反应生成具有一定界面活性的物质；此外还会导致原油乳状液的 pH 降低，油水界面张力变小，乳状液稳定性增强。

由于盐酸为酸化液中最常用的酸，为了确定盐酸是否是影响酸化液破乳效果的主要因素，本书单独考察了盐酸对破乳的影响，盐酸的加量是按照酸化液中盐酸的质量百分含量计算的，如胶凝酸加入量为 2.5%，因其中盐酸含量为 20%(盐酸浓度为 37%)，则盐酸加入量为 0.5%，实验考察了盐酸加入量为 0.5%～2.0%时对破乳的影响，结果见表 6-8。可以看出，盐酸对原油破乳脱水具有显著影响，盐酸加入量超过 1.5%时基本不能有效脱水。

表 6-6　变黏酸对原油破乳的影响

变黏酸质量分数/%	脱水量/mL						脱水率/%
	30min	60min	2h	3h	4h	6h	
0.0	0.5	2.9	12.8	21.2	28.5	31.8	97.9
2.5	0.5	3.1	12.7	18.8	24.2	24.9	76.6
5.0	0.2	0.7	3.9	8.1	11.3	11.7	36.0
7.5	0.0	0.3	0.5	0.6	0.7	0.7	2.2
10.0	0.0	0.0	0.0	0.0	0.0	0.0	0.0

表 6-7　胶凝酸对原油破乳的影响

胶凝酸质量分数/%	脱水量/mL						脱水率/%
	30min	60min	2h	3h	4h	6h	
0.0	0.5	2.9	12.8	21.2	28.5	31.8	97.9
2.5	0.6	3.3	11.4	18.3	24.1	25.3	77.9
5.0	0.3	1.1	4.2	7.9	10.5	12.5	38.5
7.5	0.0	0.2	0.5	0.6	0.6	0.6	1.8
10.0	0.0	0.0	0.0	0.0	0.0	0.0	0.0

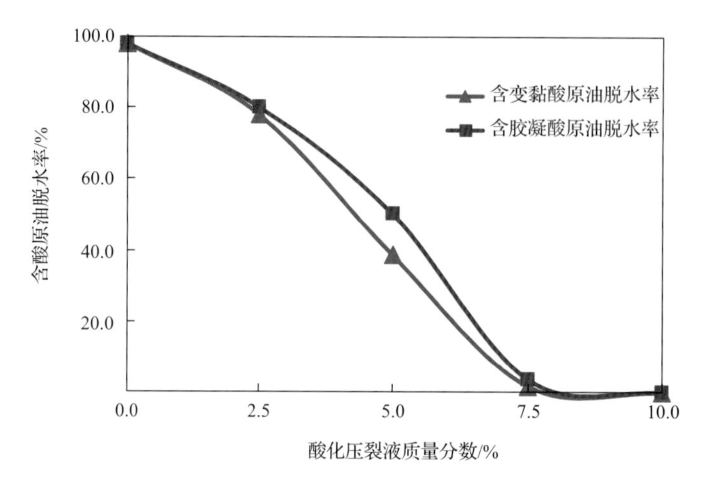

图 6-3 酸化压裂液浓度对破乳脱水的影响

表 6-8 盐酸不同浓度对破乳的影响

盐酸质量分数/%	脱水量/mL						脱水率/%
	30min	60min	2h	3h	4h	6h	
0.0	0.5	2.9	12.8	21.2	28.5	31.8	97.9
0.5	0.7	3.8	14.4	20.1	26.5	26.6	80.0
1.0	0.4	1.3	4.5	8.4	14.9	15.5	50.0
1.5	0.2	0.5	0.9	1.1	1.2	1.2	3.7
2.0	0.0	0.0	0.0	0.0	0.0	0.0	0.0

为了进一步分析酸对原油破乳的影响，实验选取了 90g 稠油原油油样，加入了 10mL 不同 pH 的酸(碱)溶液，通过乳化剂乳化后加入 300ppm①破乳剂，在 75℃下脱水 8h 观察原油脱水情况。

由图 6-4 和图 6-5 可知，在原油中加入 pH 为 6～8 的溶液时对原油破乳脱水影响较小，加入的溶液 pH 变小或变大对原油破乳脱水影响均变大。

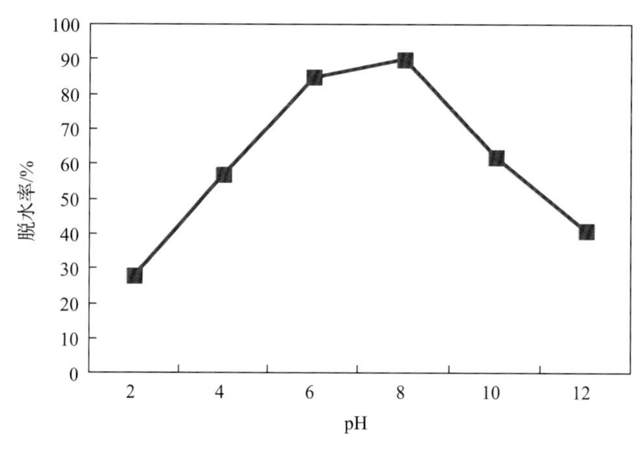

图 6-4 pH 对原油脱水的影响

① 1ppm=10^{-6}。

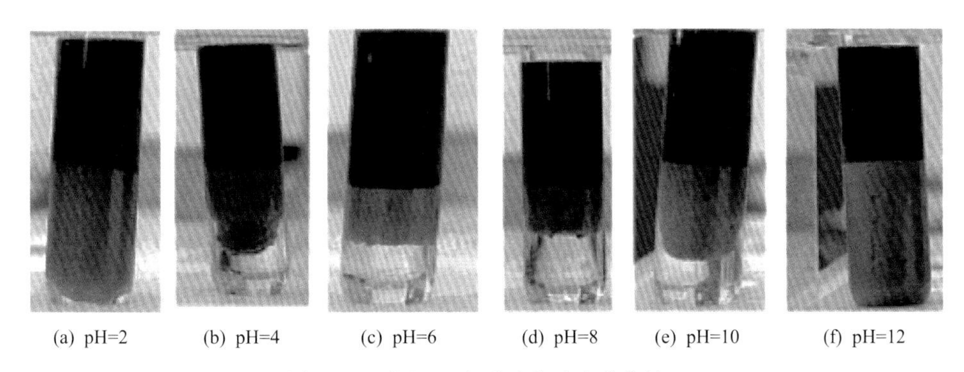

图 6-5　不同 pH 介质时的油水分离情况

3. 排液速度对破乳的影响

原油在采出过程中由于受到不同程度的剪切、湍动从而形成乳状液，尤其是当其再经过油嘴或泵时原油极易乳化，当原油中含有酸、固体颗粒等物质时，原油乳状液稳定性增强。因此，根据现场工况数据，在实验室模拟采出液由不同排液速度经过油嘴的剪切状况对原油乳化的影响。

利用瓦氏(Waring)高速搅拌器调节至相应转速，计算在排液速度为 $5m^3/h$、$10m^3/h$、$15m^3/h$ 时，原油通过油嘴的流速和雷诺数，以模拟原油通过油嘴时的流动状况。雷诺数计算公式如下：

$$Re=dv\rho/\mu \tag{6-1}$$

式中，d 为油嘴内径，m；v 为流速，m/s；ρ 为流体密度，kg/m^3；μ 为流体黏度，Pa·s。

现场常用的油嘴规格为 5mm，计算时排液速度按 $5m^3/h$、$10m^3/h$、$15m^3/h$，经过油嘴时流速分别为 70.77m/s、141.54m/s、212.31m/s，则 $Re_1=0.3539\rho/\mu$，$Re_2=0.7077\rho/\mu$，$Re_3=1.0616\rho/\mu$。

实验室混合器为 Waring 高速搅拌器，其内径为 7.5cm，搅拌叶直径为 5.0cm，最大转速为 20000r/min，雷诺数计算公式如下：

$$Re'=Nd_1^2\rho/\mu \tag{6-2}$$

$$N=\omega\pi d' \tag{6-3}$$

式中，d_1 为搅拌器直径，m；N 为搅拌器转速，m/s；ρ 为流体密度，kg/m^3；ω 为转速，r/s；d'为搅拌叶直径，m。

经计算 $Re'=0.00563N\rho/\mu$，设 $Re=Re'$，则 N_1=62.86m/s、N_2=125.72m/s、N_3=188.58m/s，进一步计算可知，现场条件对应的搅拌器转速为 ω_1=400.38r/s、ω_2=800.78r/s、ω_3=1201.14r/s。本章分别讨论了排液速度为 $5m^3/h$、$10m^3/h$ 及 $15m^3/h$ 时乳状液破乳情况。

在实验室以不同剪切速率模拟了不同排液速度对超稠油破乳的影响。不同剪切速率对应的破乳情况及乳状液微观状态见表 6-9 及图 6-6。

表 6-9　剪切速率对超稠油破乳的影响

排液速度/(m^3/h)	脱水量/mL					界面状况
	0.5h	1h	2h	4h	6h	
5	5.5	9.5	12	12.5	13	齐
10	0	0.7	8	11.5	12.5	乳化层薄
15	0	0	0	0.5	6	乳化层厚

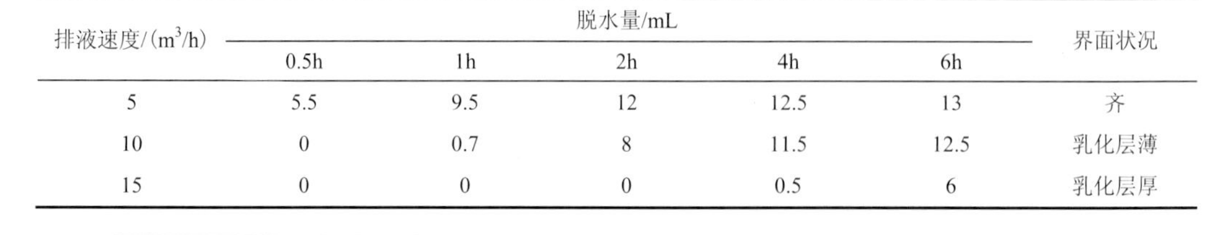

(a) 5m^3/h　(b) 10m^3/h　(c) 15m^3/h

图 6-6　不同剪切速率原油乳状液微观状况

由表 6-9 和图 6-6 可见，排液速度对于采出液稳定性影响明显，排液速度越大，超稠油脱水速度越慢，脱水效果越差。排液速度越大，所形成的乳状液粒径越小，乳状液分散越好，破乳脱水越困难。其原因为：排液速度越大，残留酸与原油混合越均匀，增强了原油乳化作用。

目前常用的破乳剂很难满足复杂稳定采出液的破乳脱水要求。为了解决上述采出液的破乳脱水问题，结合超稠油水相中和处理技术、超稠油水洗技术及高频电脱技术等采出液破乳方式的优缺点，形成了超稠油脱水集成装置，进一步提高了原油脱水效率。

6.1.3　超稠油破乳脱水技术

1. 超稠油水相中和处理技术

超稠油水相中和处理技术可除去超稠油中的部分无机酸及有机酸，并使超稠油的水相 pH 呈中性，可以消除无机酸及有机酸对超稠油处理的影响。为此，针对超稠油考察了加入碱性物质的种类及其加入量对超稠油破乳的影响，破乳剂加量为 400ppm，实验温度为 80℃，脱水 12h。

由表 6-10 的实验数据可知，在超稠油中加入碱性物质后更易破乳脱水，并且加入碱 C 的效果优于其余两种碱。

表 6-10　碱性物质破乳性能对比

碱性物质	加量/%	界面状况	原油含水率/%	水相 pH
无	0	挂壁	42.1	5.0
碱 A	0.3	挂壁	23.5	5.66
	0.5	挂壁	19.2	5.86
碱 B	0.3	沉淀	17.9	6.93
碱 C	0.3	齐	16.3	8.31
	0.5	齐	14.8	8.92

2. 超稠油水洗技术

由实验分析数据可知，超稠油中含有一定量的机械杂质，考虑用碱量大、处理成本高和机械杂质对破乳脱水的影响等因素，提出了超稠油水洗技术。实验破乳剂加量为400ppm，实验温度为 80℃，脱水 12h，实验研究结果见表 6-11。

表 6-11　实际采出液的水洗效果

采出液	药剂	分水量/mL						水相 pH	原油含水率/%
		0.5h	1h	2h	3h	5h	7h		
水洗前	rpz-1+0.2%碱 C	2.0	7	10	11.5	12.5	13.5	5.87	6.25
水洗后	rpz-1+0.1%碱 C	1.0	4	6	7	9	10	5.36	7.40
	rpz-1+0.2%碱 C	4.5	8	10	12.5	13.5	15	7.73	3.5

通过水洗实验可知，超稠油水洗后破乳脱水效果有一定提升，脱水后原油含水率由6.25%降低至 3.5%。通过水洗的方式，超稠油和水充分接触，可以使大部分乳化水与水洗水混合，降低乳化水中各种作业残液的浓度及其对界面膜的影响。另外，还可以将超稠油中的泥沙、泥浆、盐类等颗粒细小的固体杂质及部分酸化淤渣洗涤出来，降低超稠油脱水难度。

3. 高频电脱技术

根据前期研究表明，高频脉冲电脱水技术具有电耗低、脱水效率高、对超稠油的适应性强、设备运行稳定性高等优点。为了进一步降低超稠油脱水效率，实验在中和水洗的基础上开展了高频电脱实验，实验数据见表 6-12。

表 6-12　高频脉冲电脱水与破乳剂联合作用超稠油动态实验结果

初始含水率/%	电压/V	电流/A	频率/kHz	温度/℃	脉宽比	rpz-1 破乳剂用量/ppm	油样含水率/%
3.5%	0	0	0	80	0	1000	3.5
	90	1.12	3	80	80	500	0.5

实验选用表 6-11 中水洗后加入药剂(rpz-1+0.2%碱 C)的油样进行高频电脱处理，超稠油含水率由 3.5%降低至 0.5%。

4. “中和+大罐沉降+高频电脱”集成技术

上述研究表明，超稠油脱水难度大，需加入破乳剂并辅以中和、水洗、高频电脱才能将超稠油脱水至含水率小于 1%，因此，根据工艺需要，本书设计了“水洗/中和+大罐沉降+高频电脱”集成处理工艺，工艺流程图如图 6-7 所示。

流程描述：超稠油在进泵前加入中和剂和破乳剂，泵入加热炉，经过加热炉加热至70℃，依次进入沉降罐 1、沉降罐 2 和沉降罐 3，沉降后的超稠油再通过高频电脱水器进行超稠油含水精脱，最后进入净化油罐进行沉降处理。

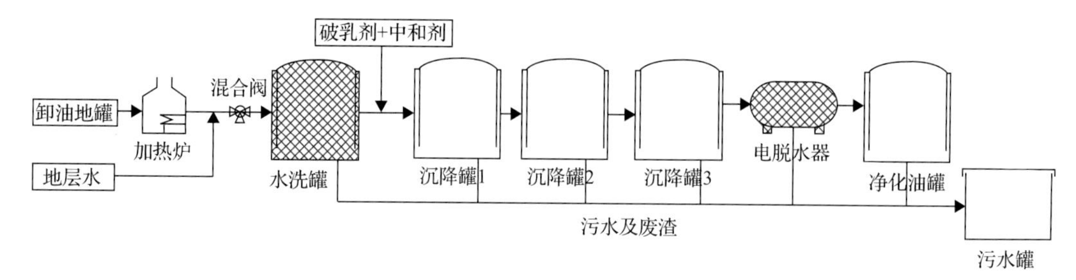

图 6-7　超稠油处理工艺方案

6.1.4　超稠油脱水技术的应用

塔河油田超稠油处理前期采用热化学法，破乳剂加量为 1000mg/L，沉积时间普遍大于 72h，能耗高、处理成本高。2015 年采用了“中和/水洗+超声波+大罐沉降+高频电脱”集成脱水工艺，利用中和水洗技术降低超稠油乳化液中的酸、固体颗粒及化学添加剂对油水界面膜的影响[6]；利用超声波破乳脱水技术对高含水原油破乳脱水具有较好效果的特点，对中和水洗后的高含水超稠油乳化液进行破乳脱水[7]；利用高频电脱破乳技术对较低含水乳液具有较高效率的特点，对超声处理后的原油进行高频电处理[8,9]。通过 3 种技术的有效组合，以及综合处理剂的应用，劣化原油乳化液破乳剂加量由 1000mg/L 降低至 300mg/L，沉降时间由 96h 以上降低至 48h，处理成本和处理能耗大幅降低。

6.2　高 H_2S 含量稠油稳定脱硫技术

塔河油田主力区块为超稠油区块，伴生气 H_2S 含量高达 1.0×10^4mg/m^3，在国内外都比较少见。对于原油中高浓度的 H_2S，采用化学法脱硫成本较高，给原油后处理也会造成一定的困难，因此，结合塔河油田稠油的物性特征选择采用物理的气提法脱出原油中的 H_2S，并且与原油稳定结合，创新性地提出了超稠油气提脱硫稳定一体化技术[10]。

首先，对多级分离法、负压闪蒸法、提馏法等技术进行模拟计算论证，探讨相应技术对高黏度、高 H_2S 含量原油 H_2S 脱除的适应性；其次，优化得到负压气提脱硫稳定一体化技术工艺。中国石油化工股份有限公司西北油田分公司(简称西北油田分公司)先后在塔河油田二号、三号、四号联合站开展了负压气提脱硫稳定一体化技术应用，并将该技术推广应用至西北油田分公司顺北 1、桥古 1、跃进 2 处理站，使其原油脱硫效果、稳定深度得到了极大改善。

6.2.1　稠油稳定脱硫工艺论证

1. 多级分离工艺分析

多级分离是指油气两相保持接触的条件下，压力降到某一数值时，把压降过程中析出的气体排出，脱除气体的原油继续沿管路流动、降压到另一较低压力时，把该降压过程中从原油中析出的气体再次排出，如此反复，直至系统压力降为常压，产品进入储罐为止。每排一次气，便为一级分离，排几次气便称为几级分离。三级分离的模拟计算流程图如图 6-8 所示。

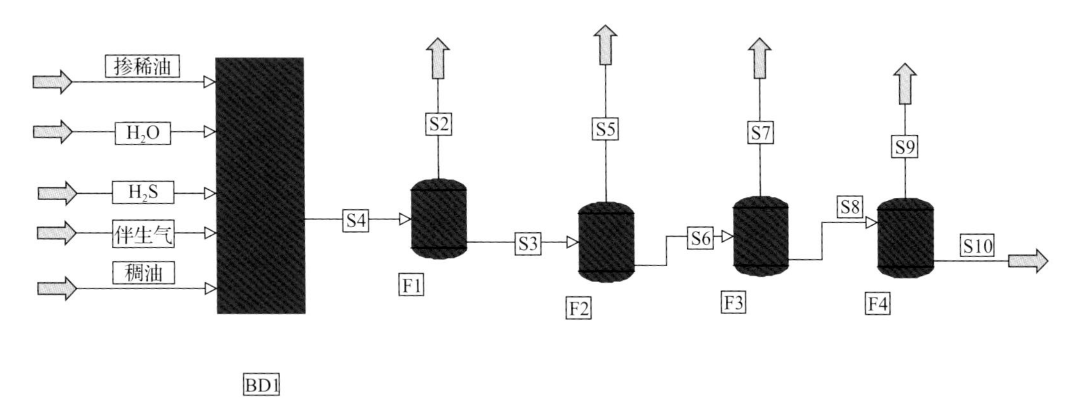

图 6-8　三级分离的模拟计算流程图

影响多级分离工艺中气液分离效果的主要操作参数有分离级数、各级分离温度和分离压力，下面研究这 3 个操作参数对多级分离效果的影响。

1) 分离级数对脱硫稳定性的影响

对一级分离、二级分离、三级分离 3 种工况分别进行模拟计算，初步设定分离温度都为 90℃，一级分离的分离压力为 0.1MPa；二级分离的第一级分离压力为 0.2MPa，第二级分离压力为 0.1MPa；三级分离的第一级分离压力为 0.25MPa，第二级分离压力为 0.15MPa，第三级分离压力为 0.1MPa。计算得到分离后原油中的 H_2S 含量、H_2S 脱出率、原油蒸气压及原油相对密度，结果见表 6-13。

表 6-13　多级分离工艺模拟计算结果

分离级数	H_2S 含量/(mg/L)	原油蒸气压/kPa	原油相对密度	H_2S 脱出率/%
一级分离	357.49	24.20	0.9996	64.3
二级分离	380.98	23.93	0.9995	61.96
三级分离	435.11	23.17	0.9993	56.55

从表 6-13 中可以看出，①分离级数越多，分离后原油的 H_2S 含量越高，原油相对密度越小；②原油蒸气压随着分离级数的增加而降低，有利于原油蒸气压的控制，但是塔河油田超稠原油由于重质组分比较多，油气分离的主要目的是脱除溶解气和 H_2S。

从前面的分析可知，分离级数越多，原油 H_2S 脱出率越高，但在不断增加分离级数的同时，原油脱硫效果变差，而分离设备的经营和投资费用大幅度上升，企业经济效益下降。国内外长期实践证明：对于一般油田，采用三级或四级分离经济效益最好。

2) 各级分离温度对脱硫稳定性的影响

维持第一级分离压力为 0.25MPa，第二级分离压力为 0.15MPa，第三级分离压力为 0.1MPa；改变分离温度，研究分离温度对分离结果的影响，结果见表 6-14。

表 6-14　分离温度对脱硫稳定性的影响

分离温度/℃	H_2S 含量/(mg/L)	H_2S 脱出率/%	原油收率/%	原油蒸气压/kPa	原油相对密度
80	544.47	45.63	99.344	35.85	0.99875
85	498.76	50.19	99.299	29.37	0.999
90	435.11	56.55	99.234	23.17	0.9993
95	344.96	65.55	99.126	17.31	0.99969
100	219.15	78.12	98.899	12.00	1.0003
105	65.78	93.43	97.903	6.96	1.0014
110	6.76	99.32	91.742	4.07	1.006
115	1.60	99.84	87.168	2.96	1.0103

从图 6-9 中可以看出：分离温度越高，分离后所得原油收率越低，原油中的 H_2S 含量也越少，原油蒸气压越低，原油相对密度越大。

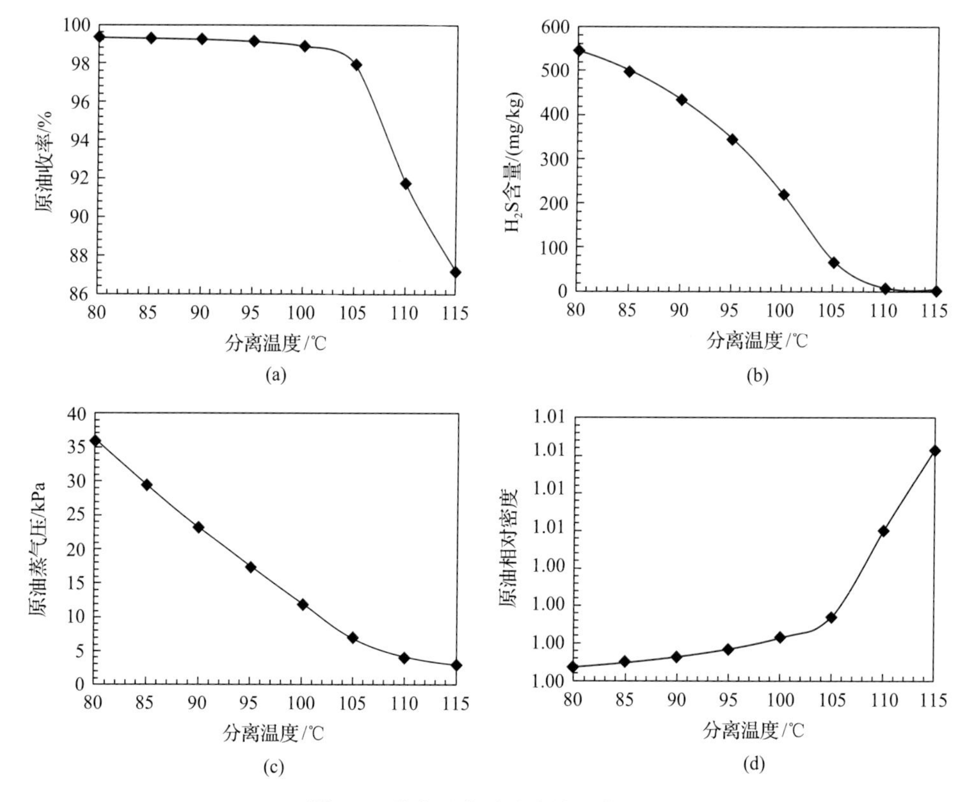

图 6-9　分离温度对分离效果的影响

3) 分离压力对脱硫稳定性的影响

维持分离温度为 90℃条件下，在二级分离工艺中改变第一级分离压力得到分离压力对气液分离效果的影响关系，以此来分析分离压力对分离效果的影响(表 6-15，图 6-10)。

表 6-15 分离压力对分离效果的影响

分离压力/MPa	H_2S 含量/(mg/L)	H_2S 脱出率/%	原油收率/%	原油蒸气压/kPa	原油相对密度
0.12	409.58	59.10	99.20	23.51	0.99938
0.14	424.18	57.64	99.223	23.37	0.99933
0.16	423.31	57.73	99.222	23.37	0.99934
0.18	416.2	58.44	99.213	23.44	0.99936
0.2	406.66	59.39	99.2	23.58	0.99939
0.22	396.36	60.42	99.186	23.72	0.99943
0.24	386.04	61.45	99.172	23.86	0.99947
0.26	376.03	62.45	99.158	23.99	0.9995
0.28	366.5	63.40	99.144	24.13	0.99954

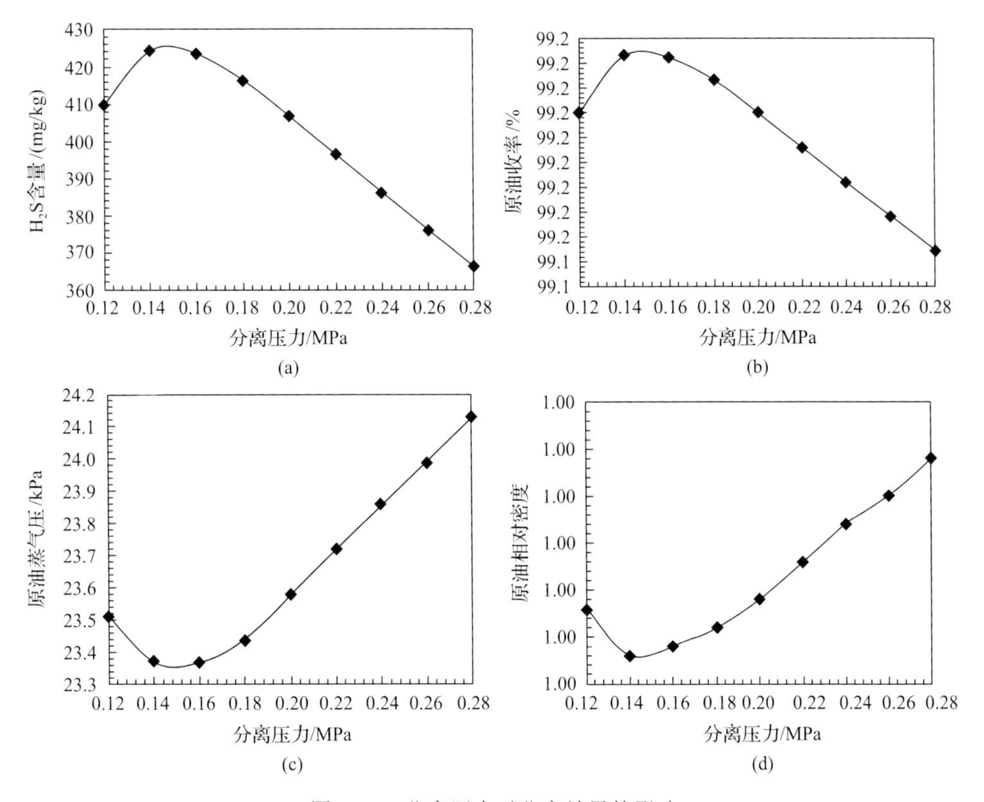

图 6-10 分离压力对分离效果的影响

从图 6-10 可以看出：H_2S 含量随第一级分离压力的升高先增多后减少，第一级分离压力在 0.14～0.16MPa 时，原油中的 H_2S 含量达到最多，并且当第一级分离压力高于 0.18MPa 之后，H_2S 含量随分离压力的升高呈线性减少，在分离压力升高到 0.28MPa 后（此时变为一级分离了），原油中的 H_2S 含量最少。原油收率随分离压力的变化与 H_2S 含量的变化相同。随着分离压力的升高，原油蒸气压和相对密度都是先减小后增大。

若分离级数为 n，各级操作压力分别为 $p_1, p_2, \cdots, p_n$(绝)，坎贝尔提出的各级压力比 R_p 的经验公式为

$$R_p = \left(\frac{p_{i-1}}{p_i}\right) = \left(\frac{p_1}{p_n}\right)^{1/n} \tag{6-4}$$

式(6-4)是确定各级分离压力的简捷方法，也可为优化各级分离压力提供计算初值。对于三级分离，模拟中所采用的初始分离压力为0.3MPa，最后一级分离压力为0.1MPa，根据式(6-4)计算得出各级分离压力分别为：第一级分离压力为 0.208MPa，第二级分离压力为0.144MPa，第三级分离压力为0.1MPa，分别改变各级分离压力与式(6-4)计算所得的分离压力计算结果进行比较，见表6-16和表6-17。

表 6-16 改变各级分离压力的影响(实验数据)

	分离压力									
	0.10MPa	0.12MPa	0.14MPa	0.16MPa	0.18MPa	0.20MPa	0.22MPa	0.24MPa	0.26MPa	0.28MPa
原油收率/%	99.19	99.24	99.23	99.23	99.21	99.20	99.19	99.19	99.19	99.19

表 6-17 计算所得分离压力的影响(模拟数据)

	分离压力							
	0.14MPa	0.16MPa	0.18MPa	0.20MPa	0.22MPa	0.24MPa	0.26MPa	0.28MPa
原油收率/%	99.223	99.235	99.241	99.242	99.240	99.237	99.233	99.229

图 6-11(a)为确定了第一级分离压力为 0.208MPa，改变第二级分离压力后所得到的原油收率图。图 6-11(b)是在确定第二级分离压力为 0.144MPa，改变第一级分离压力后所得到的原油收率图。

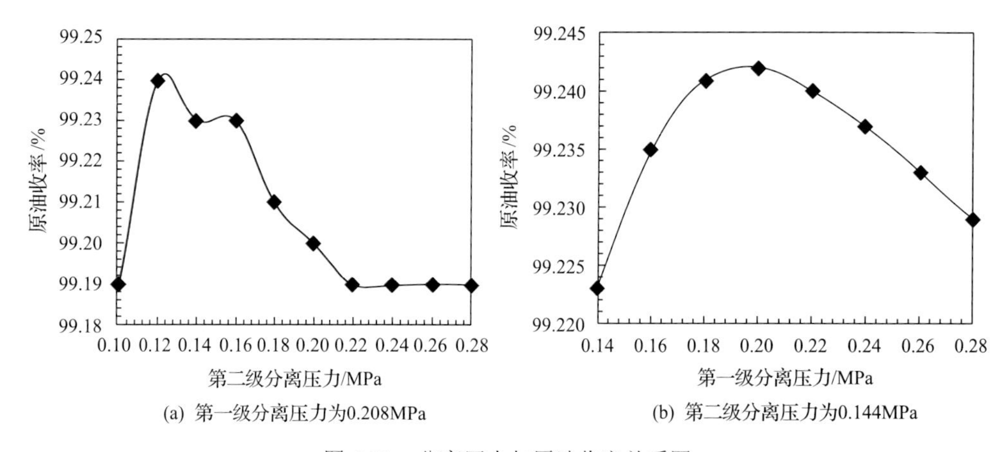

(a) 第一级分离压力为0.208MPa

(b) 第二级分离压力为0.144MPa

图 6-11 分离压力与原油收率关系图

从图 6-11 中可以看出：①当第一级分离压力为 0.208MPa 时，第二级分离压力为 0.14～0.15MPa 时分离后原油收率较大，而由式(6-4)计算所得的第二级分离压力为

0.144MPa，模拟结果与计算结果相符。②在第二级分离压力为 0.144MPa 时，第一级分离压力为 0.20～0.21MPa 时分离后原油收率较大，而由式(6-4)计算所得的第一级分离压力为 0.208MPa，模拟结果与计算结果相符。

取任意组合的第一级分离压力与第二级分离压力所得的模拟计算结果与取式(6-4)计算的第一级和第二级分离压力所得的模拟计算结果数据见表 6-18。

表 6-18　分离压力对原油收率的影响

第一级分离压力/MPa	第二级分离压力/MPa	原油收率(质量百分数)/%
0.208	0.144	99.2416
0.25	0.2	99.2024
0.25	0.15	99.2338
0.2	0.15	99.2386

图 6-11(a)中出现的平直段可以做如下解释：确定第一级分离压力为 0.208MPa 不变，改变第二级分离压力。原油进入第一级分离器后，在 0.208MPa、90℃条件下将其中的气体分离出来，而当第二级分离压力升高到 0.208MPa 或更高之后，从第一级分离器流出的原油在进入第二级分离器后，在高于 0.208MPa 的条件下是不会有气体排出的，因此继续升高第二级分离压力，整个分离过程相当于第一级分离压力为 0.208MPa，第二级分离压力为 0.1MPa 的二级分离，原油收率不会随着第二级分离压力的继续升高而变化。

对多级分离工艺的分析表明：①分离温度越高，分离后原油中的 H_2S 含量和原油收率会越少，原油蒸气压越低，原油相对密度越大；②分离级数越多，分离后原油中的 H_2S 含量越多，而所得到的原油的组成越合理，原油蒸气压越低，原油相对密度越小，原油收率越高；③分离压力的选择可根据要分离的物系性质，利用坎贝尔(Campbell)经验公式确定。

2. 气提脱硫工艺分析

气提脱硫工艺就是采用分馏塔或提馏塔进行原油脱 H_2S，塔底注入天然气，气体向上流动过程中与向下流动的原油在塔板上逆流接触，由于气相内 H_2S 的分压很低、液相内 H_2S 含量高，产生浓度差促使液相内 H_2S 进入气相，从而降低原油中溶解的 H_2S 含量。

气提脱硫工艺模拟流程如图 6-12 所示。气提脱硫工艺的影响因素有很多，主要为操作压力、再沸器的加热温度、气提气流量及塔板数等。一般不特别指明，操作压力为 0.3MPa，原油温度为 90℃，气提气流量为 1000m^3/h，塔板数按照 10 层进行模拟。所用的气提气组成采用了塔河油田二号联合站轻烃站外输天然气组成，见表 6-19。

1)气提气流量的影响

固定气提塔的塔板数为 10 层，气提塔压力为 0.3MPa，塔底加热温度为 90℃，改变气提气流量，得到气提气流量对气提脱 H_2S 效果的影响关系如下(表 6-20，图 6-13)。

从图 6-13 中可以看出：①气提气流量越大，所得原油中的 H_2S 含量越少。气提气流量增大，对塔内原油中 H_2S 的携带作用增强，并且气提气的通入降低了塔内原油中

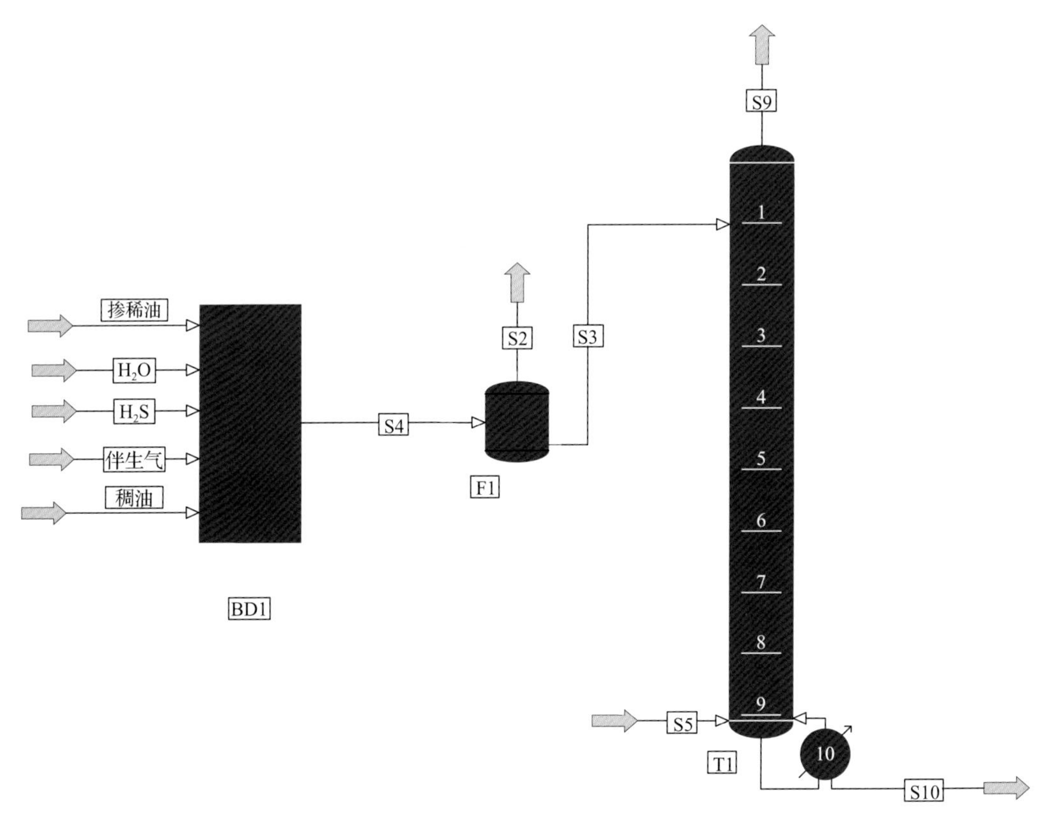

图 6-12 稠油气提脱硫工艺模拟流程图

表 6-19 气提气组成数据表 [单位：%(体积分数)]

甲烷	乙烷	丙烷	异丁烷	正丁烷	二氧化碳	氮气
75.0401	10.7267	0.4168	0.0014	0.0010	11.4021	2.4120

表 6-20 气提气流量的影响

气提气流量/(m^3/h)	H_2S 含量/(mg/L)	H_2S 脱出率/%	原油收率/%	原油蒸气压/kPa	原油相对密度	能耗/kW
1000	498.03	50.27	99.412	131.43	0.9975	182.85
1500	384.89	61.56	99.362	132.04	0.99768	268.9
2000	275.66	72.47	99.315	132.60	0.99781	353.82
2500	177.5	82.27	99.271	133.03	0.9979	436.59
3000	100.44	89.97	99.231	133.34	0.99799	517.59
3500	50.846	94.92	99.195	133.56	0.99807	597.05
4000	23.893	97.61	99.161	133.71	0.99814	675.06

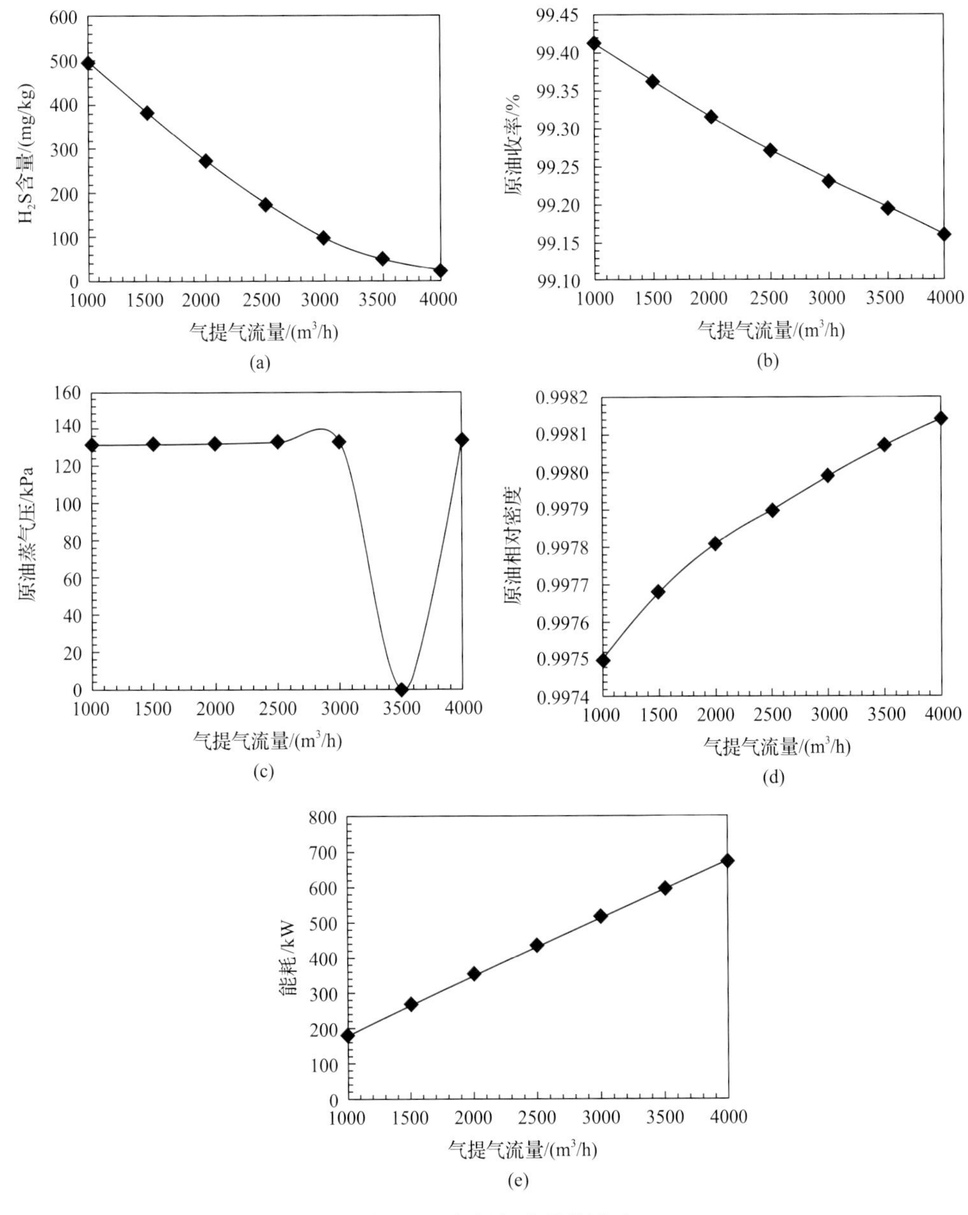

图 6-13　气提气流量的影响

H_2S 在气相中的分压，产生了浓度差，促使 H_2S 进入气相，因此原油中的 H_2S 含量随气提气流量的增加而减小。②气提气流量越大，原油收率越小。③随着气提气流量的增大，原油蒸气压和相对密度变化不是很大；但总的来说，原油蒸气压和相对密度都是随气提气流量的增加而增大的。气提气中含有 C_1～C_4 组分，气提气的通入并不能明显地降低 C_1～C_4 在气相中的分压，因此原油中 C_1～C_4 含量的多少主要受塔底加热温度的影响，塔底加热温度一定的情况下，原油中 C_1～C_4 含量基本不变，因此，原油蒸气压和相对密度基本保持不变。④气提流程所需的能耗主要是塔底再沸器的加热能耗，此处塔底再沸器的加热温度都是 90℃，然而由于气提气流量不同，所需要加热物质的总量就会不同，气提气流量越大，总能耗越多，并且原油收率越小，能耗比越大。

2）气提塔压力的影响

固定气提塔的塔板数为 10 层，塔底加热温度为 90℃，气提气温度为 20℃，气提气流量为 1000m^3/h。改变气提塔压力，得到气提塔压力对气提脱硫效果的影响关系如下（表 6-21，图 6-14）。

表 6-21　塔顶压力的影响

塔顶压力/MPa	H_2S 含量/(mg/L)	H_2S 脱出率/%	原油收率/%	原油蒸气压/kPa	原油相对密度	能耗/kW
0.15	97.132	90.30	99.067	55.41	0.9996	536.35
0.2	276.39	72.40	99.228	80.54	0.99882	338.71
0.25	410.02	59.06	99.335	106.37	0.99811	239.61
0.3	498.17	50.25	99.412	131.44	0.9975	182.79
0.35	555.76	44.50	99.469	151.85	0.9970	147.09

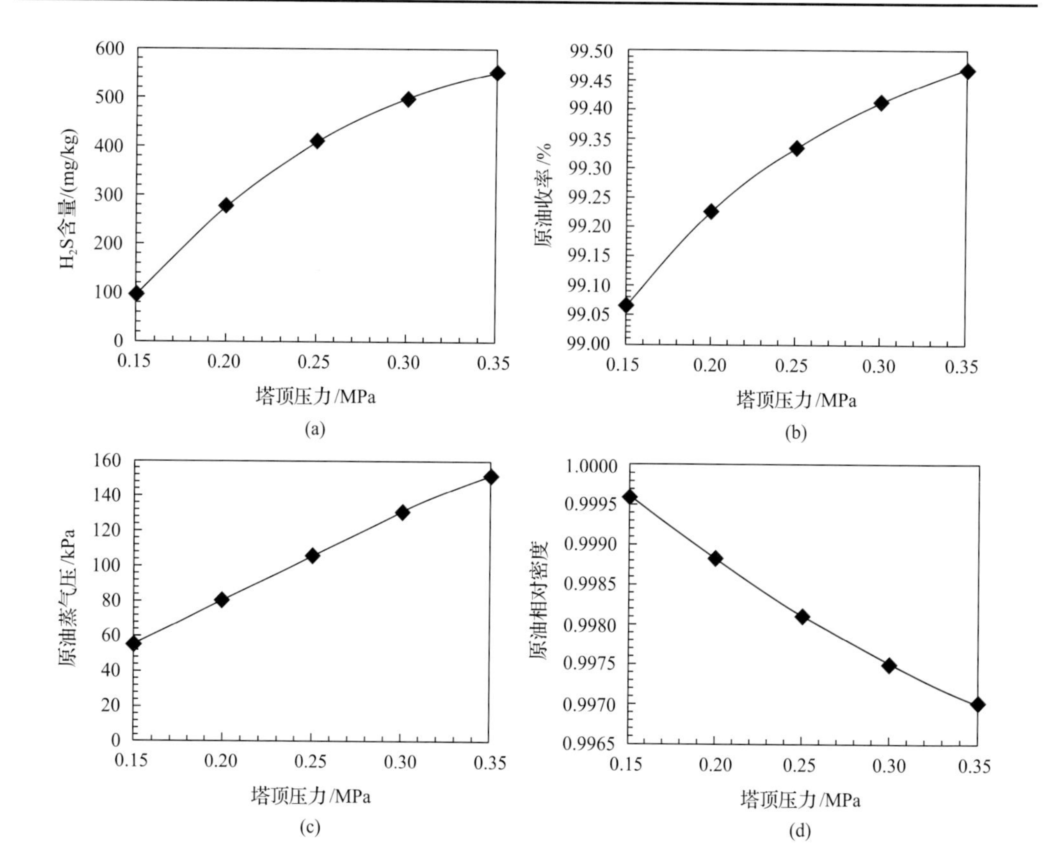

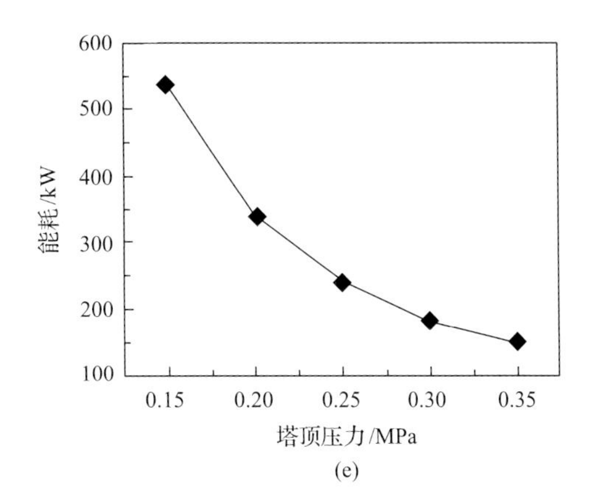

(e)

图 6-14　塔顶压力对气提脱硫工艺效果的影响关系图

从图 6-14 中可以看出：塔顶压力越高，原油中的 H_2S 含量越多，原油收率越大，并且原油蒸气压也越大，原油相对密度越小。

产生上述结果的原因如下。

(1) 压力的大小影响各组分的相平衡常数，相平衡常数是物系温度和压力的函数，压力越高，质平衡常数越小，组分在气相中的含量会下降，在液相中的含量会上升，因此，原油收率会增大。

(2) 轻质组分与重质组分相比，塔顶压力对重质组分平衡常数的影响要小。随着塔顶压力的增大，轻质组分平衡常数会减小，而重质组分平衡常数可以认为基本不变，这样，轻质组分(包括 H_2S) 在塔底原油中的含量会增大，而重质组分的含量基本保持不变，因此，塔底原油中 H_2S 含量会随塔顶压力的升高而增大，并且原油蒸气压也会增大，另外，由于轻质组分含量的增多，原油相对密度会减小。

(3) 由于在不同的压力下，塔底加热温度都为 90℃，气提气流量一定，所需的总能耗基本不变，而随着塔顶压力的升高，原油收率会增大，因此，能耗比会减小。

从上面的分析可以看出，塔顶压力的升高有利于提高原油收率，增加 C_3、C_4 等轻质组分的收率，使原油相对密度降低，但同时却不利于原油中 H_2S 的脱除，塔内的操作压力将直接影响到气液相平衡关系，一般它根据物系的性质及脱硫要求来确定。需要注意的是，在塔底加热温度一定的条件下，要达到一定的脱硫效果，塔顶压力和气提气流量两者是相互影响的，塔顶压力越高，需要的气提气流量越大。

3) 塔底加热温度的影响

在其他各操作条件不变的情况下，改变塔底再沸器的加热温度，得到塔底加热温度对分离效果的影响(表 6-22，图 6-15)。

从图 6-15 中可以看出：①塔底加热温度越高，原油中的 H_2S 含量越少，原油收率越小。②塔底加热温度越高，原油蒸气压越小，原油相对密度越大。③从图中能耗曲线可以看出，塔底加热温度越高，能耗越大，塔底温度降低，能耗则呈直线减小。塔底加热温度在 90℃以下时，是不需要对原油进行额外加热的，因此可以认为其能耗为 0。

表 6-22　塔底加热温度的影响

塔底加热温度/℃	H_2S 含量/(mg/L)	H_2S 脱出率/%	原油收率/%	原油蒸气压/kPa	原油相对密度	能耗/kW
90	498.01	50.27	99.412	131.43	0.9975	182.89
92	494.07	50.66	99.407	127.03	0.99757	687.05
94	490.10	51.06	99.401	122.28	0.99764	1192.8
96	485.99	51.47	99.395	117.28	0.9977	1700.3
98	481.92	51.88	99.389	112.15	0.99778	2209.1
100	477.61	52.31	99.383	106.96	0.99785	2719.1

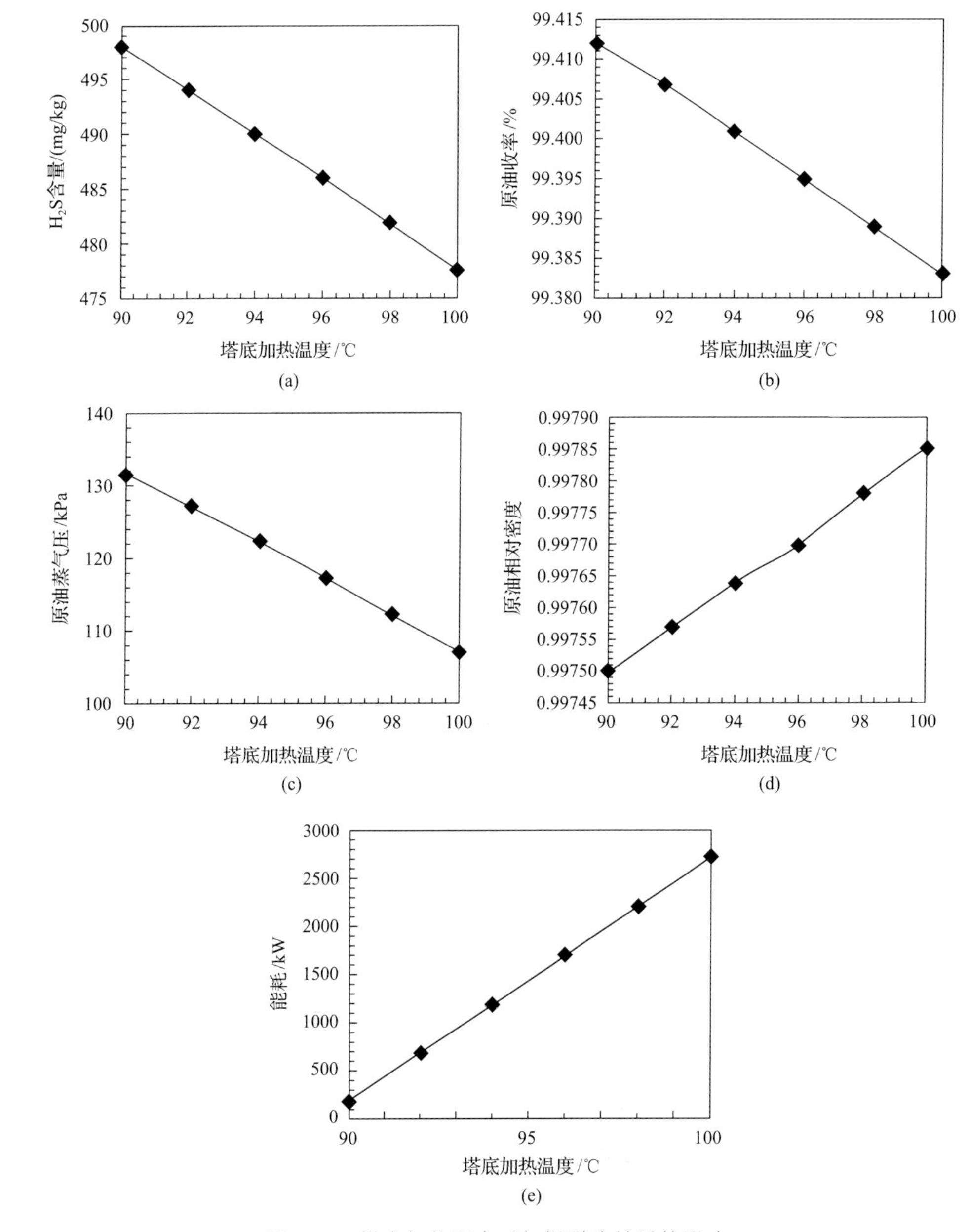

图 6-15　塔底加热温度对气提脱硫效果的影响

产生这样的结果的原因是：①温度影响原油各组分的气液平衡常数，温度越高，平衡常数越大，各组分的平衡液量越少。因此，所得原油的量会随塔底加热温度的升高而减少，并且组分的分子量越小，平衡常数随塔底加热温度的变化越大。重质组分相对于轻质组分来说，随着塔底加热温度的升高，平衡常数基本不变，因此，原油中重质组分的平衡液量随塔底加热温度的升高变化不大，而 H_2S 在液相中的含量却减少很多，因此塔底原油中的 H_2S 含量会随塔底加热温度的升高而变少。C_1～C_4 等轻质组分含量减少了，原油蒸气压会减小，并且原油相对密度会升高。②随着塔底加热温度的升高，原油黏度降低，流动性能变好，在塔盘上可以与天然气充分接触，将原油中的 H_2S 分离出来，提高塔盘效率，因此，提高塔底加热温度对于提高脱 H_2S 效果有益。

4) 塔板数的影响

在其他各操作条件不变的情况下，改变气提塔的塔板数，得到塔板数对气提脱硫效果的影响(表 6-23，图 6-16)。

从图 6-16 中可以看出：塔板数越多，所得原油中 H_2S 含量越少，脱硫效果越好，原油收率越小，而原油蒸气压和相对密度变化很小。总的来说，原油蒸气压随塔板数的增加有略微的增加，原油相对密度基本不变。

表 6-23　塔板数的影响

塔板数/层	H_2S 含量/(mg/L)	H_2S 脱出率/%	原油收率/%	原油蒸气压/kPa	原油相对密度	能耗/kW
2	514.52	48.62	99.4179	130.81	0.9974	178.9309
4	499.50	50.12	99.4129	131.32	0.9975	181.9091
6	497.93	50.28	99.4121	131.41	0.9975	182.5843
8	497.88	50.28	99.4121	131.43	0.9975	182.7375
10	497.98	50.27	99.4122	131.43	0.9975	182.8257
11	498.07	50.26	99.4123	131.42	0.9975	182.8468
12	498.14	50.26	99.4124	131.42	0.9975	182.8468

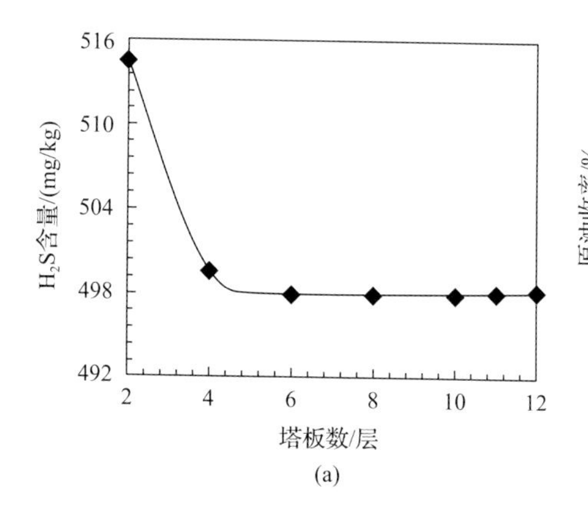

(a)

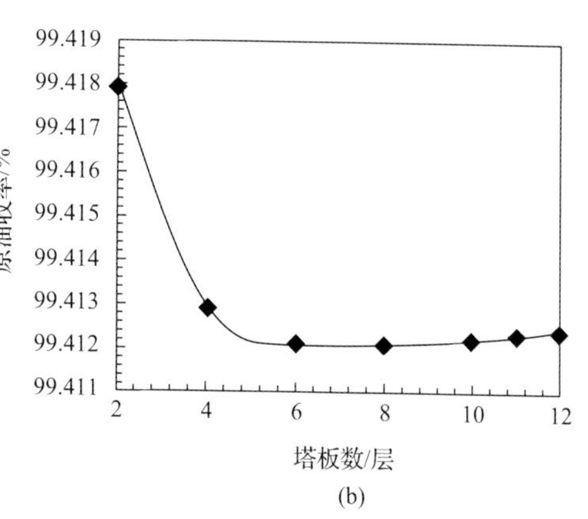

(b)

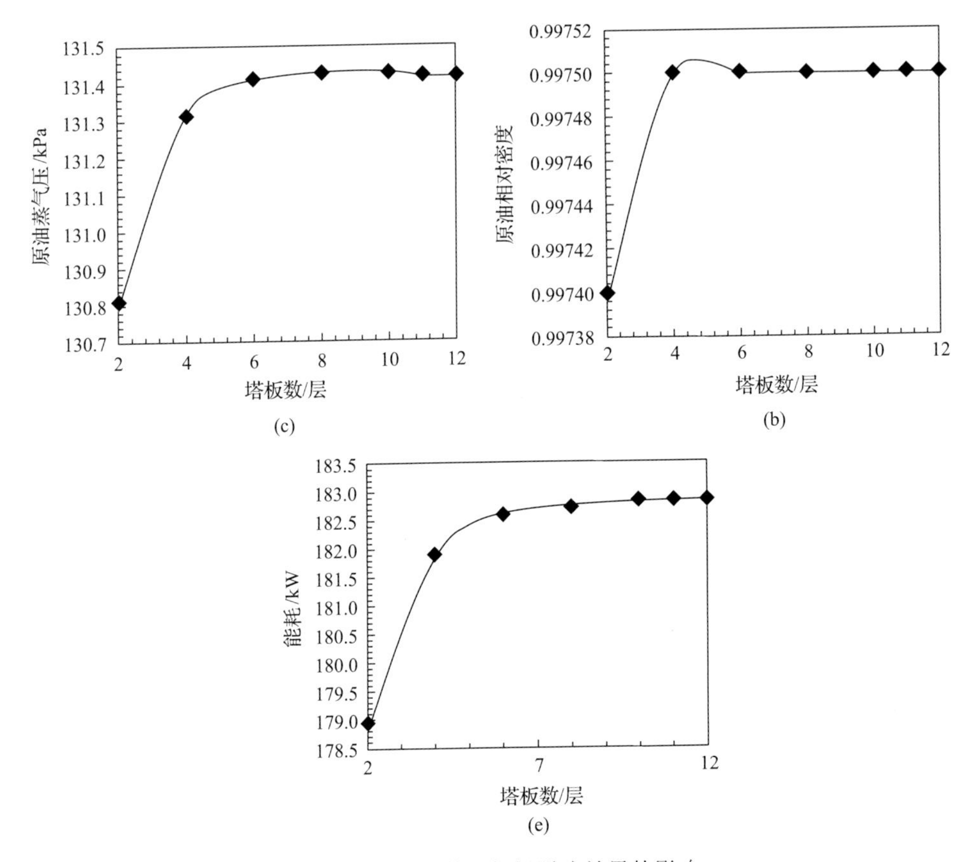

图 6-16 塔板数对气提脱硫效果的影响

塔板数的增多使油气在塔内有比较充分的接触时间，有利于 H_2S 从原油中析出。因此，塔板数的多少对于脱 H_2S 效果的影响很大。而从前面的分析可知，由于气提气的通入，脱 H_2S 后原油蒸气压和相对密度受塔底温度的影响比较大，受其他操作参数的影响非常小。

塔板数越多，能耗越大。塔底温度都为 90℃，因此，随着塔板数的变化，所需的总能耗是基本不变的，而随着塔板数的增多，原油收率是降低的，因此，能耗会增大。

5) 其他影响因素分析

经过模拟计算分析，气提气的压力对脱硫效果基本没有影响，但是气提气是依靠与塔顶的压力差在塔内自下而上运动的，因此，气提气的压力只要保证气提气能顺利地从塔底流向塔顶即可，因此，气提气的压力至少要高于气提塔的塔顶压力。

通过对稠油气提脱硫工艺的分析得到以下结论。

(1) 气提脱硫工艺的主要影响因素有气提气流量、塔内操作压力、塔底加热温度及塔板数。

(2) 气提气流量越大、塔内操作压力越低、塔底加热温度越高、塔板数越多，则气提后原油中的 H_2S 含量越少，但是原油中 H_2S 含量减少的同时原油收率会减小，能耗会增大。

(3)气提气流量和塔板数对原油蒸气压和相对密度的影响较小，其主要受塔顶压力和塔底加热温度的影响，塔顶压力越高、塔底加热温度越低，所得原油蒸气压越大，原油相对密度越小。

(4)塔顶压力、气提气流量及塔底加热温度是对原油中 H_2S 含量影响比较大的3个主要因素，在优化脱硫参数时，3个因素相互影响。一定的塔顶压力下，可以用不同的气提气流量和塔底加热温度组合达到脱 H_2S 要求；同样，一定的气提气流量下，可以用不同的塔顶压力和塔底加热温度组合达到脱 H_2S 要求。

3. 负压闪蒸工艺分析

负压闪蒸主要是靠降低闪蒸压力，增加轻烃组分的相对挥发度，使原油中的 H_2S 部分脱出。

负压闪蒸的流程(图6-17)描述如下：原油经过初步气液分离后，经节流减压呈气液两相状态进入闪蒸罐，罐顶部与压缩机入口相连，塔的操作压力一般为 0.05～0.07MPa 的负压。原油在塔内闪蒸，包括 H_2S 在内的易挥发组分在负压下析出进入气相，并从塔顶流出，再经增压冷却后，在分离器中分离出不凝气、凝析油(或称粗轻油)和污水。由塔底流出的原油，增压后送往下一级处理单元。

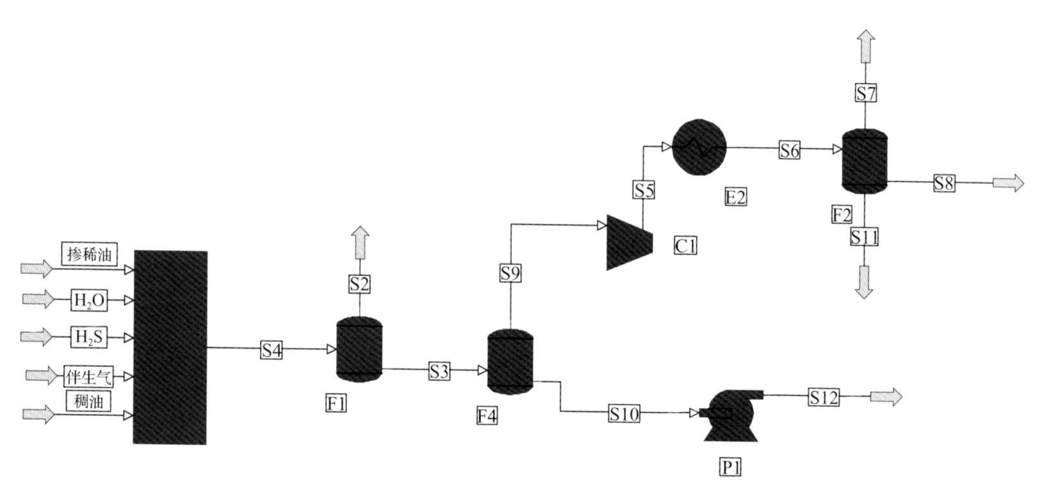

图6-17　负压闪蒸模拟流程图

负压闪蒸方法的主要影响参数是负压塔的闪蒸压力和操作温度。下面主要对这两个因素进行分析。由图6-18可见，负压闪蒸过程中，操作温度和操作压力对脱 H_2S 效果的影响十分显著，随着闪蒸压力的升高，原油中的 H_2S 含量增多，所得原油收率也会增大，原油饱和蒸气压增大，原油相对密度减小。在相同的操作压力下，原油中的 H_2S 含量随操作温度的升高而减少，原油收率减小，原油饱和蒸气压减小，原油相对密度增大。

从能耗比图中可以看出，在80℃、90℃进行闪蒸时，能耗比较低，而在100℃进行闪蒸时，所需要的能耗比大大升高。这是因为原油脱水温度为90℃，在90℃以下进行闪蒸时，基本不需要对原油另行加热，能耗主要考虑压缩机的能耗，而在100℃进行闪蒸时，要对原油进行加热，所需要的能耗包括压缩机的能耗和加热原油所需的能耗。负压

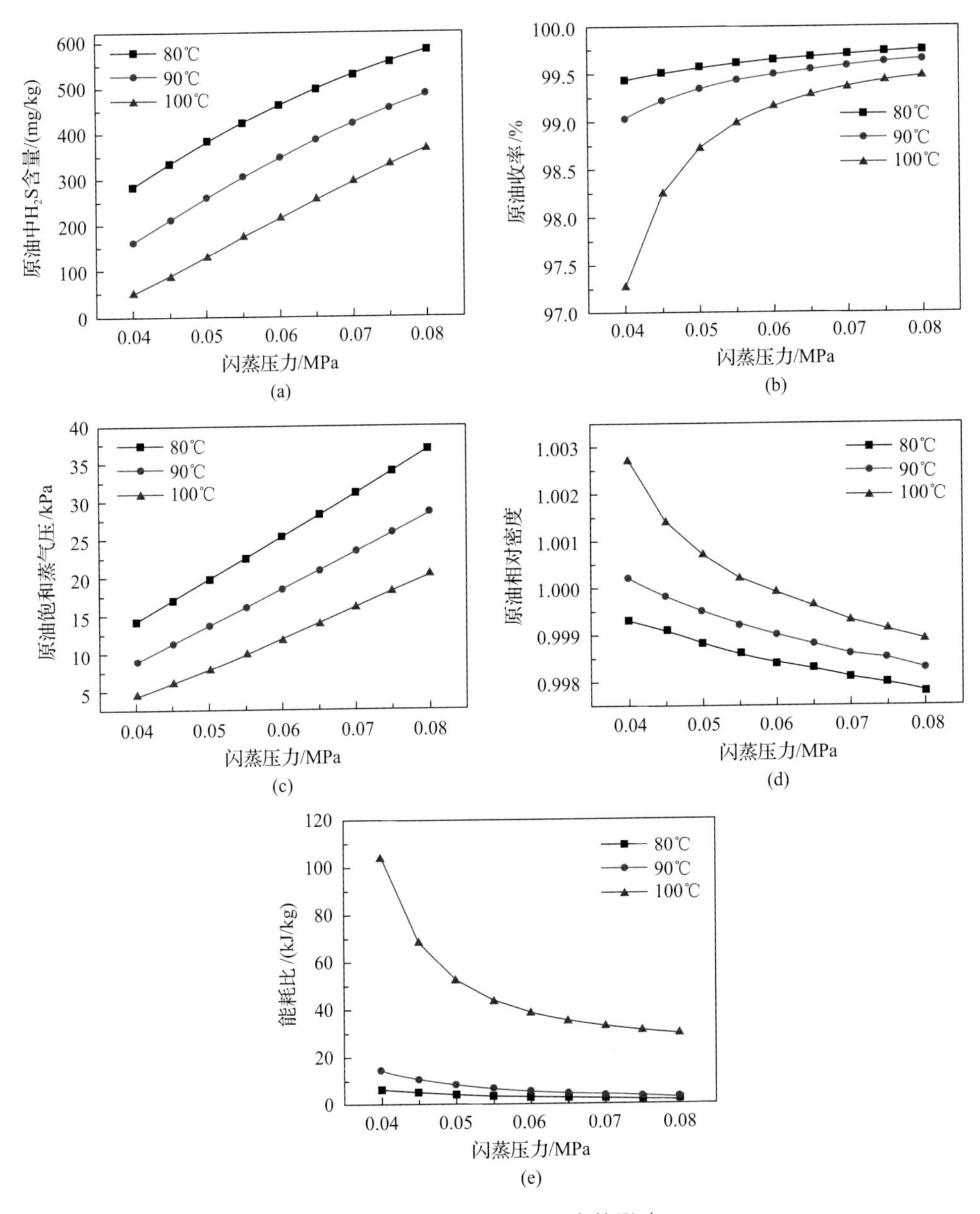

图 6-18 闪蒸压力和温度的影响

闪蒸工艺主要是通过降低闪蒸压力实现原油脱 H_2S，因此，负压闪蒸最好能利用原油脱水温度进行，而不对原油另行加热。负压闪蒸工艺由于不需要换热、加热设施，工艺简化，投资和能耗都比较低[11]。

压缩机和冷却器是负压闪蒸装置耗能的主要单元。为在经济上获得较高利益，常用负压闪蒸处理溶解气量少、所需气化率小的重质原油，以减少压缩机功耗。

通过前面对负压闪蒸脱 H_2S 方法的分析可以得出以下结论。

(1) 负压闪蒸温度越高，原油中的 H_2S 含量越少，同时有利于降低原油饱和蒸气压，然而原油收率会越小，原油相对密度越大，能耗比也会越高。

(2) 负压闪蒸工艺的闪蒸压力越低，原油中的 H_2S 含量越少，有利于降低原油饱和蒸气压，然而原油收率会减小，原油相对密度会增大。由于闪蒸温度不变，总能耗基本不随压力的变化而变化，但原油收率降低，能耗比会随闪蒸压力的降低而增大。

(3) 负压闪蒸工艺的难点在于负压压缩机的运行和操作。若将负压闪蒸方式应用于原油脱 H_2S 处理，所需要的温度比较高，并且原油浪费严重，可以考虑将负压闪蒸用于原油的初步处理，将经过初步处理的原油再利用其他脱 H_2S 方法进行进一步脱 H_2S 处理，使原油中的 H_2S 含量达到要求的质量指标。

4. 负压旋流分离工艺

低含水(含水率≤0.5%)净化稠油，经外输泵升压后输进负压旋流分离器，含溶解气的原油以一定的速度相对均匀地进入旋流分离筒(28 个)，进入旋流分离筒的原油经过导向叶片整流后进入旋流分离区，分离出的气泡群沿中心管上升进入气相空间，因气相空间压力为 50kPa，进入气相空间的气泡因气泡内部压力远高于其外部压力而迅速膨胀，加速气泡破裂，气泡内的气体进入气相空间，从而实现气分散相与重质原油连续相的分离。旋流分离筒分离出的原油自液面以下进入液体缓冲区，经提升泵输入塔河油田首站原油储罐。气相经过螺杆压缩机抽提，使强制旋流分离器形成负压，达到原油脱 H_2S 效果，气相经过压缩机后，出口增压至 0.4MPa，经过空冷器冷却至 45℃，进入分离器，经分离器分离后，气相压力为 0.35MPa，进入天然气处理系统(图 6-19)。

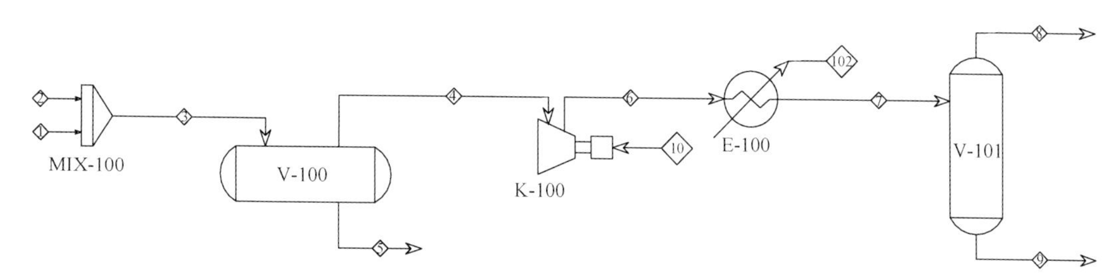

图 6-19　负压旋流油气分离模拟流程图

负压旋流分离器为卧式钢制容器，卧式筒体内径为 3000mm，总长度为 14600mm，容器内部气相空间内安装 28 个强制旋流不锈钢(0Cr18Ni9)分离筒。

原油进入脱 H_2S 装置时，原油中 H_2S 含量为 16.8mg/L，经过强制负压旋流分离脱 H_2S 工艺后，原油中 H_2S 含量为 8.37mg/L。脱出气量为 2662Nm^3/d，气体中凝析液为 447.36kg/d。

5. 4 种脱硫方法适应性分析

前面对多级分离、气提脱硫、负压闪蒸及负压旋流分离工艺 4 种分离方法进行了详细的分析研究，下面对 4 种方法的适用性进行比较。

由于负压旋流分离与其他 3 种方法的模拟方法不同，此处先比较多级分离、气提脱硫、负压闪蒸 3 种分离方法，然后再结合负压旋流分离进行所有分离方法的综合比较。

经过前面对多级分离、气提脱硫、负压闪蒸 3 种脱 H_2S 方式的模拟计算分析，确定了以下基本参数(图 6-20)。

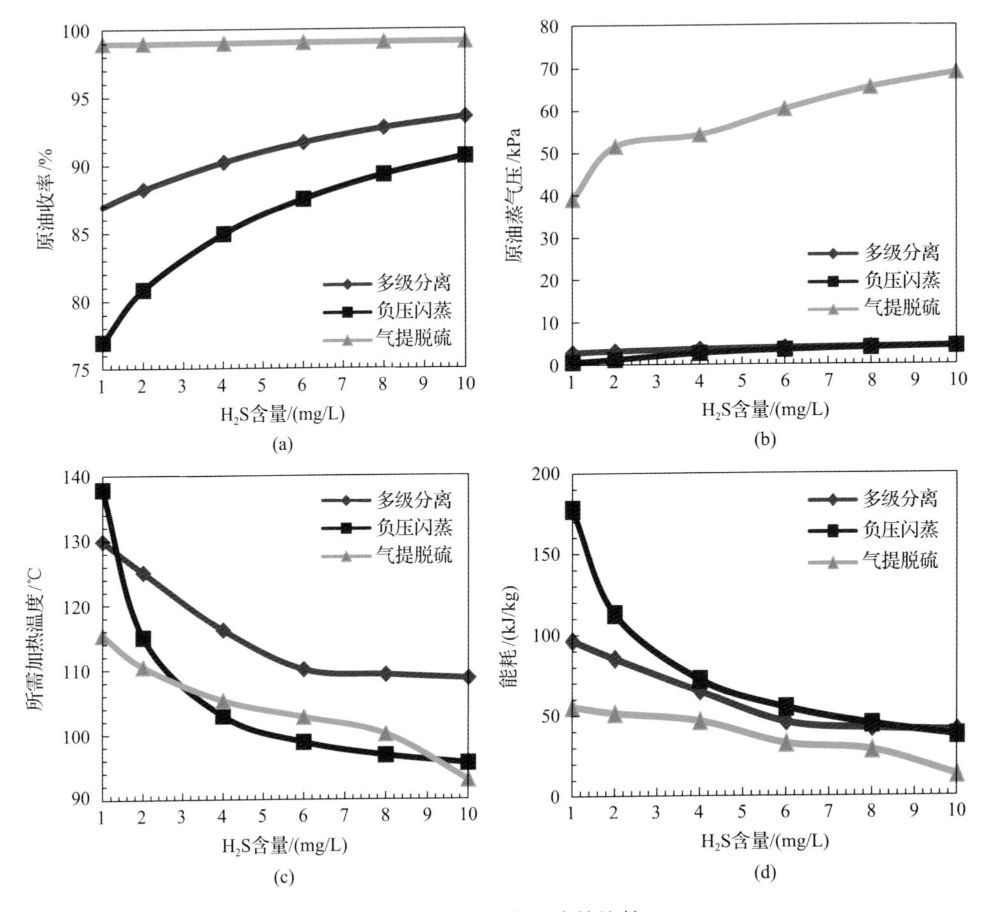

图 6-20　3 种脱硫方式的比较

(1) 多级分离方法采用三级分离：第一级分离压力为 0.208MPa，第二级分离压力为 0.144MPa，第三级分离压力为 0.1MPa，通过改变分离温度使分离后原油中的 H_2S 含量控制在 10～60mg/L。

(2) 负压闪蒸法：闪蒸压力为 0.06MPa，通过改变闪蒸操作温度使原油中的 H_2S 含量控制在 10～60mg/L。

(3) 气提脱硫：塔板数取 10 层，气提气流量为 4500m^3/h，塔内压力取 0.3MPa，改变塔底加热温度使原油中的 H_2S 含量控制在 10～60mg/L。

从图 6-20 中可以看出：①在原油脱 H_2S 方面，气提脱硫工艺脱 H_2S 效果最好，操作温度在 93℃时即可使 H_2S 含量满足小于 60mg/L 的要求，并且增大气提气流量可以在取消塔底再沸器加热的条件下满足 H_2S 含量小于 10mg/L 的要求。②在原油收率方面，气提脱硫工艺所得的原油收率最高，并且所得原油相对密度较小，组成较合理。而负压闪蒸方法所得原油由于其中轻质组分含量过少，原油相对密度相对较大，并且原油蒸气压过低，许多轻质组分被浪费。③从能耗来看，负压闪蒸压缩机消耗的能耗较多，并且原油压力降低为负压，能量损失比较大；而多级分离和气提脱硫工艺的能耗较低，并且气提脱硫工艺还可在 5500～7500m^3/h 范围内增加气提气流量，从而降低所需加热温度，能耗还可更低，而且还可取消塔底再沸器，既节省能耗又缩减了建设费用。④从图 6-20 中可以看出，稠油气提工艺所得原油蒸气压较高，通常高于原油稳定的蒸气压要求，但是，可以将气提所得原油进行简单的稳定处理，使原油蒸气压满足稳定要求。

综合以上的主要指标可以得到：从脱 H_2S、原油收率和原油相对密度方面考虑，气提脱硫工艺比较适合，并在二号、三号联合站得到应用(表 6-24)。

表 6-24　各种脱硫分离工艺的比较

项目	脱 H_2S 效果	原油收率	蒸气压	能耗	使用条件
多级分离	较差	较高	低	低	含硫量高的初级分离
旋流分离	较差	较低	低	高	初级分离黏度不是很大
负压闪蒸	好	低	低	高	含硫量低的后期分离
气提脱硫	好	高	高	低	通用性好，要求脱硫效果好

6.2.2　正压气提脱硫工艺应用

塔河油田二号联合站采用双塔脱硫工艺，进站含硫稠油经加热炉加热后，进入新建三相分离器，分离的含水原油进入新建原油脱硫塔入口，原油脱硫后，塔底出口原油进入一次、二次沉降罐沉降脱水，初步脱水后原油经脱水泵提升进入脱水加热炉加热后进入净化罐储存外输(图 6-21)。

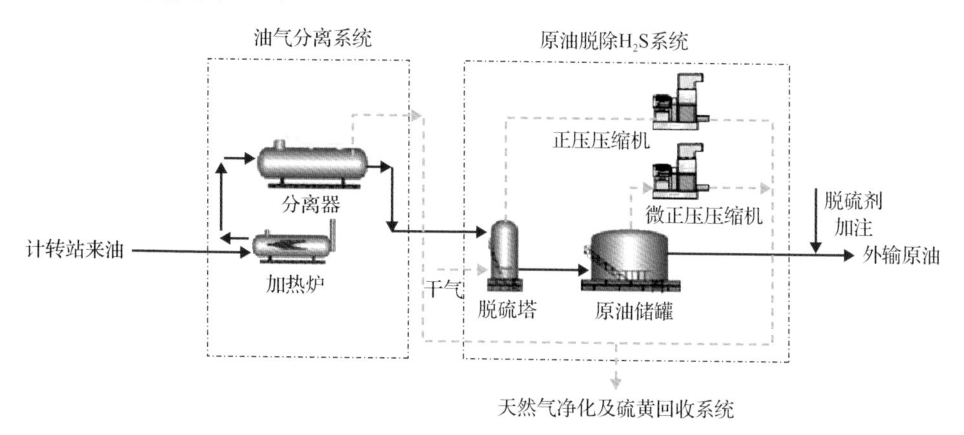

图 6-21　塔河油田脱硫工艺流程示意图

脱硫塔气提气引自扩建部分天然气分离器区的干气总管，干气为油田反输来的气体，气提气自脱硫塔塔底气体入口进入脱硫塔，从塔顶流出后，经冷却、分离后进入天然气处理系统。

装置运行后对原油脱硫效果进行分析评价。原油进塔前后 H_2S 含量见表 6-25。2009 年脱硫塔出口 H_2S 含量平均值为 27.9mg/L，实际脱硫率为 81.10%，2010 年脱硫塔出口 H_2S 含量平均值为 29.9mg/L，实际脱硫率为 80.60%。为保障后续集输处理过程中的安全性，还需加注一定量的脱硫剂。

表 6-25　气提脱硫工艺效果分析

时间	脱硫塔进口(平均值)		脱硫塔出口(平均值)		脱硫率/%
	H_2S 含量/(mg/L)	饱和蒸气压/kPa	H_2S 含量/(mg/L)	饱和蒸气压/kPa	
2009 年	148	135	27.9	76.2	81.10%
2010 年	154	143	29.9	75.4	80.60%

6.2.3　负压气提脱硫稳定一体化技术研究与应用

由于正压气提脱硫工艺脱硫后原油中 H_2S 含量大于 20mg/L，饱和蒸气压大于 60kPa，还需进一步提高脱硫效率和稳定深度。因此，在正压气提脱硫工艺的基础上，通过试验分析和数值模拟的方法，提出了负压气提脱硫稳定一体化技术，并在塔河油田推广应用。

1. 负压气提脱硫稳定一体化技术研究

以 PROII 软件模拟为基础，对脱硫塔运行参数进行调整，对比分析了正压气提脱硫工艺和负压气提脱硫稳定一体化工艺在混合轻烃收率、稳定原油 H_2S 含量、气提气用量、不凝气量、损耗率方面的情况，以塔河油田二号联合站原油为对象，选取与目前工况相同的原油量(11805.62t/d)、相同的水量(2604.19t/d)、相同的 H_2S 含量(2900kg/d)作为基础数据进行模拟分析。

1) 混合轻烃收率对比

混合轻烃收率对比见表 6-26，可知采用负压气提脱硫稳定一体化工艺，混合轻烃收率是正压气提脱硫工艺的 500 倍左右。

表 6-26　混合轻烃收率对比表

序号	工艺类别	混合轻烃收率/($t/10^4t$)
1	正压气提脱硫工艺	0.13
2	负压气提脱硫稳定一体化工艺	65.48

2) H_2S 含量对比

相同气提气用量条件下，稳定原油、脱出气、混合轻烃、不凝气中 H_2S 含量对比见表 6-27，可知采用负压气提脱硫稳定一体化工艺脱除原油 H_2S 效果与正压气提脱硫稳定一体化工艺相比有大幅度的增加，其中采用负压气提脱硫稳定一体化工艺稳定原油 H_2S 含量为 3.634mg/L，而采用正压气提脱硫工艺稳定原油 H_2S 含量为 160.427mg/L。

3) 气提气用量对比

在保证稳定原油 H_2S 含量达到设计值 20mg/L 情况下，所需气提气用量对比见表 6-28。由表可知，采用负压气提脱硫稳定一体化工艺，气提气用量与正压气提脱硫工艺相比几乎可以忽略，即每处理 1×10^4t 原油，负压气提脱硫稳定一体化工艺比正压气提脱硫工艺少用大约 $14\times10^4m^3$ 气提气，这部分气提气回到轻烃装置处理后再进入下一个循环。

表 6-27 H_2S 含量对比表 （单位：mg/L）

序号	名称	正压气提脱硫工艺	负压气提脱硫稳定一体化工艺
1	稳定原油 H_2S 含量	160.427	3.634
2	脱出气 H_2S 含量	18665.26	6198.362
3	混合轻烃 H_2S 含量	656.621	749.499
4	不凝气 H_2S 含量	21221.35	26177.97

表 6-28 气提气用量对比表

	正压气提脱硫工艺	负压气提脱硫稳定一体化工艺
气提气用量/($10^4m^3/10^4t$ 原油)	14.5	0.4

4) 不凝气量对比

在保证稳定原油 H_2S 含量达到设计值 20mg/L 情况下，不凝气量对比见表 6-29。由表可知，采用负压气提脱硫稳定一体化工艺，不凝气量与正压气提脱硫工艺相比略多，即每处理 1×10^4t 原油，负压气提脱硫稳定一体化工艺比正压气提脱硫工艺多产出约 $1\times10^4m^3$ 不凝气，这部分不凝气回到轻烃装置进行处理后再进入下一个循环。

表 6-29 不凝气量对比表

名称	正压气提脱硫工艺	负压气提脱硫稳定一体化工艺
不凝气量/($10^4m^3/10^4t$ 原油)	0.222	1.174

5) 损耗率对比

存在于原油中的混合轻烃组分如果不进行回收，在储存、销售过程中会产生大量闪蒸损耗。有关资料介绍，原油稳定前后，油气蒸发损耗相差 1%～2%，即每处理 1×10^4t 原油，蒸发损失相差 100t 左右。

通过负压气提脱硫稳定一体化工艺与正压气提脱硫工艺的分析对比发现，采用负压气提脱硫稳定一体化工艺，混合轻烃收率大大提高、稳定原油 H_2S 含量有所降低、气提气量及循环处理气量大幅减少。从四号联合站目前的应用效果来看，每年可提高混合烃产量 1.7×10^4t，减少气提气循环处理量 $3640\times10^4m^3$，降低原油蒸发损耗 2.6×10^4t。

2. 负压气提脱硫稳定一体化技术应用

自 2013 年 4 月投产至今，塔河油田四号联合站负压气提脱硫稳定一体化装置已连续稳定运行 7 年多。截至目前，该工艺已在西北油田分公司推广应用 7 套：四号联合站、二号联合站、一号联合站、三号联合站、跃进 2 处理站、桥古 1 处理站、顺北处理站。其中部分场站的现场应用情况见表 6-30。该工艺的成功应用，为塔河油田的原油稳定及脱硫工艺发展奠定了基础，相比正压气提脱硫工艺，负压气提脱硫工艺每年可提高混烃产量 3.7×10^4t，减少气提气循环处理量 $8430\times10^4m^3$，减少脱硫剂加注 5000，年经济效益达 16593 万元。

表 6-30　负压气提脱硫稳定一体化工艺在塔河油田的应用情况

站场	类别	设计规模/(t/d)	塔顶压力/kPa	混合烃产量/(t/d)	气提气用量/(m^3/d)	H_2S 脱除率/%	投产时间
四号联合站	设计	7123	–40		10000	84.6	2013-04
	实际	8219	–30	48	7200	80.4	
跃进 2 处理站	设计	330	–40		6240	96.4	2015-11
	实际	481	–32	6	1680	95.3	
二号联合站	设计	10000	–40		10000		2016-05
	实际	8822	–30	53.1	9600	82.8	
顺北 1 处理站	设计	330	–40		2000	83.3	2017-01
	实际	551	–20	8.1	1440	82.9	
一号联合站	设计	4100	–30	17	3000		2017-07
	实际	3010	–20	24	3192		

6.3　苛刻环境下集输管道腐蚀防治技术

塔河油田超稠油区块整体腐蚀介质复杂，CO_2 和 H_2S 含量高，产出水矿化度高、Cl^- 含量高、pH 低，形成 H_2O-H_2S-CO_2-Cl^-共存的酸性腐蚀环境。碳酸盐缝洞油藏稠油超稠油采输工艺有别于常规油田，储层进行酸压改造作业，失去活性的残留酸液与地层反应，产生二元弱酸，使水质 pH 下降，酸性增强；管输介质为超稠油，流动性较差，管输时需采用加热输送的方法，外输温度升高，运行温度为 50～70℃，从腐蚀动力学角度分析认为，在此温度区间腐蚀速率随着温度升高而加速进程阶段；掺水输送、注水注气驱油等生产工艺致使溶解氧和细菌介入，使其原本苛刻的腐蚀环境更加恶劣。与胜利油田、中原油田、大庆油田等相比，腐蚀环境更为苛刻，造成超稠油区块地面集输管道腐蚀问题日益突出，如 THK101 井管道投产不到 2 年就出现频繁穿孔刺漏，被迫停用。

为解决日趋严重的集输管道腐蚀问题，在调研分析地面集输管道腐蚀现状的基础上，针对 H_2O-H_2S-CO_2-Cl^-共存的苛刻腐蚀环境，通过深入分析研究腐蚀机理，利用管道内腐蚀检测手段识别腐蚀程度，明确了腐蚀规律及腐蚀特征，从集输管道材质优化、管道修复及缓蚀剂防治等技术着手，形成了一套经济有效、因地制宜、适合于塔河油田超稠油环境的集输管道腐蚀防治技术体系，有效控制了腐蚀防治难题，对保护生态环境、安全生产运行、延长管线寿命、降低生产成本，追求开发效益最大化具有重要的现实意义。

6.3.1　腐蚀介质及腐蚀特征

1. 超稠油系统介质特点

塔河油田超稠油系统产出流体中 CO_2 含量平均为 2.96%，最高为 16%；H_2S 含量平均为 5027mg/m^3，最高为 126279mg/m^3；地层水为 $CaCl_2$ 型，矿化度为 18×10^4～24×10^4mg/L，Cl^-含量为 12×10^4～14×10^4mg/m^3，pH 为 5.5～6.2，截至 2019 年 5 月综合含水率为 30.2%。在管道内壁形成 H_2O-H_2S-CO_2-Cl^-共存的酸性电化学腐蚀环境，在高温输送条件下，溶解氧及细菌的存在加速了腐蚀，导致地面集输管道运行时间不长就出现腐蚀问题并呈上升趋势。

2. 超稠油区块腐蚀因素

1) 采出液含水

水是腐蚀的载体。中质油达到乳化转向点时，会由油包水型乳化态转化为水包油型乳化态，析出的水在管道底部形成水垫，使管道产生大面积局部腐蚀。然而塔河油田超稠油密度大、黏度高、流动性差，目前综合含水率为 30.2%。在管道输送过程中随管输压力、温度的变化，不均一油包水型乳状液随机破乳析出游离水，高含量的 H_2S 和 CO_2 溶解在析出的游离水中，形成弱酸性介质。与中质油析出水形成的水垫不同，超稠油区块地面集输管道内的游离水是不连续析出，点状润湿管道内壁[12]，为点腐蚀提供了孕育环境，造成管道快速点腐蚀穿孔。

2) CO_2 和 H_2S

CO_2 和 H_2S 溶于水形成电解质溶液，对碳钢具有腐蚀作用。当水中有游离态 CO_2 时，水呈酸性反应：$CO_2+H_2O \longrightarrow H^++HCO_3^-$，由于水中 H^+ 离子的量增多，产生氢去极化。此时阴极反应为 $2H^++2e^- \longrightarrow H_2$，随着腐蚀过程的进行，消耗掉的氢离子会被弱酸的持续电离所补充。阳极反应为 $Fe \longrightarrow Fe^{2+}+2e^-$，金属受游离态 CO_2 腐蚀而生成的腐蚀产物是易溶的，在金属表面不易形成保护膜。

碳钢在含有 H_2S 的水溶液中会引起氢的去极化腐蚀，碳钢的阳极产物铁离子与水中的硫离子相结合生成硫化铁，在含有 H_2S 的高矿化度盐水中只能形成保护性能差的 Fe_9S_8，产物膜极易受到破坏，加剧局部腐蚀的发生。

油气田腐蚀环境与腐蚀介质 CO_2 和 H_2S 含量的大小及管线运行压力的高低有关，CO_2/H_2S 的分压比决定了 CO_2 和 H_2S 共存条件下的腐蚀状态，研究认为 CO_2/H_2S 的分压比可分为 3 个区：$p_{CO_2}/p_{H_2S} \leqslant 20$，$H_2S$ 控制腐蚀过程，腐蚀产物主要是 FeS；$20 < p_{CO_2}/p_{H_2S} < 500$，$CO_2$ 和 H_2S 混合交替控制，腐蚀产物包括 FeS 和 $FeCO_3$；$p_{CO_2}/p_{H_2S} \geqslant 500$，$CO_2$ 控制腐蚀过程，腐蚀产物主要是 $FeCO_3$。

3) 地层水高含 Cl^-

塔河油田采出液平均 Cl^- 含量高达 13×10^4mg/L。一方面增加了电解质的离子强度，促进了管材的局部腐蚀，降低了腐蚀过程中金属表面钝化的可能性，当 Cl^- 含量较高时，在阳极区，一般坑蚀蔓延，加速腐蚀发生的进程。另一方面由于 Cl^- 半径较小，极性强，易穿透保护膜，在腐蚀产物膜未覆盖区域，阳极活化溶解，在大范围腐蚀产物膜未破坏区域和小范围活性区域之间形成大阴极、小阳极的“钝化-活化腐蚀电池”，腐蚀向基体纵深发展而形成蚀孔。Cl^- 作为腐蚀的催化剂，使管线发生严重点蚀，最终导致管线穿孔。

4) 采出介质偏酸性

塔河油田超稠油区块采出水 pH 为 6.0 左右，偏酸性，且含有 HCO_3^-，作为阴极去极化剂促进电化学腐蚀的发生，使腐蚀的阴极反应加速，HCO_3^- 不仅可以与 CO_2 互相转化，而且电离后产生 H^+ 和 CO_3^{2-}，前者加速腐蚀，后者与 Ca^{2+} 成垢，诱发管线内壁的垢下腐蚀，为碳钢电化学腐蚀提供了条件。

5）运行温度高

腐蚀影响因素分析研究结论表明，当温度升高至50～65℃时，是H_2S/CO_2共同存在腐蚀的敏感温度，在此温度下腐蚀产物膜的不致密性为点腐蚀提供了条件。温度升高加速了各个腐蚀反应进行的速率，形成的腐蚀产物颗粒尺寸增大，使腐蚀产物的致密度下降，保护作用降低，现场表现为腐蚀进程加速，点腐蚀穿孔加剧。由于管输介质为超稠油，流动性较差，管输时需采用加热输送的方法，外输温度升高，现场运行温度为50～70℃，在此温度区间，腐蚀速率随着温度升高而加速，导致地面集输管道腐蚀快速发生。另外，温度升高，导致形成的溶解性碳酸氢盐分解而产生更多的CO_2，CO_2溶解进一步生成H^+和CO_3^{2-}，促进电化学腐蚀进程和管线垢下腐蚀。

6）溶解氧介入

高H_2S含量超稠油区块管道中，溶解氧对H_2S腐蚀产物膜进行局部破坏是点蚀发生的主要原因。即管道与介质首先发生$Fe+H_2S \longrightarrow FeS\downarrow +H_2$反应，这是一个均匀腐蚀过程，形成的FeS产物膜较为致密，是一种较好的保护膜，可以降低管道的均匀腐蚀速率；溶解氧的介入，与腐蚀产物FeS发生反应$FeS+\frac{3}{2}O_2 \longrightarrow FeO+SO_2$，由于溶解氧的含量有限且分布不均，该反应只能在局部随机发生，从而导致FeS产物局部破损；上一步反应生成的FeO可与H_2S再次发生反应，即$FeO+H_2S \longrightarrow FeS+H_2O$。上述反应交替进行，导致局部产物膜由致密变为疏松，丧失保护作用，从而使点蚀在无保护部位快速发展，最终穿孔。

7）细菌存在

硫酸盐还原菌SRB是能够将SO_4^{2-}还原成H_2S而自身获得能量的各种细菌的总称，是一类以有机物为养料的厌氧型微生物，广泛存在于pH为6～9的土壤、海水、淤泥及地下管道和油气井等缺氧环境中，引起金属腐蚀的SRB多属于微生物分类中的脱硫弧菌属。其最适宜的生长温度是20～30℃，在50～60℃的高温下仍可存活。现场抽取74个水样进行检测，在14条扫线作业单井管道内取出的水样中均检测到SRB细菌，说明在塔河油田地面集输管道中确实存在SRB腐蚀。

3. 管道腐蚀特征

在“CO_2和H_2S含量高、矿化度高、Cl^-含量高、pH低”形成的H_2O-H_2S-CO_2-Cl^-共存的苛刻腐蚀环境下，塔河油田超稠油系统集输管道内壁腐蚀表现出点腐蚀速率高、均匀腐蚀速率低的特征[13]，表现为孤立点蚀坑、点蚀坑群、溃疡状局部腐蚀等形貌，如图6-22所示。

1）腐蚀穿孔多发于管线内壁底部

集输管道输送介质为多相流介质，包含油水或油气水，且含CO_2、H_2S和高矿化度地层水。从现场腐蚀管段失效分析看，均匀腐蚀减薄并不严重，管壁内局部点腐蚀是管线腐蚀穿孔的主要原因；从穿孔的形状看，腐蚀孔的直径为0.2～3cm，呈现圆形或椭圆形，外小内大，呈外八字形，说明腐蚀是从内向外开始的，且主要集中于管线中下部，以底部最多，如图6-23所示。

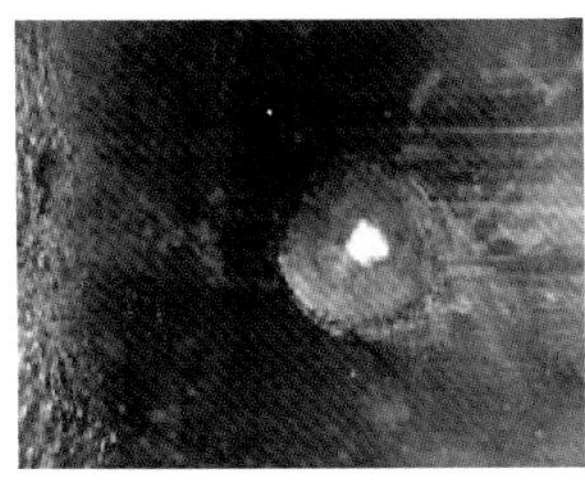

(a) 孤立点蚀坑

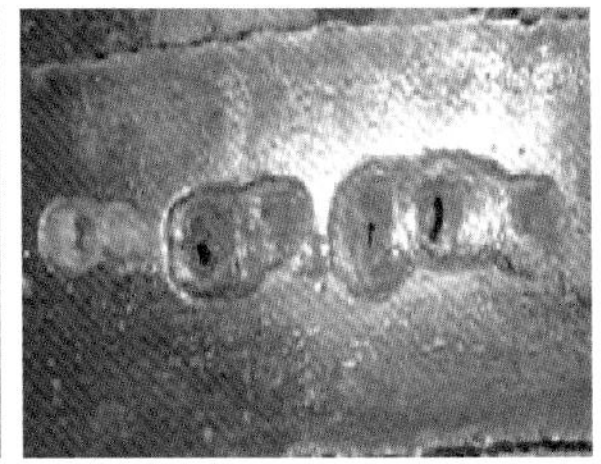

(b) 点蚀坑群

(c) 溃疡状局部腐蚀

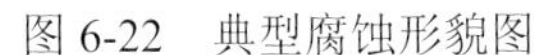

图 6-22　典型腐蚀形貌图

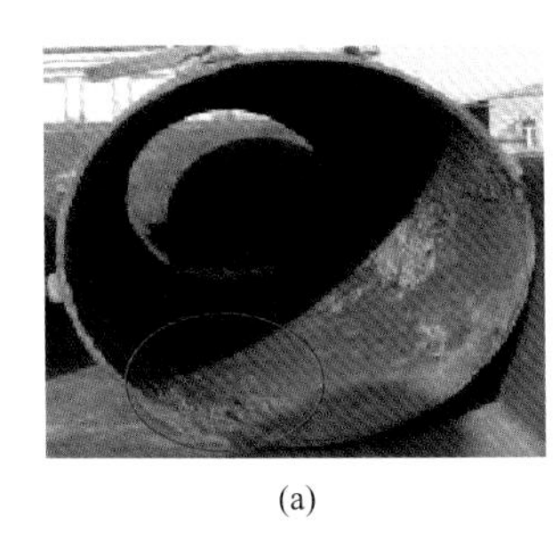

(a)

(b)

(c)

图 6-23　集输管道局部点腐蚀穿孔照片

2) 腐蚀穿孔多发于管道下游段

油水介质经过长距离输送到管道中后段，油水因密度不同而分离分层，部分水在管线底部聚集，若管道高程变化大、输送介质流速低、携液能力差，管线底部聚集的水就无法顺利随介质一同输送进站，在管道下游段低洼点及爬坡段滞留，形成积液，并在管线缺陷处等薄弱点发生腐蚀。据数据统计，目前塔河油田超稠油区块原油集输管道腐蚀穿孔次数中，下游段腐蚀占整个地面集输管网腐蚀穿孔数的 62%。

3) 腐蚀穿孔多发于流态流速变化大的管线

塔河油田随着开发进程的发展，油井产能下降，管线负荷低于设计输送能力，管线内流体流速较低，油水密度差大，管线输送距离长，促进了油水分离分层，加剧了腐蚀。据统计，流速低于 0.8m/s 的管线腐蚀穿孔占总数的 93.8%，而且在流速低于 0.8m/s 的管线中，腐蚀穿孔数量呈逐年增加趋势。

4) 腐蚀穿孔多发生于管线焊缝处

管线焊缝处如果没有及时清除焊渣、焊瘤，修补或打磨焊缝时，焊渣、焊瘤成为活性点，电位比管线本体的电位更低、电位差更大，更易发生腐蚀，且焊渣、焊瘤的存在也会造成焊口附近形成紊流，出现空泡腐蚀和冲击腐蚀，加速焊口和焊口附近区域的腐蚀，管线焊缝腐蚀占油气田集输管道总腐蚀穿孔数的 16.9%(图 6-24)。

5) 腐蚀失效部分发生于非金属内衬聚氯乙烯(PVC)管线

2004 年超稠油区块投产初期，部分管道选用了塑料合金复合管，油气水混输。在加热 70℃的输送工况条件下，部分内衬 PVC 的塑料合金复合管发生堵管停运失效，主要原因是 PVC 分子中含有 C—Cl 键和不稳定结构，在有害介质等外界环境因素作用下，C—Cl

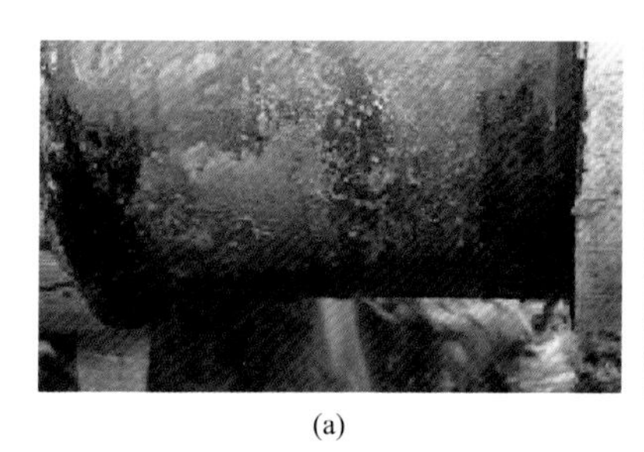

(a)

(b)

图 6-24 管线对接焊缝腐蚀现场照片

键断裂，释放出 HCl 气体，发生脱 HCl 现象。同时，PVC 类材料在油气输送的服役过程中，气体分子的自由运动在材料表面发生吸附、渗透、扩散。在长期作用下，材料内部积聚的气体压力与管线运行压力趋于平衡，当管线停输或压力变化时，材料内部气体体积膨胀，形成较多的气泡，如图 6-25 所示。目前该塑料合金复合管材已不在塔河油田应用。

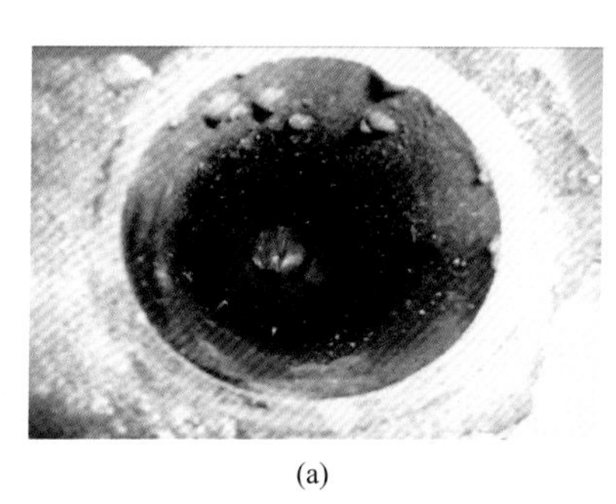

(a)

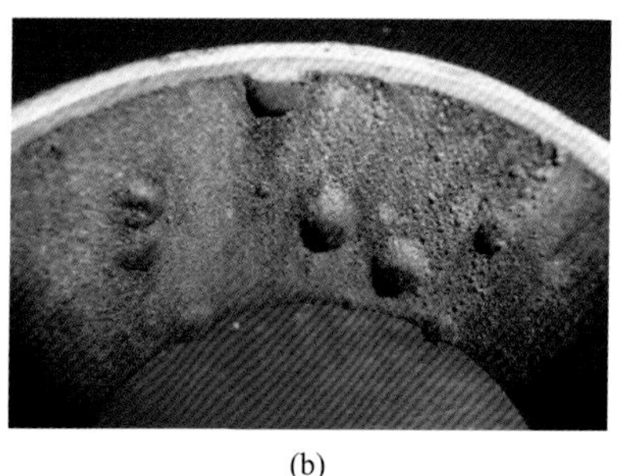

(b)

图 6-25 内衬 PVC 塑料合金复合管失效形貌

6.3.2 管道内腐蚀检测技术

与胜利油田、中原油田、大庆油田等以外壁均匀腐蚀为主的腐蚀特点不同，塔河油田腐蚀以内壁点腐蚀为主。针对塔河油田地面管道腐蚀特点，通过对国内外的检测技术论证及在塔河油田适应性评价的技术上，形成了低频导波、超声 C 扫描(相控阵)及超声波测厚等多种检测技术组合的管道内腐蚀检测技术，即采取管道高程检测初判腐蚀隐患部位，采用低频导波检测技术定位管段腐蚀部位，利用超声波测厚及超声 C 扫描检测技术进行腐蚀程度及壁厚的详判，在塔河油田稠油区原油外输管道开展应用，检测在役稠油地面集输管道内腐蚀问题，为管道腐蚀防治对策选择和制定提供了数据支撑。

1. 内腐蚀检测技术

依据超稠油区块集输管道腐蚀现状和敷设现状，从灵敏度、操作性及技术经济适用性方面综合考虑，优选出了适合塔河油田管线生产运行及腐蚀工况的内腐蚀检测技术(表 6-31)。

表 6-31　内腐蚀检测技术综合比选

检测方式	选用/不选用理由	针对性	适用性
低频长距导波	在埋地管道不停输时，开挖并剥离外防腐层进行腐蚀检测，单次检测距离可达30～40m，能检测出壁厚9%的腐蚀，横截面5%的腐蚀，定位腐蚀缺陷位置时，须结合超声波测厚验证结果精确度	大范围点蚀	√
高频导波、外壁漏磁、远场涡流	在埋地管道停输时，开挖并剥离外防腐层进行检测，但高频导波单次检测距离仅2～3m，距离短，外壁漏磁只能检测壁厚40%及以上腐蚀，精度低	×	×
超声C扫描	在埋地管道不停输时，开挖并剥离防腐层进行腐蚀缺陷检测，可实现腐蚀缺陷三维成像，形成腐蚀特征图	局部点蚀	√
超声波测厚	在埋地管管道不停输时，开挖并剥离外防腐层进行检测，可实现腐蚀缺陷位置管道壁厚的精准检测，便于操作，精度可达0.01mm	点蚀验证	√
磁记忆	在埋地管道不停输时，开挖并剥离外防腐层进行检测，可检测出管道的裂纹及分层等材质缺陷	材质问题	√
相控阵	在埋地管道不停输时，开挖并剥离外防腐层进行检测，可精确测量腐蚀壁厚及二维腐蚀形貌	局部点蚀	√

高频导波及外壁漏磁等检测法检测时需使管道停输，并开挖工作坑，不满足对管道采用不停输、不开挖的在线检测要求；现有防腐工艺手段腐蚀挂片监测不能有效捕获点蚀，超声波单点测厚检测范围有限，不能全面反映内腐蚀状况。结合管线实际敷设高程变化、腐蚀穿孔规律、周边环境(棉田等)，对埋地直管段进行海拔高程检测确定管道埋深变化，采取低频导波方法(低频长距导波)进行缺陷检测，对导波检测盲区用超声C扫描补充，定位出缺陷位置后再用超声波进行精确测厚，确定“低频导波+超声C扫描(相控阵)+超声测厚”内腐蚀检测技术组合，如图6-26所示。

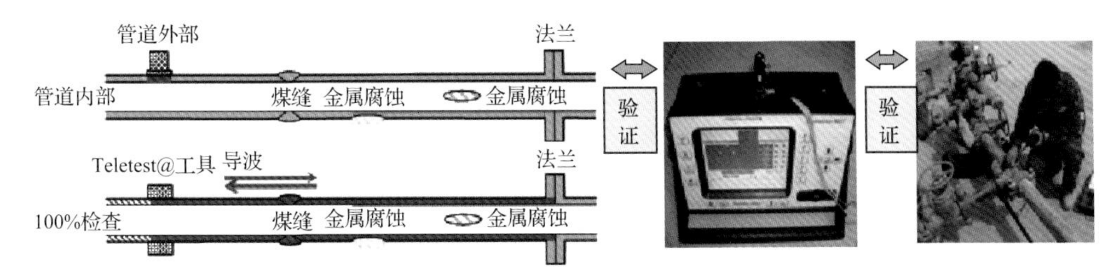

图 6-26　内腐蚀检测技术优选组合

2. 隐患管段预测

根据管道类型差异、腐蚀规律不同及管道敷设高程变化，编制管线高程图，通过分析高程段的流态变化，来宏观预测管道最易发生腐蚀的部位，进而指导详细检测部位的选择。例如，THK1站至THK2站间油水混输的集输干线，局部高点及爬坡段(约30m，高程差近3m)腐蚀穿孔20～25次，统计表明穿孔多发于管道下游低洼及高程变化较大管段。于是将管道内输送介质与高程图结合，分析管道内流态及积液位置，将24个高程变化及积液部位定位为管道最易发生腐蚀的隐患管段，流态分析如图6-27所示。

3. 腐蚀检测技术应用

在确定管道腐蚀高风险段的基础上，利用“低频导波+相控阵+超声波测厚+磁记忆”检测方法在塔河油田THK1站至THK2站超稠油集输管道选取17个隐患管段开挖点进行检测，如图6-28所示。

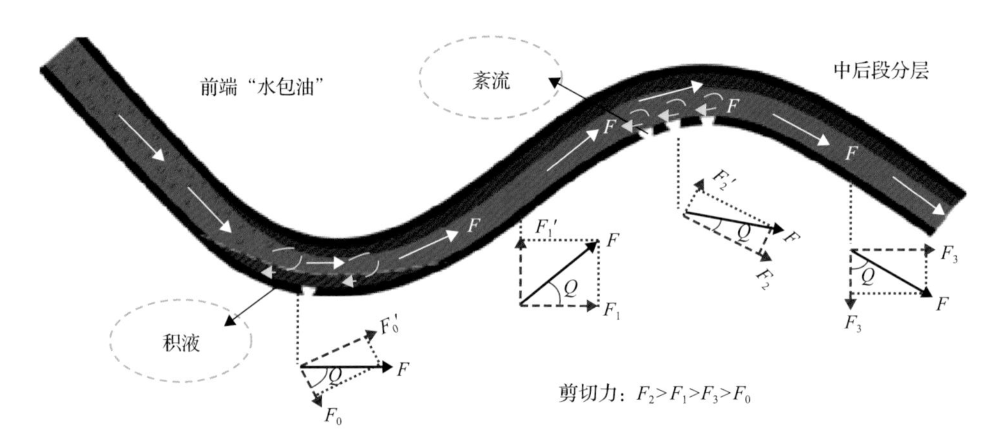

图 6-27　THK1 站至 THK2 站集输管道积液及流动腐蚀示意图

F-管壁流体剪切力，kN；F_1-爬坡段管壁水平方向流体剪切力，kN；F_2-局部高点管壁水平方向流体剪切力，kN；F_3-下坡段管壁水平方向流体剪切力，kN；F_0-低洼点管壁水平方向流体剪切力，kN；Q-管道倾角，(°)；F_1'-爬坡段管壁垂直方向流体剪切力，kN；F_2'-局部高点管壁垂直方向流体剪切力，kN；F_3'-下坡段管壁垂直方向流体剪切力，kN；F_0'-低洼点管壁垂直方向流体剪切力，kN

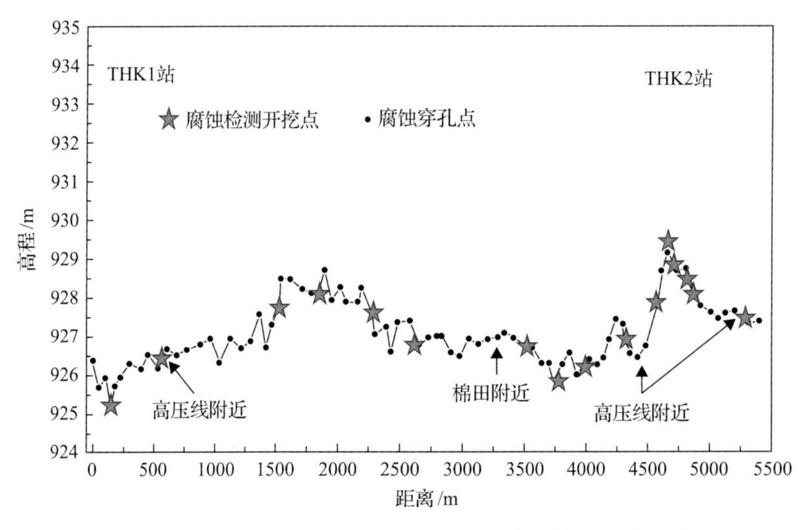

图 6-28　THK1 站至 THK2 站集输管道内腐蚀检测及高程检测

检测结果表明：THK1 站至 THK2 站集输管道检测发现腐蚀减薄严重，检测到点蚀近 40 处，最小壁厚约为 1.49mm，已穿孔集中管段检测发现，管道穿孔是管道内壁点腐蚀造成。

管线实际高程变化较大管段附近的低洼段及高点检测出壁厚减薄严重(最小壁厚为1.49mm)，较爬坡段点蚀壁厚减薄(最小壁厚为 4.78mm)明显，存在明显的点腐蚀。统计表明，在管道低洼点及高点发生的点腐蚀及穿孔数量最多，如图 6-29 所示。分析原因是，管道高程变化，在管道爬坡段呈分层流，到达高点时持液率迅速下降，油水分离，水比油重，在管道低洼点形成积液，产生电化学腐蚀；在管道顶部弯管出现段塞流，气液交替剪切冲刷，造成高点管道内壁冲刷腐蚀。

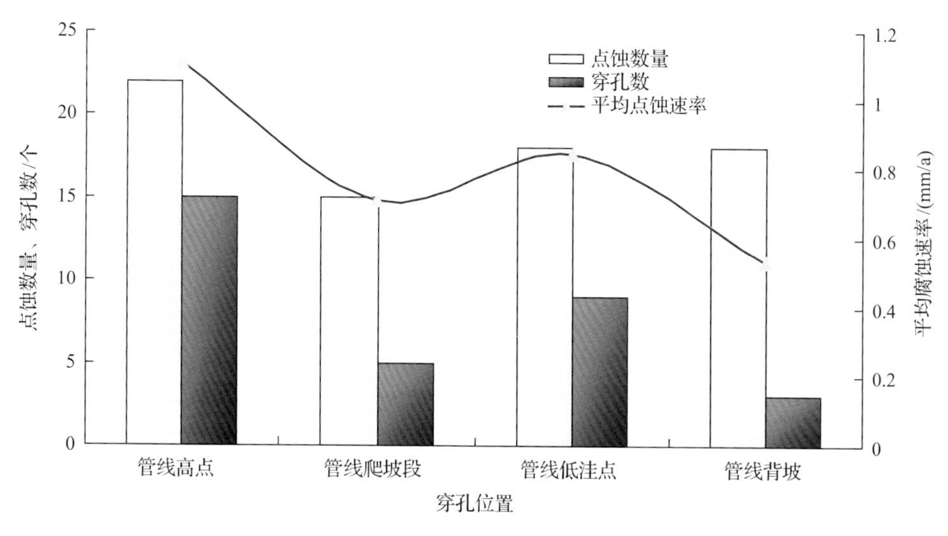

图 6-29 THK1 站至 THK2 站集输管道点蚀分布规律

内腐蚀检测技术组合在塔河油田检测了近 2500km 超稠油集输管道，从检测结果和现场断管分析来看，该技术能够有效检测并发现管道内腐蚀情况，点腐蚀检测效果较为显著，能为地面集输管道腐蚀防治对策的选用和制定提供强有力的技术支撑。

4. 安全强度及剩余寿命评价

通过建立管道安全强度评价、分段腐蚀程度及剩余寿命预测的评价方法，结合超稠油集输管道内腐蚀检测应用数据分析及计算，对腐蚀严重管段进行预警，为新工艺实验及腐蚀治理提供依据。

1) 管道安全评价

根据管道检测数据，结合管道服役寿命、材质及设计参数，参考相关 API 及行业标准计算管道最小要求壁厚、管道腐蚀速率等参数，计算管道剩余强度，进行管道安全评价(表 6-32)。

表 6-32 管道安全评价参数选取

检测管线	管道规格/mm	管材钢级	设计系数	焊缝系数	设计压力/MPa
超稠油集输	$\Phi 273\times 6$	L245	0.5	1	4.0

通过参考《含缺陷油气管道剩余强度评价方法》(SY/T 6477—2017) 确定管道最小要求壁厚 $t_{\min}$：

$$t_{\min}^{\mathrm{c}}=\frac{pD_0}{2\sigma E} \tag{6-5}$$

$$t_{\min}^{\mathrm{L}}=\frac{pD_0}{4\sigma E}+t_{\mathrm{sl}} \tag{6-6}$$

$$t_{\min}=\max[t_{\min}^{\mathrm{c}},t_{\min}^{\mathrm{L}}] \tag{6-7}$$

式中，t_{min} 为管道最小要求壁厚，mm；t_{min}^{c} 为依环向力计算得到的最小要求壁厚，mm；t_{min}^{L} 为依轴向力计算得到的最小要求壁厚，mm；p 为管道设计压力，MPa；D_0 为管道外径，mm；σ 为完整管道许用应力，$S=\delta_y F_A$，δ_y 为管材屈服强度，MPa，F_A 为管道设计系数；E 为焊缝系数；t_{sl} 为管道承受附加载荷附加的管子壁厚。

基于体积型缺陷、弥散损伤型缺陷的 σ 和均厚长度 L，评价均匀腐蚀缺陷的可接受性。

(1) 如果 $\sigma<L$，则均匀腐蚀缺陷不影响管道安全运行。

(2) 如果 $\sigma>L$，$t_{mm}-\text{FCA}\geqslant\max[0.5t_{min},3]\,\text{mm}$，$t_{mm}$ 为最小测量壁厚，mm；σ 为缺陷轴向长度，mm；FCA 为腐蚀裕量，mm。则缺陷影响管道安全运行。

通过对管道在设计压力下的局部腐蚀缺陷的临界极限缺陷尺寸的计算，以缺陷长度和深度为坐标的评价点处于图 6-30 中曲线的下方时，缺陷可以接受，否则不能接受。从评价结果可以看出，所检测的腐蚀缺陷均位于图中“安全区”内，如图 6-30 所示，表明所检测的缺陷在设计压力下可以接受，不影响管道安全运行。

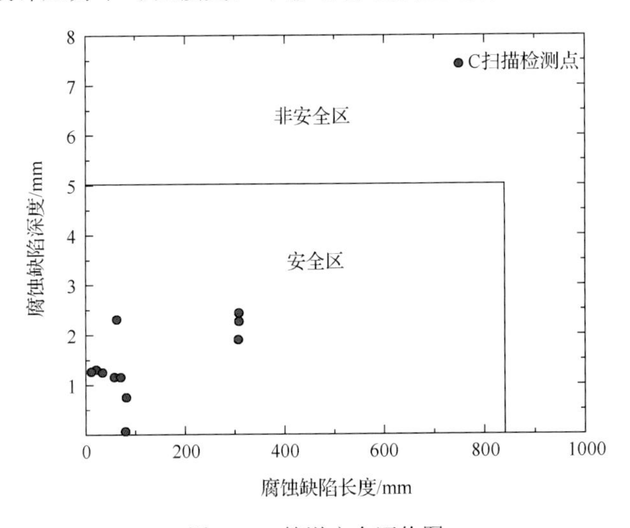

图 6-30　管道安全评价图

2) 管道剩余寿命分段评价

管道规格的选取依据超稠油集输埋地管线的设计施工资料，在所检测管线中，管线的材质为 L245 管线钢，屈服强度的选取依据《石油天然气工业 管线输送系统用钢管》(GB/T 9711—2017) 和《输送流体用无缝钢管》(GB/T 8163—2018)，取 245MPa，设计系数取 0.5；焊缝系数的取值依据《含缺陷油气管道剩余强度评价方法》(SY/T 6477—2017)，远离焊缝的缺陷，焊缝系数 E 取 1.0。

《适用性评价 (Fitness-For-Service Stand)》(API 579-1/ASME FFS-1—2016) 标准中规定，含腐蚀缺陷管道剩余寿命可用下列方法进行计算，结合管道最小测量壁厚 t_{mm} 与管道运行年限 T，计算管道的腐蚀速率：

$$C_{rate}=\frac{t_{nom}-t_{mm}}{T} \tag{6-8}$$

式中，C_{rate} 为腐蚀速率；t_{nom} 为管道设计壁厚。

计算剩余寿命：

$$R_{life}=\frac{t_{mm}-t_{min}}{C_{rate}} \tag{6-9}$$

通过选取管道相应的评价参数，在 THK1 站至 THK2 站地面集输管道腐蚀风险管段进行了管道剩余寿命预测，见表 6-33。

表 6-33 THK1 站至 THK2 站集输管道分段剩余寿命预测结果

距起点距离/km	最大缺陷深度/mm	腐蚀速率/(mm/a)	剩余寿命/年	腐蚀风险评级	措施建议
0.01	2.70	0.60	3	B	缓蚀剂优化加注
0.11	2.20	0.49	4.7	B	缓蚀剂优化加注
0.51	2.56	0.57	3.4	B	缓蚀剂优化加注
0.64	3.64	0.81	1.0	A	腐蚀治理或更换
0.77	5.46	1.21	0	A	腐蚀治理或更换
0.86	5.16	1.15	0	A	腐蚀治理或更换
0.93	5.51	1.22	0	A	腐蚀治理或更换
1.00	2.30	0.51	4.3	B	缓蚀剂优化加注
1.09	2.62	0.58	3.1	B	缓蚀剂优化加注
1.20	4.39	0.98	0	A	腐蚀治理或更换
2.30	4.12	0.92	0	A	腐蚀治理或更换
3.62	2.30	0.51	4.3	B	缓蚀剂优化加注
3.76	4.42	0.98	0	A	腐蚀治理或更换
5.26	2.25	0.50	4.5	B	缓蚀剂优化加注
5.462	4.34	0.96	0	A	腐蚀治理或更换

通过检测最小要求壁厚，结合管道设计壁厚和运行年限，得出管道腐蚀速率，然后计算剩余寿命，为腐蚀治理提供依据。从图 6-31 可以看出，对管道进行分段评价，不同

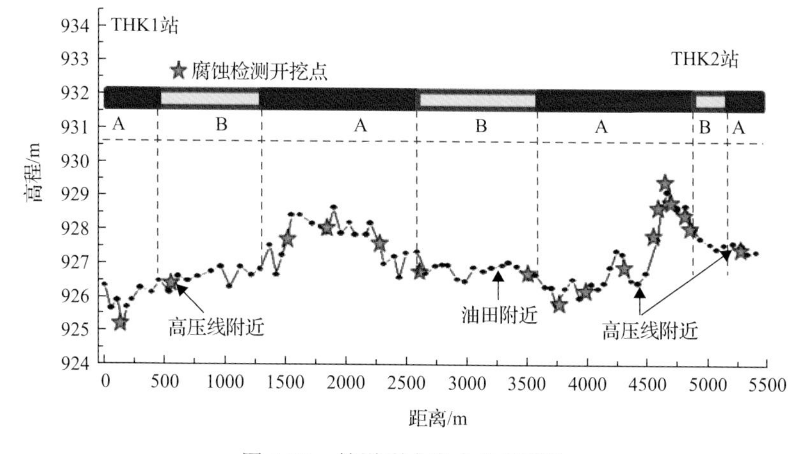

图 6-31 管道剩余寿命分段评价

管段剩余寿命分为A、B两级，其中A级剩余寿命为0～1年，建议及时开展腐蚀治理或管道更换；对于腐蚀程度较弱的B级，剩余寿命为2～5年，可以采取缓蚀剂优化加注等工艺延缓腐蚀。

6.3.3 管道腐蚀防治技术

塔河油田超稠油区块地面集输管道腐蚀问题，在造成管道穿孔泄漏的同时，还会致使高含量H_2S气体逸散，对生命安全造成威胁。若要解决稠油地面集输管道腐蚀带来的环保、安全问题，势必要采用针对性且有效的治理手段[14]。对于新建管道，从材质优化入手，从源头提升材质耐蚀性，控制腐蚀穿孔发生：研发了抗点蚀钢，其抗点蚀能力较L245管线钢提升近39%；设计了耐高温的柔性连续复合管，可在65℃以上长期运行，解决了稠油高温输送带来的腐蚀问题。对于在役管道，对于穿孔严重但原钢骨架仍存在，具有承压能力的金属管道，采用局部开挖的内穿插修复技术和风送挤涂修复技术两大类管道修复技术；对于失效严重，又处于地表多植被、水系发达，农田、低矮红柳丛覆盖等环境敏感区的非金属管道，采用原位更新修复技术，解决了需要大开挖破坏植被的难题；对于穿孔不严重的金属管道，采用缓蚀剂优化加注等工艺延缓腐蚀。

1. 耐点蚀低合金管线管

针对L245管线钢腐蚀严重的问题，在L245管线钢的基础上通过精炼进而控制S、P等易引发腐蚀成分的含量，提高可以增加腐蚀电位的Cr的含量，研发出了耐点蚀L245-1Cr(含1Cr的L245管线钢)低合金钢管材，使其耐点蚀性能优于L245管线钢，而力学性能和焊接性能与L245管线钢相当，见表6-34。

表6-34 L245管线钢及L245-1Cr化学成分对比表 (单位：%)

材质	化学成分						
	C	Si	Mn	P	S	Cr	Cu
L245	0.17～0.23	0.17～0.37	0.35～0.65	≤0.035	≤0.035	≤0.25	≤0.25
L245-1Cr	0.06～0.10	0.25～0.35	0.4～0.6	≤0.015	≤0.003	1.0～1.2	

1) 室内实验评价

模拟塔河油田超稠油系统腐蚀环境，对L245-1Cr的耐蚀性进行评价，见表6-35。对比均匀腐蚀速率，在以CO_2为主的腐蚀环境中，L245-1Cr较L245管线钢下降20.02%；在以H_2S为主的腐蚀环境中，L245-1Cr较L245管线钢下降19.70%；在H_2S-CO_2共同作用的腐蚀环境中，L245-1Cr较L245管线钢下降33.07%。对比点腐蚀速率，在以CO_2为主的腐蚀环境中，L245-1Cr较L245管线钢下降20.64%；在以H_2S为主的腐蚀环境中，L245-1Cr较L245管线钢下降25.24%；在H_2S-CO_2共同作用的腐蚀环境中，L245-1Cr较L245管线钢下降30.56%，详见表6-36。

从腐蚀形貌来看，L245-1Cr试样表面腐蚀产物覆盖完整，但L245管线钢试样表面的腐蚀产物有轻微脱落。将腐蚀产物膜去除后观察，L245管线钢表面存在明显的点蚀坑，点蚀坑大而深，L245-1Cr试样表面以均匀腐蚀为主，局部存在点蚀坑，但点蚀坑小而浅，如图6-32和图6-33所示。

表 6-35 耐蚀性评价实验参数

腐蚀环境	P_{CO_2}/P_{H_2S}	CO_2		H_2S		Cl^-含量/(mg/L)	温度/℃	总压力/MPa	试验周期/d
		分压/MPa	含量/%	分压/MPa	含量/(mg/m³)				
CO_2为主	500	0.10	6.3	0.0002	180	110000	70	1.6	30
	750	0.15	9.38	0.0002	180	110000	70	1.6	30
	1300	0.26	16.3	0.0002	180	110000	70	1.6	30
H_2S为主	0.25	0.01	0.63	0.04	38000	110000	70	1.6	30
	3.75	0.15	9.38	0.04	38000	110000	70	1.6	30
	11.25	0.45	28.1	0.04	38000	110000	70	1.6	30
H_2S-CO_2共同作用	500	0.15	9.38	0.0003	310	110000	70	1.6	30
	187	0.15	9.38	0.0008	750	110000	70	1.6	30
	50	0.15	9.38	0.003	2800	110000	70	1.6	30

表 6-36 L245 管线钢与 L245-1Cr 耐蚀性评价结果 （单位：mm/a）

腐蚀速率 腐蚀环境	均匀腐蚀速率			点腐蚀速率		
	L245 管线钢	L245-1Cr	降幅	L245 管线钢	L245-1Cr	降幅
CO_2为主	0.5755	0.4603	20.02%	0.6822	0.5414	20.64%
H_2S为主	0.6697	0.5378	19.70%	0.9345	0.6986	25.24%
H_2S-CO_2共同作用	0.6108	0.4088	33.07%	0.7789	0.5409	30.56%

(a) L245管线钢

(b) L245-1Cr

图 6-32 去除产物后试样表面形貌

(a) L245管线钢

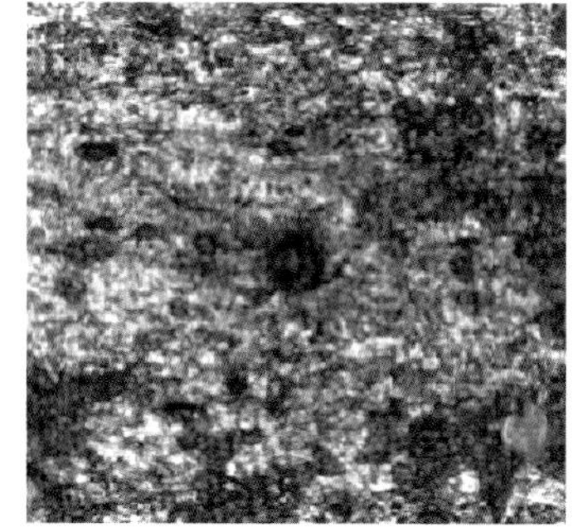
(b) L245-1Cr

图 6-33 点蚀坑激光共聚焦扫描分析结果

2)现场试验应用评价

现场选择含水相对较高的超稠油 1 区，间歇注水/集输、溶解氧含量较高的超稠油 3 区，H_2S-CO_2 含量高、生产介质复杂的超稠油 6 区块，生态环境敏感、生产介质腐蚀性强的 8 区块，共 4 个典型区块开展新建单井管线建设。根据选井原则，选择在 THK59 等 8 条新建单井管线上应用 L245-1Cr 新钢种管材。另外，在腐蚀严重的 THK62B 单井集输管道治理工程上更换 1.5km 的 L245-1Cr 新钢种管材，具体见表 6-37。共计应用 25.09km 的 L245-1Cr 试验评价[15,16]。

表 6-37　L245-1Cr 管材应用情况统计表

序号	类型	井名	规格/mm	长度/km	备注
1	新建	THK59	Φ114×5	3.66	旁通+挂片监测点
2	新建	THK127	Φ114×5	3	旁通+挂片监测点
3	新建	THK159	Φ114×5	3.45	旁通+挂片监测点
4	新建	THK121	Φ114×5	1.1	旁通+挂片监测点
5	新建	THK126	Φ89×5	4.66	旁通
6	新建	THK62	Φ89×5	3.03	
7	新建	THK271	Φ89×5	1.89	
8	新建	THK272	Φ89×5	2.8	
9	更换	THK62B	Φ89×5	1.5	挂片监测点
合计				25.09	

同时选取典型腐蚀环境下的单井管线，在其建设检测旁通评价短节和腐蚀挂片监测点，进行实时在线监测与检测评价，安装方式如图 6-34 所示。

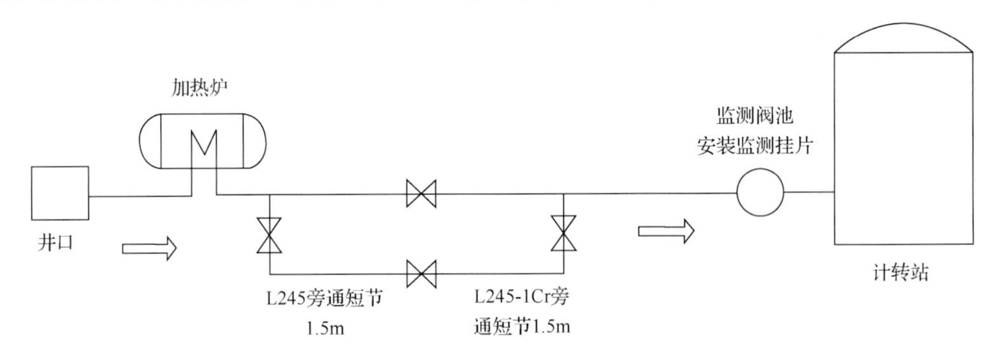

图 6-34　管材检测评价安装示意图

将 L245-1Cr 和 L245 管线钢挂片挂入现场管道中，分别试验一个月和半年后取出并评价其耐蚀性。结果表明，L245-1Cr 比 L245 管线钢均匀腐蚀速率下降了 8.01%，点蚀速率下降了 31.59%(表 6-38)。

表 6-38　L245 管线钢与 L245-1Cr 现场试验评价结果

试验周期	均匀腐蚀速率/(mm/a)		下降幅度/%	点腐蚀速率/(mm/a)		下降幅度/%
	L245-1Cr	L245 管线钢		L245-1Cr	L245 管线钢	
一个月(挂片)	0.0270	0.0294	8.16	0.3224	0.5659	43.03
半年(挂片)	0.0091	0.0105	13.33	0.1024	0.1217	15.86
一年(短节)	0.0617	0.0633	2.53	0.2585	0.4032	35.89
平均	0.0326	0.0344	8.01	0.2278	0.3636	31.59

现场选取 THK159 井旁通短节应用一年后的断管作为对比评价 L245-1Cr 和 L245 管线钢的耐蚀性。THK159 井完钻井深 5787m，完钻层位为奥陶系一间房组(O_2yj)，2013 年 2 月开井生产，日产液 42.55t，日产油 42.17t，含水率为 1.47%。单井管道设计压力 4.0MPa，设计温度为 70℃，实际运行压力为 1.4MPa，实际运行温度为 60℃，管线规格为 Φ114mm×5mm，长度为 3.45km，2013 年 5 月 4 日投入运行。原油密度为 1.0012g/cm^3，黏度为 1991.94mPa·s(50℃)，含盐量为 27358.14mg/L，含硫为 3%，含蜡为 2.09%；天然气中 H_2S 含量为 11267.52mg/m^3，CO_2 含量为 3.68%，地层水属高含 Ca^{2+}(9482.97mg/L)、Mg^{2+}(1135.68mg/L)，低 pH(6.4)，高矿化度(172844.27mg/L)、Cl^-含量为 105199.75mg/L 的 $CaCl_2$ 型。腐蚀环境属塔河油田特有的 H_2O-H_2S-CO_2-Cl^-共存电化学腐蚀环境。2014 年 7 月取旁通短节进行服役后 L245-1Cr 和 L245 管线钢的耐蚀性评价。结果表明，L245-1Cr 比 L245 管线钢均匀腐蚀速率下降了 19.5%，点蚀速率下降了 43.37%(表 6-39)。

表 6-39　THK159 井服役后两种材质耐蚀性评价数据

均匀腐蚀速率/(mm/a)		下降幅度/%	点腐蚀速率/(mm/a)		下降幅度/%
L245-1Cr	L245 管线钢		L245-1Cr	L245 管线钢	
0.0172	0.0215	20.0	0.1950	0.3444	43.38

截至 2018 年 6 月，L245-1Cr 管道在塔河油田超稠油区块推广应用 43 条单井管道，合计 124.58km，从现场挂片监测数据可知，均匀腐蚀速率小于 0.6004mm/a，较前期建设选用的 L245 管线钢点腐蚀速率下降 10.24%；点腐蚀速率均小于 0.62mm/a，较前期建设选用的 L245 管线钢点腐蚀速率下降 39.87%，有效延长了管道使用寿命，降低了腐蚀穿孔风险(表 6-40)。

2. 耐高温柔性连续复合管

柔性连续复合管因其连续成型，单根可达数百米、接头少，柔性好、抗冲击性能优良，质量轻、运输成本低、安装快速简单等一系列优点，在国内外油气田得到广泛推广和应用。常规柔性连续复合管结构如图 6-35 所示，内衬层通常采用聚乙烯树脂，也可采用交联聚乙烯树脂、聚偏氟乙烯树脂或改性后的其他高分子聚合物树脂，其主要作用为密封流体、耐油气腐蚀；增强层为聚合物内衬层上编织或缠绕涤纶工业长丝、芳纶长丝、超高分子量聚乙烯长丝或钢丝绳等，其主要作用为提供管体承压强度；外护套采用聚乙烯树脂，其主要作用是防止外损伤。

表 6-40 L245-1Cr 材质现场应用管道部分腐蚀监测数据 （单位：mm/a）

监测点名称	L245-1Cr		L245 管线钢	
	均匀腐蚀速率	点腐蚀速率	均匀腐蚀速率	点腐蚀速率
THK103 单井管道	0.0224	0.3752	0.0182	0.3832
THK108 单井管道	0.1089	0.6158	0.1149	1.1288
THK105 单井管道	0.0522	0.2550	0.0674	0.3716
THK303 单井管道	0.1561	0.3589	0.1857	0.7940
THK202 单井管道	0.0519	0.2445	0.0660	0.8771
THK308 单井管道	0.0049	0.3270	0.0018	0.4419
THK312 单井管道	0.0133	0.0616	0.0114	0.1724
THK7 单井管道	0.0087	0.2341	0.0065	0.2803
THK6 单井管道	0.0064	0.2567	0.0029	0.3158
THK712 单井管道	0.0062	0.1835	0.0053	0.3390
THK713 单井管道	0.0050	0.2220	0.0042	0.3199
THK715 单井管道	0.0213	0.2360	0.0166	0.4997
THK802 单井管道	0.0105	0.2504	0.0183	0.6336
THK803 单井管道	0.0392	0.5606	0.0454	0.5877
THK812 单井管道	0.0021	0.5235	0.0022	0.0543
THK815 单井管道	0.0336	0.3998	0.0469	0.3582
THK902 单井管道	0.0074	0.2102	0.0058	0.3404
THK903 单井管道	0.0044	0.2173	0.0050	0.5119
THK905 单井管道	0.0120	0.2503	0.0089	0.2421
THK906 单井管道	0.0035	0.2164	0.0036	0.2672
THK907 单井管道	0.0040	0.1662	0.0031	0.2971
THK909 单井管道	0.6004	0.2668	0.9215	1.1382
THK917 单井管道	0.0176	0.3397	0.0119	0.4413
THK914 单井管道	0.0089	0.1163	0.0032	0.3253

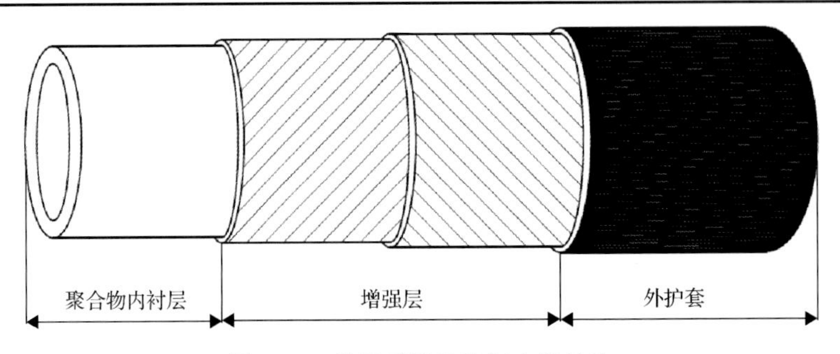

图 6-35 常规柔性连续复合管结构

1）柔性连续复合管结构设计

塔河油田超稠油系统的管道运行温度较高，柔性连续复合管在高温稠油环境中长期安全服役主要取决于对服役工况环境的适用性。如图 6-36 所示，现场应用柔性连续复合管，柔性复合管管体结构、柔性复合管金属接头及接头内用密封材料都是影响该类管道的关键技术节点，因此，为保证设计的柔性连续复合管满足现场稠油高温输送工况要求，在管道的设计过程中需要全面考虑柔性复合管管体结构、柔性复合管金属接头及接头内用密封材料的选择及设计。

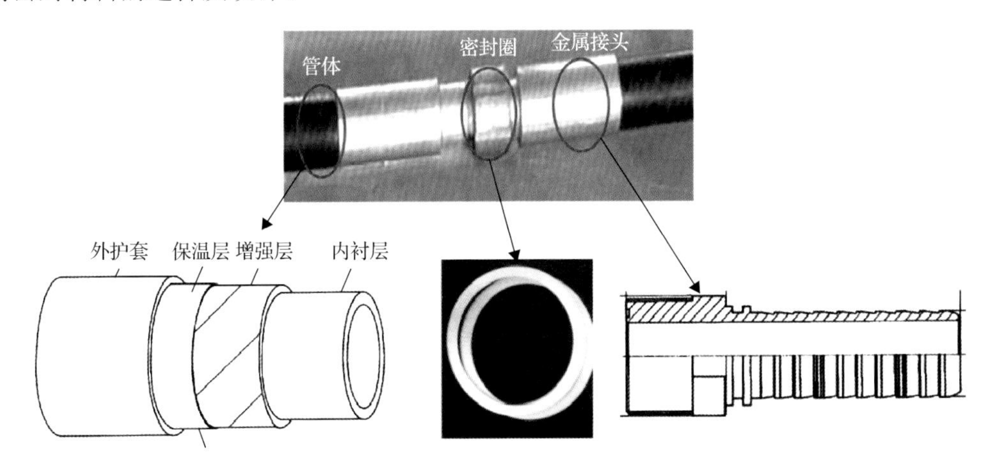

图 6-36　耐高温柔性连续复合管系统

如前所述，柔性连续复合管管体通常包括内衬层、增强层和外护套，同时根据现场工况要求还需制备保温层。综合分析前期大量基础研究成果和现场应用效果，认为柔性连续复合管在 4.0MPa、长期运行温度为 70～75℃条件下的应用具有一定的可行性。为了满足设计压力 4.0MPa、设计运行温度 70～75℃、长期服役 15 年以上的应用目标，管材系统设计见表 6-41。对于设计制造的耐高温柔性连续复合管，具体的试验评价方案及结果见表 6-42。

表 6-41　耐高温柔性连续复合管结构设计

序号	结构组元类型	设计要素
1	内衬层	①选择耐高温、抗渗透、介质相容性好的高性能塑料或改性塑料 ②维卡软化温度＞110℃/B50 法
2	增强层	①优先选择耐高温涤纶丝、玻纤带、芳纶纤维 ②其次选择做防腐处理的钢带作为增强层 ③在 H_2S 分压＞0.3kPa 环境下，不考虑钢带作为增强层材料
3	外护套	①通过热力水力工艺计算结果确定外保护层材质及厚度 ②确保外保护层满足耐温性能要求
4	保温层	①通过热力水力工艺计算结果确定保温层厚度 ②保温层材料选择闭孔发泡交联聚乙烯
5	金属接头	①接头材质宜选择钛合金等耐蚀材质 ②在确保不与介质接触的情况下，也可选择传统接头材质做防腐处理
6	接头密封件	宜选择高性能塑料或改性塑料，以确保该密封材料满足运行工况及介质环境要求

表 6-42　耐高温复合管性能评价方案

序号	评价对象	评价方案	评价结果
1	内衬层	维卡软化温度/℃	135.2
2		介质相容性(高温高压釜实验-拉伸强度变化率)/%	−3.35
3		拉伸强度/MPa	57.30
4		气体渗透性/[$(cm^3 \cdot cm)/(cm^2 \cdot s \cdot Pa)$]	4.945×10^{-14}
5	增强层	拉伸断裂载荷/N(90℃)	1915
6	复合管	爆破强度测试/MPa(室温、90℃)	54.1
7		长期服役性能评价/MPa(90℃，1000h 静水压试验)	8.8
8	密封材料	介质相容性(高温高压釜实验-重量变化率)	0 实验前 4.61g，实验前 4.61g，无增重
9		邵氏硬度(D 型)	−0.53% 实验前 56.5，实验前 56.2，变化不大
10	接头材料	金相组织及成分分析	钛合金材质

2)现场应用评价

2016 年在 THK102 井管道试验监测旁通上安装了 RF-Y-I-90-6-4 的耐高温柔性连续复合管，评价其在超稠油区块气液混输工况下的适应性[17]。THK102 井日产液 16.7t，日产油 15.96t，含水率为 4.4%。单井管道设计压力 4.0MPa，设计温度 75℃，实际运行压力 1.1MPa，实际运行温度 65℃左右，属间开生产井。原油密度为 $0.9628g/cm^3$，黏度为 2011.3mPa·s(50℃)，含盐为 25823.74mg/L，含硫为 3.6%，含蜡为 1.99%；天然气中 H_2S 含量为 $30712.32mg/m^3$，CO_2 含量为 6.38%，地层水属高含 Ca^{2+}(11082.97mg/L)、Mg^{2+}(935.68mg/L)，低 pH(5.8)，高矿化度(201832.76mg/L)，Cl^-含量为 111909.34mg/L 的 $CaCl_2$ 型水。2018 年 3 月对运行 22 个月的旁通短节进行断管评价。

(1)复合管结构剖析。

对服役后的耐高温柔性连续复合管短节断管进行分析，各结构层保持完整，未发现明显的渗透、损伤、分层、开裂、断裂等失效形貌(图 6-37)。

(2)内衬层性能及结构变化。

服役后的内衬层管内壁仍然光滑平整，其颜色已由白色变为棕色，且沿壁厚方向出现了梯度变化，但并未发现任何起泡、开裂、坍塌等失效现象，如图 6-38 所示。由以上

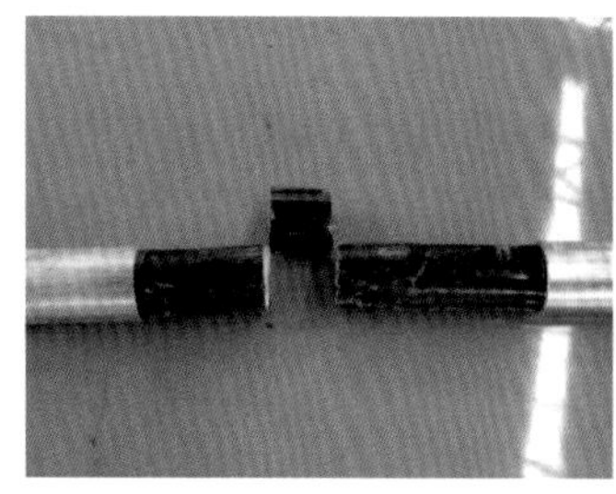

(a) 现场截取管段

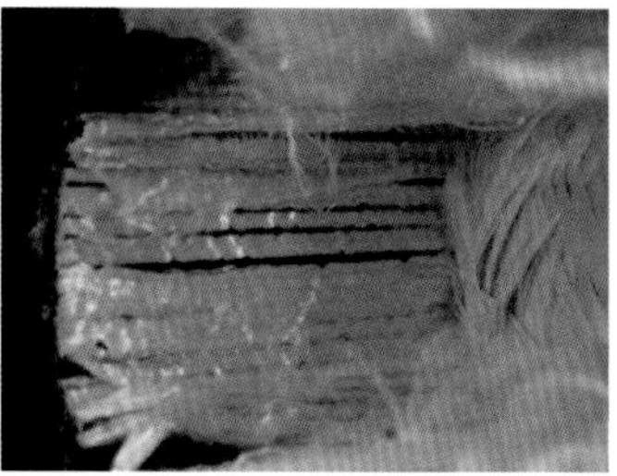

(b) 轴向拉伸增强层

(c) 纤维增强层(2层)

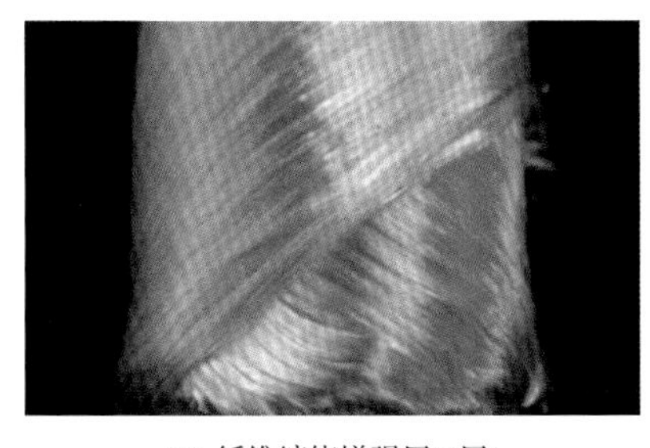

(d) 纤维缠绕增强层(4层)

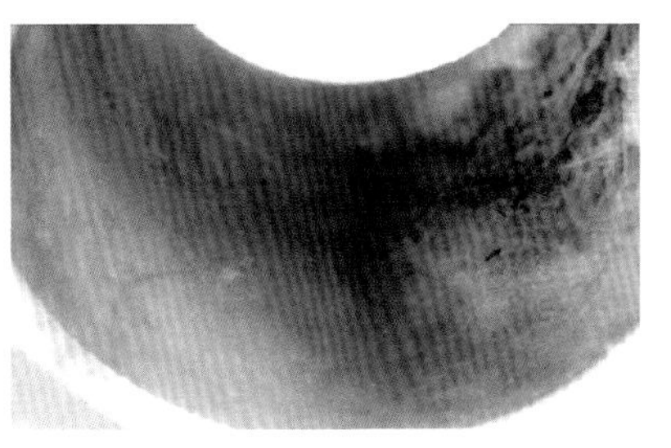

(e) 内衬管

图 6-37　管样剖析过程形貌

(a) 服役前

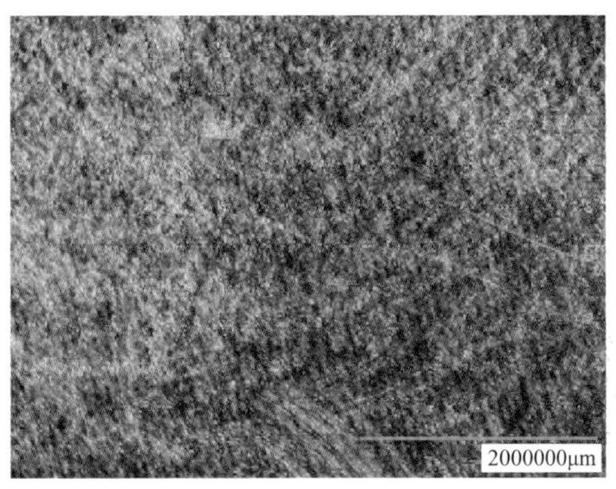

(b) 服役后

图 6-38　柔性连续复合管内衬内壁微观形貌

形貌分析可以推断，柔性连续复合管的内衬层管在 THK102 井工况条件下服役后，输送的石油类介质吸收进入聚合物材料中发生溶胀作用，使其颜色变深。但由于纤维增强层未发现受损痕迹，可以判定这种溶胀作用未对增强层造成明显影响。

与内衬层管原始样品的红外光线图谱相比，服役后的样品红外光线图谱中的各处特征吸收峰位置和峰强度均未发生明显变化，如图 6-39 所示，表明在现场试验工况环境条件下服役后，内衬层管样品的结构成分未遭受破坏。

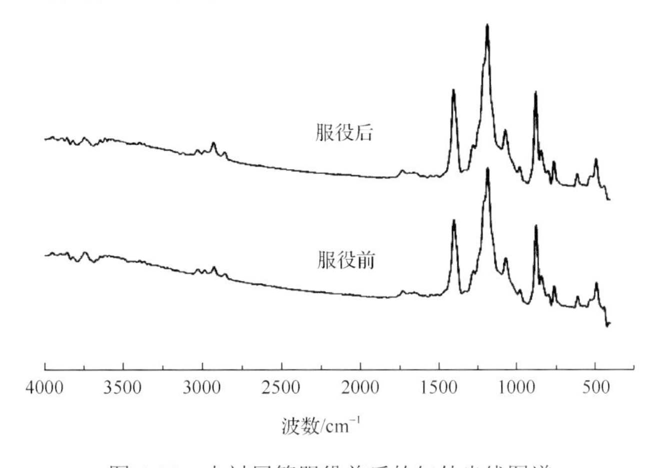

图 6-39　内衬层管服役前后的红外光线图谱

与内衬层管原始样品的热重-差示扫描量热分析(TG-DSC)曲线相比，服役后内衬层管样品的 TG-DSC 曲线变化趋势类似，如图 6-40 所示，吸热峰和放热峰的位置及强度基本保持一致，且并未有其他吸热峰或放热峰出现，表明现场试验工况环境未对内衬层管样品的耐热性能和热解行为造成影响。

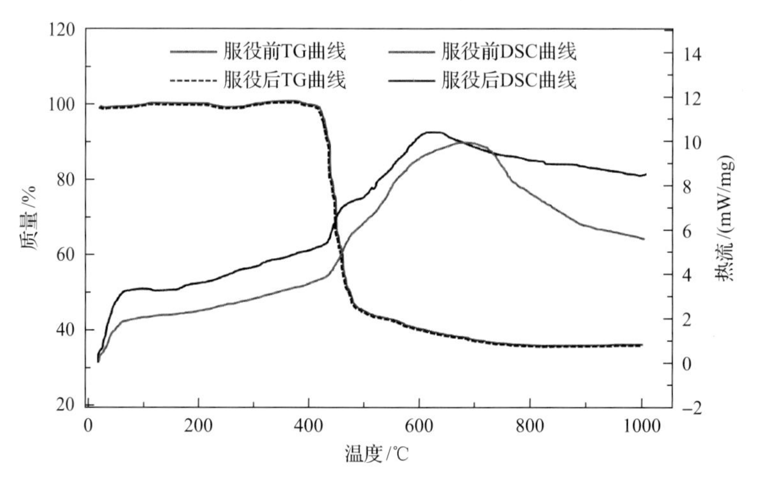

图 6-40　内衬层管服役前后的 TG-DSC 曲线

(3) 复合管性能分析。

《可盘绕式增强塑料管线管》(SY/T 6794—2018) 明确指出，每个产品单体都应进行恒定内压下 1000h 的存活试验，以说明产品单体的性能至少与经过全部评定的产品一致，即通过恒压试验来证明这些单体的回归曲线斜率与产品族代表的相同或者优于产品族代表。应对被选择的产品族成员的样本按《恒定内压下塑料管破裂时间的标准试验方法》(ASTM D1598—2015a) 在评定试验温度下进行压力试验，试验压力为 p_{1000} 或更高。样本单体如果通过在此条件下的 1000h 的存活试验，则说明该样品的承压等级与整个产品族承压等级相同，同时说明其服役寿命可以满足设计要求。

测试了服役后管材的水压爆破强度(90℃) 为 16.5MPa，满足《石油天然气工业用非金属复合管　第 2 部分：柔性复合高压输送管》(SY/T 6662.2—2012) 标准要求，爆破失效位置位于靠近接头处，如图 6-41 所示。依据服役后管材的水压爆破强度结果，参考《可盘绕式增强塑料管线管》(SY/T 6794—2018) 标准，计算得出了评定温度(90℃) 下的静水压力，开展了 1000h 静水压存活试验，如图 6-42 所示，且样品管体和接头处无渗漏、滴漏等失效现象。结果表明，服役后的柔性连续复合管单体的承压等级均相同或者优于产品族代表。

综合测试表明，耐高温柔性连续复合管在塔河油田超稠油区块高温环境下具有良好的适用性，能够满足气液混输集输工况要求。目前已应用 38.7km，服役 2～3 年，从管道目前运行效果来看，没有出现过失效问题，运行效果良好。

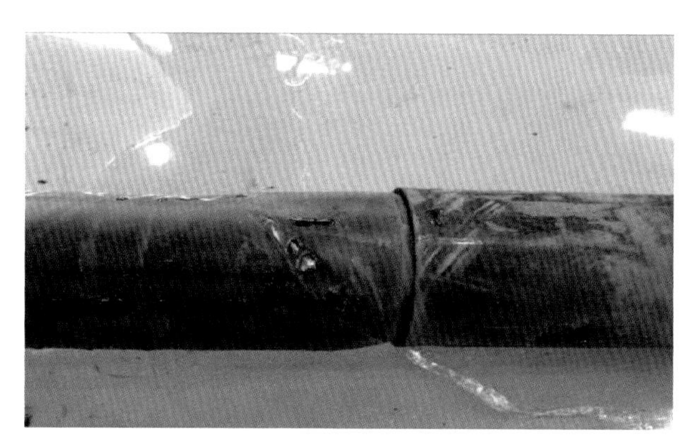

图 6-41　服役后复合管的水压爆破形貌

图 6-42　1000h 静水压存活试验后样品形貌

3. 内穿插修复技术

1) 技术原理

内穿插修复技术是在原金属管道内插入一条高密度聚乙烯管，利用非金属材料良好的耐腐蚀性能和金属管的机械性能，形成具有非金属防腐性能，同时又具有金属管道机械性能的“管中管”复合结构，达到防腐修复的目的。该方法具有修复速度快、全线焊接、原位修复、质量可靠、成本低、寿命长等优点，可应用在原金属管钢骨架存在的管道修复中。但无法通过 $R \geqslant 1.5D$(R 为弯曲半径，D 为管道直径)弯头，需要单独断管，修复施工费用是新建管线综合费用的 60%左右，可延长管线寿命达 20 年，是目前管线内腐蚀修复的成熟技术之一。内插修复工艺和内衬管与金属管线接头连接示意图如图 6-43 和图 6-44 所示。

2) 内穿插工艺

内穿插修复技术采用“O”形穿插内衬工艺，在一定的环境温度下将外径比主管线内径稍微大些的内衬管(按设计要求)经过多级等径压缩后牵引至管道内，利用材料自身良好的恢复形状记忆性能，与旧管线内壁紧紧地结合在一起，施工简捷方便，同时该工艺采取过度配合的过盈连接方式，内衬管与原管线内壁紧紧地结合在一起，内衬管与管线无缝隙，两者结合力强。“O”形等径穿插示意图如图 6-45 所示。

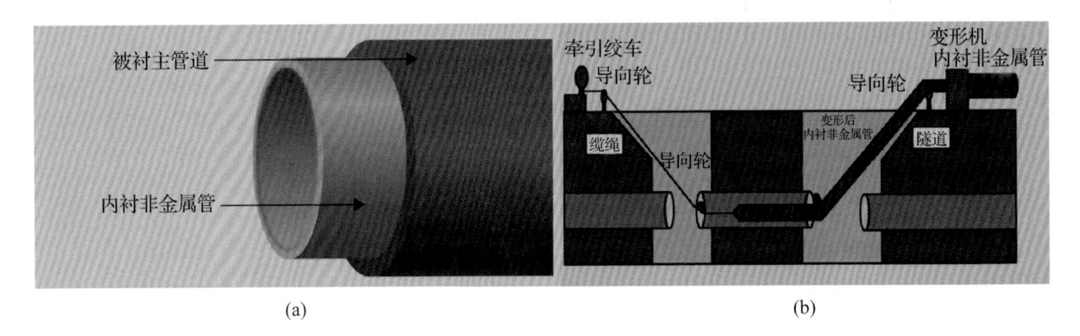

(a) (b)

图 6-43 内穿插修复工艺示意图

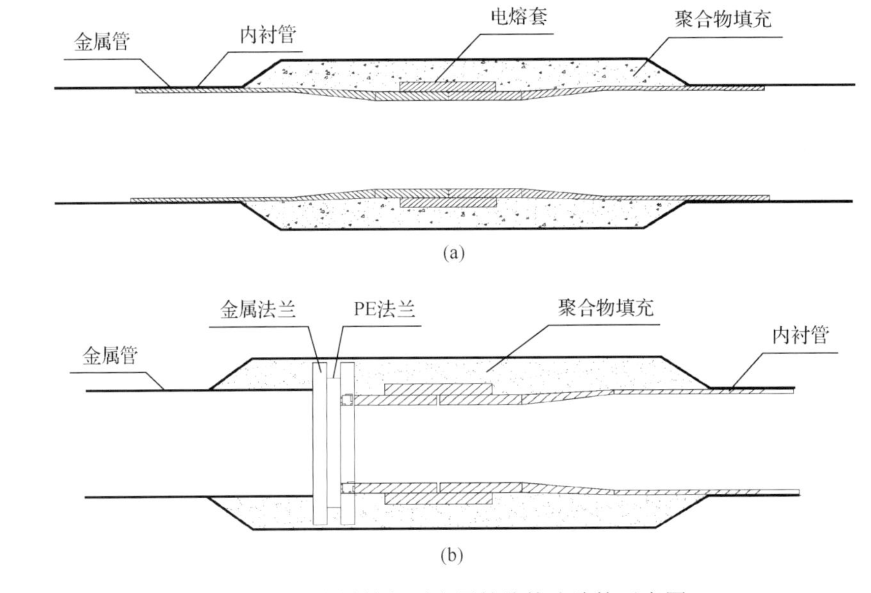

图 6-44 内衬管与原金属管线接头连接示意图

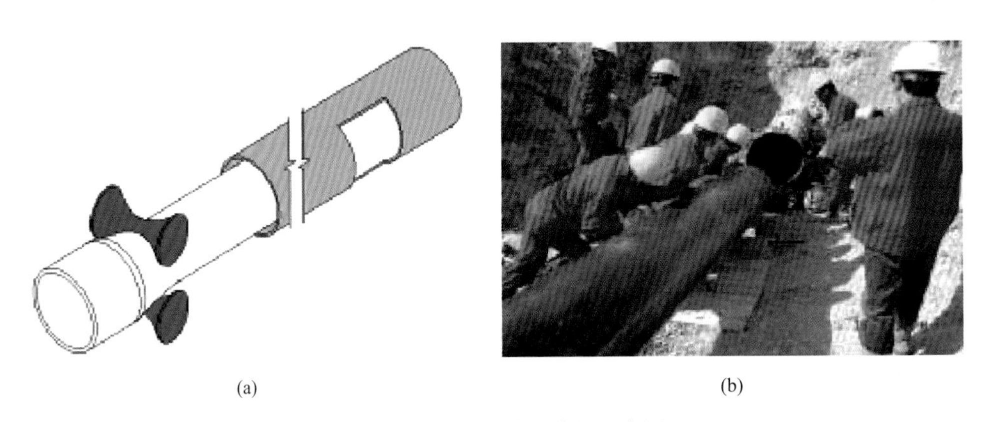

(a) (b)

图 6-45 “O”形等径穿插示意图

针对塔河油田超稠油加热输送管线，研发了工作温度在 75℃以下呈现优异性能的耐高温聚烯烃管材，具体性能见表 6-43。

表 6-43　耐高温聚烯烃管材质性能参数表

序号	项目	性能指标
1	密度/(g/cm^3)	0.941～0.965
2	热膨胀系数/(10^{-5}/℃)	11～16
3	抗拉强度(23℃)/MPa	21～24
4	弹性模量/MPa	552～758
5	维卡软化温度/℃	135
6	脆化温度/℃	-70
7	熔点/℃	131
8	泊松比	0.45
9	吸水率/%	＜0.01
10	断裂伸长率/%	＞350
11	拉伸屈服应力/MPa	＞20
12	纵向尺寸收缩率/%	＜3/2
13	长期静液压强度/MPa(20℃，50 年，95%)	＞8.0
14	导热系数 *W*/(m · K)	0.42
15	介电常数(60～100Hz)	2.30～2.35
16	介电强度/(kV/mm)	＞20

根据《钢质管道聚乙烯内衬技术规范》(SY/T 4110—2019)标准，内穿插修复内衬管壁厚选择见表 6-44。

表 6-44　聚乙烯内衬层最小壁厚　　（单位：mm）

	公称直径									
	DN100	DN150	DN200	DN250	DN300	DN350	DN400	DN500	DN600	DN700
最小壁厚	4	5	6	7	8	8.5	9.6	12.5	14	16

注：聚乙烯管外径选择原则为被修复管内径±1mm。

3) 应用效果评价

选取采用了内穿插修复工艺修复后且服役 3 年的超稠油集输管道，对其进行断管并取样，观察样品形貌，内衬 HTPO 管内表面光滑平整，无腐蚀起泡、结垢结蜡等现象，外部钢管均无任何腐蚀，内衬 HTPO 管与外部钢管结合紧密、无松动[18]。但服役 3 年后的 HTPO 管增厚 4.2%，有溶胀现象，未溶蚀，力学性能未变化，维卡软化温度为 124.3℃，耐温性能未变。内衬 HTPO 管与主管结合强度为 5.15N/cm^2，存在微量界面收缩现象，如图 6-46 所示。

整体评价认为：内穿插修复工艺技术在地面集输管道腐蚀治理中应用效果良好，可用于修复点腐蚀穿孔孔径≤4cm×4cm，原金属管钢骨架存在，且修复后管线输送承压级别不变的已腐蚀管道，可延长管线寿命达 20 年。目前已在塔河油田 2387.3km 超稠油区管道中进行修复应用，从目前运行效果看，没有出现过失效问题，运行效果良好。

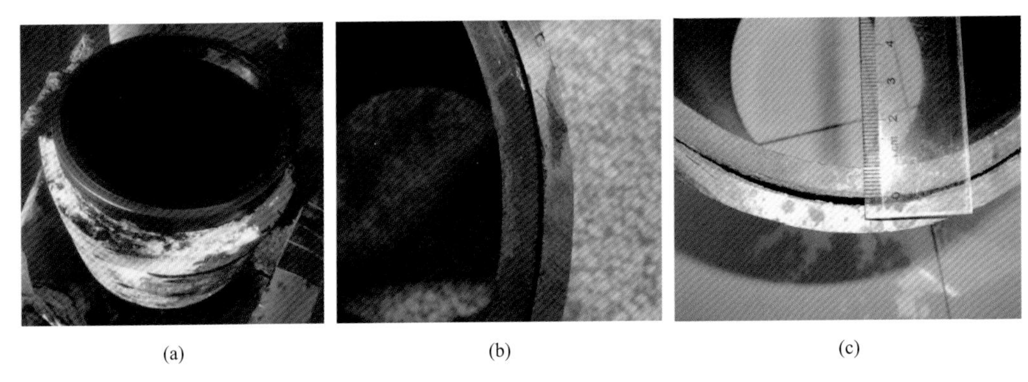

图 6-46 聚乙烯管材与金属管材界面结合变化

4. 风送挤涂修复技术

1) 技术原理

风送挤涂修复工艺也是一项专有管线内腐蚀修复技术。它是对在役旧管线严格清洗达标后，采用挤涂球和封堵球携带涂料，在空压机的推动下，在管线内壁形成聚合物水泥砂浆(加强层)+无溶剂环氧涂料(过渡层)+溶剂环氧涂料(防腐层)3 层复合结构，达到对旧管线的修复目的。可应用在原金属管钢骨架存在的管道修复中，$R \geqslant 1.5D$，弯头不需要进行单独断管处理，一次性施工长度达到 1.0～1.5km，可延长管线寿命达 15 年，也是目前管线内腐蚀修复的成熟技术之一。风送挤涂修复工艺原理如图 6-47 和图 6-48 所示，复合结构衬里性能参数见表 6-45 和表 6-46。

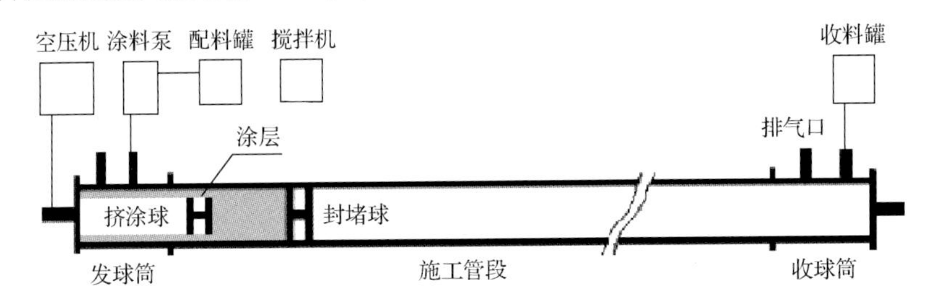

图 6-47 风送挤涂工艺示意图

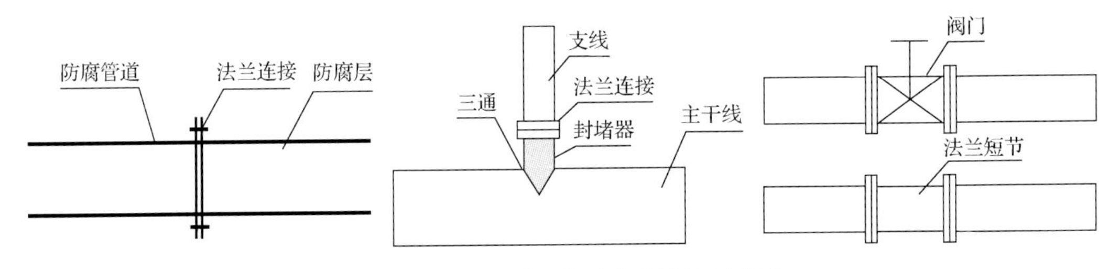

图 6-48 风送挤涂断管处接头连接示意图

表 6-45　复合结构内衬整体性能

序号	项目	测试标准	测试方法
1	厚度	≥3.0mm	测厚仪
2	耐压	=2.5MPa	Φ10mm 孔耐压试验
3	黏结力	≥0.2MPa	拉力试验
4	防蚀性	100h 无变化	10% NaOH、NaCl、HCl

表 6-46　复合结构衬里界面黏结强度

界面	钢板	聚合物砂浆加强层	无溶剂环氧过渡层	无溶剂环氧防腐层
黏结强度 MPa	≥0.22	≥1.0	≥5	

注：0.22 表示的是钢板和聚合物砂浆加强层之间的黏结强度，1.0 表示的是聚合物砂浆加强层和无溶剂环氧过渡层之间的黏结强度，5 表示的是无溶剂环氧过渡层和无溶剂环氧防腐层之间的黏结强度。

施工执行标准《钢制管道水泥砂浆衬里技术标准》(SY/T 0321—2016)和《钢质管道液体涂料风送挤涂内涂层技术规范》(SY/T 4076—2016)。

2)应用效果评价

采用风送挤涂修复技术对服役 2 年的超稠油单井集输管道短管进行取样并评价其应用效果，取样观察涂层完整，表面光滑，未发现脱落。涂层厚度(涂层+水泥砂浆)平均值为 3.36mm，均大于 3mm，电火花检测涂层中无针孔、裂隙和裂纹等缺陷，硬度达到 3H 级，涂层与水泥砂浆层附着力为 1 级，水泥砂浆—金属层之间的结合力达 0.25MPa，如图 6-49 所示。

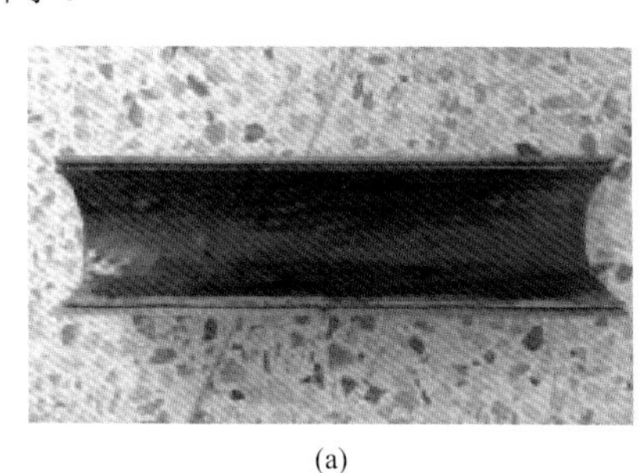
(a)

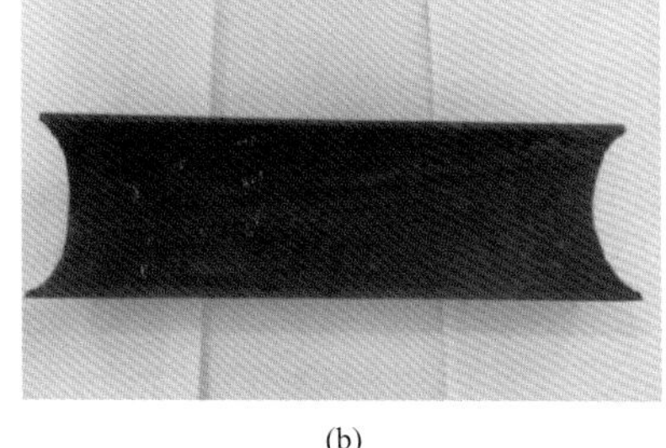
(b)

图 6-49　风送挤涂修复技术试验短节服役后照片

整体评价认为：风送挤涂修复工艺可以用于点腐蚀穿孔孔径不大于 1cm×1cm、金属管道钢骨架存在且修复后管线输送承压级别不变的已腐蚀管道。可延长管线寿命达 15 年。现场在塔河油田超稠油区块修复了 350.7km 管线，实现了小口径稠油输送管线修复，在治理腐蚀管线的同时降低了介质的输送阻力，修复管输压力较治理前明显下降，从 1.1～1.15MPa 下降到运行过程中的 0.75～0.8MPa，运行效果良好。

5. 原位更新修复技术

1)技术原理

原位更新修复技术是对服役时间长、不符合安全生产要求的非金属管道，以旧管道为导向，采用气压、液压或静拉力来破碎现存的旧管道，并将旧管道碎屑挤入周围的土层中，同时拉入等径或超径的具有承压性能的柔性连续复合管。避免了使用机械或人工对无利用价值的旧管道进行清管、开挖、断管、回收等工作量，在旧管线穿越不可开挖建筑物或特殊位置时具有较强的优越性，可获得较高的性价比。原位更新修复工艺施工示意图如图 6-50 所示。

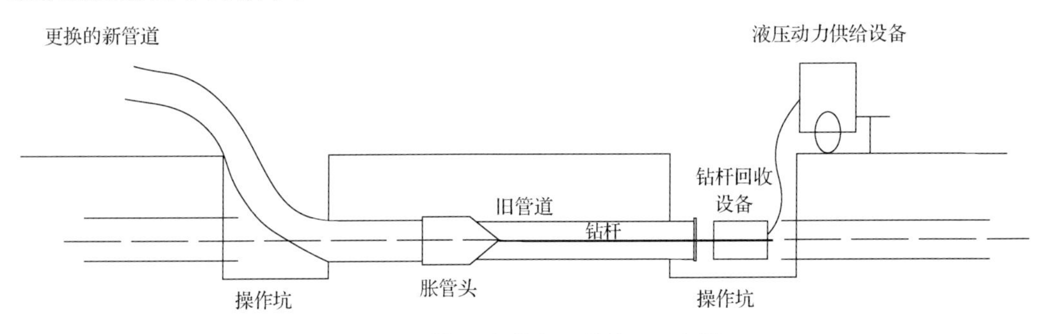

图 6-50　原位更新修复工艺施工示意图

2) 胀管接头设计

胀管头与更换柔性管接头连接的牢固性是原位更新技术应用成败的关键。由于胀管头需要多次重复利用，在胀管头内部设计简易连接装置，可与柔性管接头抓柄加锁相连，原位更新施工过程中在柔性连续复合管接头段拉出旧管道，经切割后重新安装管线连接接头，胀管头如图 6-51(a)所示，柔性管接头抓柄如图 6-51(b)所示，管线连接接头如图 6-51(c)所示。

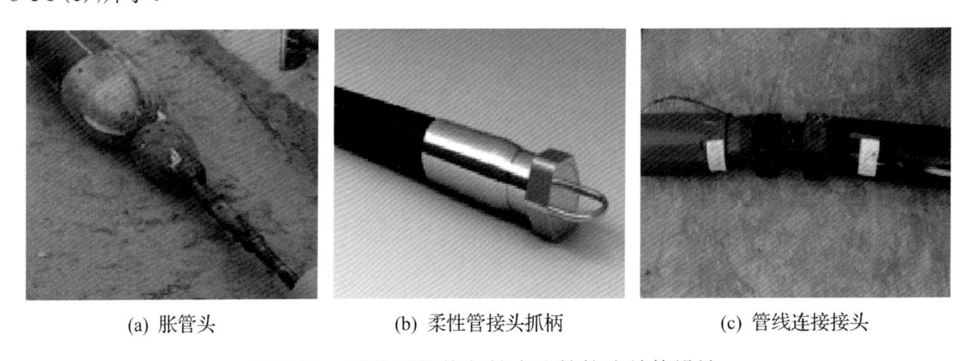

(a) 胀管头　(b) 柔性管接头抓柄　(c) 管线连接接头

图 6-51　原位更新修复技术胀管接头结构设计

3) 工艺计算

一次非开挖新建距离和设备的选择，通常依据管道的受力分析与计算结果。管道受力分析如图 6-52 所示，主要受力组成有胀管机拉力 F_p、胀破力 F_{bn}、摩擦力 F_f、土壤挤压力 F_{scn}。

(1) 施工距离计算。

摩擦力 F_f 和柔性连续复合管轴向最大拉伸强度 F_{FP} 相等时，即可计算按原路由新建管道边界条件。

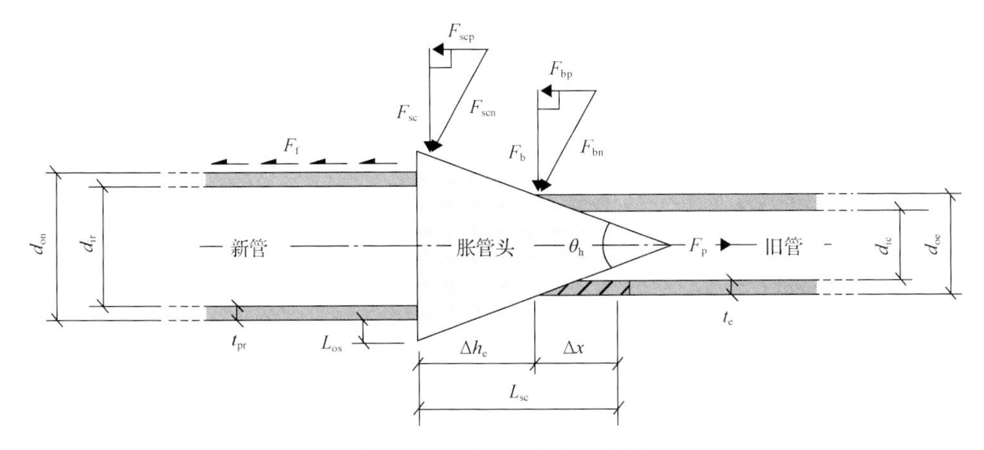

图 6-52　管道受力分析示意图

θ_h -旧管道强度；L_{os} -胀管头与新管直径差的半数；d_{oe} -旧管道外径；t_e -旧管道壁厚；Δx -旧管破碎长度；F_{bp}-胀破力的水平分力，kN；F_{scp}-土壤压力的水平分力 kN；d_{on}-新管外径；d_{ir}-新管内径，mm；d_{ie}-旧管内径，mm

即由

$$F_f = \mu_{sp}(\alpha p_S \pi d_{on} / 1000 + W_p g L_p / 1000) = F_{FP} \tag{6-10}$$

可计算出一次原路由新建施工上限值：

$$L_p = \left(\frac{1000F_{FP}}{\mu_{sp}} - \alpha p_S \pi d_{on}\right) / W_p g \tag{6-11}$$

式中，μ_{sp} 为摩擦系数；p_S 为土壤的压应力，kN/m^2；W_p 为单位长度新管质量，kg/m；g 为重力加速度，$0.981m/s^2$；L_p 为一次施工长度；α 为土壤静压力修正系数。

对于最大拉伸强度为 11t 的柔性连续复合管，经计算一次最大拉伸长度为 261m。

(2)胀管设备提供拉力计算。

胀管设备提供的拉力应满足下式：

$$F_P > F_f + F_{bp} + F_{scp} \tag{6-12}$$

$$F_{bp} = \tan\left(\frac{\theta_h}{2}\right)\sigma_1 f_{nb} f_{bl} t_e / 1000 \tag{6-13}$$

$$F_{scp} = f_{scl}\tan\left(\frac{\theta_h}{2}\right) p_S \pi(d_{on} + L_{os})\left\{\Delta x + \left[\left(\frac{d_{on}}{2} + L_{os}\right) - \frac{d_{oe}}{2}\right] / \tan\left(\frac{\theta_h}{2}\right)\right\} / 1000^2 \tag{6-14}$$

式中，σ_1 为旧管道强度，MPa；f_{nb} 为旧管道碎片数量系数，取 45；f_{bl} 为破裂阻力长度系数，取 0.3；f_{scl} 为土壤塑性变形系数，取 15。

考虑各项安全系数，胀管设备提供的拉力应满足下式：

$$F_P > \alpha_r(\mu_{sp} F_f + C_b F_{bp} + C_{sc} F_{scp}) / \phi_p \tag{6-15}$$

胀管设备提供的拉力的边界条件即为

$$F_{\rm P} = \alpha_{\rm r}(\mu_{\rm sp}F_{\rm f} + C_{\rm b}F_{\rm bp} + C_{\rm sc}F_{\rm scp}) / \phi_{\rm p} \tag{6-16}$$

式中，$\phi_{\rm p}$ 为拉力不确定因素，取 0.9；$\alpha_{\rm r}$ 为负荷不确定因素，取 1.1；$\mu_{\rm sp}$ 为摩擦力系数，取 1.1；$C_{\rm b}$ 为胀破力系数，取 2.0；$C_{\rm sc}$ 为土壤压挤力安全系数，取 1.2。

对于最大拉伸强度为 11t 的柔性连续复合管，一次最大拉伸长度为 261m 时，需要胀管设备提供的拉力为 19.3t。

4）应用效果评价

在塔河油田超稠油 8 区先后完成了 THK182、THK105、THK143、THK186 井 4.17km 原位更新现场应用试验，一次最大施工长度 280m，设备提供拉力 100～150kN。对运行一年后的 THK143 井单井管线进行检测，该管线经原位更新施工后，在相同输送量下，管线运行起点、终点压力分别为 1.0MPa、0.7MPa，运行温度分别为 60℃、38℃，可见虽然管径降低，回压也相应降低，但温降变化不大，水力热力条件满足生产要求。

整体评价认为：原位更新修复技术可在非金属失效严重、新建不需大开挖的管道范围应用，可延长管线寿命达 20 年。在塔河油田超稠油区块 87.46km 管线，解决了在连续穿越大面积农田、沟渠、征地困难管线大面积开挖敷设难题，提高施工时效 30%，节省工程费用 20%，具有较好的经济效益与社会效益，运行效果良好。

6. 缓蚀剂防护技术

油气田在防止油气集输管道腐蚀方面，常用的处理方法是在管道流体中加入抑制腐蚀的缓蚀剂。缓蚀剂防护技术作为一项经济、有效的重要防腐技术措施，在塔河油气田集输管道系统得到了较为广泛的应用。针对超稠油区块腐蚀介质问题，从缓蚀剂的类型优选、优异药剂研发评价、现场加注应用及效果评价手段方面，建立了针对高 H_2S 含量稠油系统的缓蚀剂应用技术体系，保障了缓蚀剂防护技术的科学、高效应用，以满足油气田安全高效开发生产的需求。

1）缓蚀剂类型优选

目前在油气田应用的缓蚀剂主要是有机缓蚀剂类型，这类缓蚀剂含有 O、N、S、P 等元素的有机物，如有机胺类、季铵盐、醛类、杂环化合物、炔醇类、有机硫化合物、有机磷化合物、咪唑啉类化合物等。模拟塔河油田稠油区块腐蚀环境，对塔河油田在用的 12 种缓蚀剂进行评价筛选，具体结果见表 6-47。

表 6-47　缓蚀剂类型确定

缓蚀剂	水溶性	类型
A	水溶	咪唑啉季铵盐
B	水溶	砒啶类季铵盐
C	水溶	季铵盐聚醚
D	油溶	油酸咪唑啉

续表

缓蚀剂	水溶性	类型
E	油溶	多乙烯多胺
F	水溶	喹啉季铵盐
G	水溶	咪唑啉
H	油溶	多乙烯多胺
I	水溶	咪唑啉
J	水溶	双苯并咪唑类
K	水溶	炔醇类
L	油溶	咪唑啉

根据缓蚀剂性能及缓蚀剂使用说明书，确定初选的 5 种缓蚀剂基本类型，以咪唑啉类缓蚀剂效果最好，见表 6-48。

表 6-48　缓蚀剂初选实验结果

检测项目	检测结果		缓蚀剂优选	
	水溶性缓蚀剂	油溶性缓蚀剂	水溶性缓蚀剂	油溶性缓蚀剂
物性	A、C、F、G、I、J、K 合格	E、H、L 合格		
阻垢性	A>C>I>K>F>J>B>J	L>H>D>E		
静态缓蚀性能	A>F>C	L>H	A、C、F	H、L
长期稳定性	均较好	均较好		
耐温性	均较好	均较好		

将 5 种类型的缓蚀剂在高 H_2S 含量稠油系统模拟工况环境下进行评价，H_2S 含量为 38900mg/m^3，具体结果见表 6-49，将缓蚀剂应用效果进行排序：咪唑啉(油溶性，L-77.32%)>咪唑啉季铵盐(水溶性，A-69.04%)>喹啉季铵盐(F-68.48%)>多乙烯多胺(油溶性)(H-67.57%)>季铵盐聚醚(C-67.17%)，得到缓蚀剂应用技术体系，指导了稠油系统缓蚀剂现场应用，提高了缓蚀剂防护效果。

表 6-49　稠油系统缓蚀剂技术体系建立实验结果

缓蚀剂	均匀腐蚀速率/(mm/a)	均匀缓蚀效率/%	结论
空白组	0.7028		
A	0.2176	69.04	油溶性咪唑啉(L)>水溶性咪唑啉季铵盐(A)>喹啉季铵盐(F)>多乙烯多胺(H)>季铵盐聚醚(C)
C	0.2307	67.17	
F	0.2215	68.48	
H	0.2279	67.57	
L	0.1594	77.32	

2) 超稠油地面集输管道缓蚀剂

优选出的缓蚀剂主要成分为油溶性咪唑啉类缓蚀剂，属于吸附膜型缓蚀剂，将其加入腐蚀介质中以后会在金属表面吸附成膜，缓蚀剂膜层和金属之间靠化学键结合，一方面，改变了金属表面的电荷状态和界面性质，使金属表面的能量状态趋于稳定，增加了腐蚀反应的活化能，减缓了腐蚀速度；另一方面，缓蚀剂分子的非极性基团可在金属表面形成一层疏水性保护膜，阻碍了腐蚀介质同金属基体反应，腐蚀速度大大降低。

咪唑啉季铵盐类缓蚀剂的缓蚀性能与结构有密切关系，采用量子化学计算的方法，从理论角度找出最有可能与金属反应的位点，建立缓蚀剂在金属表面吸附的构型并优化设计出缓蚀剂分子结构。

咪唑啉中间体通常由酸与多胺反应而来，其中酸分为饱和脂肪酸和不饱和脂肪酸。在饱和脂肪酸中没有不饱和键，所以很稳定，不容易被氧化分解；而不饱和脂肪酸尤其是多不饱和脂肪酸不饱和键增多，所以不稳定，容易被脂质过氧化。对塔河油田稠油 H_2O-H_2S-CO_2-Cl^-环境油溶性饱和脂肪酸唑啉在 60℃环境下进行优选评价，所得结果为癸酸咪唑啉中间体缓蚀效率最高，达到 94.54%，因此优选癸酸咪唑啉作为中间体，具体结果见表 6-50。

表 6-50　不同咪唑啉缓蚀剂性能影响

缓蚀剂	均匀腐蚀速率/(mm/a)	均匀缓蚀效率/%
空白	0.7028	
正己酸咪唑啉	0.1032	85.32
正辛酸咪唑啉	0.0791	88.75
硬脂肪酸咪唑啉	0.047	93.31
棕榈酸咪唑啉	0.0442	93.71
十四酸咪唑啉	0.0424	93.97
癸酸咪唑啉	0.0384	94.54

(1)新型缓蚀剂合成。

合成原料及设备：癸酸、二乙烯三胺、三乙胺、含氟特种表面活性剂、二甲苯、恒温电热套、温度计、分水器及冷凝管等。

合成原理及步骤：癸酸咪唑啉中间体的合成是在携水剂二甲苯的促进作用下，由癸酸在一定温度下与二乙烯三胺发生第一步脱水反应，形成酰胺。由酰胺自身再次脱水环化形成咪唑啉，反应方程式如式(6-17)所示：

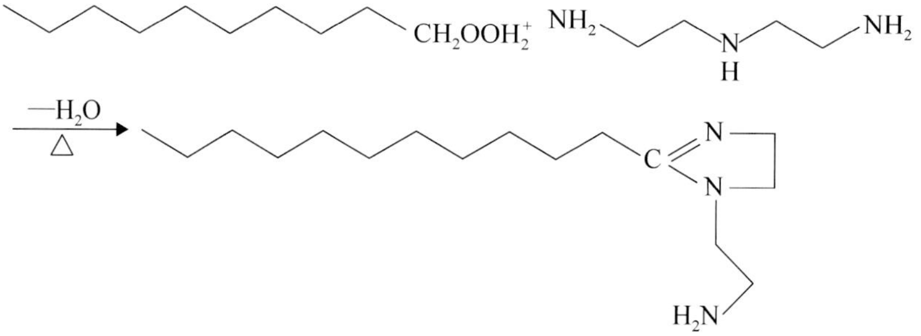

$$\mathrm{CH_2OOH_2^+} \quad \mathrm{NH_2} \quad \underset{\mathrm{H}}{\mathrm{N}} \quad \mathrm{NH_2} \xrightarrow[\triangle]{-\mathrm{H_2O}} \mathrm{C}\,\mathrm{N}\,\mathrm{N} \quad \mathrm{H_2N} \tag{6-17}$$

将第一步合成的癸酸咪唑啉中间体与含氟特种表面活性剂在缚酸剂三乙胺的促进作用下，在一定温度下发生缩合反应，最终得到含氟咪唑啉类油溶性缓蚀剂，反应方程式如式(6-18)所示：

C N N + $C_8F_{17}SO_2F$

H_2N

$\xrightarrow[50℃]{—HF}$ C N N HN O=S=O C_8F_{17}　　(6-18)

(2) 结构表征。

用红外光照射样品时，分子吸收红外光会发生振动能级跃迁，不同的化学键或官能团吸收频率各异，只能特定吸收与其自身分子振动、转动频率相一致的红外光，同时在分子偶极矩发生改变时得到特征红外吸收光谱。红外光谱分析方法基于各官能团、原子团具有特定波数范围的电磁辐射吸收，对比测定的吸收光谱与特定吸收的重合情况以检测所测试缓蚀剂分子的特征官能团，并与已知高性能缓蚀剂分子的特征官能团进行定性比较，从而确定所用缓蚀剂与高性能缓蚀剂分子的官能团是否相同。将合成产物进行红外光谱表征，图谱如图 6-53 所示。

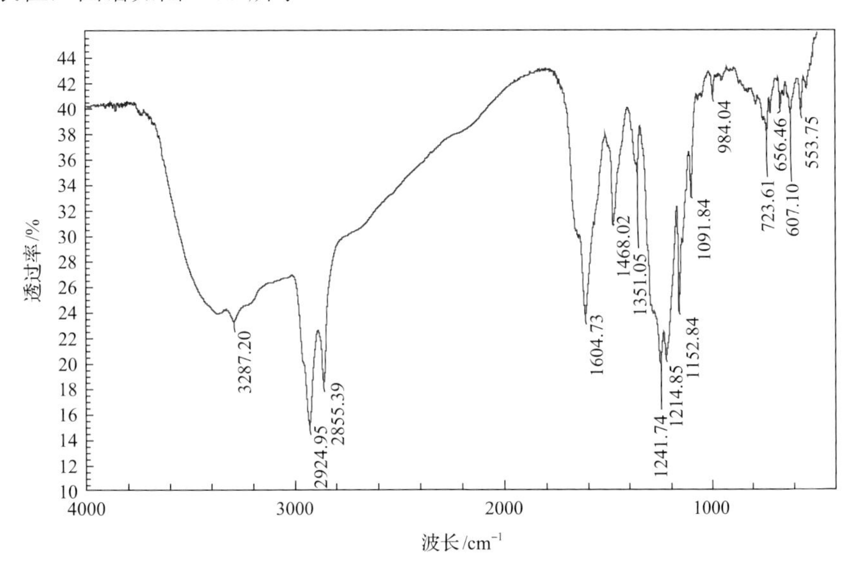

图 6-53　新型油溶性咪唑啉产物质谱图

在 1600cm^{-1} 左右处的吸收峰还表明出现了 C═N 键的伸缩振动峰，在 2900cm^{-1} 附近出现了 C—N 伸缩振动吸收峰，在 3300cm^{-1} 附近出现了 N—H 伸缩吸收峰，证明了咪唑啉环的存在，通过谱图中咪唑啉特征吸收峰(1600cm^{-1} 左右)的强度可以看出，通过路线优化合成的缓蚀剂收率较高，合成效果较好。

(3)缓蚀性能评价。

利用高温高压反应釜模拟塔河油田稠油工况环境(温度 60℃，$p_{总}=4.0MPa$，$p_{H_2S}=0.34MPa$，$p_{CO_2}=0.12MPa$)，把最佳的合成油溶性咪唑啉配制成质量浓度分别为 20mg/L、40mg/L、60mg/L、80mg/L、100mg/L、120mg/L 的腐蚀模拟溶液，并与空白腐蚀实验进行对比分析，具体实验结果见表 6-51。

表 6-51　不同浓度下缓蚀剂缓蚀性能评价结果

序号	温度/℃	时间/h	浓度/(mg/L)	均匀腐蚀速率/(mm/a)	缓蚀效率/%
1			0	0.7028	—
2			20	0.0923	8.86
3			40	0.0835	88.12
4	150	72	60	0.0713	89.55
5			80	0.0492	92.99
6			100	0.0482	93.14
7			120	0.0477	93.21

从图 6-54 中可以看出，缓蚀剂缓蚀效率随浓度的变化可分为两个区域：浓度从 20～80mg/L 变化区域，随缓蚀剂浓度的增加，缓蚀效率从 86.9%增加到 92.9%；而在浓度从 80～120mg/L 变化区域，随着缓蚀剂浓度的增加，缓蚀效率基本维持在 93%左右，无明显变化。这是由于合成的新型缓蚀剂是吸附成膜型缓蚀剂，当用量不足时，没有足够的量吸附于金属表面，不能对金属表面完整覆盖，而随着缓蚀剂用量的增加，金属表面覆盖率得到有效增加，从而缓蚀效率增加，当缓蚀剂浓度增加到一定量后，金属表面刚好被覆盖完整，缓蚀效率达到最大值，再继续增加缓蚀剂浓度，缓蚀效率保持不变。因此，综合考虑缓蚀效率与经济性，缓蚀剂的最佳浓度为 80mg/L，缓蚀效率可达 92.99%。

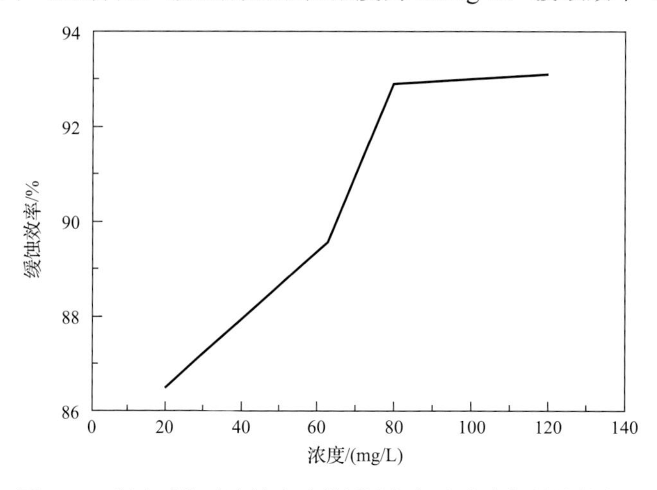

图 6-54　稠油系统油溶性咪唑啉缓蚀剂加注浓度与缓蚀效率图

3) 缓蚀剂现场应用

稠油地面集输系统按照“应加必加，应保必保，源头加药，系统防护”的原则，在前期研究和现场普查的基础上，通过端点加药、中间补给相结合的加药方式，实现干线和站场的药剂防护全覆盖，确保地面系统平均腐蚀速率达标。稠油系统缓蚀剂加注流程示意图如图 6-55 所示。

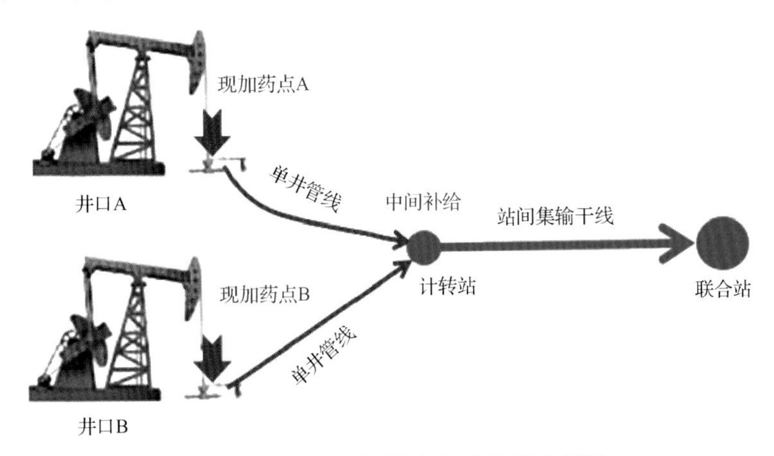

图 6-55 稠油系统缓蚀剂加注流程示意图

4) 应用效果评价

塔河油田在稠油系统 176 条单井管线和 28 条集输干线加注缓蚀剂，初始加注浓度为 30mg/L，每年依据腐蚀监测数据及时调整药剂，基本上加注浓度在 30～80mg/L，控制均匀腐蚀速率在 0.0250mm/a 以下，缓蚀效率保持在 95%以上；点腐蚀速率为 0.13mm/a，缓蚀效率保持在 80%以上，控制在轻度腐蚀范围内，有效缓解了管道腐蚀速率（表 6-52）。

表 6-52 塔河油田加注缓蚀剂防护稠油管道腐蚀监测数据

加药时间	缓蚀剂浓度/(mg/L)	均匀腐蚀		点腐蚀	
		均匀腐蚀速率/(mm/a)	缓蚀效率/%	均匀腐蚀速率/(mm/a)	缓蚀效率/%
	0	0.3523		0.6234	
2012 年	30	0.0151	95.72	0.0967	84.49
2013 年	30	0.0172	95.11	0.1035	83.40
2014 年	30/60	0.0193	94.52	0.1139	81.73
2015 年	60	0.0184	94.78	0.0766	87.71
2016 年	60/80	0.0115	96.74	0.0824	86.78
2017 年	80	0.0123	96.51	0.0924	85.18
2018 年	80/100	0.0126	96.42	0.0977	84.33

通过对超稠油区块地面集输管道腐蚀现状、腐蚀介质、腐蚀环境及腐蚀机理的研究，结合管道内腐蚀检测识别腐蚀程度手段，明确了管道内壁形成 H_2O-H_2S-CO_2-Cl^-共存的酸性电化学腐蚀环境，在高温输送环境，溶解氧及细菌存在加速腐蚀，导致地面集输管

道“点腐蚀速率高，均匀腐蚀速率低，以内腐蚀和点腐蚀穿孔为主”的规律特征。在认识腐蚀规律特征的基础上，形成了一套经济有效、因地制宜的腐蚀防治技术体系，有效解决了超稠油环境的集输管道腐蚀问题，降低各类经济损失达亿元。

这套腐蚀综合防治技术在应用过程中仍有些问题需要注意。在管道材质方面，研发了抗点蚀钢，抗点蚀能力较L245管线钢提升近39%，但对H_2S引发的点蚀效果较对CO_2腐蚀引发的点蚀效果相对要差一些；设计的耐高温的柔性连续复合管，可在温度65℃以上长期运行，解决了稠油高温输送带来的腐蚀问题，但是长期服役温度不能高于65℃。对于在役管道，对于穿孔严重但原钢骨架仍存在、具有承压能力的金属管道，采用局部开挖的内穿插修复技术和风送挤涂修复技术两大类管道修复技术，但对于穿孔孔径＞4cm×4cm 的管道，这两类技术均存在一定的风险，选用时需慎重；对于失效严重，又处于地表多植被、水系发达，农田、低矮红柳丛覆盖等环境敏感区的非金属管道，采用原位更新修复技术，解决了需要大开挖破坏植被的难题，在应用过程中需针对管道性质、地层情况及施工作业等问题，开展适应性评价研究；对于穿孔不严重的金属管道，采用缓蚀剂加注等工艺延缓腐蚀，缓蚀剂的应用仍需针对不同腐蚀介质环境、不同管道内流体情况进行针对性筛选评价，并配套合理的加注工艺。

参考文献

[1] 徐孝轩，孙国华. 塔河油田原油处理技术现状及研究方向[J]. 油气田地面工程, 2011, 30(5): 40-42.

[2] 汤晨. 新型处理剂对塔河稠油采出液油水界面性质及乳状液稳定性的影响[D]. 北京：中国石油大学(北京), 2016.

[3] 季俣汐. 塔河稠油活性组分对油水界面性质和乳状液稳定性的影响[D]. 北京：中国石油大学(北京), 2016.

[4] 沈明欢，王振宇，于丽. 塔河油田酸化油破乳技术研究[J]. 石油炼制与化工, 2015, 46(4): 1-6.

[5] 沈明欢，王振宇，于丽. 影响塔河油田酸化油破乳的因素分析[J]. 石油炼制与化工, 2015, 46(3): 5-9.

[6] 杨志勇. 塔河油田劣化原油破乳脱水对策研究与应用[D]. 成都：西南石油大学, 2014.

[7] 王波. 塔河油田稠油采出液脱水处理技术研究与应用[D]. 成都：西南石油大学, 2014.

[8] 邢富林. 塔河油田超稠油降黏与脱水试验[J]. 油气田地面工程, 2012, 31(5): 24-25.

[9] 刘家国，张鸿勋，汪实彬. 塔河重质稠油电脱盐技术研究[J]. 石油化工设计, 2006, (1): 9, 18-20.

[10] 于良俊. 塔河油田三号联合站含硫重质稠油处理技术[C]//山东石油学会.山东石油学会稠油特稠油地面集输与处理技术研讨会论文集. 青岛：中国石油大学出版社, 2009: 72-79.

[11] 羊东明，孟凡彬，王峰. 塔河油田原油稳定的负压闪蒸工艺[J]. 油气田地面工程, 2000, (2): 23-24, 37.

[12] 许艳艳，刘强. 油水相态对塔河油田输油管线的腐蚀影响[J]. 中国高新技术企业, 2014, (24): 70-72.

[13] 贾书杰，董斌. 塔河油田腐蚀现状及认识[J]. 油气井测试, 2009, 18(5): 70-71, 78.

[14] 卢智慧，何雪芹，何昶. 塔河油田集输管道腐蚀因素及防腐措施[J]. 油气田地面工程, 2015, 34(7): 18-20.

[15] 代维. 塔河油田金属管线的腐蚀规律研究及新型管材的应用[D]. 成都：西南石油大学, 2017.

[16] 高秋英，赵海洋，董瑞强，等. 塔河油田不同腐蚀环境中压力容器材质的耐蚀性评价[J]. 腐蚀与防护, 2018, 39: 303-308.

[17] 庞文彬，梁婷婷，王超. 高压复合软管内衬修复技术在塔河油田的应用[J]. 石油工程建设, 2018, 44(3): 66-68.

[18] 葛鹏莉，羊东明，韩阳. 内穿插修复技术在塔河油田的应用[J]. 腐蚀与防护, 2014, 35(4): 384-386.

第7章　超深层稠油新技术展望

目前，世界剩余石油资源70%为稠油，中国稠油资源量约198.7×10^{8}t，现已探明35.5×10^{8}t。正在开采的油田中，稠油平均采收率不足20%，开发潜力仍然巨大。毋庸置疑，稠油正成为21世纪最重要的能源之一。在新的历史时期，低油价形势将持续，更加经济有效地开发稠油资源成为石油工作者义不容辞的使命，石油工程与前沿学科的交叉融合创新，将是未来石油科技创新的最佳路径。跨学科交叉研究已成为世界科技发展的主流方向，成为取得重大科学发现和产生引领性、原创性、颠覆性重大成果的重要途径之一，也是提升创新能力、培养拔尖人才的重要方式。

当前，石油工程领域正在成为颠覆性技术创新最活跃的领域之一，世界大国纷纷将颠覆性技术作为占领科技制高点的先手棋，集中攻关并已取得重要进展。石油工程领域大多学科属于应用型学科，吸收借鉴基础学科与前沿领域最新研究成果，推动能源领域学科交叉与融合创新是加快石油科技创新的法宝。石油工程与大数据、云计算、人工智能、量子信息、智能制造等前沿学科的交叉与融合，正展示出变革性、颠覆性、跨越性的巨大能量，甚至引发全球石油行业变革。本章结合纳米复合材料等方面的最新进展，重点从高沥青质含量稠油井筒降黏、超深层稠油提高采收率、高含硫超稠油高效安全集输等方面，展望了超深层超稠油开采技术的发展趋势。

7.1　高沥青质含量稠油井筒降黏技术

1. 纳米涂层井筒保温技术

稠油具有温度敏感性强的特点，浅层稠油利用注入蒸汽等手段往往能耗较高，对于深井稠油而言，降低井筒温度损失，最大限度利用井底流体自身的高温条件，是开采稠油的一种经济手段。近年来纳米气凝胶材料取得了突破性的进展[3]，因其高效的热阻隔性能[导热系数低，为0.012～0.015W/(m·K)]，已在航空航天、钢铁、炼化等行业得到广泛应用[4]，并在油田稠油开采蒸汽管线、石油炼化管道、油田注蒸汽锅炉等管道设备保温方面逐渐推广。

针对深井稠油，下一步需要重点攻关提高纳米气凝胶机械强度、减少水油对气凝胶隔热效果的影响、提高气凝胶涂层耐压性能、提高纳米气凝胶涂层在深井高压条件下的稳定性，目标是井下流体保持地层温度举升、集输(图7-1)。

2. 地面改质掺稀替代技术

针对掺稀开采稠油的油田，随着稠油区块的深入开发和稀油区块的自然递减，单纯依靠自产稀油已无法满足油田掺稀需要。另外，由于稠油价格较低，探索一种经济高效

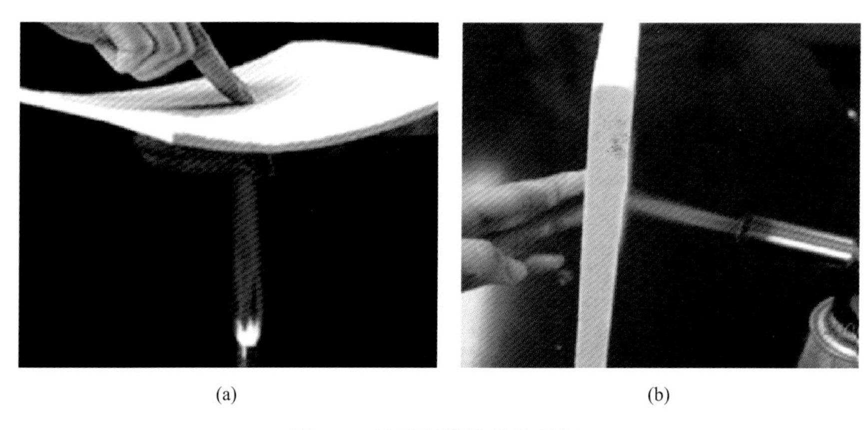

(a) (b)

图 7-1 纳米气凝胶绝热材料

的稠油地面改质回掺自开发工艺是当前经济形势下提高油田开发效益的重要途径。借鉴委内瑞拉轻质油掺稀+港口抽提轻质组分循环回掺稀思路，可采用馏分油进行井筒掺稀降黏，井口产出后采用加热蒸馏对掺入馏分油进行抽提，然后继续进行掺稀，抽提后的重质油组分通过地面轻度改质降黏，达到长距离输送至炼厂的目的。立足油田开采的地面轻度改质降黏技术，目前一般以连续的、接触时间短的热转化过程(快速热处理)为主，如 Ivanhoe 能源公司开发的重质油轻质化(HTL)技术(图 7-2)、中国石油大学(华东)开发的重质油供氢热裂化改质(HDTC)技术等[5,6]。现场应用方面，苏丹六区蒸汽吞吐加热采出稠油，脱水降温后黏度达到 50000mPa·s 以上，通过地面热裂化改质，黏度降低至 148mPa·s，满足了 750km 的长距离不加热集输。针对高沥青质含量稠油，下一步需要重点攻关热裂化过程中的生焦抑制技术，提高改质稠油的稳定性。

图 7-2 HTL 改质中试装置

3. 井筒功率超声降黏技术

超声处理可用于改善超稠油和高凝油的流变性，超声波技术在原油降黏方面的研究工作开展于 20 世纪 60 年代[7]。1967 年，苏联在劳格罗兹雷依油田进行了超声波防止原油结蜡的实验，原油在声波强度为 8～100kW/m^2、频率为 20kHz～4.5MHz 的声场中，黏度下降 20%～30%。孙仁远等[8]对分别来自中国石化胜利油田有限公司孤岛采油厂和辽河油田茨榆坨首站外输油进行了不同温度、不同时间条件下稠油超声波降黏的研究，以及超声波处理后黏度恢复的测定，实验结果表明：对原油进行超声波处理可以明显降低原油黏度，降黏幅度可达 50%以上。到目前为止，关于超声降黏应用成果的报道大多处于实验室或中试阶段，还未形成产业化规模。在实际应用中存在的主要技术瓶颈是：超声波处理设备在恶劣环境下能否长时间稳定工作、如何提升高黏/凝原油与降黏/凝剂混合效果及技术经济成本评估、可行性分析等问题(图 7-3)。

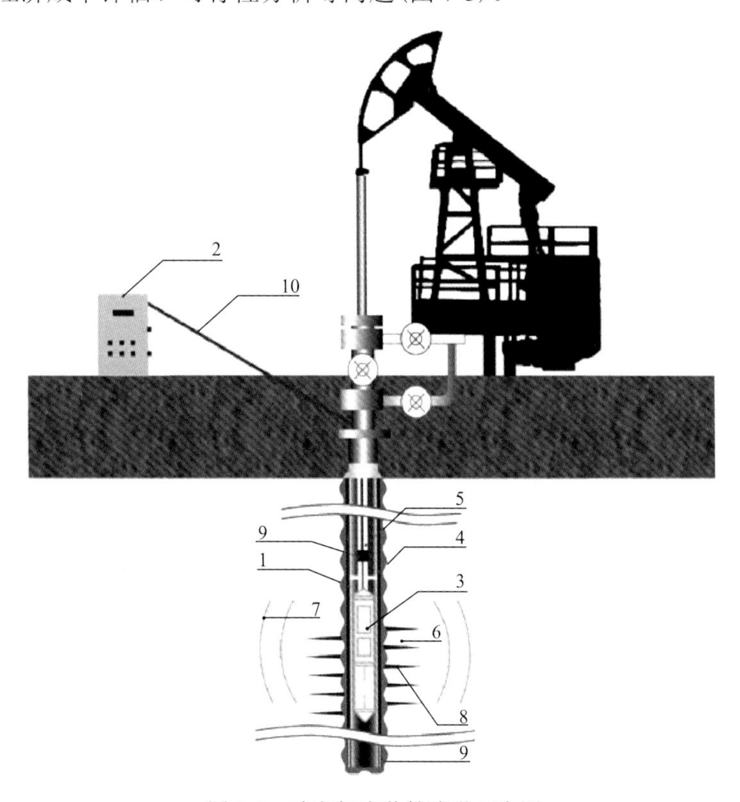

图 7-3　功率超声井筒降黏示意图

1-锚；2-超声发电机；3-井底工具；4-套管；5-油管；6-生产层；7-超声场；8-射孔层；9-杆式泵；10-井底工具电缆

7.2　超深层稠油提高采收率技术

1. 基于空气直接捕集的二氧化碳吞吐(驱)技术

二氧化碳是导致全球气候变暖的温室气体的主要成分之一，对温室效应的贡献达到

55%。目前全世界每年向大气中排放的二氧化碳总量达到近 300×10^{8}t，二氧化碳利用量则仅为 1×10^{8}t 左右，远不到排放总量的百分之一。二氧化碳等温室气体的减排利用越来越受到国际社会的广泛关注，已成为国际能源领域研发的热点。我国二氧化碳的排放量仅次于美国居世界第二位，减排二氧化碳的压力越来越大。目前，国际上二氧化碳捕集和处理技术(CCS)尚处于研究开发和示范阶段，但在全球共同应对气候变化和控制温室气体排放的背景下，CCS 技术得到了各国的广泛关注。截至 2019 年，全球在 CCS 项目中的投资总额已达 24 亿美元，而在未来，CCS—EOR 技术在碳减排及提高采收率方面的巨大潜力必将促使更多的碳排放企业和石油企业开展广泛合作。将二氧化碳注入油气层起到驱油作用，既可以提高采收率，又可以实现碳封存，兼顾了经济效益和减排效果(图 7-4)。

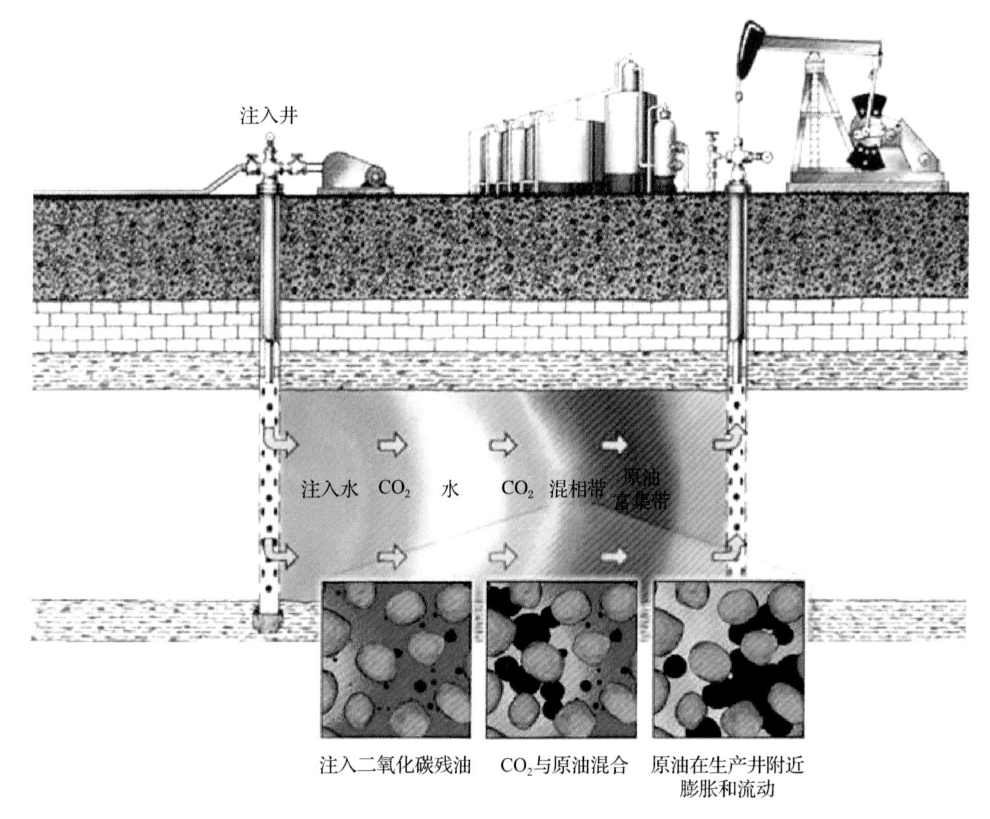

图 7-4　二氧化碳强化采油技术示意图

2. 纳米机器人精准断链原位改质降黏技术

2017 年，国家能源局印发了《能源技术创新“十三五”规划》，将稠油原位改质技术视为稠油开采未来发展方向，列为集中攻关项目。稠油原位改质即在采油过程中添加催化剂和供氢剂，使稠油在地下发生催化裂解，改善稠油品质，提高产能和采收率，实现降低开采成本。该技术与石化炼厂原理相似，但生产条件差别很大，石化炼厂内的裂解反应温度是 500℃左右，且为雾化接触，易于均匀混合，地下稠油裂解改质的难点是易于裂解的油层半径小于 10m，且油藏多孔介质环境均匀混合难。纳米机器人是近期非常有前瞻性的技术，纳米机器人通常是指按照分子水平的生物学原理设计制造的可对纳米空间进行操作的“功能分子器件”，也称分子机器人，某些情况下，能进行纳米尺度微加工或操作的自动化装置也称为纳米机器人。日前，韩国国立全南大学的一个科研小组研发出了世界上首个可以抗癌的纳米机器人，它可对乳腺癌、结肠和直肠癌等高发性癌症进行诊断和治疗，并已经在动物实验中取得成功[9]。这是一种新式的具有强大灭杀能力的纳米医学机器人，这种机器人可以“嗅探”出并杀死癌细胞，同时还不会损害正常细胞。随着纳米机器人的进一步发展[10]，有望实现对致稠组分进行精准靶向断链，实现地层条件下的原位改质(图 7-5)。

图 7-5 纳米机器人靶向作业示意图

3. 微生物驱提高稠油采收率技术

微生物驱提高采收率技术是一项环保、低成本开采技术。通过向油层注入微生物或营养液，利用油藏条件下微生物降解原油、产生表面活性剂和生物气等联合作用，提高原油产量和采收率。微生物驱技术在国内外均已取得突破[11]，近十年来国际微生物驱实施量情况如下：美国实施 32 个区块，主要为内、外源驱和生物表面活性剂驱；俄罗斯实施 22 个区块，主要为内源驱；中国在大庆油田萨南开发区、胜利油田辛 68 区块、华北油田间 12 断块、新疆油田七中区等实施 12 个区块，主要为内、外源驱和生物表面活性剂驱。

塔里木盆地碳酸盐岩缝洞型油藏地层温度高、流体矿化度高，本源微生物活性低、外源微生物耐受性差，因此，微生物驱技术的核心是高效驱油菌种选育，关键是油藏条件下的高效定向激活[12]。美国 Marie E McEnery 利用基因诱变提高了功能菌表面活性剂产量，英国 MattWilliams 利用基因体外重组技术构建了可同时降解烷烃和芳烃的高效菌种，我国利用基因体内重组提高了功能菌耐温性能(图 7-6)。未来重点攻关方向是利用基因重组构建产表面活性剂菌、烃降解菌等驱油功能菌，以及如何提高菌种代谢效率和适应性[13]。

4. 清洁小堆核能制蒸汽热采技术

节能减排、降低能耗、提高能源综合利用率是各行各业能源发展战略的重要内容。借鉴成熟的核能技术，并进行模块化、小型化是解决我国能源问题的根本途径之一。国

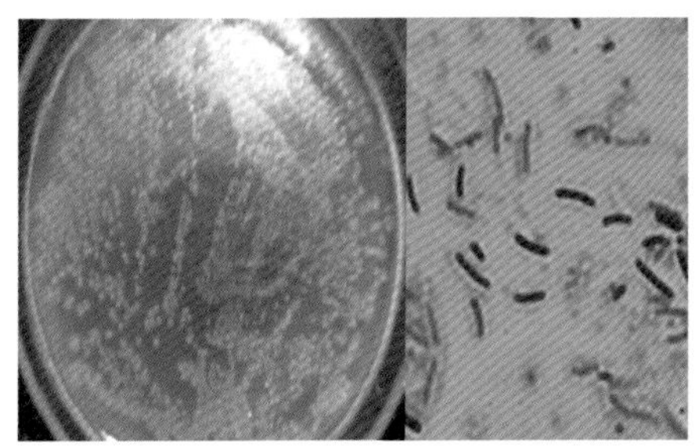
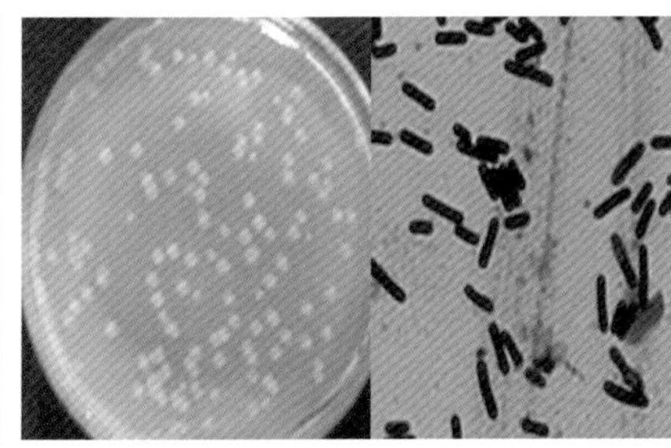

图 7-6　微生物诱变育种

际原子能机构(IAEA)也鼓励发展和利用安全、可靠、经济上可行和抗核扩散的中小型反应堆，并于 21 世纪初提出革新型反应堆和模块化建造的概念[14]。以清洁核能代替有机燃料进行稠油开采进入了科研人员的视野。高温高压小型核反应堆具有高能量、少耗料、低成本、低放射性源、高安全性等特点[15]，为稠油热采开发提供了一种新型热采开发方式。据研究，1kg 铀裂变能量相当于 2500t 优质煤，可节省大量供热用的化石原料和液化燃料，并减少对环境的污染。根据油田实际需要，研发的高温气冷模块小型堆能产生 16MPa、950℃的超临界热蒸汽，用于稠油热采开发，目前该技术折算的蒸汽成本为 108 元，相当于原使用注汽锅炉成本的一半，但其高温超临界状态对热采输送工艺及开发机理的新认识提出了挑战。因此，攻关适合热采工艺的高温高压小型堆及配套热采工艺技术，为稠油热采节能环保及提质提效提供新的途径和方法，具有重要的经济及社会意义(图 7-7)。

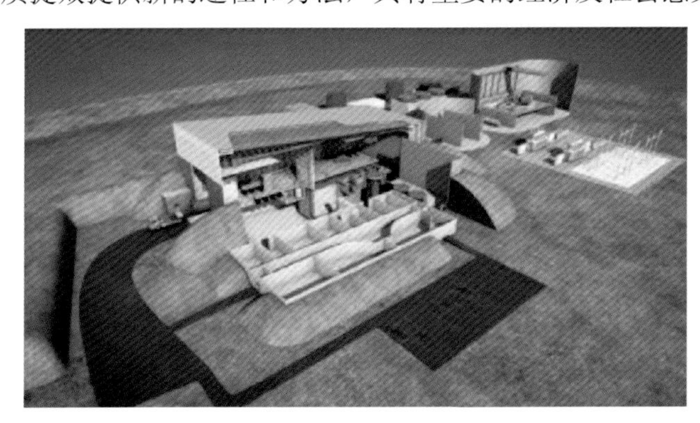

图 7-7　小型模块式反应堆

7.3　高含硫超稠油高效安全集输技术

1. 基于纳米高通量分离膜的智能油水分离技术

油田油水分离技术主要为原油分水和污水除油，原油分水主要采用三级热化学沉降工艺，效率低、能耗极高、药剂加量大；污水除油采用大罐重力沉降+压力除油两级工艺流程，流程长、效率低、药剂成本较高。基于纳米材料制备的功能膜是实现高性能膜的新契机，通过合理设计纳米级分离层，构筑具有高通量、高分离效率和抗污染性的油水分离功能膜将成为未来的研究重点[16]。近几年发展的纳米高通量分离膜是以碳纳米管作为支撑骨架，对碳管膜表面进行高分子修饰后，可快速实现油水分离、气气分离的新型膜分离材料。该膜材料膜厚10～100nm，可调，膜通量较常规分离膜提高3个数量级，分离效率>99.9%，但现有纳米高通量分离膜仍存在抗机械杂质及抗压问题，无法满足含杂质地层采出原油在0.3～0.5MPa地面集输处理压力下的应用。因此，将油水分离膜与高效油水分离器组合设计，有望实现低能耗智能油水分离(图7-8)。

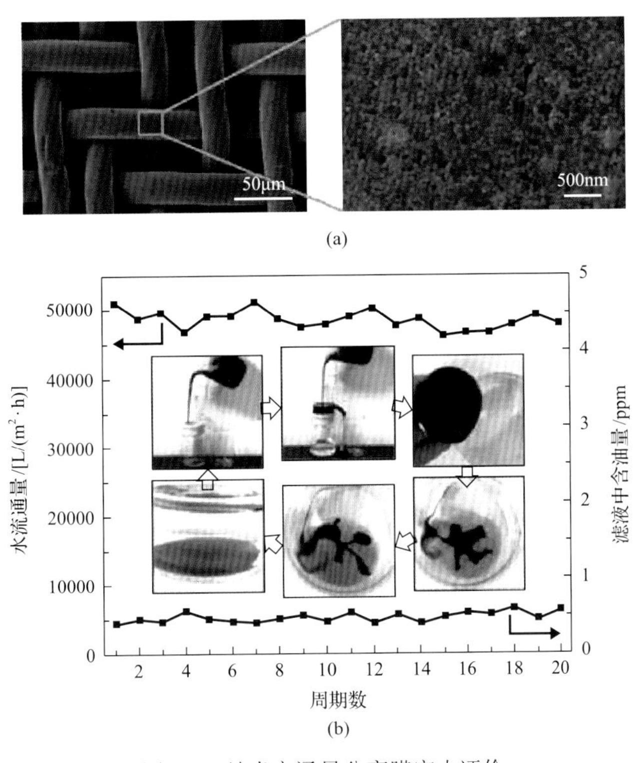

图7-8 纳米高通量分离膜室内评价

2. 纳米涂层防腐技术

在油气工程领域，地面管线和设备都面临着高H_2S和CO_2含量、高矿化度等复杂环境，不仅造成腐蚀、成本增加和产量降低等问题，还增加了环境污染等负面影响。常规涂层主要的技术短板在于抗渗透性能差，纳米涂层是防腐技术领域重要的研究方向之一[17]。增加纳米组分，增强涂层的抗渗透性能，是提高涂层防腐性能的有效途径。涂料中的纳米成分能紧紧缠附在孔隙处，在这些孔隙中形成更加精细的网状结构体，使得接触该涂层的腐蚀介质无法触及涂层保护下的金属基体。如图7-9所示，普通涂层气孔率>5%，纳米涂层气孔率仅0.6%，相比之下，纳米涂层有着更加优异的抗渗透性能。该技术的发展趋势是以石墨烯、金属及高分子增材为制造材料[18]，以形状记忆合金、自修复材料、智能仿生与超材料为基础，发展智能涂层技术，其特点一是自检测，涂层中加入导电碳纳米材料，监测电阻变化，分析结构损伤；特点二是自修复，利用微胶囊电热修复或还原剂复原等技术(图7-9)，开展内涂层修复。通过智能涂层技术，可实现根据需求设计涂层、苛刻条件破坏后自修复，以及油井、地面石油管和设施的长效防腐。

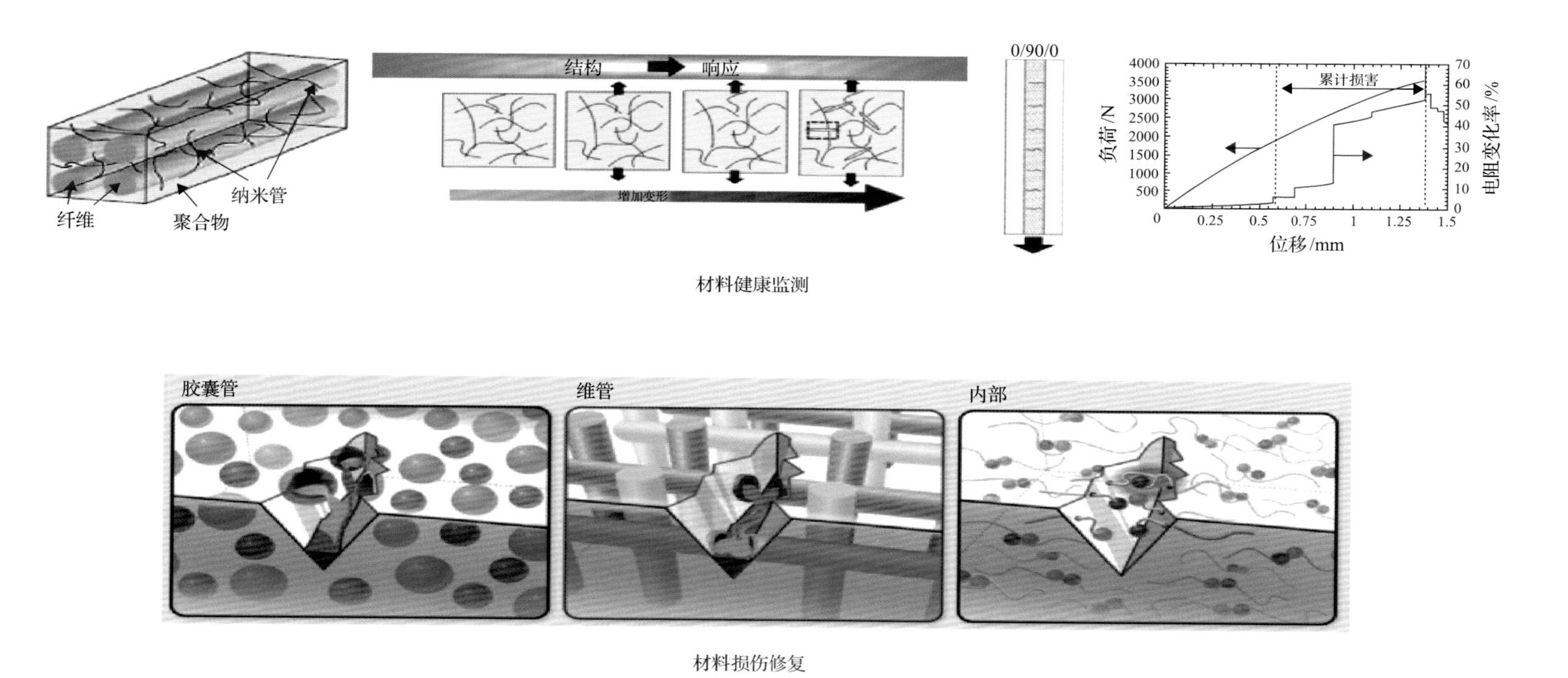

图7-9　智能涂层修复示意图

3. 基于油田大数据的腐蚀智能监测及风险预警技术

腐蚀监测就是对设备的腐蚀速度和某些与腐蚀速度有关的参数进行连续或断续测量，同时根据测量对与生产过程有关的条件进行控制的一种技术。其目的在于揭示腐蚀过程及了解腐蚀控制效果。腐蚀监测获得的数据是指导腐蚀工作的科学依据，是监控、评价腐蚀效果的有效手段。

纵观目前腐蚀监测技术的发展，腐蚀智能监测是一大研究热点[19]。智能化腐蚀监测仪向微型化、便携式方向发展。随着监测技术的发展，对监测硬件设备提出了更高的要求，要求其操作简便、体积减小、重量减轻。最新的电化学接口智能化腐蚀监测仪的体积，加上辅助设备也只有一个手提箱大小，而其功能却相当于十年前的一整套电化学测试系统。

传感技术发展方向。传感、通信、计算机技术构成现代信息的 3 个基础，传感器的作用主要是获取信息，是智能化腐蚀监测仪信息的源头。近年来，国内已开发出一些智能化腐蚀传感器技术[20,21]，典型的是光波导传感技术，是用金属膜层局部取代光波传导的介质包层，构成腐蚀敏感性膜，从而获取信息。光纤腐蚀传感器具有径细、质轻、抗强电磁干扰、集信息传输与传感于一体的特点。光纤腐蚀传感技术有望克服传统电化学监测的缺陷，如抗强电磁场干扰等。

智能化腐蚀监测仪向网络化、开放化和面向对象化方向发展。随着数据库、网络知识的发展，实时在线的智能化监测仪能随时将现场数据传送到监控室，建立数据库，实现网络化管理和信息共享(图 7-10)。据报道，日本千叶炼油厂建立了全厂腐蚀监测网[22]，采用网络化管理，使企业安全生产十几年无事故发生。

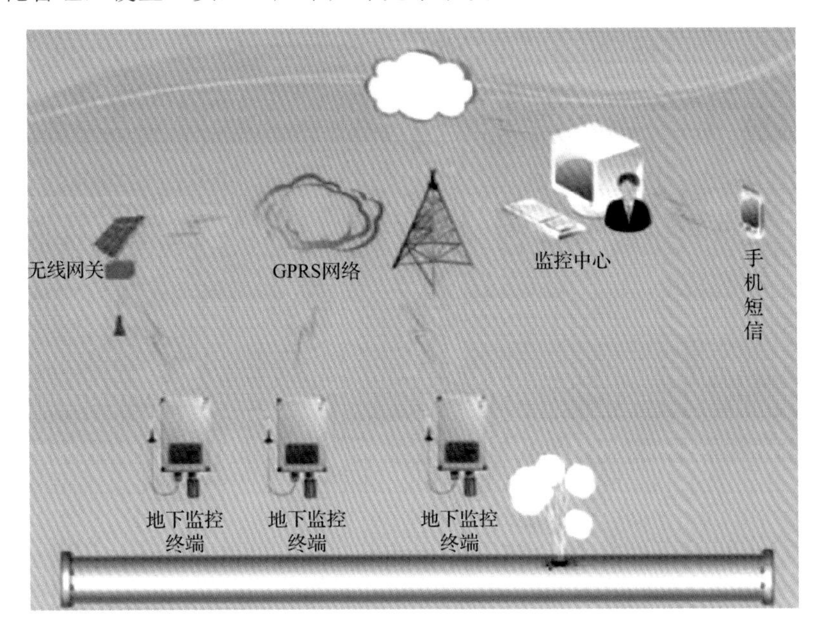

图 7-10　基于油田大数据的腐蚀智能监测及风险预警技术

参 考 文 献

[1] Braswell G. Artificial intelligence comes of age in oil and gas[J]. Journal of Petrdeum Technology, 2013, 65(1): 50-57.

[2] Akanji L T. Application of artificial intelligence in oilfield operation and intervention[J]. Society of Petrdeum Engineers, 2016, (31): 35-39.

[3] 薛天然. 纳米气凝胶与常用管道保温材料的性能对比研究[J]. 化工管理, 2016, (11): 229.

[4] 张德忠. 二氧化硅气凝胶在保温隔热领域中的应用[J]. 化学研究, 2016, 27(1): 120-127.

[5] 章文. Ivanhoe 公司发布专有的 HTL～(TM) 重质油改质工艺[J]. 石油炼制与化工, 2011, 42(9): 96.

[6] 郭磊, 王齐, 李凤绪. 稠油供氢减粘改质技术概述[J]. 化工进展, 2014, 33(s1): 128-132.

[7] 华强, 谭冬寒, 田世澄. 稠油采出液超声波降黏实验研究[J]. 科技通报, 2018, 34(2): 28-31.

[8] 孙仁远, 成国祥, 陈建文. 人工振动增产理论与试验研究[J]. 石油钻采工艺, 2003, (6): 78-80, 88.

[9] 吴子龙. 浅析人工智能与生物技术的融合——以纳米机器人为例[J]. 中国战略新兴产业, 2018, (4): 169.

[10] 刘合, 金旭, 丁彬. 纳米技术在石油勘探开发领域的应用[J]. 石油勘探与开发, 2016, 43(6): 1014-1021.

[11] 孙焕泉. 未来提高油田采收率的技术发展趋势[J]. 当代石油石化, 2017, 25(1): 1-6, 23.

[12] 郭小哲, 江彩云, 王晶. 基于专利分析的提高油气采收率技术发展趋势[J]. 长江大学学报(自科版), 2018, 15(19): 58-64, 90-91.

[13] 王凤娟, 孙飞龙. 浅析微生物对提高原油采收率的作用[J]. 石化技术, 2017, 24(8): 106.

[14] 彭疆南, 彭福银. 核能综合利用发展趋势[J]. 中国科技信息, 2019, (2): 107-108.

[15] 程琳. 小型核反应堆供电在海洋工程领域的应用前景[J]. 中国海洋平台, 2018, 33(6): 1-5.

[16] Kang H S, cho H, Panatdasirisuk W, et al. Hierarchicalmembranes with size-controlled nanopores from photofluidization of electrospun azobenzene polymer fibers[J]. Journal of Materials Chemistry A, 2017, 35(5): 18762-18769.

[17] Yu Z Y, Di H H, H Y, et al. Preparation of graphene oxide modified by titanium dioxide to enhance the anti-corrosion performance of epoxy coatings[J]. Surface & Coatings Technology, 2015, (276): 471-478.

[18] Urban M W, Davydovich D, Yang Y, et al. Key-and-lock commodity self-healing copolymers[J]. Science, 2018, 362: 220-225.

[19] Watremez X. Remote sensing technologies for detecting visualizing and quantifying gas leaks[J]. Society of Petroleum Engineers, 2018, (7): 256-259.

[20] 朱卫东, 陈范才. 智能化腐蚀监测仪的发展现状及趋势[J]. 腐蚀科学与防护技术, 2003, (1): 29-32.

[21] 王勋龙, 王恩生, 李传增. 基于大数据的腐蚀控制工程全生命周期智能化建设[J]. 全面腐蚀控制, 2018, 32(9): 15-18.

[22] Vishal L, Vibha Z. Utilizing integrity operating windows(IOWs) for enhanced plant reliability & safety[J]. Journal of Loss Prevention in the Process Industries, 2015, (35): 352-356.